浙江省普通高校"十三五"新形态教材

机械制造基础

主　编　吴明明

副主编　朱冬冬　方坤礼　蒋建江

ZHEJIANG UNIVERSITY PRESS

浙江大学出版社

·杭州·

图书在版编目(CIP)数据

机械制造基础 / 吴明明主编. —— 杭州:浙江大学
出版社,2022.8(2025.8 重印)

ISBN 978-7-308-22564-9

Ⅰ.①机… Ⅱ.①吴… Ⅲ.①机械制造－高等职业教
育－教材 Ⅳ.①TH

中国版本图书馆 CIP 数据核字(2022)第 069147 号

本书分为三大部分,分别为机械工程材料及热处理、毛坯成形基础和零件成形基础。内容主要涉及工程材料的种类、成分、组织、性能、用途及改性方法;铸、锻、焊等毛坯成形工艺基础知识;零件加工工艺基础知识。共计 14 章,分别是金属材料的性能、纯金属的晶体结构及结晶、合金的相结构及结晶、铁碳合金相图及碳素钢、钢的热处理、合金钢、铸铁、有色金属及其合金、其他常用工程材料、铸造成形、锻压成形、焊接成形、金属切削加工基础知识、零件选材和加工工艺分析等。每章后面都附有本章小结和习题帮助读者总结、理解、掌握知识点,提高分析问题和解决问题的能力;同时运用了"互联网＋"新形态教材形式,在重要知识点处嵌入二位码微课视频,便于读者自主学习和深度学习;本书贯彻执行了最新国家标准。

本书以培养工程技术应用型人才为目标,注重分析问题与解决工程技术问题能力的培养,注重工程素质的培养以及创新思维能力的提升。

本书可作为应用型本科院校、高职高专机械类以及近机类各专业的教材,也可作为相关教师和有关工程技术人员参考用书。

机械制造基础

JI XIE ZHI ZAO JI CHU

主　编　吴明明

责任编辑	王　波	
责任校对	吴昌雷	
封面设计	续设计	
出版发行	浙江大学出版社	
	(杭州市天目山路 148 号　邮政编码 310007)	
	(网址:http://www.zjupress.com)	
排　　版	大千时代(杭州)文化传媒有限公司	
印　　刷	杭州高腾印务有限公司	
开　　本	787mm×1092mm　1/16	
印　　张	25	
字　　数	608 千	
版 印 次	2022 年 8 月第 1 版　2025 年 8 月第 2 次印刷	
书　　号	ISBN 978-7-308-22564-9	
定　　价	68.00 元	

前言

FOREWORD

本书是按照应用型本科院校机械类及近机类各专业的专业规范、培养方案及课程教学大纲的要求，并结合党的二十大报告提出的"深入实施人才强国战略"，为培养适应21世纪需要的德才兼备的高级工程技术人才而编写的。教材内容体系以介绍机械制造过程中的工程材料选择及改性、毛坯成形、零件成形的基本理论和方法为主，既包括传统的加工方法，又吸收了生产实践中广泛应用的新技术、新工艺。在保证内容的科学性、完整性的同时，也体现了内容的先进性和相对稳定性。

本书共14章，包括金属材料的性能、纯金属的晶体结构及结晶、合金的相结构及结晶、铁碳合金相图及碳素钢、钢的热处理、合金钢、铸铁、有色金属及其合金、其他常用工程材料、铸造成形、锻压成形、焊接成形、金属切削加工基础知识、零件选材和加工工艺分析等。本书具有课程知识结构体系合理、内容全面并兼顾经典与创新、数据翔实并引用最新国标、紧密联系生产实际等特点，具体如下：

(1) 根据课程教学需达成的知识和能力目标要求以及各知识点之间的关联性，教材内容分解成知识和能力逐渐递进的机械工程材料及热处理、毛坯成形基础和零件成形基础三大部分，章节间既相互关联又相对独立。

(2) 教材内容的选取力求处理好常规工艺与现代新技术的关系，本书引用了较多的工程应用实例，贯彻执行了最新国家标准，注重读者工程素质的培养以及创新思维能力的提升。

(3) 本书每章后面都附有本章小结、在线测试和习题，帮助学生总结、理解、掌握知识点，提高分析问题、解决问题的能力；针对主要的知识点和较难理解的内容，开发了深入浅出、生动形象的微课视频并以二维码的形式嵌入到书中相对位置。融合在线课程平台、智能学习移动终端、资源二维码等手段立体呈现多种类型的资源，构建起"纸质教材、在线课程、混合式学习"三位一体的新形态教学体系。

本书由衢州学院吴明明任主编，朱冬冬、方坤礼、蒋建江任副主编，参加编写的人员有（按章节）：衢州学院邱海燕（第1章）、衢州学院吴明明（第2章、第3章、第4章、第6章、第7章、第13章、第14章）、衢州学院贺庆（第5章）、红五环集团股份有限公司叶欣（第8章）、衢州职业技术学院方坤礼（第9章、第10章）、衢州学院朱冬冬（第11章）、红五环集团股份有限公司蒋建江（第12章）。

本书在编写过程中，引用或参考了大量已出版的相关教材、文献及网上资料等，书后难以一一列举，在此向原作者一并表示感谢。由于编者专业水平和编写时间有限，本书难免有错误和不妥之处，恳请广大同行和读者批评指正。

编者

目录

CONTENTS

第1章 金属材料的性能 ·· 1

1.1 金属材料的力学性能 ·· 1

   1.1.1 强度 ·· 2

   1.1.2 塑性 ·· 5

   1.1.3 硬度 ·· 6

   1.1.4 冲击韧性 ·· 11

   1.1.5 疲劳强度 ·· 13

1.2 金属材料的物理性能和化学性能 ·· 15

   1.2.1 金属材料的物理性能 ·· 15

   1.2.2 金属材料的化学性能 ·· 16

1.3 金属材料的工艺性能 ·· 17

   1.3.1 铸造性能 ·· 17

   1.3.2 压力加工性能 ·· 17

   1.3.3 焊接性能 ·· 18

   1.3.4 切削加工性能 ·· 18

   1.3.5 热处理性能 ·· 18

第2章 纯金属的晶体结构及结晶 ·· 20

2.1 纯金属的晶体结构 ·· 20

   2.1.1 晶体结构的基础知识 ·· 20

   2.1.2 金属中常见的晶格类型 ·· 21

2.2 实际金属的晶体结构 ·· 23

   2.2.1 实际金属的多晶体结构 ·· 23

   2.2.2 晶体缺陷 ·· 24

2.3 纯金属的结晶 ·· 26

   2.3.1 纯金属的冷却曲线和过冷现象 ·· 27

   2.3.2 纯金属的结晶过程 ·· 28

   2.3.3 晶粒大小及控制 ·· 29

2.4　金属的同素异构转变 ……………………………………………………………… 30

2.4.1　同素异构转变 …………………………………………………………… 30

2.4.2　纯铁的同素异构转变 …………………………………………………… 31

2.4.3　同素异构转变的特点 …………………………………………………… 31

第3章　合金的相结构及结晶 ……………………………………………………… 33

3.1　合金的相结构 ………………………………………………………………… 33

3.1.1　合金的基本概念 ………………………………………………………… 33

3.1.2　合金的相结构 …………………………………………………………… 34

3.2　合金的结晶 …………………………………………………………………… 37

3.2.1　二元合金相图的建立 …………………………………………………… 37

3.2.2　二元合金相图 …………………………………………………………… 38

第4章　铁碳合金相图及碳素钢 …………………………………………………… 44

4.1　铁碳合金相图 ………………………………………………………………… 45

4.1.1　铁碳合金的基本组织 …………………………………………………… 45

4.1.2　Fe-Fe₃C 相图分析 ……………………………………………………… 46

4.1.3　典型铁碳合金的平衡结晶过程分析 …………………………………… 49

4.1.4　Fe-Fe₃C 相图中铁碳合金的分类和室温平衡组织 ………………… 54

4.1.5　铁碳合金的成分、组织和性能的关系 ………………………………… 55

4.1.6　Fe-Fe₃C 相图的应用 …………………………………………………… 57

4.2　碳素钢 ………………………………………………………………………… 58

4.2.1　常存杂质元素对碳钢性能的影响 ……………………………………… 58

4.2.2　碳钢的分类 ……………………………………………………………… 59

4.2.3　碳钢的牌号、性能和用途 ……………………………………………… 60

第5章　钢的热处理 ………………………………………………………………… 68

5.1　热处理概述 …………………………………………………………………… 68

5.1.1　热处理的概念和作用 …………………………………………………… 68

5.1.2　热处理的分类 …………………………………………………………… 69

5.2　钢在加热时的组织转变 ……………………………………………………… 69

5.2.1　钢的相变点 ……………………………………………………………… 69

5.2.2　奥氏体的形成过程 ……………………………………………………… 70

5.2.3　奥氏体晶粒的长大及其控制 …………………………………………… 71

5.3　钢在冷却时的组织转变 ……………………………………………………… 73

5.3.1　过冷奥氏体等温转变 …………………………………………………… 74

5.3.2　过冷奥氏体连续冷却转变 ……………………………………………… 78

5.4　钢的退火与正火 ……………………………………………………………… 81

5.4.1　退火 ……………………………………………………………………… 81

　　　5.4.2　正火 ·· 84

　　　5.4.3　退火与正火的选用 ··· 84

　5.5　钢的淬火 ··· 86

　　　5.5.1　淬火工艺 ·· 86

　　　5.5.2　淬火方法 ·· 88

　　　5.5.3　钢的淬透性 ··· 89

　5.6　钢的回火 ··· 92

　　　5.6.1　淬火钢在回火时的组织转变 ·································· 92

　　　5.6.2　回火转变产物的组织和性能 ·································· 93

　　　5.6.3　回火种类及应用 ··· 94

　5.7　钢的表面热处理 ·· 95

　　　5.7.1　钢的表面淬火 ··· 95

　　　5.7.2　钢的化学热处理 ·· 97

　5.8　典型零件热处理工艺的制定 ·· 103

　　　5.8.1　C616 车床主轴热处理工艺的制定 ······················· 103

　　　5.8.2　汽车变速器齿轮热处理工艺的制定 ······················ 105

第 6 章　合金钢 ··· 109

　6.1　合金元素在钢中的作用 ··· 109

　　　6.1.1　合金元素对钢中基本相的影响 ······························· 110

　　　6.1.2　合金元素对 Fe-Fe$_3$C 相图的影响 ························· 111

　　　6.1.3　合金元素对钢热处理的影响 ·································· 112

　6.2　合金钢的分类及牌号 ··· 114

　　　6.2.1　合金钢的分类 ··· 114

　　　6.2.2　合金钢的牌号 ··· 115

　6.3　合金结构钢 ··· 116

　　　6.3.1　低合金高强度结构钢 ··· 116

　　　6.3.2　合金渗碳钢 ··· 119

　　　6.3.3　合金调质钢 ··· 121

　　　6.3.4　合金弹簧钢 ··· 124

　　　6.3.5　滚动轴承钢 ··· 127

　6.4　合金工具钢 ··· 129

　　　6.4.1　合金刃具钢 ··· 129

　　　6.4.2　合金模具钢 ··· 135

　　　6.4.3　合金量具钢 ··· 137

　6.5　特殊性能钢 ··· 138

　　　6.5.1　不锈钢 ·· 138

　　　6.5.2　耐热钢 ·· 143

　　　6.5.3　耐磨钢 ·· 145

第7章 铸铁 ·· 148

7.1 铸铁的分类及石墨化 ························· 148
7.1.1 铸铁的分类 ···························· 148
7.1.2 铸铁的石墨化 ························ 149
7.2 常用铸铁 ·································· 152
7.2.1 灰铸铁 ······························ 152
7.2.2 球墨铸铁 ·························· 157
7.2.3 蠕墨铸铁 ·························· 161
7.2.4 可锻铸铁 ·························· 162
7.3 合金铸铁 ·································· 165
7.3.1 耐磨铸铁 ·························· 165
7.3.2 耐热铸铁 ·························· 166
7.3.3 耐蚀铸铁 ·························· 166

第8章 有色金属及其合金 ························ 168

8.1 铝及铝合金 ································ 168
8.1.1 工业纯铝 ·························· 168
8.1.2 铝合金 ······························ 169
8.2 铜及铜合金 ································ 175
8.2.1 工业纯铜 ·························· 175
8.2.2 铜合金 ······························ 175
8.3 滑动轴承合金 ···························· 181
8.3.1 轴承合金的性能要求 ·············· 181
8.3.2 轴承合金的组织特征 ·············· 182
8.3.3 常用的轴承合金 ·················· 182
8.4 粉末冶金与硬质合金 ···················· 185
8.4.1 粉末冶金的特点及应用 ············ 185
8.4.2 粉末冶金的工艺过程 ·············· 186
8.4.3 机械制造中常用的粉末冶金材料 ···· 186

第9章 其他常用工程材料 ························ 191

9.1 高分子材料 ································ 191
9.1.1 高分子材料概述 ·················· 192
9.1.2 塑料 ································ 193
9.1.3 橡胶 ································ 199
9.2 陶瓷材料 ·································· 201
9.2.1 陶瓷材料的分类 ·················· 201
9.2.2 陶瓷材料的制备 ·················· 201

　　　9.2.3　陶瓷材料的性能特点及应用 ······················· 202

　9.3　复合材料 ································· 204

　　　9.3.1　复合材料概述 ····················· 205

　　　9.3.2　复合材料分类 ····················· 205

　　　9.3.3　复合材料的性能 ··················· 206

　　　9.3.4　常用复合材料 ····················· 207

第 10 章　铸造成形 ····················· 212

　10.1　铸造的分类及特点 ····················· 212

　　　10.1.1　铸造的实质 ····················· 212

　　　10.1.2　铸造生产的特点 ·················· 213

　　　10.1.2　铸造的分类 ····················· 214

　10.2　合金的铸造性能 ······················ 214

　　　10.2.1　合金的充型能力 ·················· 214

　　　10.2.2　合金的收缩 ····················· 216

　　　10.2.3　合金的收缩对铸件质量的影响 ········ 217

　　　10.2.4　常用合金的铸造性能 ··············· 222

　10.3　砂型铸造 ··························· 223

　　　10.3.1　砂型铸造工艺过程 ················· 223

　　　10.3.2　造型材料 ······················ 224

　　　10.3.3　造型和造芯 ····················· 225

　　　10.3.4　合金的熔炼和浇注 ················· 231

　　　10.3.5　铸件的落砂、清理 ················· 232

　　　10.3.6　铸件质量检验及缺陷 ··············· 232

　10.4　特种铸造 ··························· 233

　　　10.4.1　金属型铸造 ····················· 234

　　　10.4.2　熔模铸造 ······················ 235

　　　10.4.3　压力铸造 ······················ 236

　　　10.4.4　低压铸造 ······················ 238

　　　10.4.5　离心铸造 ······················ 238

　　　10.4.6　消失模铸造 ····················· 239

　10.5　铸造工艺设计 ························ 240

　　　10.5.1　铸造工艺设计的内容 ··············· 240

　　　10.5.2　铸造工艺设计实例 ················· 246

　10.6　铸件的结构工艺性 ····················· 247

　　　10.6.1　铸造性能对铸件结构的要求 ·········· 247

　　　10.6.2　铸造工艺对铸件结构的要求 ·········· 250

　　　10.6.3　铸件结构设计考虑的其他方面 ········· 252

第 11 章　锻压成形 ·· 256

11.1　锻压加工的主要方式及特点 ·· 256
　　11.1.1　塑性成形的基本方式 ·· 256
　　11.1.2　锻压加工的主要特点 ·· 257
11.2　金属的塑性变形 ··· 258
　　11.2.1　塑性变形的实质 ·· 258
　　11.2.2　塑性变形对金属组织和性能的影响 ······························ 260
　　11.2.3　锻造流线和锻造比 ·· 262
　　11.2.4　金属材料的锻压性能 ·· 263
11.3　自由锻造 ·· 265
　　11.3.1　自由锻造的特点及方法 ·· 265
　　11.3.2　自由锻的基本工序 ·· 266
　　11.3.3　自由锻工艺规程的制订 ·· 267
　　11.3.4　自由锻锻件的结构工艺性 ·· 271
11.4　模锻 ··· 273
　　11.4.1　模锻的特点及适用范围 ·· 273
　　11.4.2　常用模锻方法 ·· 274
　　11.4.3　模锻工艺规程的制订 ·· 281
　　11.4.4　模锻件的结构工艺性 ·· 284
　　11.4.5　典型模锻件的模锻工艺实例 ······································ 284
11.5　板料冲压 ·· 287
　　11.5.1　板料冲压的基本工序 ·· 287
　　11.5.2　冲压模具的分类及结构 ·· 292
　　11.5.3　冲压件的结构工艺性 ·· 293

第 12 章　焊接成形 ·· 297

12.1　焊接的分类及特点 ··· 298
　　12.1.1　焊接的分类 ··· 298
　　12.1.2　焊接的特点 ··· 298
12.2　焊条电弧焊 ·· 299
　　12.2.1　焊条电弧焊的原理及特点 ·· 299
　　12.2.2　焊接电弧 ··· 300
　　12.2.3　焊条 ··· 301
　　12.2.4　焊接接头的组织和性能 ·· 304
　　12.2.5　焊接应力与变形 ·· 306
12.3　其他熔焊方法 ··· 310
　　12.3.1　埋弧焊 ·· 310
　　12.3.2　氩弧焊 ·· 312

　　　　12.3.3　CO_2气体保护焊 ……………………………………………………… 313

　　　　12.3.4　气焊 ……………………………………………………… 314

　　　　12.3.5　电渣焊 ……………………………………………………… 316

　　12.4　压焊和钎焊 ……………………………………………………… 317

　　　　12.4.1　电阻焊 ……………………………………………………… 317

　　　　12.4.2　摩擦焊 ……………………………………………………… 319

　　　　12.4.3　钎焊 ……………………………………………………… 320

　　12.5　常用金属材料的焊接 ……………………………………………………… 321

　　　　12.5.1　金属材料的焊接性 ……………………………………………………… 321

　　　　12.5.2　钢材的焊接 ……………………………………………………… 322

　　　　12.5.3　铸铁的焊补 ……………………………………………………… 323

　　　　12.5.4　常用有色金属的焊接 ……………………………………………………… 323

　　12.6　焊接结构工艺设计 ……………………………………………………… 324

　　　　12.6.1　焊接结构材料的选用 ……………………………………………………… 324

　　　　12.6.2　焊接方法的选择 ……………………………………………………… 325

　　　　12.6.3　焊接接头的工艺设计 ……………………………………………………… 325

　　　　12.6.4　焊缝的布置 ……………………………………………………… 327

　　　　12.6.5　典型焊接工艺设计实例 ……………………………………………………… 330

第 13 章　金属切削加工基础知识 ……………………………………………………… 334

　　13.1　切削运动与切削用量 ……………………………………………………… 334

　　　　13.1.1　切削运动 ……………………………………………………… 334

　　　　13.1.2　工件上的加工表面 ……………………………………………………… 335

　　　　13.1.3　切削用量 ……………………………………………………… 336

　　13.2　切削加工刀具 ……………………………………………………… 337

　　　　13.2.1　刀具的结构 ……………………………………………………… 337

　　　　13.2.2　刀具材料 ……………………………………………………… 337

　　　　13.2.3　刀具几何角度标注 ……………………………………………………… 339

　　　　13.2.4　切削层参数 ……………………………………………………… 341

　　13.3　金属切削过程及其物理现象 ……………………………………………………… 342

　　　　13.3.1　切削过程与切屑的种类 ……………………………………………………… 342

　　　　13.3.2　积屑瘤 ……………………………………………………… 344

　　　　13.3.3　切削力 ……………………………………………………… 345

　　　　13.3.4　切削热与切削温度 ……………………………………………………… 346

　　　　13.3.5　刀具磨损与刀具耐用度 ……………………………………………………… 347

　　13.4　金属切削机床分类及型号 ……………………………………………………… 350

　　　　13.4.1　机床的分类 ……………………………………………………… 350

　　　　13.4.2　机床型号的编制方法 ……………………………………………………… 350

　　13.5　车削加工 ……………………………………………………… 352

13.5.1　车床 ………………………………………………………………… 353

13.5.2　车刀 ………………………………………………………………… 354

13.5.3　工件在车床上的装夹方式 …………………………………………… 355

13.5.4　车削加工工艺特点 …………………………………………………… 356

13.6　其他切削加工方法 …………………………………………………………… 357

13.6.1　钻削加工 ……………………………………………………………… 357

13.6.2　镗削加工 ……………………………………………………………… 359

13.6.3　刨削加工 ……………………………………………………………… 360

13.6.4　铣削加工 ……………………………………………………………… 361

13.6.5　磨削加工 ……………………………………………………………… 363

第14章　零件选材和加工工艺分析 ……………………………………………… 366

14.1　机械零件的失效形式和选材原则 …………………………………………… 366

14.1.1　机械零件常见的失效形式及失效原因 ……………………………… 367

14.1.2　机械零件选材的原则 ………………………………………………… 369

14.2　机械零件毛坯的选择原则 …………………………………………………… 370

14.2.1　毛坯的种类 …………………………………………………………… 370

14.2.2　毛坯的选择原则 ……………………………………………………… 371

14.2.3　毛坯选择实例 ………………………………………………………… 372

14.3　零件热处理的技术条件及工序安排 ………………………………………… 374

14.3.1　零件热处理的技术条件 ……………………………………………… 374

14.3.2　零件热处理工序安排 ………………………………………………… 375

14.4　典型零件的选材与工艺分析实例 …………………………………………… 376

14.4.1　轴类零件的选材和工艺分析 ………………………………………… 377

14.4.2　齿轮类零件的选材和工艺分析 ……………………………………… 379

14.4.3　箱体类零件的选材和工艺分析 ……………………………………… 381

参考文献 …………………………………………………………………………… 384

第1章　金属材料的性能

教学目标

　　(1)掌握金属材料的各力学性能(强度、塑性、硬度、冲击韧性、疲劳强度等)指标的含义、符号、测试方法以及工程意义；

　　(2)了解金属材料的物理、化学性能以及工艺性能的含义及工程意义；

　　(3)学会在设计机械零件和选择材料时能根据零件的工作环境、零件所承受的载荷情况,重点考虑某些力学性能指标。

本章重点

　　金属材料的强度、塑性、硬度、冲击韧性、疲劳强度等力学性能指标的含义、符号、测试方法以及工程意义。

本章难点

　　退火低碳钢的 $F-\Delta L$ 拉伸曲线。

　　工程材料分金属材料和非金属材料,由于金属材料的品种很多,并具有各种不同的性能,能满足各种机械零构件的使用和加工要求,故生产上得到广泛应用。其中金属材料是工程中应用最广泛的。

　　金属材料的性能包括使用性能和工艺性能。使用性能是指金属材料在使用过程中表现出来的性能,它包括力学性能(强度、塑性、硬度、冲击韧性、疲劳强度等)、物理性能(密度、熔点、热膨胀性、导热性、导电性等)以及化学性能(耐蚀性、抗氧化性等)。工艺性能是指金属材料对各种加工工艺适应的能力,它包括铸造性能、压力加工性能、焊接性能、切削加工性能和热处理性能等。

工程材料概述微课

1.1　金属材料的力学性能

　　金属材料在加工及使用过程中,都要受到各种外力的作用,金属材料所受的外力称为载荷。根据载荷作用的方式、速度、持续性等的不同可将载荷分为以下三种。

　　1. 静载荷

　　大小、方向不随时间发生变化或变化缓慢的载荷。例如在静止状态下,汽车车身自重引起的对车架和轮胎的压力,属于静载荷。

2. 冲击载荷

在短时间内以较高速度作用于零构件上的载荷。例如汽车在不平的道路上行驶时，车身对车架和轮胎的冲击，即为冲击载荷。

3. 交变载荷

大小、方向随时间发生周期性变化的载荷。例如运转中的发动机曲轴、齿轮等零件所承受的载荷均为交变载荷。

按作用形式不同，载荷又可分为拉伸载荷、压缩载荷、弯曲载荷、剪切载荷和扭转载荷等，如图 1-1 所示。

金属材料的力学性能是指材料在各种不同形式的载荷的作用下所表现出来的特性。其主要性能有静载荷作用下的强度、塑性、硬度，冲击载荷作用下的冲击韧性以及交变载荷作用下的疲劳强度等。这些力学性能指标是机械设计、材料选择、工艺评定及材料检验的主要依据。

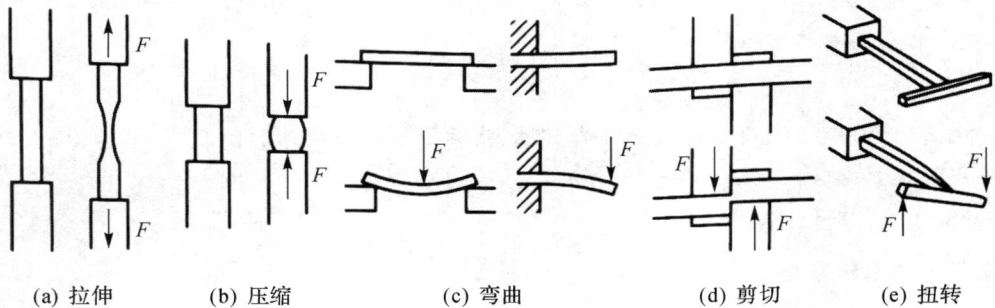

|(a) 拉伸　　　　(b) 压缩　　　　(c) 弯曲　　　　(d) 剪切　　　　(e) 扭转

图 1-1　常见的载荷作用形式

1.1.1　强度

所谓强度，是指金属材料在静载荷作用下抵抗变形和断裂的能力。根据外力的作用方式，材料的强度分为抗拉强度、抗压强度、抗弯强度、抗剪强度和抗扭强度等。在使用中一般多以抗拉强度作为基本的强度指标，常简称为强度。强度单位为 $MPa(N/mm^2)$。

1. 拉伸试验

金属材料的强度、塑性是依据国家标准《金属材料　拉伸试验　第 1 部分：室温试验方法》(GB/T 228.1—2010)通过静拉伸试验测定的。它是把一定尺寸和形状的标准拉伸试样装夹在拉伸试验机上，然后对试样逐渐施加拉伸载荷，直至把试样拉断为止。标准拉伸试样的截面有圆形的和矩形的，圆形截面试样用得较多，圆形截面试样有长试样($L_o = 10d_o$)和短试样($L_o = 5d_o$)。圆形截面标准拉伸试样拉伸试验前如图 1-2(a)所示，拉伸试验后如图 1-2(b)所示。

一般拉伸试验机上都带有自动记录装置，可绘制出载荷(F)与试样伸长量(ΔL)之间的关系曲线，即 F-ΔL 拉伸曲线。如图 1-3 所示，纵坐标表示力 F，单位为 N；横坐标表示绝对伸长量 ΔL，单位为 mm。并据此可测定应力($R = \dfrac{F}{S_o}$，其中 S_o 为试样原始横截面面积)与应变(应变也称伸长率,$\varepsilon = \dfrac{\Delta L}{L_o}$,其中 L_o 为试样原始标距长度)之间的关系曲线。图 1-4 所示为退火低碳钢的应力—应变曲线(R-ε 曲线)。比较图 1-3 和图 1-4,可以看出两者具有相同或相似的形状,但坐标刻度不同,意义不同。

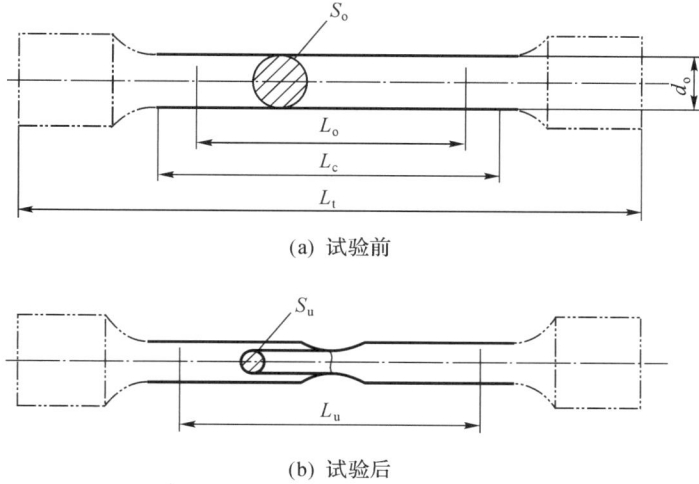

(a) 试验前

(b) 试验后

d_o—圆试样平行长度的原始直径;L_o—原始标距;L_c—平行长度;L_t—试样总长度;L_u—断后标距;S_o—平行长度的原始横截面面积;S_u—断后最小横截面面积。

图 1-2　圆形标准拉伸试样

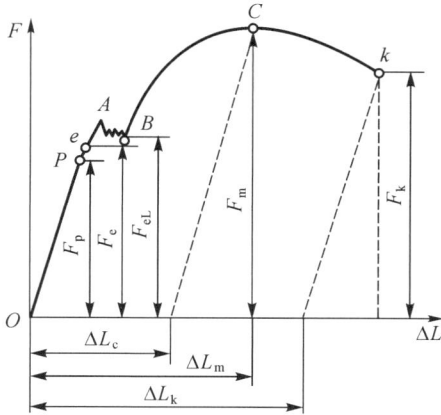

图 1-3　退火低碳钢的 F-ΔL 拉伸曲线　　　低碳钢静拉伸试验微课

研究表明退火低碳钢在外加载荷作用下的拉伸变形过程一般可分为三个阶段,即弹性变形、塑性变形和断裂。由图 1-3 可知,拉伸过程具体可分为以下几个阶段。

(1)Oe 段(弹性变形阶段)　试样在外加载荷作用下均匀伸长,伸长量与载荷成正比。如果卸除载荷,试样仍能恢复到原来的尺寸,即试样的变形完全消失。这种随载荷消失而消失的变形称为弹性变形。

(2)AB 段(屈服阶段)　当载荷超过 F_e 后,试样将进一步伸长。此时若卸除载荷,弹性

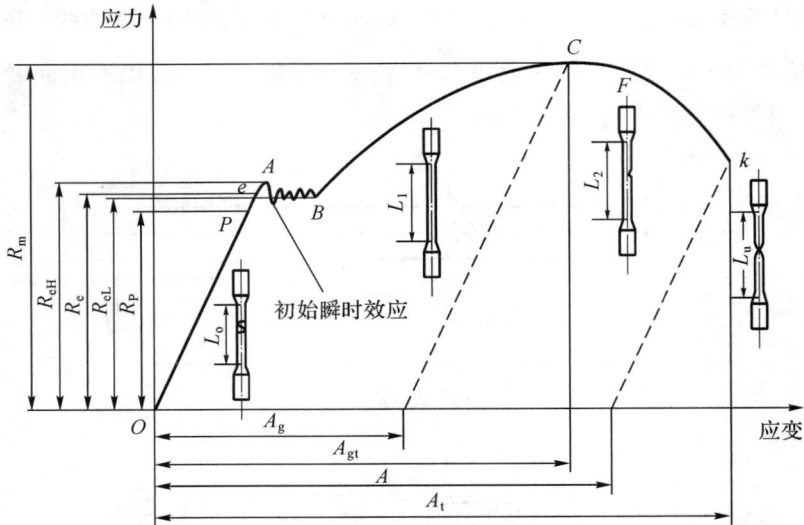

R_m—抗拉强度;R_{eH}—上屈服强度;R_e—弹性极限;R_{eL}—下屈服强度;R_p—规定塑性延伸强度;
A_g—最大力 F_m 塑性延伸率;A_{gt}—最大力 F_m 总延伸率;A—断后伸长率;A_t—断裂总延伸率。

图 1-4　退火低碳钢的应力—应变曲线

变形消失,而另一部分变形却不能消失,即试样不能恢复到原来的尺寸,这种载荷消失后仍继续保留的变形称为塑性变形。当载荷达到图形中 A 点后,F-ΔL 拉伸曲线出现了水平或锯齿形线段,表明在载荷基本不变的情况下,试样却继续变形,这种现象称为"屈服"。

(3)BC 段(强化阶段)　试样的载荷大小超过 B 点后,试样的变形随载荷的增大而逐渐增大,试样发生均匀而明显的塑性变形。

(4)Ck 段(缩颈阶段)　当试样所受的载荷达到 C 点后,试样在标距长度内直径明显地出现局部变细,即"缩颈"现象。由于横截面面积的减小,变形集中在缩颈处,而由于试样局部截面的逐渐缩小,故试样保持持续拉伸到断裂所需的载荷也逐渐下降,当达到拉伸曲线上 k 点时,试样随即断裂。

很多金属材料,如高碳钢、大多数合金钢、铜合金以及铝合金的拉伸曲线不出现平台。有些脆性材料,如铸铁等,不仅没有屈服现象,而且也不产生缩颈。

2.强度指标

强度指标是用应力值来表示的。从拉伸曲线分析得出,有三个载荷值比较重要:一是弹性变形范围内的最大力 F_e;二是最小屈服力 F_{eL};三是最大力 F_m。通过这三个载荷值,可以得出金属材料的三个主要强度指标。

(1)弹性极限

弹性极限是金属材料能保持弹性变形的最大应力,用符号 R_e 表示。

$$R_e = \frac{F_e}{S_o} \tag{1.1}$$

式中:F_e——试样弹性变形范围内的最大力(N);

　　　S_o——试样的原始横截面面积(mm^2)。

强度与塑性微课

（2）屈服强度

屈服强度是指当金属材料呈现屈服现象时，在试验期间发生塑性变形而力不增加的应力点。分上屈服强度和下屈服强度。上屈服强度（R_{eH}）是指试样发生屈服而力首次下降前的最高应力，如图 1-4 所示；下屈服强度（R_{eL}）是指在屈服期间不计初始瞬时效应时的最低应力，如图 1-4 所示。

退火低碳钢的屈服阶段（AB 段）常呈水平状的锯齿形。在该阶段中，与最高点 A 对应的应力称为上屈服极限。由于它受到变形速度和试样形状的影响较大，故一般不将其作为屈服强度的指标。同样，载荷首次下降的最低点（初始瞬间效应）也不作为强度指标，一般把初始瞬间效应之后的最低载荷 F_{eL} 对应的应力作为屈服强度。F_{eL} 除以试样的原始横截面面积 S_o，即得下屈服强度（R_{eL}），它是机械设计的主要依据，也是评定金属材料优劣的重要指标。

上屈服强度（R_{eH}）的计算公式如下：

$$R_{eH} = \frac{F_{eH}}{S_o} \tag{1.2}$$

式中：F_{eH}——试样发生屈服而力首次下降前的最高力（N）；

　　　S_o——试样的原始横截面面积（mm^2）。

下屈服强度（R_{eL}）的计算公式如下：

$$R_{eL} = \frac{F_{eL}}{S_o} \tag{1.3}$$

式中：F_{eL}——屈服期间不计初始瞬时效应时的最低力（N）；

　　　S_o——试样的原始横截面面积（mm^2）。

无明显屈服现象的材料，常用试样标距长度产生 0.2％塑性变形时的应力值作为屈服强度，用 $R_{p0.2}$ 表示，表示规定塑性延伸率为 0.2％的应力。

（3）抗拉强度

抗拉强度是指金属材料抵抗外力而不致断裂的最大应力值，用符号 R_m 表示。抗拉强度是机械零件评定和选材时的重要强度指标。随着载荷的增加，拉伸曲线开始上升，当载荷达到最大值 F_m 后，可以看到试样局部开始出现缩颈现象，随着缩颈处横截面面积不断减小，试样的承载能力不断下降，直至 k 点试样拉断。根据测得的 F_m，可按下式计算出抗拉强度：

$$R_m = \frac{F_m}{S_o} \tag{1.4}$$

式中：F_m——试样在断裂前所受的最大力（N）；

　　　S_o——试样的原始横截面面积（mm^2）。

$\frac{R_{eL}}{R_m}$ 的比值称为屈强比，其数值一般在 0.5～0.75 范围，屈强比越小，工程构件或机械零件的可靠性越高，即使超载也不会马上断裂，但材料的利用率越低；反之，屈强比越大，材料的利用率越高，但可靠性下降。

1.1.2　塑性

塑性是指金属材料在静载荷作用下，产生塑性变形而不被破坏的能力。常用的塑性指标是断后伸长率和断面收缩率。两个指标均为百分率(%)表示。

1. 断后伸长率

断后伸长率是指断后标距的残余伸长($L_u - L_o$)与原始标距(L_o)之比的百分率,用符号 A 表示。

$$A = \frac{L_u - L_o}{L_o} \times 100\%$$ (1.5)

式中:L_u——断后标距(mm);

　　L_o——原始标距(mm)。

由于圆形截面标准拉伸试样分为长拉伸试样($L_o = 10d_o$,$L_o = 11.3\sqrt{S_o}$)和短拉伸试样($L_o = 5d_o$,$L_o = 5.65\sqrt{S_o}$),使用长拉伸试样测定的断后伸长率用符号 $A_{11.3}$ 表示;使用短拉伸试样测定的断后伸长率用符号 A_5 表示,通常写成 A。对于比例试样若原始标距 $L_o \neq 5.65\sqrt{S_o}$,符号 A 应附以下标说明比例系数,例如 $L_o = 11.3\sqrt{S_o}$ 时,断后伸长率为 $A_{11.3}$。同一种材料的断后伸长率 $A_{11.3}$ 和 A 在数值上是不相等的,因而不能直接用 $A_{11.3}$ 和 A 进行比较。一般短拉伸试样的 A 值大于长试样 $A_{11.3}$。

2. 断面收缩率

断面收缩率是指断裂后试样横截面面积的最大缩减量($S_o - S_u$)与原始横截面面积 S_o 之比的百分率。用符号 Z 表示。

$$Z = \frac{S_o - S_u}{S_o} \times 100\%$$ (1.6)

式中:S_o——平行长度部分的原始横截面面积(mm^2);

　　S_u——断后最小横截面面积(mm^2)。

断面收缩率不受试样尺寸的影响,因此能较准确地反映出材料的塑性。

塑性指标在工程中具有重要的实际意义,A 值和 Z 值越大,表示金属材料的塑性越好,塑性好的金属材料可以发生较大量塑性变形而不被破坏,便于通过各种压力加工(如冲压、挤压、冷拔、热轧及锻造等)获得形状复杂的零件。金、铜、铝、铁等金属材料的塑性都很好,如工业纯铁的 A 可达 50%,Z 可达 80%,可以拉成细丝,轧成薄板,进行深冲成形。金是延展性最好的金属,1g 金可以拉成长达 4000m 的细丝。铸铁的塑性很差,A 和 Z 几乎为零,不能进行塑性变形加工。塑性好的材料在偶然过载时,由于首先产生塑性变形而不致发生突然断裂,所以比较安全。

金属材料的塑性常与其强度性能有关。当材料的断后伸长率与断面收缩率的数值越高时(A、$Z > 10\% \sim 20\%$),则其塑性就越好,但其强度却越低。屈强比也与断后伸长率有关,通常材料的塑性越好,屈强比越小。

1.1.3　硬度

硬度是衡量金属材料软硬程度的指标,是指金属材料抵抗局部弹性变形、塑性变形、压痕或划痕的能力。它是金属材料的重要性能之一,也是检验工具、模具和机械零件质量的一项重要指标。硬度试验方法很多,分为弹性回跳法(如肖氏硬度)、压入法(如布氏硬度、洛氏硬度和维氏硬度)和划痕法(如莫氏硬度)三类。目前生产中,测定硬度最常用的方法是压入法。压入法所表示的硬度是指材料抵抗其他硬物压入其表面的能力,它反映了材料抵抗局部塑性变形的能力。它是用一定的静载荷(压力)把压头压在金属表面上,然后通过测定压痕的面积或深度来确定其硬度。因硬度试验设备简单,操作方便、迅速、不破坏工件,且硬度值和抗拉强度值之间存在一定的对应关系,因此硬度指标往往作为技术要求被标在零件图上。

压入法硬度试验常用的硬度指标有布氏硬度、洛氏硬度和维氏硬度。

1. 布氏硬度(HBW)

布氏硬度试验是根据《金属材料　布氏硬度试验　第 1 部分:试验方法》(GB/T 231.1—2018)的规定,对一定直径 D 的碳化钨合金球施加试验力 F 压入试样表面,经规定保持时间后,卸除试验力,测量试样表面压痕的直径 d。布氏硬度试验原理如图 1-5 所示,布氏硬度与试验力除以压痕表面积的商成正比。压痕被看作是卸载后具有一定直径的球形,压痕的表面积 S 通过压痕的平均直径 d 和压头直径 D 计算得到。

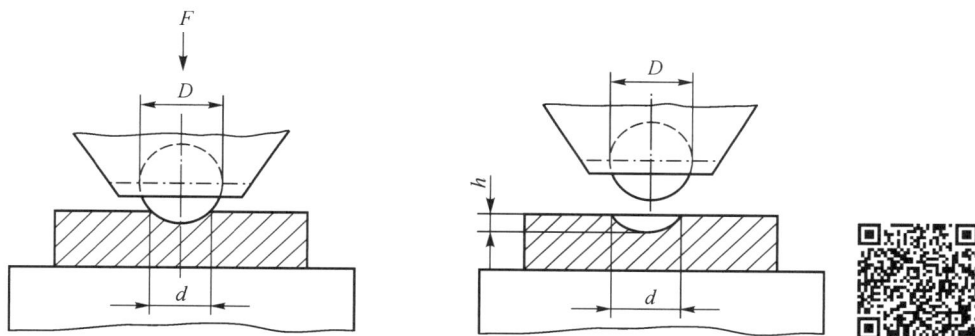

图 1-5　布氏硬度试验原理　　　　　　　　　　硬度微课

布氏硬度用符号 HBW 表示,当试验力 F 的单位为牛顿(N)时布氏硬度值应为

$$HBW = 0.102 \times \frac{F}{S} = 0.102 \times \frac{2F}{\pi D(D - \sqrt{D^2 - d^2})} \tag{1.7}$$

式中:F ——试验力(N);

　　　S ——压痕表面积(mm^2);

　　　D ——球体直径(mm);

　　　d ——压痕平均直径(mm);

　　　0.102——常数$\approx 1/9.80665$,9.80665 是从 kgf 到 N 的转换因子。

因此布氏硬度的单位为 N/mm^2,但习惯上只写明硬度的数值而不标出单位。

布氏硬度的表示方法为:硬度值＋HBW＋压头直径＋试验力＋试验力保持时间(10~15s 不标出)。例如 600HBW1/30/20 表示用直径 1mm 的碳化钨硬质合金球做压头,在 30kgf(294.2N)试验力作用下保持 20s,所测得的布氏硬度值为 600。

在进行布氏硬度试验时,应根据被测试金属材料的种类和试样厚度,选用不同大小的球体直径 D、施加试验力 F 和试验力保持时间。按 GB/T 231.1—2018 规定,球体直径有 10mm、5mm、2.5mm 和 1mm 四种;试验力(单位为 N)与球体直径平方的比值($0.102 \times \frac{F}{D^2}$)

有 30、15、10、5、2.5 和 1 共六种（可根据金属材料的种类和布氏硬度范围，按表 1-1 选定 $\dfrac{F}{D^2}$ 值）；试验力的保持时间为 10~15s，对于要求试验力保持较长时间的材料，试验力保持时间允许误差为 ±2s。

表 1-1　不同材料推荐的试验力与压头球直径平方的比率(F/D^2)（摘自 GB/T 231.1—2018）

材料	布氏硬度（HBW）	$0.102 \times \dfrac{F}{D^2}(\mathrm{N/mm^2})$
钢、镍基合金、钛合金	—	30
铸铁①	<140	10
	≥140	30
铜和铜合金	<35	5
	35~200	10
	>200	30
轻金属及其合金	<35	2.5
	35~80	5、10 或 15
	>80	10 或 15
铅、锡	—	1
烧结金属	依据 GB/T 9097	

①对于铸铁，压头的名义直径应为 2.5mm、5mm 或 10mm

当试验力 F 与球体直径 D 选定时，硬度值只与压痕平均直径 d 有关。d 越大，则布氏硬度值越小；反之，d 越小，则硬度值越大。具体试验时，硬度值可根据实测的 d 按已知的 F、D 值查表可得。

布氏硬度试验法因压痕面积较大，能反映出较大范围内被测金属的平均硬度，故试验结果较精确、稳定、重复性好。但因压痕较大，易损伤零件表面，所以不宜测试成品或薄片金属的硬度。

目前布氏硬度试验常用来测量退火钢、正火钢、调质钢、铸铁及非铁金属的硬度。

2. 洛氏硬度（HR）

洛氏硬度试验法是目前工厂中应用最广泛的硬度试验方法。它是根据《金属材料　洛氏硬度试验　第 1 部分：试验方法》（GB/T 230.1—2018）的规定，将特定尺寸、形状和材料的压头（锥顶角为 120° 的金刚石圆锥体或一定直径的碳化钨合金球），按照规定分两级试验力压入试样表面，初试验力加载后测量初始压痕深度，随后施加主试验力，在卸除主试验力后保持初试验力时测量最终压痕深度。根据残余压痕深度 h（最终压痕深度和初始压痕深度的差值）来计算洛氏硬度值。

金刚石圆锥压头的洛氏硬度试验原理如图 1-6 所示。试验时，先加初试验力 F_0，压痕深度为 h_1，目的是使压头与试样表面紧密接触，避免由于试样表面不平整而影响试验结果的精确性。然后，再加主试验力 F_1，在总试验力（$F_1 + F_0$）作用下，压入深度为 h_2，卸除主

试验力 F_1，由于金属弹性变形的恢复，使压头略微回升，这时压头实际压入试样的深度为 h_3，故由主试验力引起的塑性变形而产生的残余压痕深度 $h = h_3 - h_1$，并以此衡量被测金属的硬度。显然，h 值越大时，被测金属的硬度越低；反之，则越高。为了照顾习惯上数值越大、硬度越高的概念，故采用一个常数 N 减去 $\dfrac{h}{S}$ 来表示硬度大小，由此获得的硬度值称为洛氏硬度值，用符号 HR 表示，即

$$HR = N - \frac{h}{S} \tag{1.8}$$

式中：N——常数（当使用金刚石圆锥压头时，常数 N 为 100；当使用碳化钨合金球压头时，常数 N 为 130）；

　　　h——残余压痕深度（mm）；

　　　S——标尺常数，通常以 0.002mm 为一个硬度单位，测表面洛氏硬度时为 0.001mm。

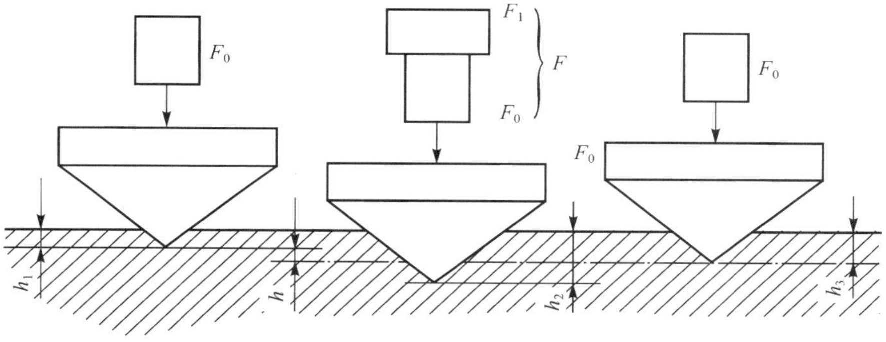

图 1-6　金刚石圆锥压头的洛氏硬度试验原理

为了能用同一种硬度计测定从软到硬的不同金属材料的硬度，采用不同的压头和试验力组成几种不同的洛氏硬度的标尺。每一种标尺用一个（或两个）字母在洛氏硬度符号 HR 后面加以注明。我国常用的标尺 A、B、C 硬度符号分别用 HRA、HRBW、HRC 表示。常用洛氏硬度标尺的试验条件和适用范围见表 1-2。碳化钨合金球压头适用于退火钢件、有色金属等较软材料的硬度测定；金刚石圆锥压头适用于淬火钢等较硬材料的硬度测定。

表 1-2　常用洛氏硬度试验条件和适用范围（摘自 GB/T 230.1—2018）

标尺	硬度符号	压头类型	初试验力 F_0	总试验力 F	标尺常数 S	全量程常数 N	适用范围
A	HRA	金刚石圆锥	98.07N	588.4N	0.002mm	100	20～95HRA
B	HRBW	ϕ1.5875mm 球	98.07N	980.7N	0.002mm	130	10～100HRBW
C	HRC	金刚石圆锥	98.07N	1471N	0.002mm	100	20～70HRC

常用的洛氏硬度的表示方法为：硬度值＋HRA（HRBW、HRC），如 60HRC、85HRA 等，其中 60HRC 表示用 C 标尺测定的洛氏硬度值为 60；85HRA 表示用 A 标尺测定的洛氏硬度值为 85。

洛氏硬度试验的优点是操作简单、方便，测试的硬度范围大，可测定从较软到极硬的金

属材料,可从表盘上直接读出硬度值,不必查表或计算,而且压痕小,可测量较薄工件的硬度。缺点是由于压痕较小,当材料内部组织不均匀时,会使测量值不够准确,故需要在材料的不同部位测试数次,取其平均值来代表材料的硬度。

3. 维氏硬度(HV)

维氏硬度的试验原理基本上和布氏硬度试验相同。图 1-7 所示为维氏硬度试验原理,根据《金属材料　维氏硬度试验　第 1 部分:试验方法》(GB/T 4340.1—2009)的规定,它是用一个相对面夹角为 136°的金刚石正四棱锥体压头,在规定试验力 F 作用下压入试样表面,保持规定时间后,卸除试验力,测量试样表面压痕两对角线的平均长度 d,进而计算出压痕的表面积 S,以 $\dfrac{F}{S}$ 的数值来表示被测试试样的硬度值,称为维氏硬度,用符号 HV 表示。

当试验力 F 的单位为牛顿(N)时,维氏硬度值为

$$HV = 0.102 \times \frac{F}{S} = 0.102 \times \frac{2F\sin 68°}{d^2} = 0.1891 \frac{F}{d^2} \tag{1.9}$$

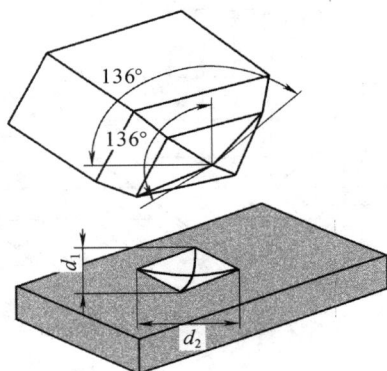

图 1-7　维氏硬度试验原理

式中表面压痕两对角线的平均长度 d 的单位为 mm。与布氏硬度值一样,习惯上也只写出其硬度数值而不标出单位。在硬度符号 HV 之前的数值为硬度值,HV 后面的数值依次表示试验力(单位为 kgf)和试验力保持时间(保持时间为 10～15s 时不标注)。例如640HV30 表示在 30kgf(294.2N)试验力作用下,保持 10～15s 测得的维氏硬度值为 640。640HV30/20 表示在 30kgf(294.2N)试验力作用下,保持 20s 测得的维氏硬度值为 640。

维氏硬度试验常用的试验力有 49.03N、98.07N、196.1N、294.2N、490.3N、980.7N 等几种。试验时,试验力 F 应根据试样的硬度与厚度来选择。一般在试样厚度允许的情况下尽可能选用较大试验力,以获得较大压痕,提高测量精度。

维氏硬度试验法的优点是试验时所加试验力小,压入深度浅,故适用于测试零件表面淬硬层及化学热处理的表面层(如渗碳层、渗氮层等);同时维氏硬度是一个连续一致的标尺,试验时试验力可任意选择,而不影响其硬度值的大小,因此可测定从极软到极硬的各种金属材料的硬度。维氏硬度试验法的缺点是其硬度值的测定较麻烦,工作效率不如测洛氏硬度高。

根据 GB/T 4340.1—2009 规定,将试验力减小为 0.09807N、0.1471N、0.1961N、0.2452N、0.4903N、0.9807N,使压痕对角线长度以 μm 级计量,从而可测定金属箔、金属

粉末、极薄表层以及金属中晶粒与合金相的显微维氏硬度值。

1.1.4 冲击韧性

在生产实践中,许多机械零件和工具是在冲击载荷下工作的,如活塞销、锤杆、冲模和锻模等。因此了解材料在冲击载荷下的力学性能十分必要。冲击载荷与静载荷的主要区别是加载速率不同,前者加载速率高,后者加载速率低。由于冲击载荷加载速率提高,应变速率也随之增加,使材料变脆倾向增大,冲击韧性可以用来评定材料在冲击载荷下的脆断倾向。所谓冲击韧性,是指材料在冲击载荷作用下吸收塑性变形功和断裂功的能力,常用标准试样的冲击吸收能量 K 表示,冲击吸收能量由冲击试验测得。

1. 冲击试样

为了使试验结果可以互相比较,需按国家标准《金属材料 夏比摆锤冲击试验方法》(GB/T 229—2020)制作试样。冲击弯曲试验标准试样有 U 形缺口和 V 形缺口,分别称为夏比 U 形缺口和夏比 V 形缺口试样,如图 1-8 所示。

2. 冲击试验原理与方法

金属材料的冲击韧度是通过冲击试验来测定的。试验时,将试样安放在冲击试验机的支座上,试样的缺口背向摆锤的冲击方向,如图 1-9(a)所示。将重力为 G 的摆锤抬到高度 H,使其获得一定的势能 GH,如图 1-9(b)所示。然后,让摆锤由此高度落下,将试样冲断。试样冲断后,摆锤继续向前升高到 h 高度,此时摆锤具有的势能为 Gh。由此可计算出摆锤冲断试样时的冲击吸收能量。其计算公式为

$$K = GH - Gh = G(H - h) \tag{1.10}$$

式中:G ——摆锤的重力(N);

$\quad\quad H$ ——冲击前摆锤的初始高度(m);

$\quad\quad h$ ——冲断试样后摆锤回升的高度(m);

$\quad\quad K$ ——冲击吸收能量(J)。

冲击吸收能量的值可由试验机刻度盘上的指针指示出来。用字母 V 和 U 表示缺口几何形状,用下标数字 2 或 8 表示摆锤刀刃半径。例如 KV_2,表示 V 形缺口试样在 2mm 摆锤刀刃半径下的冲击吸收能量;KU_2 表示 U 形缺口试样在 2mm 摆锤刀刃半径下的冲击吸收能量。

将冲击吸收能量除以试样缺口处的横截面面积所得之商,称为冲击韧度,是材料冲击韧性的一种力学性能指标,用符号 α_K 表示。其计算公式为

$$\alpha_K = \frac{K}{S_0} \tag{1.11}$$

式中:S_0 ——试样缺口处的横截面面积(cm²);

$\quad\quad \alpha_K$ ——冲击韧度值(J/cm²)。

3. 冲击韧度的工程意义

冲击吸收能量主要消耗在裂纹出现至断裂的过程。冲击韧度值 α_K 的大小,反映出金属材料韧性的好坏。α_K 越大,表示材料的韧性越好,抵抗冲击载荷而不被破坏的能力越大,即受冲击时不易断裂的能力越大。所以,在实际生产制造中,对于长期在冲击载荷力下工作的

零件,需要进行冲击韧度试验,如压力机的曲柄、空气锤的锤杆、发动机的转子等。

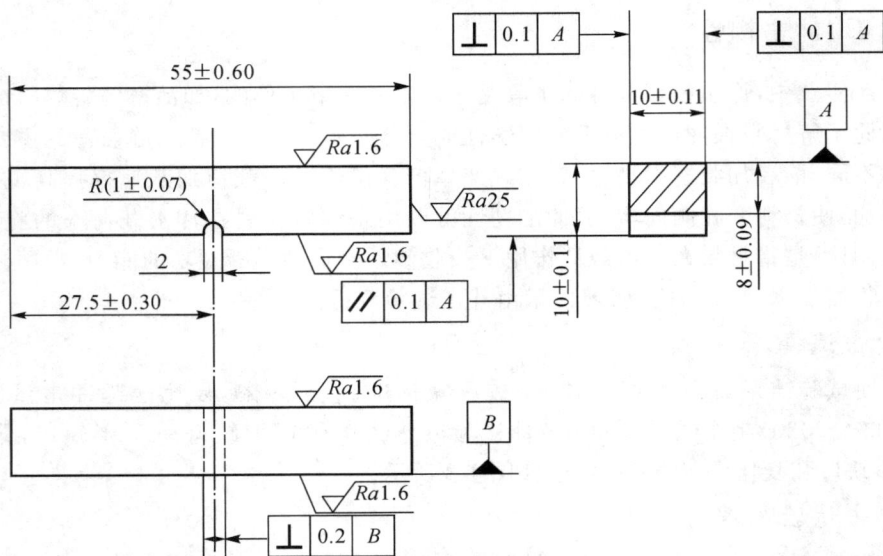

(a) U形缺口试样

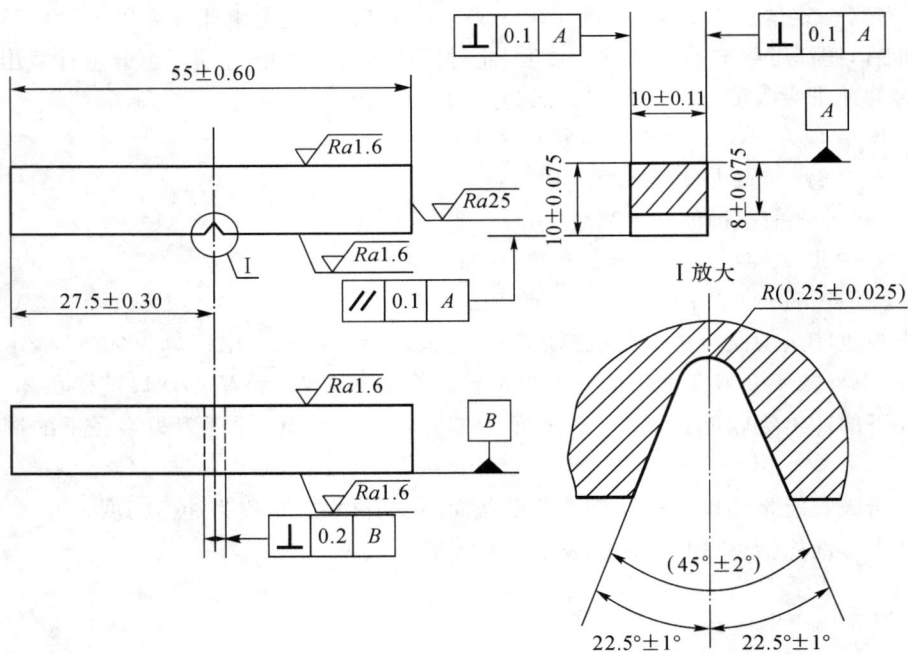

(b) V形缺口试样

图 1-8　冲击试验标准试样

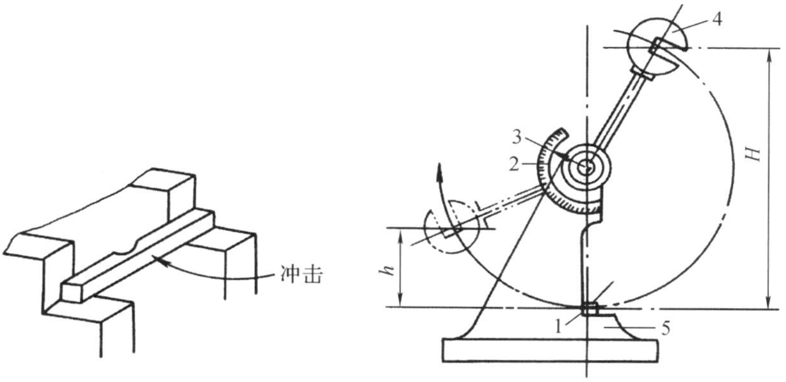

(a) 试验安放位置　　　　(b) 冲击试验机简图

1—试样；2—刻度盘；3—指针；4—摆锤；5—机架。

图 1-9　冲击试验原理

冲击韧性微课

一般来说，强度、塑性两者均好的材料，α_K 值也高。材料的冲击韧度除了取决于其化学成分和显微组织外，还与加载速率、温度、试样的表面质量（如缺口、表面粗糙度等）、材料的冶金质量等有关。加载速率越高，温度越低，表面及冶金质量越差，则 α_K 值越低。

在一次冲断条件下测得的冲击韧度值 α_K，对于判别材料抵抗大能量冲击能力有一定的意义。而绝大多数零件在工作中所承受的多是小能量多次冲击，零件在使用过程中承受这种冲击有上万次或数万次。对于材料承受多次冲击的问题，如果冲击能量低、冲击周次较多时，材料的冲击韧度值主要取决于材料的强度，材料的强度高则冲击韧度值较大；如果冲击能量高时，则主要取决于材料的塑性，材料的塑性越好则冲击韧度值越大。因此冲击韧度值 α_K 一般可作设计和选材的参考。

1.1.5　疲劳强度

1. 金属的疲劳

轴、齿轮、轴承、叶片、弹簧等零件，在工作过程中各点的应力随时间做周期性变化，这种随时间做周期性变化的应力称为交变应力（也称循环应力）。在交变应力作用下，虽然零件所承受的应力低于材料的屈服强度，但经过较长时间的工作而产生裂纹或突然发生完全断裂的过程称为金属的疲劳。材料承受的交变应力（σ）与材料断裂前承受交变应力的循环次数（N）之间的关系可用疲劳曲线来表示。金属承受的交变应力越大，则断裂时应力循环次数越少。

据统计，机械零件失效中，大约有 80% 以上属于疲劳破坏，而且疲劳破坏前没有明显的变形，疲劳破坏经常造成重大事故，所以对于轴、齿轮、轴承、叶片、弹簧等承受交变载荷的零件要选择疲劳强度较好的材料来制造。

疲劳断裂与静载荷下的断裂不同，无论在静载荷下显示脆性或韧性的材料，在疲劳断裂时，都不产生明显的塑性变形，断裂是突然发生的，甚至在小载荷工况下断裂，因此具有很大的危险性，常造成严重的事故。

2. 疲劳强度（疲劳极限）

根据《金属材料　疲劳试验　旋转弯曲方法》（GB/T 4337—2015），材料的疲劳曲线通常用旋转弯曲疲劳试验方法测定。由于疲劳断裂时循环周次 N 很大，所以疲劳曲线的横坐标一般取对数坐标。大量试验证明，金属材料所受的最大交变应力 σ_{max} 越大，则断裂前所经受的循环周次 N（定义为疲劳寿命）越少，如图 1-10 所示。这种交变应力 σ_{max} 与疲劳寿命 N 的关系曲线称为疲劳曲线，或 S-N 曲线。

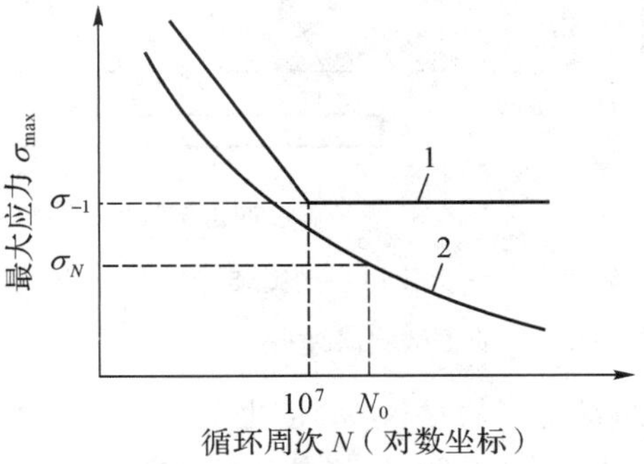

1——一般钢铁材料；2—有色金属、高强度钢等。

图 1-10　疲劳曲线（S-N 曲线）

一般钢铁材料的 S-N 曲线属于图 1-10 中曲线 1 的形式，其特征是当交变应力小于某一数值时，循环周次可以达到很大，甚至无限大，而试样仍不发生疲劳断裂，这就是试样不发生断裂的最大交变应力，该应力值称为疲劳极限或疲劳强度。光滑试样的对称循环旋转弯曲的疲劳极限用 σ_{-1} 表示。按 GB/T 4337—2015 规定，一般钢铁材料取循环周次为 10^7 次时，能承受的最大交变应力为疲劳极限或疲劳强度。

一般有色金属、高强度钢及腐蚀介质作用下的钢铁材料的 S-N 曲线属于图 1-10 中曲线 2 的形式。其特征是循环周次 N 随所受应力 σ 的降低而增加，不存在曲线 1 所示的水平线段。因此，对具有如曲线 2 所示特征的金属，要根据零件的工作条件和使用寿命，规定一个疲劳极限循环周次 N_0，并以循环周次 N_0 所对应的应力作为"条件疲劳极限"（或称有限寿命疲劳极限）。一般规定：有色金属 N_0 取 10^8 次；腐蚀介质作用下的 N_0 取 10^6 次。

3. 提高疲劳强度的措施

金属的疲劳极限除与选用材料本身的性能有关外，还可以通过以下途径来提高疲劳强度：

（1）设计　使零件尽量避免尖角、缺口和截面突变，以避免应力集中及其引起的疲劳裂纹。

（2）材料　通常应使晶粒细化，减少材料内部存在的夹杂物和由于热加工不当而引起的缺陷，如气孔、疏松和表面氧化等。材料内部缺陷，有的本身就是裂纹，有的在交变应力作用下会发展成裂纹。在金属材料中添加各种其他元素是增强金属的抗疲劳性的有效办法。例如在钢铁和有色金属里加入质量分数为万分之几或千万分之几的稀土元素，就可大大提高这些金属的抗疲劳强度，延长使用寿命。

（3）机械加工　降低零件表面粗糙度值，因表面刀痕、碰伤和划痕等都是疲劳裂纹的策源地。

（4）零件表面强化　可采用化学热处理、表面淬火、喷丸处理和表面涂层等,使零件表面造成压应力,以抵消或降低表面拉应力引起疲劳裂纹的可能性。

应该注意:上述力学性能指标,都是用小尺寸的光滑试样或标准试样,在规定性质的载荷作用下测得的。实践证明,它们不能直接代表材料制成零件后的性能。因为实际零件尺寸往往很大,尺寸增大后,材料中出现的缺陷(如孔洞、夹杂物、表面损伤等)的可能性也增大;而且零件在实际工作中所受的载荷往往是复杂的,零件的形状、表面粗糙度值等也与试样差异很大。

1.2　金属材料的物理性能和化学性能

1.2.1　金属材料的物理性能

金属材料的物理性能是指金属材料在固态时所表现出来的一系列物理现象的性能,主要包括密度、熔点、热膨胀性、导热性、导电性和磁性等。这些性能不仅对工程材料的选用有着重要的意义,而且对材料的加工工艺产生一定的影响。这里简单介绍常用物理性能的一般概念。

1. 密度

单位体积的物质质量称为密度(单位 g/cm^3 或 kg/m^3)。一般而言,金属材料具有较高的密度(如纯铁密度为 $7.8g/cm^3$),陶瓷材料次之,高分子材料最低。金属材料中,密度在 $4.5g/cm^3$ 之下的称为轻金属,其中铝($2.7g/cm^3$)为典型代表。低密度材料对轻量化零件(如航天航空、运输机械等)有重要应用意义。以铝及其合金为例,其比刚度、比强度高,故广泛用于飞机结构件。高分子材料的密度虽小,但比刚度、比强度却最低,故其应用受到限制。而复合材料因其可能达到的比刚度、比强度最高,故是一种最有前途的新型结构材料。

2. 熔点

金属从固态向液态转变时的温度称为熔点。纯金属都有固定的熔点。熔点高的金属称为难熔金属,如钨、钒等,可以用来制造耐高温零件,如工业高温炉、火箭、导弹、燃气轮机、喷气飞机等某些零部件必须使用耐高温的难熔材料。熔点低的金属称为易熔金属,如锡、铅等,可用于制造熔丝和防火安全阀零件等。陶瓷的熔点一般都显著高于金属及合金的熔点。而高分子材料一般不是晶体,所以没有固定的熔点。

3. 热膨胀性

金属材料随温度升高而产生体积膨胀的性能称为热膨胀性。衡量热膨胀性的指标称为热膨胀系数。通常以线膨胀系数"α"表示。原子(或分子)受热后平均振幅增加,结合键越强,则原子间作用力越大,原子离开平衡位置所需的能量越高,则膨胀系数越小。

热膨胀性在工程设计、选材和加工等方面的应用很广。精密仪器及形状尺寸精度要求较高的零件应选用膨胀系数小的材料制造。而材料在使用或加工过程中因温度的变化所产生的不均匀热胀冷缩,将造成很大的内应力(热应力),可能导致零件发生变形或开裂,这对导热不良的材料更为如此。不同材料的零件配合在一起时也应注意其膨胀系数的差异。

4. 导热性

金属材料传导热量的能力称为导热性。导热性通常用热导率来衡量,用符号 λ 表示,单位是 $W/(m \cdot K)$,即单位温度梯度下单位时间内通过单位垂直面积的热量。其具体定义为:在物体内部垂直于导热方向取两个相距 $1m$,面积为 $1m^2$ 的平行平面,若两个平面的温度相差 $1K$,则在 1 秒内从一个平面传导至另一个平面的热量就规定为该物质的热导率。金属材料的热导率越大,说明导热性越好。金属的导热性以银为最好,铜、铝次之,合金的导热性比纯金属差。在制订焊接、铸造、锻造和热处理工艺时,必须考虑材料的导热性,防止材料在加热或冷却过程中形成过大的内应力而造成变形与开裂。

5. 导电性

金属材料传导电流的能力称为导电性,一般用电阻率来衡量,符号为 ρ,单位为 $\Omega \cdot m$。超导的电阻率 $\rho \to 0$,导体的电阻率 ρ 为 $10^{-8} \sim 10^{-5} \Omega \cdot m$,半导体的电阻率 ρ 为 $10^{-5} \sim 10^7 \Omega \cdot m$,绝缘体的电阻率 ρ 为 $10^7 \sim 10^{20} \Omega \cdot m$。电阻率越小,金属材料导电性越好。金属及其合金具有良好的导电性能。但合金的导电性比纯金属差。纯金属材料以银的导电性能最好,铜、铝次之,但银较贵,故工业上常用铜、铝及其合金作为导电材料,如电线、电缆、电器元件等。导电性差、电阻率高的金属或合金(如钨、钼、铁、铬)用来制造电阻器和电热元件。

6. 磁性

材料在磁场作用下表现出来的行为,即为磁性。材料的磁性对工程设计与选材具有重要的指导意义。若某些精密仪表元件要求不受各种磁场的干扰,则应选择抗磁性材料或顺磁性材料制造。而对磁功能材料而言,磁性则是关键,是基础。

金属材料按磁性可分为三类:

(1)铁磁性材料　在外磁场中能强烈地被磁化的材料,如铁、钴、镍等,可用于制造变压器、电动机、测量仪表等。铁磁性材料在温度升高到一定数值时,其磁畴被破坏,变为顺磁体,这个转变温度称为居里点,如铁的居里点是 $770℃$。

(2)顺磁性材料　在外磁场中只能微弱地被磁化的材料,如锰、铬、铂等。

(3)抗磁性材料　能抗拒或削弱外磁场对材料本身的磁化作用的材料,如铜、锌、铋、银等,用于制造要求避免电磁场干扰的零件和结构,如航海罗盘等。

1.2.2　金属材料的化学性能

金属材料的化学性能是指金属材料在室温或高温下抵抗外界介质对其化学侵蚀的能力。根据服役条件与环境的不同,金属材料不仅要有一定的力学性能与物理性能,同时要具有一定的化学稳定性能,即耐蚀性和抗氧化性。

1. 耐蚀性

金属材料在常温下抵抗周围介质(如大气、水、酸、碱和盐等)腐蚀破坏作用的能力称为耐蚀性。这种性能是由材料的成分、组织结构等因素决定的。碳钢、铸铁的耐蚀性较差,如常见的钢铁生锈现象。铝合金和铜合金有较好的耐蚀性。当钢中加入可以形成保护膜的铬、镍、铝、钛等合金元素时,可以提高耐蚀性,如不锈钢具有较好的耐蚀性。一定含量的铬镍能大幅度提高钢的电极电位,提高抗化学腐蚀的能力。

2. 抗氧化性

金属材料在高温时抵抗氧化作用的能力称为抗氧化性,又称为热稳定性。在高温条件下工作的设备,如锅炉、汽轮机、喷气发动机等零部件应选择热稳定性好的材料来制造。

除少数贵金属(如金、铂等)外,绝大多数金属在高温气体中都会发生氧化,其中钢铁材料的氧化最典型。钢铁材料在高温下(570℃以上)表面易氧化,主要原因是生成了疏松多孔的 FeO,氧原子易通过 FeO 进行扩散,使钢内部不断氧化,温度越高,氧化速度越快。由于氧化膜一般均较脆,其力学性能明显低于基体金属,且氧化又导致了零件的有效承载面积下降,故氧化首先影响了零件的承载能力等使用性能,其次铸、锻、焊等热加工过程中的氧化还造成了材料的损耗。

实践表明:可通过合金化在材料表面形成保护膜;或在工件周围造成一种保护气氛均能避免氧化。若氧化形成的氧化膜越致密,化学稳定性越高,与基体间结合越牢固,则该氧化膜就具有防止基体继续氧化的作用,如 Al_2O_3、Cr_2O_3、SiO_2 等;反之,FeO、Fe_2O_3、Cu_2O 则不具备此特性。故在钢中加入 Al、Cr、Si 等元素,因这些元素与氧的亲和力较 Fe 大,优先在钢表面生成稳定致密的 Al_2O_3、Cr_2O_3、SiO_2 等氧化膜,则可提高钢的抗氧化能力。

1.3　金属材料的工艺性能

金属材料的工艺性能可定义为金属材料经济地适应各种加工工艺而获得规定的使用性能和外形的能力。因此,一方面,金属材料的工艺性能影响了零件的使用性能和外观,还影响到零件的生产率和成本;另一方面,金属材料的工艺性能不仅取决于材料本身(即成分、组织、结构),而且受各种加工工艺条件(如加工方式、设备、工具、温度等)的影响。

金属材料工艺性能的好坏,决定了它在制造过程中加工成形的适应能力。它包括铸造性能、压力加工性能、焊接性能、切削加工性能和热处理性能等。

1.3.1　铸造性能

将熔炼好的液态金属浇注到与零件形状相适应的铸型空腔中,冷却凝固后获得铸件的方法为铸造。铸造性能是指金属材料铸造成形获得优良铸件的能力,通常包括流动性、收缩性、疏松、成分偏析、吸气性、铸造应力及冷热裂纹倾向等。

1.3.2　压力加工性能

压力加工包括热加工(如锻造、热轧、热挤压)和冷加工(冷轧、冷冲压、冷镦、冷挤压)。压力加工性能是指金属材料在冷、热状态下承受压力而产生塑性变形的能力。压力加工性能的好坏,取决于材料的塑性和变形抗力,塑性越好,变形抗力越小,材料的压力加工性能越好。例如,铜合金和铝合金在室温下就有良好的压力加工性能,碳钢在加热状态下压力加工性能良好,且低碳钢的压力加工性能比中碳钢、高碳钢好;碳钢的压力加工性能比合金钢好;铸铁属于脆性材料,则不能进行任何形式的压力加工。

1.3.3 焊接性能

焊接是材料的连接成形方法之一,广泛地应用于连接金属材料。金属材料的焊接性能是金属材料对焊接加工的适应性,是指金属材料在一定的焊接方法、焊接材料、工艺参数及结构形式条件下,获得优质焊接接头的难易程度。它包括两个方面内容:一是工艺性能,即在一定工艺条件下,焊接接头产生工艺缺陷(裂纹、气孔及夹渣等)的倾向,尤其是出现裂纹的可能性;二是使用性能,即焊接接头在使用中的可靠性,包括力学性能及耐磨、耐蚀等特殊性能。金属材料焊接性能取决于金属材料的本身性质和加工条件。

1.3.4 切削加工性能

材料进行各种切削加工(如车、铣、刨、钻、镗等)时的难易程度称为切削加工性能。切削是一种复杂的表面层现象,牵涉到摩擦及高速弹性变形、塑性变形和断裂等过程,故切削的难易程度与许多因素有关。评定材料的切削加工性能是比较复杂的,一般用切削力和切削温度、切削后表面粗糙度和刀具寿命等方面来衡量。材料的切削加工性能不仅取决于材料的化学成分,而且受内部组织结构的影响。故在材料化学成分确定时,通过热处理来改变材料显微组织和力学性能是改善材料切削加工性的主要途径。生产中一般是以硬度作为评定材料切削加工性的主要控制参数。实践证明:当材料的硬度在160~230HBW范围内时,切削加工性能良好。

1.3.5 热处理性能

热处理是改变材料性能的主要手段。在热处理过程中,材料的成分、组织、结构发生变化从而引起了成分结构敏感性参数的改变。热处理性能则是指材料热处理的难易程度和产生热处理缺陷的倾向,其衡量的指标或参数很多,如淬透性、淬硬性、耐回火性、回火脆性、氧化与脱碳倾向及热处理变形与开裂倾向等。

✎ 习题

1. 名词解释

使用性能、工艺性能、力学性能、强度、弹性极限、屈服强度、上屈服强度、下屈服强度、抗拉强度、塑性、断后伸长率、断面收缩率、硬度、冲击韧性、冲击韧度、交变应力、疲劳强度、物理性能、化学性能、铸造性能、压力加工性能、焊接性能、切削加工性能、热处理性能

2. 简答题

(1)什么是金属材料的力学性能? 根据载荷形式的不同,力学性能主要包括哪些指标?

(2)什么是强度? 什么是塑性? 衡量这两种性能的指标有哪些? 各用什么符号表示?

(3)屈强比的含义及工程意义。

(4)什么是硬度? 压入法硬度试验常用的硬度指标有哪些?

(5)简述布氏硬度、洛氏硬度和维氏硬度的硬度试验原理。

(6)冲击韧性和冲击韧度各用什么力学性能指标来衡量?

(7)提高疲劳强度的措施有哪些?

（8）什么是金属材料的工艺性能，它包括哪些方面？

3.计算分析题

（1）退火低碳钢做成的 $d_0 = 10$mm 的标准圆形短试样经拉伸试验，得到如下数据：$F_{eL} = 21100$N，$F_m = 34500$N，$L_u = 65$mm，$d_u = 6$mm。试求低碳钢的 R_m、R_{eL}、A、Z。

（2）将一根铁丝反复折弯会发生什么现象？分析其原因。

（3）用标准试样测得的金属材料的力学性能能否直接代表材料制成零件的力学性能？为什么？

本章小结   本章测试

第2章　纯金属的晶体结构及结晶

教学目标

(1)了解晶体与非晶体的特征,掌握纯金属的晶体结构;

(2)了解晶体缺陷的种类、特征及对材料性能的影响;

(3)理解纯金属的冷却曲线、过冷现象及结晶过程,影响晶粒大小的因素及细化晶粒的方法,理解同素异构转变的含义及工程实际意义。

本章重点

纯金属常见的三种晶格类型,纯金属的冷却曲线、过冷现象及结晶过程。

本章难点

实际金属的晶体缺陷、过冷现象。

固体材料的性能是由其内部结构所决定,在制造、使用、研究和发展固体材料时,材料的内部结构是很重要的研究对象。由于金属材料是最主要的工程材料,且在通常情况下均属于固体晶体材料,本章首先讨论纯金属的晶体结构及其结晶。

2.1　纯金属的晶体结构

金属是由原子组成的,原子堆砌而成的不仅仅是金属的"外表",更像人类的基因组一样决定了金属的"性格"差异。我们知道,金刚石和石墨都是由碳元素构成的,但两者所表现出的宏观性能却截然不同,主要原因就在于它们内部的碳原子排列方式不同。

2.1.1　晶体结构的基础知识

1.晶体与非晶体

固态物质按原子(或分子)的聚集状态不同分为晶体和非晶体两大类。在自然界中,除少数固态物质(如松香、普通玻璃、沥青等)是非晶体外,绝大多数固态无机物都是晶体,常见的固态金属都是晶体。在晶体中,原子(或分子)按一定的几何规律做周期性的排列;非晶体中这些质点是无规则地堆积在一起。这就是晶体与非晶体的根本区别。对两者进行比较可以看出,晶体具有如下三大特征:

(1)晶体中的原子(或分子)在三维空间呈有规则、周期性的重复排列,因此晶体具有规则的外形;

（2）晶体具有固定的熔点（如铁为 1538℃、铜为 1083℃、铝为 660℃）；

（3）晶体在不同的方向上具有不同的性能，即晶体具有各向异性。

而非晶体内部的原子（或分子）无规则地堆积在一起，没有固定熔点，且呈现各向同性。

应当指出，晶体和非晶体在一定条件下可以互相转化。例如，非晶体玻璃经高温长时间加热能变成晶态玻璃；而通常是晶态的金属，如从液体急冷（冷却速度＞10^7℃/s），也可获得非晶态金属。非晶态金属与晶态金属相比，具有高的强度与韧性等一系列突出性能。

2. 晶格、晶胞和晶格常数

（1）晶格

为了便于描述和理解晶体中原子的排列规律，把原子看成一个个固定不动的刚性小球，则晶体可以看成是由这些刚性小球按一定规律在空间紧紧地排列而成，如图 2-1 所示。

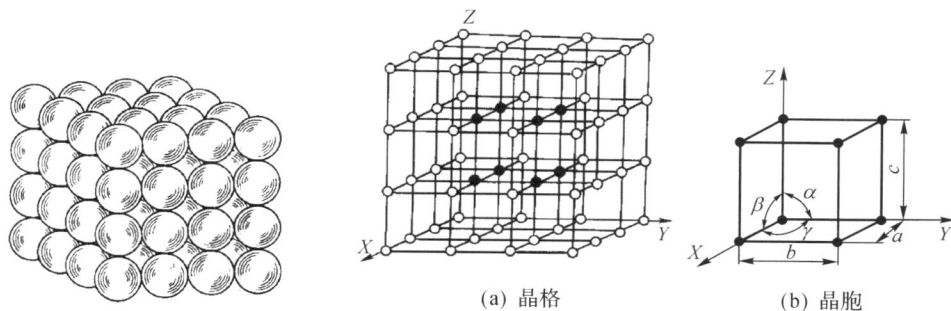

图 2-1　晶体中原子排列模型

(a) 晶格　　　　(b) 晶胞

图 2-2　晶格和晶胞

为了便于分析晶体中原子排列规律，可将原子近似地看成一个点，并用假想的线条（直线）将这些点连接起来，便形成一个空间格架，如图 2-2(a) 所示。这种抽象的、用于描述原子在晶体中规则排列规律的空间格架称为晶格。图中的每个点称为结点。

（2）晶胞

由于晶体中原子有规则排列且具有周期性的特点，为便于讨论，通常只从晶格中选取一个能够完全反映晶格特征的、最小的几何单元来分析晶体中原子排列的规律，这个完全能代表整个晶格特征的最小的几何单元称为晶胞，如图 2-2(b) 所示。整个晶格就是由许多大小、形状和位向相同的晶胞在空间重复堆积而形成的。

（3）晶格常数

晶胞大小和形状可用晶格常数来表示。晶格常数包括晶胞中各棱边的长度 a、b、c 和各棱边之间的夹角 α、β、γ，如图 2-2(b) 所示。

纯金属的
晶体结构
微课

2.1.2　金属中常见的晶格类型

在已知的 90 种金属元素中，除少数十几种金属具有复杂的晶体结构外，大多数金属都具有简单的晶体结构。最常见、最典型的有以下三种类型。

1. 体心立方晶格

体心立方晶格的晶胞是一个立方体，在立方体的八个顶角上各有一个原子，在立方体的中心还有一个原子，如图 2-3 所示。其晶格常数 $a = b = c$，$\alpha = \beta = \gamma = 90°$，所以通常只用

一个晶格常数 a 表示即可。

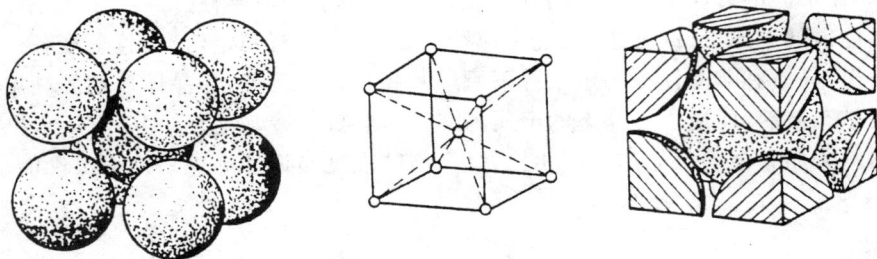

图 2-3　体心立方晶胞

具有体心立方晶格的金属有铬、钨、钼、钒、β 钛（β-Ti）及 α 铁（α-Fe）等。

2. 面心立方晶格

面心立方晶格的晶胞也是一个立方体，在立方体的八个顶角各有一个原子，同时在立方体的六个面的中心又各有一个原子，如图 2-4 所示。其晶格常数 $a=b=c,\alpha=\beta=\gamma=90°$，所以通常也只用一个晶格常数 a 表示即可。

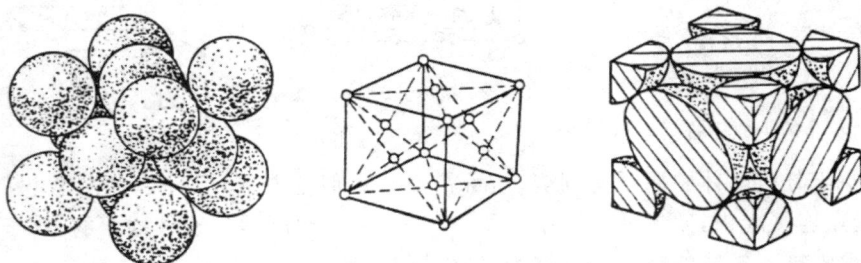

图 2-4　面心立方晶胞

具有面心立方晶格的金属有铜、铝、银、金、铅、镍、γ 铁（γ-Fe）等。

3. 密排六方晶格

密排六方晶格的晶胞是一个正六棱柱体，由六个呈长方体的侧面和两个呈正六边形的上、下面所组成，需要用两个晶格常数来表示，即正六边形的边长 a 和柱体的高 c。在柱体的 12 个顶角上各有一个原子，上下底面的中心也各有一个原子；晶胞内部还有三个呈品字形排列的原子，如图 2-5 所示。

具有密排六方晶格的金属有铍、镁、锌和 α 钛（α-Ti）等。

以上三种晶格类型其原子排列不同，不同晶格类型的金属材料一般具有不同的力学性能。即使是同一种金属材料，在不同条件下还可形成不同的晶格类型，比如 α 铁和 γ 铁，其晶格结构分别为体心立方晶格和面心立方晶格，所以其力学性能也就不同。

金属中常见的三种晶格类型及其特征参数如表 2-1 所示。

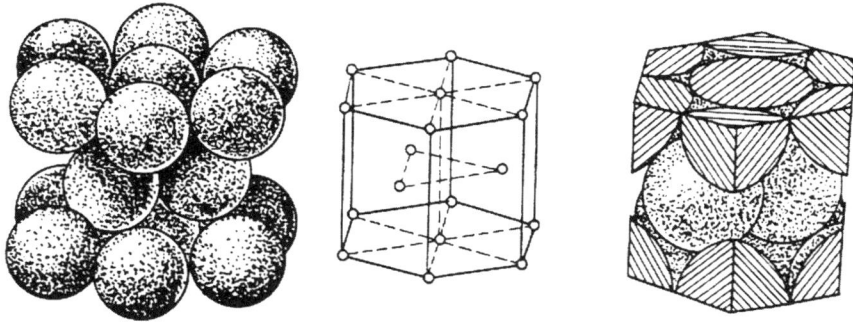

图 2-5　密排六方晶胞

表 2-1　金属中常见的三种晶格类型及其特征参数

特征参数	体心立方晶格	面心立方晶格	密排六方晶格
原子分布	晶胞为一立方体,立方体的八个顶角各排列着一个原子,立方体中心有一个原子	晶胞也是一立方体,立方体的八个顶角和六个面的中心各排列着一个原子	晶胞是一个正六棱柱体,柱体的十二个顶角和上、下面中心各排列着一个原子,在上、下面之间还有三个原子
晶格常数	$a=b=c$ $\alpha=\beta=\gamma=90°$	$a=b=c$ $\alpha=\beta=\gamma=90°$	$a\neq c$ $\alpha=\beta=90°,\gamma=120°$
晶胞中原子数目	$1/8*8+1=2$(个)	$1/8*8+1/2*6=4$(个)	$1/6*12+1/2*2+3=6$(个)
原子半径	$r=\dfrac{\sqrt{3}}{4}a$	$r=\dfrac{\sqrt{2}}{4}a$	$r=\dfrac{1}{2}a$
致密度	0.68	0.74	0.74
举例	α铁、铬、钨、钼、钒等	γ铁、铝、铜、镍、金、银等	镁、锌、铍、α-Ti 等

注:致密度 $=\dfrac{晶胞中原子占有的体积}{晶胞体积}$

　　表 2-1 中可以看出,在三种常见的晶体结构中,原子排列最致密的是面心立方晶格和密排六方晶格,而体心立方晶格的致密度要小些。因此,当金属从一种晶格转变为另一种晶格时,将会引起体积和致密度的变化。若体积的变化受到约束,则会在金属内部产生内应力,而引起工件的变形或开裂。

2.2　实际金属的晶体结构

2.2.1　实际金属的多晶体结构

　　上一节所讨论的金属常见的晶体结构都是指理想单晶体的构造情况,而实际金属几乎都是多晶体结构,金属单晶体目前只能采用特殊的方法才能得到,实际金属晶体构造与理想晶体还有较大的差异。

1. 单晶体

单晶体是指晶格位向一致的晶体,如图 2-6(a)所示,其表现出各向异性。所谓的位向一致,是指晶体中原子按一定几何形状做周期性排列的规律没有破坏,晶体中实际晶面与晶向的位置和方向保持与晶体做假想的周期性延伸时晶面与晶向一致,如天然钻石就是典型的单晶体。

2. 多晶体结构

实际的金属都是由许多晶格位向不同的单晶体组成的聚合体,称为多晶体,如图 2-6(b)所示。每一个小的单晶体称为晶粒。晶粒与晶粒之间的界面称为晶界。

由于多晶体中各个晶粒的内部构造是相同的,只是排列的位向不同,而各个方向上原子分布的密度大致平均,故多晶体表现出各向同性,也称"伪无向性"。

(a) 单晶体 (b) 多晶体 晶粒 晶界

图 2-6 单晶体与多晶体结构

实际金属的晶体结构微课

2.2.2 晶体缺陷

在实际晶体中,原子的排序并不像理想晶体那样规则和完整。由于许多因素(如结晶条件、原子热运动及加工条件等)的影响,某些区域的原子排序受到干扰和破坏,总是存在着一些原子偏离规则排列的区域,这些原子偏离规则排列的区域称为晶体缺陷。尽管偏离其规定位置的原子数目较少,但晶体缺陷对金属的许多性能仍有重要的影响。根据晶体缺陷的几何特征,可将其分为点缺陷、线缺陷、面缺陷三类。

1. 点缺陷

在晶体中,原子在其平衡位置上做高频率的热振动,振动能量经常变化,此起彼落,称为能量起伏。在一定温度下,在任何瞬间,晶体中总有某些原子具有很高的振动能量而不能保持在其平衡位置上,从而形成点缺陷。

点缺陷是指晶体在三个方向上(长、宽、高)尺寸都很小的一种缺陷,最常见的是晶格空位、置换原子和间隙原子,如图 2-7 所示。晶格空位是指正常的晶格结点上出现的空位;置换原子是指晶格结点上的原子被异类原子所取代;间隙原子是指个别晶格空隙之间存在的多余原子。

点缺陷可使周围原子发生靠拢或撑开,造成晶格畸变。点缺陷在晶体中是不断运动着的,这是产生扩散的原因,对于热处理尤其是化学热处理尤为重要。

(a) 晶格空位   (b) 置换原子   (c) 间隙原子

图 2-7 点缺陷

2.线缺陷

线缺陷是指晶体在两个方向的尺寸很小,在另一个方向的尺寸相对很大的呈线性分布的晶体缺陷。晶体中的线缺陷主要是指各种类型的位错,即在晶体中有一列或若干列原子发生了有规律的错排现象。刃型位错和螺型位错是较常见的位错类型,如图 2-8 所示。

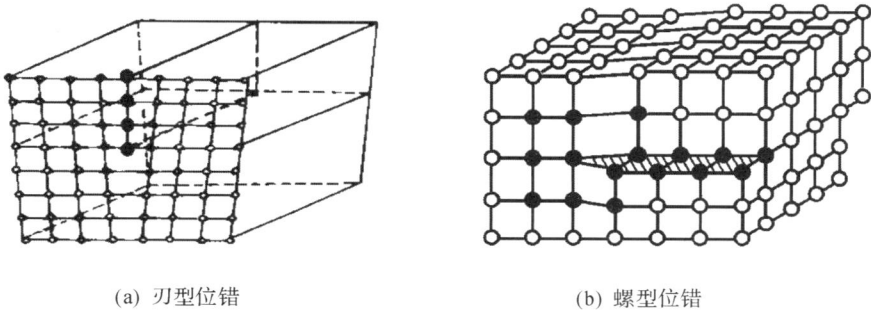

(a) 刃型位错   (b) 螺型位错

图 2-8 位错

(1)刃型位错   当晶体中有一个原子平面中断在晶体内部时,这个原子平面就像一把刀插在一个完整的晶体内,原子平面中断处的边缘(称为位错线)就像刀刃,这种线缺陷称为刃型位错,如图 2-8(a)所示。

(2)螺型位错   晶体右边上部的点相对于下部的点向后错动一个原子间距,即右边上部相对于下部晶面发生错动,若将错动区的原子用线连接起来,则具有螺旋形特征。这种线缺陷称为螺型位错,如图 2-8(b)所示。

位错线附近的原子偏离了原来的平衡位置,使晶格发生畸变,对晶体的性能有显著影响。晶体的强度与位错密度(单位体积内所包含的位错线总长度)存在对应关系,如图 2-9 所示,减少或增加位错密度都可以提高金属的强度。通过热处理和冷塑性变形以提高位错密度是钢材强化的重要手段之一,剧烈冷变形加工可使位错密度显著提高从而使晶体强度大大提高。

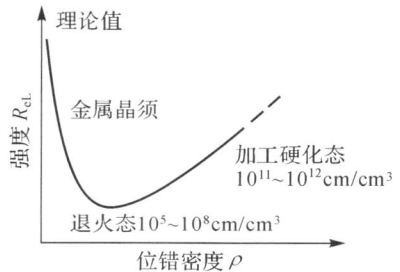

图 2-9 金属的屈服强度和位错密度的关系

3.面缺陷

面缺陷是指晶体中存在一个方向上的尺寸很小,另外两个方向上的尺寸相对很大,呈面状分布的晶体缺陷。常见的面缺陷是晶界和亚晶界等。

(1)晶界

多晶体中,晶粒之间存在着晶界。晶界上原子的排列是不规则的,并受到相邻晶粒位向的影响而取折中位置,如图 2-10 所示。

由于晶界处原子排列结构的特点,使晶界表现出与晶内不同的特征,如:晶界处能量高,易被腐蚀,熔点也比晶内低,晶界处杂质多,阻碍位错的运动,使金属不易发生塑性变形(常温下,细晶粒金属的强度比粗晶粒金属高)等。

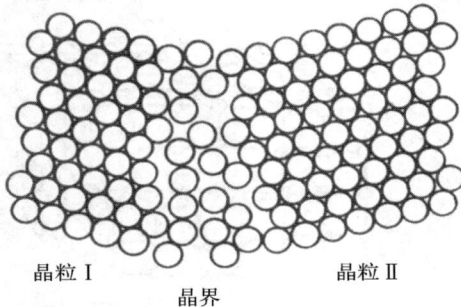

图 2-10 晶界

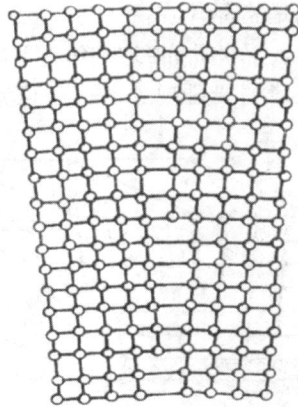

图 2-11 亚晶界

(2)亚晶界

在每个晶粒内,其晶格位向并不像理想晶体那样完全一致,而是存在许多尺寸很小、位向差也很小(一般 2°～3°)的小晶块,这些小晶块称为"亚晶粒",两相邻亚晶粒的界面称为"亚晶界",如图 2-11 所示。亚晶界实际上是由一系列刃型位错所形成的小角度晶界,由于亚晶界处原子排列同样要产生晶格畸变,因而亚晶界对金属性能有着与晶界相似的影响。例如,在晶粒大小一定时,亚结构越细,金属的屈服强度就越高。

以上各种缺陷位置及其附近晶格均处于畸变状态,直接影响到金属的力学性能,使金属的强度、硬度有所提高。

2.3 纯金属的结晶

一切物质从液态到固态的转变过程称为凝固。若凝固后的固态物质是晶体,则这种凝固过程又称为结晶。金属自液态经冷却转变为固态的过程称为金属的结晶,其实质是金属原子从不规则的液态转变为规则排列的晶体状态的过程。

2.3.1　纯金属的冷却曲线和过冷现象

1. 纯金属冷却曲线

纯金属都有一个固定的熔点(或结晶温度),因此纯金属的结晶过程总是在一个恒定的温度下进行的。金属的结晶温度可用热分析等实验方法来测定,图 2-12 为热分析装置示意图。

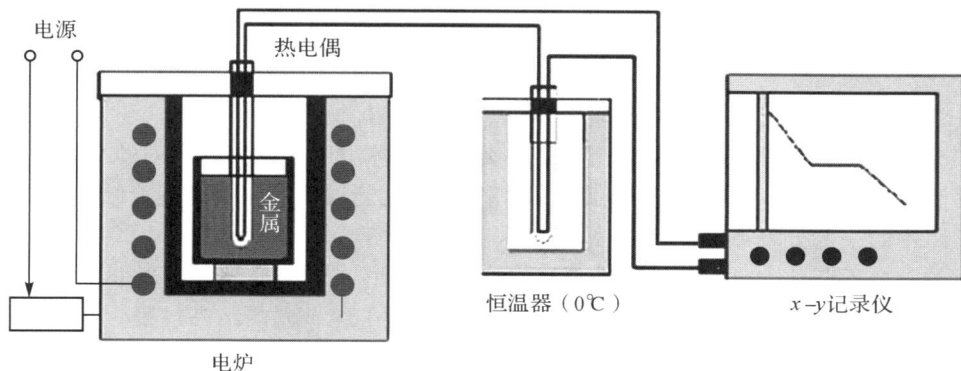

图 2-12　热分析装置示意图

将纯金属加热熔化成液体,然后让液态金属缓慢冷却下来,在冷却过程中,每隔一定时间测量一次温度,然后将记录下来的数据绘制在温度—时间坐标中,得到如图 2-13 所示的纯金属结晶时的冷却曲线。

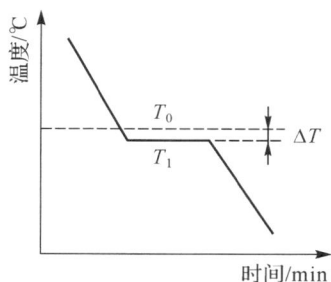

图 2-13　纯金属结晶时的冷却曲线

纯金属的结晶微课

2. 过冷现象与过冷度

从图 2-13 的曲线上可以看出,液态金属随着冷却时间的增加,由于它的热量向外散失,温度将不断降低。当冷却到某一温度时,冷却时间虽然增长,但温度并不下降,曲线上出现了一个平台,这个平台所对应的温度就是纯金属进行结晶的温度。曲线出现平台的原因,是由于金属结晶过程中会释放出结晶潜热,补偿了金属向外界散失的热量,使其温度不随冷却时间的增长而下降,直到金属结晶终了后,温度又重新下降。

纯金属液体在无限缓慢的冷却条件下(即平衡条件下)结晶的温度,称为理论结晶温度,用 T_0 表示。在实际生产中,当金属由液态结晶为固态时,冷却速度都是相当快的,金属总是在理论结晶温度以下的某一温度才开始结晶,此时的结晶温度称为实际结晶温度,用 T_1

表示,实际结晶温度低于理论结晶温度的现象,称为过冷现象。理论结晶温度与实际结晶温度的差值,称为过冷度,用 ΔT 表示,即 $\Delta T = T_0 - T_1$。

试验研究表明,金属结晶时的过冷度不是一个恒定值,它与金属的性质、纯度及冷却速度等许多因素有关。液体金属的冷却速度越快,实际结晶温度就越低,即过冷度越大。实践证明,金属总是在一定的过冷度下结晶的,所以过冷是金属结晶的必要条件。

2.3.2　纯金属的结晶过程

纯金属的结晶过程是在冷却曲线上平台所经历的这段时间内发生的,实质上是金属原子由不规则排列过渡到规则排列而形成晶体的过程。它是不断形成晶核和晶核不断长大的过程。纯金属的结晶过程包括形核和长大两个基本过程。

实验证明,液态金属中,总是存在着许多类似于晶体中原子有规则排列的小集团。在理论结晶温度以上,这些小集团是不稳定的,时聚时散,此起彼伏。当低于理论结晶温度时,这些小集团中的一部分就形成微小晶体而成为稳定的结晶核心,称为晶核。随着时间的推移,已形成的晶核不断长大,同时,液态金属中又会不断地形成新的晶核并不断长大,直到液态金属全部消失,晶体彼此接触为止,图 2-14 示意地说明了纯金属的结晶过程。

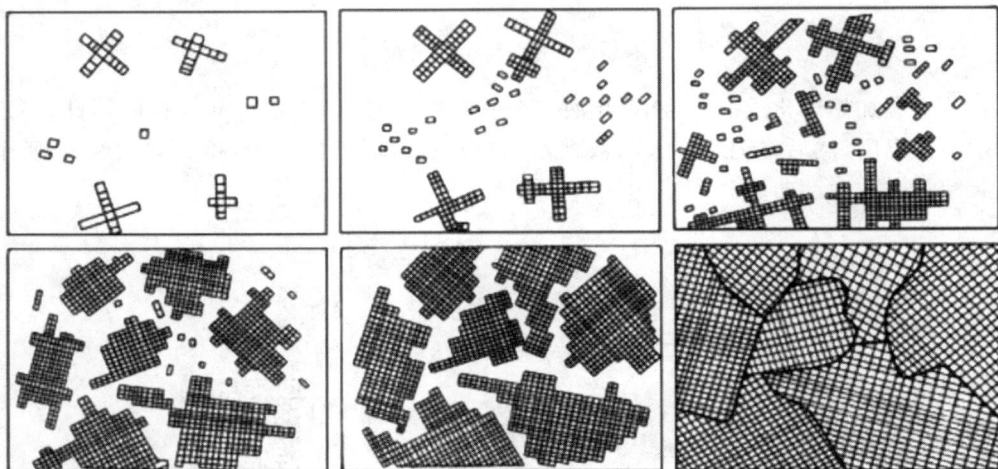

图 2-14　纯金属的结晶过程

1. 形核

晶核的形成有两种方式:一种为自发形核,即如前所述的,液态金属在过冷条件下,由其原子自己规则排列而形成晶核;另一种为非自发形核,即依靠液态金属中某些现成的固态质点作为结晶核心进行结晶的方式。自发晶核和非自发晶核同时存在于金属液中,但非自发晶核往往起优先和主导作用,非自发形核在金属结晶过程中起着非常重要的作用。

2. 长大

晶核的长大方式也有两种,即均匀长大和树枝状长大。只有在平衡条件或冷却速度较小的情况下,较纯的金属晶体才可能均匀长大。实际金属在结晶过程中,由于冷却速度较快,也就是过冷度较大,其生长方式主要表现为树枝状长大,如图 2-15 所示。在晶核成长初期,由于晶核很小,各方向的散热条件相差不大,内部原子排列规则,所以晶体外形也较规则。此规则外形的晶体棱角或尖端处的散热条件好,使结晶潜热能迅速逸去,具有最有利的生长条件而优先长大,很快长出树枝晶细长的枝干,这些主干即为一次晶轴或一次晶枝。在枝干形成的同时,枝干与周围过冷液体的界面也不稳定,枝干上会出现很多凸出尖端,它们长大成为新的晶枝,即为二次晶轴或二次晶枝。二次晶枝发展到一定程度后,又在它上面长出三次晶枝,如此不断地枝上生枝,同时各次晶枝本身也在不断地伸长和长大,由此形成树枝状的骨架,称为树枝晶,简称为枝晶。

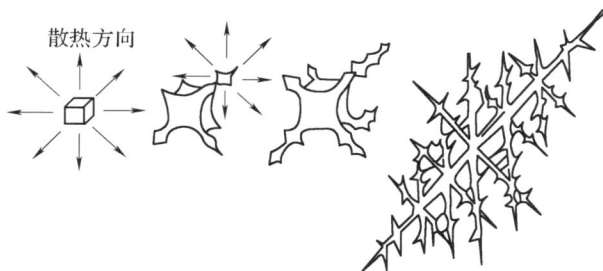

图 2-15　树枝晶生长

结晶时每一个晶核长成的晶体就是一个晶粒。因此,固态金属是由许多晶核长大并形成晶粒后嵌镶为一体而组成的多晶体。晶粒是构成金属晶体的最小单位,晶粒与晶粒之间的接触面称为晶界。晶界处比晶粒内部凝固得晚,故金属中的低熔点杂质往往聚集在晶界上,从而使晶界处的性能不同于晶粒内部。

2.3.3　晶粒大小及控制

1. 晶粒大小

晶粒大小是金属组织的重要标志之一。金属晶粒大小可用单位体积内的晶粒数目来表示,数目越多,晶粒越细小。但为了测量方便,常以单位截面上晶粒数目或晶粒的平均直径来表示。

金属的晶粒大小对金属的力学性能有重要影响。一般来说,在常温下,细晶粒金属比粗晶粒金属具有较高的强度、硬度、塑性和韧性。因此,细化晶粒是使金属强韧化的有效途径。大多数情况下,工程上希望通过使金属材料的晶粒细化来提高金属的力学性能。这种用细化晶粒来提高材料力学性能的方法,称为细晶强化。

2. 细化晶粒的方法

通过分析结晶过程可知,金属的结晶过程是不断形成晶核和晶核不断长大的过程,金属结晶后的晶粒大小取决于结晶时的形核率(单位时间、单位体积内所形成的晶核数目)和晶核的长大速度(单位时间内晶核向周围长大的平均线速度)。凡是能促进形核率、抑制长大速度的因素,都能细化晶粒;反之,将使晶粒粗化。工业生产中常采用以下方法细化晶粒。

(1) 增加过冷度

液态金属结晶时的形核率 N、长大速度 G 与过冷度 ΔT 之间的关系如图 2-16 所示。形核率 N 与长大速度 G 一般都随过冷度 ΔT 的增大而增大,但两者的增长速率不同,形核率的增长率高于长大速度的增长率。故增加过冷度可提高 N/G 值,有利于晶粒细化。

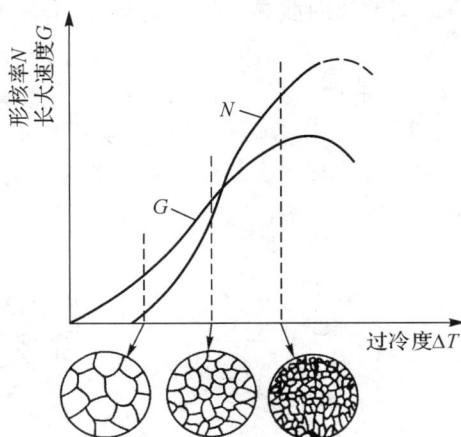

图 2-16   形核率、长大速度与过冷度的关系

　　增加过冷度,就是要提高金属凝固时的冷却速度。实际生产中常采用金属型铸造来提高冷却速度。这种方法只适用于中、小型铸件,对于大铸锭、大铸件,过高的冷却速度往往会使结晶时的内应力增大而导致铸件产生变形甚至裂纹而报废。因此,对于大型铸件则需要用其他方法来细化晶粒。

　　(2)变质处理

　　在液态金属结晶前加入一些细小的难熔质点(称为变质剂或孕育剂),以增加形核率或抑制晶核的长大速度,从而细化晶粒的方法,称为变质处理。例如,往铝合金液体中加钛、锆;往钢液中加入钛、钒、铝等,都可使晶粒细化。

　　(3)附加振动

　　金属结晶时,对金属液附加机械振动、超声波振动、电磁振动等措施,使生长中的枝晶破碎,而破碎的枝晶尖端又可起晶核作用,增加了形核率 N,达到细化晶粒的目的。

　　(4)降低浇注速度

　　在慢速浇注时,液态金属不是在静止状态下进行结晶,而在结晶的前沿先形成的晶粒可能被流动的金属液冲击碎化而成为新的晶核,增加了形核率 N,故降低浇注速度也可达到细化晶粒的目的。

2.4   金属的同素异构转变

2.4.1   同素异构转变

　　大多数金属在结晶终了之后晶格类型不再变化,但有些金属如铁、锰、锡、钛、钴等在结晶成固态后继续冷却时,其晶格类型还会发生一定的变化。金属在固态下随温度的改变,由一种晶格类型转变为另一种晶格类型的变化,称为金属的同素异构转变。

　　由同素异构转变所得到的不同晶格类型的晶体,称为同素异构体。同一金属的同素异构体按其稳定存在的温度,由低温到高温依次用希腊字母 α、β、γ、δ 等表示。

2.4.2　纯铁的同素异构转变

在金属晶体中,铁是典型的具有同素异构转变特性的金属。铁在结晶后继续冷却至室温的过程中,先后发生两次晶格的转变,图 2-17 所示为纯铁的冷却曲线,它表示了纯铁的结晶和同素异构转变的过程。由图可见,液态纯铁在 1538℃进行结晶,得到具有体心立方晶格的 δ-Fe,继续冷却到 1394℃时发生同素异构转变,δ-Fe 转变为面心立方晶格的 γ-Fe,再继续冷却到 912℃时又发生同素异构转变,γ-Fe 转变为体心立方晶格的 α-Fe,再继续冷却到室温,晶格类型不再发生变化。这些转变可以用下式表示:

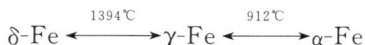

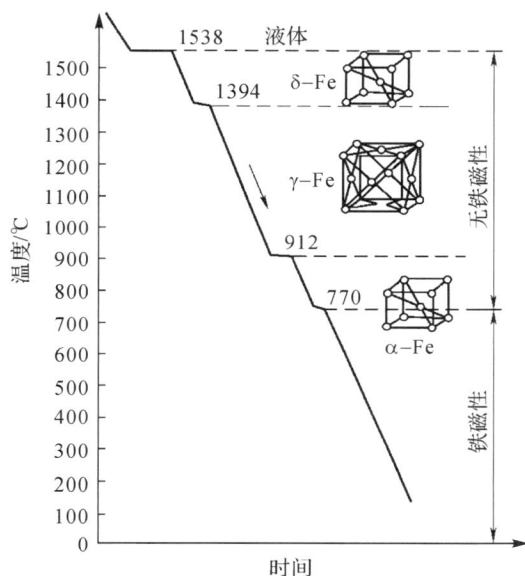

$$\delta\text{-Fe} \xleftrightarrow{1394℃} \gamma\text{-Fe} \xleftrightarrow{912℃} \alpha\text{-Fe}$$

图 2-17　纯铁的冷却曲线

2.4.3　同素异构转变的特点

金属的同素异构转变是通过原子的重新排列来完成的,实质上是一个重结晶过程。因此它遵循液态金属结晶的一般规律:有一定的转变温度;转变时需要过冷;有潜热放出;转变过程也是通过形核和晶核长大来完成的。由于金属的同素异构转变是在固态下发生的,故又具有其本身的特点。

1.同素异构转变过冷度较大

一般液态金属结晶时的过冷度比较小(几摄氏度到几十摄氏度),固态转变的过冷度较大(可达几百摄氏度),这是因为固态下原子扩散比在液态中困难,转变容易滞后。

2.同素异构转变容易产生较大的内应力

由于晶格类型不同,原子排列方式不同,晶格类型的变化会引起金属体积的变化,例如 γ-Fe 转变为 α-Fe 时,铁的体积膨胀约为 1%,从而产生较大的内应力。这也是钢在淬火时引起应力、导致工件变形和开裂的重要因素。

同素异构转变是金属的一个重要性能。凡是具有同素异构转变的金属及合金,都可以用热处理的方法改变其性能。

习题

1.名词解释

晶体、晶格、晶胞、晶格常数、晶粒、晶界、单晶体、多晶体、点缺陷、线缺陷、面缺陷、结晶、过冷现象、过冷度、细晶强化、自发形核、非自发形核、变质处理、同素异构转变

2.简答题

(1)晶体的主要特点是什么?

(2)纯金属晶格的基本类型有哪几种?

(3)实际金属有哪些晶体缺陷? 这些缺陷对力学性能有何影响?

(4)晶粒大小对金属的力学性能有何影响? 生产中有哪些细化晶粒的方法?

3.分析题

(1)纯金属结晶时,分析其冷却曲线为什么有一段水平线段?

(2)如果其他条件相同,试分析比较下列铸造条件下,铸件晶粒的大小:

①金属型铸造与砂型铸造;

②高温浇注与低温浇注;

③浇注时采用振动与不采用振动;

④厚大铸件的表面部分与中心部分。

(3)金属的同素异构转变与液态金属结晶有何异同之处?

本章小结　　　本章测试

第 3 章　合金的相结构及结晶

　　纯金属虽然具有较高的导电性、导热性与良好的塑性等特点，但是几乎各种纯金属的强度、硬度、耐磨性等力学性能都比较差，因而不适宜制作对力学性能要求较高的各种机械零件和工模具等；而人们对金属材料有多品种和高性能的要求，故生产中大量使用的工程构件和零部件靠纯金属是根本无法满足需要的。

3.1　合金的相结构

　　由于纯金属无法满足人们对材料提出的多种多样的性能要求，因此，在机械工程中应用最广泛的金属材料是合金。合金除有金属的基本特性外，还具有优良的力学性能及某些特殊的物理和化学性能，如高强度、强磁性、耐热性及耐蚀性等。

3.1.1　合金的基本概念

1. 合金

　　合金是指两种或两种以上的金属元素(或金属与非金属元素)组成的具有金属特性的新物质。例如，广泛使用的钢铁材料是由铁和碳组成的合金；普通黄铜是由铜和锌组成的合金。

　　组成合金的各元素的含量，能在很大范围内变化，可借此来调节合金的性能，以满足工业上所提出的各种不同的性能要求。

2．组元

组成合金最基本的、独立的物质称为组元。通常组元就是指组成合金的元素，如普通黄铜的组元是 Cu 和 Zn，也可以是稳定化合物，如钢中的 Fe_3C 也可视为一个组元。按合金中的组元数目，合金分为二元合金、三元合金和多元合金等。

3．合金系

由两个或两个以上的组元按不同的含量配制的一系列不同成分的合金，称为一个合金系。如 Cu-Ni 合金系、Pb-Sn 合金系、Fe-C 合金系等，其中 Cu 与 Ni 可以配制出任何比例的 Cu-Ni 合金系。

4．相

在纯金属或合金中，具有同一化学成分、同一聚集状态、同一结构并与其他部分有界面分开的均匀组成部分称为"相"。例如纯铜在熔点温度以上或以下，分别为液相或固相，而在熔点温度时则为液、固两相共存。合金的液态下为单相液体，固态下可以是单相合金、也可以是多相合金。

5．组织

所谓组织，是指用肉眼或借助显微镜观察到材料具有独特微观形貌特征的部分。实质上它是一种或多种相按一定的方式相互结合所构成的整体的总称。组织可由单相组成，也可由两个或两个以上的相组成。数量、形态、大小和分布方式不同的各种相构成了合金的组织，它直接决定着合金的性能。因此生产中控制和改变材料的组织具有相当重要的意义。

3.1.2　合金的相结构

在液态时，大多数合金的组元都能相互溶解，形成一个均匀的液溶体即液相。在固态下，合金的相结构主要由组元在结晶时彼此之间的作用而决定。

根据合金中组元之间的相互作用不同，合金中相的结构可分为固溶体和金属化合物两种基本类型。

1．固溶体

合金在固态时，组元间相互溶解，形成一种在某一组元晶格中包含有其他组元的新相，这种新相称为固溶体。固溶体的晶格类型与某一组元的晶格类型相同，能保持原有晶格形式的组元称为溶剂，而其他组元称为溶质。固溶体一般用 α、β、γ 等符号表示。例如铜锌合金中锌溶入铜中形成的固溶体一般用 α 表示。

（1）固溶体的分类

根据溶质原子在溶剂晶格结点所占据的位置，可将固溶体分为置换固溶体和间隙固溶体两种基本类型，如图 3-1 所示。

a）置换固溶体

溶质原子占据了部分溶剂晶格的结点位置而形成的固溶体称为置换固溶体，如图 3-1（a）所示。当溶质原子与溶剂原子半径相接近时，溶质原子不能处于溶剂晶格的间隙中，而只能占据溶剂晶格的结点位置，保持溶剂晶格不变，但引起了晶格常数的改变。

根据固溶体中溶质原子的溶解情况，置换固溶体又可分为有限固溶体和无限固溶体。若溶质原子在溶剂中的溶解量受到限制，只能部分占据溶剂晶格的结点位置，则称为有限固溶体;若两组元可以按任意比例相互溶解,即溶质原子能无限制地占据溶剂晶格的结点,则形成无限固溶体。溶质原子在溶剂中的溶解量(称为固溶度)与组元的晶格类型、原子半径以及组元在周期表中的位置有关。如果二组元的晶格类型相同、原子半径相近、在周期表中的位置相邻或相近,两者便可能形成无限固溶体,否则只能形成有限固溶体。在有限固溶体中,固溶度与温度有密切的关系。一般来说,随着温度升高,固溶度增大;反之,则减小。因此,在高温下固溶度已达到饱和的有限固溶体,当它从高温冷却到低温时,由于其固溶度的降低,通常使固溶体发生分解,而析出其他结构的产物。这对某些材料的热处理具有十分重要的意义。

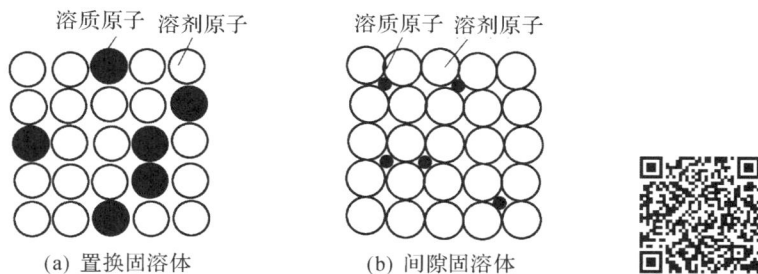

(a) 置换固溶体　　　(b) 间隙固溶体　　　合金的相结构微课

图 3-1　固溶体结构示意图

b)间隙固溶体

溶质原子分布在溶剂晶格的间隙中形成的固溶体称为间隙固溶体,如图 3-1(b)所示。由于溶剂晶格的间隙很小,所以只有溶质原子与溶剂原子半径之比较小时(小于 0.59)才能形成间隙固溶体。一般组成间隙固溶体的溶质元素都是一些原子半径很小的非金属元素,如 H、N、B、C、O 等。而溶剂元素则多为过渡族金属元素。由于溶剂晶格中的间隙总是有限的,所以间隙固溶体都是有限固溶体。另外,固溶体的固溶度还取决于溶剂的晶格类型。因为,当溶剂晶格类型不同时,晶格中的间隙大小和数量也不相同,其固溶度也就不同。

(2)固溶体的性能及固溶强化

溶质原子溶入溶剂晶格以后,由于溶质和溶剂的原子大小不同,固溶体中溶质原子附近的局部范围内必然造成晶格畸变,且晶格畸变随溶质原子浓度的增高而增大,溶质原子与溶剂原子的尺寸相差越大,所引起的晶格畸变也越严重,如图 3-2 所示。

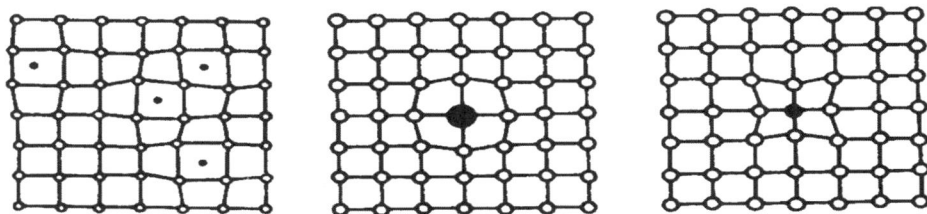

图 3-2　溶质原子引起的晶格畸变示意图

这种溶质原子溶入溶剂晶格后引起晶格畸变,因而使得合金的强度、硬度升高这种现象称为固溶强化。固溶强化是金属材料的一种重要的强化途径。例如,南京长江大桥大量使用含 Mn 的低合金结构钢,由于 Mn 的固溶强化作用提高了其强度,从而节约了钢材,减轻了大桥结构的自重。固溶强化的特点是,固溶体中溶质含量适当时,可以显著提高材料的强度和硬度,而塑性、韧性没有明显降低,即具有较好的综合力学性能。纯铜的 R_m 为 220MPa,硬度为 40HBW,断面收缩率 Z 为 70%;当加入 1% 的镍形成单相固溶体后,R_m 提高为 390MPa,硬度升高到 70HBW,而断面收缩率 Z 仍有 50%。所以固溶体的综合力学性能较好,常常作为合金的基本相。

实践证明,固溶强化是一种较好的强化方式,在金属材料的生产和研究中得到了广泛的应用,对综合力学性能要求较高的结构材料,大多是以固溶体作为基本相组成物。单纯的固溶强化所达到的最高强化指标是有限的,故人们在固溶强化的基础上再补充其他强化处理。

2. 金属化合物

(1)金属化合物的性能

金属化合物是各组元的原子按一定的比例相互作用生成的晶格类型和性能完全不同于任一组元,并且有一定金属性质的新相。一般可用分子式表示。例如,钢中渗碳体(Fe_3C)是铁原子和碳原子所组成的金属化合物,它具有如图 3-3 所示的复杂晶格结构。

金属化合物的熔点较高,性能硬而脆,很少单独使用。当合金中出现金属化合物时,通常能提高合金的强度、硬度和耐磨性,但会降低塑性和韧性。

(2)弥散强化

当金属化合物呈细小颗粒均匀分布在固溶体基体上时,将使合金的强度、硬度和耐磨性明显提高,这一现象称为弥散强化,如图 3-4 所示。

金属化合物在合金中常作为强化相存在,它是许多合金钢、有色金属合金和硬质合金的重要组成相。绝大多数合金的组织都是固溶体与少量金属化合物组成的混合物,其性质取决于固溶体与金属化合物的数量、大小、形态和分布状况。

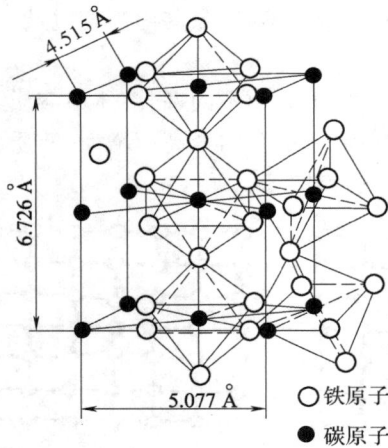

图 3-3   渗碳体(Fe_3C)的晶体结构   图 3-4   弥散强化示意图

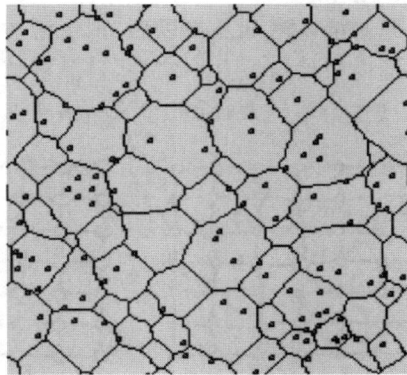

3.2　合金的结晶

合金的结晶过程与纯金属遵循着相同的结晶基本规律,也是在过冷条件下通过形成晶核和晶核长大来完成的。但由于合金成分中包含有两个以上的组元,使其结晶过程和组织比纯金属要复杂得多,具体体现在以下三个方面:

(1)纯金属的结晶过程是在恒温下进行的,而合金的结晶却不一定在恒温下进行;

(2)纯金属在结晶过程中只有一个液相和一个固相,而合金在结晶过程中,在不同的温度范围内会存有不同数量的相,且各相的成分有时也会变化;

(3)同一合金系,因成分不同,其组织也不同,即便是同一成分的合金,其组织也会随温度的不同而发生变化。

为了研究合金的结晶过程的特点和组织变化规律,需要应用合金相图这一重要工具。

3.2.1　二元合金相图的建立

1.合金相图的概念

合金相图是表示合金在平衡条件下(极其缓慢冷却条件下),其成分、温度与组织之间关系的图形,又称为合金平衡图或合金状态图。利用合金相图,可以了解合金系中不同成分的合金在不同温度时的组织状态,以及当温度改变时可能发生哪些转变等。因此,合金相图是研究新材料,制定合金的熔炼、铸造、压力加工和热处理工艺以及金相分析的重要依据。

合金相图的
建立微课

2.二元合金相图的建立

二元合金相图的建立是通过实验方法建立起来的。目前测绘相图的方法很多,有热分析法、磁性分析法、膨胀法、显微分析法等,其中最常用的是热分析法。下面以 Cu-Ni 二元合金相图的绘制为例,说明用热分析法建立相图的方法和步骤。

(1)配制一系列成分不同的 Cu-Ni 合金。配制的合金越多,测得的相图越准确,我们选定六种不同成分的 Cu-Ni 合金,见表 3-1。

表 3-1　Cu-Ni 合金的成分和临界点

合金编号	合金化学成分		合金的临界点	
	$w_{Cu}/\%$	$w_{Ni}/\%$	结晶开始温度/℃	结晶终了温度/℃
①	100	0	1083	1083
②	80	20	1175	1130
③	60	40	1260	1195
④	40	60	1340	1270
⑤	20	80	1410	1360
⑥	0	100	1455	1455

(2)用热分析法测出所配合金的冷却曲线,如图 3-5(a)所示。

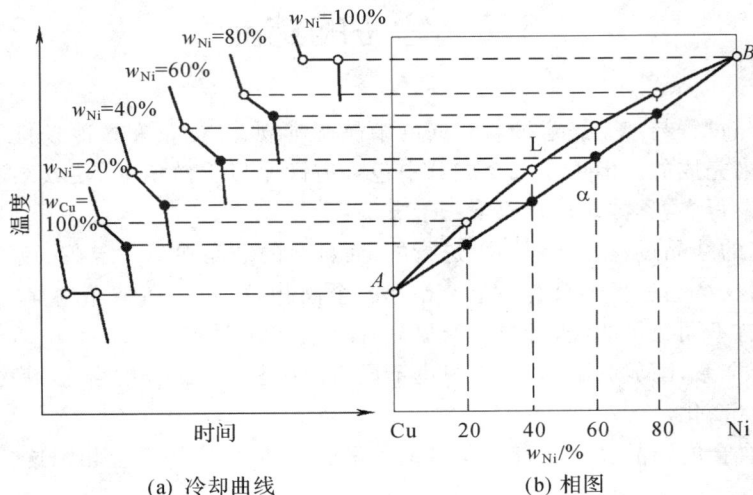

图 3-5 用热分析法测定 Cu-Ni 合金相图

(a) 冷却曲线   (b) 相图

(3)由冷却曲线上的折点与水平线段找出各合金的临界点(合金的结晶开始温度及结晶终了温度),见表 3-1 所列。与纯金属不同的是,一般合金有两个临界点,说明合金的结晶过程是在一个温度范围内进行的。

(4)将以上找出的临界点画到以温度为纵坐标、合金成分为横坐标的坐标图中相应合金的成分线上,然后连接各相同意义的临界点,所得的线称为相界线。这样就获得了 Cu-Ni 合金相图,如图 3-5(b)所示。

相图上的每个点、线、区均有一定的物理意义。例如相图中的 A、B 点分别为铜和镍的熔点。连接起来的曲线将相图分为三个区。结晶开始温度点的连线为液相线,该线以上为液相区,所有成分的 Cu-Ni 合金均处于液态。结晶终了温度点连线为固相线,该线以下为固相区,所有成分的 Cu-Ni 合金均处于固态。两曲线之间为液、固两相共存的两相区。两相区的存在说明,Cu-Ni 合金的结晶是在一个温度范围内进行的。

目前,通过实验已测定了许多二元合金相图,其形式大多比较复杂,但都可看成是由若干个基本相图所组成。二元合金基本相图有匀晶相图、共晶相图、包晶相图和共析相图等,下面主要介绍匀晶相图和共晶相图。

3.2.2 二元合金相图

1.匀晶相图

(1)匀晶相图和匀晶转变的概念

合金的两组元在液态和固态下均能无限互溶时构成的二元合金相图称为匀晶相图。匀晶相图是所有基本相图中最简单的二元合金相图,具有此类相图的合金系有 Cu-Ni、Cu-Au、Au-Ag、Fe-Cr、Fe-Ni、W-Mo 等。在匀晶相图中,结晶时都是由液相结晶出单相固溶体,这种结晶过程称为匀晶转变。

（2）相图分析

现以 Cu-Ni 合金相图为例进行分析，该相图十分简单，图 3-6（a）所示为 Cu-Ni 合金相图，图中 A 点为纯铜的熔点（1083℃）；B 点为纯镍的熔点（1455℃）。图中有上下两条曲线，上面一条是液相线，下面一条是固相线。由液相线和固相线将相图分成三个相区：液相线以上为液相区，用 L（由 Cu 和 Ni 形成的合金溶液）表示；固相线以下为固相区，用 α（由 Cu 和 Ni 组成的无限固溶体）表示；在液相线和固相线之间为液、固两相共存区，用 L＋α 表示。

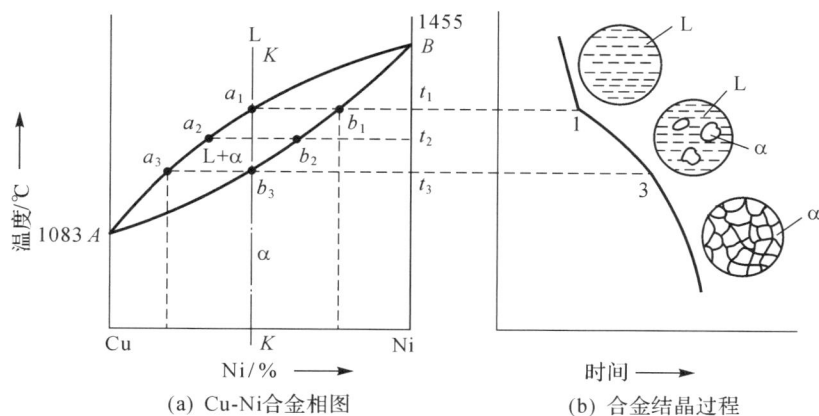

图 3-6　Cu-Ni 合金相图及合金的结晶过程

（3）合金的平衡结晶过程及其组织分析

铜和镍二组元在固态下能完全互相溶解，并能以任何比例形成单相 α 固溶体。因此，无论什么成分的 Cu-Ni 合金，其平衡结晶过程都是相似的。现以 $w_{Ni}＝40\%$ 的 Cu-Ni 合金为例来分析其平衡结晶过程及其组织，如图 3-6（b）所示。

该合金的成分垂线与相图上的液相线、固相线分别相交于 a_1、b_3 两点。a_1 对应的温度点为 t_1，是结晶开始温度，b_3 对应的温度点为 t_3，是结晶终了温度，当液态合金从高温缓慢冷却到与液相线相交的 t_1 温度时，开始从液相中结晶出成分为 b_1 的 α 固溶体；当温度下降到 t_2 温度时，液相的量减少，α 固溶体的量增加，液相成分沿液相线变为 a_2，固相成分沿固相线变为 b_2；当温度下降到 t_3 温度时，液相成分沿液相线变为 a_3，固相成分沿固相线变为 b_3，结晶终了时得到与原合金成分相同的固溶体。

由以上分析可知，固溶体合金的结晶过程与纯金属不同：合金是在一定温度范围内结晶的，随着温度降低，固相的量不断增多，液相的量不断减少。同时，液相的成分沿液相线变化，固相的成分沿固相线变化。

（4）枝晶偏析

固溶体合金在结晶过程中，只有在极其缓慢的冷却、原子能充分扩散的条件下，固相的成分才能沿固相线均匀地变化，最终获得与原合金成分相同的均匀的 α 固溶体。但在实际生产中，冷却速度往往较快，而且固态下原子扩散又很困难，致使固溶体内部的原子扩散来不及充分进行，结果在每个晶粒内，先结晶的固溶体内含高熔点组元（如 Cu-Ni 合金中的

Ni)较多,后结晶的固溶体内含低熔点组元(如 Cu-Ni 合金中的 Cu)较多。这种在一个晶粒内部化学成分不均匀的现象,称为枝晶偏析,又称晶内偏析。

冷却速度越快,液、固相线间距越大,枝晶偏析越严重。枝晶偏析对合金的性能有很大影响,严重的成分偏析会使金属的性能下降,如力学性能、耐蚀性及切削加工性等,甚至不易进行压力加工。为了消除或减轻枝晶偏析,工程上广泛采用均匀化退火,即将铸件加热到固相线以下 100～200℃(通常为 1000～1200℃)的温度,保温较长时间,然后缓慢冷却,使原子充分扩散,从而达到成分均匀的目的。这种热处理方法称为均匀化退火。

2. 共晶相图

(1)共晶相图和共晶转变的概念

凡是二元合金中两组元在液态时无限互溶,在固态时有限互溶并发生共晶转变形成共晶组织的二元合金相图称为二元共晶相图。具有这类相图的合金系有 Pb-Sn、Pb-Sb、Al-Si、Zn-Sn、Ag-Cu 等。

在共晶相图中,一定成分的液相在一定的温度下,同时结晶出两种不同固相的转变称为共晶转变。由共晶转变获得的两相混合物称为共晶组织或共晶体。

(2)相图分析

下面我们以图 3-7 所示的 Pb-Sn 二元共晶合金相图为例进行相图分析。

二元共晶相图微课

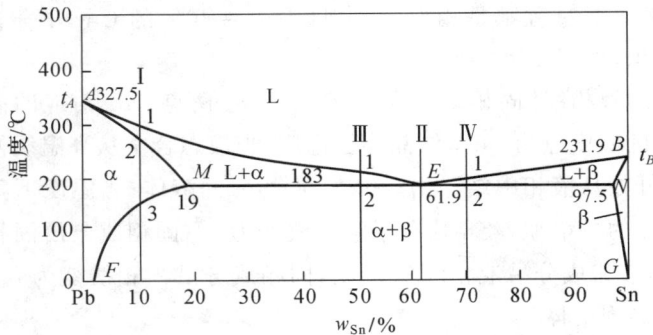

图 3-7 中,A 点为 Pb 的熔点(327.5℃),B 点为 Sn 的熔点(231.9℃);AEB 线为液相线,$AMENB$ 线为固相线。L、α、β 是 Pb-Sn 合金系的三个基本相,其中 α 相是 Sn 溶于 Pb 中形成的有限固溶体,MF 线为 Sn 在 Pb 中的溶解度曲线;β 是 Pb 溶于 Sn 中形成的有限固溶体,NG 线是 Pb 在 Sn 中的溶解度曲线。可以看出,随着温度的下降,固溶体的溶解度下降。

(a) Pb-Sn合金相图　　　　(b) 共晶转变区特征

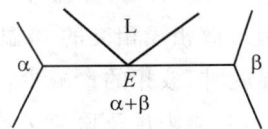

图 3-7　Pb-Sn 合金相图和共晶转变区特征

相图中的三个单相区,即 L、α、β;三个两相区,即 L+α、L+β、α+β;还有一个三相(L+α+β)共存的水平线,即 MEN 线。

MEN 水平线为三相平衡线,又称共晶线。共晶温度为 183℃,在该温度下,E 点成分的液相同时结晶出两种不同的固相,即成分为 M 点 α 固溶体($α_M$)和成分为 N 点 β 固溶体($β_N$)的混合物,称为共晶组织或共晶体,其反应式为:

$$L_E \xleftrightarrow{\quad 183℃ \quad} \alpha_M + \beta_N$$

E 点称为共晶点,温度为 183℃,Sn 的质量分数为 61.9%。成分在 E 点的合金称为共晶合金,E 点对应的温度称为共晶温度。成分在 M 点至 E 点之间的合金称为亚共晶合金,成分在 E 点至 N 点之间的合金称为过共晶合金。

共晶转变区的特征是,共晶线 MEN 联系着 L、α、β 三个单相区,其中 L 相区在中间,位于水平线之上,α、β 两个固相单相区位于共晶线两端,共晶线上的三个点分别是三个单相的成分点。共晶线的下方为 α+β 两相区,如图 3-7(b)所示。

(3)典型合金的平衡结晶过程及其组织分析

现以图 3-7(a)中所给出的Ⅰ、Ⅱ、Ⅲ、Ⅳ 四个典型合金为例,分析其结晶过程和显微组织。

a)w_{Sn} < 19% 的合金(以图 3-7(a)中的合金Ⅰ为例)

由图 3-7(a)可以看出,合金Ⅰ从液相缓慢冷却到 1 点时,从液相中开始结晶出 α 固溶体,直到温度降低到 2 点时,合金结晶完毕,全部转变为单相 α 固溶体。温度在 2 点至 3 点之间,α 固溶体不发生任何变化。当温度冷却到 3 点以下时,随着温度的下降,Sn 在 α 固溶体中的溶解度下降,因此多余的 Sn 就以新固溶体 $\beta_{Ⅱ}$ 的形式从 α 固溶体中析出,通常把从液态合金中直接结晶出的固相称为初生相或一次相,用罗马字母 I 作为下标表示或者不标注,而从固相中沿着各自溶解度曲线析出的新固溶体称为次生相或二次相,用罗马字母 Ⅱ 作为下标表示,图中 α 固溶体沿着 MF 溶解度曲线析出的 β 新固溶体就用 $\beta_{Ⅱ}$ 表示。从以上分析可知合金Ⅰ在室温时的平衡组织为 α+$\beta_{Ⅱ}$。成分在 F 点至 M 点之间的所有合金的冷却过程与合金Ⅰ相同。合金Ⅰ的冷却曲线及平衡结晶过程如图 3-8 所示。

含锡量大于 N 点即大于 97.5% 的合金的结晶过程与合金Ⅰ类似,室温时的平衡组织为 β+$\alpha_{Ⅱ}$。成分在 N 点至 G 点之间的所有合金冷却至室温的平衡组织都为 β+$\alpha_{Ⅱ}$。

b)w_{Sn} = 61.9% 的共晶合金(以图 3-7(a)中的合金Ⅱ为例)

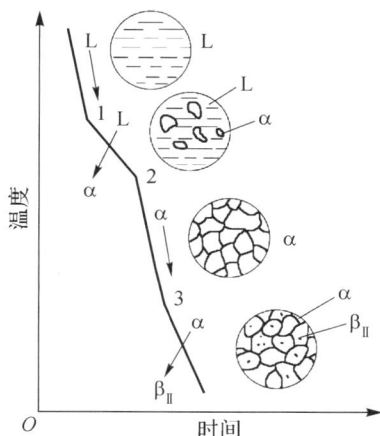

图 3-8　合金Ⅰ的冷却曲线及平衡
结晶过程

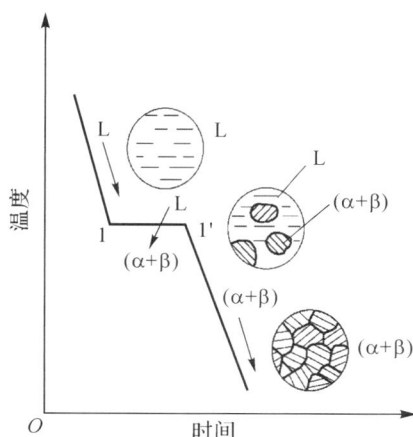

图 3-9　合金Ⅱ的冷却曲线及平衡
结晶过程

共晶合金是指含锡量等于 E 点(w_{Sn} = 61.9%)的合金,该合金Ⅱ从液态缓慢冷却到 1 点温度即 183℃ 时,同时结晶出 α 和 β 两种固溶体,即发生共晶转变,直到液相完全消失,生

成 α+β 共晶体。继续冷却到 1 点以下时，α 和 β 两种固溶体的溶解度分别沿各自的溶解度曲线 MF 和 NG 线变化，分别要从 α 和 β 中将析出次生相 β_{II} 和 α_{II}。β_{II} 和 α_{II} 都相应地同共晶 α、β 连在一起，且由于数量较少，不改变共晶组织的基本形貌，其室温组织仍可视为共晶体 α+β。合金 II 的冷却曲线及平衡结晶过程如图 3-9 所示。

c)19%≤w_{Sn}<61.9%的亚共晶合金（以图 3-7(a)中的合金 III 为例）

由图 3-7(a)可以看出，合金 III 从液相缓慢冷却到 1 点时，从液相中开始结晶出 α 固溶体，温度在 1～2 点之间，随温度的不断降低，α 固溶体的量不断增多，其成分不断沿 AM 线变化；剩余液相的量不断减少，其成分不断沿 AE 线变化。温度降到 2 点时，剩余液相的成分达到共晶点成分，在共晶温度(183℃)下发生共晶转变，同时结晶出 α+β 共晶体，直到液相全部消失为止，此时合金的组织由先结晶出的 α 固溶体和共晶体 α+β 组成。继续冷却到 2 点温度以下时，α 和 β 分别沿各自的溶解度曲线 MF 和 NG 变化，分别要从初生的 α 和共晶 α 析出次生相 β_{II}，从共晶 β 中析出次生相 α_{II}。如前所述，共晶体中析出的次生相可以不予考虑，只考虑从初生相 α 中析出的 β_{II}，从以上分析可知合金 III 在室温时的平衡组织为 α+β_{II}+(α+β)组成。成分在 M 点至 E 点之间的所有亚共晶合金的冷却过程与合金 III 相同。所不同的是，合金成分越接近共晶成分，组织中共晶体 α+β 的量越多，而初生相 α 的量越少。合金 III 的冷却曲线及平衡结晶过程如图 3-10 所示。

d)61.9%<w_{Sn}≤97.5%的过共晶合金（以图 3-7(a)中的合金 IV 为例）

过共晶合金的平衡结晶过程及组织与亚共晶成分的合金相类似，所不同的是先结晶出来的固相是 β 固溶体，结晶后的显微组织为 β+(α+β)+α_{II}。成分在 E 点至 N 点之间的所有过共晶合金的冷却过程与合金 IV 相同。所不同的是，合金成分越接近共晶成分，组织中共晶体 α+β 的量越多，而初生相 β 的量越少。合金 IV 的冷却曲线及平衡结晶过程如图 3-11 所示。

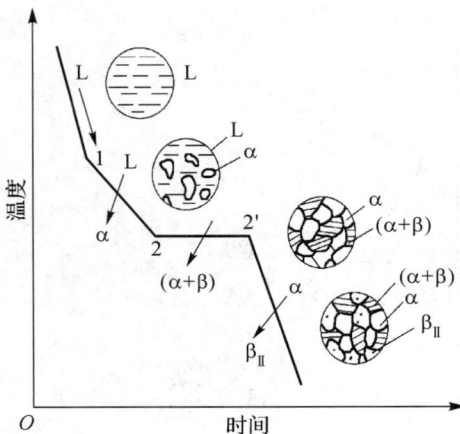

图 3-10　合金 III 的冷却曲线及平衡结晶过程

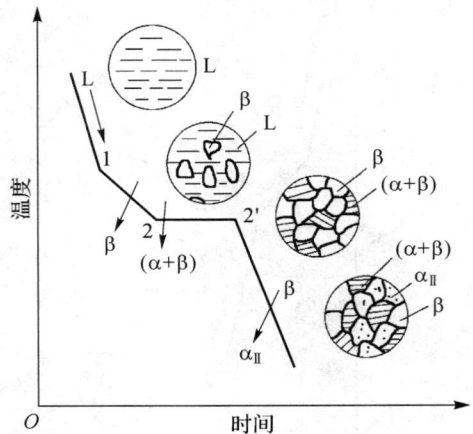

图 3-11　合金 IV 的冷却曲线及平衡结晶过程

从以上的分析可以看出，不同成分的 Pb-Sn 合金，平衡结晶后的室温组织是不同的，图 3-12 为 Pb-Sn 合金相图平衡结晶后的室温组织。除了锡含量在相图上 F 点以左和 G 点以右的合金在室温时的组织分别为单相 α 固溶体和 β 固溶体外，其他成分的 Pb-Sn 合金的组织尽管不同,但室温时都是由 α 和 β 两个相构成的,只是不同组织中 α、β 的分布状态不同而已。

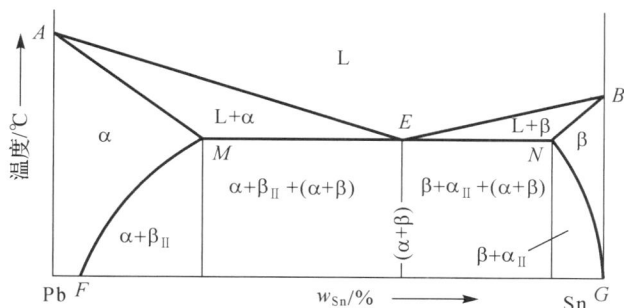

图 3-12　Pb-Sn 合金相图平衡结晶后的室温组织

习题

1.名词解释

合金、组元、合金系、相、组织、固溶体、置换固溶体、间隙固溶体、金属化合物、固溶强化、弥散强化、合金相图、匀晶相图、枝晶偏析、共晶相图、共晶转变

2.简答题

(1)合金中的相和组织的区别和联系。

(2)置换固溶体和间隙固溶体的形成条件分别是什么?

(3)固溶体和金属化合物在结构和性能上有什么主要差别?

(4)金属化合物相的主要性能特点及其在合金中的作用。

(5)在共晶相图中,为什么亚共晶成分、过共晶成分的液态合金在冷却过程中也能发生共晶反应?

3.分析题

(1)试分析比较纯金属、共晶体、固溶体三者在结晶过程和显微组织上的异同之处。

(2)根据 Pb-Sn 相图,分析 $w_{Sn}=40\%$ 和 $w_{Sn}=80\%$ 的两种 Pb-Sn 合金的结晶过程及室温下的组织。

本章小结

本章测试

第4章 铁碳合金相图及碳素钢

　　钢和铸铁统称钢铁，钢铁是现代机械制造工业中应用最广泛的金属材料，是以铁碳为基本组元的复杂合金。铁碳合金相图是研究铁碳合金的基础。

　　铁与碳可形成一系列稳定的化合物，如 Fe$_3$C、Fe$_2$C、FeC 等，因此铁碳合金相图可以看成是由 Fe-Fe$_3$C、Fe$_3$C-Fe$_2$C、Fe$_2$C-FeC 和 FeC-C 二元相图所构成，如图 4-1 所示。实际应用的钢和铸铁的碳质量分数一般不超过 5%，是在 Fe-Fe$_3$C 的成分范围内，因此在研究铁碳合金时，一般仅研究 Fe-Fe$_3$C 部分。下面论述的铁碳合金相图实际上就是 Fe-Fe$_3$C 相图。

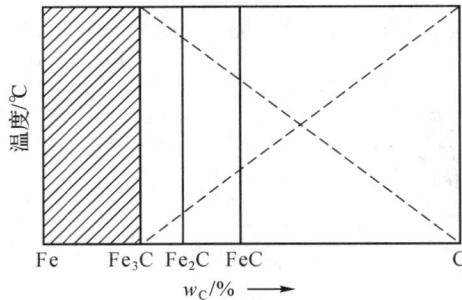

图 4-1　Fe-C 相图的组成

4.1　铁碳合金相图

4.1.1　铁碳合金的基本组织

铁碳合金通常仅研究 $w_C \leqslant 6.69\%$ 的那部分合金，又称 $Fe\text{-}Fe_3C$ 合金。由于铁与碳之间相互作用不同，铁碳合金在固态下的基本相分为固溶体与金属化合物两类。属于固溶体的基本相有铁素体和奥氏体，属于金属化合物的基本相有渗碳体。这 3 种基本相性能各异，它们可以独立存在，也可以相互组合形成混合物。例如，在一定条件下，渗碳体和铁素体可以组合成片层相间的两相混合物，称为珠光体；渗碳体和奥氏体可以组合成另一种两相混合物，称为莱氏体。铁碳合金的基本组织有铁素体、奥氏体、渗碳体、珠光体和莱氏体。

1. 铁素体（F）

碳溶入 α-Fe 中形成的间隙固溶体称为铁素体，是单一的固溶体相，用符号 F 或 α 表示，它保持 α-Fe 的体心立方晶格。

铁碳合金的基本组织和性能微课

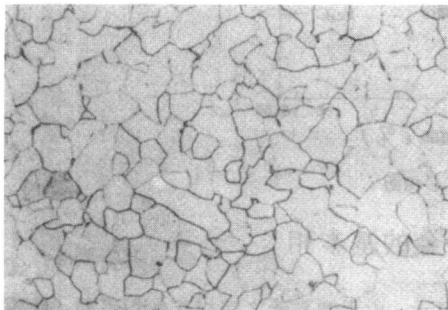

由于体心立方晶格的间隙很小，远小于碳的原子直径，故碳在 α-Fe 中的溶解度很小，在 727℃时最大溶解度为 0.0218%，随着温度的下降，其溶解度逐渐减小，在 600℃时约为 0.0057%，在室温时仅为 0.0008%。所以铁素体室温时的力学性能与工业纯铁较接近，其强度和硬度低（$R_m = 180 \sim 280MPa$；$50 \sim 80HBW$），塑性、韧性良好（$A = 30\% \sim 50\%$）。铁素体在 770℃以下具有铁磁性，770℃以上失去铁磁性。

铁素体的显微组织与纯铁相同，呈明亮白色等轴多边形晶粒，如图 4-2 所示。

2. 奥氏体（A）

碳溶入 γ-Fe 中形成的间隙固溶体称为奥氏体，也是单一的固溶体相，用符号 A 或 γ 表示。它仍保持 γ-Fe 的面心立方晶格。

图 4-2　铁素体的显微组织（100×）　　　图 4-3　奥氏体的显微组织（100×）

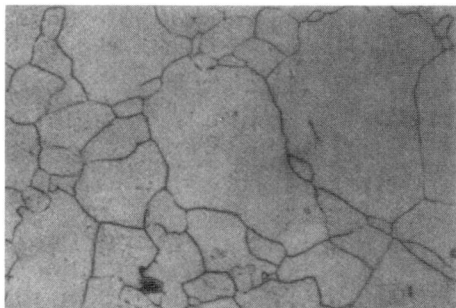

虽然它的晶格致密度高于 α-Fe，但由于其晶格间隙直径要比 α-Fe 大，所以碳在 γ-Fe 中的溶解度相对较高，在 1148℃时其最大溶解度达 2.11%，随着温度的下降，溶解度逐渐减小，在 727℃时为 0.77%。奥氏体的力学性能与其溶解度及晶粒的大小有关。一般来说，奥氏体的硬度为 170 ~ 220HBW，$A = 40\% \sim 50\%$，因此，奥氏体的强度、硬度不高而塑性较好，

易于压力加工成形,所以在锻造、轧制等生产中,常将钢材加热到奥氏体状态,以提高其塑性进行压力加工,所谓的"趁热打铁"就是这个道理。

奥氏体存在于727℃以上的较高温度区域,是铁碳合金一个重要的高温相。其高温下的显微组织如图4-3所示,也为明亮的多边形晶粒,但晶界较平直。若在铁碳合金加入足够数量的稳定奥氏体元素,也可使奥氏体在室温下成为稳定相,在第6章中将涉及。

与铁素体不同,奥氏体不呈现铁磁性而呈顺磁性(是指材料对磁场响应很弱的磁性),在生活中分辨奥氏体不锈钢的方法之一就是用磁铁来检验其是否具有磁性。

3. 渗碳体(Fe_3C)

铁与碳组成的金属化合物称为渗碳体,用符号 Fe_3C 或 C_m 表示。渗碳体的 $w_C = 6.69\%$,熔点为1227℃,它具有复杂的晶体结构(见第3章图3-3)。

渗碳体性能硬而脆,硬度很高(约800HBW),强度低($R_m = 35MPa$),塑性和韧性几乎为零,脆性极大,是铁碳合金的重要强化相。渗碳体在铁碳合金中的形态可呈片状、粒状、网状、板条状等。它的数量和形态对铁碳合金的力学性能有很大影响。通常,渗碳体越细小,并均匀地分布在固溶体基体中,合金的力学性能越好;反之,越粗大或呈网状分布则脆性越大。

渗碳体在230℃以下具有弱铁磁性,而在230℃以上则失去铁磁性。

渗碳体属于一种亚稳定化合物。在一定条件下会全部或部分地分解为铁和石墨(称石墨化),即

$$Fe_3C \longrightarrow 3Fe + C(石墨)$$

石墨化对铁碳合金中的铸铁组织有很大影响(详见第7章)。

综上所述,在铁碳合金的三种基本相中,奥氏体一般仅存在于高温下,所以室温下所有的铁碳合金中只有铁素体和渗碳体两种相。由于铁素体中碳的质量分数非常小,所以碳在铁碳合金中主要以渗碳体的形式存在,这一点是十分重要的。

4. 珠光体(P)

珠光体是铁素体和渗碳体两相组成的机械混合物。平均碳质量分数 $w_C = 0.77\%$,用符号 P 表示。珠光体的塑性($A = 20\% \sim 25\%$)、韧性和硬度(180~280HBW)介于铁素体和渗碳体之间,而强度($R_m = 750 \sim 900MPa$)大于其中任何一种组成相。

常见的珠光体形态呈片层状,由铁素体片和渗碳体片相互交替排列而成,片层间距越小,力学性能越好。

5. 莱氏体(Ld)

莱氏体是奥氏体和渗碳体两相组成的机械混合物。平均碳质量分数 $w_C = 4.3\%$,用符号 Ld 表示。莱氏体存在于727℃以上,又称高温莱氏体。莱氏体由于含有较多的渗碳体,其性能与渗碳体相似,即硬度高、脆性大、塑性很差。

4.1.2　Fe-Fe₃C 相图分析

Fe-Fe_3C 相图是表示在极其缓慢冷却(加热)条件下(即平衡状态)不同成分的钢和铸铁在不同温度下所具有的组织或状态的一种图形。它清楚地反映了铁碳合金的成分、组织、性能之间的关系,是研究钢和铸铁及其加工处理

铁碳合金
相图分析
微课

（铸、锻、焊、热处理等加工工艺）的重要理论基础。图 4-4 所示是简化 Fe-Fe₃C 相图（由于完整的 Fe-Fe₃C 相图左上角部分实际应用较少，故可将相图简化）。相图中的符号是国际通用的，各临界点的数据则由于测试条件不同而略有差异。

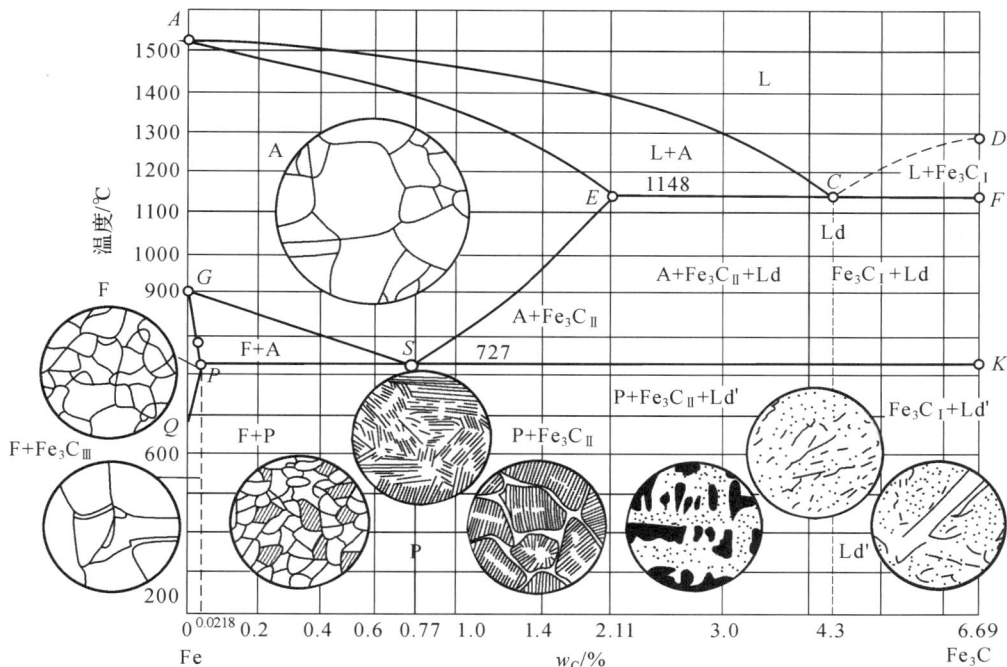

图 4-4　简化 Fe-Fe₃C 相图

1. 主要特征点

A 点为纯铁的熔点（1538℃）。

D 点为渗碳体的熔点（1227℃）。

E 点为在 1148℃时碳在 γ-Fe 中的最大溶解度（$w_C = 2.11\%$），也是钢和铸铁的分界点，$w_C < 2.11\%$ 的铁碳合金属于钢，$w_C > 2.11\%$ 的铁碳合金属于铸铁。

C 点为共晶点。具有 C 点成分（$w_C = 4.3\%$）的液态合金在恒温下（1148℃）将发生共晶转变，即从液相中同时结晶出奥氏体和渗碳体组成的机械混合物（共晶体），称为莱氏体（Ld）。其反应式为

$$L_C \xleftrightarrow{1148℃} A_E + Fe_3C$$

G 点（912℃）为 γ-Fe $\xleftrightarrow{912℃}$ α-Fe 的同素异构转变点。

P 点为在 727℃时碳在 α-Fe 中最大溶解度（$w_C = 0.0218\%$）；也是工业纯铁和钢的分界点，$w_C < 0.0218\%$ 的铁碳合金属于工业纯铁，$w_C > 0.0218\%$ 的铁碳合金属于钢。

S 点为共析点。具有 S 点成分（$w_C = 0.77\%$）的奥氏体在恒温下（727℃）将发生共析转变，即从奥氏体中同时生成铁素体和渗碳体片层相间的机械混合物（共析体），称为珠光体（P）。其反应式为

$$A_S \xleftrightarrow{727℃} F_P + Fe_3C$$

Fe-Fe₃C 相图中各主要特征点的温度、碳质量分数及含义见表 4-1。

表 4-1　Fe-Fe₃C 相图各主要特征点的温度、碳质量分数及含义

特征点的符号	温度/℃	w_C/%	特征点的含义
A	1538	0	纯铁的熔点
C	1148	4.3	共晶点
D	1227	6.69	渗碳体的熔点
E	1148	2.11	碳在 γ-Fe 中的最大溶解度
F	1148	6.69	渗碳体的碳质量分数
G	912	0	γ-Fe ⟷ α-Fe 同素异构转变温度
K	727	6.69	渗碳体的碳质量分数
P	727	0.0218	碳在 α-Fe 中的最大溶解度
S	727	0.77	共析点
Q	600	0.0057%	600℃时碳在 α-Fe 中的溶解度

2. 主要特征线

ACD 线为液相线,在此线以上合金处于液体状态,即液相(L)。w_C<4.3%的液态合金冷却到 AC 线温度时开始结晶出奥氏体(A);w_C>4.3%的液态合金冷却到 CD 线温度时开始结晶出渗碳体,直接从液相中结晶出来的渗碳体称为一次渗碳体,用 Fe₃C_I 表示。

AECF 线为固相线,在此线以下,合金完成结晶,全部变为固体状态。AE 线是合金完成结晶,全部转变为奥氏体的温度线。ECF 线为共晶线,是一条水平恒温线。液态合金冷却到共晶线温度(1148℃)时,将发生共晶转变而生成莱氏体(Ld)。w_C=2.11%~6.69%的铁碳合金结晶时均会发生共晶转变。

ES 线为碳在奥氏体中的溶解度曲线,通常称为 A_{cm} 线。碳在奥氏体中的最大溶解度是 E 点(w_C=2.11%),随着温度的降低,碳在奥氏体中的溶解度减小,将由奥氏体中析出二次渗碳体,用 Fe₃C_II 表示,以区别直接从液相中结晶出来的一次渗碳体(Fe₃C_I)。

GS 线是奥氏体冷却时开始向铁素体转变的温度线,通常称为 A_3 线。

PSK 线为共析线,通常称为 A_1 线。奥氏体冷却到共析线温度(727℃)时,将发生共析转变生成珠光体(P),w_C>0.0218%的铁碳合金均会发生共析转变。

PQ 线是碳在铁素体中的溶解度曲线,碳在铁素体中最大溶解度是 P 点(w_C=0.0218%),随着温度的降低,溶解度将逐渐减少,室温时,铁素体中溶碳量几乎为零(w_C=0.0008%)。从 727℃冷却到室温的过程中,铁素体内多余的碳将以渗碳体的形式析出,称为三次渗碳体,用 Fe₃C_III 表示。

Fe-Fe₃C 相图中各主要特征线的含义见表 4-2。

表 4-2　Fe-Fe₃C 相图各主要特征线的含义

特征线的符号	特征线的含义
AC	液相线,液态合金开始结晶出奥氏体
CD	液相线,液态合金开始结晶出渗碳体

续表

特征线的符号	特征线的含义
AE	固相线,即奥氏体的结晶终了线
ECF	固相线,即 $L_C \xleftrightarrow{1148℃} A_E + Fe_3C$ 共晶转变线
GS	奥氏体转变为铁素体的开始线
GP	奥氏体转变为铁素体的终了线
ES	碳在奥氏体中的溶解度曲线
PSK	$A_S \xleftrightarrow{727℃} F_P + Fe_3C$ 共析转变线
PQ	碳在铁素体中的溶解度曲线

3. 相区

上述各特征线将相图划分为四个单相区、五个两相区以及两个三相区。

四个单相区:L、A、F、Fe$_3$C。

五个两相区:L+A、L+Fe$_3$C、A+F、A+Fe$_3$C、F+Fe$_3$C。

两个三相区:各表现为一条水平线,即 ECF 共晶线(L+A+Fe$_3$C)以及 PSK 共析线(A+F+Fe$_3$C)。

4.1.3　典型铁碳合金的平衡结晶过程分析

为了了解钢和白口铸铁组织的形成规律,现选择六种典型的铁碳合金,分析其平衡结晶过程及组织的变化规律,了解其在室温下的显微组织。图 4-5 中标有 Ⅰ～Ⅵ 的六条合金线(成分垂直线),分别代表共析钢、亚共析钢、过共析钢、共晶白口铸铁、亚共晶白口铸铁以及过共晶白口铸铁典型铁碳合金所在的成分位置。

1. 共析钢(合金 Ⅰ)

图 4-5 中合金 Ⅰ 为碳质量分数 $w_C = 0.77\%$ 的共析钢,其结晶过程如图 4-6 所示。当合金温度在 1 点以上时,合金处于液态。当合金缓冷到液相线温度 1 点时,开始从液相中结晶出奥氏体,在 1～2 点温度之间,随着温度的下降,奥氏体量不断增加,其成分沿固相线 AE 变化;剩余液相不断减少,其成分沿液相线 AC 变化,到 2 点温度时结晶完毕,全部转变为与原合金成分相同的奥氏体。2～3 点之间奥氏体组织不变,当冷却到 3 点(S 点)时,奥氏体发生共析转变,即 $A_S \xleftrightarrow{727℃} F_P + Fe_3C$,形成 F 与 Fe$_3$C 片层相间的机械混合物,即珠光体。从 3 点继续冷却时将从铁素体中析出 Fe$_3$C$_{\text{III}}$,但量很少,对组织没有明显影响,可以忽略。所以共析钢缓冷到室温的组织为珠光体。图 4-7 所示为共析钢(珠光体)的显微组织,图中黑色层片为渗碳体,白色基体为铁素体。

2. 亚共析钢(合金 Ⅱ)

图 4-5 中合金 Ⅱ 为亚共析钢,其结晶过程如图 4-8 所示。亚共析钢在 1 点到 3 点温度间的结晶过程与共析钢相似。当合金冷却到 3 点温度时,开始从奥氏体中析出铁素体,随着温度下降,铁素体量不断增加,其成分沿 GP 线改变。由于铁素体的溶碳能力很弱,迫使碳向

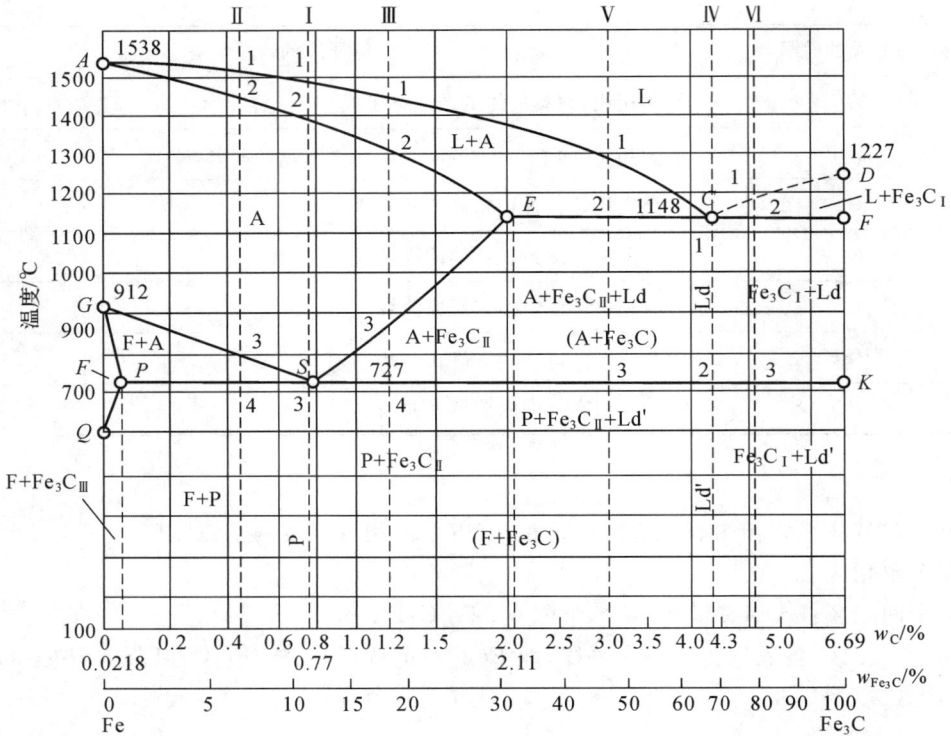

图 4-5　典型合金在 Fe-Fe₃C 相图中的位置

剩余的奥氏体内转移,使奥氏体的碳含量沿 GS 线不断增加。当冷却到与共析线 PSK 相交的 4 点温度(727℃)时,剩余奥氏体的成分正好为共析成分($w_C = 0.77\%$),因此剩余奥氏体发生共析转变形成珠光体。继续冷却,将从铁素体中析出三次渗碳体(Fe₃C_Ⅲ),同样可以忽略不计。因此,亚共析钢的室温组织为铁素体＋珠光体。

典型铁碳合金的结晶过程分析微课

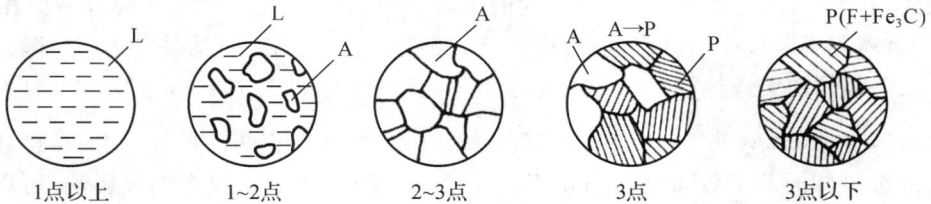

　　所有亚共析钢的结晶过程都相似,它们在室温下的显微组织都是铁素体和珠光体。但随着碳含量的增加,组织中铁素体的数量减少,珠光体的数量

图 4-6　共析钢结晶过程

增加,图 4-9 所示为不同碳含量亚共析钢的室温显微组织。图中白亮部分为铁素体,黑色部分为珠光体,这是因为放大倍数较低,无法分辨层片,故呈黑色。

　　3. 过共析钢(合金Ⅲ)

　　图 4-5 中合金Ⅲ为过共析钢,其结晶过程如图 4-10 所示。过共析钢在 1 点到 3 点温度

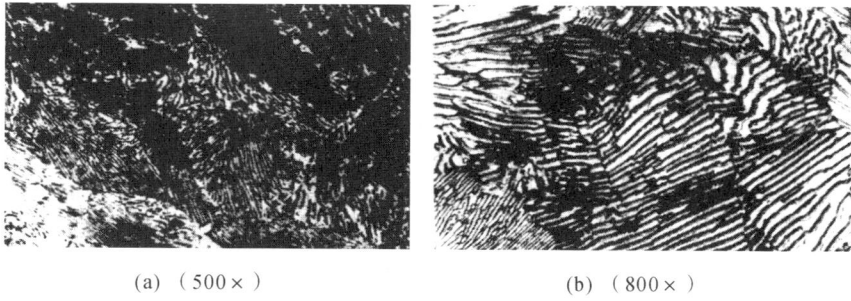

(a)（500×）　　　　　　　　　(b)（800×）

图 4-7　共析钢室温显微组织

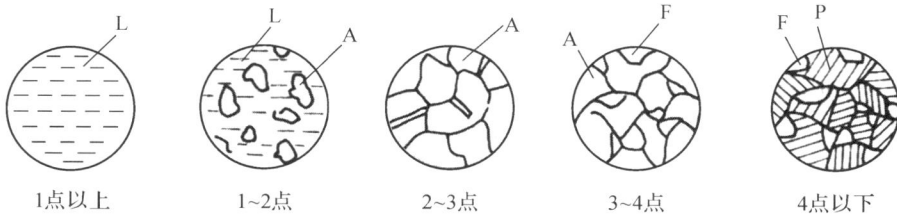

1点以上　　　1~2点　　　2~3点　　　3~4点　　　4点以下

图 4-8　亚共析钢结晶过程

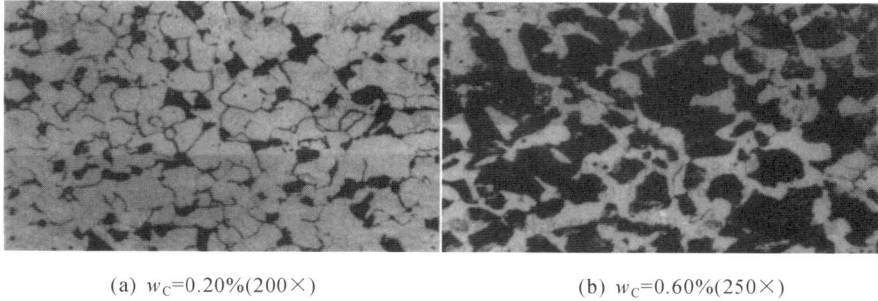

(a) w_C=0.20%(200×)　　　　　　　(b) w_C=0.60%(250×)

图 4-9　不同碳含量亚共析钢的室温显微组织

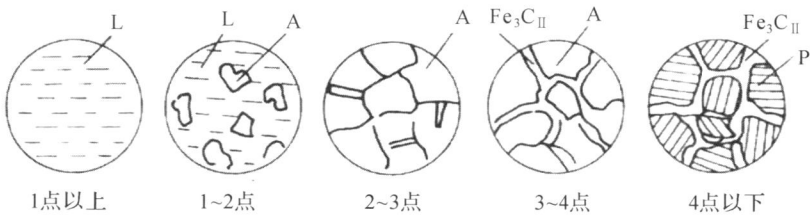

1点以上　　　1~2点　　　2~3点　　　3~4点　　　4点以下

图 4-10　过共析钢结晶过程

间的结晶过程也与共析钢相似。当合金冷却到 3 点温度时,奥氏体中的溶碳量达到饱和而开始从奥氏体的晶界处析出 Fe_3C_{II};在 3~4 点之间,随着温度的下降 Fe_3C_{II} 量不断增加,剩余奥氏体的成分沿 ES 线变化;缓冷到 4 点(727℃)时,剩余奥氏体的成分正好为共析成分,因此就发生共析转变形成珠光体;4 点以下至室温,合金组织基本不变。所以过共析钢的室温组织为珠光体＋二次渗碳体,其中 Fe_3C_{II} 沿珠光体晶界呈网状分布。所有过共析钢的结晶过程均相似,碳含量越多,其显微组织中的 Fe_3C_{II} 也增多,珠光体量相对减少。图 4-11 所示为过共析钢的室温显微组织,图中 Fe_3C_{II} 呈白色网状,分布在片层状的 P 周围。

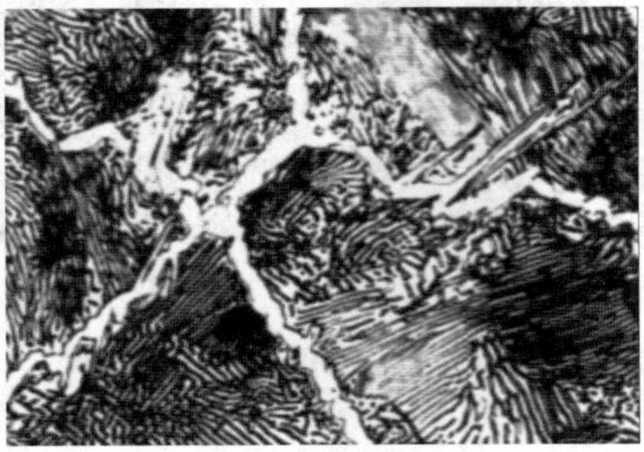

图 4-11　过共析钢($w_C = 1.20\%$)室温显微组织($500\times$)

4. 共晶白口铸铁(合金 Ⅳ)

图 4-5 中合金 Ⅳ 为共晶白口铸铁,其结晶过程如图 4-12 所示。该合金在 1 点以上为液态,缓冷到 1 点(共晶点 1148℃)时,液态合金发生共晶转变,即 $L_C \xleftrightarrow{1148℃} A_E + Fe_3C$ 形成莱氏体(Ld)。这种由共晶转变结晶出的奥氏体和渗碳体,分别称为共晶奥氏体和共晶渗碳体。随着温度的下降,从奥氏体中不断析出二次渗碳体。在 1~2 点,随着温度的下降,碳在奥氏体中的溶解度沿 ES 线变化而不断降低,故从奥氏体中不断析出 Fe_3C_{II}(它与共晶渗碳体连在一起,在金相显微镜下难以分辨)。当温度降至与共析线 PSK 相交的 2 点温度(727℃)时,共晶奥氏体的成分达到共析成分($w_C = 0.77\%$),发生共析转变形成珠光体。此时莱氏体也相应转变为低温莱氏体(Ld′)。

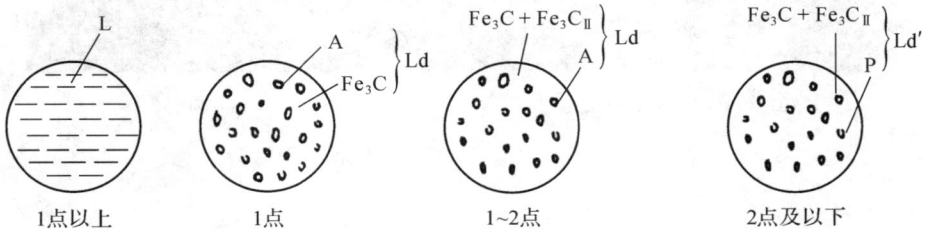

图 4-12　共晶白口铸铁结晶过程

因此,共晶白口铸铁室温时的显微组织是由珠光体、二次渗碳体和共晶渗碳体组成的莱氏体组织,称为低温莱氏体。图 4-13 所示为共晶白口铸铁室温时的显微组织。图中黑色部分为珠光体,白色基体为渗碳体(其中二次渗碳体和共晶渗碳体连在一起而难以分辨)。

5. 亚共晶白口铸铁(合金 Ⅴ)

图 4-5 中合金 Ⅴ 为亚共晶白口铸铁,其结晶过程如图 4-14 所示。该合金从高温缓冷到液相线 AC 相交的 1 点温度时,液态合金开始结晶出初生奥氏体。在 1~2 点之间,随着温度下降,奥氏体量不断增多,液相逐渐减少。奥氏体成分沿 AE 线变化,液相成分沿 AC 线变化。当冷却到与共晶线 ECF 相交的 2 点(1148℃)时,奥氏体的成分为 $w_C = 2.11\%$,剩余液相成分正好是共晶成分($w_C = 4.3\%$),此时,液态合金发生共晶转变形成莱氏体,共晶转

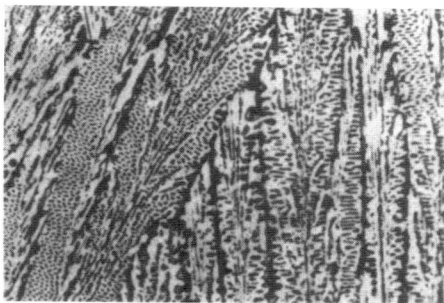

图 4-13　共晶白口铸铁室温显微组织(250×)

变后合金的组织为初生奥氏体＋莱氏体。在 2～3 点之间,随着温度的下降,奥氏体中不断析出 Fe_3C_{II},奥氏体的碳含量沿着 ES 线不断减少。当缓冷到 3 点温度(727℃)时,奥氏体的成分均达到共析成分($w_C=0.77\%$),发生共析转变,形成珠光体。从 3 点冷至室温,组织不再发生变化。因此,亚共晶白口铸铁的室温组织为珠光体＋二次渗碳体＋低温莱氏体。

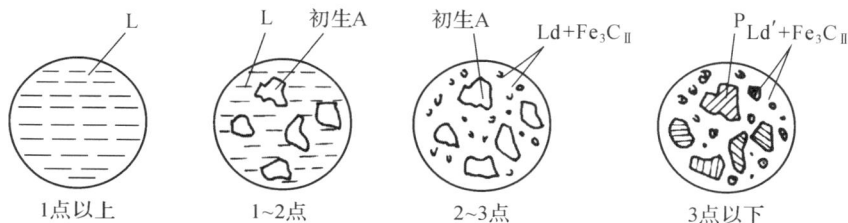

图 4-14　亚共晶白口铸铁结晶过程

所有亚共晶白口铸铁的结晶过程和组织均相似,只是碳含量越高(越接近共晶成分),室温组织中低温莱氏体量越多,由初生奥氏体转变成的珠光体量相对减少。图 4-15 所示是亚共晶白口铸铁的室温显微组织。图中呈黑色块状或带树枝状分布的是 P,基体是 Ld',从初晶奥氏体及共晶奥氏体中析出的二次渗碳体,都与共晶渗碳体连在一起,在放大倍率不高的显微镜下无法分辨。

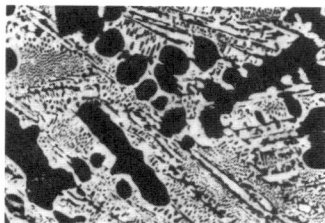

图 4-15　亚共晶白口铸铁室温显微组织(80×)

6.过共晶白口铸铁(合金Ⅵ)

图 4-5 中合金Ⅵ为过共晶白口铸铁,其结晶过程如图 4-16 所示。该合金冷却到与液相线 CD 相交的 1 点温度时,从液态合金中开始结晶出一次渗碳体(Fe_3C_I)。在 1～2 点之间,随着温度下降,一次渗碳体量不断增多,剩余液相量不断减少,其成分沿 CD 线改变。当冷却到与共晶线 ECF 相交的 2 点温度(1148℃)时,剩余液相成分正好为共晶成分($w_C=$

4.3%)而发生共晶转变,形成莱氏体。共晶转变后的组织为一次渗碳体＋莱氏体。在 2～3 点之间冷却时,共晶奥氏体中同样析出二次渗碳体,并在 3 点的温度(727℃)时,奥氏体发生共析转变而形成珠光体。因此,过共晶白口铸铁的室温组织为一次渗碳体＋低温莱氏体。

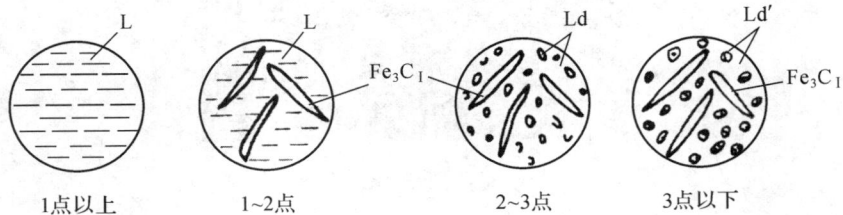

图 4-16　过共晶白口铸铁结晶过程

所有过共晶白口铸铁的结晶过程和组织均相似。只是合金成分越接近共晶成分,室温组织中低温莱氏体量越多,一次渗碳体量越少。图 4-17 所示是过共晶白口铸铁的室温显微组织。图中白色长条状的为一次渗碳体,基体为低温莱氏体。

图 4-17　过共晶白口铸铁室温显微组织(100×)

4.1.4　Fe-Fe$_3$C 相图中铁碳合金的分类和室温平衡组织

Fe-Fe$_3$C 相图中不同成分的铁碳合金,在室温下将得到不同的平衡组织,其性能也不同。通常根据相图中的 P 点和 E 点成分将铁碳合金分为工业纯铁、钢及白口铸铁三类。

1. 工业纯铁

工业纯铁是指室温下组织为铁素体(F)和少量三次渗碳体(Fe$_3$C$_{\text{Ⅲ}}$)的铁碳合金,成分范围在 P 点以左,碳质量分数 $w_C<0.0218\%$。室温平衡组织为 F＋Fe$_3$C$_{\text{Ⅲ}}$ 或 F(忽略少量三次渗碳体)。

2. 钢

钢是指高温固态组织为单相奥氏体(A)的一类铁碳合金,成分范围在 $P\sim E$ 点之间,碳质量分数 $w_C=0.0218\%\sim2.11\%$。其特点是高温固态组织奥氏体钢具有良好的塑性,适合进行锻造、轧制等压力加工。根据室温平衡组织的不同,又分为下列三类:

(1)亚共析钢　成分范围在 $P\sim S$ 点之间,碳质量分数 $w_C=0.0218\%\sim0.77\%$,室温平衡组织为 F＋P。

(2)共析钢　成分为共析点 S,碳质量分数 $w_C=0.77\%$,室温平衡组织全部是 P。

（3）过共析钢　成分范围在 $S \sim E$ 点之间，碳的质量分数 $w_C = 0.77\% \sim 2.11\%$，室温平衡组织为 $P + Fe_3C_{II}$。

3. 白口铸铁

白口铸铁是指成分在 E 点以右的铁碳合金，碳质量分数为 $w_C = 2.11\% \sim 6.69\%$。白口铸铁熔点较低，流动性好，便于铸造，但脆性大。根据室温平衡组织的不同，又分为下列三类：

（1）亚共晶白口铸铁　成分范围在 $E \sim C$ 点之间，碳质量分数 $w_C = 2.11\% \sim 4.3\%$，室温平衡组织为 $P + Fe_3C_{II} + Ld'$。

（2）共晶白口铸铁　成分为共晶点 C，碳质量分数 $w_C = 4.3\%$，室温平衡组织全部是 Ld'。

（3）过共晶白口铸铁　成分范围在 $C \sim F$ 点之间，碳质量分数 $w_C = 4.3\% \sim 6.69\%$，室温平衡组织为 $Fe_3C_I + Ld'$。

4.1.5　铁碳合金的成分、组织和性能的关系

1. 碳含量与平衡组织的关系

通过上述对典型铁碳合金结晶过程的分析，可以得到铁碳合金在平衡结晶条件下组织的变化规律与碳含量之间的关系。随着碳含量的增加，铁碳合金的室温组织变化为：$F \rightarrow F + P \rightarrow P \rightarrow P + Fe_3C_{II} \rightarrow P + Fe_3C_{II} + Ld' \rightarrow Ld' \rightarrow Ld' + Fe_3C_I$。铁碳合金的相组成物、组织组成物相对量与碳含量的关系如图 4-18 所示。

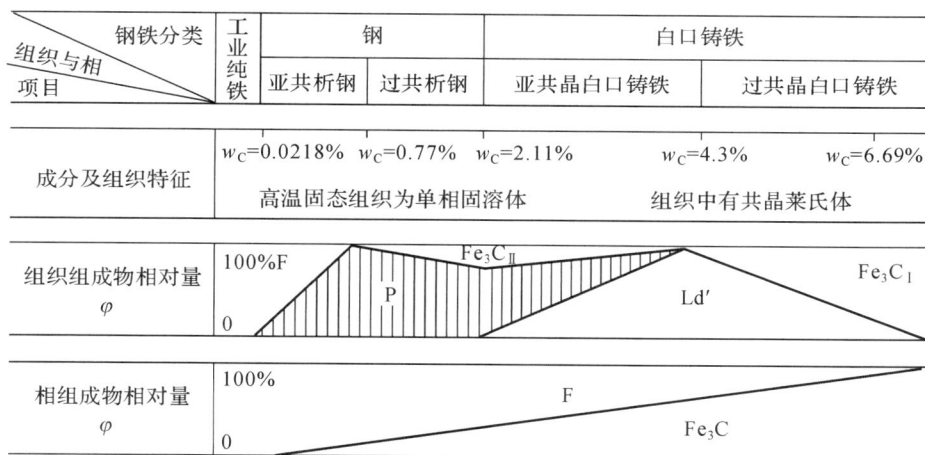

图 4-18　铁碳合金的相组成物、组织组成物相对量与碳含量的关系

铁碳合金中当碳含量增高时，不仅其组织中渗碳体的数量增加，而且渗碳体的大小、形态和分布情况也随着发生变化。其变化规律为：Fe_3C_{III}（沿铁素体晶界分布的薄片状）$\rightarrow$ 共析 Fe_3C（与铁素体片层相间）$\rightarrow Fe_3C_{II}$（沿奥氏体晶界分布的网状）$\rightarrow$ 共晶 Fe_3C（作为莱氏体的基体）$\rightarrow Fe_3C_I$（分布在莱氏体上的粗大长条状）。因此，不同成分的铁碳合金具有不同的组织，从而具有不同的性能。

铁碳合金的成分、组织与性能的关系微课

2. 碳含量与铁碳合金力学性能间的关系

铁碳合金室温力学性能,主要取决于合金的室温平衡组织,室温下铁碳合金由铁素体和渗碳体两个相组成。铁素体为软韧相;渗碳体为硬脆相。当两者以片层状组成珠光体时,则兼具两者的优点,即珠光体具有较高的硬度、强度和良好的塑性、韧性。铁碳合金平衡组织中的这三种组织组成物的力学性能见表 4-3。

表 4-3 铁碳合金平衡组织中几种组织组成物的力学性能

组织组成物	R_m/MPa	硬度 HBW	A/%	KU/J
铁素体(F)	180～280	50～80	30～50	128～160
渗碳体(Fe$_3$C)	35	800	≈0	≈0
珠光体(P)	750～900	180～280	20～25	24～32

碳含量对铁碳合金力学性能的影响如图 4-19 所示,随着碳质量分数 w_C 的增大,铁碳合金的硬度持续增加,塑性、韧性连续降低,强度在 $w_C < 0.9\%$ 时,也连续增加,但当 $w_C > 0.9\%$ 后,强度则不断下降。

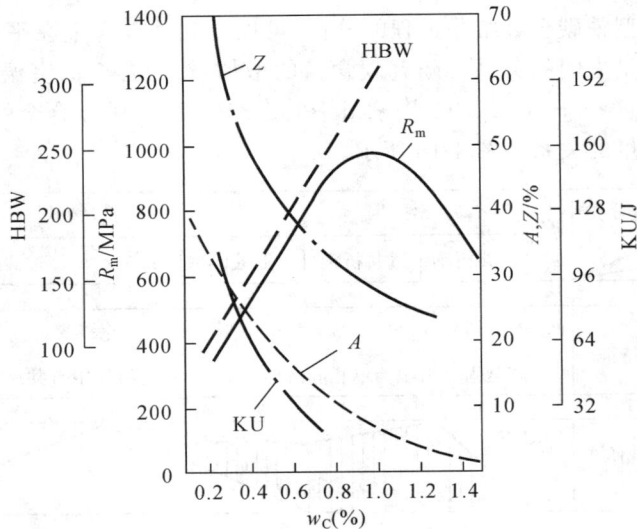

图 4-19 碳含量对铁碳合金力学性能的影响

随着碳含量的增加,亚共析钢中 P 含量增多而 F 含量减少,所以亚共析钢的强度随着碳含量的增大而增大,当碳的质量分数达到共析点(0.77%)时,强度约为 750MPa,但当碳的质量分数超过共析成分之后,由于强度很低的二次渗碳体 Fe$_3$C$_{\text{II}}$ 开始沿晶界出现,合金强度的增加变慢,到 $w_C = 0.9\%$ 时,Fe$_3$C$_{\text{II}}$ 沿晶界形成完整的网,强度开始迅速降低,此时 0.9% 的碳的质量分数使合金达到强度的最大值,约为 1000MPa。然后,随着碳含量的进一步增加,强度不断下降,到碳的质量分数超过 2.11% 后,合金中开始出现 Ld',强度已降到很低的值,再增加碳含量时,由于合金基体都为脆性很高的 Fe$_3$C 相,趋于 Fe$_3$C 的强度,约为 30MPa。

碳钢的硬度主要取决于其组织中各个组成相的硬度和组成相的数量,受组织或组成相的形态影响较小。铁素体硬度低,渗碳体硬度高,所以碳钢的硬度主要取决于渗碳体的数量。因此,w_C 增加,铁素体量减少,渗碳体量增加,碳钢的硬度呈线性增加。

对于塑性和韧性来说,由于铁碳合金中的 Fe_3C 是硬脆相,几乎没有塑性。合金的塑性变形全部由 F 提供,所以随着碳含量的增大,F 相的量不断减少,Fe_3C 相的量逐渐增多,合金的塑性、韧性连续下降,到合金成为白口铸铁时,塑性和韧性就降到近于零了。

为了保证工业上使用的钢具有足够的强度,同时又具有一定的塑性和韧性,钢中碳的质量分数一般都不超过 1.3%～1.4%。碳的质量分数大于 2.11% 的白口铸铁,因组织中存在大量的渗碳体,既硬又脆,难以切削加工,故在工业中应用较少。

4.1.6　Fe-Fe₃C 相图的应用

1. 作为选用钢铁材料的依据

Fe-Fe₃C 相图较直观地反映了铁碳合金的组织随成分和温度变化的规律,这就为钢铁材料的选用提供了依据。实际生产中,可根据零件的工作条件和性能要求合理地选用材料。例如,各种型钢及桥梁、车辆、船舶、各种建筑结构等,都需要强度较高、塑性及韧性好、焊接性能好的材料,故应选用碳含量较低的钢材;各种机器零件需要强度、塑性、韧性等综合力学性能较好的材料,应选用碳含量适中的钢;各类工具,如刃具、量具、模具要求硬度高、耐磨性好的材料,则可选用碳含量较高的钢。纯铁的强度低,不宜用作工程材料,常用的是它的合金。白口铸铁硬度高、脆性大,不能锻造和切削加工,但铸造性能好,耐磨性高,适于制造不受冲击、要求耐磨、形状复杂的工件,如轧辊、球磨机的磨球、犁铧、拔丝模等。

2. 在铸造生产方面的应用

根据 Fe-Fe₃C 相图的液相线,可以确定不同成分的铁碳合金的熔点,从而确定合金的熔化浇注温度(温度一般在液相线以上 50～100℃)。从 Fe-Fe₃C 相图中还可以看出,靠近共晶成分的铁碳合金不仅熔点低,而且结晶温度区间也较小,因而流动性好,分散缩孔小,偏析小,故具有良好的铸造性能。因此生产上总是将铸铁的成分选在共晶成分附近。

钢也是常用的铸造合金,但钢的熔点高、结晶温度范围大,结晶过程中容易形成树枝晶,阻碍后续液体充满型腔,流动性变差,容易形成分散缩孔和偏析,导致铸造性变差。在铸钢生产中,碳的质量分数一般选取在 0.15%～0.6%,因为这个范围内钢的结晶温度区间较小,铸造性能较好。

3. 在锻造生产方面的应用

根据 Fe-Fe₃C 相图,可以选择钢材的锻造或热轧温度范围。通常锻、轧温度选在单相奥氏体区内,这是因为钢处于奥氏体状态时,强度较低,塑性较好,便于成形加工。一般始锻(或始轧)温度控制在固相线以下 100～200℃范围内,温度不宜太高,以免钢材氧化严重;终锻(或终轧)温度取决于钢材成分,一般亚共析钢控制在稍高于 GS 线,过共析钢控制在稍高于 PSK 线,温度不能太低,以免钢材塑性变差,导致产生裂纹。

4. 在焊接方面的应用

分析 Fe-Fe₃C 相图可知,随着碳含量的增加,组织中硬而脆的渗碳体量逐渐增多,铁碳合金的脆性增加,塑性下降,致使焊接性下降。碳含量越高,铁碳合金的焊接性越差。因此,低碳钢的焊接性较好,铸铁的焊接性较差。

5. 在热处理方面的应用

Fe-Fe$_3$C 相图对于制订热处理工艺有着特别重要的意义。各种热处理工艺如退火、正火、淬火和回火的加热温度都是依据 Fe-Fe$_3$C 相图选定的,详见第 5 章的介绍。

6. 在切削加工方面的应用

一般认为钢的硬度为 160～230HBW 时,切削加工性最好。因此,钢中碳的质量分数不同时,其切削加工性也不同。碳的质量分数低(w_C<0.25%)时,组织中有大量铁素体,硬度低、塑性好,因而切削时产生的切削热较大,容易黏刀,而且不易断屑和排屑,影响工件的表面粗糙度,故切削加工性较差。碳的质量分数较高(w_C>0.60%)时,组织中的渗碳体较多,当渗碳体呈粗大片状或网状分布时,硬度太高,对刀具磨损严重,切削加工性也差。碳的质量分数为 0.25%～0.60% 时,铁素体与渗碳体的比例适当,硬度和塑性适中,切削加工性较好。钢的切削加工性可通过热处理方法进行调整,相关内容也将在本书第 5 章进行介绍。

虽然 Fe-Fe$_3$C 相图在钢铁材料的选用和热加工工艺方面得到了广泛应用,但仍有一定的局限性。在实际生产中,应用 Fe-Fe$_3$C 相图必须注意以下两点:

(1)Fe-Fe$_3$C 相图只反映铁碳二元合金中相的平衡状态,如含有其他元素,相图将发生变化。实际的铁碳合金中还含有 Mn、Si、S、P 等元素,这些元素对相图都有一定的影响,必要时要加以考虑。

铁碳合金相图的应用微课

(2)Fe-Fe$_3$C 相图反映的是平衡条件下铁碳合金的相组成,而实际生产中的加热、冷却速度一般较快,则合金的温度临界点及相组成与 Fe-Fe$_3$C 相图可能会有不同。

4.2 碳素钢

根据国家标准《钢分类 第 1 部分:按化学成分分类》(GB/T 13304.1—2008)将钢分为三类:非合金钢、低合金钢和合金钢。

非合金钢是指碳的质量分数为 0.0218%～2.11% 的铁碳合金,俗称碳素钢,简称碳钢。由于其价格低廉,冶炼方便,工艺性能良好,并且在一般情况下能满足使用性能的要求,因而在机械制造、建筑、交通运输及其他工业部门中得到了广泛的应用。

碳素钢微课

4.2.1 常存杂质元素对碳钢性能的影响

实际使用的碳钢并不是单纯的铁碳合金。通常由于冶炼工艺还会带入少量的锰、硅、硫、磷等杂质,它们的存在对碳钢的性能有较大的影响。

1. 锰的影响

锰在钢中是有益元素,它是炼钢时加入锰铁脱氧脱硫而残留在钢中的。锰的脱氧能力较好,能清除钢中的 FeO,降低钢的脆性;并可固溶于铁素体中产生固溶强化,提高钢的强度和硬度;锰还能与硫形成 MnS,以减轻硫的有害作用。但作为杂质存在时,其质量分数一般小于 0.8%,对钢的性能影响不大。

2.硅的影响

硅在钢中是有益元素,它是炼钢时加入硅铁脱氧而残留在钢中的。硅的脱氧能力比锰强,在室温下硅能溶入铁素体起固溶强化作用,提高钢的强度和硬度。但作为杂质存在时,其质量分数一般小于 0.4%,对钢的性能影响不大。

3.硫的影响

硫在钢中是有害元素,它是从原料及燃料中带入钢中而在炼钢时又未能除尽。硫在固态下不溶于铁,而与铁形成熔点为 1190℃ 的 FeS,FeS 常与铁形成低熔点(985℃)的共晶体分布在奥氏体晶界上。当钢加热到 1000～1200℃ 进行锻造或轧制压力加工时,由于分布在晶界上的低熔点共晶体熔化,使钢沿晶界处开裂,这种现象称为"热脆"。为了避免热脆,硫的质量分数一般应严格控制在 0.03% 以下。

适当增加钢中锰的质量分数,使 Mn 与 S 优先形成高熔点(1620℃)的 MnS,MnS 呈粒状分布在晶粒内,且在高温下有一定塑性,从而避免热脆。

4.磷的影响

磷在钢中是有害元素,它是从原料中带入钢中的。磷在常温固态下可全部溶于铁素体,产生强烈的固溶强化,使钢的强度、硬度增加,但塑性、韧性显著降低。这种脆化现象在低温时更为严重。这种在低温时由磷导致钢严重脆化的现象称为"冷脆"。磷在结晶时还使钢的偏析严重。为了避免冷脆,磷的质量分数一般应严格控制在 0.035% 以下。

4.2.2　碳钢的分类

碳钢的分类方法很多,比较常用的有三种,即按钢中碳的含量、质量和用途分类。

1.按钢中碳的含量分类

(1)低碳钢　$0.0218\% \leqslant w_C \leqslant 0.25\%$。

(2)中碳钢　$0.25\% < w_C \leqslant 0.60\%$。

(3)高碳钢　$0.60\% < w_C \leqslant 2.11\%$。

2.按钢的冶金质量等级(即有害杂质硫、磷的含量)分类

(1)普通碳素钢　$w_S \leqslant 0.050\%,w_P \leqslant 0.045\%$。

(2)优质碳素钢　$w_S \leqslant 0.030\%,w_P \leqslant 0.035\%$。

(3)高级优质碳素钢　$w_S \leqslant 0.020\%,w_P \leqslant 0.030\%$。

(4)特级优质碳素钢　$w_S < 0.015\%,w_P < 0.025\%$。

3.按钢的用途分类

(1)碳素结构钢　主要用于各种工程构件,如桥梁、船舶、建筑构件等,也可用于不太重要的零件。这类钢的碳含量较低,一般属于低碳钢系列。

(2)优质碳素结构钢　主要用于制造各种机器零件,如轴、齿轮、弹簧、连杆等。这类钢一般为低、中碳钢系列。

(3)碳素工具钢　主要用于制造各类刃具、量具和模具。这类钢的碳含量较高,属于高碳钢系列。

(4)一般工程用铸造碳素钢　主要用于制造形状复杂且需要具有一定强度、塑性和韧性的零件。

此外,钢按冶炼方法不同,可分为转炉钢和电炉钢;按冶炼时脱氧程度的不同,可分为沸腾钢、镇静钢、半镇静和特殊镇静钢等。

4.2.3　碳钢的牌号、性能和用途

钢的品种繁多,为了便于生产、管理和使用,必须将钢进行编号。

1.碳素结构钢

碳素结构钢是工程中应用最多的钢种。碳的质量分数一般在 0.06%～0.38%范围内,钢中有害杂质相对较多,但价格便宜。大部分用于工程构件,如屋架、桥梁等,少部分也可用于机械零件,如螺钉、法兰等。通常轧制成钢板或各种型材(圆钢、方钢、工字钢、角钢、钢筋等)供应。

碳素结构钢的牌号表示方法是由屈服强度的字母(Q)、屈服强度数值、质量等级符号(A、B、C、D)、脱氧方法(F、Z、TZ)等四个部分按顺序组成。其中,质量等级符号反映了碳素结构钢中有害元素硫、磷含量的多少,从 A 级到 D 级钢中硫、磷含量依次减少。脱氧方法符号"F"、"Z"、"TZ"分别表示沸腾钢、镇静钢及特殊镇静钢。镇静钢和特殊镇静钢的牌号中脱氧方法符号可省略。例如 Q235AF 表示屈服强度为 235MPa 的 A 级沸腾钢,Q235C 表示屈服强度为 235MPa 的 C 级镇静钢。

在《碳素结构钢》(GB/T 700—2006)中,碳素结构钢按屈服强度和质量等级共分为四个牌号、11 个钢种。表 4-4 和表 4-5 分别列出了碳素结构钢的牌号、化学成分和力学性能。

表 4-4　碳素结构钢的牌号和化学成分(摘自 GB/T 700—2006)

牌号	等级	厚度或直径/mm	脱氧方法	化学成分(质量分数)/%,不大于				
				C	Mn	Si	S	P
Q195	—	—	F、Z	0.12	0.50	0.30	0.040	0.035
Q215	A	—	F、Z	0.15	1.20	0.35	0.050	0.045
	B						0.045	
Q235	A	—	F、Z	0.22	1.40	0.35	0.050	0.045
	B			0.20			0.045	
	C		Z	0.17			0.040	0.040
	D		TZ				0.035	0.035
Q275	A	—	F、Z	0.24	1.50	0.35	0.050	0.045
	B	≤40	Z	0.21			0.045	0.045
		>40		0.22				
	C	—	Z	0.20			0.040	0.040
	D		TZ				0.035	0.035

表 4-5　碳素结构钢的力学性能(摘自 GB/T 700—2006)

牌号	等级	屈服强度 R_{eH}/MPa,不小于						抗拉强度 R_m/MPa	断后伸长率 A/%,不小于					冲击实验(V 形缺口)	
		厚度(或直径)/mm							厚度(或直径)/mm					温度/℃	冲击吸收功(纵向)/J,不小于
		≤16	>16~40	>40~60	>60~100	>100~150	>150~200		≤40	>40~60	>60~100	>100~150	>150~200		
Q195	—	195	185	—	—	—	—	315~430	33	—	—	—	—	—	—
Q215	A	215	205	195	185	175	165	335~450	31	30	29	27	26	—	—
	B													+20	27
Q235	A	235	225	215	215	195	185	370~500	26	25	24	22	21	—	27
	B													+20	
	C													0	
	D													−20	
Q275	A	275	265	255	245	225	215	410~540	22	21	20	18	17	—	27
	B													+20	
	C													0	
	D													−20	

　　碳素结构钢一般情况下都不经热处理,而在热轧空冷状态下直接供应使用。通常 Q195、Q215、Q235 钢碳的质量分数低,焊接性能好,塑性、韧性好,有一定强度,常轧制成薄板、钢筋、焊接钢管等,用于桥梁、建筑等结构和制造普通铆钉、螺钉、螺母等零件。Q275 钢碳的质量分数稍高,强度较高,塑性、韧性较好,可进行焊接,通常轧制成型钢、条钢和钢板作结构件以及制造简单机械的连杆、齿轮、联轴器、销等零件。

　　2.优质碳素结构钢

　　这类钢因有害杂质较少,其强度、塑性、韧性均比碳素结构钢好。优质碳素结构钢的牌号用两位数字表示,两位数字表示钢中平均碳的质量分数的万分数($w_C \times 10000$),例如牌号 08、10、45 分别表示其平均碳的质量分数为 0.08%、0.1%、0.45%。较高含锰量的优质碳素结构钢,在表示平均碳的质量分数的数字后面加 Mn 元素符号,例如 $w_C = 0.45\%$,$w_{Mn} = 0.70\% \sim 1.00\%$ 的钢,其牌号表示为 45Mn。

　　根据《优质碳素结构钢》(GB/T 699—2015),表 4-6 和表 4-7 分别列出了优质碳素结构钢的牌号、化学成分和力学性能。

表 4-6　优质碳素结构钢的牌号与化学成分(GB/T 699—2015)

牌号	化学成分(质量分数)/%							
	C	Si	Mn	P	S	Cr	Ni	Cu
				≤				
08	0.05~0.11	0.17~0.37	0.35~0.65	0.035	0.035	0.10	0.30	0.25
10	0.07~0.13	0.17~0.37	0.35~0.65	0.035	0.035	0.15	0.30	0.25

续表

牌号	化学成分(质量分数)/%							
	C	Si	Mn	P	S	Cr	Ni	Cu
				≤				
15	0.12～0.18	0.17～0.37	0.35～0.65	0.035	0.035	0.25	0.30	0.25
20	0.17～0.23	0.17～0.37	0.35～0.65	0.035	0.035	0.25	0.30	0.25
25	0.22～0.29	0.17～0.37	0.50～0.80	0.035	0.035	0.25	0.30	0.25
30	0.27～0.34	0.17～0.37	0.50～0.80	0.035	0.035	0.25	0.30	0.25
35	0.32～0.39	0.17～0.37	0.50～0.80	0.035	0.035	0.25	0.30	0.25
40	0.37～0.44	0.17～0.37	0.50～0.80	0.035	0.035	0.25	0.30	0.25
45	0.42～0.50	0.17～0.37	0.50～0.80	0.035	0.035	0.25	0.30	0.25
50	0.47～0.55	0.17～0.37	0.50～0.80	0.035	0.035	0.25	0.30	0.25
55	0.52～0.60	0.17～0.37	0.50～0.80	0.035	0.035	0.25	0.30	0.25
60	0.57～0.65	0.17～0.37	0.50～0.80	0.035	0.035	0.25	0.30	0.25
65	0.62～0.70	0.17～0.37	0.50～0.80	0.035	0.035	0.25	0.30	0.25
70	0.67～0.75	0.17～0.37	0.50～0.80	0.035	0.035	0.25	0.30	0.25
75	0.72～0.80	0.17～0.37	0.50～0.80	0.035	0.035	0.25	0.30	0.25
80	0.77～0.85	0.17～0.37	0.50～0.80	0.035	0.035	0.25	0.30	0.25
85	0.82～0.90	0.17～0.37	0.50～0.80	0.035	0.035	0.25	0.30	0.25
15Mn	0.12～0.18	0.17～0.37	0.70～1.00	0.035	0.035	0.25	0.30	0.25
20Mn	0.17～0.23	0.17～0.37	0.70～1.00	0.035	0.035	0.25	0.30	0.25
25Mn	0.22～0.29	0.17～0.37	0.70～1.00	0.035	0.035	0.25	0.30	0.25
30Mn	0.27～0.34	0.17～0.37	0.70～1.00	0.035	0.035	0.25	0.30	0.25
35Mn	0.32～0.39	0.17～0.37	0.70～1.00	0.035	0.035	0.25	0.30	0.25
40Mn	0.37～0.44	0.17～0.37	0.70～1.00	0.035	0.035	0.25	0.30	0.25
45Mn	0.42～0.50	0.17～0.37	0.70～1.00	0.035	0.035	0.25	0.30	0.25
50Mn	0.48～0.56	0.17～0.37	0.70～1.00	0.035	0.035	0.25	0.30	0.25
60Mn	0.57～0.65	0.17～0.37	0.70～1.00	0.035	0.035	0.25	0.30	0.25
65Mn	0.62～0.70	0.17～0.37	0.90～1.20	0.035	0.035	0.25	0.30	0.25
70Mn	0.67～0.75	0.17～0.37	0.90～1.20	0.035	0.035	0.25	0.30	0.25

优质碳素结构钢基本上属于亚共析钢和共析钢的范畴,其牌号数值越大,钢中碳的质量

分数越高,组织中的珠光体越多,其强度越高,而塑性、韧性越低。优质碳素结构钢主要用于制造各种机械零件和小直径弹簧。其一般都要经过热处理以提高力学性能。根据碳的质量分数不同,有不同的用途。08、10 钢,塑性、韧性高,具有优良的冷成形性能和焊接性能,常冷轧成薄板,用于制作仪表外壳、汽车和拖拉机上的冷冲压件,如汽车车身、拖拉机驾驶室等;15、20、25 钢用于制作尺寸较小、负荷较轻、表面要求耐磨、心部强度要求不高的渗碳零件,如活塞销、样板等;30、35、40、45、50 钢经热处理(淬火＋高温回火)后具有良好的综合力学性能,即具有较高的强度和较高的塑性、韧性,用于制作轴类零件,例如 40、45 钢常用于制造汽车、拖拉机的曲轴、连杆、一般机床主轴、机床齿轮和其他受力不大的轴类零件;55、60、65 钢经热处理(淬火＋中温回火)后具有高的弹性极限,常用于制作负荷不大、尺寸较小(截面尺寸小于 12～15mm)的弹簧,如调压和调速弹簧、柱塞弹簧、冷卷弹簧等。

表 4-7　优质碳素结构钢的力学性能(GB/T 699—2015)

牌号	试样毛坯尺寸/mm	推荐的热处理制度			力学性能					交货硬度 HBW	
		正火	淬火	回火	抗拉强度 R_m /MPa	下屈服强度 R_{eL} /MPa	断后伸长率 A /%	断面收缩率 Z /%	冲击吸收能量 KU_2 /J	未热处理钢	退火钢
		加热温度/℃			≥					≤	
08	25	930	—	—	325	195	33	60	—	131	—
10	25	930	—	—	335	205	31	55	—	137	—
15	25	920	—	—	375	225	27	55	—	143	—
20	25	910	—	—	410	245	25	55	—	156	—
25	25	900	870	600	450	275	23	50	71	170	—
30	25	880	860	600	490	295	21	50	63	179	—
35	25	870	850	600	530	315	20	45	55	197	—
40	25	860	840	600	570	335	19	45	47	217	187
45	25	850	840	600	600	355	16	40	39	229	197
50	25	830	830	600	630	375	14	40	31	241	207
55	25	820	—	—	645	380	13	35	—	255	217
60	25	810	—	—	675	400	12	35	—	255	229
65	25	810	—	—	695	410	10	30	—	255	229
70	25	790	—	—	715	420	9	30	—	269	229
75	试样	—	820	480	1080	880	7	30	—	285	241
80	试样	—	820	480	1080	930	6	30	—	285	241
85	试样	—	820	480	1130	980	6	30	—	302	255

续表

牌号	试样毛坯尺寸/mm	推荐的热处理制度			力学性能					交货硬度 HBW	
		正火	淬火	回火	抗拉强度 R_m/MPa	下屈服强度 R_{eL}/MPa	断后伸长率 A/%	断面收缩率 Z/%	冲击吸收能量 KU_2/J	未热处理钢	退火钢
		加热温度/℃			≥					≤	
15Mn	25	920	—	—	410	245	26	55	—	163	—
20Mn	25	910	—	—	450	275	24	50	—	197	—
25Mn	25	900	870	600	490	295	22	50	71	207	—
30Mn	25	880	860	600	540	315	20	45	63	217	187
35Mn	25	870	850	600	560	335	18	45	55	229	197
40Mn	25	860	840	600	590	355	17	45	47	229	207
45Mn	25	850	840	600	620	375	15	40	39	241	217
50Mn	25	830	830	600	645	390	13	40	31	255	217
60Mn	25	810	—	—	690	410	11	35	—	269	229
65Mn	25	830	—	—	735	430	9	30	—	285	229
70Mn	25	790	—	—	785	450	8	30	—	285	229

3. 碳素工具钢

碳素工具钢因碳含量比较高($w_C = 0.65\% \sim 1.35\%$)，硫、磷杂质含量较少，经淬火、低温回火后硬度比较高，耐磨性好，但塑性较低。碳素工具钢的牌号有代号"T"（"碳"字汉语拼音首字母）后加数字组成，数字表示钢中平均碳的质量分数的千分数($w_C \times 1000$)，例如牌号 T8、T10 分别表示其平均碳的质量分数为 0.8%、1.0%。碳素工具钢在质量等级上属于优质钢或高级优质钢，若为高级优质碳素工具钢则在钢号后附以"A"字，例如 T12A，表示平均碳的质量分数为 1.2% 的高级优质碳素工具钢。

碳素工具钢价格低廉，热处理后的硬度可达 60HRC 以上，有较好的耐磨性。但由于碳素工具钢的热硬性差（刃部温度达到 250℃ 以上时，硬度及耐磨性迅速降低），淬透性低，淬火时容易变形开裂，故多用于制造手工用工具以及低速、小切削用量的机用刀具、量具、模具等。随钢中碳的质量分数增加，由于未溶渗碳体数量增多，则钢的耐磨性增加，而韧性则降低，因此它们适用于在不同场合下使用。

根据《碳素工具钢》(GB/T 1298—2008)，表 4-8 所示为常用碳素工具钢的牌号、化学成分、热处理和应用。

表 4-8 常用碳素工具钢的牌号、化学成分、热处理和应用(摘自 GB/T 1298—2008)

牌号	化学成分/%					交货状态		试样淬火		应用举例
	C	Mn	Si	S	P	退火	退火后冷拉	淬火温度和冷却剂	HRC (≥)	
				≤		HBW(≤)				
T7 T7A	0.65~ 0.74			0.030 0.020	0.035 0.030	187		800~820℃ 水	62	制造承受振动与冲击载荷、要求较高韧性的工具,如凿子、打铁用模、各种锤子、木工工具、石钻(软岩石用)等
T8 T8A	0.75~ 0.84	0.40	0.35	0.030 0.020	0.035 0.030	241		780~800℃ 水	62	制造承受振动与冲击载荷、要求足够韧性和较高硬度的各种工具,如简单模子、冲头、剪切金属用剪刀、木工工具、煤矿用凿等
T10 T10A	0.95~ 1.04			0.030 0.020	0.035 0.030	197		760~780℃ 水	62	制造不受突然振动、在刃口上要求有少许韧性的工具,如刨刀、冲模、丝锥、板牙、手锯锯条、卡尺等
T12 T12A	1.15~ 1.24			0.030 0.020	0.035 0.030	207			62	制造不受振动、要求极高硬度的工具,如钻头、丝锥、锉刀、刮刀等

4. 铸造碳钢

铸造碳钢主要用于制造形状复杂,力学性能要求高,而在工艺上又很难用锻压等方法成形的比较重要的机械零件,例如汽车的变速箱壳、机车车辆的车钩和联轴器等。由于铸造技术的进步,精密铸造的发展,铸钢件在组织、性能、精度等方面都已接近锻钢件,可在不经切削加工或只需少量切削加工后使用,能大量节约钢材和成本,因此铸造碳钢得到了广泛应用。

铸钢中碳的质量分数一般在 0.15%~0.6% 范围内。碳含量过高,则钢的塑性差,且铸造时易产生裂纹。铸造碳钢的最大缺点是熔化温度高、流动性差、收缩率大,而且在铸态时晶粒粗大。因此铸钢件均需进行热处理。

铸造碳钢的牌号是用铸钢两字的汉语拼音的首字母"ZG"后面加两组数字组成,第一组数字代表屈服强度值,第二组数字代表抗拉强度值。例如 ZG270-500 表示屈服强度为 270MPa、抗拉强度为 500MPa 的铸造碳钢。

根据《一般工程用铸造碳钢件》(GB/T 11352—2009),表 4-9 为一般工程用铸造碳钢的牌号、化学成分和力学性能。

表 4-9　一般工程用铸造碳钢的牌号、化学成分和力学性能(GB/T 11352—2009)

牌号	化学成分(质量分数≤)/%					力学性能(≥)					
	C	Si	Mn	S	P	R_{eH} $(R_{p0.2})$ /MPa	R_m /MPa	A_5/%	根据合同选择		
									Z/%	KV_2/J	KU_2/J
ZG200-400	0.20		0.80			200	400	25	40	30	47
ZG230-450	0.30					230	450	22	32	25	35
ZG270-500	0.40	0.60	0.90	0.035	0.035	270	500	18	25	22	27
ZG310-570	0.50					310	570	15	21	15	24
ZG340-640	0.60					340	640	10	18	10	16

注:表中所列各牌号性能适用于厚度为 100mm 以下的铸件。

铸造碳钢在工程实践中的应用如下:

ZG200-400:用于受力不大、要求韧性好的各种机械零件,如机座、变速箱壳体等;

ZG230-450:用于受力不大,要求韧性较好的各种机械零件,如砧座、外壳、轴承盖、底板、阀体、犁柱等;

ZG270-500:用途广泛,常用作轧钢机机架、轴承座、连杆、箱体、曲拐、缸体等;

ZG310-570:用于受力较大的耐磨零件,如大齿轮、齿轮圈、制动轮、辊子、棘轮等;

ZG340-640:用于承受重载荷、要求耐磨的零件,如起重机齿轮、轧辊、棘轮、联轴器等。

✎ 习题

1.名词解释

铁素体、奥氏体、渗碳体、珠光体、莱氏体、Fe-Fe_3C 相图、共晶转变、共析转变、一次渗碳体、二次渗碳体、三次渗碳体

2.简答题

(1)Fe-Fe_3C 相图中的基本组织有哪些? 其性能如何?

(2)根据 Fe-Fe_3C 相图分析 $w_C=0.45\%$ 和 $w_C=1\%$ 的碳素钢从液态缓冷至室温的组织转变过程及室温组织。

(3)说明一次渗碳体、二次渗碳体和三次渗碳体的区别。

(4)在平衡条件下,45 钢、T8 钢、T12 钢的硬度、强度、塑性、韧性哪个大、哪个小? 变化规律是什么? 原因何在?

(5)简述铁碳合金相图的应用。

(6)为什么说碳钢中的锰和硅是有益元素? 硫和磷是有害元素?

3.分析题

(1)根据 Fe-Fe_3C 相图,分析下列现象:

①$w_C=1.2\%$ 的钢比 $w_C=0.45\%$ 的钢硬度高;

②$w_C=1.2\%$ 的钢比 $w_C=0.8\%$ 的钢强度低;

③低温莱氏体硬度高,脆性大;

④碳钢进行热锻、热轧时,都要加热到奥氏体区。

(2)根据 Fe-Fe$_3$C 相图,说明下列现象产生的原因:

①低温莱氏体(Ld′)比珠光体(P)塑性差;

②加热到 1100℃,$w_C=0.4\%$ 的钢能进行锻造,$w_C=4\%$ 的铸铁不能锻造;

③钳工锯高碳成分($w_C\geqslant0.77\%$)的钢材比锯低碳成分($w_C\leqslant0.2\%$)的钢料费力,锯条容易磨损;

④钢适宜于锻压加工成形,而铸铁适宜于铸造成形;

⑤钢铆钉一般用低碳钢制成。

(3)仓库内存放的两种同规格钢材,其碳含量分别为:$w_C=0.45\%$,$w_C=0.8\%$,因管理不当混合在一起,试提出两种以上方法加以鉴别。

本章小结　　　本章测试

第 5 章　钢的热处理

改善钢的性能有两个主要途径:1)调整钢的化学成分,加入合金元素,即利用合金化来改善其性能。这部分内容将在本书第 6 章展开论述。2)钢的热处理,与其他加工工艺相比,热处理一般不改变工件的形状和整体的化学成分,而是通过改变工件内部的显微组织,或改变工件表面的化学成分,赋予或改善工件的使用性能。本章主要介绍钢的热处理。

5.1　热处理概述

5.1.1　热处理的概念和作用

1.热处理的概念

根据《金属热处理工艺　术语》(GB/T 7232—2012)中对热处理的定义,热处理是指采用适当的方式,对金属材料或工件进行加热、保温和冷却以获得预期的组织结构与性能的工艺。热处理工艺曲线如图 5-1 所示。

2.热处理的作用

热处理是改善金属材料性能的一种重要工艺,通过合适的热处理,可以消除铸、锻、焊等热加工工艺造成的各种缺陷,细化晶粒,消除偏析,降低内应力。更重要的是热处理能够显著提高金属材料的力学性能,充分挖掘材料的潜力,从而减轻零件的重量,提高产品质量,延长产品的使用寿命,节约材料和能源。

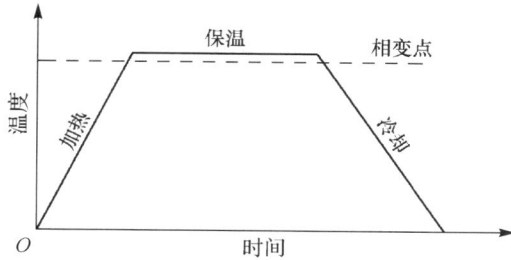

图 5-1　热处理工艺曲线

据统计,机床行业中,60%~70%的零件需要进行热处理;70%~80%的拖拉机汽车零件需要进行热处理;轴承、刀具、量具和模具 100%要进行热处理。由此可见,热处理在机械制造业中占有十分重要的地位。

热处理与其他加工工艺,如铸造、压力加工等相比,其特点是只通过改变零件的组织结构来改变性能,不改变其形状。热处理只适用于固态下发生相变的材料,不发生固态相变的材料不能用热处理来强化。

5.1.2　热处理的分类

根据加热、保温和冷却方式的不同及组织性能变化特点的不同,将热处理工艺分类如下:

(1)普通热处理:退火、正火、淬火和回火,俗称"四把火"。

(2)表面热处理:表面淬火以及化学热处理。表面淬火主要有感应淬火、火焰淬火、接触电阻加热淬火、激光淬火等;化学热处理包括渗碳、渗氮、碳氮共渗等。

(3)其他热处理:真空热处理、可控气氛热处理、形变热处理、激光热处理、气相沉积等。

根据在零件加工过程中所处的位置和作用不同,又可将热处理分为预备热处理与最终热处理。预备热处理是指为调整原始组织,以保证工件最终热处理或(和)切削加工性能,预先进行的热处理工艺,而通过切削加工等成形工艺得到最终形状和尺寸后赋予零件所要求的使用性能的热处理称为最终热处理。

5.2　钢在加热时的组织转变

钢热处理的原理是依据铁碳合金相图,利用钢在加热和冷却时其内部组织发生转变的基本规律,根据这些基本规律和零件预期的使用性能要求,选择科学合理的加热温度、保温时间和冷却介质等参数,以实现改善钢的性能,满足零件的性能要求。

5.2.1　钢的相变点

钢在加热和冷却过程中,发生相变的温度称为相变点(或称临界点)。根据 Fe-Fe$_3$C 相图,共析钢、亚析钢和过共析钢分别被加热到 PSK 线、GS 线和 ES 线以上温度才能获得单相奥氏体组织。为了方便,常把 PSK 线称为 A_1 线;GS 线称为 A_3 线;ES 线称为 A_{cm} 线。在

Fe-Fe₃C 相图中，A_1、A_3、A_{cm}为平衡相变点，是在缓慢加热和冷却条件下得到的。在实际生产中，加热速度和冷却速度都比较快，因此组织转变大多有不同程度的滞后现象产生，即加热和冷却速度越快，实际相变温度偏离平衡相变点的程度越大，为了区别实际加热和冷却时的相变点，一般将实际加热时的相变点用 Ac_1、Ac_3、Ac_{cm}表示，实际冷却时的相变点用 Ar_1、Ar_3、Ar_{cm}表示，如图 5-2 所示。

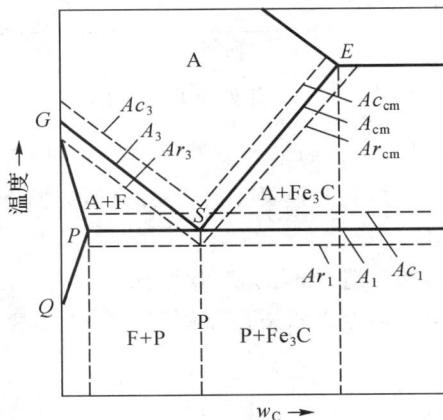

图 5-2　加热和冷却时 Fe-Fe₃C 相图上各相变点的位置

　　钢的相变点是制定热处理工艺参数的重要依据，各种钢的相变点可在热处理手册中查到。

5.2.2　奥氏体的形成过程

　　钢热处理加热的目的是获得奥氏体组织，只有使钢获得奥氏体组织，才能通过不同的冷却方式使其转变为不同的组织，从而获得不同的性能。工件加热至 Ac_3、Ac_{cm}或 Ac_1以上，以全部或部分获得奥氏体组织的操作称为奥氏体化。

　　下面以共析钢为例，来分析奥氏体化过程。由 Fe-Fe₃C 可知，共析钢的室温平衡组织为珠光体，当把共析钢加热到点 Ac_1以上温度时就要发生珠光体向奥氏体转变。这一转变是由成分相差悬殊、晶格类型截然不同的两相 F+Fe₃C 混合物转变成另一种晶格类型的单相 A 的过程。因此在此过程中必然进行晶格的改组和铁、碳原子的扩散，并遵循形核和长大的基本规律。该过程可归纳为奥氏体晶核的形成、奥氏体晶核的长大、残余渗碳体的溶解和奥氏体成分均匀化。共析钢奥氏体的形成过程如图 5-3 所示。

钢在加热时的组织转变微课

　　1. 奥氏体晶核的形成

　　奥氏体的晶核是在铁素体和渗碳体的相界面上优先形成的。因为相界面上的原子排列紊乱，处于不稳定状态，容易获得形成奥氏体所需的能量和碳浓度，故为奥氏体的形成提供了有利条件。

　　2. 奥氏体晶核的长大

　　奥氏体晶核形成后便逐渐长大。奥氏体中的碳含量是不均匀的，它一边与渗碳体相接，另一边与铁素体接触，与铁素体接触处碳原子的浓度低，而与渗碳体接触处的碳原子浓度

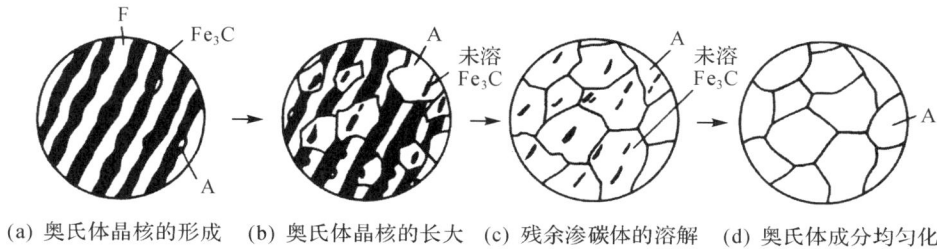

(a) 奥氏体晶核的形成　(b) 奥氏体晶核的长大　(c) 残余渗碳体的溶解　(d) 奥氏体成分均匀化

图 5-3　共析钢奥氏体形成过程

高。它是通过铁、碳原子的扩散,使晶核邻近的铁素体晶格改组为奥氏体的面心立方晶格,而邻近的渗碳体不断向奥氏体中溶解来完成的。这样,奥氏体晶核就向渗碳体和铁素体两个方向长大,直至铁素体全部转变为奥氏体。

3. 残余渗碳体的溶解

渗碳体的晶体结构和碳含量都与奥氏体相差很大,故渗碳体向奥氏体中的溶解,必然落后于铁素体的晶格改组。即在铁素体全部消失后,仍有部分渗碳体尚未溶解。随着保温时间的延长,这部分未溶的残余渗碳体将通过碳原子的扩散,不断地向奥氏体中溶解,直到全部消失为止。

4. 奥氏体成分的均匀化

当残余渗碳体全部溶解后,奥氏体中的碳浓度仍然是不均匀的,在原来渗碳体处比原铁素体处的碳含量要高一些。只有继续延长保温时间,使碳原子充分扩散,才能使奥氏体的成分逐渐趋于均匀化。

亚共析钢和过共析钢中奥氏体的形成过程与共析钢基本相同,但有过剩相转变和溶解的特点。亚共析钢室温平衡组织为珠光体和铁素体,当加热到 Ac_1 时,珠光体转变为奥氏体,进一步提高加热温度和延长保温时间,过剩铁素体会逐渐转变为奥氏体,当加热温度高于 Ac_3 时,铁素体完全消失,全部组织为细小的奥氏体晶粒,如继续提高加热温度或延长保温时间,奥氏体晶粒将长大。过共析钢的室温平衡组织为珠光体和二次渗碳体,其中二次渗碳体往往呈网状分布,当加热到 Ac_1 时,珠光体转变为奥氏体,进一步提高加热温度和延长保温时间,过剩渗碳体将逐渐溶入奥氏体。当加热温度高于 Ac_{cm} 时,渗碳体消失,全部为奥氏体组织。但此时奥氏体晶粒已粗化。

因此,热处理加热后的保温阶段,不仅为了使零件热透和相变完全,而且还为了获得成分均匀的奥氏体,以便冷却后能得到良好的组织与性能。

5.2.3　奥氏体晶粒的长大及其控制

钢中奥氏体晶粒的大小将直接影响热处理冷却后所得到的组织和性能。奥氏体的晶粒越细,冷却后转变产物的组织也越细,其强度、塑性、韧性也较好。因此需要了解奥氏体晶粒度的概念以及影响奥氏体晶粒度的因素。

1. 奥氏体晶粒度的概念

晶粒度是晶粒大小的量度。晶粒度的评定应按照国家标准《金属平均晶粒度测定法》(GB/T 6394—2017)进行。一般认为,1～4 级为粗晶粒度,5～8 级为细晶粒度,8 级以上为超细晶粒度。钢中奥氏体晶粒度部分等级标准图谱如图 5-4 所示。

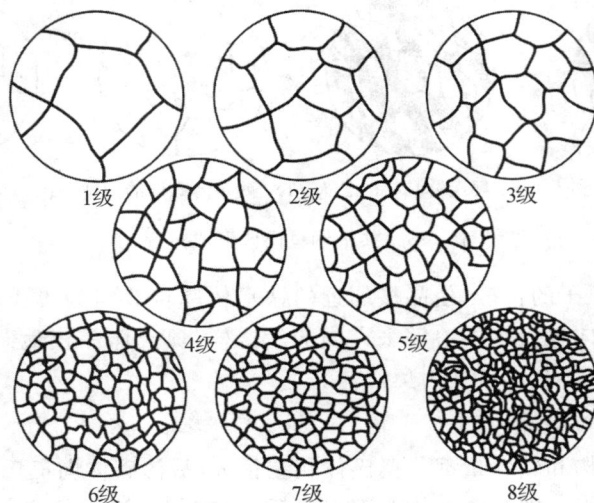

图 5-4 钢中奥氏体晶粒度部分等级标准图谱

奥氏体晶粒度的概念有以下三种：

(1)起始晶粒度

奥氏体转变刚刚完成，其晶粒边界刚好相互接触时的奥氏体晶粒大小称为奥氏体的起始晶粒度，一般情况下起始晶粒度都是非常细小、均匀的。

(2)实际晶粒度

钢在某一具体热处理或热加工条件下获得的奥氏体实际晶粒大小称为奥氏体的实际晶粒度，它取决于钢的加热温度和保温时间，实际晶粒度比起始晶粒度要大，对钢热处理后的性能有较大影响。

(3)本质晶粒度

钢在加热时奥氏体晶粒长大的倾向用本质晶粒度来表示，即钢加热到(930 ± 10)℃，保温 8h，冷却后测得的晶粒度称为本质晶粒度，如果测得的晶粒细小，则该钢称为本质细晶粒钢，反之称为本质粗晶粒钢。本质细晶粒钢在 930℃ 以下加热时晶粒长大的倾向小，适于进行热处理。本质粗晶粒钢进行热处理时，需严格控制加热温度，避免引起奥氏体晶粒粗大。

钢的本质晶粒度与其炼钢方法和化学成分有关，用 Al 脱氧的钢为本质细晶粒钢，因为铝在钢中会形成弥散的 AlN 质点，在 930℃ 以下能阻止奥氏体晶粒长大。含有 V、Nb、Ti、W、Zr、Mo 等元素的合金钢也是本质细晶粒钢，因为这些元素能形成难溶于奥氏体的碳化物质点，阻止奥氏体晶粒长大。

2.影响奥氏体晶粒度的因素

(1)加热温度和保温时间　奥氏体刚形成时晶粒是细小的，但随着温度升高，晶粒将逐渐长大。温度越高，晶粒长大越明显。为了获得细小的奥氏体晶粒，一般都是将钢加热到临界点以上某一适当温度。在一定温度下，保温时间越长，奥氏体晶粒越粗大。

(2)加热速度　在相同的加热温度下，加热速度愈快，保温时间愈短，晶粒越细，所以钢在实际生产中有时会采用快速加热到高温、缩短保温时间的方法来获得细晶粒。如高频、激光、电子束加热淬火等。

（3）钢的成分和组织　奥氏体中的碳含量增加时，晶粒长大的倾向增加。若碳以未溶碳化物的形式存在，则它有阻碍晶粒长大的作用。钢的原始组织越细小，相界面的数量越多，奥氏体形核率增加，有利于细化奥氏体晶粒。

5.3　钢在冷却时的组织转变

钢经奥氏体化后，由于冷却条件不同，其转变产物在组织和性能上有很大差别。其原因是在不同冷却速度下，奥氏体的过冷度不同，转变产物的组织不同，所以工件性能各异。

表 5-1 是 45 钢经 840℃ 加热奥氏体化后，采用不同速度冷却至室温而获得的力学性能。由表可见，同一种钢在相同的奥氏体化条件下，若采用不同的冷却方法，就可获得不同的组织和性能，即钢热处理后的组织和性能是由冷却过程决定的。因此，奥氏体的冷却过程是钢热处理的关键工序。

表 5-1　45 钢经 840℃ 加热奥氏体化后，不同冷却速度时的力学性能

冷却方式	R_{eL}/MPa	R_m/MPa	A/%	Z/%	HRC
随炉冷却	280	530	32.5	49	15～18
空气冷却	340	670～720	15～18	45～50	18～24
油中冷却	620	900	18～20	48	40～50
水中冷却	720	1100	7～8	12～14	52～60

在热处理生产中，常用的冷却方式有两种，即等温冷却和连续冷却，如图 5-5 所示。等温冷却是把加热到奥氏体状态的钢快速冷却到 Ar_1 以下某一温度，并在此温度停留一段时间，使奥氏体发生转变，然后再冷却到室温。连续冷却是把加热到奥氏体状态的钢，以不同的冷却速度（如随炉冷、空冷、油冷、水冷等）连续冷却到室温。

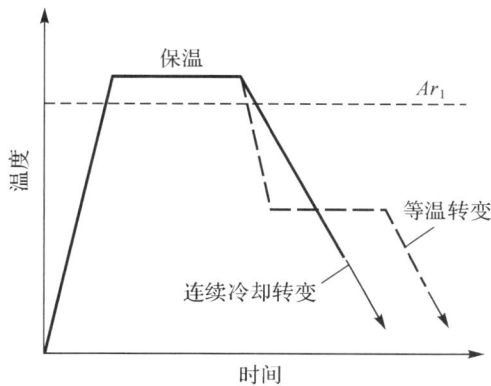

图 5-5　等温冷却和连续冷却两种冷却方式

钢在等温冷却或连续冷却条件下，其组织的转变均不能用 Fe-Fe$_3$C 相图分析。

为了了解钢热处理后的组织与性能的变化规律，必须了解奥氏体在冷却过程中的转变规律。下面先介绍过冷奥氏体的等温转变。

5.3.1 过冷奥氏体等温转变

奥氏体在 A_1 以上是稳定相，当冷至 A_1 以下则是不稳定相，有发生转变的倾向。但过冷到 A_1 以下的奥氏体并不立即发生转变，而需经过一定时间后才开始转变。这种在 A_1 温度以下暂时存在的、处于不稳定状态的奥氏体称为过冷奥氏体。

1. 共析钢过冷奥氏体等温转变曲线

过冷奥氏体在不同温度下的等温转变，将使钢的组织和性能发生明显的变化。而过冷奥氏体等温转变曲线反映了过冷奥氏体在等温转变时组织转变的规律。过冷奥氏体等温转变曲线能综合反映过冷奥氏体在不同过冷度的等温转变过程，即转变开始和终了时间、转变产物、转变量与时间、温度的关系等。

过冷奥氏体等温转变曲线可通过试验方法建立。可根据钢的组织与性能（如金相组织、磁性、硬度等）的变化来判断过冷奥氏体在不同温度等温时的转变开始时间和转变终了时间。

现以共析钢为例来说明过冷奥氏体等温转变曲线的建立。

（1）共析钢过冷奥氏体等温转变曲线的建立步骤

a）将共析钢制成若干小圆形薄片试样，加热至奥氏体化后分别迅速放入 A_1 点以下不同温度的恒温盐浴槽中进行等温转变；

钢在冷却时的组织转变——等温转变微课

b）分别测出在各温度下过冷奥氏体转变的开始时间、终了时间以及转变产物；

c）将测得的参数画在温度—时间坐标图上，并把各转变开始点和终了点分别用光滑曲线连接起来，便得到共析钢过冷奥氏体等温转变曲线，如图 5-6 所示。由于曲线形状与字母"C"相似，故又称为 C 曲线。

（2）共析钢过冷奥氏体等温转变曲线的分析

共析钢过冷奥氏体等温转变曲线如图 5-7 所示，左边的 C 曲线为转变开始线，在转变开始线的左方是过冷奥氏体区；右边的 C 曲线为转变终了线，在转变终了线的右方是转变产物区。在转变开始线和转变终了线之间是过渡区（过冷奥氏体和转变产物共存区），转变正在进行中。

在 C 曲线下方有两条水平线，M_s 是过冷奥氏体向马氏体转变的开始线，称为上马氏体点，温度为 230℃；M_f 是过冷奥氏体向马氏体转变的终了线，称为下马氏体点，约 -50℃。M_s 与 M_f 之间是马氏体转变区。

由共析钢的 C 曲线可以看出：

a）A_1 温度以上，奥氏体处于稳定状态。

b）在 $A_1 \sim M_s$ 温度之间，过冷奥氏体在各个温度下的等温转变并非瞬时就开始，而是经过一段"孕育期"，即过冷奥氏体在转变开始前的停留时间（以纵坐标到转变开始线的距离表示）。孕育期越长，过冷奥氏体越稳定；反之，则越不稳定。过冷奥氏体在不同温度下的孕育期是不同的，在 C 曲线的"鼻尖"处（约 550℃），孕育期最短，这说明过冷奥氏体在此处最不稳定，转变速度最快。

c)在 M_s 温度以下的奥氏体称为残留奥氏体(A′)。它是指工件淬火冷却至室温后残存的奥氏体。

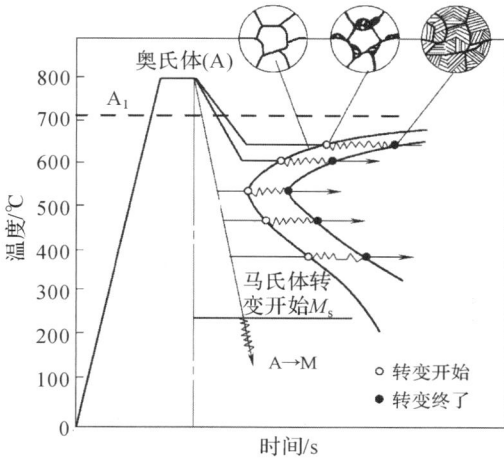

图 5-6 共析钢过冷奥氏体等温转变曲线建立　图 5-7 共析钢的过冷奥氏体等温转变曲线

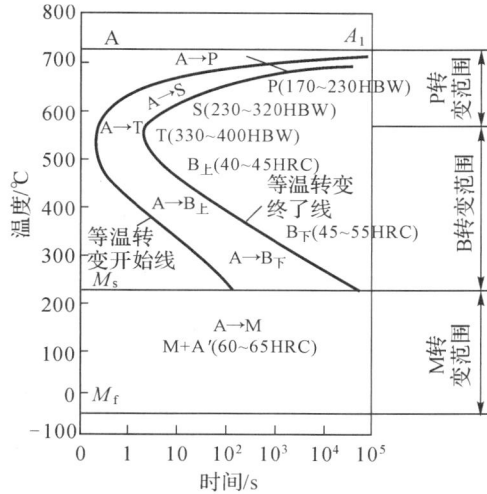

2.共析钢过冷奥氏体等温转变产物的组织和性能

共析钢的过冷奥氏体在 A_1 温度以下的三个不同的温度区间,可以发生三种不同的转变(图 5-7):珠光体型转变、贝氏体型转变和马氏体型转变。

(1)珠光体型转变

转变温度为 A_1 ~550℃范围内,过冷奥氏体在此温度区间转变为珠光体。由于温度较高,过冷奥氏体向珠光体转变是扩散型相变,要发生铁、碳原子扩散和晶格的改组,由面心立方晶格的奥氏体等温转变为体心立方晶格的铁素体与复杂晶格的渗碳体的片层状混合物——珠光体组织,其转变过程是一个在固态下形核和长大的过程,珠光体中的铁素体和渗碳体片层间距与过冷度大小有关:

a)在 A_1 ~650℃范围内,由于过冷度较小,故得到片层间距较大的珠光体,在 500 倍的光学显微镜下就能分辨出片层形态;

b)在 650~600℃范围内,因过冷度增大,转变速度加快,故得到片层间距较小的细珠光体,称为索氏体,用符号"S"表示,只有在 800~1000 倍光学显微镜下才能分辨出片层形态;

c)在 600~550℃范围内,因过冷度更大,转变速度更快,故得到片层间距更小的极细珠光体,称为托氏体,用符号"T"表示,只有在电子显微镜下才能分辨清片层形态。

这三种组织没有本质区别,也没有严格的界限。只是珠光体片层间距越小,相界面增多,变形抗力增大,故强度、硬度越高。同时,片层间距越小,由于渗碳体片越薄,越容易随同铁素体一起变形而不脆断,所以塑性、韧性也有所提高。这就是冷拔钢丝要求具有索氏体组织才容易变形而不致因拉拔而断裂的原因。

(2)贝氏体型转变

转变温度为 550℃~ M_s 范围内,过冷奥氏体在此温度区间转变为贝氏体。由于转变温度较低,过冷度较大,只有碳原子扩散,铁原子不扩散,因此过冷奥氏体向贝氏体的转变是半扩散型相变。过冷奥氏体转变成含过饱和碳的铁素体和极细小弥散分布的渗碳体(或碳化物)组成的非层状两相组织,称为贝氏体,用符号"B"表示。按贝氏体转变温度和产物的组织形态不同,分为上贝氏体($B_\perp$)和下贝氏体(B_F)两种:

a)上贝氏体　过冷奥氏体在550～350℃温度范围内等温转变形成的贝氏体称为上贝氏体。在显微镜下观察,上贝氏体呈羽毛状形态,其中碳过饱和量不大的铁素体呈条状平行排列,而细小粒状或杆状的渗碳体不均匀地分布在条状铁素体之间,上贝氏体显微组织如图5-8所示。

图5-8　上贝氏体显微组织(600×)　　　　图5-9　下贝氏体显微组织(500×)

b)下贝氏体　过冷奥氏体在350℃～M_s点温度范围内等温转变形成的贝氏体称为下贝氏体。在显微镜下观察下贝氏体呈黑色针片状形态,其中含过饱和碳的铁素体呈针片状,在其上分布着与长轴成55°～60°的微细的ε碳化物($Fe_{2.4}C$),其均匀而有方向地分布在针片状铁素体的内部,下贝氏体显微组织如图5-9所示。

贝氏体形成过程与珠光体不同,它是先在过冷奥氏体晶界或晶内贫碳区形成过饱和碳的铁素体,随后在铁素体生长过程中,通过碳原子扩散,在铁素体中陆续析出极细的渗碳体或ε碳化物。图5-10为其形成过程示意图。

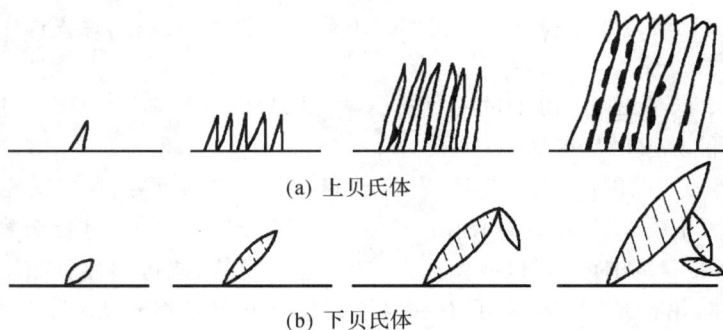

(a) 上贝氏体

(b) 下贝氏体

图5-10　贝氏体形成过程示意图

贝氏体力学性能主要取决于铁素体条(片)粗细、铁素体中碳的过饱和度和渗碳体(或其他结构的碳化物)的大小、形状与分布。随着贝氏体转变温度越低,铁素体条(片)越细,铁素体中碳的过饱和度越大,渗碳体(或其他结构的碳化物)颗粒越小、越多、弥散度越大。所以上贝氏体中铁素体条较宽,渗碳体较粗大,而且分布在铁素体条间,故其强度低、塑性差,基本无实用价值。而下贝氏体中铁素体针片细小,铁素体针片内碳化物呈高度弥散分布,故具有较高的硬度、强度和耐磨性,同时塑性、韧性也良好,是生产上(如等温淬火等)希望获得的组织。

（3）马氏体型转变

过冷奥氏体在 M_s 点以下转变为马氏体组织，过冷奥氏体被迅速冷却到 M_s 温度以下便发生马氏体转变，马氏体用符号"M"表示。马氏体转变不属于等温转变，这种转变是在连续冷却过程中进行的，因此，将在下面的过冷奥氏体连续冷却转变中介绍。

共析钢过冷奥氏体的等温转变产物的组织特征及硬度见表 5-2。

表 5-2　共析钢过冷奥氏体的等温转变产物的组织特征及硬度

组织名称	符号	转变温度/℃	组织形态	层间距/μm	硬度 HRC
珠光体	P	$A_1\sim650$	粗片状	≈0.3	<25
索氏体	S	$650\sim600$	细片状	$0.3\sim0.1$	$25\sim35$
托氏体	T	$600\sim550$	极细片状	≈0.1	$35\sim40$
上贝氏体	$B_上$	$550\sim350$	羽毛状	—	$40\sim45$
下贝氏体	$B_下$	$350\sim M_s$	黑色针状	—	$45\sim55$

3. 亚共析钢和过共析钢过冷奥氏体等温转变曲线

亚共析钢的过冷奥氏体等温转变曲线与共析钢不同的是，在鼻尖上方过冷奥氏体将先有一部分转变为铁素体，剩余的过冷奥氏体再转变为珠光体组织。因此多了一条先共析铁素体转变线，如图 5-11 所示，同理，过共析钢多了一条先共析渗碳体转变线，如图 5-12 所示。

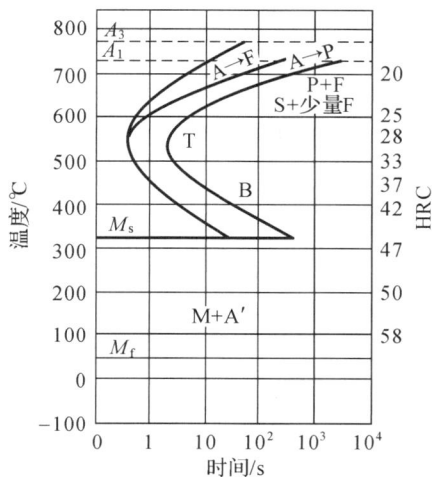

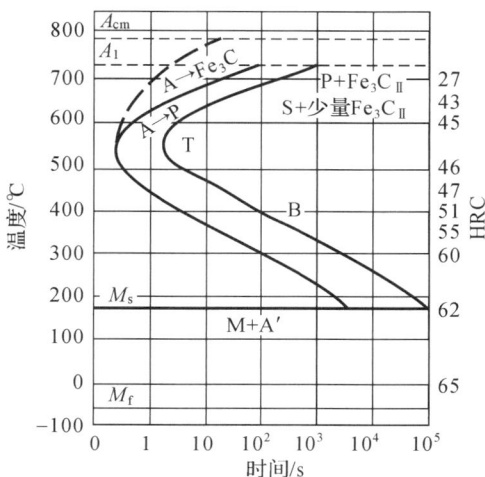

图 5-11　亚共析钢过冷奥氏体等温转变曲线　　图 5-12　过共析钢过冷奥氏体等温转变曲线

4. 影响过冷奥氏体等温转变曲线的因素

（1）碳含量　在正常加热条件下，亚共析钢的 C 曲线随碳含量的增加向右移，过共析钢的 C 曲线随碳含量的增加向左移，在碳钢中，以共析钢 C 曲线的鼻尖离纵坐标最远，故共析钢的过冷奥氏体最为稳定。

（2）合金元素　除钴以外，其他的合金元素溶入奥氏体后均能增大过冷奥氏体的稳定性，使 C 曲线右移。其中一些碳化物形成元素（如钨、钼、钒、铬等）不仅使 C 曲线右移，而且使 C 曲线形状发生改变。

（3）加热温度和保温时间　加热温度越高，保温时间越长，奥氏体成分越均匀，晶粒也越粗大，晶界面积越少，使过冷奥氏体稳定性提高，C 曲线右移。

5.3.2　过冷奥氏体连续冷却转变

在实际热处理生产中钢加热经奥氏体化后，其转变大多是在连续冷却条件下进行的。如一般的水冷淬火、空冷正火和炉冷退火等。因此，研究过冷奥氏体在连续冷却时的转变规律，具有重要的实际意义。

1. 共析钢过冷奥氏体连续冷却转变曲线

（1）共析钢过冷奥氏体连续冷却转变曲线的建立

过冷奥氏体连续冷却转变曲线常用膨胀法测定，如图 5-13 所示。它是将一组试样经加热奥氏体化后，以不同冷却速度（v_1 至 v_6）连续冷却，在冷却过程中，应用高速膨胀仪测定各试样比体积变化，根据奥氏体与其转变产物的比体积不同，即可测出在各种冷却速度下，奥氏体转变开始和转变终了的温度与时间，再将这些数据绘在温度—时间坐标图上，并把所有转变开始点和转变终了点分别连接起来，便获得过冷奥氏体连续冷却转变曲线，而 v_5、v_6 两个冷却速度的转变开始点连成一水平线，这就是马氏体转变开始线（M_s 线）。

（2）共析钢过冷奥氏体连续冷却转变曲线的分析

将图 5-13 与图 5-6 比较时，就可发现共析钢过冷奥氏体连续冷却转变有以下一些主要特点：

a）连续冷却转变曲线只有 C 曲线的上半部分，而没有下半部分。这就是说，共析钢在连续冷却时，只有珠光体转变和马氏体转变，而没有贝氏体转变。

b）P_s 线是珠光体转变的开始线，P_f 线是珠光体转变的终了线，AB 线是珠光体转变的中止线，即冷却曲线碰到 AB 线时，过冷奥氏体就不再发生珠光体转变，而一直保留到 M_s 点以下，直接变为马氏体。

c）与过冷奥氏体连续冷却转变曲线鼻尖相切的冷却速度，是保证奥氏体在连续冷却过程中不发生转变、而全部过冷到马氏体区的最小冷却速度，称为马氏体临界冷却速度，用 v_c 表示（见图 5-13）。马氏体临界冷却速度对热处理工艺具有十分重要的意义。

d）在连续冷却过程中，过冷奥氏体的转变是在一个温度区间内进行的，随着冷却速度的增加，转变温度区间逐渐移向低温，并随之加宽，而转变总时间则缩短。

e）由于过冷奥氏体的连续冷却转变是在一个温度区间内进行，在同一冷却速度下，因转变开始温度高于转变终了温度，则先后获得的组织粗细不均匀。有时在某种冷却速度下还可获得混合组织。例如，图 5-13 中的冷却速度 v，由于它与转变开始线相交后又与 AB 线相交，故珠光体转变没有结束，剩余的过冷奥氏体将在随后冷却时，与 M_s 线相交而开始转变为马氏体，最后得到的产物主要是托氏体和马氏体的混合组织。

钢在冷却时
的组织转变
—连续冷却
转变微量

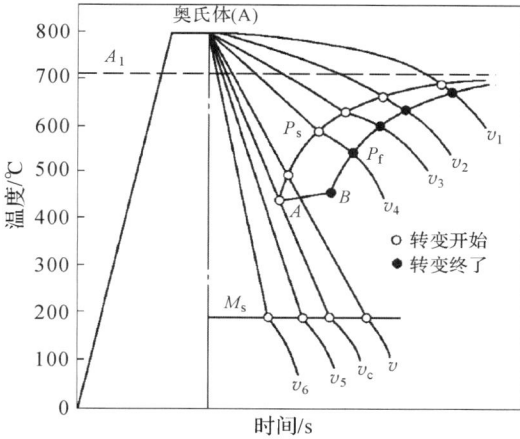

图 5-13　共析钢过冷奥氏体连续冷
却转变曲线建立

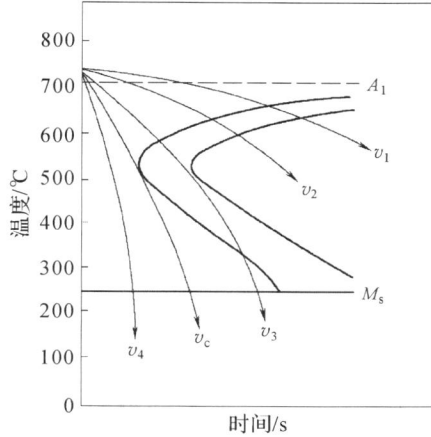

图 5-14　应用共析钢等温转变曲线分析
奥氏体在连续冷却中的转变

2. 亚共析钢和过共析钢过冷奥氏体连续冷却转变曲线

过共析钢过冷奥氏体连续冷却转变曲线与共析钢的相比,除了多出一条先共析渗碳体的析出线外,其他基本相似。但亚共析钢过冷奥氏体连续冷却转变曲线与共析钢却大不相同,它除了多出一条先共析铁素体的析出线外,还出现了贝氏体转变区,因此亚共析钢在连续冷却后,可以出现由更多产物组成的混合组织。如 45 钢奥氏体化后,经油冷而得到铁素体+托氏体+贝氏体+马氏体的混合组织。

3. 过冷奥氏体等温转变曲线在连续冷却中应用

由于过冷奥氏体连续冷却转变曲线测定比较困难,而且有些使用广泛的钢种,其连续冷却转变曲线至今尚未被测出,所以目前生产中,还常应用过冷奥氏体等温转变曲线定性地、近似地来分析奥氏体在连续冷却中的转变产物和性能。图 5-14 所示就是应用共析钢等温转变曲线分析奥氏体连续冷却时的转变情况。图中冷却速度 v_1 相当于炉冷的速度,它和 C 曲线相交的位置大约在 $700\sim650℃$ 附近,可估计出奥氏体将转变为珠光体,其硬度为 $170\sim230HBW$;冷却速度 v_2 相当于空冷的速度,它和 C 曲线相交的位置大约在 $650\sim600℃$,可估计出它将转变为索氏体,其硬度为 $25\sim35HRC$;冷却速度 v_3 相当于油冷的速度,有一部分奥氏体先转变成托氏体,剩余的奥氏体冷却到 M_s 点以下开始转变为马氏体,最终获得托氏体+马氏体+残留奥氏体的混合组织,其硬度为 $45\sim55HRC$;冷却速度 v_4 相当于水冷的速度,它不与 C 曲线相交,一直过冷到 M_s 点以下发生马氏体转变,最终获得马氏体+残留奥氏体的混合组织,其硬度为 $55\sim65HRC$;冷却速度 v_c 与 C 曲线鼻尖相切,为该钢的马氏体临界冷却速度 v_c。

4. 马氏体型转变

当冷却速度大于 v_c 时,过冷奥氏体很快被冷却到 M_s 点以下,发生马氏体转变。过冷奥氏体在 M_s 至 M_f 之间的转变产物为马氏体。由于转变温度低,过冷度大,而且转变速度快,只有 γ-Fe 向 α-Fe 的晶格改组,而没有铁、碳原子的扩散,故奥氏体中的碳被迫全部过量地溶解在 α-Fe 晶格中。因此,马氏体中碳含量就是转变前奥氏体中的碳含量,实质上是碳在

α-Fe 中过饱和固溶体。

（1）马氏体的组织形态

马氏体的组织形态主要与碳含量有关，通常有板条状和片状两种基本类型。

a）板条马氏体　当奥氏体中 $w_C < 0.2\%$ 时，马氏体组织形态呈板条状，故称板条状马氏体，又称低碳马氏体，如图 5-15 所示。板条马氏体的性能特点是具有较高的强度、硬度及较好的塑性、韧性。

b）片状马氏体　当奥氏体中 $w_C > 1.0\%$ 时，马氏体组织形态呈片状，称片状马氏体，又称高碳马氏体，片状马氏体的性能特点是硬度高而塑性差、脆性大，如图 5-16 所示。

当奥氏体中的碳含量介于两者之间时，淬火后则为两种马氏体的混合组织物。

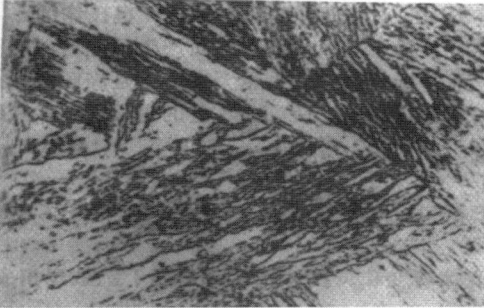

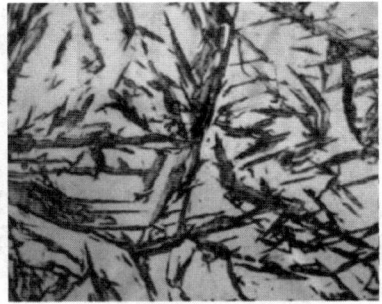

图 5-15　板条马氏体显微组织（1000×）　　　图 5-16 片状马氏体显微组织（400×）

（2）马氏体转变的特点

a）过冷奥氏体向马氏体的转变是无扩散型相变，转变速度极快。

b）马氏体是在 $M_s \sim M_f$ 点温度范围内连续冷却过程中不断形成，M_s 点和 M_f 点的位置与冷却速度无关，主要取决于奥氏体的碳含量，碳含量越高，M_s 点和 M_f 点越低。

c）马氏体转变的不完全性。当奥氏体的 $w_C > 0.50\%$ 时，M_f 点降到室温以下。因此，淬火到室温时必然有一部分奥氏体被残留下来，即残留奥氏体。残留奥氏体量随奥氏体碳含量的增加而增多。

残留奥氏体降低了淬火钢的硬度和耐磨性，而且在零件长期使用过程中，残留奥氏体会继续转变为马氏体，使零件尺寸发生变化，尺寸精度降低。因此，实际生产中，对一些高精度的工件（如精密量具、精密丝杠、精密轴承等），为了保证它们在使用期间的精度，可将工件冷处理。冷处理是指工件淬火冷却到室温后，继续在制冷设备或低温介质中冷却到 M_f 以下某一温度（一般在 $-80 \sim -60℃$）的工艺。它可以最大限度地消除残留奥氏体，达到提高硬度、耐磨性和稳定尺寸的目的。

（3）马氏体的性能

马氏体的硬度和强度主要取决于马氏体的碳含量。如图 5-17 所示，随着碳含量的增加，马氏体的强度与硬度也随之增高，尤其是在碳含量较低时，强度与硬度的增高比较明显。但当钢中 $w_C > 0.6\%$ 时，淬火钢的强度、硬度增高趋于平缓。这一现象是由于奥氏体中碳含量增加导致淬火后的残留奥氏体量增多的缘故。

马氏体的塑性和韧性也与其碳含量有关。片状马氏体的塑性和韧性差，而板条状低碳马氏体的塑性和韧性好。

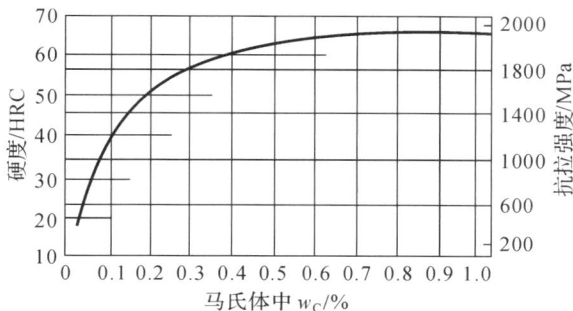

图 5-17 碳含量对马氏体的强度与硬度的影响

5.4 钢的退火与正火

机械零件或工模具的制造过程由许多冷、热加工工序组成,钢的退火和正火常作为预备热处理工序,安排在铸、锻等毛坯生产之后,用于消除缺陷、去除内应力以及改善毛坯的切削加工性,并为最终热处理做准备。对于性能要求不高的普通铸件、焊接件以及一些性能要求不高的工件,退火和正火也可作为最终热处理。例如一些容器或箱体在焊接或铸造后,往往在退火后不再进行其他热处理,因此这种退火处理就属于最终热处理。

退火或正火的主要目的大致可归纳为如下几点:

(1)调整钢件硬度,以利于随后的切削加工。经适当退火或正火处理后,一般钢件的硬度在 160～230HBW,这是最适于切削加工的硬度。

(2)消除残余应力,以稳定钢件尺寸,并防止其变形和开裂。

(3)使化学成分均匀,细化晶粒,改善组织,提高钢的力学性能和工艺性能。

(4)为最终热处理(淬火、回火)做好组织上的准备。

5.4.1 退火

退火是将工件加热到适当温度,保温一定时间,然后缓慢冷却的热处理工艺。退火工艺的主要特点是缓慢冷却,实际生产中常采取随炉冷却的方式。

根据钢的成分、退火工艺与目的的不同,退火常分为完全退火、等温退火、球化退火、均匀化退火和去应力退火等几种。

1. 完全退火

完全退火是指将工件完全奥氏体化后缓慢冷却,获得接近平衡组织的退火。一般是将钢加热到 Ac_3 以上 $30\sim50℃$,保温一定时间,随炉缓慢冷却到 600℃ 以下,再出炉空冷,以获得接近平衡组织的热处理工艺。亚共析钢完全退火后获得的组织为珠光体＋铁素体。

钢的退火与正火微课

完全退火主要用于亚共析成分的碳钢和合金钢的铸件、锻件及热轧型材,有时也用于焊接结构件。其目的是细化晶粒,消除内应力与组织缺陷,降低硬度,为随后的切削加工和淬火做好组织准备。

　　完全退火工艺不适用于过共析成分的钢,因为过共析成分的钢加热到 Ac_{cm} 以上缓冷,Fe_3C_{II} 将以网状形式沿奥氏体晶界析出,使钢的韧性显著降低,并有可能使钢在后续的热处理中产生裂纹。

　　2. 等温退火

　　完全退火工艺所需时间较长,生产率低,一般奥氏体比较稳定的合金钢和大型碳钢件常采用等温退火,其目的与完全退火相同。

　　等温退火是将钢加热到 Ac_3 以上 30～50℃(亚共析钢)或 Ac_1 以上 20～40℃(共析钢和过共析钢),保温适当时间后,较快冷却到珠光体转变温度区间的适当温度并等温保持,使奥氏体转变为珠光体类组织后再在空气中冷却的退火。因此,等温退火不仅可以有效地缩短退火时间,提高生产率,而且转变较易控制,由于工件内外都是处于同一温度下发生组织转变,故能获得均匀的组织与性能。

　　图 5-18 所示为高速钢的等温退火与完全退火工艺比较,可见完全退火需要 15～20h 以上,而等温退火所需时间则大为缩短。

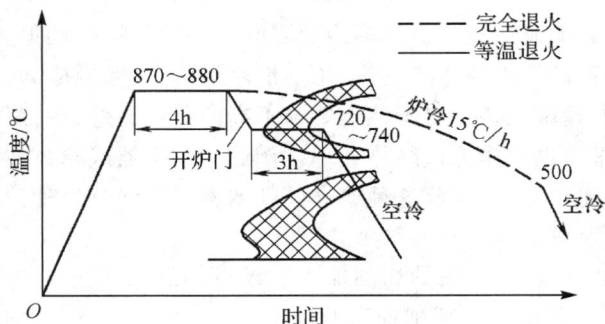

图 5-18　高速钢的等温退火与完全退火工艺比较

　　3. 球化退火

　　球化退火是指为使工件中的碳化物球状化而进行的退火,主要用于共析或过共析成分的碳钢和合金钢。其目的是使钢中的碳化物球化,以降低硬度,改善切削加工性,并为淬火做好组织准备。球化退火后获得的组织为在铁素体基体上均匀分布着球状(粒状)渗碳体的组织,称为球状珠光体,如图 5-19 所示,这种组织硬度低,切削加工性良好,淬火时产生变形和开裂倾向小。

　　一般球化退火的工艺是把过共析钢加热到 Ac_1 以上 10～20℃,保温一定时间,然后缓慢冷却到 600℃以下再出炉空冷;或者是在加热、保温后快冷到稍低于 Ar_1,较长时间的等温,然后炉冷至 600℃再出炉空冷。这种等温球化退火的操作较简单,生产周期也较短。T10 钢两种球化退火工艺曲线如图 5-20 所示。

　　对于网状渗碳体比较严重的钢,可在球化退火前先进行一次正火处理,使网状渗碳体破碎,以提高渗碳体的球化效果。

图 5-19　球状珠光体显微组织(800×)

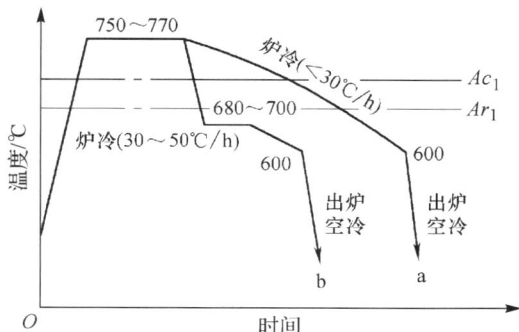

图 5-20　T10 钢两种球化退火工艺曲线

4. 均匀化退火

均匀化退火主要用于质量要求高的合金钢铸锭、铸件或锻坯,目的是消除钢中化学成分偏析和组织不均匀的现象。

均匀化退火(也称扩散退火)是指以减少工件化学成分和组织的不均匀程度为主要目的,将其加热到高温并长时间保温,然后缓慢冷却的退火。一般是将钢加热到 Ac_3 以上 150 ~$200℃$(通常为 1000~$1200℃$),长时间保温(10~$15h$),然后进行缓慢冷却的热处理工艺。钢中合金元素含量越高,其加热温度也越高。

由于均匀化退火加热温度高,保温时间长,耗能大,烧损严重,成本很高,且使晶粒粗大,所以只是一些优质合金钢及偏析较为严重的合金钢铸件及钢锭才使用这种工艺。为细化晶粒,均匀化退火后必须再进行一次完全退火或正火。

5. 去应力退火

去应力退火是指为去除工件塑性变形加工、切削加工或焊接造成的残余应力及铸件内存在的残余应力而进行的退火。它主要用于消除铸件、锻件、焊接件、冷冲压件以及机加工工件中的残余应力。如果这些残余应力不予消除,工件在随后的机械加工或长期使用过程中,将引起变形或开裂。

去应力退火的工艺是将工件缓慢加热到 Ac_1 以下 100~$200℃$(一般为 500~$600℃$),保温一定时间,然后随炉缓慢冷却至 $200℃$ 再出炉冷却。由于去应力退火的加热温度低于奥氏体化温度,故钢在去应力退火过程中不发生相变,主要是在保温时消除残余应力。

根据《钢件的正火与退火》(GB/T 16923—2008),各类常用退火方法的热处理工艺、目的及适用范围见表 5-3。

表 5-3　各类常用退火方法的热处理工艺、目的与适用范围

名称	热处理工艺	目的	适用范围
完全退火	将钢加热至 Ac_3+30~$50℃$,保温一定时间,炉冷至 $600℃$ 以下,出炉空冷	细化晶粒,消除内应力与组织缺陷,降低硬度,为随后的切削加工和淬火做好组织准备	主要用于亚共析钢的铸、锻、焊接件的预备热处理

续表

名称	热处理工艺	目的	适用范围
等温退火	将钢加热到 $Ac_3+30\sim50℃$（亚共析钢）或 $Ac_1+20\sim40℃$（共析钢和过共析钢），保温适当时间，快冷却到珠光体转变区某一温度，等温一定时间，实现珠光体转变，出炉空冷	与完全退火同，但等温退火可缩短生产周期，提高生产效率	主要用于合金钢和大型碳钢件
球化退火	将过共析钢加热至 $Ac_1+10\sim20℃$，保温一定时间，然后缓慢冷却到600℃以下再出炉空冷	使钢中的碳化物球化，以降低硬度，改善切削加工性，并为以后的热处理做好组织准备	主要用于共析或过共析的碳钢或合金钢
均匀化退火（扩散退火）	将钢加热至 $Ac_3+150\sim200℃$，长时间保温（$10\sim15h$），炉冷	使钢的化学成分和组织均匀化	主要用于质量要求高的合金铸锭、铸件或锻坯
去应力退火（低温退火）	将钢加热至 Ac_1 以下某一温度（一般约为 $500\sim600℃$），保温一段时间，炉冷至200℃出炉空冷	消除铸、锻、焊接件、冷冲压件以及机加工件中的残余应力，稳定工件尺寸，减少变形	所有钢件

5.4.2　正火

正火是将钢加热到 Ac_3（或 Ac_{cm}）以上 $30\sim80℃$，保温一定时间，出炉后在空气中冷却的热处理工艺。正火工艺的主要特点是完全奥氏体化和空冷。与退火相比，正火的冷却速度稍快，过冷度较大，组织较细，其强度、硬度比退火高一些，操作简单，生产周期短，成本较低。正火一般应用于以下场合：

（1）作为普通结构零件的最终热处理　对力学性能要求不高的普通结构零件，可用正火作为最终热处理，以提高其强度、硬度和塑性、韧性。

（2）改善切削加工性能　对于低碳钢或低碳合金钢，可用正火作为预备热处理，以调整硬度，改善切削加工性。由于其在退火状态下硬度较低，切削加工时有时容易黏刀，经正火后可适当提高其硬度，改善其切削加工性。

（3）消除网状二次渗碳体　对于过共析钢，正火加热时，可以使网状二次渗碳体充分溶入奥氏体中。在空气中冷却时，由于冷却速度比较快，过冷度较大，二次渗碳体来不及沿晶界呈网状析出，为球化退火做好组织上的准备。

（4）作为较重要零件的预备热处理　正火可以消除由于热加工造成的组织缺陷，细化晶粒，不仅具有良好的切削加工性能，而且还减小工件在淬火时的变形与开裂倾向，提高淬火质量，所以正火常作为较重要工件的预备热处理。

5.4.3　退火与正火的选用

正火与退火的主要差别是，前者冷却速度较快，得到的组织比较细小，强度和硬度也稍高一些。常用退火、正火的加热温度范围和热处理工艺曲线如图 5-21 所示。在实际生产应用中选择退火与正火应从以下三个方面考虑。

1. 从改善钢的切削加工性能方面考虑

一般认为硬度在 160～230HBW 的钢材,其切削加工性能最好。硬度过高难以切削加工,而且刀具容易磨损。硬度过低,切削时容易黏刀,使刀具发热而磨损,而且工件的表面粗糙。所以,低碳钢、低碳合金钢宜用正火提高硬度,高碳钢宜用退火降低硬度。

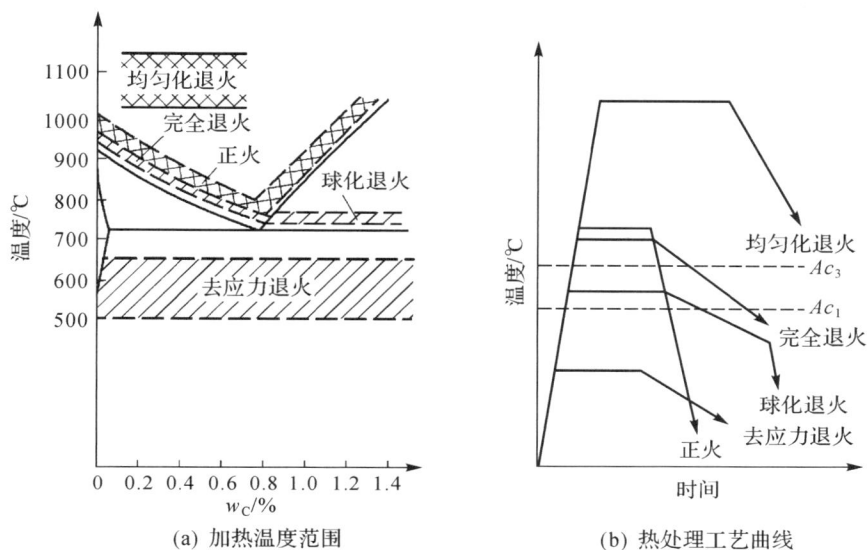

图 5-21　常用退火、正火的加热温度范围和热处理工艺曲线

碳的质量分数低于 0.25% 的碳素钢和低合金钢,退火后硬度偏低,切削加工时易于黏刀,如采用正火处理,则可适当提高硬度,改善钢的切削加工性能。

碳的质量分数在 0.25%～0.5% 的钢也用正火代替退火,正火后的硬度在 160～230HBW 范围内,而且正火成本低、生产率高。

碳的质量分数在 0.5%～0.75% 的钢,因碳含量较高,正火后的硬度显著高于退火的情况,难以进行切削加工,故一般采用完全退火,降低硬度,改善切削加工性。

碳的质量分数在 0.75% 以上的钢或高合金钢一般均采用球化退火作为预备热处理,如有网状二次渗碳体存在,则应先进行正火消除之。

2. 从使用性能方面考虑

由于正火热处理比退火热处理具有更好的力学性能,因此,若正火和退火都能满足使用性能要求,应优先采用正火。对于形状复杂或尺寸较大的工件,因正火可能产生较大的内应力,导致变形和裂纹产生,则以退火为宜。若零件的性能要求不高,随后不再进行淬火、回火,可以采用正火作为最终热处理来提高零件的力学性能。

3. 从经济性方面考虑

由于正火比退火生产周期短,效率高,操作简便,节约能源,工艺成本低。因此,在满足钢的使用性能和工艺性能的前提下,应尽可能用正火代替退火。

5.5　钢的淬火

淬火是指将钢加热到 Ac_3 或 Ac_1 点以上某一温度,保温一定时间使之全部或部分奥氏体化后,以适当方式进行冷却,从而获得马氏体或(和)下贝氏体组织的热处理工艺。淬火是强化钢材,充分发挥钢材性能潜力的重要手段。

5.5.1　淬火工艺

1. 淬火加热温度

淬火加热温度即钢的奥氏体化温度,是淬火的主要工艺参数之一。选择淬火加热温度的原则是获得均匀细小的奥氏体组织。淬火加热温度主要根据钢的化学成分和相变点来确定,因此钢的淬火加热温度可按 Fe-Fe$_3$C 相图来确定,碳钢的淬火加热温度范围如图 5-22 所示。

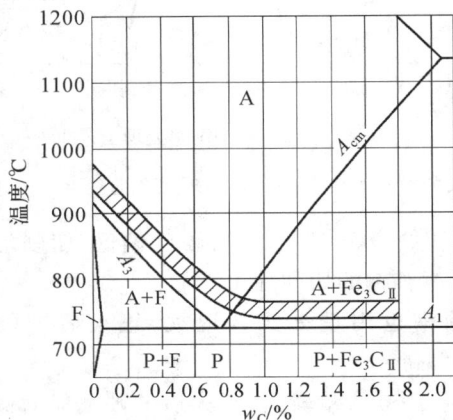

图 5-22　碳钢的淬火加热温度范围　　　　　　　钢的淬火微课

根据《钢件的淬火与回火》(GB/T 16924—2008),亚共析钢淬火加热温度一般在 Ac_3 以上 30～50℃,得到单一细晶粒的奥氏体,淬火后为均匀细小的马氏体和少量残留奥氏体。若加热温度在 Ac_1～Ac_3 范围,淬火后组织为铁素体、马氏体和少量残留奥氏体,由于铁素体的存在,使钢的硬度降低。若加热温度超过 Ac_3＋30～50℃,奥氏体晶粒粗化,淬火后得到粗大的马氏体,钢性能变差,且淬火应力增大,易导致变形和开裂。

共析钢和过共析钢的淬火温度为 Ac_1 以上 30～50℃,淬火后得到细小的马氏体和少量残留奥氏体,或细小的马氏体、少量渗碳体和残留奥氏体。这种组织有利于提高钢的硬度和耐磨性。若加热温度在 Ac_{cm} 以上,由于渗碳体完全溶于奥氏体,奥氏体碳含量提高,淬火后残留奥氏体量增多,钢的硬度和耐磨性降低。此外,因温度高,奥氏体晶粒粗化,淬火后得到粗大的马氏体,脆性增大。若加热温度低于 Ac_1 点,组织没发生相变,达不到淬火目的。

2.淬火加热时间

一般工件淬火加热升温与保温所需的时间常合在一起计算,统称为淬火加热时间。工件的淬火加热时间与钢的成分、原始组织、工件形状和尺寸、加热介质、装炉方式,炉温等许多因素有关。

3.淬火冷却介质

淬火冷却介质是在淬火工艺中采用的冷却介质。钢淬火获得马氏体的首要条件是淬火的冷却速度必须大于其临界冷却速度(v_c),所以淬火冷却介质的冷却能力必须保证工件以大于临界冷却速度冷却以获得马氏体。但过高的冷却速度又会增加工件的截面温差,使热应力与组织应力增大,容易造成工件变形和开裂。

为保证工件淬火后得到马氏体,又要减小变形和防止开裂,必须正确选用冷却介质。根据过冷奥氏体等温转变曲线,希望淬火介质具有图 5-23 所示的理想冷却速度,即在 C 曲线鼻尖附近温度范围(约650～500℃)内快冷,只有冷却速度大于马氏体临界冷却速度,才能保证过冷奥氏体在此区间不形成珠光体;而在此范围以上或以下,应慢冷,特别是在300～200℃以下发生马氏体转变时,尤其不应快冷,以免产生的热应力和组织应力过大,而导致工件变形和开裂。生产中,应用较广的冷却介质有水、油及盐或碱的水溶液。

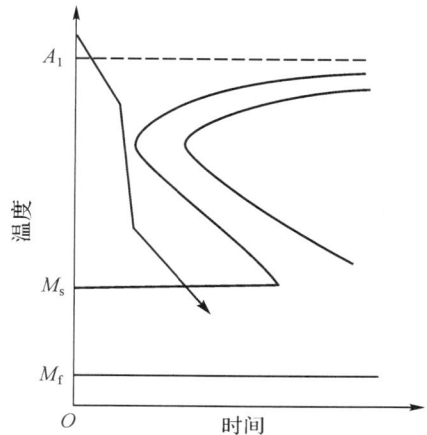

图 5-23　淬火理想冷却速度

表 5-4 为常用的几种冷却介质的对比情况。

表 5-4　常用的几种冷却介质的对比

名称	水	油	食盐水溶液	碱水溶液
优点	水价廉易得,且具有较强的冷却能力。使用安全,无燃烧、腐蚀等危险	在 200～300℃ 温度范围内,冷却速度远小于水,这对减少淬火工件的变形与开裂是很有利的	冷却能力提高到约为水的 10 倍,而且最大冷却速度所在温度正好处于 500～650℃ 温度范围内	在 500～650℃ 温度范围内冷却速度比食盐水溶液还大,而在 200～300℃ 温度范围内,冷却速度比食盐水溶液稍低
缺点	在 500～650℃ 范围内需要快冷时,水的冷却速度相对比较大;200～300℃ 范围内需要慢冷时,其冷却速度仍较大	在 500～650℃ 温度范围内,冷却速度比水小得多	在 200～300℃ 温度范围内的冷却速度过大,使淬火工件中相变应力增大,而且食盐水溶液对工件有一定的锈蚀作用,淬火后工件必须清洗干净	腐蚀性大
应用	主要用于碳素钢	主要用于合金钢	主要用于形状简单而尺寸较大的低、中碳素钢零件	主要用于易产生淬火裂纹的零件

近年来,国内外在研制新型淬火介质方面已取得了较大成就。目前我国热处理生产中,使用效果较好的新型淬火介质有过饱和硝盐水溶液、氯化锌—碱水溶液、水玻璃淬火介质及以聚乙烯醇为主的合成淬火介质等。

5.5.2 淬火方法

虽然近年来在探索新型淬火介质方面做了不少工作,但目前还没有一种淬火介质能完全满足理想淬火冷却速度的要求,所以还需要改进淬火方法,以便既能将工件淬硬,又能减少淬火内应力。生产中常用的淬火方法主要有单液淬火法、双液淬火法、分级淬火法和等温淬火法等,各种淬火方法的工艺曲线如图 5-24 所示。

1. 单液淬火

单液淬火是将加热到奥氏体化的钢件放入一种淬火介质中连续冷却至室温的淬火方法(如图 5-24 中的曲线 1)。这种方法操作简单,易于实现机械化和自动化。但也有不足之处,即易产生淬火缺陷。水中淬火易产生变形和裂纹,油中淬火易产生硬度不足或硬度不均匀等现象。

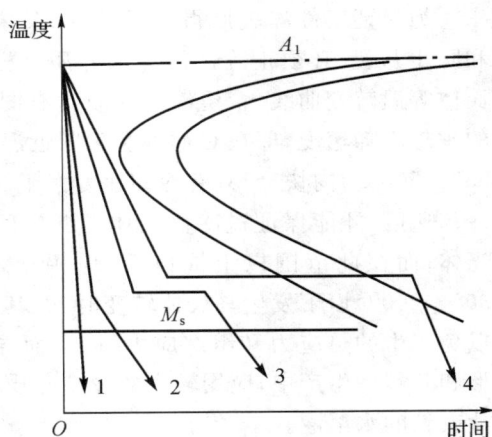

图 5-24 各种淬火方法的工艺曲线

这种淬火方法适用于形状简单的碳钢和合金钢工件。一般情况下,碳钢在水中淬火,合金钢在油中淬火。

2. 双液淬火

双液淬火是将工件加热奥氏体化后先浸入冷却能力强的介质,在组织即将发生马氏体转变时立即转入冷却能力缓和的介质中冷却(如图 5-24 中的曲线 2)。例如碳钢先水后油,合金钢先油后空气等。这种淬火方法能把两种不同的冷却能力介质的长处结合起来,既保证获得马氏体组织,又减小了淬火应力,防止工件的变形与开裂。

这种方法难以控制工件由第一种介质转入第二种介质时的温度,如果转入过早,则温度尚处于等温转变曲线"鼻尖"以上温度,取出缓慢冷却时可能发生非马氏体组织转变,从而达不到淬火目的;如果转入过晚,温度已低于 M_s,则已发生了马氏体转变,就失去了双液淬火的作用。在生产中,主要靠经验保证双液淬火的效果。所以,双液淬火的缺点是操作困难,要求技术熟练。

这种淬火方法主要用于形状复杂的高碳钢工件和尺寸较大的合金钢工件。

3. 分级淬火

分级淬火是指工件加热奥氏体化后浸入温度稍高或稍低于 M_s 点的碱浴或盐浴中保持适当时间,在工件整体达到介质温度后取出空冷以获得马氏体的淬火(如图 5-24 中的曲线 3)。这种淬火方法能有效地避免变形和裂纹的产生,而且比双介质淬火易于操作。但碱浴或盐浴的冷却能力较小,容易使过冷奥氏体稳定性较小的钢在分级过程中形成珠光体。

这种淬火方法主要用于形状较复杂、尺寸较小的工件。

4. 等温淬火

等温淬火也称贝氏体等温淬火,是指工件加热奥氏体化后快冷到贝氏体转变温度区间等温保持,使奥氏体转变为贝氏体的淬火。它是将加热到奥氏体化的钢件快速冷却到稍高于 M_s 点(260~240℃)的盐浴或碱浴中,保温足够时间,使其发生下贝氏体转变后取出空冷的淬火方法(如图 5-24 中的曲线 4)。这种淬火方法产生的淬火内应力很小,工件不易发生变形和开裂。同时所得到的下贝氏体组织又具有良好的综合力学性能。一般情况下,等温淬火后可不再进行回火处理。但此法淬火生产周期长,效率低。

这种淬火方法主要用于尺寸较小、形状复杂,要求变形小,并要求有较高强度、韧性的工具、模具和重要的机器零件。

5.5.3　钢的淬透性

1. 淬透性的概念

钢的淬透性是指以在规定条件下钢试样淬硬深度和硬度分布表征的材料特性,它是钢材本身固有的属性,反映了钢在淬火时获得马氏体组织的难易程度。

钢淬火的目的一般是获得马氏体组织。如果工件整个截面都能得到马氏体,说明工件已淬透。但有时工件的表层为马氏体,而心部为非马氏体组织,这是因为工件截面各处的冷却速度是不同的。若以圆棒试样为例,淬火冷却时,其表面冷却速度最大,越到中心冷却速度越小,如图 5-25(a)所示。表层部分冷却速度大于该钢的马氏体临界冷却速度,淬火后获得马氏体组织,在距表面某一深处的冷却速度开始小于该钢的马氏体临界冷却速度,则淬火后将有非马氏体组织出现,如图 5-25(b)所示。所以这时工件未被淬透。用不同钢种制成的相同形状和尺寸的工件,在同样条件下淬火,淬透性好的钢,其淬硬层深度较深;淬透性差的钢,其淬硬层深度较浅。

此外,对于淬透性好的钢,在淬火冷却时可采用比较缓和的淬火介质,以减小淬火应力,从而减少工件淬火时的变形和开裂倾向。

必须注意,钢的淬透性和钢的淬硬性是两种完全不同的概念,切勿混淆。钢的淬硬性是指钢在理想条件下淬火所能达到的最高硬度来表征的材料特性。它主要表现为淬火后的马氏体所能达到最高硬度的能力,它主要取决于马氏体的碳含量。淬硬性好的钢,其淬透性不一定好;反之,淬透性好的钢,它的淬硬性不一定高。高碳钢的淬硬性高,但它的淬透性却差;低碳合金钢的淬透性相当好,但它的淬硬性却不高。

2. 影响淬透性的因素

(1)化学成分　C 曲线距纵坐标越远,马氏体临界冷却速度越小,则钢的淬透性越好。

对于碳素钢,钢中碳含量越接近共析成分,其 C 曲线越靠右,马氏体临界冷却速度越小,则淬透性越好,即亚共析钢的淬透性随碳含量的增加而增大,过共析钢的淬透性随碳含量的增加而减小。除 Co 以外的其他合金元素都使 C 曲线右移,使钢的淬透性增加,因此合金钢的淬透性比碳素钢好。

(2)奥氏体化温度　温度越高,晶粒越粗大,未溶第二相越少,淬透性越好。因为奥氏体晶粒粗大使晶界减少,不利于珠光体的形核,从而避免了淬火时发生珠光体转变。但加热温度和保温时间对淬透性的影响没有化学成分影响大。

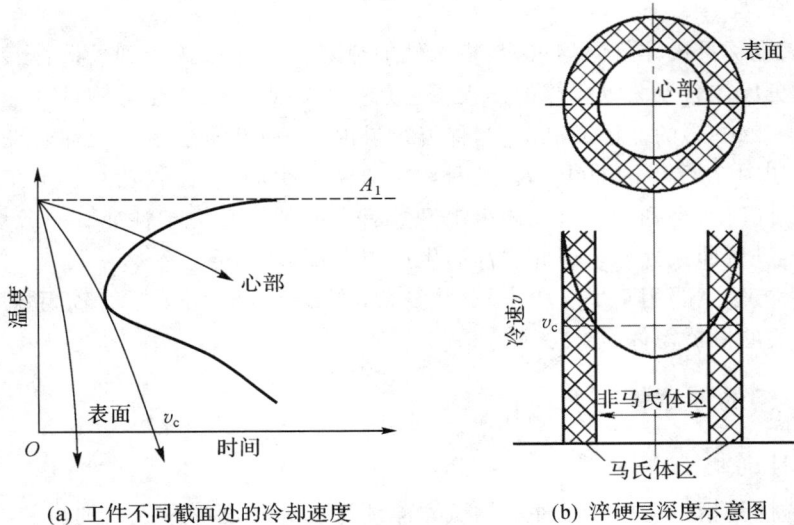

(a) 工件不同截面处的冷却速度 (b) 淬硬层深度示意图

图 5-25 工件淬硬层深度与冷却速度的关系

3. 淬透性的应用

钢的淬透性是选择材料和确定热处理工艺的重要依据。若工件淬透了,经回火后,由表及里均可得到较高的力学性能,从而充分发挥材料的潜力;反之,若工件没淬透,经回火后,心部的强韧性则显著低于表面。因此,在零件选材和制定热处理工艺时,必须考虑钢的淬透性。

(1)对于截面尺寸较大、形状较复杂的重要零件,以及受力较大而要求截面力学性能均匀的零件,应选用高淬透性的钢制造。例如,受拉伸、压缩、剪切及冲击载荷的零件,其应力分布是均匀的,因此要求整个截面淬透。

(2)对于受弯曲、扭转载荷的零件,如多数轴类零件,由于应力主要分布于表层,因此淬硬层深度一般为工件半径的 1/3～1/2,不必苛求高淬透性。

(3)对于焊接结构件,不应选用淬透性较高的钢材。因为淬透性高的钢在焊后空冷时,在焊缝和热影响区容易出现马氏体组织,将诱发焊接冷裂纹。

(4)热处理尺寸效应的考虑。工件尺寸越大,其热容量越大,在相同的淬火冷却介质中冷却后的淬透层越浅,力学性能越低。这种随工件尺寸增大而使热处理强化效果减弱的现象称为"尺寸效应"。合金元素质量分数高、淬透性大的钢,尺寸效应则不明显。

4. 淬火缺陷及其防治措施

在机械制造中,淬火工序通常都是安排在零件的工艺路线的后期。淬火时最易产生的缺陷是变形和开裂。如只产生变形,虽然有些零件可设法校正,或靠预先留出加工余量,通过随后的机械加工(如磨削)使之达到技术条件要求,但这样却使生产工艺复杂化,且降低了生产效率,提高了成本。有些零件,如带型腔的模具、成形刀具或高强度钢制零件(如飞机大梁等),淬火后往往不便于或不可能进行校正或机械加工,一旦变形超差就导致报废。至于零件淬裂,自然更无法挽救,从而给生产带来损失。除变形和开裂外,在淬火时还会产生氧化和脱碳、过热和过烧、硬度不足和软点等缺陷。

（1）变形与开裂

变形是指零件在热处理时引起的形状和尺寸的偏差。淬火时在零件中引起的内应力是造成变形和开裂的根本原因。当内应力超过材料的屈服强度时，便引起零件变形；当内应力超过材料的抗拉强度时，便造成零件开裂。内应力分为热应力和相变应力。

热应力是在加热和冷却过程中，零件内、外层加热和冷却速度不同所造成的各处温度不一致，致使热胀冷缩的程度不同而产生的。冷却速度越大，造成零件内外温差越大，内应力也越大。零件由高温冷却时，开始时表面收缩大，心部受阻碍而使表面受拉应力；而在冷却的后期，表面反过来阻碍心部的冷却，使心部受拉应力而表面受压应力。零件原形如图 5-26（a）所示，由纯热应力引起的变形如图 5-26（b）所示。

相变应力是在加热或冷却过程中，由零件内部相变发生的时间不同所造成的内应力。对同一种钢，马氏体比体积最大，奥氏体比体积最小。淬火时表面先转变为马氏体，体积增大，心部仍为奥氏体，这时心部阻碍表面积增大。表面产生压应力而心部产生拉应力。当心部开始马氏体转变时，表面已经转变完了，已成硬壳，阻碍心部胀大，使之受压，而心部使表面受拉，结果产生拉应力。纯粹相变应力作用使零件变形的趋势如图 5-26（c）所示。淬火时，零件的变形是两种内应力综合作用的结果。

(a) 工件原形　　　　(b) 热应力产生的变形　　　　(c) 相变应力产生的变形

图 5-26　不同应力作用下零件变形

（2）氧化和脱碳

钢在氧化介质中加热时，氧原子与零件表面或晶界的铁原子形成 FeO 的现象称为氧化。在介质中加热，使钢中溶解的碳形成 CO 或 CH_4 而降低碳含量的现象称为脱碳。

氧化和脱碳不仅降低零件的表面硬度和疲劳强度，而且还会影响零件尺寸，增加淬火开裂危险性。对重要受力零件和精密零件，为了防止氧化和脱碳，通常在盐浴炉内加热，但这种方法只能减轻氧化和脱碳，不能完全避免。要求更高时，可用有效涂料保护或在保护气氛及真空炉中加热。

（3）过热和过烧

零件在热处理时，如果加热温度过高或在高温下保温的时间过长，引起奥氏体晶粒显著长大，这种现象称为过热。过热会影响零件随后热处理后的力学性能，一般可用正火矫正。如果加热温度过高，使钢的晶界严重氧化或熔化，这种现象称为过烧。过烧会严重降低钢的力学性能，而且不能用其他方法挽救，零件只能报废，因此必须严格控制加热温度。

（4）硬度不足和软点

硬度不足是指工件上较大区域内的硬度达不到技术要求；软点是指工件内许多小区域的硬度不足。产生硬度不足和软点的原因很多，主要有淬火冷却速度不够、淬火加热温度过低或保温时间过短、淬火前原始组织不均匀、操作不当以及表面脱碳等。

5.6　钢的回火

回火是工件淬硬后加热到 Ac_1 以下的某一温度,保温一定时间,然后冷却到室温的热处理工艺。回火一般在淬火后随即进行。淬火与回火常作为零件的最终热处理。回火决定了钢在使用状态的组织和性能,因此是很重要的热处理工序。回火的目的是:

(1)获得工件所需的组织和性能　在通常情况下,钢淬火组织为淬火马氏体和少量残留奥氏体,它具有高的强度与硬度,但塑性与韧性较低。为了满足各种工件不同性能的要求,就必须配以适当回火来改变淬火组织,以调整和改善钢的性能。

(2)稳定工件尺寸　淬火马氏体和残留奥氏体都是不稳定的组织,它们具有自发地向稳定组织转变的趋势,因而将引起工件的形状与尺寸的改变,通过回火使淬火组织转变为稳定组织,从而保证工件在使用过程中,不再发生形状和尺寸的改变。

(3)消除或减小淬火内应力　工件在淬火后存在很大内应力,如不及时通过回火消除,会引起工件进一步变形甚至开裂。

5.6.1　淬火钢在回火时的组织转变

钢淬火后的组织马氏体和残留奥氏体在回火过程中,会向稳定的铁素体和渗碳体(或其他结构碳化物)的两相组织转变。根据碳钢回火时发生的转变过程和形成的组织,一般可将回火分为四个阶段。

1.马氏体的分解(<200℃)

当钢加热到 $80\sim200℃$ 时,其内部原子活动能力有所增加,马氏体开始分解,马氏体中的碳以 ε 碳化物($Fe_{2.4}C$)形式析出,使过饱和程度降低,同时晶格畸变程度也减弱,淬火内应力有所降低。这一阶段的回火组织是由过饱和的 α 固溶体和与其共格相联系的 ε 碳化物组成,称为回火马氏体。所谓"共格关系",是指两相界面上的原子恰好位于两晶格的共同结点上,如图 5-27 所示。

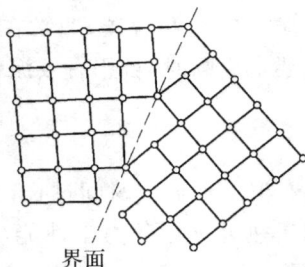

界面

图 5-27　共格示意图　　　　　　钢的回火微课

回火马氏体仍保留着原来马氏体的片状或板条状的形态。由于在过饱和 α 固溶体上,分布着大量高度弥散的细小 ε 碳化物,回火马氏体比淬火马氏体容易被腐蚀,故在光学显微镜下呈黑色。图 5-28 所示为高碳钢的淬火马氏体和回火马氏体显微组织。由于 ε 碳化物极为细小,弥散度极高,所以在这一阶段钢仍保持高的硬度和耐磨性。又由于淬火内应力有

所降低,故钢的塑性、韧性有所提高。

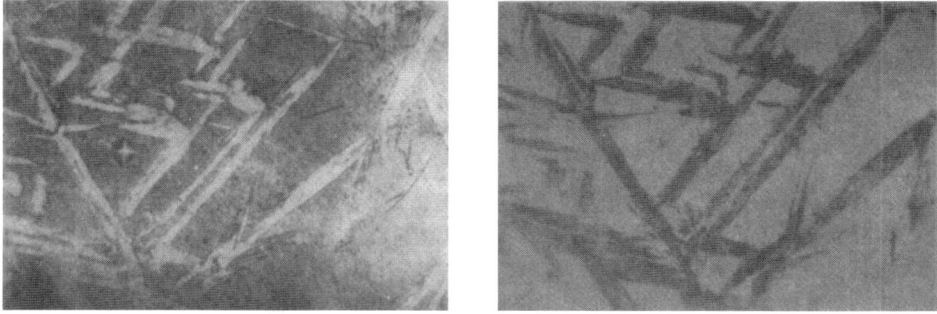

(a) 淬火马氏体（850×）　　　　　　　(b) 回火马氏体（850×）

图 5-28　高碳钢的淬火马氏体和回火马氏体

2. 残留奥氏体的分解（200～300℃）

当钢加热到 200℃ 以上时,在马氏体继续分解的同时,降低了对残留奥氏体的压力,残留奥氏体也开始转变,一般分解为下贝氏体,其组织结构与回火马氏体相同。到 300℃,残留奥氏体的分解基本结束。这一阶段的回火组织仍为回火马氏体。虽然马氏体的继续分解会降低钢的硬度,但由于较软的残留奥氏体转变为较硬的下贝氏体组织,故钢的硬度并没有明显降低。同时淬火应力进一步减小,钢的塑性、韧性进一步提高。

3. 渗碳体的形成（250～400℃）

当钢加热到 250℃ 以上时,因碳原子的扩散能力增加,过饱和的 α 固溶体碳含量降低至正常饱和状态而很快转变为铁素体。同时亚稳定的 ε 碳化物也逐渐转变为稳定的渗碳体,并与母相失去共格联系,此阶段到 400℃ 时基本结束,所以形成的组织是由尚未再结晶（仍保持马氏体形态）的铁素体和高度弥散分布的细粒状渗碳体组成的混合物,称为回火托氏体。此时钢的硬度继续下降,内应力基本消除,塑性、韧性进一步提高。

4. 渗碳体的聚集长大和铁素体的再结晶（>400℃）

回火温度达到 400℃ 以上时,渗碳体将逐渐聚集长大,形成较大的粒状渗碳体,其弥散度也不断减小。同时,温度升至 500～600℃ 时,铁素体开始再结晶,失去原来板条状或片状形态而成为多边形晶粒。此时组织是由多边形晶粒的铁素体和粒状渗碳体组成的混合物,称为回火索氏体。回火索氏体具有良好的综合力学性能。

如果温度继续升高至 650℃ 以上接近 A_1 时,渗碳体颗粒更粗大。此时钢的组织由多边形的铁素体和更大的粒状渗碳体组成,称为回火珠光体。

5.6.2　回火转变产物的组织和性能

1. 回火后组织

通常按淬火钢回火后的组织特征,将回火产物分为以下四种组织。

（1）回火马氏体　由过饱和的 α 固溶体和与其共格相联系的 ε 碳化物组成。

（2）回火托氏体　由尚未再结晶的铁素体（仍保持马氏体形态）和高度弥散分布的细粒状渗碳体组成。

（3）回火索氏体　由再结晶的多边形铁素体和粒状渗碳体组成。

（4）回火珠光体　由多边形的铁素体和更大的粒状渗碳体组成。

2. 回火时力学性能的变化

（1）回火时力学性能与回火温度的关系

由于淬火钢在不同温度回火时，获得不同的回火组织，因而其力学性能也将有明显的不同。如图 5-29 所示，随着回火温度的升高，钢的抗拉强度（R_m）与布氏硬度（HBW）逐渐降低，塑性（A、Z）与韧性（KU）逐渐提高。

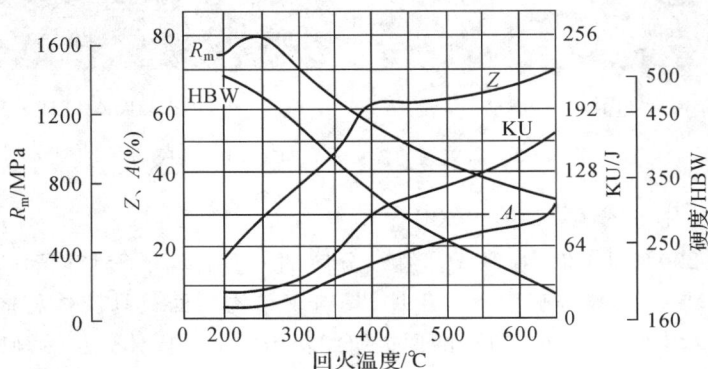

图 5-29　40 钢回火时其力学性能与回火温度的关系

（2）回火脆性

淬火钢回火时，随着回火温度的升高，通常强度、硬度降低，而塑性、韧性提高。但在某些温度范围内回火时，钢的韧性不仅没有提高，反而显著降低，这种脆化现象称为回火脆性。在 $250\sim400℃$ 出现的冲击韧性下降现象称为"第一类回火脆性"。淬火钢一般不在 $250\sim350℃$ 进行回火，这是因为其在这个温度范围内回火时，要发生第一类回火脆性。产生第一类回火脆性的原因，一般认为是由于沿马氏体片或马氏体板条的边界析出硬脆的薄片状渗碳体所致。

某些合金钢在 $500\sim650℃$ 进行回火时，又会产生回火脆性，称为第二类回火脆性。这将在本书第 6 章中进一步讨论。

5.6.3　回火种类及应用

根据钢件性能要求不同，按其回火温度范围，可将回火分为以下三种。

（1）低温回火（$150\sim250℃$）　回火后得到回火马氏体组织。其目的是保持高硬度和高耐磨性的同时，降低淬火内应力和脆性。主要用于各种高碳钢的切削工具、冷冲模具、滚动轴承、渗碳零件、表面淬火件等要求硬而耐磨的零件，低温回火后硬度可达 $58\sim64$HRC。

（2）中温回火（$350\sim500℃$）　回火后得到回火托氏体组织。其目的是获得高的弹性极限和屈服强度，屈强比也高，同时又有一定的韧性、塑性和中等硬度（一般为 $35\sim50$HRC）。因此主要用于各种弹性元件及热锻模等。

（3）高温回火（$500\sim650℃$）　回火后得到回火索氏体组织。通常将淬火＋高温回火的热处理工艺称为调质处理。其目的是获得强度、硬度、塑性和韧性都较好的综合力学性能。

广泛用于汽车、拖拉机、机床等重要的结构零件,如连杆、螺栓、齿轮和各种轴等,回火后硬度一般为 200～330HBW。

应当指出,钢经正火后或调质后的硬度值很相近,但重要的结构零件一般都进行调质处理。这是因为钢经调质处理后得到回火索氏体组织,其渗碳体呈粒状,而正火得到的索氏体中渗碳体呈层片状。因此,钢经调质处理后不仅其强度较高,塑性、韧性更显著地超过正火状态。表 5-5 所示为 45 钢(φ20～40mm)经调质处理和正火后力学性能的比较。

表 5-5　45 钢调质处理和正火后力学性能的比较

热处理状态	R_m/MPa	A/%	α_K/(J/cm^2)	HBW	组织
正火	700～800	15～20	50～80	163～220	细珠光体+铁素体
调质	750～850	20～25	80～120	210～250	回火索氏体

调质处理一般作为最终热处理,因为调质后钢的硬度不高,便于切削加工,并能获得较低的表面粗糙度值,调质处理也可作为表面淬火和化学热处理前改善钢件原始组织状态的预先热处理。

5.7　钢的表面热处理

在生产中,有不少机械零件(如齿轮、凸轮、曲轴、活塞销等)是在弯曲、扭转等交变载荷、冲击载荷以及摩擦条件下工作的。零件的表面层承受着比心部高的应力,而且表面还要不断地被磨损。因此,这种零件的表面层必须强化,使其具有高的强度、硬度、耐磨性和疲劳强度,而心部仍保持足够的塑性和韧性,使其能承受冲击载荷。在这种情况下,若单从钢材的选择入手和采用前述的普通热处理方法,已很难满足其性能要求。解决办法是进行表面热处理,以下主要介绍钢的表面淬火和钢的化学热处理。

5.7.1　钢的表面淬火

钢的表面淬火仅对工件表层进行淬火。这是一种不改变钢表层化学成分,但改变表层组织的局部热处理方法。它是通过快速加热使钢件的表层奥氏体化,在热量尚未充分传至中心时立即予以淬火冷却,使表层获得硬而耐磨的马氏体组织,而心部仍保持着原来塑性、韧性较好的退火、正火或调质状态的组织。

根据加热方法的不同,表面淬火可分为感应淬火、火焰淬火、激光淬火和电子束淬火。

1. 感应淬火

(1)感应淬火的基本原理

利用感应电流通过工件所产生的热效应,使工件表面受到局部加热,并进行快速冷却的表面淬火工艺,称为感应淬火。感应淬火如图 5-30 所示。把工件放入空心铜管绕成的感应器(线圈)内,感应器中通入一定频率的交流电以产生交变磁场,于是工件内便会产生与线圈电流频率相同、方向相反的感应电流,感应电流在工件内部自成回路,故称"涡流"。涡流在工件截面上分布是不均匀的,表层电流密度大,心部电流密度小。通入感应器的电流频率越高,涡流集中的表面层越薄,这种现象称为"集肤效应"。由于钢本身具有电阻,工件表面涡流产生的电阻热使工件表层迅速被加热到淬火温度,而心部的温度仍接近室温,所以在随即喷水快速冷却后,就达到了表面淬火的目的。

用作表面淬火最适宜的钢种是中碳钢和中碳合金钢,如 40、45、40Cr、40MnB 等。因为碳含量过高,会增加淬硬层脆性,降低心部塑性和韧性,并增加淬火开裂倾向;若碳含量过低,会降低零件表面淬硬层的硬度和耐磨性。在某些条件下,感应淬火也应用于高碳工具钢、低合金工具钢及铸铁等工件。

1—工件;2—加热感应器;3—淬火喷水套;4—加热淬火层。　钢的表面热处理之表面淬火微课

图 5-30　感应淬火

(2)感应淬火的种类及适用范围

根据对表面淬火淬硬深度的要求,应选择不同的电流频率和感应加热设备。故目前生产中,常用的有高频感应淬火、中频感应淬火、工频感应淬火和超音频感应淬火等四种。

感应淬火的种类及适用范围如表 5-6 所示。

表 5-6　感应淬火的种类及适用范围

类别	常用频率	淬硬层深度/mm	适用范围
高频感应淬火	200～300kHz	0.5～2	要求淬硬层较薄的中、小型零件,如中、小模数齿轮、小型轴等
中频感应淬火	2500～8000Hz	2～10	较大尺寸的轴和大、中模数齿轮等
工频感应淬火	50Hz	>10～15	较大直径零件穿透加热,大直径零件如轧辊、火车车轮等的表面淬火
超音频感应淬火	20～40kHz	淬硬层略高于高频感应淬火,能沿工件轮廓均匀分布	用于模数为 3～6 的齿轮,花键轴、链轮、凸轮等要求淬硬层沿轮廓均匀分布的零件

感应淬火对工件的原始组织有一定要求。一般铸铁件的组织应是珠光体基体和细小均匀分布的石墨;钢件应预先进行正火或调质处理,以保证心部有良好的力学性能,并为表层加热做好组织准备,感应淬火后需进行低温回火,以降低淬火应力和脆性。

（3）感应淬火的特点

与普通加热淬火相比，感应淬火有以下几方面的特点：

a）感应加热速度极快，一般只要几秒到几十秒的时间就可使工件由室温达到淬火温度。

b）由于感应加热速度快、时间短，使奥氏体晶粒细小而均匀，淬火后可在表层获得极细马氏体，使工件表层硬度较普通淬火的硬度高出 2～3HRC，且具有较低的脆性。

c）由于工件表层存在残余压应力，它能部分抵消在交变载荷作用下产生的拉应力，从而提高了疲劳强度。

d）工件表面不易氧化和脱碳，耐磨性好，而且工件变形也小。

e）生产效率高，适用于大批量生产，而且容易实现机械化和自动化操作，可置于生产流水线上进行程序自动控制。

但感应加热设备较贵，维修、调整比较困难，形状复杂零件的感应器不易制造，也不适用于单件生产。

2. 火焰淬火

火焰淬火是应用氧—乙炔（或其他可燃气体）火焰使工件表层加热并快速冷却的淬火。常用的火焰有氧—煤气、氧—天然气、氧—丙烷及氧—乙炔等。氧—乙炔火焰温度可达 3200℃，氧—煤气火焰温度可达 2000℃。火焰淬火后也应及时低温回火。

火焰淬火淬硬层的深度一般为 2～8mm，其设备简单、操作方便、灵活性强。单件小批生产或需在户外淬火或运输拆卸不便的巨型零件、淬火面积很大的大型零件、具有立体曲面的淬火零件等，尤其适合采用火焰淬火，因而其在重型机械、冶金、矿山、机车、船舶等工业部门得到了广泛的应用，如大型齿轮、轴、轧辊、导轨等的表面淬火。

知识拓展：表面淬火新技术

火焰淬火容易过热，温度及淬硬层深度的测量和控制较难，因而对操作人员的技术水平要求也较高。

5.7.2 钢的化学热处理

化学热处理是将工件置于适当的活性介质中加热、保温，使一种或几种元素渗入它的表层，以改变其化学成分、组织和性能的热处理。与表面淬火相比，其特点是不仅改变了钢件表层的组织，而且表层的化学成分也发生了变化。

化学热处理的种类很多，按渗入元素的不同可分为渗碳、渗氮、碳氮共渗、渗硼、渗金属等。不论哪一种化学热处理，都是通过以下三个基本过程完成的：

（1）分解　介质在一定温度下发生分解，产生渗入元素的活性原子。如[C]、[N]等。

（2）吸收　活性原子被工件表面吸收，也就是活性原子由钢的表面进入铁的晶格而形成固溶体或形成化合物。

（3）扩散　被工件吸收的活性原子，在一定温度下由表面向内部扩散，形成一定厚度的扩散层（即渗层）。

目前在机械制造工业中，最常用的化学热处理是渗碳、渗氮和碳氮共渗。

1. 钢的渗碳

渗碳是指为提高工件表层的碳含量并在其中形成一定的碳浓度梯度,将工件在渗碳介质中加热、保温,使碳原子渗入的化学热处理工艺。

（1）渗碳目的及用钢

在机器制造工业中,有许多重要零件,如汽车、拖拉机变速箱齿轮、活塞销、摩擦片及轴类等,它们都是在交变载荷、冲击载荷、很大接触应力和严重磨损条件下工作的,因此要求零件表面具有高的硬度、耐磨性及疲劳强度,而心部具有一定的强度和较好的韧性。

为了满足上述零件使用性能的要求,可用 $w_C = 0.10\% \sim 0.25\%$ 的低碳钢或低碳合金钢,如 15、20、20Cr、20CrMnTi 等钢。经渗碳和淬火、低温回火后,可在零件的表层和心部分别获得高碳和低碳组织,使高碳钢与低碳钢的不同性能结合在一个零件上,从而满足了零件的使用性能要求。

（2）渗碳方法

根据采用的渗碳剂的不同,渗碳方法可分为固体渗碳、液体渗碳和气体渗碳三种。目前生产中广泛应用的是气体渗碳,其次是固体渗碳。气体渗碳法的生产率高,渗碳过程容易控制,渗碳层质量好,且易实现机械化与自动化,故应用最广。

气体渗碳是指工件在含碳气氛中进行的渗碳。下面将介绍国内应用较广的滴注式气体渗碳法。

滴注式气体渗碳法是把工件置于密封的加热炉中,通入渗碳剂,并加热到渗碳温度 900 ~950℃（常用 930℃）,使工件在高温的渗碳气氛中进行渗碳。

炉内的渗碳气氛主要由滴入炉内的煤油、丙酮、甲苯及甲醇等有机液体在高温下分解而成,渗碳气氛主要由 CO、CO_2、H_2 和 CH_4 等组成。图 5-31 所示为在井式气体渗碳炉中,直接滴入煤油进行气体渗碳。首先,渗碳气氛在高温下分解出活性碳原子,即

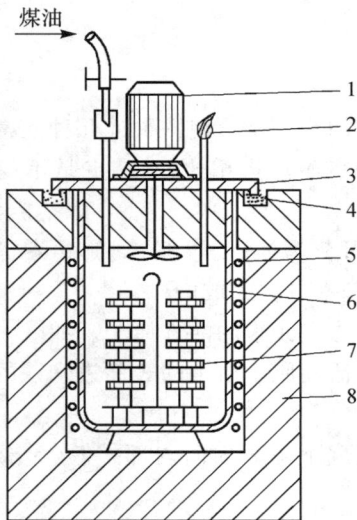

1—风扇电动机；2—废气火焰；3—炉盖；4—砂封
5—电阻丝；6—耐热罐；7—工件；8—炉体。

钢的表面热处理之化学热处理微课

图 5-31　气体渗碳法示意图

$$CH_4 \longleftrightarrow 2H_2 + [C]$$
$$2CO \longleftrightarrow CO_2 + [C]$$
$$CO + H_2 \longleftrightarrow H_2O + [C]$$

随后,活性碳原子被工件表面吸收而溶入高温奥氏体中,并向内部扩散而形成一定深度的渗碳层。渗碳层深度根据工件的工作条件和具体尺寸来确定,一般为 0.5～2.5mm。渗碳层深度主要取决于保温时间,一般可按每小时渗入 0.20～0.25mm 的速度进行估算,实际生产中常用检验试棒来确定渗碳的时间。

工件经渗碳后,其表面层的 $w_C = 0.85\% \sim 1.05\%$,并从表面至心部逐渐减少,到心部为原来低碳钢的碳含量。低碳钢渗碳缓冷到室温后的组织,由表面向中心依次为过共析钢组织、共析钢组织、亚共析钢组织的过渡层,中心仍为原始组织。低碳钢渗碳缓冷后的组织如图 5-32 所示。

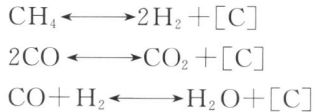

$\vdash$过共析层$\longrightarrow$$\vdash$共析层$\longrightarrow$$\vdash$亚共析过渡层$\longrightarrow$$\vdash$心部原始组织

图 5-32　低碳钢渗碳缓冷后的组织(100×)

(3)渗碳件的技术要求

实践证明,渗碳层的碳含量、渗碳层的深度与组织是决定渗碳质量的主要指标。对渗碳件的使用寿命起着极为重要的作用。

a)渗碳层的表面碳含量 w_C 最好在 $0.85\% \sim 1.05\%$ 范围内,表面层碳含量过低,则淬火、低温回火后得到碳含量较低的回火马氏体,其硬度、耐磨性和疲劳强度均较低;若表面碳含量过高,渗碳层会出现大量的块状或网状渗碳体,使渗碳层变脆,易剥落。此外,由于表面淬火组织中残留奥氏体量过度增加,使表面硬度、耐磨性下降,表面残余压应力减小,导致疲劳强度显著降低。

b)在一定的渗碳层深度范围内,渗碳件的疲劳强度、抗弯强度和耐磨性随渗碳层深度的增加而提高;但当渗碳层深度超过一定限度后,疲劳强度反而随渗碳层深度的增加而降低,而且渗碳层过深,会大大降低零件的冲击韧性。因此,应根据零件具体尺寸及工作条件确定合理的渗碳层深度。

c)渗碳工件上不需渗碳部位应在图样上注明,可采用镀铜方法来防止渗碳,或者多留加工余量(防渗余量),渗碳后,在淬火前再切去该部位的渗碳层;也可用其他防护层,如涂防渗

涂料等。

(4)渗碳后的热处理

工件渗碳后必须进行热处理，才能有效地发挥渗碳层的作用，这是因为：渗碳后表层虽是过共析和共析成分，但过共析成分缓冷后的组织是珠光体＋渗碳体网，共析成分缓冷后的组织为珠光体，故未达到表面硬而耐磨的要求，而且渗碳体网的存在又会使渗碳层性能变差；此外，在900～950℃渗碳温度下长时间保温，往往引起奥氏体晶粒粗化，使渗碳件的力学性能降低。因此，工件经渗碳后，常采用如图5-33所示的三种热处理方法。

a)直接淬火法。工件渗碳完毕，出炉经预冷后，直接淬火和低温回火的热处理工艺称为直接淬火法，如图5-33(a)所示。预冷的目的是减少淬火变形与开裂，并使表层析出一些碳化物，降低奥氏体中碳含量，从而减少淬火后的残留奥氏体量，提高表层硬度。预冷温度应略高于钢的 Ar_3，以免工件心部析出铁素体。

这种方法经济简便，成本低，但淬火后马氏体较粗，残留奥氏体量也较多，因此这种方法只适用于本质细晶粒钢或性能要求不高的零件。

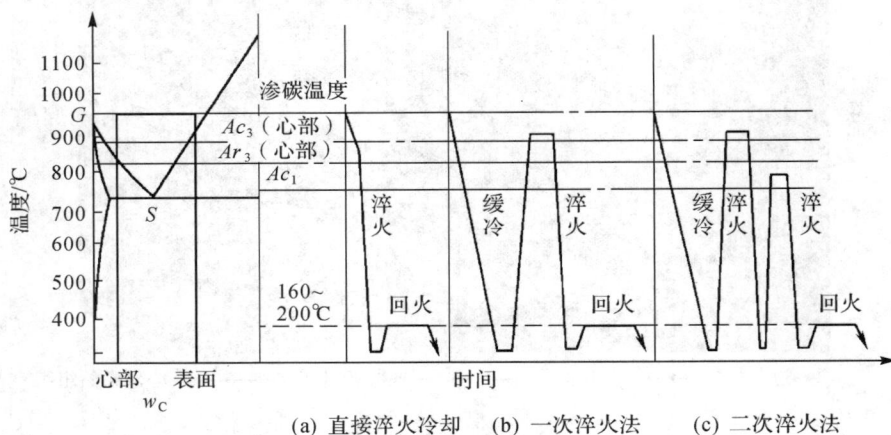

图 5-33　渗碳件渗碳后常用的热处理方法

b)一次淬火法。渗碳件出炉空冷后，再重新加热到临界温度以上保温后进行淬火和低温回火的热处理工艺，称为一次淬火法，如图 5-33(b)所示。与直接淬火相比，一次淬火可使钢的组织得到一定程度的细化。对心部组织要求高时，一次淬火的加热温度略高于 Ac_3。对心部强度要求不高，而要求表面具有较高的硬度和耐磨性时，淬火温度可选在 Ac_1 和 Ac_3 之间。

c)二次淬火法。第一次淬火是为了细化心部组织和消除表层渗碳体网，因此加热温度应选在心部成分的 Ac_3 以上(850～900℃)；第二次淬火是为了改善渗碳层的组织和性能，使其获得细片状马氏体和均匀分布的碳化物颗粒，故加热温度应选在 Ac_1 以上(约 760～800℃)，如图5-33(c)所示。

二次淬火法使表层和心部组织都能细化，表面具有高的硬度、耐磨性和疲劳强度，心部具有良好的强韧性和塑性。但工件经两次高温加热后变形较严重，碳层易脱碳和氧化，生产周期长，成本高，只有受重载荷零件才采用。

无论采用哪种淬火，在最后一次淬火之后，都要进行低温回火。低温回火温度一般选择在 160～200℃,以消除淬火应力和提高韧性。渗碳件经淬火和低温回火后的表层最终组织是:回火马氏体＋粒状渗碳体(或碳化物)＋少量残留奥氏体,硬度可达 58～64HRC。心部组织则取决于钢的淬透性和工件截面尺寸,低碳钢一般为珠光体＋铁素体,硬度约在 10～15HRC;低碳合金钢一般为低碳马氏体或低碳马氏体＋铁素体,强韧性较好,硬度约为 30～45HRC。

近年来,渗碳工艺有了很大的进展,出现了高温渗碳、真空渗碳、高频渗碳等,有的已经开始用于生产,也逐渐采用自动化和机械化来控制生产过程。

2. 钢的渗氮(氮化处理)

渗氮是在一定温度下(一般在 Ac_1 温度以下)使活性氮原子渗入钢件表面的化学热处理工艺。又称氮化处理。其目的是提高工件表面的硬度、耐磨性、疲劳强度及耐蚀性等。目前常用的渗氮方法主要有气体渗氮和离子渗氮。

(1)气体渗氮

和气体渗碳一样,渗氮工件也装入密封炉中,然后通入氨气,并加热到 500～600℃,使氨分解,发生如下反应:

$$2NH_3 \longrightarrow 3H_2 + 2[N]$$

通过分解产生活性氮原子,活性氮原子被钢件表面吸收,形成固溶体和氮化物。首先形成氮在 α-Fe 中的固溶体,当氮含量超过 α-Fe 的溶解度时,便形成氮化物 Fe_4N 和 Fe_2N。氮和许多合金元素都能形成氮化物,如 CrN、MoN、AlN 等,这些弥散的合金氮化物具有高的硬度和耐磨性,同时具有高的耐腐蚀性。随着渗氮时间的增长,氮原子逐渐往里扩散,而获得一定深度的渗氮层。渗氮时间取决于所需的渗氮层深度,一般渗氮层深度为 0.4～0.6mm,其渗氮时间约需 40～70h,故气体渗氮的生产周期很长。

渗氮用钢是含有 Al、Cr、Mo 等合金元素的钢,国内外普遍采用的渗氮用钢是 38CrMoAl,其次是 35CrMo、18CrNiW 等。近年来又在研究含钒、钛元素的渗氮钢。因为这些合金元素与氮形成各种颗粒很细、分布均匀、硬度很高并且十分稳定的氮化物,如 AlN、CrN、MoN、VN、TiN 等,以极高的弥散度分布在渗氮层中,获得极高的硬度与耐磨性,所以对提高渗氮层的性能起决定性作用。

为了提高渗氮件心部的综合力学性能,在渗氮前要进行调质处理,故零件原来的心部组织为回火索氏体。

气体渗氮具有以下特点:

a)钢经渗氮后表面形成一层极硬的合金氮化物,渗氮层的硬度一般可达 950～1200HV(相当 68～72HRC),故不需再经过淬火便具有很高的表面硬度和耐磨性,而且还可保持到 600～650℃而不明显下降。

b)渗氮后钢的疲劳强度可提高 15%～35%。这是由于渗氮层的体积增大,使工件表层产生了残余压应力。

c)渗氮后的钢具有很高的耐蚀能力。这是由于渗氮层表面是由致密的、耐腐蚀的氮化物所组成。因此,可代替镀镍、镀锌、发蓝等处理。

d)渗氮处理后,工件的变形很小。这是由于渗氮温度低,而且渗氮后又不需要进行任何其他热处理,所以渗氮后一般只需精磨或研磨、抛光即可。

渗氮处理广泛用于各种高速传动的精密齿轮、高精度机床主轴、受交变应力作用下要求高疲劳强度的零件(如高速柴油机曲轴)以及要求变形小和具有一定耐热、耐蚀能力的耐磨零件(如阀门)等。但是渗氮层薄而脆、不能承受冲击和振动,而且渗氮处理生产周期长,生产成本较高。

(2)离子渗氮

离子渗氮是在一定真空度下利用工件(阴极)和阳极之间产生的辉光放电现象进行的。图 5-34 是离子渗氮装置示意图,将工件置于专门的离子渗氮炉(真空室)中,在进行渗氮时,先把炉内真空度抽到 13.33~1.333Pa,慢慢通入氨气使气压维持在 1333~133.3Pa 之间,并以需要渗氮的工件为阴极,以炉壁为阳极,通过高压(400~750V)直流电,氨气被电离成氮和氢的正离子及电子。这时阴极(工件)表面形成一层紫色辉光。具有高能量的氮离子以很大速度轰击工件表面,由动能转化为热能,使工件表面温度升高到所需的渗氮温度,一般为 450~650℃;同时氮离子在阴极上夺取电子后还原成氮原子而渗入工件表面,并向内层扩散形成渗氮层。另外,氮离子轰击工件表面时,还能产生阴极溅射效应而溅射出铁离子,这些铁离子与氮离子化合,形成氮含量很高的氮化铁(FeN),氮化铁又重新附着在工件表面上,依次分解为 Fe_2N、Fe_3N、Fe_4N 等,并放出氮原子向工件内部扩散,于是在工件表面形成渗氮层。随时间的增加,渗氮层逐渐加深。

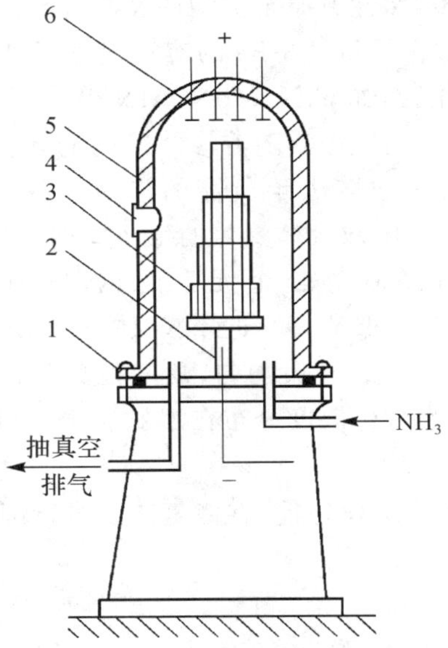

1—密封橡皮棒;2—阴极;3—工件;4—观察孔;5—真空室外壳;6—阳极。

图 5-34 离子渗氮装置

离子渗氮具有以下特点:

a)渗氮速度快,生产周期短。以 38CrMoAl 钢为例,渗氮层深度要求为 0.53~0.70mm,硬度大于 900HV 时,采用气体渗氮法需 50h 以上,而离子渗氮只需 15~20h。

b)渗氮层质量高。由于离子渗氮的阴极溅射有抑制生成脆性层的作用,所以明显地提高了渗氮层的韧性和疲劳强度。

c)工件变形小。阴极溅射效应使工件尺寸略有减小,可抵消氮化物形成而引起的尺寸增大。故适用于处理精密零件和复杂零件。例如,38CrMoAl 钢制成的螺杆长 900~

1000mm，外径 27mm，渗氮后其弯曲变形小于 $5\mu m$。

　　d)对材料的适应性强。渗氮用钢、碳钢、合金钢和铸铁等都能进行离子渗氮。

　　目前离子渗氮的缺点是投资高、温度分布不均匀、测温困难以及操作要求严格等。

3. 钢的碳氮共渗

　　碳氮共渗就是在一定温度下同时将碳、氮原子渗入工件表层的化学热处理工艺，分为液体碳氮共渗（又称"氰化"）和气体碳氮共渗。液体碳氮共渗的介质有毒，污染环境，故很少应用。气体碳氮共渗应用较为广泛，可分为中温气体碳氮共渗和低温气体氮碳共渗两类。

　　（1）中温气体碳氮共渗

　　中温气体碳氮共渗实质上是以渗碳为主的共渗工艺。介质是渗碳和渗氮用的混合气，共渗温度为 820~870℃，其渗层表面的 $w_C=0.7\%~1.0\%$，$w_N=0.15\%$。共渗后经淬火和低温回火后，表层组织为含碳、氮的回火马氏体及呈细小分布的碳氮化合物。与渗碳相比，碳氮共渗不仅加热温度低，工件变形小，生产周期短，而且渗层具有较高的硬度、耐磨性和抗疲劳强度。

　　中温气体碳氮共渗所用的钢种大多为中、低碳钢或合金钢，常用于热处理汽车、机床的各种齿轮、蜗杆、活塞销和轴类零件。

　　（2）低温气体氮碳共渗

　　低温气体氮碳共渗实质是以渗氮为主的共渗工艺。常用的共渗介质有氨加醇类液体（甲醇、乙醇）以及尿素、甲酰胺和三乙醇胺等。共渗温度一般为 540~570℃，处理时间仅为 2~3h，共渗后采用油冷或水冷，以获得氮在 $\alpha\text{-Fe}$ 中的过饱和固溶体，在工件表面形成压应力，提高疲劳强度。

　　低温气体氮碳共渗已广泛应用于刀具、模具、量具、曲轴、齿轮、气缸套等耐磨件的处理。但由于渗层太薄，仅有 0.01~0.02mm，渗层硬度相对较低（54~59HRC），故不宜用于重载条件下工作的零件。

拓展知识：热处理新技术

5.8　典型零件热处理工艺的制定

5.8.1　C616 车床主轴热处理工艺的制定

　　在机床、汽车制造业中，轴类零件是使用量较大且很重要的结构件之一。轴类零件常承受交变应力的作用，故要求轴类零件有较高的综合力学性能；局部承受摩擦的部分应具有较高的表面硬度和耐磨性，以防止轴颈过度磨损。零件大多经切削加工而制成，为兼顾切削加工性能和使用性能要求，必须制定出合理的冷、热加工工艺。

　　下面以 C616 车床主轴为例进行其具体热处理工艺的制定，图 5-35 为 C616 车床主轴简图，根据实际生产中该主轴的工作条件和性能要求，选材 45 钢，确定其加工工艺路线如下：

　　下料→锻造→正火→粗切削加工→调质→半精切削加工→锥孔及外锥体的局部淬火、回火→粗磨（外圆、外锥体、锥孔）→铣花键及键槽→花键高频淬火、回火→精磨（外圆、外锥体、锥孔）。

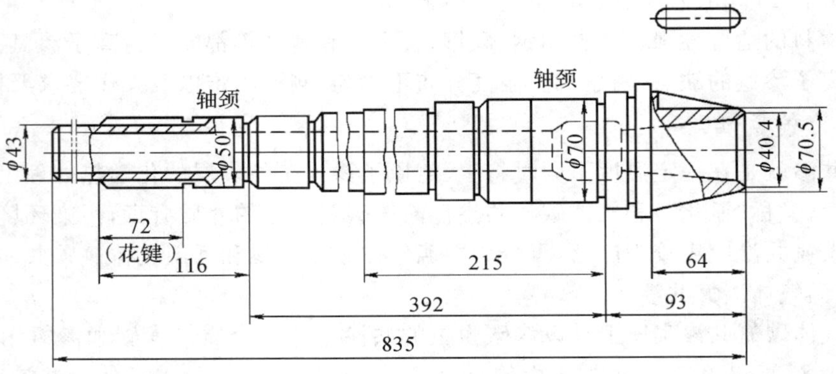

图 5-35　C616 车床主轴简图

1. 确定热处理技术要求

根据该轴使用性能和切削加工性能要求,确定其热处理技术要求如下:

(1)整体调质后硬度为 220～250HBW;

(2)锥孔和外锥体处硬度为 45～50HRC;

(3)花键部分的硬度为 48～53HRC。

2. 各热处理工序的目的及工艺制定

加工工艺路线中的正火、调质热处理为预备热处理,锥孔及外锥体的局部淬火、回火与花键的高频淬火、回火属于最终热处理。

(1)正火

正火主要是为了消除毛坯的锻造应力,调整硬度以改善切削加工性,同时也均匀组织,细化晶粒,为调质处理做组织准备。

正火工艺为:加热温度为 840～870℃,保温 1～1.5h,保温后出炉空冷。

(2)调质(淬火＋高温回火)

调质主要是使主轴具有良好的综合力学性能。调质处理后,其硬度达 220～250HBW。

调质工艺如下:

a)淬火加热。用井式电阻炉吊挂加热,加热温度为 830～860℃,保温 20～25min。

b)淬火冷却。将经保温后的工件淬入 15～35℃水中,停留 1～2min 后空冷。

c)回火工艺。将淬火后的工件装入井式电阻炉中,加热至 550℃±10℃,保温 1～1.5h后,出炉浸入水中快冷。

(3)淬火、回火

锥孔、外锥体及花键部分经淬火、回火是为了获得所要求的硬度。

淬火、回火工艺如下:

a)锥孔和外锥体部分的表面淬火可放入经脱氧校正的盐浴中快速加热,在 970～1050℃温度下保温 1.5～2.5min 后,将工件取出淬入水中,淬火后在 260～300℃温度下保温 1～3h(低温回火),获得的硬度为 45～50HRC。

b)花键部分可采用高频感应加热淬火,淬火后经 240～260℃的低温回火,获得的硬度为 48～53HRC。

为减少变形,锥部淬火与花键淬火分开进行。

3. C616 车床主轴热处理的注意事项

(1)淬入冷却介质时应将主轴垂直浸入,并可做上下垂直窜动。

(2)淬火加热过程中应垂直吊挂,以防工件加热过程中产生变形。

(3)在盐浴炉中加热时,盐浴应经脱氧校正。

5.8.2　汽车变速器齿轮热处理工艺的制定

汽车变速器齿轮是汽车中的重要零件,其工作过程中,承受着较高的载荷,齿面受到很大的交变或脉动接触应力,齿根受到很大的交变或脉动弯曲应力,会造成轮齿的脆性断裂或弯曲疲劳破坏,由于齿面承受着较大的压应力及摩擦力,会造成麻点接触疲劳破坏及深层剥落;尤其是在汽车起动、换挡、爬坡行驶时,齿的端部还受到变动的大载荷和强烈的冲击,也会造成损坏。因此,要求汽车变速器齿轮具有高的抗弯强度、接触疲劳强度和耐磨性,心部有足够的强度和冲击韧度,以保证有较长的使用寿命。

现以某载货汽车变速器齿轮为例进行其具体热处理工艺的制定,图 5-36 为汽车变速器齿轮简图,根据实际生产中它的工作条件和性能要求,齿轮选材 20CrMnTi,并通过渗碳、淬火、低温回火满足其力学性能要求,确定其加工工艺路线如下:

下料→锻造→正火→粗、半精切削加工(内孔及端面留余量)→渗碳(内孔防渗)、淬火、低温回火→喷丸→推拉花键孔→磨端面→磨齿→最终检验。

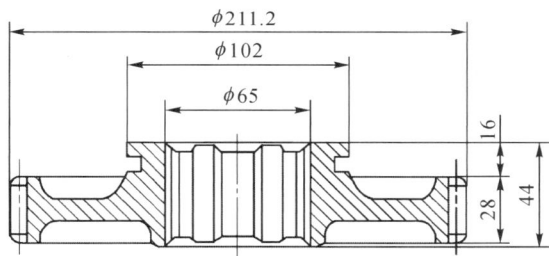

图 5-36　汽车变速器齿轮简图

1. 确定热处理技术要求

根据汽车变速器齿轮的工作条件和使用性能要求,确定其热处理技术要求如下:

(1)渗碳后渗碳层深度为 $0.8 \sim 1.3mm$,渗碳层碳含量为 $0.8\% \sim 1.05\%$;

(2)齿面硬度为 $58 \sim 64HRC$;

(3)心部硬度为 $30 \sim 45HRC$。

2. 各热处理工序的目的及工艺制定

加工工艺路线中的正火为预备热处理;渗碳、淬火、低温回火属于最终热处理。正火的目的及工艺前面已分析,以下分析渗碳、淬火、低温回火的作用和工艺。

(1)渗碳

渗碳是为了提高轮齿表面的碳含量,以保证淬火后得到高硬度和良好耐磨性的高碳马氏体组织。

渗碳操作及具体工艺如下:

a)设备选择。设备选择 RQ3 型井式气体渗碳炉。

b)渗碳剂的选用。选用煤油和甲醇同时滴入。

c)加热温度的选择。20CrMnTi 钢的上临界点 Ac_3 约为 825℃,渗碳时必须全部转变为奥氏体,因为 γ-Fe 的溶碳能力远比 α-Fe 要大,所以 20CrMnTi 的渗碳温度略高于 825℃,但综合考虑渗碳速度和渗碳过程中齿轮的变形问题,宜选在 920～940℃。

d)渗碳保温时间。在齿轮材料已确定的前提下,渗碳时间主要取决于要求获得渗碳层深度,对于要求渗碳层深度为 0.8～1.3mm 的汽车变速器齿轮而言,需外加磨量才能获得实际渗碳层深度,假设齿轮磨量单面为 0.15mm,则实际渗碳层深度为 0.95～1.45mm,因此选择渗碳时间为 4h,扩散时间为 2h。

e)渗碳过程中渗碳剂滴量变化的原则。在渗碳操作时,以每分钟滴入渗碳剂的毫升数计算。对于具体炉子,再按实测每毫升多少滴折算成"滴/min"。

f)工艺曲线。20CrMnTi 汽车变速器齿轮的渗碳工艺如图 5-37 所示,渗碳剂选用煤油和甲醇同时直接滴入炉膛。渗碳过程可分以下几个阶段,即排气、渗碳、扩散、降温及保温、出炉(缓冷或直接淬火)。

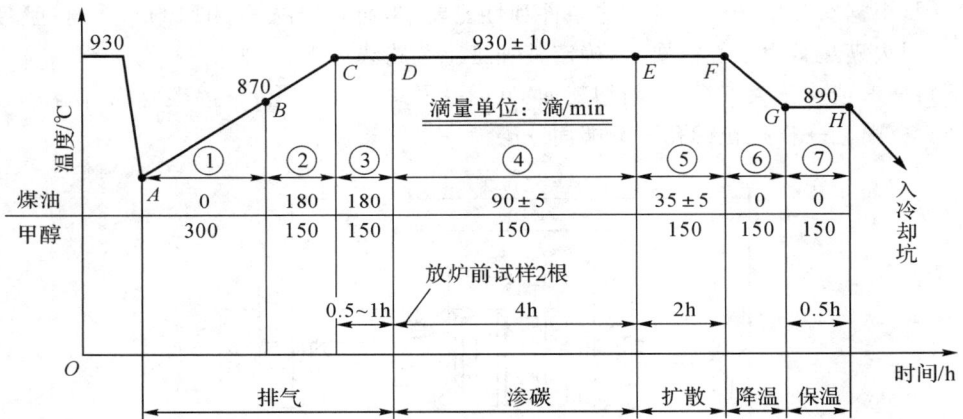

图 5-37   20CrMnTi 汽车变速器齿轮的渗碳工艺

(2)淬火

渗碳处理后,齿轮由表层的高碳(0.8%～1.05%)逐渐过渡到基体的低碳,渗碳后缓冷的组织由外向里一般是:过共析层组织＋共析层组织＋亚共析层组织＋原始组织。这种组织不能使齿轮获得必需的使用性能,只有渗碳后的热处理才能使齿轮获得高硬度、高强度的表面层和韧性好的心部。

根据汽车变速器齿轮的性能要求和渗碳零件的热处理特点,20CrMnTi 钢制齿轮在井式炉气体渗碳后常采用直接淬火。齿轮经渗碳后延时到一定温度(850～860℃)即可直接油冷淬火。

至于延时温度,因为要保证齿轮的心部强度,故选 Ar_3,这样可避免心部出现大量游离铁素体,20CrMnTi 钢的过热倾向小,比较适合于采用直接淬火,这样大大减少了齿轮的热处理变形和氧化、脱碳,也提高了经济效益。

（3）回火

齿轮直接淬火后，还要经低温回火，回火温度视淬火后的硬度而定，一般在 180℃±10℃，低温回火后虽然渗碳层的硬度变化很小，但是因为回火过程消除了内应力，改善了组织，使得渗碳层的抗弯强度、脆断强度和塑性得到了提高。

（4）质量检验

汽车变速器齿轮经渗碳、淬火后的质量检查主要包括以下几方面。

a）渗碳层厚度的测定。测定渗碳层厚度的方法很多，能得到行家认可的方法是显微分析法，对 20CrMnTi 钢制的渗碳齿轮来说，应从渗碳试样表面测至基体组织为止。

b）金相组织检验。20CrMnTi 经渗碳＋淬火＋低温回火处理后，其表层组织应为回火马氏体＋均匀分布的细粒状碳化物＋少量残留奥氏体，心部组织为低碳马氏体＋少量铁素体，各种组织的级别可按汽车渗碳齿轮专业标准进行。

c）表面及心部硬度检查。表面硬度以齿顶的表面硬度为准，以轮齿端面三分之一齿高位置处的检测值作为心部硬度。

d）渗碳层表面碳含量的检查。齿轮渗碳层表面碳含量的检查一般采用剥层试样，将每层（一般为 0.10mm）铁屑剥下来进行定碳检测。

✎ 习题

1. 名词解释

钢的热处理、奥氏体化、等温冷却、连续冷却、过冷奥氏体、托氏体、索氏体、上贝氏体、下贝氏体、马氏体、残留奥氏体、冷处理、退火、完全退火、等温退火、球化退火、均匀化退火、去应力退火、正火、淬火、分级淬火法、等温淬火法、淬透性、淬硬性、回火、回火脆性、低温回火、中温回火、高温回火、调质处理、表面淬火、化学热处理、渗碳、渗氮、碳氮共渗

2. 简答题

（1）什么是热处理？它由哪几个阶段组成？热处理的目的是什么？

（2）钢热处理加热后保温的目的是什么？

（3）正火与退火的主要区别是什么？生产中应如何选择正火与退火？

（4）马氏体的本质是什么？其组织形态分哪两种？各自的性能特点如何？为什么高碳马氏体硬而脆？

（5）钢中碳含量对马氏体硬度有何影响？为什么？

（6）钢的淬透性和淬硬性的区别有哪些？

（7）淬火的目的是什么？共析钢和过共析钢的淬火加热温度如何确定，为什么？

（8）淬火方法有几种？各有何特点？

（9）回火的目的是什么？常用回火有哪几种？回火后的组织分别是什么？钢的性能与回火温度有何关系？

（10）同一钢材，当调质后和正火后，两者在组织上和性能上是否相同？为什么？

（11）根据所用电流频率的不同，感应淬火可分为哪几种？淬火层深度与电流频率之间有什么样的关系？

（12）化学热处理包括哪几个基本过程？常用的化学热处理方法有哪几种？各适用哪些

钢材？

(13)渗碳的目的是什么？为什么渗碳后要进行淬火和低温回火？

(14)确定下列工件的热处理方法：

①用 60 钢丝热成形的弹簧；

②用 45 钢制造的轴，心部要求有良好的综合力学性能，轴颈处要求硬而耐磨；

③用 T12 钢制造的锉刀，要求硬度为 60～65HRC；

④锻造过热的 60 钢锻坯，要求细化晶粒。

(15)拟用 T12 钢制造锉刀，其工艺路线为：锻造→热处理→机加工→热处理→柄部热处理，试说明各热处理工序的名称、作用，并指出热处理后的大致硬度和显微组织。

3. 分析题

(1)将 T10 钢、T12 钢同时加热到 780℃进行淬火，请分析：

①淬火后各是什么组织？

②淬火马氏体的碳含量及硬度是否相同？为什么？

③哪一种钢淬火后的耐磨性更好些？为什么？

(2)45 钢经调质处理后，硬度为 240HBW，若再进行 180℃回火，能否使其硬度提高？为什么？又 45 钢经淬火、低温回火后，若再进行 560℃回火，能否使其硬度降低？为什么？

(3)现有一批螺钉，原定由 35 钢制成，要求其头部热处理后硬度为 35～40HRC。现材料中混入了 T10 钢和 10 钢。问由 T10 钢和 10 钢制成的螺钉，若仍按 35 钢热处理(淬火、回火)时，能否达到要求？为什么？

(4)有一凸轮轴，要求表面有高的硬度(＞50HRC)，心部具有良好的韧性；原用 45 钢制造，经调质处理后，高频淬火、低温回火可满足要求。现因工厂库存的 45 钢已用完，拟改用 15 钢代替，试问：

①改用 15 钢后，若仍按原热处理方法进行处理，能否达到性能要求？为什么？

②若用原热处理不能达到性能要求，应采用哪些热处理方法才能达到性能要求？

(5)根据下列零件的性能要求及技术条件选择热处理工艺方法：

①用 45 钢制作的某机床主轴，其轴颈部分和轴承接触要求耐磨，52～56HRC，硬化层深 1mm。

②用 45 钢制作的直径为 18mm 的传动轴，要求有良好的综合力学性能，22～25HRC，回火索氏体组织。

③用 20CrMnTi 制作的汽车传动齿轮，要求表面高硬度、高耐磨性、58～63HRC，硬化层深 0.8mm。

④用 65Mn 制作的直径为 5mm 的弹簧，要求高弹性，38～40HRC，回火托氏体。

(6)某一用 45 钢制造的零件，其加工路线如下：锻造→正火→机械粗加工→调质→机械精加工→高频感应淬火、低温回火→磨削。请分析说明各热处理工序的目的及热处理后的组织。

本章小结　　　本章测试

第6章 合金钢

教学目标

(1)了解合金元素在钢中的作用,熟悉合金钢的分类和编号方法;

(2)掌握合金结构钢和合金工具钢的化学成分特点、热处理特点、组织和性能特点以及应用范围;

(3)了解特殊性能钢的化学成分特点、热处理特点、组织和性能特点及应用范围;

(4)对于常用典型合金钢种,学会制定合理的热处理工艺。

本章重点

合金元素在钢中的作用;合金结构钢和合金工具钢的化学成分特点、热处理特点、组织和性能特点以及应用范围。

本章难点

合金元素在钢中的作用;典型合金钢热处理工艺的制定。

碳钢经热处理后具有良好的力学性能,且冶炼工艺简单、压力加工和机械加工性能好,价格低廉,是工业生产中应用最广的金属材料。但由于它存在淬透性低、回火抗力低、强度不够高和不具备特殊性能(如耐高温、耐低温、耐磨损、耐腐蚀)等缺点,使它不能用于制造要求减轻自重的大型结构件及受力复杂、负荷大、速度快的重要机器零件和工具以及在高温、低温、腐蚀、磨损等恶劣环境下工作的零构件。合金钢则弥补了碳钢性能上的不足。

所谓合金钢就是指为了改善钢的组织和性能,在碳钢的基础上,有目的地加入一些元素而制成的钢。加入的元素称为合金元素。常用的合金元素有锰、铬、镍、硅、钼、钨、钒、钛、锆、钴、铌、铜、铝、硼、稀土(RE)等。与碳钢相比,合金钢用量(按重量计)虽少,但种类繁多,性能显著提高,工程意义重大,所以应用日益广泛,但价格高于碳钢。

6.1 合金元素在钢中的作用

合金元素在钢中的作用是极为复杂的,当钢中含有多种合金元素时更是如此。合金元素加入钢中后会使钢的组成相、组织等发生变化,同时对钢在热处理时的加热、冷却和组织转变也产生不同程度的影响,从而使钢的性能发生一系列变化。

合金元素在钢中的作用微课

6.1.1 合金元素对钢中基本相的影响

1. 形成合金铁素体

大多数合金元素如 Ni、Si、Mn、Cr、Mo、W 等都能溶于铁素体(也能溶入奥氏体),形成合金铁素体,引起铁素体晶格畸变,产生固溶强化作用,使其强度、硬度升高,塑性和韧性下降。图 6-1 和图 6-2 所示分别是几种合金元素对铁素体硬度和韧性的影响,硅、锰能显著地提高铁素体的强度和硬度,但当 $w_{Si}>0.6\%$、$w_{Mn}>1.5\%$ 时,将降低其韧性。而铬与镍比较特殊,在铁素体中的含量适当时($w_{Cr}\leqslant2\%$、$w_{Ni}\leqslant5\%$),在强化铁素体的同时,仍能提高韧性。因此铬和镍是优良的合金元素,虽然它们是全球稀缺元素,但由于其在钢中的重要作用,故仍被广泛使用。

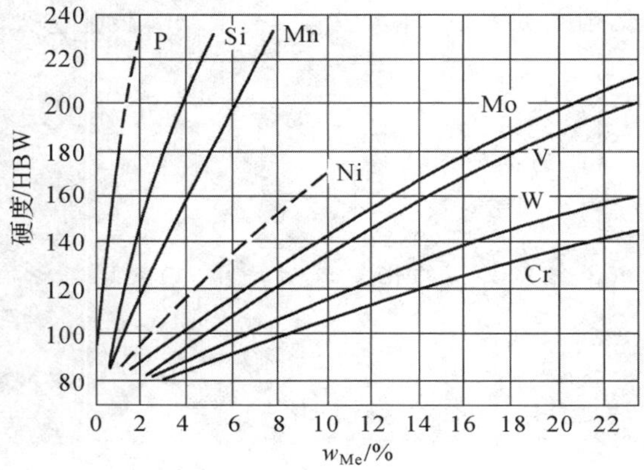

图 6-1 合金元素对铁素体硬度的影响 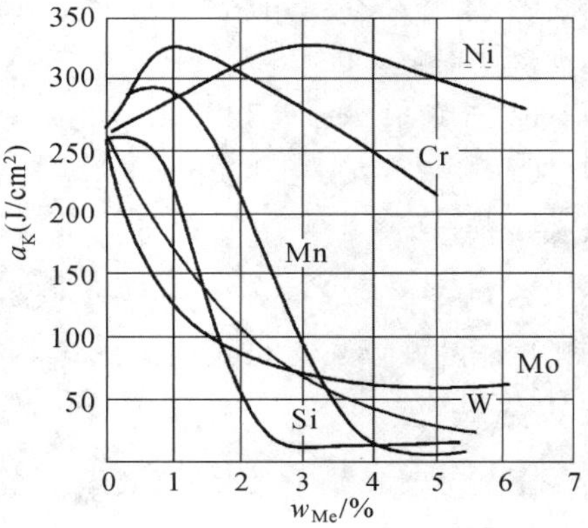　　　图 6-2 合金元素对铁素体韧性的影响

2. 形成合金碳化物

合金元素按其与钢中碳的亲和力的大小,可分为碳化物形成元素和非碳化物形成元素两大类。

非碳化物形成元素有镍、钴、铜、硅、铝、氮、硼等。它们不与碳形成碳化物而固溶于铁的晶格中,或形成其他化合物,如 AlN,在元素周期表中一般位于铁的右侧。

常见的碳化物形成元素有铁、锰、铬、钼、钨、钒、铌、锆、钛等(按照与碳的亲和力由弱到强,依次排列)。在元素周期表中,碳化物形成元素都是位于铁左边的过渡族金属元素,离铁越远,则其与碳的亲和力越强,形成碳化物的能力越大,形成的碳化物稳定而不易分解。其中钒、铌、锆、钛为强碳化物形成元素;锰为弱碳化物形成元素;铬、钼、钨为中强碳化物形成元素。钢中形成的合金碳化物的类型主要有以下两类:

(1)合金渗碳体　它是合金元素溶入渗碳体(置换其中的铁原子)所形成的化合物。如 $(Fe,Mn)_3C$、$(Fe,Cr)_3C$、$(Fe,W)_3C$ 等。合金渗碳体与 Fe_3C 的晶体结构相同,但比 Fe_3C 略为稳定,硬度也较高,是一般低合金钢中碳化物的主要存在形式。

(2)特殊碳化物　它是中强或强碳化物形成元素与碳形成的化合物,其晶格类型与渗碳体完全不同。

特殊碳化物有两种类型:一种具有简单晶格的间隙相碳化物,如 WC、VC、TiC、Mo_2C 等。另一种具有复杂晶格的碳化物,如 $Cr_{23}C_6$、Fe_3W_3C、Cr_7C_3 等。特殊碳化物,特别是间隙相碳化物,比合金渗碳体具有更高的熔点、硬度与耐磨性,也更稳定,不易分解。

在碳化物形成元素中,锰一般是大部分溶于铁素体或奥氏体中,而少部分溶于渗碳体中形成合金渗碳体。铬、钼、钨等与碳的亲和力较强,在含量较低时,基本上是与铁一起形成合金渗碳体;含量较高(>5%)时,可形成特殊碳化物。与碳亲和力很强的元素钒、铌、锆、钛等,几乎都是形成特殊碳化物,只有在碳不足的情况下才溶入固溶体。合金元素与碳的亲和力越强,形成的碳化物越稳定,熔点和硬度也越高,加热时也越难溶入奥氏体中,回火时加热到较高温度才能从马氏体中析出,并且聚集长大也较慢。

合金碳化物的种类、性能和在钢中的分布状态,直接影响钢的性能和热处理时的相变。例如,在钢中存在弥散分布的特殊碳化物时,将显著提高钢的强度、硬度与耐磨性而不降低韧性,这对提高工具钢的使用性能极为有利。

在某些高合金钢中,金属元素之间还可能形成金属间化合物,如 $FeSi$、$FeCr$、Fe_2W 等,它们在钢中的作用类似于碳化物。

6.1.2　合金元素对 Fe-Fe$_3$C 相图的影响

钢中加入合金元素后,Fe-Fe$_3$C 相图将发生下列变化。

1. 改变了奥氏体区的范围

合金元素以两种方式对奥氏体区发生影响。镍、钴、锰等元素的加入使奥氏体区扩大,GS 线向左下方移动,使 A_3 及 A_1 温度下降(见图 6-3(a))。而铬、钨、钼、钒、钛、铝、硅等元素则缩小奥氏体区,GS 线向左上方移动,使 A_3 及 A_1 温度升高(见图 6-3(b))。

若钢中含有大量扩大奥氏体区的元素,便会使相图中奥氏体区一直延展到室温以下。因此它在室温下的平衡组织是稳定的单相奥氏体,这种钢称为奥氏体钢。当钢中加入大量缩小奥氏体区的合金元素时,会使奥氏体区可能完全消失,此时,钢在室温下的平衡组织是单相的铁素体,这种钢称为铁素体钢。

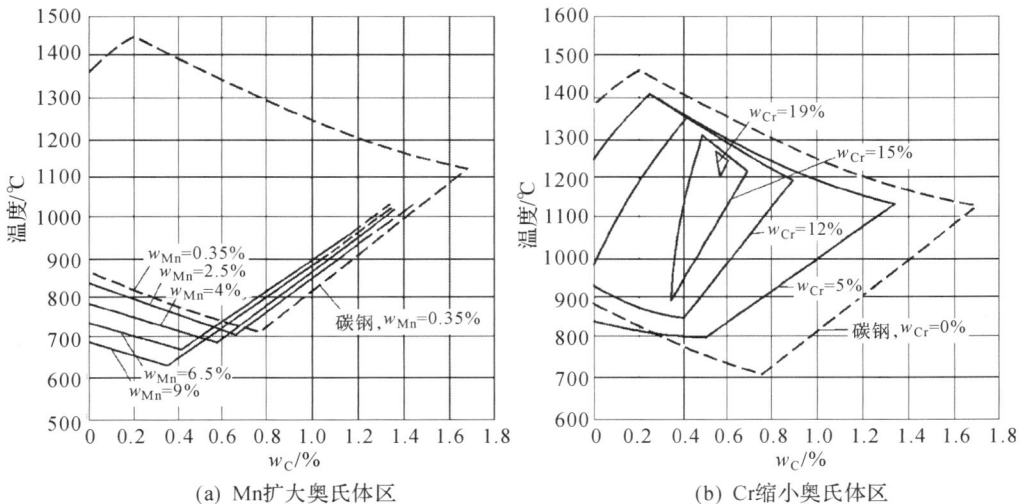

(a) Mn扩大奥氏体区　　　　　　　　(b) Cr缩小奥氏体区

图 6-3　合金元素对 Fe-Fe$_3$C 相图中奥氏体区的影响

2. 改变 S、E 点位置

由图 6-3 可见，凡能扩大奥氏体区的元素，均使 S、E 点向左下方移动；凡能缩小奥氏体区的元素，均使 S、E 点向左上方移动。因此，大多数合金元素均使 S 点、E 点左移，S 点向左移动，意味着降低了共析点的碳含量，使碳含量相同的碳钢与合金钢具有不同的显微组织。如 $w_C=0.4\%$ 的碳钢具有亚共析组织，但加入 $w_{Cr}=14\%$ 的 Cr 后，因 S 点左移，使该合金钢具有过共析钢的平衡组织。E 点左移，使出现莱氏体的碳含量降低，如高速钢中 $w_C<2.11\%$，但在铸态组织中却出现合金莱氏体，这种钢称为莱氏体钢。

由此可见，由于合金元素的影响，要判断合金钢是亚共析钢还是过共析钢，以及确定其热处理加热或缓冷时相变温度，就不能单纯地直接根据 Fe-Fe$_3$C 相图，而应根据多元铁基合金系相图来进行分析。

6.1.3 合金元素对钢热处理的影响

1. 阻碍奥氏体晶粒长大

几乎所有的合金元素（除锰外）都有阻碍钢在加热时的奥氏体晶粒长大的作用，但影响程度不同。强碳化物形成元素钒、铌、锆、钛等容易形成特殊碳化物，铝在钢中常以 AlN、Al$_2$O$_3$ 的细小质点存在，它们都弥散地分布在奥氏体晶界上，由于比较稳定，不易分解溶入奥氏体，从而对奥氏体晶粒长大起机械阻碍作用。因此，合金钢（除锰钢外）在淬火加热时不易过热，有利于获得细马氏体组织，同时也有利于提高加热温度，使奥氏体中溶入更多的合金元素，以改善钢的淬透性和力学性能，同时可减少淬火时变形和开裂的倾向。这是合金钢的重要特点之一。

锰则有促进奥氏体晶粒长大的倾向，加热时应严格控制加热温度和保温时间，否则将会得到粗大的晶粒而降低钢的强韧性，即过热缺陷。

2. 提高钢的淬透性

合金元素（除钴外）溶入奥氏体后，都能降低原子扩散速度，增加过冷奥氏体的稳定性，使奥氏体等温转变曲线位置右移，即 C 曲线位置向右移动，如图 6-4 所示。

合金元素不仅使 C 曲线位置右移，而且对 C 曲线形状也有影响。非碳化物形成元素及弱碳化物形成元素，使 C 曲线右移。含有这类元素的低合金钢，其 C 曲线形状与碳钢相似，只具有一个鼻尖，如图 6-4(a)所示。当碳化物形成元素溶入奥氏体后，由于它们对推迟珠光体转变与贝氏体转变的作用不同，使 C 曲线出现两个鼻尖，曲线分解成珠光体和贝氏体两个转变区，而两区之间，过冷奥氏体有很大的稳定性，如图 6-4(b)所示。

由于合金元素使 C 曲线右移，故降低了钢的马氏体临界冷却速度，提高了钢的淬透性。特别是多种元素同时加入，对钢淬透性的提高远比各元素单独加入时为大，故目前淬透性好的钢，多采用"多元少量"的合金化原则（如铬—镍、铬—锰、铬—硅、硅—锰等组合）。

合金钢淬透性较好，这在生产中具有以下的实际意义：

(1)合金钢淬火时，大多数可用冷却能力较弱的淬火介质（如油等），或采用分级淬火、等温淬火，故可以减少工件变形与开裂倾向；

(2)可增加大截面工件的淬硬深度，从而获得较高的、沿截面均匀的力学性能；

(3)某些合金钢（如高速钢、某些不锈钢）由于含有大量提高淬透性的合金元素，过冷奥

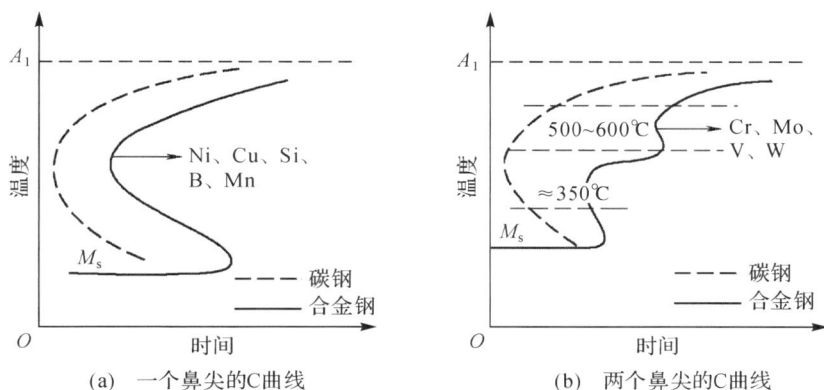

(a)　一个鼻尖的C曲线　　　　　　　(b)　两个鼻尖的C曲线

图 6-4　合金元素对 C 曲线的影响

氏体非常稳定,甚至空冷后也能形成马氏体(空冷淬火),这类钢称为马氏体钢。但马氏体钢退火处理较困难。

3. 提高回火抗力,产生二次硬化,防止第二类回火脆性

回火抗力是指淬火钢在回火过程中抵抗硬度下降的能力,又称耐回火性。硬度下降越慢,则回火抗力越高。合金元素固溶于淬火马氏体中减慢了碳的扩散,阻碍碳化物从过饱和固溶体中析出,推迟了马氏体的分解,延缓硬度下降,因而合金钢具有较高的回火抗力。与同等碳含量的碳钢相比,在同一温度回火,合金钢有较高的强度和硬度,而回火至同一硬度,合金钢的回火温度高,内应力的消除比较彻底,因而其塑性和韧性比碳钢好。

当钢中 Cr、W、Mo、V 等碳化物形成元素的含量超过一定量时,在 400℃ 以上还会形成弥散分布的特殊碳化物 Cr_7C_3、W_2C、Mo_2C、VC 等,使硬度重新升高,直至 500～600℃ 硬度达最高值,如图 6-5 所示。这种淬火钢在较高温度回火,硬度不降低反而升高的现象称为二次硬化。二次硬化对高合金工具钢十分重要,使刃具、模具在较高温度下仍保持高硬度,这将在本章的合金工具钢一节中讲述。

所谓回火脆性,是指淬火钢回火后出现韧性下降的现象,如图 6-6 所示。上一章提及的在 250～400℃ 出现第一类回火脆性可以通过加入合金元素使发生这种回火脆性的温度范围向高温推移,其中以 Si、Cr 两种元素的影响最为明显。目前尚无有效的方法消除它,通常只有避免在此温度范围内回火。在 500～650℃ 回火后缓慢冷却出现的冲击韧性下降现象称为第二类回火脆性,如图 6-6 中隐线区所示。它不仅使钢的室温冲击韧性降低,而且显著降低钢的低温韧性。这类回火脆性只在含 Cr、Mn 或 Cr-Ni、Cr-Mn 的合金钢中出现,若回火后快冷(水冷或油冷)脆性便不会出现。一般认为第二类回火脆性与钢中 P、S、Mn、Si 等元素在晶界偏聚有关,若回火后快冷或在钢中加入适量的 $Mo(w_{Mo} \approx 0.5\%)$ 或 $W(w_W \approx 1.0\%)$,可以防止偏聚发生,从而防止或减轻回火脆性。在实际生产中,为了防止第二类回火脆性,对于小尺寸零件,常采用回火后快冷的办法,对于大尺寸零件,则选用含 W、Mo 的钢制造。

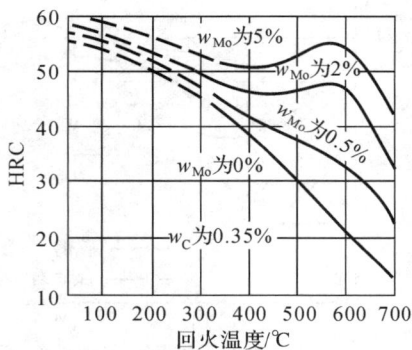

图 6-5　Mo 合金元素对回火硬度的影响

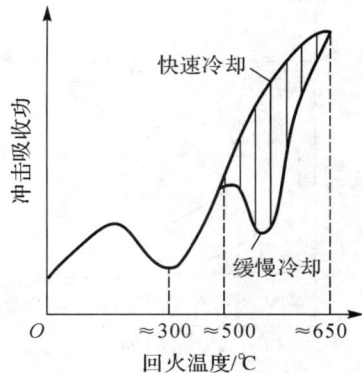

图 6-6　钢的回火脆性

6.2　合金钢的分类及牌号

6.2.1　合金钢的分类

合金钢的分类方法很多,比较常用的有以下三种。

1.按合金钢的主要用途分类

合金钢按用途可分为合金结构钢、合金工具钢和特殊性能钢三大类。

(1)合金结构钢　又分为工程结构用钢和机械结构用钢。工程结构用钢包括建筑工程用钢、桥梁工程用钢、船舶及海洋工程用钢和车辆工程用钢等。机械结构用钢包括合金渗碳钢、合金调质钢、合金弹簧钢、滚动轴承钢等。这类钢一般多属于低、中碳合金钢。

(2)合金工具钢　用于制造各种工具(刃具、模具和量具等)的钢。主要包括合金刃具钢、合金模具钢和合金量具钢等。一般多属于高碳合金钢。

(3)特殊性能钢　具有某种特殊物理或化学性能的钢,主要用于各种特殊要求的场合,如化学工业用的耐酸不锈钢、核电站用的耐热钢等。主要包括不锈钢、耐热钢、耐磨钢等。

合金钢的分类与编号微课

2.按合金元素的质量分数分类

(1)低合金钢　钢中全部合金元素总的质量分数:$w_{Me}<5\%$。

(2)中合金钢　钢中全部合金元素总的质量分数:$5\%\leqslant w_{Me}\leqslant10\%$。

(3)高合金钢　钢中全部合金元素总的质量分数:$w_{Me}>10\%$。

3.按金相组织分类

将一定截面的试样($\phi25mm$),在静止空气中冷却后(正火态),按所得金相组织可分为珠光体钢、贝氏体钢、马氏体钢、奥氏体钢和铁素体钢等。

按钢退火态的金相组织可分为亚共析钢、共析钢、过共析钢三种。

6.2.2　合金钢的牌号

1. 合金结构钢

合金结构钢的牌号由三部分组成,即"两位数字＋元素符号＋数字"。前面的两位数字表示钢的平均碳的质量分数的万分数（$w_C \times 10000$）,元素符号代表钢中所含的合金元素,其后面的数字表示该合金元素平均质量分数的百分数（$w_{Me} \times 100$）。当合金元素的平均质量分数 $w_{Me} < 1.5\%$ 时,牌号中只标明合金元素符号,而不标数字;而当平均质量分数 $w_{Me} \geqslant 1.5\%$、2.5%、3.5% 等时,则相应地以 2、3、4 等表示。例如,40Cr 表示平均碳的质量分数为 0.40%、合金元素 Cr 的平均质量分数小于 1.5% 的合金结构钢;60Si2Mn 表示平均碳的质量分数为 0.60%、合金元素 Si 的平均质量分数为 2.0%、合金元素 Mn 的平均质量分数小于 1.5% 的合金结构钢。

对于高碳铬轴承钢属于专用钢,为了表示其用途,在牌号前加以"G"（"滚"字的汉语拼音首字母）,后面的数字则表示铬的平均质量分数的千分数（$w_{Cr} \times 1000$）,碳的质量分数不标出,其他合金元素的表示方法与合金结构钢相同。例如 GCr15SiMn 钢,表示 Cr 的平均质量分数为 1.5%、Si 和 Mn 的平均质量分数都小于 1.5% 的滚动轴承钢。

对于低合金高强度结构钢,其牌号用"Q＋数字＋交货状态代号＋质量等级代号"。其中"Q"为屈服强度"屈"字的汉语拼音首字母;数字表示最小上屈服强度数值,单位 MPa;交货状态为热轧时,交货状态代号 AR 或 WAR 可省略,交货状态为正火或正火轧制时,交货状态代号均用 N 表示,交货状态为机械轧制时,交货状态代号用 M 表示,质量等级代号用 B、C、D、E、F 表示,分别代表钢材中 S、P 的质量分数依次降低,钢的质量等级依次提高。例如,Q355ND 表示最小上屈服强度数值为 355MPa、交货状态为正火或正火轧制的 D 级低合金高强度结构钢。

2. 合金工具钢

合金工具钢牌号的表示方法与合金结构钢大致相同,也是用"数字＋合金元素符号＋数字"表示,区别仅在于碳质量分数的表示方法不同,当平均 $w_C < 1\%$ 时,牌号前面用一位数字表示平均碳的质量分数的千分数（$w_C \times 1000$）,当平均 $w_C \geqslant 1\%$,牌号中不标碳含量。如 9SiCr 钢,表示平均 $w_C = 0.9\%$,合金元素 Si、Cr 的平均质量分数都小于 1.5% 的合金工具钢;Cr12MoV 钢表示平均 $w_C > 1\%$,平均 $w_{Cr} = 12\%$,平均 w_{Mo}、w_V 都小于 1.5% 的合金工具钢。高速钢不论其碳质量分数为多少,在牌号中都不予标出。

3. 特殊性能钢

我国不锈钢已采用新代号和牌号体系。不锈钢代号体系以 S 开头（S 为 Stainless and Heat Resisting Steel 的第一个字母）,代号形式如 S×××××,S 后的第一位数字代表不锈钢的种类,例如 S1×××× 代表铁素体型不锈钢,S2×××× 代表铁素体—奥氏体型不锈钢,S3×××× 代表奥氏体型不锈钢,S4×××× 代表马氏体型不锈钢,S5×××× 代表沉淀硬化型不锈钢。对于铁素体型（S1××××）、铁素体—奥氏体型不锈钢（S2××××）,S 后第二、三位数字代表铬的质量分数（铬含量中间值的 100 倍）,第四、五位数字代表钢中的不同元素和区别顺序号。奥氏体型、马氏体型不锈钢,代号 S 后第 1～3 位数字作为钢组,与美国 AISI 和 UNS 体系保持一致,第四、五位数字表示含有不同合金元素或区别顺序号、或者表示碳质量分数的千分之几。沉淀硬化型不锈钢（S5××××），S 后第 2～5 位数字按照 Cr-Ni 元素含量及顺序编号，其中第 2、3 位数字代表铬含量（铬含量中间值的 100 倍），镍含量（镍含量中间值的 100 倍）占第 4、5 位数字或占第四位＋顺序号。

根据《钢铁产品牌号表示方法》（GB/T 221—2008），不锈钢的牌号主要体现了碳质量分数和合金元素种类与质量分数，新牌号体系与合金结构钢类似，形式为"数字＋合金元素符号＋数字"，前面的数字代表碳质量分数的万分数，当 $w_C \geqslant 0.04\%$ 时，推荐使用两位数字，当 $w_C \leqslant 0.03\%$ 时，推荐使用三位数字；合金元素符号后面的数字代表其质量分数。以一种奥氏体不锈钢（S30408）为例，S30408 是其代号，牌号为 06Cr18Ni9（旧牌号为 0Cr18Ni9），$w_C \leqslant 0.08\%$，平均 $w_{Cr} = 18\%$，平均 $w_{Ni} = 9\%$。

6.3　合金结构钢

合金结构钢主要用于制造重要工程结构和机器零件的合金用钢，它是工业上应用最广、用量最多的合金钢种。合金结构钢中 w_C 可在 $0.1\% \sim 1.1\%$ 范围内变化，碳的质量分数不同，其热处理和用途也不同。生产中常用的合金结构钢主要为低合金高强度结构钢、合金渗碳钢、合金调质钢、合金弹簧钢、滚动轴承钢。下面分别介绍它们的成分、性能特点及用途。

6.3.1　低合金高强度结构钢

1. 化学成分

低合金高强度结构钢的成分特点是低碳（$w_C \leqslant 0.20\%$）、低合金（一般合金元素总量 $w_{Me} < 3\%$）、以锰为主加元素，并辅加以钒、钛、铌、硅、铜、磷、铝、铬、镍等，有时还加入微量稀土元素。锰、硅的主要作用是固溶强化铁素体；钒、钛、铌等主要作用是细化晶粒，提高钢的强度、塑性和韧性；少量的铬、铜和磷主要作用是提高钢在大气环境下的耐蚀性；加入少量稀土元素可提高韧性、疲劳极限，降低冷脆转变温度。根据《低合金高强度结构钢》（GB/T 1591—2018），表 6-1 列出了部分低合金高强度结构钢的牌号和主要化学成分；表 6-2 列出了正火、正火轧制钢材的拉伸性能。

表 6-1　部分低合金高强度结构钢的牌号和主要化学成分（摘自 GB/T 1591—2018）

牌号	质量等级	C 公称厚度或直径 ≤40mm	C 公称厚度或直径 >40mm	Si	P	S	Nb	V	Ti	Cr	Ni	Cu	Mo	N	Al
		≤		≤	≤	≤				≤					≥
Q355	B	0.24		0.55	0.035	0.035	—	—	—	0.30	0.30	0.40	—	0.012	
	C	0.20	022		0.030	0.030									
	D	0.20	0.22		0.025	0.025								—	

续表

牌号	质量等级	C ≤ (≤40mm / >40mm)	Mn ≤	Si ≤	P ≤	S ≤	Nb	V	Ti	Cr ≤	Ni ≤	Cu ≤	Mo ≤	N ≤	Al ≥
Q390	B	0.20	≤1.70	0.55	0.035	0.035	≤0.05	≤0.13	≤0.05	0.30	0.50	0.40	0.10	0.015	—
	C				0.030	0.030									
	D				0.025	0.025									
Q420	B	0.20	≤1.70	0.55	0.035	0.035	≤0.05	≤0.13	≤0.05	0.30	0.80	0.40	0.20	0.015	—
	C				0.030	0.030									
Q460	C	0.20	≤1.80	0.55	0.030	0.030	≤0.05	≤0.13	≤0.05	0.30	0.80	0.40	0.20	0.015	—
Q355N	B	0.20	0.90~1.65	0.50	0.035	0.035	0.005~0.05	0.01~0.12	0.006~0.05	0.30	0.50	0.40	0.10	0.015	0.015
	C	0.20			0.030	0.030									
	D				0.030	0.025									
	E	0.18			0.025	0.020									
	F	0.16			0.020	0.010									
Q460N	C	0.20	1.00~1.70	0.60	0.030	0.030	0.01~0.05	0.01~0.20	0.006~0.05	0.30	0.80	0.40	0.10	0.015	0.015
	D				0.030	0.025									
	E				0.025	0.020								0.025	
Q420M	B	0.16	≤1.70	0.50	0.035	0.035	0.01~0.05	0.01~0.12	0.006~0.05	0.30	0.80	0.40	0.20	0.015	0.015
	C				0.030	0.030									
	D				0.030	0.025									
	E				0.025	0.020								0.025	
Q460M	C	0.16	≤1.70	0.60	0.030	0.030	0.01~0.05	0.01~0.12	0.006~0.05	0.30	0.80	0.40	0.20	0.015	0.015
	D				0.030	0.025									
	E				0.025	0.020								0.025	
Q550M	C	0.18	≤2.00	0.60	0.030	0.030	0.01~0.11	0.01~0.12	0.006~0.05	0.80	0.80	0.80	0.30	0.015	0.015
	D				0.030	0.025									
	E				0.025	0.020								0.025	
Q690M	C	0.18	≤2.00	0.60	0.030	0.030	0.01~0.11	0.01~0.12	0.006~0.05	1.00	0.80	0.80	0.30	0.015	0.015
	D				0.030	0.025									
	E				0.025	0.020								0.025	

表 6-2　正火、正火轧制钢材的拉伸性能(摘自 GB/T 1591—2018)

牌号	等级	上屈服强度 R_{eH}/MPa 不小于								抗拉强度 R_m/MPa			断后伸长率 A/% 不小于			
		公称厚度(或直径)/mm														
		≤16	>16 ~40	>40 ~63	>63 ~80	>80 ~100	>100 ~150	>150 ~200	>200 ~250	≤100	>100 ~200	>200 ~250	≤16	>16 ~63	>63 ~200	>200 ~250
Q355N	B、C、D、E、F	355	345	335	325	315	295	285	275	470~630	450~600	450~600	22	22	21	21
Q390N	B、C、D、E	390	380	360	340	340	320	310	300	490~650	470~620	470~620	20	20	19	19
Q420N	B、C、D、E	420	400	390	370	360	340	330	320	520~680	500~650	500~650	19	19	18	18
Q460N	C、D、E	460	440	430	410	400	380	370	370	540~720	530~710	510~690	17	17	17	16

2. 性能特点

一般情况下,低合金高强度结构钢制造的工程构件尺寸大,不做相对运动,长期承受静载荷作用,且可能长期处于低温或暴露于一定的环境介质中。所以,其性能特点如下:

(1)具有高的屈服强度与良好的塑性和韧性　其屈服强度比碳钢提高 30%~50%,尤其是屈强比提高得更明显。因此用它来制作金属结构件,可以缩减截面,减轻重量,节约钢材。

(2)良好的焊接性　由于这类钢的碳含量低,合金元素少,塑性好,不易在焊缝区产生淬火组织及裂纹,且成分中的碳化物形成元素钒、钛、铌可抑制焊缝区的晶粒长大,故它的焊接性良好。

(3)良好的低温韧性　低合金高强度结构钢的脆性转变温度在 −40℃左右,而碳素结构钢在 −20℃左右,因而低合金高强度结构钢适宜制造在寒冷地区使用的构件。

(4)较好的耐蚀性　加入铬、铜、磷以及铝等,可提高钢材抵抗海水、大气、土壤腐蚀的能力。

3. 常用牌号、用途及热处理

低合金高强度结构钢一般在热轧空冷状态下使用,有时在焊接后进行一次正火处理后使用。热轧交货状态的低合金高强度结构钢的牌号有 Q355、Q390、Q420、Q460 等。

在较低级别强度钢中,Q355 最具有代表性,是目前我国用量最多、产量最大的一种低合金结构钢,其使用状态的组织为细晶粒的铁素体＋珠光体,强度比碳素结构钢 Q235 高约50%,耐大气腐蚀性能高 20%~30%,低温性能亦可,塑性和焊接性良好,可用于 −40℃以上寒冷地区的各种结构,如船舶、车辆、桥梁、容器等大型钢结构。被誉为"争气桥"的南京长江大桥采用 Q355(原 16Mn)比用碳素结构钢节约钢材 15% 以上,又如我国的载重汽车大梁采用 Q355 后,使载重比由1.05 提高到了 1.25。

Q390 钢是中等级别强度钢中使用最多的钢种。钢中加入了 Nb、V、Ti等元素,使晶粒细化,提高了强度,且冲击韧性、焊接性及低温韧性也较好,被

低合金高强度结构钢微课

广泛用于制造桥梁、建筑构件和中等压力的容器。如中央电视台新大楼大量采用了 Q390 钢。

强度级别超过 450MPa 后，铁素体＋珠光体组织难以满足要求，于是发展了低碳贝氏体钢。Q460 钢含 Mo、B 元素，正火组织为贝氏体，通过控制碳的质量分数、微合金化和控制轧制，保证了钢的强度、低温韧性和焊接性，用于各种大型工程结构及要求强度高、载荷大的轻型结构。如 2008 年北京奥运会主体育场外部的巨大钢架主支撑件采用 Q460E 钢。

6.3.2　合金渗碳钢

合金渗碳钢是指经过渗碳、淬火、低温回火热处理后使用的低碳合金结构钢，主要用于制造在摩擦力、交变接触应力和冲击条件下工作的零件如汽车、拖拉机、重型机床中的齿轮，内燃机的凸轮轴等。这些零件的表面要求有高的硬度和耐磨性及高的接触疲劳强度，心部则要求有良好的韧性。

1. 化学成分

合金渗碳钢的碳质量分数较低，w_C 仅为 $0.10\%\sim0.25\%$，这样可以保证零件心部有足够的韧性。常加入的合金元素有铬、镍、锰、硼等，这些元素除了提高钢的淬透性、改善零件心部组织与性能外，还能提高渗碳层的强度与韧性，尤其以镍的作用最为显著。此外，钢中还加入微量的钒、钛、钨、钼等元素以形成特殊碳化物，阻止奥氏体晶粒在渗碳温度下长大，使零件在渗碳后能进行预冷直接淬火，并提高零件表面硬度、接触疲劳强度及韧性。

2. 性能特点

(1) 渗碳淬火后，渗碳层硬度高，具有优异的耐磨性和接触疲劳强度；

(2) 渗碳件心部具有高的韧性和足够高的强度；

(3) 具有良好的热处理工艺性能，在高的渗碳温度（900～950℃）下奥氏体晶粒不易长大，淬透性也较好。

3. 常用牌号、用途及热处理

根据淬透性高低，将合金渗碳钢分为三类。

(1) 低淬透性合金渗碳钢（$R_m=800\sim1000$MPa）　如 20Mn2、20MnV、20Cr 等，用于制造尺寸较小的零件，如小齿轮、活塞销等。

(2) 中淬透性合金渗碳钢（$R_m=1000\sim1200$MPa）　如 20CrMn、20CrMnTi、20MnTiB、20CrMnMo 等，其中应用最广的是 20CrMnTi 钢，用于制造承受高速、中速、冲击和在剧烈摩擦条件下工作的零件，如汽车、拖拉机的变速箱齿轮、离合器轴等。

(3) 高淬透性合金渗碳钢（$R_m>1200$MPa）　如 20Cr2Ni4、18Cr2Ni4W 等，用于制造大截面、高负荷以及要求高耐磨性及良好韧性的重要零件，如飞机、坦克的曲轴、齿轮及内燃机车的主动牵引齿轮等。

根据《合金结构钢》（GB/T 3077—2015），常用合金渗碳钢的牌号和主要化学成分见表 6-3。

表 6-3　常用合金渗碳钢的牌号与主要化学成分(摘自 GB/T 3077—2015)

类别	牌号	主要化学成分(质量分数)/%						
		C	Si	Mn	Cr	Ni	Ti	其他
低淬透性	20Mn2	0.17~0.24	0.17~0.37	1.40~1.80	—	—	—	—
	20Cr	0.18~0.24	0.17~0.37	0.50~0.80	0.70~1.00	—	—	—
	20MnV	0.17~0.24	0.17~0.37	1.30~1.60	—	—	—	V:0.07~0.12
中淬透性	20CrMn	0.17~0.23	0.17~0.37	0.90~1.20	0.90~1.20	—	—	—
	20CrMnMo	0.17~0.23	0.17~0.37	0.90~1.20	1.10~1.40	—	—	Mo:0.20~0.30
	20CrMnTi	0.17~0.23	0.17~0.37	0.80~1.10	1.00~1.30	—	0.04~0.10	—
	20MnTiB	0.17~0.24	0.17~0.37	1.30~1.60	—	—	0.04~0.10	B:0.0008~0.0035
高淬透性	20Cr2Ni4	0.17~0.23	0.17~0.37	0.30~0.60	1.25~1.65	3.25~3.65	—	—
	18Cr2Ni4W	0.13~0.19	0.17~0.37	0.30~0.60	1.35~1.65	4.00~4.50	—	W:0.80~1.20

合金渗碳钢的热处理一般都是渗碳后直接进行淬火和低温回火,热处理后其表层组织为细针状回火高碳马氏体+粒状合金碳化物+少量残留奥氏体,硬度为 58~64HRC,心部组织与钢的淬透性及工件截面尺寸有关,完全淬透时为低碳回火马氏体,硬度为 40~48HRC;多数情况下,是由托氏体+低碳回火马氏体+少量铁素体组成,硬度为 25~40HRC。

图 6-7 所示为 20CrMnTi 钢制造汽车、拖拉机变速箱齿轮的热处理工艺规范。

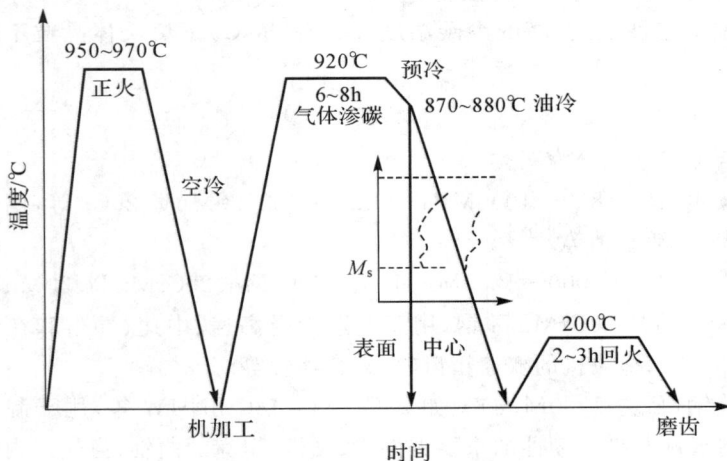

图 6-7　20CrMnTi 钢齿轮的热处理工艺规范

机器零件用钢 1——合金渗碳钢微课

常用合金渗碳钢的热处理、力学性能和用途见表 6-4。

表 6-4　常用合金渗碳钢的热处理、力学性能和用途(摘自 GB/T 3077—2015)

牌号	试样毛坯尺寸/mm	推荐的热处理制度			力学性能					交货状态为退火或高温回火钢棒 HBW	用途
		第一次淬火	第二次淬火	回火	抗拉强度 R_m/MPa	下屈服强度 R_{eL}/MPa	断后伸长率 A/%	断面收缩率 Z/%	冲击吸收能量 KU_2/J		
		加热温度/℃、冷却剂			≥					≤	
20Mn2	15	850 水、油	—	200 水、空气	785	590	10	40	47	187	小齿轮、小轴、活塞销等
		880 水、油	—	440 水、空气							
20Cr	15	880 水、油	780~820 水、油	200 水、油	835	540	10	40	47	179	小齿轮、小轴、活塞销等
20MnV	15	880 水、油	—	200 水、空气	785	590	10	40	55	187	同上。也用作锅炉、高压容器管道等
20CrMn	15	850 油	—	200 水、空气	930	735	10	45	47	187	齿轮、轴、蜗杆、活塞销、摩擦轮
20CrMnMo	15	850 油	—	200 水、空气	1180	885	10	45	55	217	汽车、拖拉机上的后桥齿轮
20CrMnTi	15	880 油	870 油	200 水、空气	1080	850	10	45	55	217	汽车、拖拉机上的变速箱齿轮
20MnTiB	15	860 油	—	200 水、空气	1130	930	10	45	55	187	代替 20CrMnTi
20Cr2Ni4	15	880 油	780 油	200 水、空气	1180	1080	10	45	63	269	大型渗碳齿轮和轴类
18Cr2Ni4W	15	950 空气	850 空气	200 水、空气	1180	835	10	45	78	269	大型渗碳齿轮和轴类

6.3.3　合金调质钢

合金调质钢是指经过调质处理后使用的中碳合金结构钢,主要用于制造受力复杂、要求综合力学性能好的重要零件如精密机床的主轴、汽车的后桥半轴、发动机的曲轴、连杆螺栓、锻床的锤杆等,这些零件在工作过程中承受弯曲、扭转或拉—拉、拉—压交变载荷与冲击载荷的复合作用,它们既要有高的强度,又要有高的塑性、韧性,即要有良好的综合力学性能。

1. 化学成分及性能特点

合金调质钢的平均 w_C 为 0.25%~0.50%,多为 0.40% 左右,以保证钢经调质处理后有足够的强度和塑性、韧性。若碳质量分数过低,则不易淬硬,回火后达不到所需硬度;若碳质量分数过高,则韧性不足。主加元素有锰、铬、硅、镍、硼等,以增加钢的淬透性,同时还强化铁素体。辅加元素有钼、钨、钒、钛等碳化物形成元素,主要是防止淬火加热产生过热现象,细化晶粒和提高耐回火性。加入适量的钼、钨,还有防止或减轻第二类回火脆性的作用。

2. 常用牌号、用途及热处理

根据淬透性高低,将合金调质钢分为三类。

(1)低淬透性合金调质钢　如 40Cr、40MnB、35SiMn 等,用于制造截面尺寸较小或载荷较小的零件,如连杆螺栓、机床主轴等。

(2)中淬透性合金调质钢　如 35CrMo、38CrSi、40CrNi、38CrMoAl 等,用于制造截面尺寸较大、载荷较大的零件,如火车发动机曲轴、连杆等。

机器零件用钢 2—合金调质钢微课

(3)高淬透性合金调质钢　如 40CrNiMo、45CrNiMoV 等,用于制造截面尺寸大、载荷大的零件,如精密机床主轴、汽轮机主轴、航空发动机曲轴、连杆等。

根据《合金结构钢》(GB/T 3077—2015),常用合金调质钢的牌号和主要化学成分见表 6-5。

表 6-5　常用合金调质钢的牌号与主要化学成分(摘自 GB/T 3077—2015)

类别	牌号	主要化学成分(质量分数)/%						
		C	Si	Mn	Cr	Ni	Mo	其他
低淬透性	45Mn2	0.42~0.49	0.17~0.37	1.40~1.80	—	—	—	—
	40MnB	0.37~0.44	0.17~0.37	1.10~1.40		—	—	B:0.0008~0.0035
	40MnVB	0.37~0.44	0.17~0.37	1.10~1.40				B:0.0008~0.0035、V:0.05~0.10
	35SiMn	0.32~0.40	1.10~1.40	1.10~1.40				
	40Cr	0.37~0.44	0.17~0.37	0.50~0.80	0.80~1.10	—	—	—
中淬透性	38CrSi	0.35~0.43	1.00~1.30	0.30~0.60	1.30~1.60			
	40CrMn	0.37~0.45	0.17~0.37	0.90~1.20	0.90~1.20			
	30CrMnSi	0.28~0.34	0.90~1.20	0.80~1.10	0.80~1.10			
	35CrMo	0.32~0.40	0.17~0.37	0.40~0.70	0.80~1.10		0.15~0.25	
	38CrMoAl	0.35~0.42	0.20~0.45	0.30~0.60	1.35~1.65		0.15~0.25	Al:0.70~1.10
	40CrNi	0.37~0.44	0.17~0.37	0.50~0.80	0.45~0.75	1.00~1.40	—	
高淬透性	37CrNi3	0.34~0.41	0.17~0.37	0.30~0.60	1.20~1.60	3.00~3.50		
	37SiMn2MoV	0.33~0.39	0.60~0.90	1.60~1.90	—		0.40~0.50	V:0.05~0.12
	40CrMnMo	0.37~0.45	0.17~0.37	0.90~1.20	0.90~1.20		0.20~0.30	
	25Cr2Ni4W	0.21~0.28	0.17~0.37	0.30~0.60	1.35~1.65	4.00~4.50		W:0.80~1.20
	40CrNiMo	0.37~0.44	0.17~0.37	0.50~0.80	0.60~0.90	1.25~1.65	0.15~0.25	
	45CrNiMoV	0.42~0.49	0.17~0.37	0.50~0.80	0.80~1.10	1.30~1.80	0.20~0.30	V:0.10~0.20

合金调质钢的热处理为调质,其组织为回火索氏体,具有良好的综合力学性能。此外,有些合金调质钢零件除了要求较高的强度、塑性、韧性,还要求局部区域有良好的耐磨性,为

此,经过调质处理后,还要对局部区域进行感应加热表面淬火或渗氮。例如火车内燃机曲轴用 42CrMo 钢制造,调质后再对轴颈进行中频感应加热表面淬火和低温回火;又如精密机床的主轴用 38CrMoAl 钢制造,调质后再进行表面渗氮处理。对于带有缺口的零件,为了减少缺口引起的应力集中,调质以后在缺口附近再进行喷丸或滚压强化,可以大大提高疲劳抗力,延长使用寿命。

常用合金调质钢的热处理、力学性能和用途见表 6-6。

表 6-6　常用合金调质钢的热处理、力学性能和用途(摘自 GB/T 3077—2015)

牌号	试样毛坯尺寸/mm	推荐的热处理制度		力学性能					交货状态为退火或高温回火钢棒 HBW	用途
		淬火	回火	抗拉强度 R_m /MPa	下屈服强度 R_{eL} /MPa	断后伸长率 A /%	断面收缩率 Z /%	冲击吸收能量 KU_2/J		
		加热温度/℃、冷却剂		≥					≤	
45Mn2	25	840 油	550 水、油	885	735	10	45	47	217	代替直径小于 50mm 的 40Cr 作重要螺栓和轴类件等
40MnB	25	850 油	500 水、油	980	785	10	45	47	207	代替直径小于 50mm 的 40Cr 作重要螺栓和轴类件等
40MnVB	25	850 油	520 水、油	980	785	10	45	47	207	可代替 40Cr 及部分代替 40CrNi 作重要零件,也可代替 38CrSi 作重要销钉
35SiMn	25	900 水	570 水、油	885	735	15	45	47	229	除低温(＜－20℃)韧性稍差外,可全面代替 40Cr 和部分代替 40CrNi
40Cr	25	850 油	520 水、油	980	785	9	45	47	207	作重要调质件,如轴类、连杆螺栓、进气阀和重要齿轮等
38CrSi	25	900 油	600 水、油	980	835	12	50	55	255	作承受大载荷的轴类件及车辆上的重要调质件
40CrMn	25	840 油	550 水、油	980	835	9	45	47	229	代替 40CrNi
30CrMnSi	25	880 油	540 水、油	1080	835	10	45	39	229	高强度钢,作高速载荷砂轮轴、车轴上内外摩擦片等

续表

牌号	试样毛坯尺寸/mm	推荐的热处理制度		力学性能					交货状态为退火或高温回火钢棒 HBW	用途
		淬火	回火	抗拉强度 R_m/MPa	下屈服强度 R_{eL}/MPa	断后伸长率 A/%	断面收缩率 Z/%	冲击吸收能量 KU_2/J		
		加热温度/℃、冷却剂		≥					≤	
35CrMo	25	850 油	550 水、油	980	835	12	45	63	229	重要调质件,如曲轴、连杆及代替40CrNi作大截面轴类件
38CrMoAl	30	940 水、油	640 水、油	980	835	14	50	71	229	作渗氮零件,如精密机床主轴、高压阀门、缸套等
40CrNi	25	820 油	500 水、油	980	785	10	45	55	241	作较大截面和重要的曲轴、主轴、连杆等
37CrNi3	25	820 油	500 水、油	1130	980	10	50	47	269	作大截面并需要高强度、高韧性的零件
37SiMn2MoV	25	870 水、油	650 水、空气	980	835	12	50	63	269	作大截面、重载荷的轴、连杆、齿轮等,可代替40CrNiMo
40CrMnMo	25	850 油	600 水、油	980	785	10	45	63	217	相当于40CrNiMo的高级调质钢
25Cr2Ni4W	25	850 油	550 水、油	1080	930	11	45	71	269	制造机械性能要求很高的大断面零件
40CrNiMo	25	850 油	600 水、油	980	835	12	55	78	269	作高强度零件,如航空发动机轴,在<500℃工作的喷气发动机承力零件
45CrNiMoV	试样	860 油	460 油	1470	1330	7	35	31	269	作高强度、高弹性零件如车辆上扭力轴等

6.3.4 合金弹簧钢

合金弹簧钢是指用来制造各种弹簧和弹性元件的合金结构钢。在机械及仪表中弹簧的主要作用是利用其在工作时产生的弹性变形来储存能量,从而传递力和缓和机械的振动与冲击,如汽车、拖拉机和火车上的板弹簧和螺旋弹簧;或使其他零件完成设计规定的动作,如气门弹簧、仪表弹簧等。因此,要求弹簧材料应具有高的弹性极限和屈服强度,以保证其能吸收大量的弹性能量而不发生塑性变形。此外,还应具有较高的疲劳强度和足够的塑性、韧性,以防止弹簧发生疲劳断裂和冲击断裂。

1. 化学成分及性能特点

合金弹簧钢的平均 w_C 为 0.45% ～ 0.70%,以保证其具有高的弹性极限与疲劳强度。碳含量过低,强度不够,易发生塑性变形;碳含量过高,塑性和韧性降低,疲劳强度也下降。可加入的合金元素有硅、锰、铬、钒、铌、钼、钨,常以硅、锰为主要合金化元素。它们的主要作用是提高钢的淬透性和耐回火性,强化铁素体,提高弹性极限和屈强比。另外,钼、钨、钒、铌还可以降低因硅的加入造成的脱碳敏感性。因此,合金弹簧钢的淬透性好、耐回火性好,脱碳敏感性小,具有高的弹性极限、屈服强度、抗拉强度和屈强比及较高的疲劳强度与足够的塑性、韧性。

机器零件用钢 3—合金弹簧钢微课

2. 常用牌号、用途

合金弹簧钢根据所含合金元素的不同主要分为两类。

(1)以 Si、Mn 为主要合金元素的合金弹簧钢　典型代表为 60Si2Mn,用于制造截面尺寸≤20～30mm 的弹簧,如汽车、拖拉机、火车的板弹簧和螺旋弹簧等。

(2)以 Cr、V 为主要元素的合金弹簧钢　典型代表为 50CrV,用于制造截面尺寸≤30～50mm、并在 350～400℃ 温度下工作的重载弹簧,如阀门弹簧、内燃机的气阀弹簧等。

根据《弹簧钢》(GB/T 1222—2016),常用合金弹簧钢的牌号和主要化学成分见表 6-7。

表 6-7　常用合金弹簧钢的牌号与主要化学成分(摘自 GB/T 1222—2016)

牌号	主要化学成分(质量分数)/%							Ni	Cu	P	S
	C	Si	Mn	Cr	V	W	B	≤			
60Si2Mn	0.56～0.64	1.50～2.00	0.70～1.00	≤0.35	—	—	—	0.35	0.25	0.025	0.020
60Si2Cr	0.56～0.64	1.40～1.80	0.40～0.70	0.70～1.00	—	—	—	0.35	0.25	0.025	0.020
50CrV	0.46～0.54	0.17～0.37	0.50～0.80	0.80～1.10	0.10～0.20	—	—	0.35	0.25	0.025	0.020
55CrMn	0.52～0.60	0.17～0.37	0.65～0.95	0.65～0.95	—	—	—	0.35	0.25	0.025	0.020
60CrMn	0.56～0.64	0.17～0.37	0.70～1.00	0.70～1.00	—	—	—	0.35	0.25	0.025	0.020
60CrMnB	0.56～0.64	0.17～0.37	0.70～1.00	0.70～1.00	—	—	0.0008～0.0035	0.35	0.25	0.025	0.020
30W4Cr2V	0.26～0.34	0.17～0.37	≤0.40	2.00～2.50	0.50～0.80	4.00～4.50	—	0.35	0.25	0.025	0.020

3. 热处理

根据弹簧尺寸的不同,成形与热处理方法也有所不同。

（1）热成形弹簧的热处理 线径或板厚大于 10mm 的螺旋弹簧或板弹簧，往往在热态下成形。如汽车、拖拉机、火车的板弹簧和螺旋弹簧等。板弹簧多数是将热成形和热处理结合进行的，即利用热成形后的余热进行淬火，然后再进行中温回火。而螺旋弹簧则大多是在热成形结束后，再重新进行淬火和中温回火处理。中温回火后获得回火托氏体，具有高的弹性极限与疲劳强度，硬度为 38～50HRC（以 42～48HRC 最常用）。

必须指出，弹簧的表面质量对使用寿命影响很大，微小的表面缺陷如脱碳、裂纹、夹杂等均降低疲劳强度。因此，在热处理后，往往需采用喷丸处理，以消除或减轻表面缺陷的有害影响，并可使表面产生硬化层，形成残余压应力，提高疲劳强度和弹簧的使用寿命。例如60Si2Mn 钢制成的汽车板簧经喷丸处理后，使用寿命提高 5～6 倍。

（2）冷成形弹簧的热处理 对于线径或板厚小于 10mm 的弹簧，常用冷拉弹簧钢丝或冷轧弹簧钢带在冷态下制成。如钟表、仪表中的螺旋弹簧、发条、弹簧片，压缩机直流阀阀片及阀弹簧等。

冷拉弹簧钢丝一般以热处理状态交货。按制造工艺不同，可分为索氏体化处理冷拉钢丝、油淬回火钢丝及退火状态供应的合金弹簧钢丝三种类型。

a）索氏体化处理冷拉钢丝。将盘条坯料加热至奥氏体组织后，在 500～550℃ 的铅浴或盐浴中等温分解成索氏体组织，然后多次冷拔至所需直径。这类钢丝具有最高的强度，其抗拉强度可达 3000MPa 以上，而且还有较高的塑性。用这种钢丝冷卷成的弹簧，只需进行一次 200～300℃ 的去应力回火，以消除内应力，并使弹簧定型，不需再经淬火、回火处理。

b）油淬回火钢丝。即冷拔到规定尺寸后进行油淬回火处理的钢丝。这类钢丝的抗拉强度虽然不及上一种冷拉钢丝，但它的性能比较均匀一致，抗拉强度波动范围小。这类钢丝冷卷成弹簧后，也只需进行去应力回火，不需再经淬火、回火处理。

c）退火状态供应的合金弹簧钢丝。冷卷成弹簧后，和热成形弹簧一样，要进行淬火、中温回火处理。

常用合金弹簧钢的热处理、力学性能和用途见表 6-8。

表 6-8 常用合金弹簧钢的热处理、力学性能和用途（摘自 GB/T 1222—2016）

牌号	热处理制度			力学性能					用途
	淬火温度/℃	淬火介质	回火温度/℃	抗拉强度 R_m/MPa	下屈服强度 R_{eL}/MPa	断后伸长率		断面收缩率 Z/%	
						A/%	$A_{11.3}$/%		
				≥					
60Si2Mn	870	油	440	1570	1375	—	5.0	20	直径<25mm 的各种螺旋弹簧，板弹簧
60Si2Cr	870	油	420	1765	1570	6.0	—	20	制造高温（≤350℃），直径<50mm 的强度要较高的弹簧
50CrV	850	油	500	1275	1130	10	—	40	制造直径<30mm 重载荷板簧和螺旋弹簧，以及工作温度<400℃ 的各种弹簧

续表

牌号	热处理制度			力学性能					用途
	淬火温度/℃	淬火介质	回火温度/℃	抗拉强度 R_m/MPa	下屈服强度 R_eL/MPa	断后伸长率		断面收缩率 Z/%	
						A/%	$A_{11.3}$/%		
				≥					
55CrMn	840	油	485	1225	1080	9.0	—	20	车辆、拖拉机上用直径<50mm 的圆弹簧和板弹簧
60CrMn	840	油	490	1225	1080	9.0	—	20	车辆、拖拉机上用直径<50mm 的圆弹簧和板弹簧
60CrMnB	840	油	490	1225	1080	9.0	—	20	车辆、拖拉机上用直径<50mm 的圆弹簧和板弹簧
30W4Cr2V	1075	油	600	1470	1325	7.0	—	40	制造工作温度≤450℃的圆弹簧和板弹簧

6.3.5　滚动轴承钢

滚动轴承钢是用来制造各种滚动轴承内外套圈及滚动体(滚针、滚柱、滚珠)的钢种。也可用于制作精密量具、冷冲模、机床丝杠及柴油机油泵的精密偶件如针阀体、柱塞、柱塞套等。

滚动轴承工作时,一般内套圈常与轴紧密配合,并随轴一起转动,外套圈则装在轴承座上固定不动。在转动时,滚动体与内外套圈在滚道面上均受交变载荷作用,因滚动体与内、外套圈之间是点接触或线接触,接触应力极大,易使轴承工作表面产生接触疲劳破坏与磨损,此外,还会受到大气、润滑油的侵蚀。因而要求滚动轴承材料具有高的硬度和耐磨性、高的接触疲劳强度、足够的韧性和一定的耐蚀性。

1.化学成分及性能特点

目前最常用的是高碳铬轴承钢,其平均 w_C 一般为 0.95%～1.05%,这样可以保证钢具有高硬度和高强度,w_Cr 为 1.40%～1.95%,其作用是提高钢的淬透性,并形成合金渗碳体$(Fe \cdot Cr)_3 C$,使钢具有高的接触疲劳强度和耐磨性。对于大型轴承用钢,还需加入硅、锰、钼等元素,以进一步提高钢的淬透性和弹性极限与抗拉强度。对于无铬轴承钢中还需加入钒,以形成 VC 细化晶粒提高钢的耐磨性。另外,轴承钢要求纯度极高,非金属夹杂物及硫、磷含量很低$(w_\mathrm{S} \leqslant 0.020\%、w_\mathrm{P} \leqslant 0.025\%)$。由此可见,轴承钢具有高的硬度和高的弹性极限及高的接触疲劳强度和适当的韧性,并具有一定的耐蚀能力。

机器零件用钢 4—滚动轴承钢微课

2.常用牌号、用途

滚动轴承钢根据所含合金元素主要分为两类。

(1)高碳铬轴承钢　如 G8Cr15、GCr15、GCr15SiMn、GCr15SiMo、GCr18Mo 等,其中

G8Cr15、GCr15 的淬透性较低,用于制作中、小型滚动轴承及冷冲模、量具、丝杠等
GCr15SiMn、GCr15SiMo、GCr18Mo 的淬透性高,用于制作大型滚动轴承。

(2)高碳无铬轴承钢 如 GMnMoVRE、GSiMnMoV,其性能和用途与 GCr15 相同,可以节约我国短缺元素 Cr。

根据《高碳铬轴承钢》(GB/T 18254—2016),高碳铬轴承钢的牌号和主要化学成分见表 6-9。

表 6-9 高碳铬轴承钢的牌号与主要化学成分(摘自 GB/T 18254—2016)

牌号	主要化学成分(质量分数)/%								
	C	Si	Mn	Cr	Mo	Ni	Cu	P[①]	S[②]
						≤			
G8Cr15	0.75~0.85	0.15~0.35	0.20~0.40	1.30~1.65	≤0.1	0.25	0.25	0.025	0.020
GCr15	0.95~1.05	0.15~0.35	0.25~0.45	1.40~1.65	≤0.1	0.25	0.25	0.025	0.020
GCr15SiMn	0.95~1.05	0.45~0.75	0.95~1.25	1.40~1.65	≤0.1	0.25	0.25	0.025	0.020
GCr15SiMo	0.95~1.05	0.65~0.85	0.20~0.40	1.40~1.70	0.30~0.40	0.25	0.25	0.025	0.020
GCr18Mo	0.95~1.05	0.20~0.40	0.25~0.40	1.65~1.95	0.15~0.25	0.25	0.25	0.025	0.020

注:①②P 和 S 的含量要求以优质钢为例。

3.热处理

滚动轴承钢的热处理主要为球化退火、淬火和低温回火。球化退火的目的是获得球状珠光体,使钢的硬度降低到 207~220HBW,以利于切削加工并为淬火做组织准备。淬火和低温回火是决定滚动轴承钢性能的关键热处理技术,淬火和低温回火后的组织为细针状回火马氏体+细粒状(或球状)碳化物+少量残留奥氏体,硬度为 62~66HRC,由于低温回火不能彻底消除内应力及残留奥氏体,在长期使用中会发生应力松弛和组织转变,引起尺寸变化,所以在生产精密轴承时,在淬火后应立即进行一次冷处理(−80~−60℃),并分别在低温回火和磨削加工后再进行 120~130℃保温 5~10h 的低温时效处理,以进一步减少残留奥氏体和消除内应力,保证尺寸稳定。

高碳铬轴承钢零件淬火、回火后的硬度见表 6-10。

表 6-10   高碳铬轴承钢零件淬火、回火后的硬度(摘自 JB/T 1255—2014)

零件名称	成品尺寸 /mm		淬火后硬度/HRC	常规回火后硬度 /HRC	高温回火后硬度/HRC				
	>	≤	≥		200℃	250℃	300℃	350℃ ≥	400℃ ≥
套圈 有效壁厚	—	12	63	60～65	59～64	57～62	55～59	52	48
	12	30	62	59～64	57～62	56～60	54～58		
	30	—	60	58～63	56～61	55～59	53～57		
钢球 公称直径	—	30	64	61～66	60～65	58～63	56～60		
	30	50	62	59～64	58～63	57～61	55～59		
	50	—	61	58～64	57～62	56～60	54～58		
滚子 有效直径	—	20	64	61～66	60～65	58～63	56～60		
	20	40	63	59～65	58～63	57～61	55～59		
	40	—	61	58～64	57～62	57～60	54～58		

6.4   合金工具钢

碳素工具钢容易加工,价格便宜,但其热硬性差(温度高于 200℃时,硬度、耐磨性会显著降低),淬透性低,且容易变形和开裂。因此,尺寸大、精度高、形状复杂及工作温度较高的工模具都采用合金工具钢制造。

合金工具钢按主要用途分为刃具钢、模具钢和量具钢三大类。但是,各类钢的实际使用界限并非绝对,可以交叉使用。如某些低合金刃具钢也可用于制造冷冲模或量具。

6.4.1   合金刃具钢

合金刃具钢主要用来制造刀具,如车刀、铣刀、钻头、丝锥等。刃具是用来进行切削加工的工具,在切削过程中,切削刃与切屑及工件之间会发生强烈的摩擦,造成严重的磨损,伴随切屑的形成还会产生大量的热,使刃部温度升至很高;另外,在刃口的局部区域会因极大的切削力作用,导致刃部的崩缺,加之断续切削还会带给刃具过大的冲击与振动,使刃具发生折断。对刃具钢的性能要求是:高的硬度和耐磨性,高的热硬性,足够的强度、塑性和韧性。

合金刃具钢又分为低合金刃具钢和高速钢两类。

1.低合金刃具钢

(1)化学成分及性能特点

低合金刃具钢是在碳素工具钢的基础上加入少量合金元素的钢。其 w_C 在 0.75%～1.5%范围内,以保证钢的淬硬性和形成合金碳化物的需要。加入的合金元素主要有硅、锰、铬、钨、钒等。其中硅、锰、铬的主要作用是提高钢的淬透性,增加钢的强度;钨和钒形成碳化物,细化晶粒并提高钢的硬度、耐磨性和热硬性。因此,低合金刃具钢的淬透性比碳素工具钢好,淬火冷却可在油中进行,使变形和开裂倾向减小。但由于合金元素的加入量不大,故钢的热硬性仍不太高,一般工作温度不得高于 300℃。

（2）常用牌号、用途

低合金刃具钢常用的有 9SiCr、8MnSi、Cr06、Cr2、9Cr2、W 等。下面是部分常用低合金刃具钢的性能和用途。

a）W 钢　淬火后的硬度和耐磨性均较碳素工具钢好,韧性也较好,热处理变形小,水淬不易开裂,但耐回火性不高,且淬透性较低,适于制作截面不大的或低速切削硬金属的刃具,如小型麻花钻、手动铰刀等。

合金刃具
钢微课

b）Cr2 钢　w_C 为 0.95%～1.10%,加入铬提高了淬透性,减少淬火变形与开裂的倾向,碳化物颗粒细小且分布均匀,提高钢的强度及耐磨性。因此,Cr2 钢可制造形状复杂、尺寸较大、切削用量较大的刃具（如车刀、刨刀、钻头、铰刀等）。

c）9SiCr 钢　在铬工具钢基础上加入硅（w_{Si} 为 1.2%～1.6%）。这类钢具有更高的淬透性和耐回火性,且碳化物细小均匀。9SiCr 钢的热硬性可达 250～300℃,其过冷奥氏体中温转变区的孕育期较长,故适宜采用分级淬火,以减少变形。因此,9SiCr 钢适于制造变形要求小的薄刃刀具（如丝锥、板牙、铰刀等）。

根据《工模具钢》(GB/T 1299—2014),常用低合金刃具钢的牌号和主要化学成分见表 6-11。

表 6-11　常用低合金刃具钢的牌号与主要化学成分（摘自 GB/T 1299—2014）

牌号	主要化学成分（质量分数）/%								
	C	Si	Mn	Cr	W	Ni	Cu	P[①]	S[②]
						≤			
9SiCr	0.85～0.95	1.20～1.60	0.30～0.60	0.95～1.25	—	0.25	0.25	0.030	0.030
8MnSi	0.75～0.85	0.30～0.60	0.80～1.10	—	—	0.25	0.25	0.030	0.030
Cr06	1.30～1.45	≤0.40	≤0.40	0.50～0.70	—	0.25	0.25	0.030	0.030
Cr2	0.95～1.10	≤0.40	≤0.40	1.30～1.65	—	0.25	0.25	0.030	0.030
9Cr2	0.80～0.95	≤0.40	≤0.40	1.30～1.70	—	0.25	0.25	0.030	0.030
W	1.05～1.25	≤0.40	≤0.40	0.10～0.30	0.80～1.20	0.25	0.25	0.030	0.030

注：①②P 和 S 的含量要求以电弧炉冶炼方法为例。

（3）热处理

低合金刃具钢的热处理与碳素工具钢基本相同。刃具毛坯锻造后的预备热处理采用球化退火,切削加工后的最终热处理采用淬火和低温回火。最终热处理后的组织为细回火马

氏体、粒状合金碳化物及少量的残留奥氏体,一般硬度可达 60~65HRC。

低合金刃具钢交货状态硬度值、试样淬火硬度值及用途见表 6-12。

表 6-12　低合金刃具钢交货状态硬度值、试样淬火硬度值及用途(摘自 GB/T 1299—2014)

牌号	退火交货状态的钢材硬度/HBW	试样淬火硬度			用途
		淬火温度/℃	冷却剂	HRC(≥)	
9SiCr	197~241	820~860	油	62	丝锥、板牙、钻头、铰刀、冷冲模等
8MnSi	≤229	800~820	油	60	长铰刀、长丝锥
Cr06	187~241	780~810	水	64	锉刀、刮刀、刻刀、刀片,剃刀
Cr2	179~229	830~860	油	62	车刀、插刀、铰刀、冷轧辊等
9Cr2	179~217	820~850	油	62	尺寸较大的铰刀、车刀等刃具
W	187~229	800~830	水	62	低速切削硬金属刃具,如麻花钻、车刀和特殊切削工具

2.高速钢

高速工具钢是热硬性、耐磨性较高的高合金工具钢,用其制作的刃具在使用时,能以比低合金刃具钢刀具更高的切削速度进行切削,因而被称为高速钢。它的特点是热硬性可达 600℃,切削时能长时间保持刃口锋利,故又称为"锋钢",并且具有高的强度、硬度和淬透性。淬火时在空气中冷却即可得马氏体组织,因此,又俗称为"风钢"、"白钢"。

(1)化学成分及性能特点

高速钢的碳含量较高,w_C 为 0.75%~1.60%,并含有大量的碳化物形成元素如钨、钼、铬、钒等。高的碳含量是为了在淬火后获得高碳马氏体,并保证形成足够的碳化物,从而保证其高的硬度、高的耐磨性和良好的热硬性。

从发展趋势看,高速钢的碳含量有普遍提高的趋势。显然,碳含量的提高会使钢的耐磨性、热硬性进一步改善,但同时也会使淬火后残留奥氏体量增加。

钨和钼的作用相似(质量分数为 1%的钼相当于质量分数为 1.8%的钨),都能提高钢的热硬性。含有大量钨或钼的马氏体具有很高的耐回火性,在 500~600℃的回火温度下,因析出微细的特殊碳化物(W_2C、Mo_2C)而产生二次硬化,使钢具有高的热硬性,同时还提高钢的耐磨性。

铬在高速钢淬火加热时,几乎全部溶入奥氏体中,增加了奥氏体的稳定性,从而显著提高钢的淬透性和耐回火性。钒是强碳化物形成元素。淬火加热时部分溶入奥氏体,并在淬火后存在于马氏体中,从而增加了马氏体的耐回火性。回火时,钒以特殊碳化物 VC 形式析出,并呈弥散质点分布在马氏体基体上,产生二次硬化。由于 VC 具有极高的硬度(83~85HRC),超过钨碳化物的硬度(73~77HRC)。故钒能显著提高钢的硬度、耐磨性与热硬性。同时,VC 在 1200℃以上才开始明显溶入奥氏体,未溶的 VC 能显著阻止奥氏体晶粒长大。

(2)常用牌号、用途

根据高速钢的化学成分和性能特点,我国常用的牌号主要有 W18Cr4V、W6Mo5Cr4V2

和 W9Mo3Cr4V 等。

a）W18Cr4V。这是我国发展最早、使用最广的钨系高速工具钢。其硬度、热硬性较高，过热敏感性较小，磨削性好，在 600℃时硬度值仍能保持在 52～53HRC。但碳化物较粗大，热塑性差，热加工废品率较高。W18Cr4V 钢适于制造一般的高速切削刃具（如车刀、铣刀、刨刀、拉刀、丝锥、板牙等），但不适于作薄刃刃具、大型刃具及热加工成形刃具。

b）W6Mo5Cr4V2。这种钢用钼代替一部分钨，碳含量及钒含量较 W18Cr4V 高，碳化物更均匀细小，其特点是具有良好的热塑性，碳化物分布较均匀，耐磨性和韧性也较好，但钼的碳化物不如钨碳化物稳定，因而含钼高速钢加热时，易脱碳和过热，热硬性稍差。它适于制造耐磨性与韧性需较好配合的刃具（如齿轮铣刀、插齿刀等），对于扭制、轧制等热加工成形的薄刃刃具（如麻花钻头等）更为适宜。

c）W9Mo3Cr4V。这是近几年发展起来的通用型高速钢，具有 W18Cr4V 和 W6Mo5Cr4V2 两种钢的共同优点，比 W18Cr4V 钢的热塑性好，比 W6Mo5Cr4V2 钢的脱碳倾向小，硬度高，因此得到了愈来愈广泛的应用。

d）W6Mo5Cr4V2Al。这是我国发展的含铝超硬高速钢，价格便宜，适合我国资源情况。具有高热硬性，高耐磨性、热塑性好，且高温硬度高，工作寿命长。该钢热处理后硬度可达 68～69HRC。含铝高速钢适用于加工各种难加工材料，如高温合金、超高强度钢、不锈钢等，但可磨削性不如 W18Cr4V 钢和 W6Mo5Cr4V2 钢。

根据《高速工具钢》(GB/T 9943—2008)，常用高速钢的牌号和主要化学成分见表 6-13。

表 6-13　常用高速钢的牌号与主要化学成分（摘自 GB/T 9943—2008）

牌号	主要化学成分（质量分数）/%								
	C	Mn	Si	S	P	Cr	V	W	Mo	Al
W18Cr4V	0.73～0.83	0.10～0.40	0.20～0.40	≤0.030	≤0.030	3.80～4.50	1.00～1.20	17.20～18.70	—	—
W6Mo5Cr4V2	0.80～0.90	0.15～0.40	0.20～0.45	≤0.030	≤0.030	3.80～4.40	1.75～2.20	5.50～6.75	4.50～5.50	
W6Mo5Cr4V3	1.15～1.25	0.15～0.40	0.20～0.45	≤0.030	≤0.030	3.80～4.50	2.70～3.20	5.90～6.70	4.70～5.20	
W9Mo3Cr4V	0.77～0.87	0.20～0.40	0.20～0.40	≤0.030	≤0.030	3.80～4.40	1.30～1.70	8.50～9.50	2.70～3.30	
W6Mo5Cr4V2Al	1.05～1.15	0.15～0.40	0.20～0.60	≤0.030	≤0.030	3.80～4.40	1.75～2.20	5.50～6.75	4.50～5.50	0.80～1.20

（3）高速钢的铸态组织与锻造

由于钨、钼、铬、钒等合金元素使 Fe-Fe_3C 相图中的 E 点左移，导致高速钢中含有大量共晶碳化物，它们在钢锭中呈鱼骨状，如图 6-8 所示，轧制成钢材后，这些共晶碳化物被破碎为大块、大颗粒，呈带状、网状或堆集状沿轧制方向分布，图 6-9 所示为碳化物呈带状分布的显微组织，而且不能用热处理方法消除，显著降低钢的强度、塑性和韧性，容易引起工具崩刃或脆断。因此，用高速钢制造工具时，首先必须进行锻造，采用大的锻压比（＞10）并反复镦粗、拔长（三镦三拔），才能使粗大碳化物进一步破碎呈小颗粒均匀分布,以提高钢的强度、塑性和韧性。

图 6-8　高速钢铸态显微组织(300×)　　图 6-9　高速钢中碳化物呈带状分布显微组织(300×)

（4）高速钢的热处理

高速钢的热处理包括退火、淬火和回火,其特点是退火温度低,淬火温度高,回火温度高且次数多。

为了消除坯料在锻造时产生的内应力,降低硬度,细化晶粒,为切削加工和淬火作准备,高速钢在锻后必须及时进行球化退火。生产中常采用等温球化退火（即在 860～880℃保温后,迅速冷却到 740～750℃等温）,退火后的组织为索氏体和粒状合金碳化物,硬度为 207～255HBW。

最终热处理为淬火＋多次高温回火。由于钢中合金碳化物十分稳定,淬火时必须加热到 1200～1300℃的高温,使碳化物大部分溶于奥氏体中,淬火后得到马氏体并保留大量残留奥氏体。因此高速钢的淬火组织为隐晶马氏体＋细粒状碳化物＋大量残留奥氏体,如图 6-10 所示。由于淬火马氏体和残留奥氏体中的合金元素含量高,它们的耐回火性极好,在 550～570℃回火时,硬度不但不降低,反而因析出弥散碳化物（W_2C、Mo_2C、VC）,以及回火冷却时残留奥氏体转变为马氏体而使硬度重新升高,产生二次硬化,如图 6-11所示。为了使残留奥氏体尽量减少,提高硬度和消除内应力,高速钢通常是在 550～570℃回火 3 次,每次 1h,回火后的组织为细针状回火马氏体＋粒状碳化物＋少量残留奥氏体,如图 6-12 所示,其硬度为 63～66HRC。图 6-13 所示是 W18Cr4V 钢的全部热处理工艺规范。

图 6-10　W18Cr4V 钢淬火后显微组织(500×)　　图 6-11　W18Cr4V 钢回火温度与硬度的关系

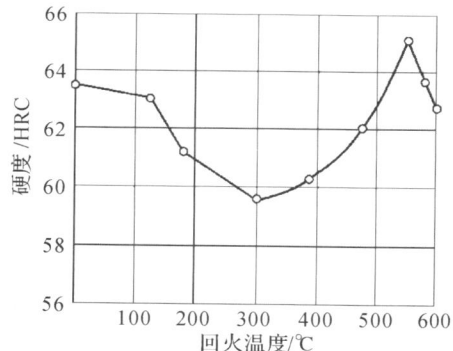

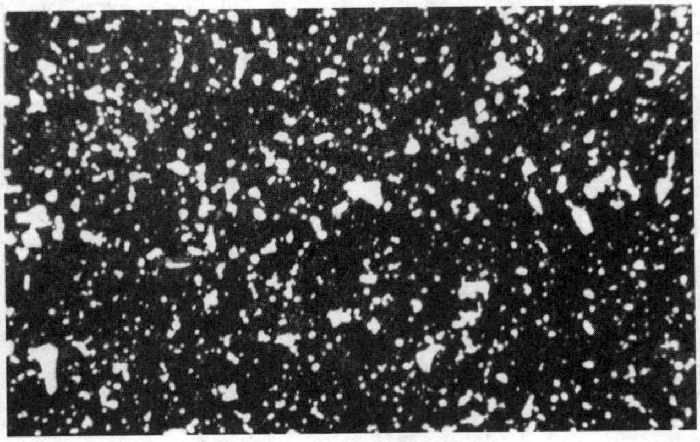

图 6-12　W18Cr4V 钢淬火回火后显微组织（500×）

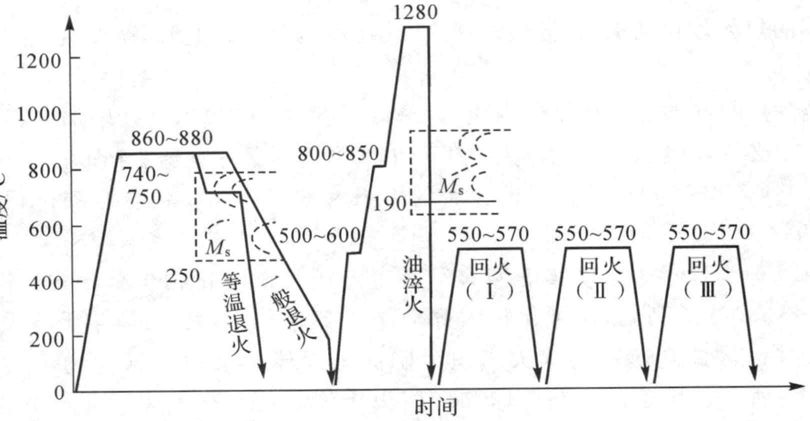

图 6-13　W18Cr4V 钢的热处理工艺规范

常用高速钢交货状态钢棒硬度及试样淬回火硬度见表 6-14。

表 6-14　常用高速钢交货状态钢棒硬度及试样淬回火硬度（摘自 GB/T 9943—2008）

牌号	交货硬度（退火态）/HBW	试样热处理制度及淬回火硬度					
		预热温度/℃	淬火温度/℃		淬火介质	回火温度/℃	硬度/HRC
	≤		盐浴炉	箱式炉			≥
W18Cr4V	255	800～900	1250～1270	1260～1280	油或盐浴	550～570	63
W6Mo5Cr4V2	255		1200～1220	1210～1230		540～560	64
W6Mo5Cr4V3	262		1190～1210	1200～1220		540～560	64
W9Mo3Cr4V	255		1200～1220	1220～1240		540～560	64
W6Mo5Cr4V2Al	269		1200～1220	1230～1240		550～570	65

6.4.2 合金模具钢

模具是用于进行压力加工的工具。根据坯料的加工温度,可将模具分为冷作模具和热作模具两大类。

1. 冷作模具钢

冷作模具钢用于制造使金属在冷态下产生变形的模具,如冷挤压模、冷镦模、冷拉模、冷弯曲模及切边模等。这些模具在工作中要承受很大的压力、弯曲力、冲击力和强烈的摩擦,因此冷作模具钢的性能与刃具钢相似,要求具有高的硬度(58~62HRC)和耐磨性、足够的强度和韧性,同时要求具有较高的淬透性和较低的淬火变形倾向。

冷作模具钢的化学成分、热处理特点基本上与刃具钢相似。对于小型冷作模具,可用碳素工具钢和低合金刃具钢制造。如 T10A、9Mn2V、CrWMn 等。其热处理一般也是球化退火、淬火和低温回火。

对于大型模具常用 Cr12 型钢制造。Cr12 型钢是最常用的冷作模具钢,牌号有 Cr12 和 Cr12MoV 等。这类钢的成分特点是高碳高铬(w_C 为 $1.45\% \sim 2.3\%$,w_{Cr} 为 $11\% \sim 13\%$),具有高硬度、高强度和极高的耐磨性,并具有极好的淬透性(油淬直径达 200mm),淬火变形小。但淬火后残留奥氏体量较多。

Cr12 型钢与高速钢一样,也属于莱氏体钢,铸态下有网状共晶碳化物。轧制后坯料中碳化物往往分布不均匀。因此,在制造模具时,要通过反复锻造来消除碳化物的不均匀性。锻造后应缓冷,然后进行球化退火,以消除锻造内应力、降低硬度,为后续工序做准备。Cr12 型钢的最终热处理有两种方法:

(1)一次硬化法　低温淬火和低温回火法,这种方法可使模具获得高硬度和高耐磨性,淬火变形小。一般承受较大载荷和形状复杂的模具采用此法处理。

(2)二次硬化法　高温淬火和多次高温回火法,高温淬火后由于残留奥氏体增多,硬度较低(40~50HRC),但经多次 510~520℃回火,产生二次硬化,硬度可升高到 60~62HRC,这种方法能使模具获得高的热硬性和耐磨性,但韧性较差。一般承受强烈摩擦,在 400~450℃条件下工作的模具适用此法。

Cr12 型钢经淬火及回火后的组织为回火马氏体、粒状碳化物和少量残留奥氏体。Cr12 型钢适用于重载荷、高耐磨、高淬透性、变形量要求小的冷冲模。其中 Cr12MoV 钢,除耐磨性不及 Cr12 钢外,强度、韧性都较好,应用最广。

几种常用的冷作模具钢牌号、主要化学成分及交货状态与试样淬火硬度见表 6-15。

表 6-15　几种常用的冷作模具钢牌号、主要化学成分
及交货状态与试样淬火硬度(摘自 GB/T 1299—2014)

牌号	主要化学成分(质量分数)/%						退火交货状态的钢材硬度/HBW	试样淬火硬度		
	C	Si	Mn	Cr	Mo	其他		淬火温度/℃	冷却剂	HRC
9Mn2V	0.85~0.95	≤0.40	1.70~2.00	—	—	V:0.10~0.25	≤229	780~810	油	≥62

续表

牌号	主要化学成分(质量分数)/%						退火交货状态的钢材硬度/HBW	试样淬火硬度		
	C	Si	Mn	Cr	Mo	其他		淬火温度/℃	冷却剂	HRC
CrWMn	0.90~1.05	≤0.40	0.80~1.10	0.90~1.20	—	W:1.20~1.60	207~255	800~830	油	≥62
Cr8Mo2SiV	0.95~1.03	0.80~1.20	0.20~0.50	7.80~8.30	2.00~2.80	V:0.25~0.40	≤255	1020~1040	油或空气	≥62
Cr12	2.00~2.30	≤0.40	≤0.40	11.50~13.00	—	—	217~269	950~1000	油	≥60
Cr12MoV	1.45~1.70	≤0.40	≤0.40	11.00~12.50	0.40~0.60	V:0.15~0.30	207~255	950~1000	油	≥58

2. 热作模具钢

热作模具钢是用来制造使加热的固态或液态金属在压力下成形的模具,前者称为热锻模(包括热挤压模),后者称为压铸模。

这类模具在工作中除承受较大的冲击载荷、很大的压力、弯曲力外,还受到炽热金属在模腔中流动所产生的强烈摩擦力,同时还受到反复的加热和冷却。因此,要求热作模具钢应具有高的热硬性和高温耐磨性、良好的综合力学性能、高的热疲劳强度和较好的抗氧化能力,同时还要求具有高的淬透性、导热性。

为了达到上述要求,热作模具钢一般是中碳合金钢,其 w_C 为 0.3%~0.6%,以保证钢具有高强度、高韧性、较高的硬度(35~52HRC)和较高的热疲劳强度。加入的合金元素有锰、铬、镍、钨、钼、钒等,主要是提高钢的淬透性、耐回火性和热硬性,细化晶粒,同时还提高钢的强度和热疲劳强度。

热作模具钢的最终热处理与模具钢的种类和使用条件有关。热锻模具钢的最终热处理与调质钢相似,淬火后高温(550℃左右)回火,以获得回火索氏体—回火托氏体组织。压铸模具钢的热处理是淬火后在略高于二次硬化峰值的温度(600℃左右)回火 2~3 次,获得的组织为回火马氏体和粒状碳化物,以保证模具的热硬性。

目前,常用的热锻模典型钢牌号有 5CrNiMo 及 5CrMnMo 钢。5CrNiMo 具有良好韧性、强度与耐磨性,并在 500~600℃ 时力学性能几乎不降低。它有良好的淬透性,300mm×400mm×300mm 的大块钢料也可在油中淬透,故常用来制造大、中型热锻模。5CrMnMo钢不含我国稀缺的镍,性能与 5CrNiMo 相似,仅是综合力学性能与热疲劳抗力和淬透性能稍低,它适于制作中、小型热锻模。常用的压铸模典型钢牌号为 3Cr2W8V。3Cr2W8V 钢中 w_C 为 0.3%~0.4%,但属于过共析钢。合金元素铬、钨、钒等可使钢的相变点 Ac_1 提高到820~830℃,因而其热疲劳抗力较高。此外,它还具有较高的高温强度,在 600~650℃ 时其强度可达 1000~1200MPa。这种钢淬透性也较高,截面尺寸在 100mm 以下可在油中淬透。3Cr2W8V 钢适于制造浇注温度较高的铜合金与铝合金的压铸模。

部分常用的热作模具钢的牌号、主要化学成分及用途见表 6-16。

表 6-16　部分常用的热作模具钢的牌号、主要化学成分及用途(摘自 GB/T 1299—2014)

牌号	主要化学成分(质量分数)/%								用途举例
	C	Si	Mn	Cr	W	Mo	Ni	V	
5CrMnMo	0.50~0.60	0.25~0.60	1.20~1.60	0.60~0.90	—	0.15~0.30	—	—	中、小型热锻模
5CrNiMo	0.50~0.60	≤0.40	0.50~0.80	0.50~0.80	—	0.15~0.30	1.40~1.80	—	形状复杂、重载荷的大、中型热锻模
4Cr5W2VSi	0.32~0.42	0.80~1.20	≤0.40	4.50~5.50	1.60~2.40	—	—	0.60~1.00	热挤压模(挤压铝、镁)、高速锤锻模
4Cr5MoSiV	0.33~0.43	0.80~1.20	0.20~0.50	4.75~5.50	—	1.10~1.60	—	0.30~0.60	热挤压模(挤压铝、镁)、高速锤锻模
3Cr2W8V	0.30~0.40	≤0.40	≤0.40	2.20~2.70	7.50~9.00	—	—	0.20~0.50	热挤压模(挤压铜、钢)、压铸模

6.4.3　合金量具钢

量具是机械加工过程中控制加工精度的测量工具,如卡尺、千分尺、螺旋测微器、量块、塞尺及样板等。工作过程中,量具必须以极低的粗糙度值与被测工件相接触,以保证测量尺寸的精确,然而,由于量具与被测工件长期反复地接触,又会导致工作面的磨损、碰撞,甚至变形,使其失去原有的尺寸精度而不能继续使用。因此,要求量具钢必须具备高硬度(62~65HRC)、高耐磨性、高的尺寸稳定性。此外,还需有良好的磨削加工性,使量具能达到很小的粗糙度值。形状复杂的量具还要求淬火变形小。

量具用钢没有专用钢种。通常低合金刃具钢如 8MnSi、9SiCr、Cr2、W 钢等都可用来制造各种量具。对高精度、形状复杂的量具,可采用微变形合金工具钢(如 CrWMn 钢)和滚动轴承钢 GCr15 制造。对形状简单、尺寸较小、精度要求不高的量具也可用碳素工具钢 T10A、T12A 制造,或用渗碳钢(15 钢、20 钢、15Cr 钢等)制造,并经渗碳、淬火、低温回火处理。对要求耐蚀的量具可用马氏体型不锈钢 68Cr17 等制造。对金属直尺、钢皮尺、样板及卡规等量具也可采用中碳钢(如 55、65、60Mn、65Mn 等)制造,并经高频感应淬火处理。

量具的最终热处理主要是淬火和低温回火,目的是获得高硬度和高耐磨性。对于精度要求高的量具,为保证尺寸稳定性,常在淬火后立即进行一次冷处理,以降低组织中的残留奥氏体量。在低温回火后还应进行一次稳定化处理(100~150℃、24~36h),以进一步稳定组织和尺寸,并消除淬火内应力。有时在磨削加工后,还要在 120~150℃ 保温 8h 进行二次稳定化处理,以消除磨削产生的残余内应力,从而进一步稳定尺寸。

6.5　特殊性能钢

特殊性能钢是指具有特殊物理、化学、力学性能的钢种,其中有不锈钢、耐热钢及耐磨钢等。这些钢制成的机械零构件可在一定的高温及酸、碱、盐介质中或磨损条件下工作。

6.5.1　不锈钢

在自然环境或一定工业介质中具有耐腐蚀性能的钢称为不锈钢或耐蚀钢。能抵抗大气腐蚀的钢称为不锈钢,而在一些化学介质中能抵抗腐蚀的钢称为耐蚀钢,通常也将这两类钢统称为不锈钢。其广泛应用于石油、化工、原子能、航天、航海等工业部门,制造要求耐腐蚀的零构件,如化工管道、阀门、泵、压力容器、飞行器蒙皮、反应堆包壳管和回路管道、手术刀和滚动轴承等。

1. 性能要求及成分特点

对不锈钢和耐蚀钢的性能要求主要是耐蚀性,但对于制作机器零件和结构件及工具的不锈钢还应具有高强度和良好的加工性能,如冷成形性能和焊接性能及热处理性能等。

不锈钢的碳的质量分数范围很宽,w_C 为 $0.03\%\sim0.95\%$。从耐蚀性考虑,碳含量越低越好,因为碳容易与合金元素 Cr 形成碳化物 $Cr_{23}C_6$ 和 $(Cr \cdot Fe)_{23}C_6$,降低基体的电极电位并增加微电池数目,加速电化学腐蚀;从提高强度考虑,则应尽量提高碳含量,以形成马氏体和特殊碳化物,从而提高钢的强度。

不锈钢的性能要求及成分特点微课

不锈钢中合金元素的质量分数高,其总量为 $12\%\sim38\%$,常加入的合金元素有 Cr、Ni、Si、Al、Mo、Ti、Nb 等,它们的主要作用是:

(1)提高基体的电极电位　当钢中 $w_{Cr}>12\%$ 时,铁素体的电极电位由 $-0.56V$ 提高到 $+0.12V$,从而提高了耐蚀性能。

(2)使钢在室温呈单相组织　当钢中 $w_{Cr}>17\%$ 时,可获得单相铁素体组织,当 $w_{Ni}>9\%$ 时,可获得单相奥氏体组织,从而减少了微电池数量,减轻电化学腐蚀。

(3)在钢表面形成致密氧化膜　Cr、Si、Al 形成致密氧化膜 Cr_2O_3、SiO_2、Al_2O_3 覆盖在钢的表面,保护其内部不受腐蚀。

(4)形成稳定碳化物和金属间化合物　Ni、Al、Mo、Ti、Nb 在钢中可以形成稳定碳化物 TiC、NbC 和金属间化合物 Ni_3Al、Nb_3Mo、$Ni_3(Ti \cdot Nb)$ 等在晶内析出,防止晶间腐蚀和提高钢的强度。

2. 常用不锈钢及其热处理

按化学成分可分为铬不锈钢、镍铬不锈钢、铬锰不锈钢等。按金相组织特点则可分为马氏体型不锈钢、铁素体型不锈钢、奥氏体型不锈钢、奥氏体—铁素体型不锈钢及沉淀硬化型不锈钢五种类型。

(1)马氏体型不锈钢

这类钢 w_C 为 0.1%~1.0%、w_{Cr} 为 12%~18%,属于铬不锈钢。淬透性好,空冷时可形成马氏体。但由于合金元素单一,这类钢只在氧化性介质中(如大气、水蒸气、海水、氧化性酸)有较好的耐蚀性,而在非氧化介质中(如盐酸、碱溶液等)耐蚀性很低。此外,钢的耐蚀性还随碳的质量分数增加而降低,但钢的强度、硬度、耐磨性及切削加工性则随之而增高。

常用的马氏体型不锈钢有 12Cr13、20Cr13、30Cr13、40Cr13 及 95Cr18。由于钢中加入了较多的铬元素,使 Fe-Fe₃C 相图的共析点移至 $w_C=0.3\%$ 附近,因此,30Cr13 和 40Cr13 便分别属于共析钢与过共析钢,故工业上一般把 12Cr13、20Cr13 作为结构钢使用,而把 30Cr13、40Cr13、95Cr18 作为工具钢使用。

由于这类钢锻造空冷便可获得马氏体,使硬度较高。为了便于切削加工,通常还需将锻件加热至 850~900℃保温 1~3h,然后慢冷至 600℃后再空冷进行退火处理。对于 12Cr13 与 20Cr13 钢一般进行调质处理,得到回火索氏体组织。常用作汽轮机叶片和蒸汽管附件;对于 30Cr13 及 40Cr13、95Cr18 钢则采用淬火+低温回火处理,获得回火马氏体组织。30Cr13 和 40Cr13 钢低温回火后硬度可达 50HRC 以上,常用作医疗器械和不锈钢刀具;95Cr18 钢低温回火后硬度可达 56~59HRC,常用作耐蚀的滚动轴承和刀具。

(2)铁素体型不锈钢

这类钢 w_C 低于 0.15%,w_{Cr} 为 12%~30%,也属于铬不锈钢。由于碳的质量分数相应地降低,铬的质量分数又相应地提高,致使钢从室温加热到高温(1000℃左右)均为单相铁素体组织,即不发生 F→A 的相变,故不能用淬火方法强化。所以铁素体型不锈钢的耐蚀性、塑性、焊接性均优于马氏体不锈钢,但其强度偏低。这类钢主要用于对力学性能要求不高,而对耐蚀性要求很高的机器零件和结构件,如硝酸的吸收塔及热交换器、磷酸槽等,也可作高温下抗氧化的材料使用。常用铁素体型不锈钢 06Cr13Al、10Cr17 等都是在退火或正火状态使用。

(3)奥氏体型不锈钢

这类钢是应用最广的不锈钢,属镍铬不锈钢。此类钢含有较低的碳($w_C<0.12\%$),含有较高的铬(w_{Cr} 为 17%~25%)和较高的镍(w_{Ni} 为 8%~20%),由于镍的加入,扩大了奥氏体区域,使钢在室温下得到单相奥氏体组织,而 Cr 提高电极电位并在钢的表面形成致密的钝化膜,从而使钢的耐蚀性比马氏体型不锈钢有进一步提高。

奥氏体型不锈钢不仅有高的耐蚀性,还有高的塑性、低温韧性、加工硬化能力与良好的焊接性能,广泛用于制造硝酸、有机酸、盐、碱等工业中的机械零件及构件。这类钢典型的钢种主要成分为 $w_{Cr}\geqslant18\%$、$w_{Ni}\geqslant8\%$ 的 18-8 型不锈钢。常用的奥氏体型不锈钢牌号有 06Cr19Ni10、06Cr17Ni12Mo2 等。

18-8 型不锈钢在退火状态下呈现奥氏体+碳化物组织,碳化物的存在,会使钢的耐腐蚀性有所下降,故通常采用固溶处理的方法,使碳化物溶于高温奥氏体中,再通过快冷至室温,获得单一的奥氏体组织(即把钢加热到 1100℃后水冷)。固溶处理后钢的强度很低($R_m \approx600MPa$),不适于作结构材料用,但由于这类钢有很好的加工硬化能力,可以用冷变形方法获得显著强化,经冷变形后 R_m 为 1200~1400MPa。值得注意的是,冷变形后的奥氏体型不锈钢必须进行去应力退火,即加热至 300~350℃保温一定时间后出炉空冷,以防出现应

不锈钢的分类微课

力腐蚀。

奥氏体型不锈钢的主要缺点是容易产生晶间腐蚀，其原因是沿晶界析出 $Cr_{23}C_6$、$(Cr \cdot Fe)_{23}C_6$ 等碳化物，造成晶界附近区域贫铬（$w_{Cr} < 12\%$），使该处电极电位降低，当受到腐蚀介质作用时便沿晶界的贫铬区发生腐蚀。防止晶间腐蚀的方法可采用降低钢中碳的质量分数，使之不形成铬的碳化物；或在钢中加入适量强碳化物形成元素 Ti 和 Nb，优先形成 TiC 和 NbC 而不形成 $Cr_{23}C_6$ 等铬的碳化物，不产生贫铬区等。

（4）奥氏体—铁素体型不锈钢

这类钢是在 18-8 型奥氏体不锈钢基础上调整 Cr、Ni 的含量，并加入适量的 Mo、Si、Cu、N 等而形成的双相不锈钢，兼有奥氏体型不锈钢和铁素体型不锈钢的特性。通常采用 1000～1100℃淬火韧化，使之获得体积分数为 60% 的铁素体及奥氏体的双相组织。这类钢不仅具有较好的耐蚀性，还有较高的抗应力腐蚀能力、抗晶间腐蚀能力及良好的焊接性能。适于制作硝酸工业与尿素、尼龙生产的设备及零件。奥氏体—铁素体型不锈钢常用的双相不锈钢有 14Cr8Ni11Si4AlTi、022Cr19Ni5Mo3Si2N 和 022Cr22Ni5Mo3N 等。

（5）沉淀硬化型不锈钢

如前所述奥氏体不锈钢可通过冷变形予以强化，但对于大截面的零件，特别是形状复杂的零件，由于各处变形程度不同，因此各处强化程度不可能均匀一致，为了解决这个难题，发展了沉淀硬化型不锈钢。这类钢在 18-8 型奥氏体不锈钢基础上降低了镍的含量，并加入了适量的 Al、Cu、Mo、Nb 等元素，以便在热处理过程中析出金属间化合物，实现沉淀硬化。例如 07Cr17Ni7Al 钢经 1060℃加热后快冷（即固溶处理）获得单相奥氏体，其塑性好，易于冷轧、冲压成形和焊接；然后再加热至 750～760℃空冷获得奥氏体—马氏体双相组织；最后在 560～570℃进行时效（或称沉淀）硬化处理，以析出 Ni_3Al 等金属间化合物，使其硬度增至 43HRC。这类钢主要用作高强度、高硬度而又耐腐蚀的化工机械设备、零件及航天用设备、零件等。常用的沉淀硬化型不锈钢有 07Cr17Ni7Al 等。

根据《不锈钢棒》（GB/T 1220—2007），部分常用不锈钢的牌号、主要化学成分、热处理、力学性能及用途列于表 6-17。

表 6-17　部分常用不锈钢的牌号、主要化学成分、热处理、力学性能及用途（摘自 GB/T 1220—2007）

类别	牌号	化学成分（质量分数）/%				热处理制度		力学性能				用途
		C	Cr	Ni	其他	淬火温度/℃ 冷却剂	回火温度/℃	$R_{P0.2}$/MPa	R_m/MPa	A/%	HBW	
								不小于				
马氏体型	12Cr13	0.08～0.15	11.50～13.50	≤0.60	Si：1.00 Mn：1.00	950～1000 油冷	700～750 快冷	345	540	22	≥159	汽轮机叶片、水压机阀、螺栓、螺母等抗弱腐蚀介质并承受冲击的零件
	20Cr13	0.16～0.25	12.00～14.00	≤0.60	Si：1.00 Mn：1.00	920～980 油冷	600～750 快冷	440	640	20	≥192	

类别	牌号	化学成分(质量分数)/%				热处理制度		力学性能				用途
		C	Cr	Ni	其他	淬火温度/℃ 冷却剂	回火温度/℃	$R_{P0.2}$/MPa	R_m/MPa	A/%	HBW	
								不小于				
马氏体型	30Cr13	0.26~0.35	12.00~14.00	≤0.60	Si:1.00 Mn:1.00	920~980 油冷	600~750 快冷	540	735	12	≥217	作较高硬度要求及耐磨性的热油泵轴、阀片、阀门、弹簧、手术刀片、医疗器械等
	40Cr13	0.36~0.45	12.00~14.00	≤0.60	Si:0.60 Mn:0.80	1050~1100 油冷	200~300 空冷	—	—	—	≥50HRC	用于外科医疗用具、阀门轴承和弹簧
	95Cr17	0.90~1.00	17.00~19.00	≤0.60	Si:0.80 Mn:0.80 F	1000~1050 油冷	200~300 油、空冷	—	—	—	≥55HRC	用于较高强度要求的耐硝酸及某些有机酸腐蚀的零件及设备、不锈钢刀片机械刃具、剪切刃具、手术刀片、高耐磨、耐蚀的零件
铁素体型	06Cr13Al	0.08	11.50~14.50	≤0.60	Si:1.00 Mn:1.00 Al:0.10~0.30	780~830 空冷或缓冷(退火)		175	410	20	≤183	用于石油精制装置、压力容器衬里、蒸汽透平叶片等
	022Cr12	0.03	11.00~13.50	≤0.60	Si:1.00 Mn:1.00	700~820 空冷或缓冷(退火)		195	360	22	≤183	制造汽车排气处理装置、锅炉燃烧室、喷嘴等
	10Cr17	0.12	16.00~18.00	≤0.60	Si:1.00 Mn:1.00	780~850 空冷或缓冷(退火)		205	450	22	≤183	硝酸工厂设备,如吸收塔、硝酸热交换器、酸槽、输油管道、食品工厂设备等
奥氏体型	12Cr18Ni9	0.15	17.00~19.00	8.00~10.00	Si:1.00 Mn:2.00 N:0.10	1010~1150 快冷(固溶处理)		205	520	40	≤187	制作耐硝酸、冷磷酸、有机酸及盐、碱溶液腐蚀的零件
	06Cr19Ni10	0.08	18.00~20.00	8.00~11.00	Si:1.00 Mn:2.00	1010~1150 快冷(固溶处理)		205	520	40	≤187	耐酸容器及设备衬里、输送管道等设备零件,抗磁仪表、医疗器械等

续表

类别	牌号	化学成分（质量分数）/%				热处理制度		力学性能				用途
		C	Cr	Ni	其他	淬火温度/℃ 冷却剂	回火温度/℃	$R_{P0.2}$/MPa	R_m/MPa	A/%	HBW	
								不小于				
奥氏体型	022Cr19Ni10	0.03	18.00 ~ 20.00	8.00 ~ 12.00	Si:1.00 Mn:2.00	1010~1150 快冷（固溶处理）		175	480	40	≤187	具有良好的耐蚀及耐晶间腐蚀性能，用于化学工业的耐蚀材料
	06Cr18Ni11Ti	0.08	17.00 ~ 19.00	9.00 ~ 12.00	Si:1.00 Mn:2.00 Ti:5C ~0.70	920~1150 快冷（固溶处理）		205	520	40	≤187	作焊芯、抗磁仪表、医疗器械、耐酸容器、输送管道等
	06Cr17Ni12Mo2	0.08	16.00 ~ 18.00	10.00 ~ 14.00	Si:1.00 Mn:2.00	1010~1150 快冷（固溶处理）		205	520	40	≤187	用于制作抗硫酸、磷酸、蚁酸以及醋酸等腐蚀介质的设备，有良好的抗晶间腐蚀性能
奥氏体—铁素体型	14Cr18Ni11Si4AlTi	0.10 ~ 0.18	17.50 ~ 19.50	10.00 ~ 12.00	Si:3.40 ~4.00 Mn:0.80 Al:0.10 ~0.30 Ti:0.40 ~0.70	930~1050 快冷（固溶处理）		440	715	25	—	可用于制作抗高温、浓硝酸介质的零件和设备，如排酸阀门等
	022Cr19Ni5Mo3Si2N	0.03	18.00 ~ 19.50	4.50 ~ 5.50	Si:1.30 ~2.00 Mn:1.00 ~2.00 Mo:2.50 ~3.00 N:0.05 ~0.12	920~1150 快冷（固溶处理）		390	590	20	≤290	含氯离子的环境中耐应力腐蚀开裂性好、耐点蚀性好，用于制造炼油、化肥、造纸、石油、化工等工业的热交换器和冷凝器等
沉淀硬化型	07Cr17Ni7Al	0.09	16.00 ~ 18.00	6.50 ~ 7.75	Si:1.00 Mn:1.00 Al:0.75 ~1.50	1000~1100 快冷（固溶处理）	510 时效	1030	1230	4	≥388	制作高强度、高硬度而又耐腐蚀的化工机械设备和零件，如轴、高速离心机转鼓、弹簧以及航天设备的零件和汽轮机部件
							565 时效	960	1140	5	≥363	
	05Cr17Ni4Cu4Nb	0.07	15.00 ~ 17.50	3.00 ~ 5.00	Si:1.00 Mn:1.00 Cu:3.00 ~5.00	1020~1060 快冷（固溶处理）	480 时效	1180	1310	10	≥375	
							550 时效	1000	1070	12	≥331	
							580 时效	865	1000	13	≥302	
							620 时效	725	930	16	≥277	

注1：表中所列主要化学成分除标明范围或最小值外，其余均为最大值。

6.5.2　耐热钢

在航空、火力电站、发动机、化工等部门中,许多零件在高温下使用,要求具有耐热性。在高温下具有一定的热稳定性和热强性的钢称为耐热钢。按照性能,耐热钢可分为抗氧化钢和热强钢。抗氧化钢在高温下具有较好的抗氧化及抗其他介质腐蚀的性能;热强钢在高温时具有较高的强度和良好的抗氧化、抗腐蚀性能。按照组织类型,耐热钢按其正火组织可分为马氏体型耐热钢、铁素体型耐热钢、奥氏体型耐热钢及沉淀硬化型耐热钢等。

1. 马氏体型耐热钢

马氏体型耐热钢含有大量的铬,并含有钼、钨、钒等合金元素,以提高钢的再结晶温度和形成稳定的碳化物,加入硅以提高钢的抗氧化能力和强度。故这类钢的抗氧化性、热强性均高,硬度和耐磨性良好,淬透性也很好。因此,这类钢广泛用于制造工作温度在 650℃ 以下、承受较大载荷且要求耐磨的零件,如汽轮机叶片、汽车发动机的排气阀等。常用钢号有 13Cr13Mo、42Cr9Si2、15Cr12WMoV 等。马氏体型耐热钢一般在调质状态下使用,组织为回火索氏体。

2. 铁素体型耐热钢

铁素体型耐热钢的碳含量较低($w_C \leqslant 0.20\%$),铬含量高($w_{Cr} \geqslant 11\%$),并含有一定量的硅、铝等,以提高钢的抗氧化能力,加入少量的氮,主要是提高钢的强度。故这类钢的抗氧化性能高(铬含量越高,抗氧化性越高),但高温强度仍较低,焊接性较差。因此,主要用于制造工作温度较高、受力不大的构件,如退火炉罩、吊挂、热交换器、喷嘴、渗碳箱等。常用钢号有 06Cr13Al、16Cr25N 等。主要热处理是退火,其目的是消除钢在冷加工时产生的内应力。

3. 奥氏体型耐热钢

奥氏体型耐热钢与奥氏体不锈钢一样,含有大量的铬和镍,以保证钢的抗氧化性和高温强度,并使组织稳定。加入钛、钼、钨等元素是为了形成弥散分布的碳化物,以进一步提高钢的高温强度。故这类钢的耐热性优于马氏体型耐热钢,并具有很好的冷塑性变形性能和焊接性能,塑性、韧性也较好,但切削加工性较差。因此,这类钢广泛用于汽轮机、燃气轮机、航空、舰艇、电炉等工业部门。如制造加热炉管、炉内传送带、炉内支架、汽轮机叶片、轴、内燃机重负荷排气阀等零件。常用钢号有 06Cr18Ni11Ti、45Cr14Ni14W2Mo(14-14-2 型钢)等。这类钢与奥氏体不锈钢一样,需经过固溶处理等才能使用。

4. 沉淀硬化型耐热钢

这类钢的化学成分、热处理及沉淀硬化机理与沉淀硬化型不锈钢相同,这里不再重复。常用沉淀硬化型耐热钢有 05Cr17Ni4Cu4Nb 和 07Cr17Ni7Al,前者用于制造高温燃气透平压缩机和透平发动机的叶片和轴等,后者用于制造高温下工作的弹簧、膜片、波纹管等。

若零件的工作温度超过 700℃,则应考虑选用镍基、铁基等耐热合金;若工作温度超过 900℃,则应考虑选用钼基及陶瓷合金等;对于 350℃ 以下工作的零件,则选用一般的合金结构钢即可。

根据《耐热钢棒》(GB/T 1221—2007),部分常用耐热钢的牌号、热处理、力学性能及用途见表 6-18。

表 6-18　部分常用耐热钢的牌号、热处理、力学性能及用途（摘自 GB/T 1221—2007）

类别	牌号	热处理制度		力学性能					用途
		淬火温度/℃ 冷却剂	回火温度/℃	$R_{P0.2}$/MPa	R_m/MPa	A/%	Z/%	HBW	
				不小于					
马氏体型	12Cr13	950～1000 油冷	700～750 快冷	345	540	22	55	159	作 800℃以下耐氧化用部件
	13Cr13Mo	970～1020 油冷	650～750 快冷	490	690	20	60	192	用于制作汽轮机叶片,高温、高压蒸汽用机械部件等
	14Cr11MoV	1050～1100 空冷	720～740 空冷	490	685	16	55	—	用于透平叶片及导向叶片
	15Cr12WMoV	1000～1050 油冷	680～700 空冷	585	735	15	45	—	用于透平叶片、紧固件、转子及轮盘
	42Cr9Si2	1020～1040 油冷	700～780 油冷	590	885	19	50	—	用于制作内燃机进气阀、轻负荷发动机的排气阀
铁素体型	06Cr13Al	780～830 空冷或缓冷（退火）		175	410	20	60	≤183	主要用于制作燃气透平压缩机叶片、退火箱、淬火台架等
	16Cr25N	780～880 快冷（退火）		275	510	20	40	≤201	常用于抗硫气氛,如燃烧室、退火箱、玻璃模具、阀、搅拌杆等
	022Cr12	700～820 空冷或缓冷（退火）		195	360	22	60	≤183	作汽车排气处理装置、锅炉燃烧室、喷嘴等
奥氏体型	06Cr25Ni20	1030～1180 快冷（固溶处理）		205	520	40	50	≤187	作炉用材料、汽车排气净化装置等
	12Cr16Ni35	1030～1180 快冷（固溶处理）		205	560	40	50	≤201	作炉用钢料、石油裂解装置
	06Cr18Ni11Ti	920～1150 快冷（固溶处理）		205	520	40	50	≤187	作 400～900℃腐蚀条件下使用部件,高温用焊接结构部件
	16Cr20Ni14Si2	1080～1130 快冷（固溶处理）		295	590	35	50	≤187	适用于制作承受应力的各种炉用构件
	45Cr14Ni14W2Mo	820～850 快冷（退火）		315	705	20	35	≤248	用于制造 700℃以下工作的内燃机、柴油机重负荷进、排气阀和紧固件,500℃以下工作的航空发动机及其他产品零件。也可作为渗氮钢使用

续表

类别	牌号	热处理制度		力学性能					用途
		淬火温度/℃ 冷却剂	回火温度/℃	$R_{P0.2}$/MPa	R_m/MPa	A/%	Z/%	HBW	
				不小于					
沉淀硬化型	07Cr17Ni7Al	1000～1100 快冷 (固溶处理)	510 时效	1030	1230	4	10	≥388	作高温弹簧、膜片、固定器、波纹管等
			565 时效	960	1140	5	25	≥363	
	05Cr17Ni4Cu4Nb	1020～1060 快冷 (固溶处理)	480 时效	1180	1310	10	40	≥375	作燃气透平压缩机叶片、燃气透平发动机周围材料
			550 时效	1000	1070	12	45	≥331	
			580 时效	865	1000	13	45	≥302	
			620 时效	725	930	16	50	≥277	

6.5.3　耐磨钢

广义地讲耐磨钢是指用于制造高耐磨零件及构件的一类钢种。这些钢种有高碳铸钢、硅锰结构钢、高碳工具钢以及轴承钢等,但通常是指高锰耐磨钢(也称奥氏体锰钢铸件)。

1. 奥氏体锰钢铸件的性能及成分特点

高锰耐磨钢经热处理后能获得单一的奥氏体组织。这种组织的韧性很好,硬度不高,约 210HBW,但当它受到剧烈冲击及高压力作用时,其表层的奥氏体将迅速产生加工硬化,同时伴有奥氏体向马氏体的转变,导致表层的硬度提高到 550HBW,从而形成硬而耐磨的表面,但其内部仍保持原有的低硬度状态。当表面一层磨损后,新露出来的表面将继续产生加工硬化,并获得高硬度。正是由于高锰钢的这种特性,所以它才适用于制造受剧烈冲击的耐磨件。

由于高锰钢具有很高的加工硬化能力,切削加工十分困难,所以基本上都是铸造成形的,又因其室温组织为单相奥氏体组织,所以也称奥氏体锰钢铸件。奥氏体锰钢铸件化学成分的特点是高碳、高锰,并且其成分变动范围较大。

奥氏体锰钢铸件碳的质量分数 w_C 为 $0.7\% \sim 1.35\%$,以保证钢的耐磨性及强度,但碳的质量分数太高,易导致高温下碳化物的析出,使热处理后钢的冲击韧性下降。

奥氏体锰钢铸件锰的质量分数 w_{Mn} 为 $6\% \sim 19\%$,适量的硅(w_{Si} 为 $0.3\% \sim 0.9\%$)及低的硫($w_S \le 0.040\%$)、低的磷($w_P \le 0.060\%$)。此外,还含有铬、钼、镍、钨等,锰有扩大并稳定奥氏体区的作用,锰含量的高低取决于构件对耐磨性的要求及碳含量,一般将锰与碳的质量分数比例(w_{Mn}/w_C)控制在 $8 \sim 12$。对于耐磨性要求高,冲击韧性要求低的薄壁件,锰与碳的质量分数比例可取低限。相反,对于耐磨性要求略低,冲击韧性要求高的厚壁件,锰与碳的质量分数比例可适当提高。硅提高奥氏体锰钢铸件中固溶体的硬度和强度,从而有利于提高钢的耐磨性。但硅含量不能过高,否则易促使碳化物析出,降低钢的冲击韧性、并导致开裂。

根据《奥氏体锰钢铸件》(GB/T 5680—2010),奥氏体锰钢铸件共分 10 个牌号,奥氏体锰钢铸件的牌号及其化学成分列于表 6-19。

表 6-19　奥氏体锰钢铸件的牌号及其化学成分(摘自 GB/T 5680—2010)

牌号	化学成分(质量分数)/%								
	C	Si	Mn	P	S	Cr	Mo	Ni	W
ZG120Mn7Mo1	1.05～1.35	0.3～0.9	6～8	≤0.060	≤0.040	—	0.9～1.2	—	—
ZG110Mn13Mo1	0.75～1.35	0.3～0.9	11～14	≤0.060	≤0.040	—	0.9～1.2	—	—
ZG100Mn13	0.90～1.05	0.3～0.9	11～14	≤0.060	≤0.040	—	—	—	—
ZG120Mn13	1.05～1.35	0.3～0.9	11～14	≤0.060	≤0.040	—	—	—	—
ZG120Mn13Cr2	1.05～1.35	0.3～0.9	11～14	≤0.060	≤0.040	1.5～2.5	—	—	—
ZG120Mn13W1	1.05～1.35	0.3～0.9	11～14	≤0.060	≤0.040	—	—	—	0.9～1.2
ZG120Mn13Ni3	1.05～1.35	0.3～0.9	11～14	≤0.060	≤0.040	—	—	3～4	—
ZG90Mn14Mo1	0.70～1.00	0.3～0.6	13～15	≤0.070	≤0.040	—	1.0～1.8	—	—
ZG120Mn17	1.05～1.35	0.3～0.9	16～19	≤0.060	≤0.040	—	—	—	—
ZG120Mn17Cr2	1.05～1.35	0.3～0.9	16～19	≤0.060	≤0.040	1.5～2.5	—	—	—

注:允许加入微量 V、Ti、Nb、B 和 RE 等元素。

2. 奥氏体锰钢铸件的水韧处理

奥氏体锰钢铸件一般在 1290～1350℃ 温度下浇注,在随后的冷却过程中,沿奥氏体晶界有碳化物析出,使钢呈现很大的脆性,且耐磨性也差,不能直接使用。为此,必须进行"水韧处理"(即固溶处理),它是将铸件加热到 1050～1100℃ 保温一定时间,使碳化物完全溶入奥氏体中,然后在水中快冷(铸件入水后水温不得超过 50℃),使碳化物来不及析出,从而获得单相奥氏体组织。经水韧处理后锰钢件的强度,硬度较低(约为 210HBW),而塑性、韧性较好。但当工作时受到强烈的冲击力或挤压摩擦后,表面会由于塑性变形而产生强烈的加工硬化,并且还会发生马氏体转变,使硬度显著提高而获得耐磨层,心部能保持原来的高韧性状态,既耐磨又抗冲击。

3. 奥氏体锰钢铸件的应用

常用的奥氏体锰钢铸件的牌号是 ZG120Mn13,主要用于要求耐磨性特别好并在冲击与压力条件下工作的零构件,如坦克、拖拉机、挖掘机的履带板、破碎机的颚板、铁路道岔、球磨机的衬板等。奥氏体锰钢铸件为单一无磁性奥氏体,也可用于既耐磨又抗磁化的零件,如吸料器的电磁铁罩。

✎ 习题

1. 名词解释

合金钢、耐回火性、回火脆性、低合金高强度结构钢、合金渗碳钢、合金调质钢、合金弹簧钢、滚动轴承钢、高速钢、冷作模具钢、热作模具钢、特殊性能钢、不锈钢、固溶处理、耐热钢、耐磨钢、水韧处理

2. 简答题

(1)合金元素在钢中的基本作用有哪些?

(2)合金元素对奥氏体相区有什么影响? 它们怎样改变 E、S 点和 A_1、A_3 线位置?

(3)Q355 钢与 Q235 钢的碳含量基本相同,但为什么前者的强度明显高于后者?

(4)为什么重要的或大截面的零件一般不宜用碳钢制作,而要用合金钢制作?

(5)低合金高强度结构钢的性能有哪些特点? 主要用途有哪些?

(6)合金结构钢按其用途和热处理特点可分为哪几种?

(7)为什么碳素渗碳钢和合金渗碳钢采用低碳成分?

(8)碳素工具钢是否可用于制作铣刀、麻花钻等高速切削的刀具? 为什么?

(9)对量具钢有何要求? 量具通常采用何种最终热处理工艺?

(10)高锰钢的耐磨机理与一般淬火工具钢的耐磨机理有何不同? 它们的应用场合有何不同?

3. 分析题

(1)试比较碳素工具钢、低合金刀具钢和高速钢的热硬性,并说明高速钢热硬性高的主要原因。

(2)高速钢铸锭为什么要反复锻打? 为什么选择高的淬火温度和三次 560℃ 高温回火的最终热处理工艺? 这种热处理工艺是否为调质处理?

(3)解释下列现象:

①在相同碳含量的情况下,大多数合金钢的热处理加热温度都比碳钢高,保温时间长;

②高速钢需经高温淬火和多次高温回火;

③在砂轮上磨各种钢制刀具时,需经常用水冷却;

④用 ZG120Mn13 钢制造的零件,只有在强烈冲击或挤压条件下才耐磨。

本章小结　　　本章测试

第 7 章　铸铁

铸铁是碳的质量分数大于 2.11% 并含有较多硅、锰、硫、磷等元素的铁碳合金。铸铁是人类使用最早的金属材料之一,早在公元前 6 世纪时期,我国已开始使用铸铁,比欧洲各国要早将近 2000 年。它与钢相比,虽然抗拉强度、塑性、韧性较低,但却具有优良的铸造性能、耐磨性、切削加工性以及减振性等,而且熔炼铸铁的工艺与设备简单,生产成本也较低,因此,在目前工业生产中,铸铁仍是被广泛应用的最重要的工业材料之一。如果按重量百分比计算,在各种机械中,铸铁件占 40%～70%,在机床和重型机械中则可达 60%～90%。

为了提高铸铁的力学性能或物理、化学性能,还可加入一定量的合金元素,得到合金铸铁。铸铁的性能与其组织中含有的石墨密切相关,本章从石墨的形成过程出发,讨论各类铸铁的组织及用途。

7.1　铸铁的分类及石墨化

7.1.1　铸铁的分类

铸铁中碳的存在形式既可以是化合状态的渗碳体(Fe_3C),也可以是游离状态的石墨(G)。根据碳在铸铁中存在形式的不同,铸铁可分为三类。

(1)白口铸铁　白口铸铁是完全按照 Fe-Fe_3C 相图进行结晶而得到的铸铁,碳除少量溶于铁素体外,其余的碳都以渗碳体的形式存在于铸铁中,因其断口呈银白色而得名。这类铸铁性能硬而脆,很难切削加工,所以很少直接用来制造各种零件。

（2）灰口铸铁　碳全部或大部分以游离状态的石墨存在于铸铁中,其断口呈暗灰色,故称灰口铸铁。

（3）麻口铸铁　碳一部分以石墨形式存在,另一部分以自由渗碳体形式存在。断口上呈黑白相间的麻点,故称麻口铸铁。这类铸铁也具有较大的硬脆性,故工业上也很少应用。

由于灰口铸铁中的碳主要以石墨形式存在,使它具有良好的切削加工性、减摩性、减振性及铸造性能等,生产成本也较低,故目前工业生产中主要应用这类铸铁。根据灰口铸铁中石墨形态不同,它又可分为以下四种:

（1）灰铸铁　铸铁中石墨呈片状存在。这类铸铁的力学性能不高,但它的生产工艺简单,价格低廉,故工业上应用最广。

（2）球墨铸铁　铸铁中石墨呈球状存在。它不仅力学性能比灰铸铁高,而且还可以通过热处理进一步提高其力学性能,所以它在生产中的应用日益广泛。

（3）蠕墨铸铁　它是 20 世纪 60 年代发展起来的一种新型铸铁,石墨形态介于片状与球状之间的蠕虫状,故性能也介于灰铸铁与球墨铸铁之间。

（4）可锻铸铁　铸铁中石墨呈团絮状存在。其力学性能(特别是韧性和塑性)较灰铸铁高,并接近于球墨铸铁。

7.1.2　铸铁的石墨化

1.铁碳合金双重相图

碳在铸铁中的存在形式有渗碳体(Fe_3C)和游离状态的石墨(G)两种。其中渗碳体的晶体结构和性能已在第 3 章中阐述,石墨的晶格形式为简单六方晶格,如图 7-1 所示,原子呈层状排列,同一层的原子间距为 0.142nm,结合力较强;而层与层之间的原子间距为 0.340nm,其结合力较弱,易滑移,故石墨的强度、塑性和韧性极低,硬度仅为 3~5HBW。

碳在铸铁中以 Fe_3C 形式存在的规律可用前述的 $Fe-Fe_3C$ 相图表示;而碳以 G 形式存

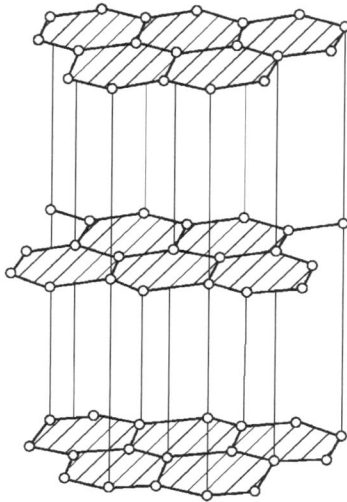

图 7-1　石墨的晶体结构

的规律用 Fe-G 石墨相图表示,为了便于比较和应用,通常把这两个相图合画在一起,称为铁碳合金双重相图,如图 7-2 所示。图中实线表示 Fe-Fe₃C 相图,虚线表示 Fe-G 相图。

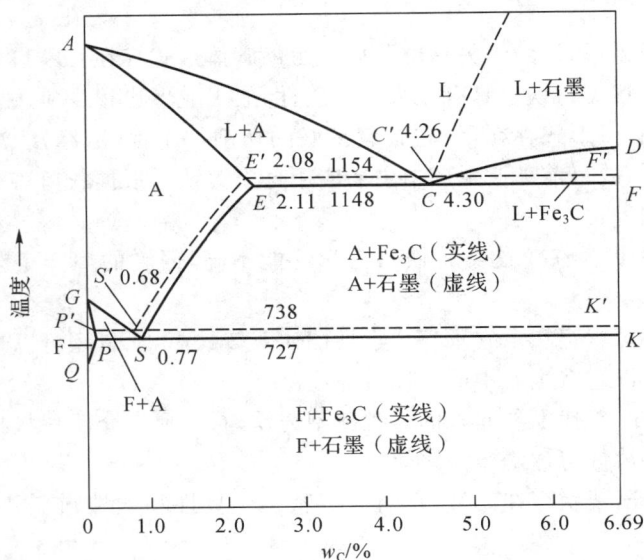

图 7-2　铁碳合金双重相图　　　　　　　　铸铁的分类及石墨化微课

由图可见,虚线位于实线的上方或左上方。这表明 Fe-G 相图较 Fe-Fe₃C 相图更稳定。生产实践中通过加热可使渗碳体分解产生石墨,即 $Fe_3C \longrightarrow 3Fe + C(G)$。可见,渗碳体并不是一种稳定的相,石墨才是一种稳定的相。

2. 铸铁的石墨化过程

铸铁组织中石墨的形成过程称为铸铁的石墨化过程。铸铁的石墨化可有两种方式:一种是按照 Fe-G 相图进行,由液态和固态中直接析出石墨;另一种是按照 Fe-Fe₃C 相图先结晶出渗碳体,随后渗碳体在一定的条件下再分解出石墨。第一种方式下,铸铁的石墨化过程由下面的三个阶段完成。

第一阶段:包括从过共晶成分的液体中冷却时直接析出的一次石墨 G_I,在温度为 1154℃时,共晶点 C'($w_C = 4.26\%$)的液体发生共晶转变时形成共晶组织。其反应式可表达为

$$L_{C'} \xrightarrow{1154℃} A_{E'} + G_{共晶}$$

第二阶段:过饱和奥氏体沿着 $E'S'$ 线冷却时析出的二次石墨 G_{II}。

第三阶段:在共析转变阶段,在温度为 738℃时,共析点 S'($w_C = 0.68\%$)的奥氏体发生共析转变形成共析组织,其反应式可表达为

$$A_{S'} \xrightarrow{738℃} F_{P'} + G_{共析}$$

在第二种方式中,铸铁的石墨化过程也分为三个阶段。

第一阶段的石墨化为一次渗碳体和共晶渗碳体在高温下分解而析出石墨;

第二阶段的石墨化为二次渗碳体分解而析出石墨;

第三阶段的石墨化为共析渗碳体分解而析出石墨。

石墨化的过程是一个原子扩散的过程,石墨化的温度越低,原子扩散越困难,因而越不

易石墨化。铸铁石墨化程度的不同,将获得不同基体的组织。

3.影响石墨化的主要因素

铸铁的化学成分和结晶过程中冷却速度是影响石墨化的主要因素。

(1)化学成分的影响

a)碳和硅。碳和硅是强烈促进石墨化的元素,铸铁中碳和硅的含量越高,石墨化程度越充分。这是因为随着碳含量的增加,液态铸铁中石墨晶核数增多,所以促进了石墨化;硅与铁原子的结合力较强,硅溶于铁素体中,不仅会削弱铁、碳原子间的结合力,而且还会使共晶点的碳含量降低,共晶温度提高,这都有利于石墨的析出。因此,调整铸铁的碳硅含量,是控制其组织和性能的基本措施之一。

b)锰。锰是阻止石墨化的元素。但锰与硫能形成硫化锰,减弱了硫对石墨化的阻止作用,结果又间接地起着促进石墨化的作用,因此,铸铁中锰含量要适当。

c)硫。硫是强烈阻止石墨化的元素,这是因为硫不仅增强铁、碳原子的结合力,而且形成硫化物后,常以共晶体形式分布在晶界上,阻碍碳原子的扩散。此外,硫还降低铁液的流动性和促进高温铸件开裂。所以硫是有害元素,铸铁中硫含量越低越好。

d)磷。磷是微弱促进石墨化的元素,同时它能提高铁液的流动性,但形成的 Fe_3P 常以共晶体形式分布在晶界上,增加铸铁的脆性,使铸铁在冷却过程中易于开裂,所以一般铸铁中磷含量也应严格控制。

(2)冷却速度的影响

铸铁结晶过程中的冷却速度对石墨化的影响也很大。冷却速度快时,碳原子来不及扩散,石墨化难以充分进行,甚至出现白口铸铁组织,而冷却速度慢时,碳原子有充分时间扩散,有利于石墨化的进行。铸铁的冷却速度在一定的铸型条件下取决于铸件壁的厚薄。即壁厚冷却速度慢,壁薄冷却速度快。

在实际生产中,往往会发现同一铸件厚壁处为灰铸铁,而薄壁处出现白口铸铁的现象。这是因为在化学成分相同的情况下,冷却速度对石墨化的影响很大,铸铁件结晶时,厚壁处由于冷却速度慢,有利于石墨化过程的进行,薄壁处由于冷却速度快,不利于石墨化过程的进行。冷却速度除了与铸件壁厚有关,还与浇注温度、造型材料、铸造方法等相关。

图 7-3 所示为铸铁化学成分($w_C + w_{Si}$)和铸件壁厚对铸铁组织的影响。从图中可以看出,为了获得要求的组织,在一定壁厚下必须控制铸铁中碳和硅的含量;反之,对于某种成分的铸铁,要获得预期的组织,其铸件的壁厚范围也应受到限制。

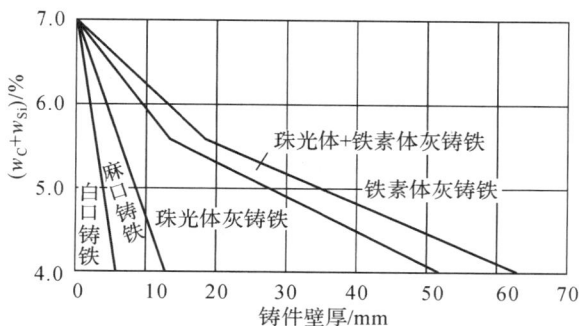

图 7-3　铸铁化学成分和铸件壁厚对铸铁组织的影响

7.2　常用铸铁

7.2.1　灰铸铁

灰铸铁是指一定成分的铁液做简单的炉前处理,浇注后获得具有片状石墨的铸铁。它是生产工艺最简单、成本最低的铸铁,在工业生产中得到了最广泛的应用。在铸铁的总产量中,灰铸铁件要占80%以上。它常用来制造各种机器的底座、机架、工作台、机身、齿轮箱箱体、阀体及内燃机的气缸体、气缸盖等。

1. 灰铸铁的化学成分、组织和性能

（1）灰铸铁的化学成分

铸铁中碳、硅、锰是调节组织的元素,磷是控制使用的元素,硫是应限制的元素。灰铸铁的化学成分范围一般为:$w_C = 2.7\% \sim 3.6\%$,$w_{Si} = 1.0\% \sim 2.5\%$,$w_{Mn} = 0.5\% \sim 1.3\%$,$w_P \leqslant 0.3\%$,$w_S \leqslant 0.15\%$。

灰铸铁微课

（2）灰铸铁的组织

灰铸铁是第一阶段和第二阶段石墨化都能充分进行时形成的铸铁。灰铸铁的组织可看作在钢的基体上分布着片状石墨,它的显微组织特征是片状石墨分布在几种不同的基体组织上,灰铸铁的显微组织如图7-4所示。

灰铸铁中的三种不同基体组织是在第一阶段和第二阶段石墨化过程充分进行的前提下,由于第三阶段石墨化程度的不同引起的。

表7-1所示为灰铸铁组织与石墨化进行程度之间的关系。

表 7-1　灰铸铁组织与石墨化进行程度之间的关系

石墨化进行程度			显微组织
第一阶段	第二阶段	第三阶段	
石墨化充分进行	石墨化充分进行	石墨化充分进行	铁素体＋片状石墨
		石墨化部分进行	铁素体＋珠光体＋片状石墨
		石墨化没有进行	珠光体＋片状石墨

(a) 铁素体灰铸铁　　(b) 铁素体+珠光体灰铸铁　　(c) 珠光体灰铸铁

图 7-4　灰铸铁的显微组织

（3）灰铸铁的性能

灰铸铁的力学性能主要取决于基体和石墨的分布状态。由于硅、锰等元素对铁素体的强化作用，因此灰铸铁基体的强度与硬度不低于相应的钢。当石墨以片状形态分布于基体上时，可以近似地看作为许多裂纹和空隙。它不仅割断了基体的连续性，减小了承受载荷的有效截面，而且在石墨片的尖端处还会产生应力集中，造成脆性断裂。由于片状石墨所产生的这些作用，从而表现为灰铸铁的抗拉强度很低，塑性、韧性几乎为零。石墨片的数量越多，尺寸越粗大，分布越不均匀，对灰铸铁性能的影响也就越大。

由于灰铸铁的抗压强度、硬度与耐磨性主要取决于基体，石墨的存在对其影响不大，故灰铸铁的抗压强度远高于抗拉强度，是其 3～4 倍。同时，珠光体基体的灰铸铁比其他两种基体的灰铸铁具有较高的强度、硬度与耐磨性。

石墨虽然会降低铸铁的抗拉强度、塑性和韧性，但也正由于石墨的存在，使铸铁具有一系列其他优良性能。

a）铸造性能优良。由于灰铸铁具有接近于共晶的化学成分，故熔点比钢低，流动性好，而且铸铁在凝固过程中要析出比容较大的石墨，部分补偿了基体的收缩，从而减小了铸铁的收缩率。所以灰铸铁能浇注形状复杂与壁薄的铸件。

b）减摩性好。所谓减摩性是指减少对偶件被磨损的性能。灰铸铁中的石墨本身具有润滑作用，而且石墨被磨掉后形成的空隙又能吸附和储存润滑油，保证了油膜的连续性，因此灰铸铁具有较好的减摩性。某些摩擦零件也常用灰铸铁制造，如承受摩擦的机床导轨、气缸体等零件。

c）减振性强。由于受振动时石墨能起缓冲作用，阻止振动的传播，并把振动能转变为热能，因此灰铸铁的减振能力比钢大得多。一些受振动的机座、床身常用灰铸铁制造。

d）切削加工性良好。由于石墨的存在使得铸铁基体的连续性被割裂，切屑易断裂，同时石墨本身的润滑作用又使刀具磨损减少。

e）缺口敏感性较低。钢常因表面缺口（如油孔、键槽、刀痕等）的应力集中，使力学性能显著降低，故钢的缺口敏感性大。灰铸铁中片状石墨本身相当于很多小缺口，因此就减弱了外加缺口的作用，使其缺口敏感性降低。

因此，尽管灰铸铁的抗拉强度很低，塑性、韧性几乎为零，但是因具有上述一系列的优良性能，加上价格便宜，制造方便，使得灰铸铁在工业上应用十分广泛，特别适合于制造承受压力、要求耐磨和减振的零件。

2. 灰铸铁的孕育处理

灰铸铁组织中石墨片比较粗大，因而它的力学性能较低。为了提高灰铸铁的力学性能，生产上常对其进行孕育处理。孕育处理就是在浇注前往铁液中加入少量孕育剂，改变铁液的结晶条件，从而获得细珠光体基体加上细小均匀分布的片状石墨的组织。经孕育处理后的铸铁称为孕育铸铁。

生产中常用的孕育剂为硅铁和硅钙合金等，其中以 75％ 的硅铁最为常用。孕育处理时，这些孕育剂或它们的氧化物（如 SiO_2、CaO）在铁液中形成大量的、高度弥散的难熔质点，悬浮在铁液中，成为大量的石墨结晶核心，使石墨细小并分布均匀，从而提高了灰铸铁的力学性能。

孕育铸铁不仅力学性能高，而且由于在孕育铸铁的铁液中，均匀分布着大量外来的结晶核心，结晶过程几乎是在整个铁液中同时进行，使铸铁各个部位截面上的组织与性能都均匀一致，也就是说，孕育铸铁在力学性能上的一个显著特点是断面敏感性小，如图 7-5 所示。因此，孕育铸铁常用作力学性能要求较高且截面尺寸变化较大的大型铸件。

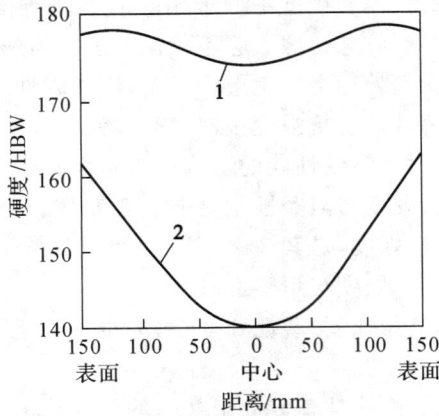

1—孕育铸铁；2—灰铸铁。

图 7-5　300mm×300mm 铸铁件截面上的硬度分布

3.灰铸铁的牌号和应用

根据《灰铸铁件》(GB/T 9439—2010)，用直径 30mm 单铸试棒加工的标准拉伸试样所测得的最小抗拉强度值，将灰铸铁分为 HT100、HT150、HT200、HT225、HT250、HT275、HT300 和 HT350 等 8 个牌号。摘取了其中 6 个典型牌号列于表 7-2，表 7-2 为灰铸铁的牌号、基体组织、力学性能和应用举例。灰铸铁的牌号由"HT＋三位数字"组成。牌号中的"HT"是"灰铁"两字汉语拼音的第一个字母，后面的三位数字表示 ϕ30mm 单铸试棒的最小抗拉强度值(MPa)。

由表 7-2 可见，灰铸铁的强度与铸件壁厚大小有关，在同一牌号中，随着铸件壁厚的增加，其抗拉强度与硬度要降低，因此，根据零件的性能要求去选择铸铁牌号时，必须注意铸件壁厚的影响，当铸件的壁厚过大或过小，并超出表中所列尺寸时，应根据具体情况，适当提高或降低铸铁的牌号。表中后面两种强度较高的铸铁均属孕育铸铁。

表 7-2　灰铸铁的牌号、基体组织、力学性能及应用举例(摘自 GB/T 9439—2010)

牌号	基体组织	铸件厚度/mm		最小抗拉强度/MPa		应用举例
		＞	≤	单铸试棒	附铸试棒或试块	
HT100	铁素体	5	40	100	—	低载荷和不重要零件，如盖、外罩、手轮、支架、重锤等
HT150	铁素体＋珠光体	5	10	150	—	承受中等应力(抗弯应力小于100MPa)的零件，如支柱、底座、齿轮箱、工作台、刀架、端盖、阀体、管路附件及一般无工作条件要求的零件
		10	20		—	
		20	40		120	
		40	80		110	
		80	150		100	
		150	300		90	

牌号	铸铁类别	铸件厚度/mm		最小抗拉强度/MPa		应用举例
		>	≤	单铸试棒	附铸试棒或试块	
HT200	珠光体	5	10	200	—	承受较大应力（抗弯应力小于300MPa）的较重要零件,如气缸体、齿轮、机座、飞轮、床身、缸套、活塞、制动轮、联轴器、齿轮箱、轴承座、液压缸等
		10	20		—	
		20	40		170	
		40	80		150	
		80	150		140	
		150	300		130	
HT250		5	10	250	—	
		10	20		—	
		20	40		210	
		40	80		190	
		80	150		170	
		150	300		160	
HT300	索氏体或托氏体	10	20	300	—	承受高弯曲应力（抗弯应力小于500MPa）及抗拉应力的重要零件,如齿轮、凸轮、车床卡盘、剪床和压力机的机身、床身、高压液压缸、滑阀壳体等
		20	40		250	
		40	80		220	
		80	150		210	
		150	300		190	
HT350		10	20	350	—	
		20	40		290	
		40	80		260	
		80	150		230	
		150	300		210	

4. 灰铸铁的热处理

由于热处理只能改变铸铁的基体组织,不能改变石墨的形态,因此通过热处理来提高灰铸铁的力学性能的效果不大。灰铸铁的热处理常用于消除铸件的内应力和稳定尺寸,消除铸件的白口组织和提高铸件表面的硬度及耐磨性。

（1）去应力退火

形状复杂、厚薄不均的铸件在浇注后的冷却过程中,由于各部位的冷却速度不同,往往在铸件内部产生较大的内应力。内应力不仅削弱了铸件的承载能力,而且在切削加工之后还会因应力的重新分布而引起变形,使铸件失去加工精度。对精度要求较高或大型复杂的铸件,如床身、机架等,在切削加工之前都要进行一次去应力退火,有时甚至在粗加工之后还要再进行一次。

去应力退火通常是将铸件缓慢加热到 500～560℃,保温一段时间(每 10mm 厚度保温 1h),然后随炉冷至 150～200℃后出炉。此时,铸件内应力基本上被消除。这种退火由于经常是在共析温度以下进行长时间的加热,故又称为"时效处理"。

(2)消除铸件白口、改善切削加工性的退火

铸件表层或某些薄壁处,由于冷却速度较快,很容易出现白口组织,使铸件硬度和脆性增加,造成切削加工困难和使用时易剥落。此时就必须将铸件加热到共析温度以上,进行消除白口的退火。

消除白口的退火,一般是把铸件加热到 850～950℃,保温 2～5h,使共晶渗碳体发生分解,即进行第一阶段的石墨化,然后又在随炉缓慢冷却过程中,使二次渗碳体及共析渗碳体发生分解,即进行第二和第三阶段石墨化,析出二次石墨和共析石墨,待随炉缓冷到 500～400℃时,再出炉空冷,这样就可获得铁素体或铁素体＋珠光体基体的灰铸铁,从而降低了铸件的硬度,改善了切削加工性。

(3)表面淬火

为了提高灰铸铁件表面的硬度和耐磨性,可进行表面淬火。其方法有感应加热表面淬火、火焰加热表面淬火及接触电阻加热表面淬火。

图 7-6 为机床导轨面进行接触电阻加热表面淬火的示意图。其原理是利用一个电极(纯铜滚轮)与欲淬硬的工件表面紧密接触,通过低压(2～5V)、大电流(400～750A)的交流电。利用电极与工件接触处的电阻热将工件表面迅速加热到淬火温度,操作时将电极以一定的速度移动,于是被加热的表面会由于工件本身的导热而迅速冷却,从而达到表面淬火的目的。

接触电阻加热表面淬火的淬火层深度可达 0.20～0.30mm,组织为极细的马氏体＋片状石墨,硬度可达 55～61HRC,可使导轨的寿命显著提高。

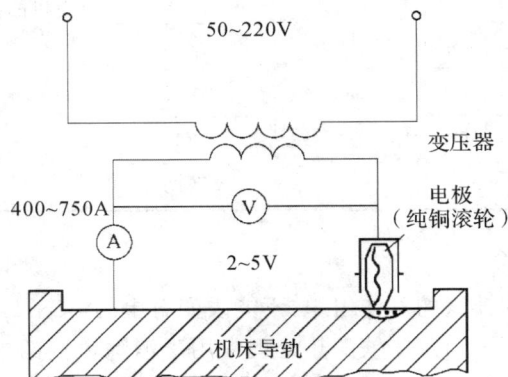

图 7-6 接触电阻加热表面淬火

这种表面淬火方法设备简单,操作方便,且工件变形很小。但铸铁原始组织应是珠光体基体上分布细小均匀的石墨,以保证工件淬火后获得高而均匀的表面硬度。

7.2.2　球墨铸铁

我国于 1950 年试制成功球墨铸铁以来,其生产和应用都得到了飞速的发展。球墨铸铁是指一定成分的铁液在浇注前,经过球化处理和孕育处理,获得具有球状石墨的铸铁。球墨铸铁不仅具有灰铸铁的某些优良性能,而且力学性能也较高。

球化处理是一种向铁液中加入球化剂,使石墨呈球状结晶的工艺方法。我国目前常用的球化剂有镁、稀土及稀土硅镁合金等。由于镁和稀土元素都强烈阻止石墨化,浇注后铸件易产生白口,所以球化处理后的铁液要及时进行孕育处理,即向铁液中加入硅铁合金、硅钙合金等孕育剂,促进石墨化,增加石墨球的数量并且还使得石墨球细小、圆整,分布均匀,从而提高球墨铸铁的力学性能。

球墨铸铁微课

1. 球墨铸铁的化学成分、组织和性能

(1) 球墨铸铁的化学成分

球墨铸铁的化学成分范围一般为:$w_C = 3.6\% \sim 4.0\%$,$w_{Si} = 2.0\% \sim 3.2\%$,$w_{Mn} = 0.6\% \sim 0.8\%$,$w_P < 0.1\%$,$w_S < 0.07\%$,$w_{Mg} = 0.03\% \sim 0.05\%$,$w_{RE} = 0.02\% \sim 0.04\%$,与灰铸铁相比,其特点为碳、硅含量高,锰含量较低,硫、磷含量低,并含有一定量的稀土与镁。

(2) 球墨铸铁的组织

球墨铸铁的组织特征是球状石墨分布在几种不同的基体上,通过铸造和热处理的控制,生产中常见的有铁素体球墨铸铁、铁素体＋珠光体球墨铸铁、珠光体球墨铸铁和下贝氏体球墨铸铁,球墨铸铁的显微组织如图 7-7 所示。

(3) 球墨铸铁的性能

a) 力学性能。由于球墨铸铁中的石墨呈球状,使其对基体的割裂作用和应力集中的作用减至最小。因此,其基体的强度利用率可达到 $70\% \sim 90\%$,而灰铸铁基体强度的利用率仅为 $30\% \sim 50\%$。所以球墨铸铁的抗拉强度、塑性、韧性不仅高于其他铸铁,而且可与相应组织的铸钢相媲美,如疲劳极限接近一般中碳钢;而冲击疲劳抗力则高于中碳钢;特别是球墨铸铁的屈强比几乎比钢提高一倍,一般钢的屈强比为 $0.35 \sim 0.50$,而球墨铸铁的屈强比达 $0.70 \sim 0.80$。在一般机械设计中,材料的许用应力是按屈服强度来确定的,因此,对于承受静载荷的零件,用球墨铸铁代替铸钢,就可以减轻机器重量。但球墨铸铁的塑性与韧性却低于钢。

球墨铸铁的石墨球越细小、越圆整、分布越均匀,球墨铸铁的强度、塑性与韧性越好,反之则差。球墨铸铁的力学性能还与其基体组织有关。铁素体基体具有高的塑性和韧性,但强度与硬度较低;珠光体基体强度较高,耐磨性较好,但塑性、韧性较低;铁素体＋珠光体基体的性能介于前两种之间;经热处理后获得的回火马氏体基体硬度最高,但韧性很低;下贝氏体基体则具有良好的综合力学性能。

b) 其他性能。球墨铸铁由于石墨的存在,也使它具有近似于灰铸铁的某些优良性能,如铸造性能、减摩性、切削加工性等。但球墨铸铁的白口倾向大,而且铸件容易产生缩松等缺陷,因此其熔炼工艺和铸造工艺都比灰铸铁要求高。

(a) 铁素体球墨铸铁

(b) 铁素体+珠光体球墨铸铁

(c) 珠光体球墨铸铁

(d) 下贝氏体球墨铸铁

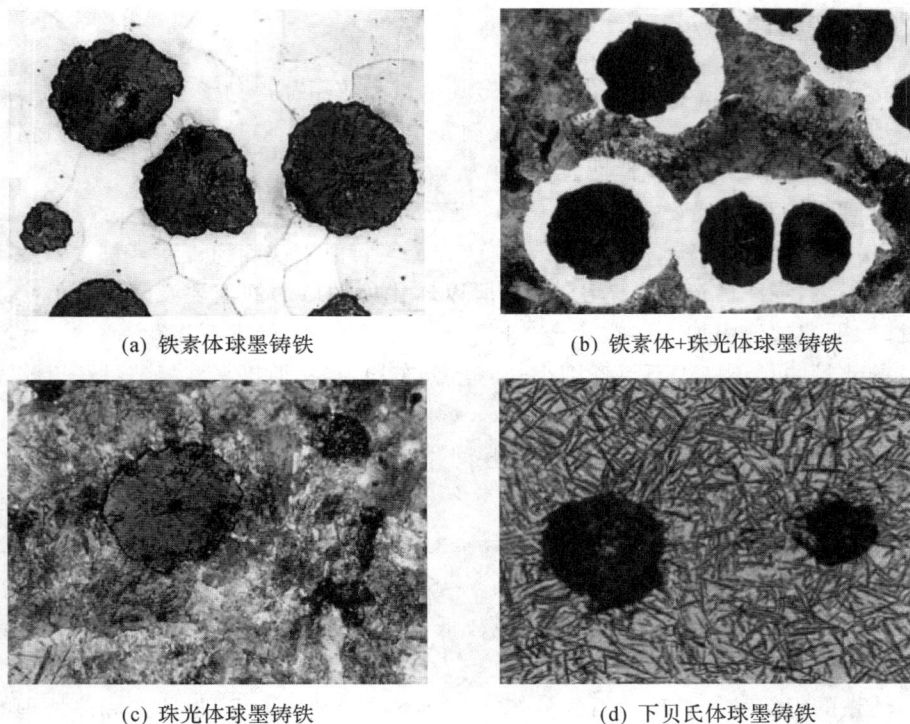

图 7-7　球墨铸铁的显微组织

2. 球墨铸铁的牌号和应用

根据《铸铁牌号表示方法》(GB/T 5612—2008),球墨铸铁的牌号由"QT＋两组数字"组成。其中"QT"是"球铁"二字汉语拼音的第一个字母,后面的第一组数字表示最低抗拉强度值(MPa),第二组数字表示最低断后伸长率值(％)。

根据《球墨铸铁件》(GB/T 1348—2009),单铸试样共有 14 个牌号的球墨铸铁。摘取了其中 8 个典型牌号列于表 7-3,表 7-3 为球墨铸铁的牌号、基体组织、力学性能和应用举例。

由表 7-3 可见,球墨铸铁因其力学性能接近于钢,铸造性能和其他一些性能优于钢,因此在机械制造业中已得到了广泛的应用。在部分场合已成功地取代了铸钢件和锻钢件等,用来制造一些受力较大、受冲击和耐磨损的铸件。具有高韧性和塑性的铁素体球墨铸铁常用来制造阀体、电动机壳、汽车后桥壳等;具有高强度和耐磨性的珠光体球墨铸铁常用来制造汽车、拖拉机曲轴、凸轮轴等。

表 7-3　球墨铸铁的牌号、基体组织、力学性能及应用举例(摘自 GB/T 1348—2009)

牌号	基体组织	R_m/MPa	$R_{p0.2}$/MPa	A/%	HBW	应用举例
		不低于				
QT400－18	铁素体	400	250	18	120～175	汽车和拖拉机底盘零件、轮毂、电动机壳、闸阀、联轴器、泵、阀体、法兰等
QT400－15	铁素体	400	250	15	120～180	
QT450－10	铁素体	450	310	10	160～210	

续表

牌号	基体组织	R_m/MPa	$R_{p0.2}/MPa$	$A/\%$	HBW	应用举例
		不低于				
QT500-7	铁素体＋珠光体	500	320	7	170～230	电动机架、传动轴、直齿轮、链轮、罩壳、托架、连杆、摇臂、曲柄、离合器片等
QT600-3	珠光体＋铁素体	600	370	3	190～270	
QT700-2	珠光体	700	420	2	225～305	汽车、拖拉机传动齿轮、曲轴、凸轮轴、缸体、缸套、转向节等
QT800-2	珠光体或索氏体	800	480	2	245～335	
QT900-2	托氏体＋索氏体或回火马氏体	900	600	2	280～360	

3.球墨铸铁的热处理

球墨铸铁的热处理与钢大致相同,通过改变基体组织以获得所需要的性能。目前,球墨铸铁常用的热处理方法有以下几种:

(1)退火

a)去应力退火。目的是去除铸造内应力,消除其有害影响。球墨铸铁的弹性模量以及凝固时收缩率比灰铸铁高,故铸造内应力比灰铸铁约大两倍。对于不进行其他热处理的球墨铸铁,都应进行去应力退火。去应力退火工艺是将铸件缓慢加热到500～620℃,保温2～8h,然后随炉缓冷。

b)石墨化退火。石墨化退火的目的是消除白口,降低硬度,改善切削加工性以及获得铁素体球墨铸铁。根据铸态基体组织不同,分为高温石墨化退火和低温石墨化退火两种。

由于球墨铸铁白口倾向较大,因而铸态组织除了珠光体,往往会出现自由渗碳体,为了获得铁素体球墨铸铁,需要进行高温石墨化退火。高温石墨化退火工艺是将铸件加热到900～950℃,保温2～4h,使自由渗碳体石墨化,然后随炉缓冷至600℃,使铸件完成第二和第三阶段石墨化,再出炉空冷。其工艺曲线如图7-8所示。

当铸态基体组织为珠光体＋铁素体,而无自由渗碳体存在时,为了获得塑性、韧性较高的铁素体球墨铸铁,可进行低温石墨化退火。低温石墨化退火工艺是将铸件加热至共析温度范围附近,即720～760℃,保温2～8h,使铸件发生第三阶段石墨化,然后随炉缓冷至600℃,再出炉空冷。其工艺曲线如图7-9所示。

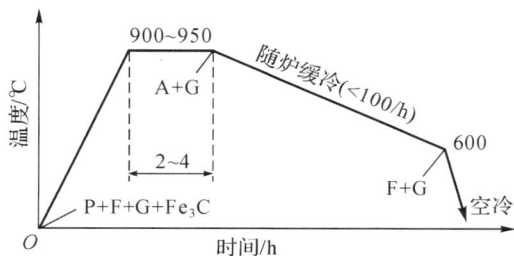

图 7-8　球墨铸铁高温石墨化退火工艺曲线　　图 7-9　球墨铸铁低温石墨化退火工艺曲线

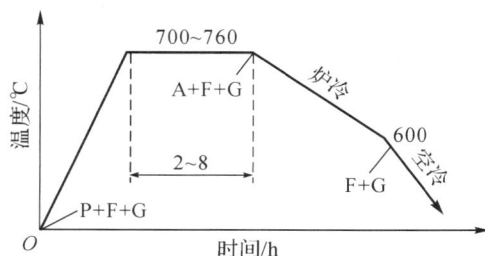

（2）正火

球墨铸铁正火的目的是增加基体组织中珠光体的数量和减小其片层间距，从而提高铸件的强度、硬度和耐磨性。根据加热温度的不同，正火可分为高温正火和低温正火两种。

a) 高温正火。高温正火工艺是将铸件加热至共析温度范围以上，一般为 900～950℃，保温 1～3h，使基体全部奥氏体化，然后出炉空冷，使其在共析温度范围内，由于快冷而获得珠光体基体。其工艺曲线如图 7-10 所示。

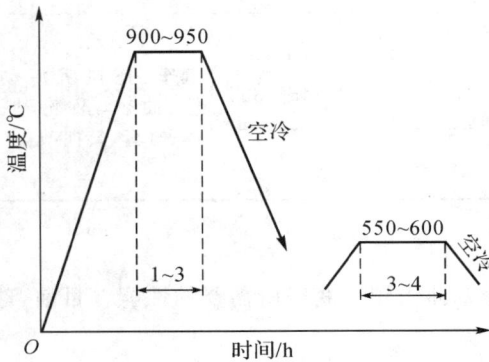

图 7-10　球墨铸铁高温正火工艺曲线　　　图 7-11　球墨铸铁低温正火工艺曲线

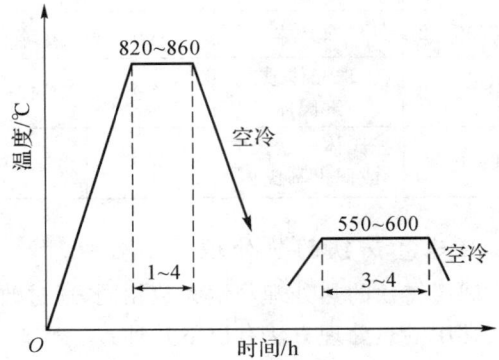

b) 低温正火。低温正火工艺是将铸件加热至共析温度范围内，即 820～860℃，保温 1～4h，使基体组织部分奥氏体化，然后出炉空冷，获得珠光体＋分散铁素体的基体组织。其强度比高温正火略低，但塑性和韧性较高。其工艺曲线如图 7-11 所示。

由于正火时冷却速度较快，常会在复杂的铸件中引起较大的内应力，故正火之后应进行一次去应力退火，即重新加热到 550～600℃，保温 3～4h，然后出炉空冷。

（3）等温淬火

球墨铸铁虽广泛采用正火，但当铸件形状复杂、又需要高的强度和较好的塑性与韧性时，正火已很难满足技术要求，而往往采用等温淬火。球墨铸铁等温淬火工艺是将铸件加热至 860～920℃，保温一定时间，然后迅速放入温度为 250～350℃的等温盐浴中进行 0.5～1.5h 的等温处理，然后取出空冷。

等温淬火后的组织为下贝氏体＋少量残留奥氏体＋少量马氏体＋球状石墨。有时等温淬火后还进行一次低温回火，使淬火马氏体转变为回火马氏体，残留奥氏体转变为下贝氏体，可进一步提高强度、韧性与塑性。球墨铸铁经等温淬火后的抗拉强度可达 1100～1600MPa，硬度为 38～50HRC，冲击吸收能量 KU 为 24～64J。故等温淬火常用来处理一些要求高的综合力学性能、良好的耐磨性且外形又较复杂、热处理易变形或开裂的零件，如齿轮、滚动轴承套圈、凸轮轴等。但由于等温盐浴的冷却能力有限，故一般仅适用于截面尺寸不大的零件。

（4）淬火与回火

球墨铸铁通过不同的淬火与回火工艺，可以获得不同的基体组织以满足使用的要求。

球墨铸铁调质处理的淬火加热温度和保温时间，基本上与等温淬火相同。即加热温度为 860～920℃。为了避免淬火冷却时产生开裂，除形状简单的铸件采用水冷外，一般都采用油冷。淬火后组织为细片状马氏体和球状石墨。然后再加热到 550～600℃回火 2～6h。

球墨铸铁调质处理工艺曲线如图 7-12 所示。

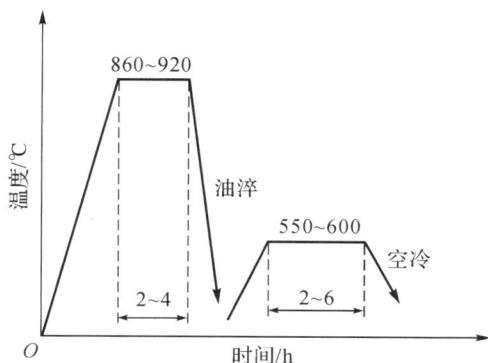

图 7-12 球墨铸铁调质处理工艺曲线

球墨铸铁经调质处理后,获得回火索氏体和球状石墨组织,硬度为 $250 \sim 380 HBW$,具有良好综合力学性能,故常用来处理柴油机曲轴、连杆等重要零件。

一般也可在球墨铸铁淬火后,采用中温或低温回火处理。中温回火后获得回火托氏体基体组织,具有高的强度与一定韧性,例如用球墨铸铁制作的铣床主轴就是采用这种工艺;低温回火后获得回火马氏体基体组织,具有高的硬度和耐磨性,例如用球墨铸铁制作的轴承内外套圈就是采用这种工艺。

7.2.3 蠕墨铸铁

蠕墨铸铁是指一定成分的铁液在浇注前,经蠕化处理和孕育处理,获得具有蠕虫状石墨的铸铁。蠕化处理是一种向铁液中加入使石墨呈蠕虫状结晶的蠕化剂的工艺。我国目前常用的蠕化剂主要有稀土镁钛合金、稀土硅铁合金和稀土钙硅铁合金等。孕育处理可减少蠕墨铸铁的白口倾向、延缓蠕化衰退和提供足够的石墨结晶核心,使石墨细小并分布均匀。常用的孕育剂是硅铁和硅钙合金等。

1. 蠕墨铸铁的化学成分、组织和性能

(1)蠕墨铸铁的化学成分

蠕墨铸铁的化学成分与球墨铸铁相似,即高碳、高硅、低硫、低磷,并含有一定量的稀土与镁。蠕墨铸铁的化学成分范围一般为:$w_C = 3.5\% \sim 3.9\%$,$w_{Si} = 2.2\% \sim 2.8\%$,$w_{Mn} = 0.4\% \sim 0.8\%$,$w_P < 0.1\%$,$w_S < 0.1\%$,并含有一定量的蠕化剂和孕育剂。

(2)蠕墨铸铁的组织

蠕墨铸铁组织中石墨的形态介于片状与球状之间,石墨呈蠕虫状,与灰铸铁的片状石墨不同,蠕虫状石墨片短而厚,端部圆钝。蠕墨铸铁的组织特征是蠕虫状石墨分布在几种不同的基体上,生产中常见的有铁素体蠕墨铸铁、铁素体+珠光体蠕墨铸铁、珠光体蠕墨铸铁等,其中铁素体蠕墨铸铁的显微组织如图 7-13 所示。

(3)蠕墨铸铁的性能

蠕虫状石墨的形态介于片状与球状之间,所以蠕墨铸铁的力学性能介于相同基体组织的灰铸铁和球墨铸铁之间。其力学性能优于灰铸铁,低于球墨铸铁,如抗拉强度、屈服强度、伸长率、断面收缩率、弹性模量、弯曲疲劳强度均优于灰铸铁;其铸造性能、减振性、导热性及切削加工性优于球墨铸铁,与灰铸铁相近。

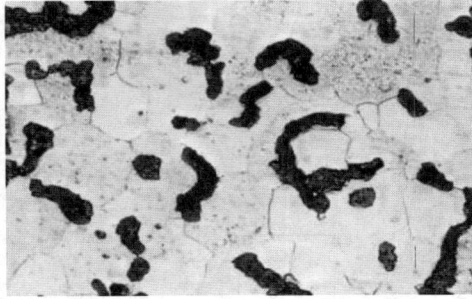

图 7-13   铁素体蠕墨铸铁的显微组织   蠕墨铸铁微课

2.蠕墨铸铁的牌号和应用

根据《蠕墨铸铁件》(GB/T 26655—2011),单铸试样蠕墨铸铁牌号为 RuT300、RuT350、RuT400、RuT450、和 RuT500 等 5 个牌号。表 7-4 为蠕墨铸铁的牌号、基体组织、力学性能和应用举例。蠕墨铸铁的牌号由"RuT+三位数字"组成。其中"RuT"是"蠕铁"二字汉语拼音的第一个字母,三位数字表示最低抗拉强度值(MPa)。

由于蠕墨铸铁兼有球墨铸铁和灰铸铁的性能,蠕墨铸铁常用于制造承受热循环载荷条件下工作的铸件,如钢锭模、玻璃模具、柴油机缸盖、排气管、制动件等,以及结构复杂、要求高强度的铸件,如液压阀的阀体、耐压泵的泵体、重型机床的床身等。

表 7-4   蠕墨铸铁的牌号、基体组织、力学性能及应用举例(摘自 GB/T 26655—2011)

牌号	基体组织	R_m/MPa	$R_{p0.2}$/MPa	A/%	HBW	应用举例
		不低于				
RuT300	铁素体	300	210	2.0	140～210	排气管、变速器箱体、气缸盖、液压件、纺织机零件、钢锭模等
RuT350	铁素体+珠光体	350	245	1.5	160～220	重型机床件,大型变速器箱体、盖、座,飞轮,起重机卷筒等
RuT400	珠光体+铁素体	400	280	1.0	180～240	活塞环、气缸套、制动盘、制动鼓、钢珠研磨盘、吸淤泵体等
RuT450	珠光体	450	315	1.0	200～250	高载荷内燃机缸体、气缸套等
RuT500	珠光体	500	350	0.5	220～260	

7.2.4   可锻铸铁

可锻铸铁是一种历史悠久的铸铁材料,又称马铁或玛钢。可锻铸铁是由一定化学成分的铁液浇注成白口铸件,经可锻化退火而获得的具有团絮状石墨的铸铁。由于石墨呈团絮状分布,削弱了石墨对基体的割裂作用,因此,与灰铸铁相比,可锻铸铁具有较高的力学性能,尤其是塑性和韧性较好。但必须指出,可锻铸铁实际上是不能锻造的。

1. 可锻化退火

可锻铸铁的生产过程分为两个步骤,第一步先浇注成白口铸件,第二步再经高温长时间的可锻化退火(也称石墨化退火),使渗碳体分解成团絮状石墨。

所谓可锻化退火目的是使组织中的渗碳体分解,得到不同的基体组织和团絮状石墨。可锻铸铁的可锻化退火工艺曲线如图 7-14 所示,其退火工艺为将白口坯件加热至 900～980℃,进行长时间的保温(通常需 30h 以上),使其组织中的渗碳体分解成奥氏体和团絮状的石墨,继续缓慢冷却至共析转变温度(720～770℃)时,再次进行长时间保温,奥氏体又进一步分解成铁素体和石墨,通过一、二阶段的充分石墨化,最后得到铁素体+团絮状石墨的黑心可锻铸铁,若通过共析转变区时的冷却速度较快,则奥氏体直接转变为珠光体,得到珠光体+团絮状石墨的珠光体可锻铸铁。

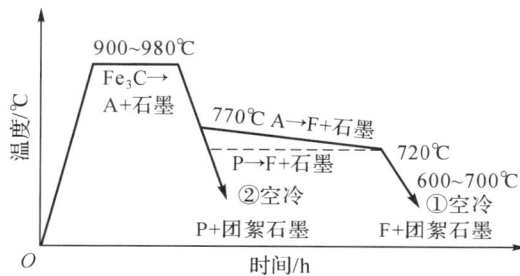

①—黑心可锻铸铁退火工艺;②—珠光体可锻铸铁退火工艺。

图 7-14　可锻铸铁的可锻化退火工艺曲线

2. 可锻铸铁的化学成分、组织和性能

(1)可锻铸铁的化学成分

为了确保得到白口组织,可锻铸铁成分中碳、硅含量相对要低,否则浇注时不易得到纯白口铸件,在随后的退火中就很难获得团絮状石墨。可锻铸铁的化学成分范围一般为:$w_C = 2.2\% \sim 2.8\%$,$w_{Si} = 1.2\% \sim 2.0\%$,$w_{Mn} = 0.4\% \sim 1.2\%$,$w_P < 0.1\%$,$w_S < 0.2\%$。

(2)可锻铸铁的组织

根据退火工艺的不同,可锻铸铁分黑心可锻铸铁(铁素体可锻铸铁)、珠光体可锻铸铁和白心可锻铸铁三类。目前我国以应用黑心可锻铸铁和珠光体可锻铸铁为主,其显微组织如图 7-15 所示。图 7-15(a)所示为黑心可锻铸铁显微组织,图 7-15(b)所示为珠光体可锻铸铁显微组织。

(3)可锻铸铁的性能

可锻铸铁的力学性能优于灰铸铁,并接近于同类基体的球墨铸铁。与球墨铸铁相比,可锻铸铁具有铁液处理简易、质量稳定、废品率低等优点。

3. 可锻铸铁的牌号和应用

根据《可锻铸铁件》(GB/T 9440—2010),黑心可锻铸铁和珠光体可锻铸铁共有 12 个牌号。摘取了其中 8 个常用牌号列于表 7-5,表 7-5 为常用可锻铸铁的牌号、试样直径、力学性能和应用举例。可锻铸铁的牌号由"KTH+两组数字"或"KTZ+两组数字"组成。牌号中"KT"是"可铁"二字汉语拼音的第一个字母,其后面的"H"表示黑心可锻铸铁;"Z"表示珠光

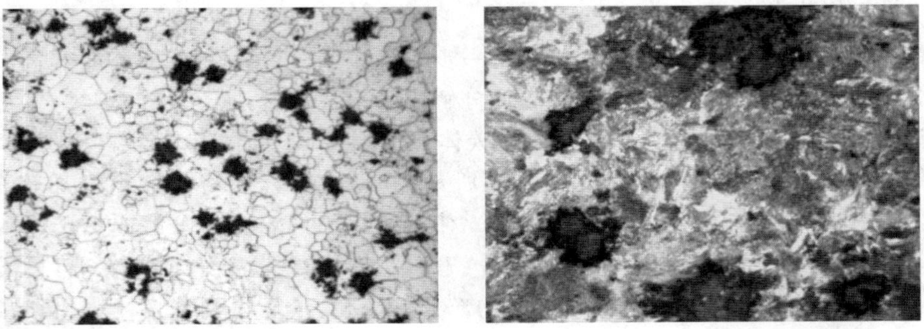

(a) 黑心可锻铸铁

(b) 珠光体可锻铸铁

图 7-15　可锻铸铁的显微组织

体可锻铸铁。符号后面的两组数字分别表示其最低的抗拉强度值和最低断后伸长率值。

　　可锻铸铁主要用于薄壁、复杂小型零件的生产，这样铸造时容易获得全白口的铸件。由于它生产周期长，需要连续退火设备，因此在使用上受到一定限制，有些可锻铸铁零件被球墨铸铁代替。但由于可锻铸铁具有成本低、质量稳定、铁液处理简单、容易组织流水生产等优点，故仍在某些领域中使用。特别是对一些大批量、形状复杂、薄壁小铸件的生产，可锻铸铁的优点更为突出。

　　黑心可锻铸铁具有良好的塑性与韧性，常用作汽车与拖拉机的后桥外壳、机床扳手、低压阀门、管接头、农具等承受冲击、振动和扭转载荷的零件；珠光体可锻铸铁强度、硬度和耐磨性较高，常用作曲轴、连杆、齿轮、摇臂、凸轮轴等要求强度与耐磨性较好的零件。

可锻铸铁微课

表 7-5　常用可锻铸铁的牌号、试样直径、力学性能及应用举例（摘自 GB/T 9440—2010）

牌号	试样直径/mm	R_m/MPa	$R_{p0.2}$/MPa	A/%	HBW	应用举例
		不低于				
KTH300—06	12 或 15	300	—	6	≤150	弯头、三通等管件
KTH330—08	12 或 15	330	—	8		钩形扳手、螺栓扳手等，犁刀、犁柱、车轮壳等
KTH350—10	12 或 15	350	200	10		汽车、拖拉机零件，如前后轮壳、减速器壳、制动器、支架等
KTH370—12	12 或 15	370	—	12		
KTZ450—06	12 或 15	450	270	6	150～200	曲轴、凸轮轴、连杆、齿轮、摇臂、活塞环、轴套、万向接头、棘轮、传动链条等
KTZ550—04	12 或 15	550	340	4	180～230	
KTZ650—02	12 或 15	650	430	2	210～260	
KTZ700—02	12 或 15	700	530	2	240～290	

7.3　合金铸铁

随着工业的发展,人们不仅要求铸铁具有更高的力学性能,而且有时还要求它具有某些特殊性能,如耐磨、耐热及耐蚀性等。为此,可向铸铁中加入一定量的合金元素,以获得合金铸铁,或称为特殊性能铸铁。这些铸铁与相似条件下使用的合金钢相比,熔炼简单,成本低廉,有良好的使用性能。但它们的力学性能比合金钢低,脆性较大。

7.3.1　耐磨铸铁

铸件经常在各种摩擦条件下工作,受到不同形式的磨损,为了使这些铸件保持精度并延长使用寿命,要求铸铁除有一定的强度外,还要有好的耐磨性。根据铸件不同的工作条件及磨损形式,耐磨铸铁可分为两大类:一类是在磨粒磨损条件下工作的抗磨铸铁;另一类是在黏着磨损条件下工作的减摩铸铁。

1. 抗磨铸铁

抗磨铸铁通常是在干摩擦条件下经受着各种磨粒的作用(如球磨机的衬板、磨球、轧辊等),因此要求具有高而均匀的硬度。白口铸铁就是一种很好的抗磨铸铁,我国早就用它制作犁铧等耐磨铸件。但因其脆性极大,不能制作承受冲击载荷的铸件,如车轮、轧辊等,为此,生产中常在灰铸铁基础上加入 w_{Ni} 为 $1.0\% \sim 1.6\%$ 的 Ni 元素和 w_{Cr} 为 $0.4\% \sim 0.7\%$ 的 Cr 元素,并采用"激冷"的办法使铸件表面得到白口铸铁组织,心部仍为灰铸铁组织,从而使铸件既有高耐磨性,又有一定的强度和适当的韧性,这种铸铁又称冷硬铸铁。此外,在稀土镁球墨铸铁中加入 w_{Mn} 为 $5.0\% \sim 9.5\%$ 的 Mn 元素和 w_{Si} 为 $3.3\% \sim 5.0\%$ 的 Si 元素,经球化处理和孕育处理后,适当控制冷却速度,使铸件获得马氏体＋残留奥氏体＋碳化物＋球状石墨的组织。这种抗磨铸铁主要用于制造中、小型球磨机的磨球、衬板和中、小型粉碎机的锤头。还有一类是在白口铸铁的基础上加入 w_{Cr} 为 $14\% \sim 15\%$ 的 Cr 元素和 w_{Mo} 为 $2.5\% \sim 3.5\%$ 的 Mo 元素,使组织中的 Fe_3C 改变为 Cr_7C_3 和 $(Cr \cdot Fe)_7C_3$,由于后种碳化物的硬度极高($1300 \sim 1800HV$),耐磨性好,且分布不连续,故使铸铁的韧性也得到了改善。这种高铬白口铸铁已用于大型球磨机衬板和大型粉碎机的锤头等零件。

2. 减摩铸铁

减摩铸铁通常是在润滑条件下经受黏着磨损作用(如机床床身、导轨、发动机的气缸、气缸套、活塞环等),因此要求它具有小的摩擦因数,显微组织应是软基体上分布有硬强化相,以便铸件磨合后,软基体形成沟槽,可保持油膜以利润滑,符合这一组织要求的是珠光体基的灰铸铁,其中铁素体为软基体,渗碳体为硬强化相,同时石墨片也可起储油润滑作用,故具有好的耐磨性。为了进一步改善珠光体灰铸铁的耐磨性,通常在其基础上加入 P、Cu、Cr、Mo、V、Ti、RE 等元素,并进行孕育处理,得到细珠光体＋细小石墨片的组织,同时还形成细小分散的高硬度 Fe_3P 或 VC、TiC 等起强化相作用,使耐磨性显著提高。常用的减摩铸铁有高磷铸铁、磷铜钛铸铁、铬钼铜铸铁等。

7.3.2　耐热铸铁

铸铁的耐热性是指它在高温下抵抗氧化和"生长"的能力。氧化则是高温下的气氛使铸铁表层发生化学腐蚀的现象。生长是指铸铁在 600℃ 以上反复加热冷却时产生的不可逆的体积长大现象。研究表明,这种生长的原因是:

(1)渗碳体在高温下分解为密度小、体积大的石墨,导致体积膨胀;

(2)铸铁内氧化,空气中的氧通过铸铁的微孔和石墨边界渗入内部,生成疏松的 FeO 或者与石墨作用产生气体,导致体积膨胀。

铸铁件一旦发生生长,其表面龟裂,脆性增大,强度急剧降低,甚至损坏。

为了提高铸铁在高温下的抗氧化、抗生长能力,可向其中加入 Al、Cr、Si 等合金元素,使其在铸件的表面形成致密的氧化膜,防止内氧化,并获得单相铁素体基体,以防渗碳体的分解,从而阻止铸铁的生长。

常用的耐热铸铁有中硅球墨铸铁(w_{Si} 为 $5.0\% \sim 6.0\%$);高铝球墨铸铁(w_{Al} 为 $21\% \sim 24\%$);高铬耐热铸铁(w_{Cr} 为 $26\% \sim 30\%$),主要用于制造加热炉炉底板、炉条、烟道挡板、热处理炉内渗碳槽及传送链条等。

7.3.3　耐蚀铸铁

耐蚀铸铁在腐蚀性介质中工作时具有抗腐蚀的能力。

普通铸铁的组织通常是由石墨、渗碳体、铁素体三个电极电位不同的相组成,其中石墨的电极电位最高($+0.37V$),渗碳体次之,铁素体最低($-0.44V$)。当铸铁处在电解质溶液中时,铁素体相不断被腐蚀掉,结果使铸件过早失效。

耐蚀铸铁的化学和电化学腐蚀原理以及提高耐蚀性的途径基本上与不锈耐酸钢相同。为了提高其抗腐蚀能力,通常在灰铸铁和球墨铸铁中加入 Si、Al、Cr、Mo、Cu、Ni 等元素,以提高基体电极电位,形成单相基体上分布着彼此孤立的石墨,并在铸件的表面形成致密的氧化膜。

耐蚀合金铸铁常用的有稀土高硅球墨铸铁(w_{Si} 为 $14\% \sim 16\%$)、中铝耐蚀铸铁(w_{Al} 为 $4.0\% \sim 6.0\%$)、高铬耐蚀铸铁(w_{Cr} 为 $26\% \sim 30\%$),主要用于制作化工机械中的管道、阀门、离心泵、反应锅及盛储器等。

✎ 习题

1.名词解释

铸铁、白口铸铁、麻口铸铁、灰口铸铁、灰铸铁、孕育处理、球墨铸铁、球化处理、蠕墨铸铁、蠕化处理、可锻铸铁、可锻化退火、合金铸铁

2.简答题

(1)灰口铸铁可分为哪几种? 它们之间的石墨形态有何区别?

(2)影响铸铁石墨化的主要因素有哪些? 分别是如何影响的?

(3)在铸铁的石墨化过程中,如果第一、第二阶段完全石墨化,而第三阶段分别为完全、部分或未石墨化,则它们将各获得哪种基体组织的铸铁?

（4）机床的床身、床脚和箱体为什么大都采用灰铸铁铸造？能否用钢板焊接制造？试将两者的使用性和经济性做简要比较。

（5）生产中出现下列不正常现象,应采取什么措施予以防止或改善？

①灰铸铁精密床身铸造后即进行切削,在切削加工后发现变形量超差;

②灰铸铁件薄壁处出现白口组织,造成切削加工困难。

（6）现有铸态球墨铸铁曲轴一根,按技术要求,其基体应为珠光体组织,轴颈表层硬度为50～55HRC,试确定其热处理方法。

（7）可锻铸铁是如何获得的？为什么它只适宜制作薄壁小铸件？

（8）下列工件宜选用何种铸铁或合金铸铁制造？

①磨床导轨;

②高温加热炉底板;

③硝酸盛储器;

④汽车后桥外壳,要求较高强度、较高塑性和韧性及承受较大冲击载荷,铸件壁较薄;

⑤柴油机曲轴,要求较高强度、耐磨性及一定的韧性,铸件截面较厚。

3.分析题

（1）铸造生产中,为什么铸铁的碳、硅含量低时易形成白口？而同一铸铁件上,为什么其表层或薄壁处易形成白口？

（2）试列表分析比较灰铸铁、球墨铸铁、蠕墨铸铁和可锻铸铁在牌号表示、显微组织、生产方法、性能和用途等方面的特点和区别。

本章小结　　　本章测试

第8章 有色金属及其合金

教学目标

(1)熟悉常用铝合金、铜合金、滑动轴承合金的种类、牌号、成分特点、性能特点及用途;

(2)掌握铝合金固溶处理和时效强化的原理及工程意义;

(3)了解粉末冶金方法及硬质合金的种类、牌号、成分特点、性能特点及用途。

本章重点

常用铝合金、铜合金、滑动轴承合金、硬质合金的牌号、性能特点及用途;铝合金固溶处理和时效强化的原理。

本章难点

铝合金固溶处理和时效强化的原理。

金属材料分为黑色金属和有色金属两大类。通常称铁及其合金(钢、铸铁)为黑色金属;其他的非铁金属及其合金则称为有色金属。铝、铜、钛、镁、锡、铅、锌等金属及其合金较为常用。有色金属的产量及用量虽然不如黑色金属多,但由于它们具有许多良好的特殊性能而成为现代工业中不可缺少的材料。例如,铝、镁、钛等及其合金,具有密度小、比强度高的特点,在飞机制造、汽车制造、船舶制造等工业中的应用十分广泛;而银、铜、铝等导电性及导热性优良,是电气工业和仪表工业不可缺少的材料;再如镍、钨、钼等及其合金耐高温,是制造高温下使用零件的理想材料。本章仅对铝及其合金、铜及其合金、滑动轴承合金及硬质合金等做一些简要介绍。

8.1 铝及铝合金

8.1.1 工业纯铝

纯铝是银白色的轻金属,是地壳中储量最多的一种金属元素,约占地壳总重量的8.2%。

1.性能特点及应用

纯铝的密度较小(约 $2.7g/cm^3$),熔点低($660℃$),具有面心立方晶格,无同素异构转变,故铝合金的热处理的原理和钢不同。

纯铝的导电性、导热性很高,仅次于银、铜、金。在室温下,铝的导电能力为铜的 62%。

纯铝是非磁性、无火花材料,而且反射性能好,既可反射可见光,也可反射紫外线。

纯铝的强度、硬度低(R_m 为 80~100MPa、硬度为 25~30HBW),但塑性、韧性高(A 为 35%~40%、Z 为 80%)。通过加工硬化,可使纯铝的强度提高(R_m 为 150~250MPa),但塑性下降(Z 为 50%~60%)。

在空气中,铝的表面可生成致密的氧化膜,隔绝了空气,故在大气中具有良好的耐蚀性。但铝不能耐酸、碱、盐的腐蚀。

根据上述特点,纯铝的主要用途是:配置铝合金;在电气工业中,代替铜作导线、电容器等;还可制作质轻、耐大气腐蚀的器具和包覆材料。

2. 牌号

铝含量不低于 99% 的为纯铝。纯铝按纯度分为高纯铝、工业高纯铝、工业纯铝。纯铝分未压力加工产品(铸造纯铝)及压力加工产品(变形铝)两种。按《铸造有色金属及其合金牌号表示方法》(GB/T 8063—2017)规定,铸造纯铝牌号由"Z"和铝的化学元素符号及表明铝的名义含量的数字组成,例如 ZAl99.5 表示 $w_{Al} = 99.5\%$ 的铸造纯铝;变形铝按《变形铝及铝合金牌号表示方法》(GB/T 16474—2011)中的规定,其牌号用国际四位字符体系表示,即用 1××× 表示,牌号中第一、三、四为阿拉伯数字,第二位为英文大写字母 A、B 或其他字母(有时也可用数字)。牌号中第一位数字 1 表示纯铝,第三、四位数字为最低铝的质量分数中小数点后面的两位数字,例如铝的最低质量分数为 99.70%,则第三、四位数字为 70。如果第二位的字母为 A,则表示原始纯铝;如果第二位字母为 B 或其他字母,则表示原始纯铝的改型情况,即与原始纯铝相比,元素含量略有改变。如果第二位不是英文字母而是数字,则表示杂质极限含量的控制情况,0 表示纯铝中杂质极限含量无特殊控制,1~9 则表示对一种或几种杂质极限含量有特殊控制,具体参见《变形铝及铝合金化学成分》(GB/T 3190—2020)。

具体牌号举例如下:例如 1A99 表示铝的质量分数为 99.99% 的原始纯铝;1B99 表示铝的质量分数为 99.99% 的改型纯铝,1B99 是 1A99 的改型牌号;1070 表示杂质极限含量无特殊控制、铝的质量分数为 99.70% 的纯铝;1145 表示对一种杂质的极限含量有特殊控制、铝的质量分数为 99.45% 的纯铝;1235 表示对两种杂质的极限含量有特殊控制、铝的质量分数为 99.35% 的纯铝,显然,铝牌号中最后两位数字越大,则其纯度越高。

8.1.2　铝合金

1. 铝合金分类及时效强化

(1)铝合金分类

为了提高纯铝的强度,有效的方法是通过合金化及对铝合金进行时效强化。

目前,用于制作铝合金的合金元素主要有硅、铜、镁、锌、锰等。铝合金相图一般类型如图 8-1 所示。根据该相图上最大溶解度 D 点,把铝合金分为变形铝合金和铸造铝合金。

a)变形铝合金。由图可见,成分在 D 点以左的合金,当加热到固溶线以上时,可得到单相固溶体 α,其塑性很好,宜于进行压力加工,称为变形铝合金。

变形铝合金又可分为两类:成分在 F 点以左的合金,其 α 固溶体成分不随温度而变,故不能用热处理使之强化,属于热处理不可强化铝合金;成分在 $D \sim F$ 之间的铝合金,其 α 固溶体成分随温度而变化,可用热处理强化,属热处理可强化铝合金。

b)铸造铝合金。由图可见成分位于 D 点右边的合金,由于有共晶组织存在,适于铸造,称为铸造铝合金。铸造铝合金中也有成分随温度而变化的 α 固溶体,故也能用热处理强化。但距 D 点越远,合金中 α 相越少,强化效果越不明显。

（2）铝合金的时效强化

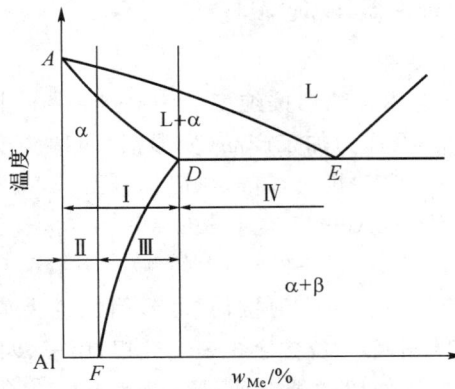

工业纯铝及
铝合金强化
机理微课

Ⅰ—变形铝合金;Ⅱ—热处理不可强化铝合金;Ⅲ—热处理可强化铝合金;Ⅳ—铸造铝合金。

图 8-1 铝合金相图的一般类型

碳含量较高的钢,在淬火后其强度、硬度立即提高,而塑性则急剧降低,而热处理可强化的铝合金却不同,当它加热到 α 相区,保温后在水中快冷,其强度、硬度并没有明显升高,而塑性却得到改善,这种热处理称为铝合金的固溶处理,也称固溶淬火。固溶处理后的铝合金,如在室温下停留相当长的时间,它的强度、硬度才显著提高,同时塑性则下降。例如,铜质量分数为 4% 并含有少量镁、锰元素的铝合金,在退火状态下,R_m 为 $180 \sim 200$MPa、A 为 18%,经固溶处理后 R_m 达 $240 \sim 250$MPa、A 达 20% ~ 22%,如再经 4~5 天放置后,则强度显著提高,R_m 可达 420MPa,A 下降为 18%。

固溶处理后铝合金在室温或低温加热下保温一段时间,其强度、硬度随时间而发生显著提高的现象称为时效强化。在室温下进行的时效称为自然时效,在人工加热条件下进行的时效称为人工时效。图 8-2 表示上述铝合金固溶处理后,在室温下其强度随时间变化的曲线（自然时效曲线）。由图可知,在自然时效的初期几小时内,强度不发生明显变化,这段时间称为孕育期。合金在此期间保持良好塑性,便于进行铆接、弯曲、矫直、卷边等操作。随后合金的强度显著提高,在 5~15h 内强化速度最快,经 4~5 天后强度达到最大值。

铝合金时效强化效果还与加热温度有关。图 8-3 所示为铜质量分数为 4% 的铝合金不同温度下时效强化曲线。由图可知,提高时效温度,可使孕育期缩短,时效速度加快,但时效温度越高,强化效果越小。在室温以下则温度越低,时效强化效果越小,当温度低于 −50℃ 时,强度几乎不增加,即低温可以抑制时效的进行。若时效温度过高或保温时

间过长,合金会软化,将此现象称为过时效。为充分发挥铝合金时效强化效果,应避免产生过时效。

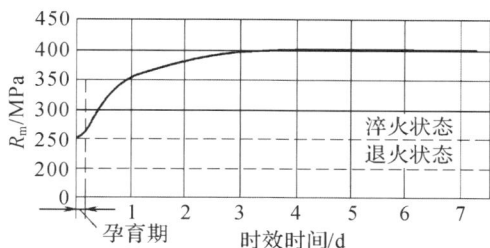

图 8-2　$w_{Cu}=4\%$的铝合金自然时效曲线

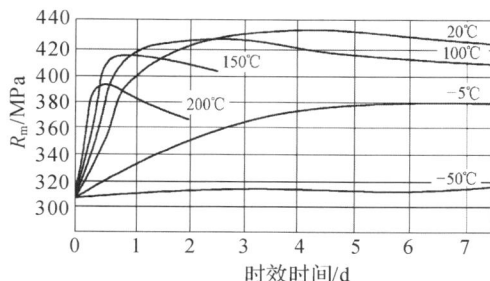

图 8-3　$w_{Cu}=4\%$的铝合金在不同温度下的时效曲线

2. 变形铝合金

变形铝合金可按其主要性能特点分为防锈铝、硬铝、超硬铝与锻铝等。它们常由冶金厂加工成各种规格的型材、板、带、线、管等供应。

按 GB/T 16474—2011 规定,变形铝合金牌号用四位字符体系表示,牌号的第一、三、四位为数字,第二位为大写的英文字符。牌号中第一位数字是依主要合金元素 Cu、Mn、Si、Mg、Mg+Si、Zn、其他合金、备用组的顺序来表示变形铝合金的组别,分别以 2、3、4、5、6、7、8、9 等表示。例如 2A×× 表示以铜为主要合金元素的变形铝合金。第二位为英文大写字母 A、B 或其他字母,分别表示其原始铝合金的改型情况。最后两位数字用以标识同一组别中的不同铝合金。

变形铝合金
及铸造铝合
金微课

(1)防锈铝合金

主要有铝—锰系和铝—镁系合金,属于热处理不能强化的铝合金,一般只能用冷变形来提高强度。它具有适中的强度、良好的塑性和抗蚀性,故称为防锈铝合金。主要用途是制造油罐、各种容器、防锈蒙皮等。

常用的防锈铝合金 Al-Mn 系合金有 3A21,其耐蚀性和强度高于纯铝,用于制造油罐、油箱、管道、铆钉等需要弯曲、冲压加工的零件。常用的 Al-Mg 系合金 5A05,其密度比纯铝小,强度比 Al-Mn 系合金高,在航空工业中得到广泛应用,如制造管道、容器、铆钉及承受中等载荷的零件。

(2)硬铝合金

它是铝—铜—镁系合金,这类铝合金经固溶淬火和时效处理后可获得相对高的强度,故称为硬铝。硬铝淬火后多用自然时效。由于其耐蚀性差,有些硬铝板材在表面包一层纯铝后使用。硬铝可轧成板材、管材和型材,以制造较高负荷下的铆接与焊接零件。

硬铝合金按合金元素含量及性能不同又可分为铆钉硬铝、标准硬铝和高强度硬铝。2A01 有很好的塑性,大量用来制造铆钉;2A11 属标准硬铝,具有相对高的硬度,又有足够的塑性,退火状态可进行冷弯、卷边、冲压。时效处理后又可大大提高其强度,常用来制造形状复杂、载荷较低的结构零件;2A12 属高强度硬铝,是目前最重要的飞机结构材料,广泛用于制造飞机翼肋、翼架等受力零件。

（3）超硬铝合金

它是铝—铜—镁—锌系合金，是在硬铝的基础上再加锌而成，强度高于硬铝，故称为超硬铝合金。超硬铝淬火后多用人工时效。主要用于制造要求重量轻、受力较大的结构零件。

目前应用最广的超硬铝合金是 7A04。常用于飞机上受力大的结构零件，如起落架、大梁等。在光学仪器中，用于要求重量轻而受力较大的结构零件。

（4）锻铝合金

它多数为铝—铜—镁—硅系合金。这类合金力学性能与硬铝相近，但热塑性及耐蚀性较高，更适于锻造，故名锻铝合金。由于其热塑性好，所以锻铝合金主要用作航空及仪表工业中各种形状复杂、要求比强度较高的锻件或模锻件，如各种叶轮、框架、支杆等。因锻铝的自然时效速率较慢，强化效果较低，故一般均采用固溶淬火和人工时效。

2A70 为锻铝合金常用的牌号，用于制造 150～225℃ 以下工作的零件，如压气机叶片、超声速飞机蒙皮等。

根据《变形铝及铝合金化学成分》（GB/T 3190—2020），部分常用变形铝合金的牌号、化学成分及力学性能见表 8-1。

表 8-1　部分常用变形铝合金的牌号、化学成分及力学性能（摘自 GB/T 3190—2020）

| 类别 | 牌号 | 化学成分/%（余量 w_{Al}） | | | | | 试样状态 | 力学性能 | | |
		w_{Cu}	w_{Mg}	w_{Mn}	w_{Zn}	$w_{其他}$		R_m/MPa	$A/\%$	HBW
防锈铝合金	5A05	0.10	4.8～5.5	0.3～0.6	0.20	Si 0.5、Fe 0.5	M	280	20	70
	3A21	0.20	0.05	1.0～1.6	0.10	Si 0.6、Fe 0.7 Ti 0.15	M	130	20	30
硬铝合金	2A01	2.2～3.0	0.2～0.5	0.20	0.10	Si 0.5、Fe 0.5 Ti 0.15	CZ	300	24	70
	2A11	3.8～4.8	0.4～0.8	0.4～0.8	0.30	Si 0.7、Fe 0.7 Ti 0.15	CZ	420	18	100
	2A12	3.8～4.9	1.2～1.8	0.3～0.9	0.30	Si 0.5、Fe 0.5 Ti 0.15	CZ	480	10	131
超硬铝合金	7A04	1.4～2.0	1.8～2.8	0.2～0.6	5.0～7.0	Si 0.5、Fe 0.5 Cr0.10～0.25 Ti 0.10	CS	600	12	150
锻铝合金	2A50	1.8～2.6	0.4～0.8	0.4～0.8	0.30	Si 0.7～1.2 Fe 0.7、Ni0.10 Ti 0.15	CS	420	13	105
	2A70	1.9～2.5	1.4～1.8	0.2	0.30	Si 0.35 Fe 0.9～1.5 Ni0.9～1.5 Ti 0.02～0.1	CS	440	12	120

注：M—退火；CZ—淬火＋自然时效；CS—淬火＋人工时效。

3. 铸造铝合金

与变形铝合金相比，铸造铝合金力学性能不如变形铝合金，但其铸造性能好，可进行各种铸造成形，生产形状复杂的零件或毛坯。为此，铸造铝合金必须有适量的共晶体，合金元

素总含量 w_{Me} 为 8%～25%。铸造铝合金的种类很多,主要有铝—硅系、铝—铜系、铝—镁系及铝—锌系四种,其中以铝—硅系应用最广泛。

根据《铸造铝合金》(GB/T 1173—2013)规定,铸造铝合金的代号用"铸铝"两字的汉语拼音的字首"ZL"及三位数字表示,如 ZL102、ZL203、ZL302、ZL401 等,ZL 后的第一位数字表示合金类别,其中 1 为铝硅系、2 为铝铜系、3 为铝镁系、4 为铝锌系。后两位数字为合金顺序号,序号不同者,化学成分也不同。例如,ZL102 表示 2 号铝硅系铸造铝合金。若优质合金则在代号后面加"A"。

铸造铝合金牌号由"Z"和基体金属铝的化学元素符号、主要合金化学元素符号以及表明合金化学元素名义百分含量(质量分数)×100 的数字组成,即用"Z＋Al＋主要合金元素化学符号及其质量分数"表示,若牌号后面加"A"表示优质。例如 ZAlSi12,表示 $w_{Si}=12\%$ 的铸造铝合金。

常用铸造铝合金的代号、成分、性能和用途见表 8-2。

(1)铝硅系铸造铝合金

又称硅铝明,由于具有良好的力学性能、耐蚀性和铸造性能,所以是应用最广泛的铸造铝合金。这类合金可用作内燃机活塞、气缸体、水冷的气缸头、气缸套、扇风机叶片、形状复杂的薄壁零件及电动机、仪表的外壳等。

ZL102(ZAlSi12)是 $w_{Si}=12\%$ 的铝硅二元合金,称为简单硅铝明。在普通铸造条件下,ZL102 组织几乎全部为共晶体,由粗针状的硅晶体和 α 固溶体组成,强度和塑性都较差。生产上常用钠盐变质剂($\frac{2}{3}$NaF＋$\frac{1}{3}$NaCl)进行变质处理,得到细小且均匀的共晶体加一次 α 固溶体组织,可提高合金的强度和塑性。

(2)铝铜系铸造铝合金

铝铜系铸造铝合金以 $CuAl_2$ 为强化相,因而强化效果较好,具有较高的强度和耐热性,但密度大,铸造性能差,有热裂和疏松倾向,耐蚀性较差。常用的代号有 ZL201、ZL203 等,主要用于制造在较高温度下工作的高强零件,如内燃机气缸头、汽车活塞等。

(3)铝镁系铸造铝合金

铝镁系铸造铝合金强度高、密度最小($2.25g/cm^3$),耐蚀性好,但铸造性能差,耐热性低,可以进行固溶时效处理。常用代号为 ZL301、ZL303 等,主要用于制造外形简单、承受冲击载荷、在腐蚀性介质下工作的零件,如舰船配件、氨用泵体等。

(4)铝锌系铸造铝合金

铝锌系铸造铝合金价格便宜,铸造性能优良,经变质处理和时效处理后强度较高,但密度大,耐蚀性较差,热裂倾向大。常用代号为 ZL401、ZL402 等,主要用于制造形状复杂、受力较小的汽车、飞机、仪器零件及日用品等。

表 8-2　常用铸造铝合金的代号、成分、性能和用途

类别	代号与牌号	化学成分/%（余量 w_{Al}）					铸造方法与热处理	力学性能（不低于）			用途
		w_{Si}	w_{Cu}	w_{Mg}	w_{Zn}	$w_{其他}$		R_m/MPa	A(%)	HBW	
铝硅合金	ZL102 ZAlSi12	10.0~13.0	—	—	—	—	SB、F JB、F SB、T2 J、T2	145 155 135 145	4 2 4 3	50 50 50 50	形状复杂的零件，如飞机、仪器零件、抽水机壳体
	ZL104 ZAlSi9Mg	8.0~10.5	—	0.17~0.35	—	Mn0.2~0.5	J、T1 J、T6	200 240	1.5 2.0	65 70	工作温度为220℃以下形状复杂的零件，如电动机壳体、气缸体
	ZL105 ZAlSi5Cu1Mg	4.5~5.5	1.0~1.5	0.4~0.6	—	—	J、T5 J、T7	235 175	0.5 1.0	70 65	工作温度为250℃以下形状复杂的零件，如风冷发动机的气缸头、机匣、液压泵壳体
	ZL107 ZAlSi7Cu4	6.5~7.5	3.5~4.5	—	—	—	SB、T6 J、T6	245 275	2.0 2.5	90 100	强度和硬度较高的零件
	ZL111 ZAlSi9Cu2Mg	8.0~10.0	1.3~1.8	0.4~0.6	—	Mn0.1~0.35 Ti0.1~0.35	SB、T6 J、T6	255 315	1.5 2.0	90 100	活塞及高温下工作的其他零件
铝铜合金	ZL201 ZAlCu5Mn	—	4.5~5.3	—	—	Mn0.6~1.0 Ti0.15~0.35	S、T4 S、T5	295 335	8 4	70 90	砂型铸造工作温度为175~300℃的零件，如内燃机气缸头、活塞
	ZL203 ZAlCu4	—	4.0~5.0	—	—	—	J、T4 J、T5	205 225	6 3	60 70	中等载荷、形状比较简单的零件
铝镁合金	ZL301 ZAlMg10	—	—	9.5~11.5	—	—	S、T4	280	9	60	大气或海水中工作的零件，承受冲击载荷、外形不太复杂的零件，如舰船配件、氨用泵体
铝锌合金	ZL401 ZAlZn11Si7	6.0~8.0	—	0.1~0.3	9.0~13.0	—	J、T1	245	1.5	90	结构形状复杂的汽车、飞机、仪器零件，也可制造日用品

8.2 铜及铜合金

8.2.1 工业纯铜

纯铜是玫红色的金属,其表面形成氧化亚铜(Cu_2O)膜层后呈紫色,故又俗称紫铜。其属于重金属,全世界产量仅次于铁和铝。

1. 性能特点及应用

纯铜的密度为 $8.96g/cm^3$,熔点为 $1083℃$,具有面心立方晶格,无同素异构转变。

纯铜突出的优点是具有优良的导电性、导热性及良好的耐蚀性(抗大气及海水腐蚀)。铜还具有抗磁性。

纯铜的强度不高(R_m 为 $200\sim250MPa$),硬度很低($40\sim50HBW$),塑性却很好(A 为 $45\%\sim55\%$)。冷塑性变形后,可以使纯铜的强度提高到 $400\sim450MPa$,硬度升高到 $100\sim200HBW$,但断后伸长率急剧下降到 $1\%\sim3\%$。因此,纯铜的主要用途是制作各种导电材料、导热材料及配置各种铜合金。为了满足制作结构件的要求,必须制成各种铜合金。

2. 牌号

常用的工业纯铜分未加工铜产品(铜锭、电解铜)和加工产品(铜材)两种,加工纯铜的代号有 T1、T2、T3 三种。其中"T"是"铜"字汉语拼音首字母,数字表示顺序号,顺序号越大,纯度越低。T1、T2 主要用来制造导电器材,或配制高级铜合金,T3 主要用来配制普通铜合金。

铜合金微课

8.2.2 铜合金

在纯铜中加入合金元素制成铜合金,常用合金元素为 Zn、Sn、Al、Mg、Mn、Ni、Fe、Be、Ti、Si、As、Cr 等。这些元素通过固溶强化、时效强化及第二相强化等途径,提高合金强度,并能保持纯铜优良的物理化学性能。因此,在机械工业中广泛使用的是铜合金。

1. 铜合金的分类及牌号

(1)铜合金分类

按化学成分铜合金可分为黄铜、青铜及白铜三大类。机器制造业中,应用较广的是黄铜和青铜。

黄铜是指以铜和锌为主的合金。普通黄铜是铜锌二元合金;在铜锌合金中加入硅、锡、铝、铅、锰等元素时称为特殊黄铜。白铜是指铜和镍为主的合金。青铜指除黄铜和白铜以外的铜合金,按其所含主要合金元素的种类可分为锡青铜、铅青铜、铝青铜、硅青铜等。

按生产方法铜合金可分为压力加工铜合金(简称加工铜合金)和铸造铜合金两大类。

(2)铜合金牌号表示方法

a)加工铜合金。普通加工黄铜代号表示方法为:"H"("黄"的汉语拼音首字母)+铜元素含量(质量分数×100)。例如,H68 表示 $w_{Cu}=68\%$、余量为锌的黄铜。特殊加工黄铜代号表示方法为"H"+主加元素的化学符号(除锌以外)+铜及各合金元素的含量(质量分数

×100)。例如,HPb59-1 表示 $w_{Cu}=59\%$、$w_{Pb}=1\%$、余量为锌的加工黄铜。

加工青铜代号表示方法是:"Q"("青"的汉语拼音首字母)+第一主加元素的化学符号及含量(质量分数×100)+其他合金元素含量(质量分数×100)。例如,QAl5 表示 $w_{Al}=$ 5%、余量为铜的加工铝青铜。

b)铸造铜合金。铸造黄铜与铸造青铜的牌号表示方法相同,它是:"Z"+铜元素化学符号+主加元素的化学符号及含量(质量分数×100)+其他合金元素化学符号及含量(质量分数×100)。例如,ZCuZn38 表示 $w_{Zn}=38\%$、余量为铜的铸造黄铜;ZCuSn10P1 表示 $w_{Sn}=$ 10%、$w_P=1\%$、余量为铜的铸造锡青铜。

2.黄铜

(1)普通黄铜

a)普通黄铜的组织。工业中应用的普通黄铜,在室温平衡状态下,有 α 及 β′ 两个基本相,α 相是锌溶于铜中的固溶体,塑性好,适宜冷、热压力加工。两相黄铜由于组织中有硬脆 β′ 相,只能承受微量冷变形。而在温度高于 453~470℃ 时,以 CuZn 化合物为基的有序固溶体 β′ 相会转变为以 CuZn 化合物为基的无序固溶体 β,热塑性好,适宜热加工。所以这类黄铜一般经热轧制成棒材、板材。常用代号有 H62、H59,主要用于水管、油管、散热器等。

工业中应用的普通黄铜,按其平衡状态的组织可分为以下两种类型:当 $w_{Zn}<39\%$ 时,室温平衡组织为单相 α 固溶体(单相黄铜);当 w_{Zn} 为 39%~45% 时,室温平衡组织为 α+β′ (双相黄铜)。实际生产条件下,当 $w_{Zn}>32\%$ 时,即出现 α+β′ 组织。

b)普通黄铜的性能。普通黄铜的力学性能与 Zn 含量有很大关系,黄铜的力学性能与 Zn 含量的关系如图 8-4 所示。含锌量增加时,由于固溶强化,使黄铜强度、硬度提高,同时塑性还有改善,当 $w_{Zn}>32\%$ 后,在实际生产条件下,组织中已出现 β′ 相,使塑性开始下降,但一定数量的 β′ 相能起强化作用,而使强度继续升高。$w_{Zn}>45\%$ 后,组织中已全部为脆性的 β′ 相,致使黄铜强度、塑性急剧下降,已无实用价值。

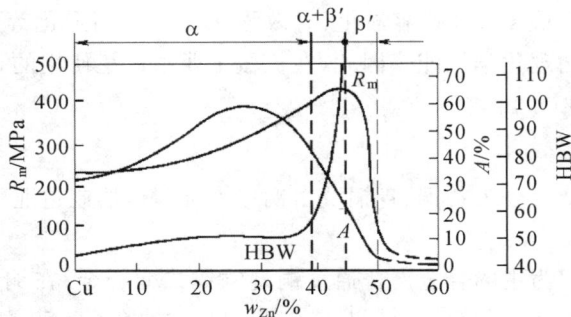

图 8-4 黄铜的力学性能与 Zn 含量的关系

普通黄铜的耐蚀性好,与纯铜相近似。但 $w_{Zn}>7\%$(尤其是 $w_{Zn}>20\%$ 后),经冷加工后的黄铜,由于存在残余应力,并在海水、湿气、氨的作用下,容易产生应力腐蚀开裂现象(又称季裂)。为防止季裂,冷加工后的黄铜零件(如弹壳),必须进行去应力退火(250~300℃ 保温 1h)。

c)常用的普通黄铜。普通黄铜主要供压力加工用,按加工特点分为冷加工用单相黄铜

与热加工用 α＋β′ 双相黄铜两类。

H90 及 H80 等为 α 单相黄铜,有优良的耐蚀性、导热性和冷变形能力,并呈金黄色,故有金色黄铜之称。常用于镀层、艺术装饰品、奖章、散热器等。

H68 及 H70 为 α 单相黄铜,按成分称为七三黄铜。它具有优良的冷、热塑性变形能力,适宜用冷冲压(深拉深、弯曲等)制造形状复杂而要求耐蚀的管、套类零件,如弹壳、波纹管等,故又有弹壳黄铜之称。

H62 及 H59 为 α＋β′ 双相黄铜,按成分称为六四黄铜。它的强度较高,并有一定的耐蚀性,广泛用来制作电器上要求导电、耐蚀及适当强度的结构件,如螺栓、螺母、垫圈、弹簧及机器中的轴套等,是应用广泛的合金,有商业黄铜之称。

（2）特殊黄铜

在普通黄铜基础上,再加入其他合金元素所组成的多元合金称为特殊黄铜。常加入的元素有锡、铅、铝、硅、锰、铁等。特殊黄铜也可依据加入的第二合金元素命名,如锡黄铜、铅黄铜、铝黄铜等。

合金元素加入黄铜后,一般或多或少地提高其强度。加入锡、铝、锰、硅还可提高耐蚀性与减少黄铜应力腐蚀开裂的倾向。某些元素的加入还可改善黄铜的工艺性能,如加硅改善铸造性能,加铅改善切削加工性等。特殊黄铜可分为压力加工与铸造用两种。

a）压力加工黄铜。加入的合金元素较少,塑性较高,具有较高的变形能力。常用的有铅黄铜 HPb59-1、铝黄铜 HAl59-3-2 等,HPb59-1 具有良好的切削加工性,常用来制作各种结构零件,如销子、螺钉、螺母、衬套、垫圈等;HAl59-3-2 耐蚀性较好,用于制作耐腐蚀零件。

b）铸造用黄铜。不要求很高的塑性,为提高强度和铸造性能,可加入较多的合金元素。

根据《加工铜及铜合金牌号和化学成分》(GB/T 5231—2012)和《铸造铜及铜合金》(GB/T 1176—2013),表 8-3 为部分常用黄铜的代号(牌号)、化学成分、产品形状及应用举例。

表 8-3　部分常用黄铜的代号(牌号)、化学成分、产品形状及应用举例
（摘自 GB/T 5231—2012、GB/T 1176—2013）

组别	代号(牌号)	化学成分 $w/\%$			产品形状或铸造方法	应用举例
		Cu	Zn	其他		
普通黄铜	H90	89.0～91.0	余量	Pb0.05、Fe0.05	板、带、棒、线、管、箔	奖章、双金属片、供水和排水管
	H68	67.0～70.0	余量	Pb0.1、Fe0.03	板、带、棒、线、管、箔	复杂的冷冲件和深冲件、散热器外壳、导管
	H62	60.5～63.5	余量	Pb0.15、Fe0.08	板、带、棒、线、管、箔、型	销钉、铆钉、螺母、垫圈、导管、散热器

续表

组别	代号(牌号)	化学成分 $w/\%$			产品形状或铸造方法	应用举例
		Cu	Zn	其他		
特殊黄铜	HPb59-1	57.0～60.0	余量	Pb0.8～1.9、Ni1.0、Fe0.5	板、带、棒、线、管	热冲压及切削加工零件，如销、螺钉、垫圈
	HAl59-3-2	57.0～60.0	余量	Al2.5～3.5 Ni2.0～3.0 Fe0.5、Pb0.1	板、棒、管	船舶、电机等常温下工作的高强度耐蚀零件
	HMn58-2	57.0～60.0	余量	Mn1.0～2.0 Fe1.0、Pb0.1	板、带、棒、线	船舶和弱电用零件
	HSn62-1	61.0～63.0	余量	Sn0.7～1.1 Fe0.1、Pb0.1	板、带、棒、线、管	船舶、热电厂中高温耐蚀冷凝器管
	ZCuZn31Al2	66.0～68.0	余量	Al2.0～3.0	砂型铸造、金属型铸造、熔模铸造	在常温下要求耐蚀性较高的零件
	ZCuZn16Si4	79.0～81.0	余量	Si2.5～4.5	砂型铸造、金属型铸造、熔模铸造	接触海水工作的管配件及水泵叶轮、旋塞

3. 青铜

除黄铜和白铜外的其他铜合金统称为青铜。锡铜合金是人类历史上应用最早的合金，因其呈青黑色而称为青铜。近几十年来，工业上应用了大量的不含锡而是含铝、硅、铅、铍、锰的铜基合金，称无锡青铜，它们与锡青铜统称青铜。

青铜又分为压力加工青铜和铸造青铜。表 8-4 为部分常用青铜的代号(牌号)、化学成分、产品形状及应用举例。

表 8-4　部分常用青铜的代号(牌号)、化学成分、产品形状及应用举例
(摘自 GB/T 5231—2012、GB/T 1176—2013)

组别	代号(牌号)	化学成分 $w/\%$			产品形状或铸造方法	应用举例
		主加元素	Cu	其他		
锡青铜	QSn4-3	Sn3.5～4.5	余量	Zn2.7～3.3 P0.03	板、带、棒、线、箔	弹性元件，化工机械耐磨零件和抗磁零件
	QSn4-4-2.5	Sn3.0～5.0	余量	Zn3.0～5.0 Pb1.5～3.5 Al0.002	板、带	航空、汽车、拖拉机用承受摩擦的零件如轴套等
	QSn6.5-0.1	Sn6.0～7.0	余量	P0.1～0.25 Al0.002、Zn0.3	板、带、棒、线、管、箔	弹簧接触片，精密仪器中的耐磨零件和抗磁元件
	ZCuSn10P1	Sn9.0～11.5	余量	P0.8～1.1	砂型铸造、金属型铸造、熔模铸造、连续铸造、离心铸造	重要的减摩零件，如轴承、轴套、蜗轮、摩擦轮、机床丝杠螺母
	ZCuSn5Pb5Zn5	Sn4.0～6.0	余量	Pb4.0～6.0 Zn4.0～6.0	砂型铸造、金属型铸造、熔模铸造、连续铸造、离心铸造	低速、中载荷的轴承、轴套及涡轮等耐磨零件

组别	代号(牌号)	化学成分 $w/\%$			产品形状或铸造方法	应用举例
		主加元素	Cu	其他		
铝青铜	QAl7	Al6.0～8.5	余量	Ni0.5、Fe0.5	板、带	弹簧和弹性元件
	QAl10-3-1.5	Al8.5～10.0	余量	Fe2.0～4.0 Mn1.0～2.0 Zn0.5、P0.01	棒、管	船舶用高强度耐蚀零件,如齿轮、轴承等
	ZCuAl10Fe3	Al8.5～11.0	余量	Fe2.0～4.0	砂型铸造、金属型铸造、连续铸造、离心铸造线	耐磨零件(压下螺母、轴承、蜗轮、齿圈)及在蒸汽、海水中工作的高强度耐蚀件
硅青铜	QSi3-1	Si2.7～3.5	余量	Mn1.0～1.5 Zn0.5	板、带、棒、线、管、箔	弹簧、耐蚀零件以及蜗轮、蜗杆、齿轮、制动杆等
	QSi1-3	Si0.6～1.1	余量	Ni2.4～3.4 Mn0.1～0.4	棒	发动机和机械制造中结构零件,300℃以下的摩擦零件

(1)锡青铜

a)锡青铜的组织。锡青铜是以锡为主要加入元素的铜合金。w_{Sn} 低于 $5\%\sim6\%$ 的锡青铜室温组织是单相 α 固溶体。α 固溶体是锡在铜中的固溶体;w_{Sn} 高于 $5\%\sim6\%$ 的锡青铜,室温组织为 α+共析体(α+δ),δ 相是一个硬脆相。

b)锡青铜的性能。锡含量对锡青铜的力学性能影响很大,如图 8-5 所示,当 $w_{Sn}<5\%\sim6\%$ 时,其室温组织为单相 α 固溶体,由于锡的溶入产生固溶强化,使锡青铜的强度随锡含量增加而升高,塑性略有改善。$w_{Sn}>5\%\sim6\%$ 时,由于组织中出现硬脆相 δ 相,强度继续升高而塑性急剧下降;当 $w_{Sn}>20\%$ 时,由于 δ 相大量增加,使合金变脆,强度也急剧下降。因此,工业用锡青铜的锡含量 w_{Sn} 一般在 $3\%\sim14\%$ 范围。

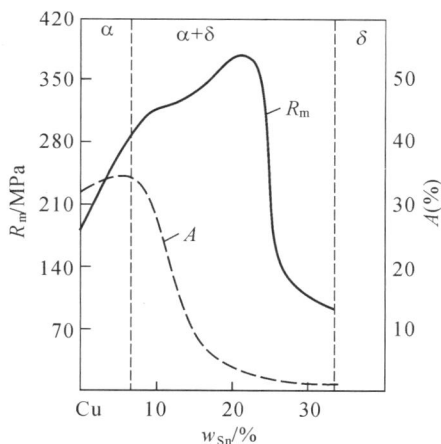

图 8-5　锡含量对锡青铜力学性能的影响

$w_{Sn}<5\%$的锡青铜适宜冷变形加工；w_{Sn}为 $5\%\sim7\%$ 的锡青铜宜于热变形加工；w_{Sn}为 $10\%\sim14\%$ 的锡青铜只适宜铸造生产。锡青铜具有较好的减摩性、抗磁性和低温韧性。在海水、蒸汽、淡水中的耐蚀性超过纯铜和黄铜，但在酸和氨水中的耐蚀性较差。

为进一步改善锡青铜的性能，在锡青铜中加入 Zn、Pb、P 等元素。其中 Zn 可增加流动性改善铸造性能；Pb 可以提高减摩性和切削加工性；P 可以提高弹性极限、疲劳强度和耐磨性。

工业上常用加工锡青铜有 QSn4-3、QSn6.5-0.4 等，主要用于制造弹性元件、轴承等耐磨零件、抗磁及耐蚀零件。

（2）铝青铜

铝青铜是以铝为主要加入元素的铜合金。铝含量 w_{Al} 一般为 $5\%\sim11\%$，铝青铜的强度、硬度、耐磨性、耐热性、耐蚀性都高于黄铜和锡青铜，但其焊接性能较差。铝含量对铝青铜的力学性能有重要影响。随着铝含量的增加，合金的强度、塑性均有升高，但当 $w_{Al}>7\%$ $\sim8\%$ 后，塑性急剧下降，当 $w_{Al}>11\%$ 时，由于硬脆相大量出现，而使其强度也急剧下降。所以铝青铜的铝含量 w_{Al} 一般低于 11%。

工业上所用的加工铝青铜有低铝和高铝两种。QAl5、QAl7 等属于低铝青铜，退火后为单相 α 固溶体，塑性好、耐蚀性高，又具有适当的强度，一般在压力加工状态下使用，主要用于制造要求高耐蚀性的弹簧及弹性元件。QAl9-4、QAl10-3-1.5 等属于高铝青铜，由于加入 Fe、Mn 等元素，故强度、耐磨性等显著提高，主要用于制造船舶、飞机及仪器中的高强度、耐磨和耐蚀零件，如齿轮、轴承、轴套、蜗轮、阀座等。

（3）铍青铜

铍青铜是以铍为主要加入元素的铜合金。铍含量 w_{Be} 为 $1.6\%\sim2.5\%$，是时效强化效果极大的铜合金。经固溶淬火（780℃ ± 10℃ 水冷后，R_m 为 $500\sim550$MPa，硬度为 120HBW，A 为 $25\%\sim35\%$）再经冷压成形，时效（$300\sim350$℃，2h）之后，铍青铜具有很高的强度、硬度与弹性极限（R_m 为 $1250\sim1400$MPa，硬度为 $330\sim400$HBW，A 为 $2\%\sim4\%$）。此外，铍青铜的导热性、导电性、耐寒性也非常好，同时还有抗磁、受冲击时不产生火花等特殊性能。

铍青铜主要用来制作精密仪器、仪表中各种重要用途的弹性元件、耐蚀、耐磨零件（如仪表中齿轮）、航海罗盘仪中零件及防爆工具零件。一般铍青铜是以压力加工后淬火为供应状态，工厂制成零件后，只需进行时效即可。但铍青铜价格昂贵，工艺复杂，因而限制了它的使用。

4．白铜

白铜是以镍为主要加入元素的铜合金。Ni 与 Cu 在固态下无限互溶，所以各类铜镍合金均为单相 α 固溶体。其具有很好的冷、热加工性能和耐蚀性，可通过固溶强化和加工硬化提高强度。实验表明，随着镍含量增加，白铜的强度、硬度、电阻率、热电势、耐蚀性显著提高，而电阻温度系数明显降低。

工业上应用的白铜分普通白铜和特殊白铜两类。普通白铜是 Cu-Ni 二元合金，常用的代号有 B5、B9（"B"为"白"字汉语拼音首字母、数字为镍的质量分数×100）等。特殊白铜是在 Cu-Ni 合金基础上，加 Zn、Mn、Al 等元素，以提高强度、耐蚀性和电阻率。它们又分别称为锌白铜、锰白铜、铝白铜等。常用的代号有 BZn15-20、BMn40-1.5 等。

按应用特点白铜又分为结构用白铜和电工用白铜。结构用白铜包括普通白铜和铁白铜、锌白铜和铝白铜。其广泛用于制造精密机械、仪表中零件和冷凝器、蒸馏器及热交换器等。其中锌白铜 BZn15-20 应用最广。电工用白铜是含 Mn 量不同的锰白铜(又名康铜)。它们一般具有高的电阻率、热电势和低的电阻温度系数,有足够的耐热性和耐蚀性,用以制造热电偶(低于 $500 \sim 600℃$)补偿导线和工作温度低于 $500℃$ 的变阻器和加热器。常用的代号为 BMn40-1.5、BMn43-0.5 等。

8.3 滑动轴承合金

轴承是用来支撑轴进行工作的机械零件。目前机器中所用的轴承主要有滚动轴承和滑动轴承两大类。虽然滚动轴承应用广泛,但滑动轴承具有承压面积大、工作平稳、无噪声以及装卸方便等优点,故常用于重载、高速的场合,如磨床主轴轴承、连杆轴承、发动机轴承等。

滑动轴承合金微课

滑动轴承的结构如图 8-6 所示。轴瓦支撑着转动轴。滑动轴承的轴瓦可以直接由耐磨合金制成,也可以通过在钢背上浇注(或轧制)一层耐磨合金内衬,称为轴瓦内衬或轴承衬。在滑动轴承中,制造轴瓦及其内衬(轴承衬)的合金称为轴承合金。

(a) 剖分式轴瓦   (b) 轴瓦上镶铸轴承衬

图 8-6 滑动轴承结构

8.3.1 轴承合金的性能要求

滑动轴承由轴承座和轴瓦组成,轴瓦直接与轴颈相接触,工作中,轴承承受轴颈传来的交变载荷和冲击力,轴瓦与轴之间产生强烈的摩擦,造成轴颈和轴瓦的磨损。因为轴是机器上最重要的零件,价格昂贵,更换困难,所以应尽量使磨损发生在轴瓦上。为减少轴颈的磨损,并保证轴承良好的工作状态,要求轴承合金必须具备如下性能:

(1)足够的疲劳强度和抗压强度、良好的塑性和韧性,以承受轴颈施加的交变冲击载荷;

(2)适当的硬度,既保证有良好的磨合性,又保证轴瓦本身有一定的耐磨性;

(3)良好的减摩性,摩擦因数小,并能保存润滑油,保证良好的磨合性;

(4)较小的线膨胀系数、良好的导热性与耐蚀性,以防止轴与轴瓦之间的咬合;

(5)良好的工艺性能,制造容易,价格便宜。

8.3.2　轴承合金的组织特征

轴瓦和轴瓦内衬要满足上述性能要求,必须配置成软硬不同的多相合金。较为理想的组织是软基体上分布有均匀的硬质点,或硬基体上分布有软质点的结构,软基体硬质点滑动轴承理想组织如图 8-7 所示。

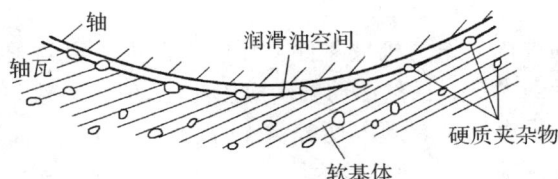

图 8-7　软基体硬质点滑动轴承理想组织

选择软基体上分布有均匀的硬质点的轴承合金组织时,当轴运转,轴瓦(或内衬)的软基体易于磨损而凹陷,可储存润滑油,形成油膜,而硬质点抗磨则相对凸起以支撑轴颈,使轴颈与轴瓦的接触面积减少,这样既保证良好的润滑条件又减小摩擦因数,减少了磨损。同时软基体有较好的磨合性和承受冲击振动能力,而且有嵌藏性,使偶然进入的硬粒杂物能被压入软基体内,不致擦伤轴颈。选择另一类组织即硬基体上(硬度低于轴颈)分布有软质点的结构,同样也能构成较理想的摩擦条件。这类组织能承受较高载荷,但磨合性较差。

8.3.3　常用的轴承合金

轴承合金主要是有色金属合金,常用的有锡基或铅基轴承合金(巴氏合金),另外,还有铜基、铝基轴承合金等。铸造轴承合金牌号表示方法为:"Z"("铸"字汉语拼音的首字母)+基体元素化学符号+主加元素化学符号及平均含量(质量分数×100)+辅加元素化学符号及平均含量(质量分数×100)。例如:ZSnSb8Cu4 为铸造锡基轴承合金,主加元素锑的质量分数为 8%,辅加元素铜的质量分数为 4%,余量为锡;ZPbSb15Sn5 为铸造铅基轴承合金,主加元素锑的质量分数为 15%,辅加元素锡的质量分数为 5%,余量为铅。

1. 锡基轴承合金

它是以 Sn 为主,再加入少量的 Sb、Cu 等元素组成的合金,是软基体硬质点组织类型的轴承合金。其室温显微组织如图 8-8 所示。图中暗色基体是 Sb 溶于 Sn 的 α 固溶体(软基体);白色方块是以 SbSn 化合物为基的固溶体 β′相(硬质点),为防止 β′相产生比重偏析,在合金中加入 Cu,先形成 Cu_3Sn 化合物,即图中白色针状、星状骨架(硬质点)。

锡基轴承合金的主要特点是耐磨性、导热性、耐蚀性和嵌藏性较好,摩擦因数小。其缺点是工作温度低(<150℃),疲劳强度较低,价格高。这类轴承合金广泛用于重型动力机械,如汽轮机、涡轮压缩机和高速内燃机的滑动轴承。

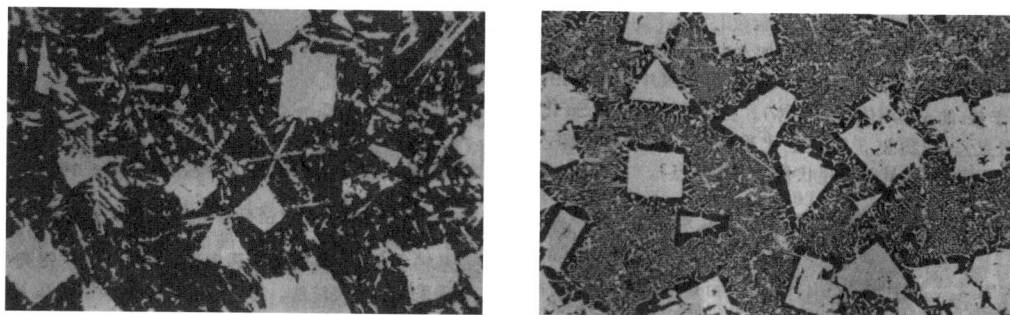

图 8-8　ZSnSb11Cu6 轴承合金显微组织(100×)　图 8-9　ZPbSb16Sn16Cu2 轴承合金显微组织(100×)

2. 铅基轴承合金

它是以 Pb 为主,再加入少量的 Sb、Sn、Cu 等元素的合金,也是软基体硬质点组织类型的轴承合金。其室温显微组织如图 8-9 所示。黑色软基体为(α＋β)共晶体,α 相是 Sb 溶入 Pb 所成的固溶体,β 相是以 SnSb 化合物为基的含 Pb 的固溶体;硬质点是初生的 β 相(白色方块)及化合物 Cu_2Sb(白色针状)。Cu_2Sb 首先结晶析出,可有效地阻止比重偏析。

铅基轴承合金的突出优点是成本低,虽然其性能较锡基轴承合金低,但在工业上仍得到广泛应用。通常用于制造低速、低负荷或静载中负荷机器的轴承合金,如汽车、拖拉机的曲轴轴承等。

无论锡基或铅基轴承合金,其熔点和强度都比较低。为了提高承压能力和使用寿命,在生产上常采用离心浇注法,将它们镶铸在低碳钢轴瓦上,形成一层薄(<0.7mm)而均匀的内衬,这样才能充分发挥它们的作用,为“双金属”轴承。

根据《铸造轴承合金》(GB/T 1174—1992),常用锡基、铅基轴承合金的牌号、成分、硬度与应用举例见表 8-5。

表 8-5　常用锡基、铅基轴承合金的牌号、成分、硬度与应用举例(摘自 GB/T 1174—1992)

类别	牌号	化学成分						HBW ≥	应用举例
		w_{Sn}	w_{Pb}	w_{Sb}	w_{Cu}	$w_{其他}$	$w_{杂质}$		
锡基轴承合金	ZSnSb12Pb10Cu4	余量	9.0～11.0	11.0～13.0	2.5～5.0	Fe0.1 As0.1	0.55	29	性硬、耐压,适用于一般发动机的主轴承,但不适用于高温部件
	ZSnSb11Cu6	余量	0.35	10.0～12.0	5.5～6.5	Fe0.1 As0.1	0.55	27	较硬,适用于功率较大的高速汽轮机和涡轮机、透平压缩机、透平泵及高速内燃机等的轴承
	ZSnSb8Cu4	余量	0.35	7.0～8.0	3.0～4.0	Fe0.1 As0.1	0.55	24	韧性与 ZSnSb4Cu4 相同,适用于一般大型机械轴承及轴衬
	ZSnSb4Cu4	余量	0.35	4.0～5.0	4.0～5.0	As0.1	0.50	20	耐蚀、耐热、耐磨,适用于涡轮机及内燃机高速轴承及轴衬

续表

类别	牌号	化学成分						HBW ≥	应用举例
		w_{Sn}	w_{Pb}	w_{Sb}	w_{Cu}	$w_{其他}$	$w_{杂质}$		
铅基轴承合金	ZPbSb16Sn16Cu2	15.0~17.0	余量	15.0~17.0	1.5~2.0	Fe0.1 As0.3 Bi0.1 Zn0.15	0.60	30	轻负荷高速轴衬,如汽车、轮船、发动机等
	ZPbSb15Sn10	9.0~11.0	余量	14.0~16.0	0.7	Fe0.1 As0.6 Bi0.1	0.45	24	中负荷中速机械轴衬
	ZPbSb15Sn5	4.0~5.5	余量	14.0~15.5	0.5~1.0	Fe0.1 As0.2 Bi0.1 Zn0.15	0.75	20	汽车和拖拉机发动机轴衬
	ZPbSb10Sn6	5.0~7.0	余量	9.0~11.0	0.7	Fe0.1 As0.25 Bi0.1	0.70	18	重负荷高速机械轴衬

3. 铜基轴承合金

铜基轴承合金有锡青铜和铅青铜等。

(1)锡青铜

常用的牌号有 ZCuSn10P1 和 ZCuSn5Pb5Zn5 等,其组织是软基体 α 固溶体和硬质点 δ 相($Cu_{31}Sn_8$)和 Cu_3P 相,而且合金内存在较多的分散缩孔,有利于储存润滑油。这类合金具有高强度,适宜制造中速及受较大固定载荷的轴承,如电动机、泵、机床用轴瓦。

(2)铅青铜

常用的牌号是 ZCuPb30,由于 Cu 与 Pb 互不相溶,故其显微组织是由硬基体(Cu)上均匀分布大量颗粒状的软质点(Pb)所构成。这种合金具有高耐磨性、高疲劳强度、高导热性及低摩擦因数,工作温度可达 350℃。适用于高速、高温、重负荷下工作的轴承,如航空发动机、高速柴油机及其他大马力发动机中的轴瓦。由于铜基轴承合金的强度较低,和前面所述的巴氏合金一样,常将其浇注在钢管或钢板上,形成一层薄的内衬材料,以增强支承强度,发挥其耐磨性能。

4. 铝基轴承合金

它是 20 世纪 60 年代发展起来的一种新型减摩材料。其特点是原料丰富、价格便宜、密度小、导热性好、疲劳强度与高温硬度较高、能承受较大压力与速度,但它的膨胀系数较大、抗咬合性不如巴氏合金。目前,广泛用于高速、高载荷下工作的轴承,可代替巴氏合金和铜基轴承合金。

铝基轴承合金是以 Al 为主,再加入 Sn、Sb、Cu、Mg、C(石墨)等元素的合金。目前广泛使用的是铝锑镁轴承合金和高锡铝基轴承合金两种。其中以高锡铝基轴承合金应用最广。

(1)高锡铝基轴承合金

它是以 Al 为主,再加入 w_{Sn} 为 5%~40% 的 Sn 的铝合金。其中以 ZAlSn6Cu1Ni1 合金

最为常用。这种合金是以 Al 为硬基体,粒状 Sn 为软质点的组织类型的轴承合金。该轴承合金具有高疲劳强度,良好的耐磨性、耐热性和耐蚀性,其性能优于铝锑镁合金。它要以低碳钢为衬背,一起轧制成双金属带。故适于制造高速、重载的发动机轴承。目前已在汽车、拖拉机、内燃机上广泛使用。

(2)铝锑镁轴承合金

它是以 Al 为主,再加入 w_{Sb} 为 3.5%～5.0% 的 Sb 和 w_{Mg} 为 0.3%～0.7% 的 Mg 的铝合金,其显微组织为 Al+β。Al 为软基体,β 相(AlSb 化合物)作硬质点,加入 Mg 可使针状 AlSb 变成片状,从而提高合金的疲劳强度和韧性。该合金常也要以低碳钢作衬背,将其浇注在钢背上做成双金属轴承,或者使其与低碳钢带复合在一起轧制成双金属钢带,以提高轴瓦的承载能力。铝锑镁轴承合金有较高的疲劳强度,适宜制造高速、载荷不超过 20MPa 和滑动速度不大于 10m/s 的工作条件下的柴油机轴承。

除上述轴承合金外,珠光体灰铸铁也常作为滑动轴承材料。它的显微组织是由硬基体(珠光体)与软质点(石墨)构成,石墨还有润滑作用。铸铁轴承可承受较大压力,价格低廉,但摩擦因数较大,导热性差,故只适宜作低速(v<2m/s)的不重要轴承。

各类轴承合金的性能比较如表 8-6 所示。

表 8-6 各类轴承合金的性能比较

种类	抗咬合性	磨合性	耐蚀性	耐疲劳性	合金硬度/HBW	轴颈处硬度/HBW	最大允许压力/MPa	最大允许温度/℃
锡基巴氏合金	优	优	优	劣	20～30	150	600～1000	150
铅基巴氏合金	优	优	中	劣	15～30	150	600～800	150
锡青铜	中	劣	优	优	50～100	300～400	700～2000	200
铅青铜	中	差	差	良	40～80	300	2000～3200	220～250
铝基合金	劣	中	优	良	45～50	300	2000～2800	100～150
铸铁	差	劣	优	优	160～180	200～250	300～600	150

8.4 粉末冶金与硬质合金

粉末冶金材料与硬质合金材料都是采用粉末冶金的方法制成的。将金属粉末(或掺入部分非金属粉末)经混匀放在模具内压制成形,然后烧结而成为金属零件或金属材料的生产方法,称为粉末冶金。

8.4.1 粉末冶金的特点及应用

粉末冶金和金属的熔炼与铸造有根本的不同,它不用熔炼和浇注,而是通过制粉、混料、压形、烧结而制取材料或成形。它既是制取用普通冶炼工艺难以得到的金属材料的方法以及制取具有特殊性能金属材料的方法,也是一种精密的无切屑或少切屑的加工方法。它可使压制品达到或极接近于零件要求的形状、尺寸精度与表面粗糙度,使生产率和材料利用率大为提高,并可节省切削加工用的机床和生产占地面积。

近年来,粉末冶金材料应用很广。在普通机器制造业中,常用的有减摩材料、结构材料、摩擦材料及硬质合金等。在其他工业部门中,用于制造难熔金属材料(高温合金、钨丝等)、特殊电磁性能材料(如电器触头、硬磁材料、软磁材料等)、过滤材料(如空气的过滤、水的净化、液体燃料和润滑油的过滤以及细菌的过滤等)。

由于压制设备吨位及模具制造的限制,粉末冶金工艺一般用于生产尺寸有限或形状不是很复杂的零件。

8.4.2　粉末冶金的工艺过程

1.粉末的制取

根据金属的性质不同,可采用不同的方法制取粉末,有机械粉碎法、还原法、电解法、喷射法等,或几种方法混合使用。

2.粉末混料

将金属粉末和各种辅助材料按一定的比例配好后,经混料器混合,使各种成分均匀分布。

3.粉末压制

将混合料装入压模中,在压力机上加压成形。这时体积缩小,由于原子吸引力和机械咬合,使制件具有一定的强度。

4.烧结

压制成形后的强度不够,还必须进行烧结。烧结时由于原子间的扩散,使粉末颗粒间的结合力增强,强度也显著提高。

为了改善或得到某些性能,有些粉末冶金制品在烧结后还要进行后处理加工,如齿轮、球面轴承等在烧结后再进行冷挤压,以提高制件的密度、尺寸精度等;粉末冶金铁基结构零件进行淬火处理,以提高硬度;含油轴承进行浸油或浸渍其他液态润滑剂,以减摩和提高耐蚀性。

8.4.3　机械制造中常用的粉末冶金材料

1.粉末冶金减摩材料

粉末冶金减摩材料中最常用的是多孔轴承,它是将粉末压制成轴承后,再浸在润滑油中,由于粉末冶金材料的多孔性,在毛细现象作用下,可吸附大量润滑油(一般含油率为12%～30%),故又称为含油轴承。工作时由于轴承发热,使金属粉末膨胀,孔隙容积缩小,再加上轴旋转时带动轴承间隙中的空气层,降低摩擦表面的静压强,在粉末孔隙内外形成压力差,迫使润滑油被抽到工作表面。停止工作时,润滑油又渗入孔隙中。故含油轴承有自动润滑的作用。它一般用作中速、轻载荷的轴承,特别适宜用作不能经常加油的轴承,如纺织机械、食品机械、家用电器(电扇、电唱机)等轴承,在汽车、拖拉机、机床中也有广泛的应用。

2.粉末冶金铁基结构材料

它是碳钢粉末或合金钢粉末为主要原料,并采用粉末冶金方法制造成的金属材料或直接制成结构零件。

这类材料制造结构零件的优点是:制品的精度较高、表面光洁,不需或只需少量切削加工;制品还可以通过热处理强化和提高耐磨性(主要用淬火＋低温回火以及渗碳、淬火－低温回火);制品多孔,可浸渍润滑油,改善摩擦条件,减少磨损,并有减振、消声的作用。

用碳钢粉末制的合金,碳含量低者,可制造受力小的零件或渗碳件、焊接件;碳含量较高者,淬火后可制造要求一定强度或耐磨的零件。用合金钢粉末制的合金,其中常有铜、钼、硼、锰、镍、铬、硅、磷等合金元素。它们可强化基体,提高淬透性,加入铜还可提高耐蚀性。合金钢粉末合金淬火后 R_m 可达 $500\sim800\text{MPa}$,硬度可达 $40\sim50\text{HRC}$,可制造受力较大的结构零件,如液压泵齿轮、电钻齿轮等。

3.粉末冶金摩擦材料

粉末冶金摩擦材料广泛应用于机器上的制动器与离合器,图 8-10 是制动器示意图,它是利用材料相互间摩擦力传递能量的,制动时,制动器要吸收大量的动能,使摩擦表面温度急剧上升(可达 1000℃ 左右),故摩擦材料极易磨损。因此,对摩擦材料性能的要求是:较大的摩擦因数;较好的耐磨性;足够的强度,以承受较高的工作压力及速度;良好的磨合性、抗咬合性。

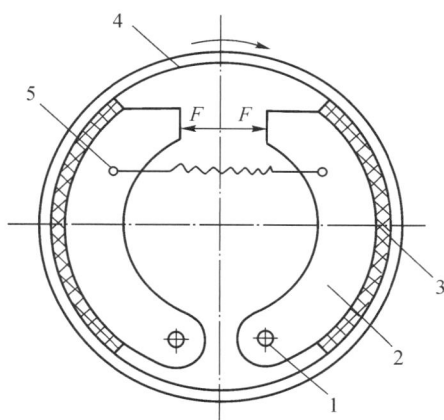

1—销轴;2—制动片;3—摩擦材料;

4—被制动的旋转体;5—弹簧。

图 8-10　制动器示意图

摩擦材料通常由强度高、导热性好、熔点高的金属(如用铁、铜)作为基体,并加入能提高摩擦因数的摩擦组分(如 Al_2O_3、SiO_2 及石棉等),以及能抗咬合、提高减摩性的润滑组分(如铅、锡、石墨、二硫化钼等)的粉末冶金材料。因此,它能较好地满足摩擦材料性能的要求。其中铜基烧结摩擦材料常用于汽车、拖拉机、锻压机床的离合器与制动器;而铁基的多用于各种高速重载机器的制动器。与烧结摩擦材料相互摩擦的对偶件,一般用淬火钢或铸铁。

4.硬质合金

(1)定义

硬质合金是以难熔的金属碳化物(如 WC、TiC、TaC 等)为基体,再加入适量金属粉末(如 Co、Ni、Mo 等)作黏结剂、用粉末冶金的方法制成的具有金属特性的合金材料。

（2）硬质合金的性能特点

a）高硬度、高热硬性、耐磨性好，这是硬质合金的主要性能特点。在常温下，硬度可达 86～93HRA，热硬性可达到 900～1000℃。故作切削刀具使用时，其耐磨性、寿命和切削速度都比高速钢显著提高。

b）抗压强度高（高于高速钢），但抗弯强度低（只有高速钢的 1/3～1/2 左右）。其弹性模量很高（约为高速钢的 2～3 倍），但它的韧性很差（约为淬火钢的 30％～50％）。

此外，硬质合金还具有良好的耐蚀性与抗氧化性，热膨胀系数比钢低。

抗弯强度低、脆性大、导热性差是硬质合金的主要缺点，因此在加工、使用过程中要避免冲击和温度急剧变化。

（3）硬质合金的分类、编号与应用

常用硬质合金按成分和性能特点分为三类，在机械制造中，硬质合金主要用于制造切削刀具、冷作模具、量具和耐磨零件。其代号、成分和性能见表 8-7。

硬质合金微课

表 8-7　常用的硬质合金的代号、成分和性能

类别	代号[①]	化学成分 $w/\%$				物理、力学性能		
		WC	TiC	TaC	Co	密度 /(g/cm³)	硬度 /HRA 不低于	抗弯强度 /MPa 不低于
钨钴类合金	YG3X	96.5	—	<0.5	3	15.0～15.3	91.5	1100
	YG6	94	—		6	14.6～15.0	89.5	1450
	YG6X	93.5	—	<0.5	6	14.6～15.0	91	1400
	YG8	92	—		8	14.5～14.9	89	1500
	YG8C	92	—		8	14.5～14.9	88	1750
	YG11C	89	—		11	14.0～14.4	86.5	2100
	YG15	85	—		15	13.9～14.2	87	2100
	YG20C	80	—		20	13.4～13.8	82～84	2200
	YG6A	91	—	3	6	14.6～15.0	91.5	1400
	YG8A	91	—	<1.0	8	14.5～14.9	89.5	1500
钨钴钛类合金	YT5	85	5	—	10	12.5～13.2	89	1400
	YT15	79	15	—	6	11.0～11.7	91	1150
	YT30	66	30	—	4	9.3～9.7	92.5	900
通用合金	YW1	84	6	4	6	12.8～13.3	91.5	1200
	YW2	82	6	4	8	12.6～13.0	90.5	1300

①代号中代"X"表该合金是细颗粒合金；"C"代表粗颗粒合金；不加字的为一般颗粒合金；"A"代表含有少量 TaC 的合金。

a）钨钴类硬质合金。由碳化钨和钴组成。常用代号有 YG3、YG6、YG8 等，代号中

"YG"为"硬"、"钴"两字的汉语拼音首字母,后面的数字表示钴的含量(质量分数×100)。如 YG6 表示 $w_{Co}=6\%$,余量为碳化钨的钨钴类硬质合金。钨钴类硬质合金刀具主要用来切削加工产生断续切屑的脆性材料,如铸铁、有色金属、胶木及其他非金属材料。

在同类硬质合金中,由于含 Co 量多的硬质合金韧性好些,适宜粗加工,含 Co 量少的适宜精加工。

b)钨钴钛类硬质合金。由碳化钨、碳化钛和钴组成。常用代号有 YT5、YT14、YT15 等,代号中"YT"为"硬"、"钛"两字的汉语拼音首字母,后面的数字表示碳化钛的含量(质量分数×100)。如 YT15,表示 $w_{TiC}=15\%$,余量为碳化钨及钴的钨钴钛类硬质合金。钨钴钛类硬质合金主要用来切削加工韧性材料,如各种钢。

硬质合金中,碳化物含量越多,钴含量越少,则硬质合金的硬度、热硬性及耐磨性越高,但抗弯强度及冲击韧性越低。当钴含量相同时,钨钴钛类硬质合金含有碳化钛,故硬度、耐磨性较高;同时,由于这类合金表面形成一层氧化钛薄膜,切削时不易黏刀,故有较高的热硬性。但其抗弯强度和冲击韧性比钨钴类合金低。

c)通用硬质合金。是在成分中添加碳化钽(TaC)或碳化铌(NbC)取代一部分 TiC。其代号用"硬"和"万"两字汉语拼音首字母"YW"加顺序号表示,如 YW1、YW2。它的热硬性高(>1000℃),其他性能介于钨钴类和钨钴钛类之间。它既能加工钢材、又能加工铸铁和有色金属,故称为通用或万能硬质合金。通用硬质合金既可切削脆性材料,又可切削韧性材料,特别对于不锈钢、耐热钢、高锰钢等难加工的钢材,切削加工效果更好。

硬质合金也用于冷拔模、冷冲模、冷挤压模及冷镦模;在量具的易磨损工作面上镶嵌硬质合金,使量具的使用寿命和可靠性都得到提高;许多耐磨零件,如机床顶尖、无心磨导板等,也都应用硬质合金。

(4)钢结硬质合金

钢结硬质合金是近年来发展的一种新型硬质合金。它是以一种或几种碳化物(如 TiC 等)为硬化相,以合金钢(如高速钢、铬钼钢)粉末为黏结剂,经制粉、混料、压型、烧结而成。

拓展知识:钛及钛合金(太空金属)

钢质硬质合金具有与钢一样的切削加工性,可以锻造、焊接和热处理。在锻造退火后,硬度约为 $40\sim45$HRC,这时能用一般切削加工方法进行加工。加工成工具后,经过淬火、低温回火后,硬度可达 $69\sim73$HRC。用其作刃具,寿命与钨钴类硬质合金差不多,而大大超过合金工具钢。它可以制造各种形状复杂的刀具,如麻花钻、铣刀等,也可以制造在较高温度下工作的模具和耐磨零件。

✎ 习题

1.名词解释

固溶处理、时效强化、防锈铝合金、硬铝合金、超硬铝合金、锻铝合金、黄铜、青铜、白铜、巴氏合金、粉末冶金、硬质合金、钢结硬质合金

2.简答题

(1)变形铝合金和铸造铝合金是怎样区分的? 热处理能强化铝合金和热处理不能强化

铝合金是根据什么确定的?

（2）各种变形铝合金的特性和用途。

（3）铸造铝合金中哪种系列应用最广泛？用变质处理提高铸造铝合金性能的原理是什么?

（4）铜合金按化学成分可分为哪几类?

（5）什么是黄铜？为什么黄铜中的锌含量一般不大于 45%?

（6）什么是特殊黄铜？与普通黄铜相比,有哪些特殊性能?

（7）什么是锡青铜？它有何性能特点?

（8）轴承合金应具有哪些性能要求？为确保这些性能,轴承合金应具有什么样的理想组织?

（9）常用的滑动轴承合金有哪些种类?

（10）硬质合金的种类、特点和用途。

3.分析题

（1）试分析铝合金热处理强化的原理与钢热处理强化原理有何不同。

（2）为什么工业用锡青铜的锡含量一般为 3%~14%?

本章小结　　　本章测试

第9章 其他常用工程材料

长期以来,机械工程材料一直以金属材料为主,其原因是金属材料具有强度高、热稳定性好、导电导热性好等优良性能。但是也存在着密度大、耐蚀性差、电绝缘性不好等缺点,已难以满足现代科学和生产发展的需要。因此,近年来越来越多的非金属材料被应用于工业、农业、国防和科学技术等各个领域,在某些领域中,非金属材料甚至已成为不可替代的材料。

通常金属材料以外的材料都被认为是非金属材料,主要有高分子材料、陶瓷材料和复合材料等。它们有着金属材料所不及的某些性能,如高分子材料的耐腐蚀、电绝缘性、减振、质轻、价廉等;陶瓷材料的高硬度、耐高温、耐腐蚀及特殊的物理性能等。随着科学技术的发展,性能多种多样的新型材料不断出现,如由几种不同材料复合的复合材料,不仅克服了单一材料的缺点,而且产生了单一材料通常不具备的新的功能,成为很有发展前途的材料品种。

9.1 高分子材料

高分子材料是以相对分子质量大于 5000 的高分子化合物为主要组分的材料,一些常见的高分子材料的相对分子质量是很大的,如橡胶相对分子质量为 10 万左右,聚乙烯相对分子质量在几万至几百万之间。

高分子材料分有机高分子材料和无机高分子材料。有机高分子材料由相对分子质量大于 10^4 并以碳、氢元素为主的有机化合物组成。它又有天然和合成之分。天然高分子材料如羊毛、蚕丝、淀粉、蛋白质和天然橡胶等;用人工合成方法制成的高分子材料称为合成高分子材料,如塑料、合成纤维、合成橡胶、合成胶黏剂、涂料等。无机高分子材料则在其分子组成中无碳元素,如硅酸盐材料、玻璃、陶瓷(指它们当中的长分子链)等。

本节主要介绍有机高分子材料,重点讨论塑料的结构、性能特点和应用。

9.1.1　高分子材料概述

1.高分子链的组成

虽然高分子化合物的相对分子质量很大,且结构复杂多变,但其化学组成并不复杂,它们是由一种或几种低分子化合物,通过聚合而重复连接成大分子链状结构。低分子化合物聚合起来形成高分子化合物的过程称为聚合反应,因此高分子化合物又称高聚物或聚合物。

将聚合形成高分子化合物的低分子化合物称为"单体",它是人工合成高分子材料的原料。例如,聚乙烯是由低分子化合物乙烯通过聚合而成的,则乙烯是聚乙烯的单体;丁苯橡胶是由丁二烯和苯乙烯聚合而成的,则丁二烯和苯乙烯就是丁苯橡胶的单体。

2.聚合反应类型及改性

将低分子化合物合成为高分子化合物的基本方法有加成聚合反应(简称加聚反应)和缩合聚合反应(简称缩聚反应)两种。

(1)加聚反应

单体经多次相互加成生成高分子化合物的化学反应称为加聚反应。加聚的低分子化合物都是含"双键"的有机化合物,如烯烃和二烯烃等,在加热、光照或化学处理的引发作用下,产生游离基,双键打开,互相连接形成加成反应,如此继续下去,则连成一条大分子链。加聚反应的特点是:一旦开始,就迅速连续进行,不停留在反应的中间阶段,直到形成最后产品。

由一种单体经加聚而成的高聚物称为均聚物,如聚乙烯、聚丙烯、聚氯乙烯;而由两种或多种单体同时加聚生成的高聚物称为共聚物,如丁苯橡胶、ABS塑料等。在加聚反应中没有其他低分子副产物生成,因此加聚反应所得的高聚物具有和单体相同的成分。

目前,80%的高分子材料是由加聚反应得到的,如聚烯烃塑料、合成橡胶等。

(2)缩聚反应

由含有两种或两种以上官能团的单体互相缩合聚合生成高聚物的反应称为缩聚反应。可以发生化学反应的官能团,如羟基(OH)、羧基(COOH)、氨基(NH_2)等。

缩聚反应特点是:在形成高聚物同时,有水、氨、卤化氢、醇等低分子副产物析出;缩聚反应所得到高聚物具有和单体不同的组成;缩聚可在中间阶段停留得到中间产品。酚醛树脂、环氧树脂、聚酰胺、有机硅树脂均是缩聚产物。由同一种单体进行的缩聚反应称为均缩聚,其产物称为均缩聚物。如由氨基己酸进行均缩聚生成聚酰胺6(尼龙6)。由两种或多种单体进行的缩聚反应称为共缩聚,其产物称为共缩聚物。如由己二胺和己二酸进行共缩聚生成尼龙66,并有水析出。

为改善和提高高分子材料性能,可利用物理或化学的方法进行高聚物的改性。

物理方法主要是通过加入填料来改变高聚物的物理、力学性能。如加入石墨或二硫化钼填料提高聚合物的自润滑性;加入石墨、铜粉、银粉填料改善导电性、导热性;加入铁粉、镍粉制成导磁材料;在合成树脂中加入布、石棉、玻璃纤维可制成增强塑料等。

化学改性是通过共聚、共缩聚、共混、复合等方法获得新的性能。如三元共聚的ABS塑料,其性能与一种单体形成的均聚物不同,具有很好的综合性能。共聚物就是高聚物的"合金",这是高聚物改性的重要方法。

3.大分子链的形状

高分子化合物的大分子链按几何形状一般分为三种:线型结构、支链型结构和体型结构。如图 9-1 所示。

(1)线型结构　大分子链的长度往往是其直径的几万倍,通常卷曲成不规则的线圈状态,如图 9-1(a)所示,线型结构高聚物的弹性、塑性好,硬度低,是热塑性材料。

(2)支链型结构　有些在主链上还可以有支链,如图 9-1(b)所示。

(3)体型结构　有些大分子链因分子链之间有化学键交联,则形成三维网型或体型结构,如图 9-1(c)所示。体型结构高聚物硬度高,脆性大,无弹性和塑性,是热固性塑料。

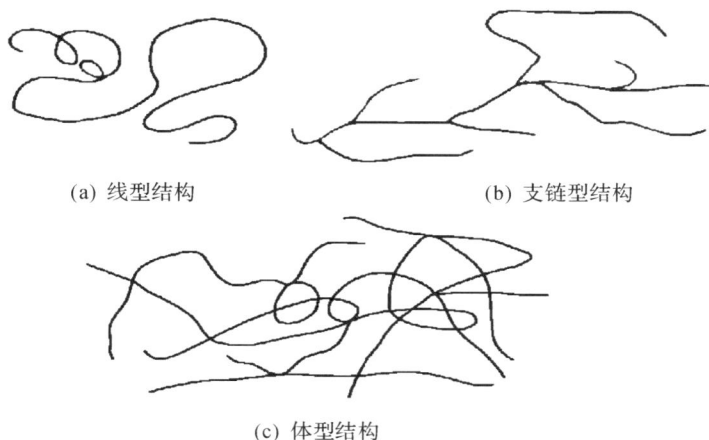

(a) 线型结构　　　　　　　　(b) 支链型结构

(c) 体型结构

图 9-1　大分子链形状

4.高分子材料的分类

(1)按用途分为塑料、橡胶、纤维、胶黏剂、涂料等。

(2)按聚合物反应类型分为加聚物和缩聚物。

(3)按聚合物的热行为分为热塑性聚合物和热固性聚合物。

下面主要介绍机械工程上常用的塑料和橡胶。

9.1.2　塑料

塑料是以合成树脂为主要成分的有机高分子材料,在适当的温度和压力下能塑制成各种形状规格的制品。塑料的特点有:相对密度小(一般为 0.9～2.0g/cm³);耐蚀性、电绝缘性、减摩、耐磨性好;有消音、吸振性能。但其刚性差(为钢铁材料的 1/100～1/10),强度低;耐热性差(大多数塑料只能在 100℃左右使用,仅有少数品种可在 200℃左右长期使用)、线膨胀系数大(是钢的 3～10 倍)、热导率小(只有金属的 1/600～1/500);蠕变温度低、易老化。

1.塑料的组成

在机械工程中,塑料是应用最广泛的高聚物材料。塑料一般是多种成分的,其中除主要成分树脂外,再加入各种添加剂。树脂对塑料性能起决定性作用,添加剂则用于改善塑料的某些性能。常用的添加剂有填充剂、增塑剂、稳定剂、润滑剂、染料、固化剂等。

非金属材料之高分子材料微课

（1）合成树脂

树脂是塑料的主要成分,起胶黏剂作用,它将塑料的其他部分胶结成一体。树脂的种类、性能及所占的比例,对塑料的类型和性能起着决定性作用。因此,绝大多数塑料是以所用树脂命名,例如聚氯乙烯塑料就是以聚氯乙烯树脂为主要成分的。

有些合成树脂可直接用作塑料,例如,聚乙烯、聚苯乙烯、尼龙、聚碳酸酯等。有些合成树脂不能单独作塑料,必须在其中加入一些添加剂才可以,例如,聚氯乙烯、酚醛树脂、氨基树脂等。塑料中合成树脂的质量分数一般为 $30\%\sim100\%$。

（2）添加剂

a）填充剂。又称填料,是塑料中重要的添加剂,其加入的主要目的是弥补树脂某些性能不足,以改善塑料的某些性能。例如加入铝粉可提高塑料对光的反射能力及导热性能;加入二硫化钼可提高塑料的自润滑性;加入云母粉可改善塑料的绝缘性能;加入石棉粉可提高耐热性;酚醛树脂中加入木屑可提高机械强度。此外,由于填料比合成树脂便宜,加入填料可以降低塑料的成本。作为填充剂必须与树脂有良好的浸润关系和吸附性,本身性能要稳定。

b）增塑剂。增加塑料制品的可塑性和柔韧性的添加剂,也可以降低塑料的软化温度,使其便于加工成形。常加入少量相对分子质量较小,且又难挥发的低熔点固体或液体有机物作为增塑剂。如在聚氯乙烯树脂中加入邻苯二甲酸二丁酯,可得到像橡胶一样的软塑料。

c）稳定剂。稳定剂的作用是防止成形过程中高聚物受热分解和长期使用过程中塑料老化。在日常生活中,经常会发现用久了的塑料制品发硬开裂,橡胶制品发黏等现象,这都称为高聚物的老化。为了阻缓高聚物的老化,确保高聚物大分子链结构稳定,常加入稳定剂。如在聚氯乙烯中加入硬脂酸盐,可防止热成形时的热分解。在塑料中加入炭黑作紫外线吸收剂,可提高其耐光辐射的能力。

d）润滑剂。润滑剂是为了防止在成形过程中产生黏模,并增加成形时的流动性,保证制品表面光洁。常用的润滑剂为硬脂酸及其盐类。

e）固化剂。固化剂的作用是将热塑性的线型高聚物加热成形时,交联成网状体型高聚物并固结硬化,制成坚硬和稳定的塑料制品。固化剂常用胺类和酸类及过氧化物等化合物,如环氧树脂中加入乙二胺。

f）着色剂。用于装饰的塑料制品常加入着色剂,使其具有不同的色彩。一般用有机染料或无机颜料作着色剂。着色剂应满足着色力强、色泽鲜艳、不易与其他组分起化学变化、耐热、耐光性好等要求。

g）其他。塑料中还可加入其他一些添加剂,如阻燃剂(阻止塑料燃烧或造成自熄)、抗静电剂(提高塑料表面的导电性,防止静电积聚,保证加工或使用过程中安全操作)以及发泡剂(在塑料中形成气孔,降低材料的密度)等。

2. 塑料的分类

到目前为止,投入工业生产的塑料有几百种,常用的有 60 多种,种类繁多。常用的分类方法有以下两种:

（1）按树脂的热性能分类

根据树脂在加热和冷却时表现的性质,将塑料分为热塑性塑料和热固性塑料两类。

a)热塑性塑料。也称热熔性塑料,主要是由聚合树脂制成,树脂的大分子链具有线型结构。它在加热时软化并熔融,冷却后硬化成形并可多次反复。因此,可以用热塑性塑料的碎屑进行再生和再加工。这类塑料包括聚乙烯、聚氯乙烯、聚丙烯、聚酰胺(尼龙)、ABS、聚甲醛、聚碳酸酯、聚苯乙烯、聚砜、聚四氟乙烯、聚苯醚、聚氯醚等。

b)热固性塑料。其大多是以缩聚树脂为基础,加入各种添加剂制成,其树脂的分子链为体型结构,这类塑料在一定条件(如加热、加压)下会发生化学反应,经过一定时间即固化为坚硬的制品。固化后的热固性塑料既不溶于任何溶剂,也不会再熔融(温度过高时则发生分解)。常用的热固性塑料有酚醛塑料、环氧塑料、呋喃塑料、有机硅塑料等。

（2）按塑料应用范围分类

常把塑料分为通用塑料、工程塑料和特种塑料。

a)通用塑料。这是指那些产量大、用途广、价格低的常用塑料,主要包括聚乙烯、聚氯乙烯、聚苯乙烯、聚丙烯、酚醛塑料和氨基塑料等。它们的产量占塑料总产量的 75％ 以上,用作日常生活用品、包装材料以及一些小型零件。

b)工程塑料。这是指在工程中作结构材料的塑料,这类塑料一般具有较高的机械强度或具备耐高温、耐蚀、耐磨性等良好性能,因而可代替金属作某些机械构件。常用的几种工程塑料有聚碳酸酯、聚酰胺、聚甲醛、聚砜、ABS、聚甲基丙烯酸甲酯、聚四氟乙烯、环氧塑料等。

c)特种塑料。随着高分子材料的发展,许多塑料通过各种措施加以改性和增强,得到具有特殊性能的特种塑料,如具有高耐蚀性的氟塑料,以及导磁塑料、导电塑料、医用塑料等。

3.常用塑料

（1）常用热塑性塑料

a)聚乙烯（PE）。聚乙烯由乙烯单体聚合而成,可分为高密度聚乙烯（HDPE）和低密度聚乙烯（LDPE）。低密度聚乙烯相对分子质量、结晶度和密度较低,质地柔软,常用来制作塑料薄膜、软管和塑料瓶等。高密度聚乙烯质地刚硬,耐磨性、耐蚀性及电绝缘性较好,常用来制造塑料管、板材、绳索以及承载不高的零件,如齿轮、轴承等。聚乙烯产品缺点是:强度和刚度低;热变形温度低,耐热性差,且容易老化。

b)聚氯乙烯（PVC）。聚氯乙烯是最早工业生产的塑料产品之一,产量仅次于聚乙烯。聚氯乙烯是由乙炔气体和氯化氢合成的氯乙烯聚合而成,具有较高的强度和较好的耐蚀性。用于制作化工、纺织等工业的排污排毒塔、气体液体输送管,还可代替其他耐蚀材料制造贮槽、离心泵、通风机和接头等。当增塑剂加入量达 30％～40％ 时,便制得软质聚氯乙烯,其伸长率高,制品柔软,并具有良好的耐蚀性和电绝缘性,常制成薄膜,用于工业包装、农业育秧和日用雨衣、台布等,还可用于制作耐酸耐碱软管、电缆外皮、导线绝缘层等。聚氯乙烯产品缺点是:耐热性差,冲击韧性低,还有一定的毒性。

c)聚苯乙烯（PS）。聚苯乙烯密度小,常温下透明度好,着色性好,具有良好的耐蚀性和绝缘性。可用于制作眼镜等光学零件,车辆灯罩,仪表外壳,化工中的贮槽、管道、弯头及日用装饰品等。聚苯乙烯的缺点是抗冲击性差,易脆裂、耐热性不高。

d)聚丙烯（PP）。聚丙烯由丙烯单体聚合而成。聚丙烯刚性大,其强度、硬度和弹性等力学性能均高于聚乙烯。聚丙烯的密度仅为 $0.90\sim0.91g/cm^3$，是常用塑料中最轻的。而它的强度、刚度、表面硬度都比 PE 塑料大；它无毒，耐热性也好。聚丙烯具有优良的电绝缘性能和耐蚀性能，在常温下能耐酸、碱，可制作化工管道、容器、医疗器械等；也可用于制作某些零件，如法兰、齿轮、阀体配件、电器壳体等。但聚丙烯的冲击韧性差，耐寒性差，易老化。

e)聚酰胺(PA)。商品名称为尼龙或锦纶，是最早发现的能承受载荷的热塑性塑料，也是目前机械工业中应用较广泛的一种工程塑料。尼龙具有较高的强度和韧性、低的摩擦因数，有自润滑性，其耐磨性比青铜好，适于制造耐磨的机器零件，如齿轮、蜗轮、轴承、凸轮、密封圈、耐磨轴套、导板等。但尼龙吸水性较大，影响尺寸稳定性。长期使用的工作温度一般在 100℃以下，当承受较大载荷时，使用温度应降低。

尼龙的发展很快，品种约有几十个。常用的有尼龙 6、尼龙 66、尼龙 610、尼龙 1010 等。尼龙 1010 是我国独创的一种工程塑料，它的特点是自润滑性和耐磨性极好，耐油性好，脆性转化温度低(约在-60℃)，机械强度较高，广泛用于机械零件和化工、电气零件。铸造尼龙(MC 尼龙)也称单体浇铸尼龙，是用己内酰胺单体在强碱催化剂(如 NaOH)和一些助催化剂作用下，用模具直接聚合成形得到制品的毛坯件，由于把聚合和成形过程合在一起，因而成形方便、设备投资少，并易于制造大型机器零件。它的力学性能和物理性能都比尼龙 6 高，可制作几十千克的齿轮、蜗轮、轴承和导轨等。

f)ABS 塑料。它是以丙烯腈(A)、丁二烯(B)、苯乙烯(S)三元共聚物 ABS 树脂为基的塑料，因此兼有三种组元的特性。聚丙烯腈具有高的硬度和强度，耐油性和耐蚀性好；聚丁二烯具有高的弹性、韧性和耐冲击的特性；聚苯乙烯具有良好的绝缘性、着色性和成形加工性。这些使 ABS 塑料成为一种"质坚、性韧、刚性大"的优良工程塑料。其缺点是耐高温、耐低温性能差，易燃，不透明。

ABS 塑料在工业上应用极为广泛，常用于制作收音机、电视机及其他通信装置的外壳，汽车的转向盘、仪表盘，机械中的手柄、齿轮、泵叶轮，各类容器，管道，飞机舱内装饰板、窗框、隔音板等。

g)聚甲醛(POM)。它是以聚甲醛树脂为基的塑料，有明显的熔点(180℃)。甲醛的耐疲劳性在所有热塑性塑料中是最高的。其弹性模量高于尼龙 66、ABS、聚碳酸酯，同时具有优良的耐磨性和自润滑性，对金属的摩擦因数小。此外，还有好的耐水、耐油、耐化学腐蚀和绝缘性。缺点是热稳定性差、易燃，长期在大气中曝晒会老化。

聚甲醛塑料价格低廉，且综合性能好，故可代替有色金属及合金，并逐步取代尼龙制作各种机器零件，尤其适于制造不允许使用润滑油的齿轮、轴承和衬套等。

h)聚砜(PSF)。它是以透明微黄色的聚砜树脂为基的塑料，有许多优良性能，强度高、弹性模量大，最突出的是耐热性好，使用温度最高可达 150~165℃，蠕变抗力高，尺寸稳定性好。其缺点是加工性能不够理想，要求在 330~380℃的高温下进行成形加工，而且耐溶剂性能也差。

聚砜可用于制作高强度、耐热、抗蠕变的结构零件、耐腐蚀零件和电气绝缘件，如精密齿轮、凸轮、真空泵叶片，制造各种仪表的壳体、罩等。在电气、电子工业中用于制作集成电路板、印制电路板、印制线路薄膜等。

i)聚碳酸酯(PC)。它是以透明的聚碳酸酯树脂为基的塑料。具有优异的冲击韧性和尺寸稳定性，较好的耐低温性能(使用温度范围为$-100\sim130$℃)，良好的绝缘性和加工成形性。聚碳酸酯透明,具有高透光率,加入染色剂可染成色彩鲜艳的装饰塑料。缺点是化学稳定性差,易受碱、胺、酮、酯、芳香烃的侵蚀,在四氯化碳中会发生"应力开裂"现象。

聚碳酸酯用途十分广泛,可作机械零件,如齿轮、齿条、蜗轮和仪表零件及外壳,利用其透明性可以作防弹玻璃、灯罩、防护面罩、安全帽、机器防护罩及其他高级绝缘零件。

j)聚四氟乙烯(PTFE)。为氟塑料中的一种,是以聚四氟乙烯为基的塑料,理论熔点为327℃,具有极优越的化学稳定性、热稳定性和良好的电绝缘性。它不受任何化学试剂的侵蚀,即使在高温下的强酸(甚至王水)、强碱、强氧化剂中也不受腐蚀,故有"塑料王"之称。它的热稳定性和耐寒性都好,在 $-195\sim250℃$ 范围内长期使用,其力学性能几乎不发生变化。它的摩擦因数小(只有 0.04),并有自润滑性。它的吸水性小,在极潮湿的条件下仍能保持良好的绝缘性能。其缺点是强度较低,尤其是耐压强度不高;加工成形性较差,不能用注射法成形。

聚四氟乙烯主要用于减摩密封零件,如垫圈、密封圈、密封填料、自润滑轴承、活塞环等;化工工业中的耐腐蚀零件,如管道、内衬材料、泵、过滤器等。电工和无线电技术中,作为良好的绝缘材料,可作高频电缆、电容线圈、电机槽的绝缘,在医疗方面,用它制作代用血管、人工心肺装置,这是由于它对生理过程没有任何作用。

k)聚甲基丙烯酸甲酯(PMMA)。俗称有机玻璃,具有高度透明,透光率为 92%,比普通玻璃透光率(88%)还高,高强度和韧性,不易破碎,耐紫外线和大气老化,易于成形加工。但其硬度不如普通玻璃高,耐磨性差,易溶于极性有机溶剂,耐热性差,一般使用温度不超过80℃,导热性差,膨胀系数大。

有机玻璃主要用于制作有一定透明度和强度要求的零件,如飞机座舱盖、窗玻璃,仪表外壳,灯罩,光学镜片,汽车风窗玻璃等。在眼科医疗中,常用其制作人工晶状体。由于其着色性好,也常用于各种装饰品和生活用品。

(2)常用热固性塑料

a)酚醛塑料(PF)。以酚醛树脂为基,再加入木粉、纸、玻璃布、布、石棉等填料经固化处理而形成体型热固性塑料。根据所加填料的不同,酚醛塑料有粉状酚醛塑料,通常称胶木粉(或电木粉),供模压成形用;根据纤维填料不同,纤维状酚醛塑料又分棉纤维酚醛塑料、石棉纤维酚醛塑料、玻璃纤维酚醛塑料等;层压酚醛塑料是由浸渍过液态酚醛树脂的片状填料制成的,根据填料的不同又有纸层酚醛塑料、布层酚醛塑料和玻璃布层酚醛塑料等。

酚醛塑料具有一定的机械强度,良好的耐热性、耐磨性、耐腐蚀性及电绝缘性,热导率低。在电器工业中用于制作电器开关、插头、外壳和各种电气绝缘零件,在机械工业中主要制造齿轮、凸轮、带轮、轴承、垫圈、手柄等。此外用它作为化工用耐酸泵、宇航工业中瞬时耐高温和烧蚀的结构材料。但是酚醛塑料(电木)性脆易碎,抗冲击强度低,在阳光下易变色,因此多做成黑色、棕色或黑绿色。

b)环氧塑料(EP)。以环氧树脂为基,加入填料及其他添加剂而制成。具有比强度高,耐热性、耐蚀性、绝缘性和加工成形性好等特点,缺点是成本高,所用的固化剂有毒性。

环氧塑料主要用于制造塑料模具、精密量具和各种绝缘器件,也可以制作层压塑料、浇注塑料等。

c)氨基塑料(UF)。硬度高,耐磨性和耐腐蚀性良好,具有优良的电绝缘性和耐电弧性,不易燃。有粉状和层压材料,氨基塑料粉又称为电玉粉,制品无毒、无臭。

氨基塑料主要用于制造家用及工业器皿、各种装饰材料、餐具材料、家具材料、密封件、传动带、开关、插头、隔热吸声材料、胶黏剂等。

d)有机硅塑料。具有优良的耐热性、耐寒性和电绝缘性,吸水性低,抗辐射,但强度低。

有机硅塑料主要用于电气、电子元件和线圈的灌封和固定,以及制造耐热零件、绝缘零件、耐热绝缘漆、高温胶黏剂、密封件和医用材料等。

4.几类典型塑料零件的选材

塑料在工业上的应用比金属材料历史要短得多,因此,塑料的选材原则、方法与过程,基本参照金属材料的做法。根据各种塑料的使用和工艺性能特点,结合具体的塑料零件结构设计,进行合理选材,尤应注意工艺和试用试验结果,综合评价,最后确定选材方案。以下介绍几类机械上典型塑料零件的选材。

(1)一般结构件　包括各类机械上的外壳、手柄、手轮、支架,仪器仪表的底座、罩壳、盖板等。这些构件使用时负荷小,通常只要求一定的机械强度和耐热性。因此,一般选用价格低廉、成形性好的塑料,如聚氯乙烯、聚乙烯、聚丙烯、聚苯乙烯、ABS 等。若制品常与热水或蒸汽接触或稍大的壳体构件要求有刚性时,可选用聚碳酸酯、聚砜;如要求透明的零件,可选用有机玻璃、聚苯乙烯或聚碳酸酯等。

(2)普通传动零件　包括机器上的齿轮、凸轮、蜗轮等。这类零件要求有较高的强度、韧性、耐磨性和耐疲劳性及尺寸稳定性。可选用的材料有:尼龙、MC 尼龙、聚甲醛、聚碳酸酯、夹布酚醛等。如为大型齿轮和蜗轮,可选用 MC 尼龙浇注成形;需要高的疲劳强度时选用聚甲醛;聚四氟乙烯充填的聚甲醛可用于有重载摩擦的场合。

(3)摩擦零件　主要包括轴承、轴套、导轨和活塞环等,这类零件要求强度一般,但要具有摩擦因数小和良好的自润滑性,要求一定的耐油性和热变形温度,可选用的塑料有高密度聚乙烯、尼龙 1010、MC 尼龙、聚甲醛、聚四氟乙烯等。由于塑料的热导率低,线膨胀系数大,因此,只有在低负荷、低速条件下才适宜选用。

(4)耐蚀零件　主要应用在化工设备上,在其他机械工程结构中应用也甚广。由于不同塑料品种其耐蚀性能各不相同,因此,要依据所接触的不同介质来选择。全塑结构的耐蚀零件,还要求较高的强度和抗热变形的性能。常用的耐蚀塑料有聚丙烯、填充聚四氟乙烯等。还有的耐蚀工程结构采用塑料涂层结构或多种材料的复合结构,既保证了工作面的耐蚀性,又提高了支撑强度和节约材料。通常选用热膨胀系数小、黏附性好的树脂及其玻璃钢作衬里材料。

(5)电器零件　塑料用作电器零件,主要是利用其优异的绝缘性能(除填充导电性填料的塑料)。用于工频低压下的普通电器元件的塑料有酚醛塑料、氨基塑料、环氧塑料等;用于高压电器的绝缘材料要求耐压强度高、介电常数小、抗电晕及优良的耐候性,常用的塑料有聚碳酸酯、氟塑料和环氧塑料等;用于高频设备中的绝缘材料有聚四氟乙烯、聚全氟乙丙烯等热固性塑料,也可选用聚酰亚胺、有机硅塑料、聚砜、聚丙烯等。

9.1.3 橡胶

1.橡胶的组成、种类及性能

（1）橡胶的组成

橡胶是一种具有高弹性的有机高分子材料。橡胶制品主要是由生胶、各种配合剂和增强材料三部分组成。

生胶为未加配合剂的橡胶，是橡胶制品的主要组分，使用不同的生胶可以制成不同性能的橡胶制品。

配合剂的加入，可以提高橡胶制品的使用性能和改善加工工艺性能。主要配合剂有硫化剂、硫化促进剂、增塑剂、补强剂、防老化剂、着色剂、增容剂等。每种配合剂都有其特殊作用，如硫化剂使橡胶分子之间产生交联，形成三维网状结构，变为具有高弹性的硫化胶。增塑剂能使橡胶增加塑性，使橡胶易于加工等等。此外，还有能赋予制品特殊性能的其他配合剂，如发泡剂、电性调节剂等。

增强材料主要有各种纤维织品、帘布及钢丝等，其主要作用是增加橡胶制品的强度并限制其变形，如轮胎中的帘布。

（2）橡胶的种类

橡胶按原料来源分为天然橡胶和合成橡胶两大类；按应用范围又分为通用橡胶和特种橡胶两大类。通用橡胶是指用于制造轮胎、工业用品、日常生活用品等量大面广的橡胶；特种橡胶是指在特殊条件（如高温、低温、酸、碱、油、辐射等）下使用的橡胶制品。

（3）橡胶的性能

高弹性是橡胶突出的特性，这与其分子结构有关。橡胶只有经过硫化处理才能使用，因为硫化将橡胶由线型高分子交联成为网状结构，使橡胶的塑性降低、弹性增加、强度提高、耐溶剂性增强，扩大高弹态温度范围。此外，橡胶还具有良好的绝缘性、耐磨性、阻尼性和隔音性。还可以通过添加各种配合剂或者经化学处理使其改性，以满足某些性能的要求，如耐辐射、导电、导磁等特性。

2.天然橡胶（NR）

天然橡胶是由橡树流出的胶乳，经过凝固、干燥、加压制成片状生胶，再经硫化处理成为可以使用的橡胶制品。

天然橡胶有较好的弹性，抗拉强度可达 25～35MPa，有较好的耐碱性能，是电绝缘体。缺点是耐油和耐溶剂性能差，耐臭氧老化较差，不耐高温，使用温度在 −70～110℃ 范围。天然橡胶广泛用于制造轮胎、胶带、胶管、胶鞋等。

3.通用合成橡胶

通用合成橡胶品种很多，介绍如下常用的几种。

（1）丁苯橡胶（SBR）　由丁二烯和苯乙烯共聚而成，是合成橡胶中产量最大的通用橡胶。

丁苯橡胶的品种很多，主要有丁苯-10、丁苯-30、丁苯-50 等。短线后的数字表示苯乙烯的含量，一般来说，苯乙烯含量越多，橡胶的硬度、耐磨性、耐蚀性越高，但弹性、耐寒性越差。

丁苯橡胶强度较低，成形性较差，制成的轮胎的弹性不如天然橡胶，但其价格便宜，并能以任何比例与天然橡胶混合。它主要与其他橡胶混合使用，可代替天然橡胶，广泛用于制造轮胎、胶带、胶鞋等。

(2)顺丁橡胶(BR)　由丁二烯单体聚合而成。顺丁橡胶的弹性、耐磨性、耐热性、耐寒性均优于天然橡胶，是制造轮胎的优良材料，其缺点是强度较低，加工性能差，抗撕性差。主要用于制造轮胎，也可制作胶带、减振器、耐热胶管、电绝缘制品、V带等。

(3)丁基橡胶(HR)　由异丁烯和少量异戊二烯低温共聚而成。丁基橡胶的气密性极好，耐老化性、耐热性和电绝缘性均较高，耐水性好，耐酸碱，具有很好的抗多次重复弯曲的性能。但强度低，加工性能差，硫化慢，易燃，不耐辐射，不耐油，对烃类溶剂的抵抗力差。

丁基橡胶主要用于制造内胎、外胎以及化工衬里、绝缘材料、减振及防撞击材料等。

(4)氯丁橡胶(CR)　由氯丁二烯聚合而成。氯丁橡胶不仅具有可与天然橡胶相比拟的高弹性、高绝缘性、较高强度和高耐碱性，并且具有天然橡胶和一般通用橡胶所没有的优良性能，即耐油、耐溶剂、耐氧化、耐老化、耐酸、耐热、耐燃烧、耐挠曲等性能，故有"万能橡胶"之称。缺点是耐寒性差，密度大，生胶稳定性差。

氯丁橡胶应用广泛，由于其耐燃烧，一旦燃烧能放出 HCl 气体阻止燃烧，故是制造耐燃橡胶制品的主要材料，如制作地下矿井的运输带、风管、电缆包皮等。还可作输送油或腐蚀介质的管道、耐热运输带、高速 V 带及垫圈。

(5)乙丙橡胶(EPDM)　由乙烯和丙烯共聚而成，乙丙橡胶的原料丰富、价廉、易得。它具有优异的抗老化性能，抗臭氧的能力比普通橡胶高百倍以上。绝缘性、耐热性、耐寒性好，使用温度范围宽($-60\sim150℃$)，化学稳定性好，对各种极性化学药品和酸、碱有较大的耐蚀性，但对碳氢化合物的油类稳定性差。主要缺点是硫化速度慢、黏结性差。用于制作轮胎、蒸汽胶管、胶带、耐热运输带、高电压电线包皮等。

4. 特种合成橡胶

特种橡胶种类很多，这里仅介绍常用的以下几种。

(1)丁腈橡胶(NBR)　由丁二烯和丙烯腈共聚而成，是特种橡胶中产量最大的品种。丁腈橡胶有许多种，其中主要是丁腈-18、丁腈-26、丁腈-40 等。数字代表丙烯腈含量，其含量越高，则耐油性、耐溶剂和化学稳定性增加，强度、硬度和耐磨性提高，但耐寒性和弹性降低。丁腈橡胶的突出优点是耐油性好，同时具有高的耐热性、耐磨性、耐老化、耐水、耐碱、耐有机溶剂等优良性能。缺点是耐寒性差，其脆化温度为$-20\sim-10℃$，耐酸性差、绝缘性差，不能作绝缘材料。主要用于制作耐油制品，如油箱、贮油槽、输油管、油封、燃料液压泵、耐油输送带等。

(2)氟橡胶(FPM)　以碳原子为主链、含有氟原子的高聚物，具有很高的化学稳定性。其突出优点是高的耐蚀性，它在酸、碱、强氧化剂中的耐蚀能力居各类橡胶之首，其耐热性也很好。最高使用温度为 300℃，而且强度和硬度较高，抗老化性能强。其缺点是耐寒性差，加工性能不好，价格高。氟橡胶主要用于国防和高科技中，如高真空设备、火箭、导弹、航天飞行器的高级密封件、垫圈、胶管、减振元件等。

(3)硅橡胶(Q)　由二甲基硅氧烷与其他有机硅单体共聚而成，具有高柔性和高稳定性。其最大特点是不仅耐高温，而且耐低温，使用温度在$-100\sim350℃$范围内保持良好弹性。还有优异的抗老化性能，对臭氧、氧、光和气候的老化抗力大。其绝缘性也很好。缺点是强度和耐磨性低，耐酸碱性也差，而且价格较贵。主要用于飞机和宇航中的密封件、薄膜、胶管等,也用于耐高温的电线、电缆的绝缘层,由于硅橡胶无味无毒,可用于制作食品工业用耐高温制品,医用人工心脏、人工血管等。

9.2　陶瓷材料

传统的陶瓷材料(普通陶瓷)是黏土、石英、长石等天然硅酸盐矿物为原料,经粉碎、成形和烧结而制成的;而现代陶瓷材料(特种陶瓷)是无机非金属材料的统称,其原料已不再是单纯的天然矿物材料,而是扩大到了人工合成的高纯度化合物(Al_2O_3、SiO_2、ZrO_2、Si_3Ni_4 等)为原料制成的新型陶瓷。

9.2.1　陶瓷材料的分类

1.按化学成分分类

(1)氧化物陶瓷　有 Al_2O_3、SiO_2、ZrO_2、MgO、CaO、BeO、Cr_2O_3、CeO_2、ThO_2 等。

非金属材料之陶瓷微课

(2)碳化物陶瓷　有 SiC、B_4C、WC、TiC 等。

(3)氮化物陶瓷　有 Si_3N_4、AlN、TiN、BN 等。新型氮化物陶瓷有 C_3N_4 等。

(4)硼化物陶瓷　有 TiB_2、ZrB_2 等。应用不广,主要作为其他陶瓷的第二相或添加剂。

(5)复合瓷、金属陶瓷等　复合瓷有 $3Al_2O_3 \cdot 2SiO_2$(莫来石)、$MgAl_2O_3$(尖晶石)、$CaSiO_3$、$ZrSiO_4$、$BaTiO_3$、$PbZrTiO_3$、$BaZrO_3$、$CaTiO_3$ 等;金属陶瓷如 WC-Co 基金属陶瓷。

2.按原料分类

(1)普通陶瓷　以黏土、石英、长石等天然硅酸盐矿物为原料。

(2)特种陶瓷　以高纯超细的人工合成化合物(Al_2O_3、SiO_2、ZrO_2、Si_3Ni_4 等)为原料。

3.按用途分类

可分为日用陶瓷和工业陶瓷,工业陶瓷又可分为结构陶瓷和功能陶瓷,其中结构陶瓷是以材料的力学性能和热学性能为主;功能陶瓷是以材料的声、光、电、磁等性能为主,包括压电陶瓷、磁性陶瓷、半导体陶瓷等。

4.按性能分类

按性能可分为高强度陶瓷、高温陶瓷、耐磨陶瓷、耐酸陶瓷、压电陶瓷、光学陶瓷、半导体陶瓷、磁性陶瓷、透明陶瓷、生物陶瓷等。

9.2.2　陶瓷材料的制备

陶瓷材料的制备工艺包括原料的制备、坯料的成形、制品的烧结三大步骤。

1.原料的制备

陶瓷原料包括天然原料和人工合成原料两大类。其中天然原料是指自然界天然存在的原料,经开发后,一般需要通过筛选、风选、淘洗、研磨以及磁选等过程,分离出适当颗粒度的陶瓷粉体。

人工合成原料一般是指采用化学方法制备自然界不存在的陶瓷原料,主要应用在成分、结构需要严格控制的特种陶瓷领域。目前人工合成原料朝高纯超细的方向发展。

2.坯料的成形

成形的目的是将陶瓷粉体加工成具有一定形状和尺寸要求的半成品,且具有一定的致密度和强度。

按照制备过程不同,陶瓷的成形可以分为可塑成形、注浆成形、压制成形等方法。

可塑成形时只在坯料中加入水或塑化剂,制成塑性泥料,然后通过挤压、手工或机械加工成形。注浆成形是将陶瓷料浆注入石膏模型中成形,这种方法适用于制造大型、形状复杂、薄壁的产品,如图 9-2 所示。压制成形是指在粉料中放入少量水或塑化剂,然后在模具中施加较高压力成形,该方法适用于形状简单、尺寸不大的制品。

| 空石膏模 | 注浆 | 吸浆 | 坯体 |

图 9-2 注浆成形示意图

3.制品的烧结

粉体经成形后,坯体强度不高,颗粒间只有较小的附着力。要使颗粒间相互结合以获得较高强度,同时需要对坯体进行烧结。在烧结过程中,伴随着坯体内所含溶剂、黏合剂、增塑剂等成分的去除,坯体中气孔减少,颗粒结合强度增加、机械强度提高。

9.2.3 陶瓷材料的性能特点及应用

陶瓷材料具有耐高温、抗氧化、耐腐蚀以及其他优良的物理、化学以及力学性能。陶瓷材料除了传统用途外,还有许多新用途(特别是特种陶瓷)。

1.物理性能

(1)热学性能

a)高熔点。陶瓷材料一般都具有高的熔点(大多在 2000℃以上)、极好的化学稳定性和特别优良的抗氧化性,已广泛用作高温材料,如制作耐火砖、耐火泥、炉衬、耐热涂层等。刚玉(Al_2O_3)可耐 1700℃高温,能制成耐高温的坩埚。

b)热导率低。陶瓷依靠晶格中原子的热振动来完成热传导。由于没有自由电子的传热作用,导热能力远低于金属材料,它常作为高温绝热材料。多孔和泡沫陶瓷也可用作$-240\sim-120$℃的低温隔热材料。

c)线膨胀系数较小。凡陶瓷在应用中涉及高温、循环温度或温度梯度工况时,都要考虑热膨胀。它是温度升高时原子振动振幅增大和原子间距增大而导致体积长大的现象。热膨胀系数的大小和材料的晶体结构密切相关,结构较紧密的材料热膨胀系数较大。陶瓷的线膨胀系数比金属低,比高聚物更低,一般为 10^{-6}/K 左右。

（2）电学性能

大多数陶瓷是良好的绝缘体，在低温下具有高电阻率，因而大量用来制作各种电压（1kV～110kV）的隔电瓷质绝缘器件。

铁电陶瓷（钛酸钡 $BaTiO_3$ 和其他类似的钙钛矿结构）具有较高的介电常数，可用来制作较小的电容器，这种电容器的电容量却比由一般电容器材料制成的要大，利用这一优点，可以更有效地改进电路。铁电陶瓷在外加电场作用下，还具有改变其外形（尺寸）的能力，这种由电能转换成机械能的性能是压电材料的特性，可用来制作扩音机、电唱机中的换能器，无损检验用的超声波仪器以及声呐与医疗用的声谱仪等。

少数陶瓷材料还具有半导体性质，如经高温烧结的氧化锡就是半导体，可做整流器。

（3）光学性能

具有特殊光学性能的陶瓷是重要的功能材料，如固体激光器材料、激光调制材料、光导纤维材料、光储存材料等。这些材料的研究和应用对通信、摄影、计算机技术等的发展有非常大的理论和实用意义。

近代透明陶瓷的出现是光学材料的重大突破，它们大都是以单一晶体相组成的多晶体材料，可用于高压钠灯管、耐高温及高温辐射工作的窗口和整流罩等。

（4）磁学性能

通常被称为铁氧体的磁性陶瓷材料（例如 $MgFe_2O_4$、$CuFe_2O_4$、Fe_3O_4、$CoFe_2O_4$）在录音磁带与唱片、电子束偏转线圈、变压器铁芯、大型计算机的记忆元件等方面有着广泛的前途。

2. 力学性能

（1）塑性与韧性

由于陶瓷晶体一般为离子键或共价键结合，其滑移系比金属材料少得多，所以大多数陶瓷材料在常温下受外力作用时不产生塑性变形，而是在一定弹性变形后直接发生脆性断裂。此外，其冲击韧性和断裂韧度要比金属材料低得多。在机械结构中，陶瓷材料应用不多。

（2）强度

陶瓷材料由于受工艺制备因素的影响，在其内部和表面会形成各种各样的缺陷，如微裂纹、位错、气孔等，在拉应力作用下，促使其产生应力集中使裂纹迅速扩展并引起脆断，所以其抗拉强度较低；而且其实际强度远低于理论值。但它具有较高的抗压强度，为抗拉强度的10～40 倍，可以用于承受压缩载荷的场合，例如用来作为地基、桥墩和大型结构与重型设备的底座等。

减少陶瓷中的杂质和气孔，细化晶粒，提高致密度和均匀度，可提高陶瓷的抗拉强度。如刚玉陶瓷纤维的缺陷减少时，强度可提高 1～2 个数量级；热压氮化硅陶瓷在致密度增大、气孔率近于零时，强度可接近理论值。

陶瓷材料的高温强度比金属高得多，如 Si_3N_4 和 SiC 陶瓷，由于制造工艺和添加物不同，Si_3N_4 的强度可从 350MPa 直至 1000MPa，且在 1200℃高温下保持不变；SiC 在 1650℃下，强度仍可达 450MPa。它们作为高温高强度结构材料，在发动机、燃气轮机上的应用正受到很大的重视。我国第一台无水冷陶瓷发动机于 1990 年 7 月在上海首次装车，经长途试验，证明发动机性能优良，比普通金属发动机热效率高，耗油省，故障率少，并能适用多种燃料，更能适应在缺水的恶劣环境下使用，这是一项跨入世界领先行列的高科技成果。

（3）硬度

陶瓷通常具有高硬度和高耐磨性，其硬度大多在 1500HV 以上，而淬火钢为 500～800HV，高聚物都低于 20HV。氮化硅和立方氮化硼（cBN）具有接近金刚石的硬度。

陶瓷作为超硬耐磨损材料，性能特别优良。也可作为刀具材料，除 Si_3N_4、SiC 等新型的刀具材料外，近年来又开发了高强度、高稳定化的二氧化锆（ZrO_2）陶瓷刀具，广泛应用于高硬难加工材料的加工以及高速切削、加热切削等加工。

此外，特种陶瓷还广泛用作能源开发材料、耐火耐热材料、耐热冲击材料以及化工材料等。一些典型的特种陶瓷的性能特点、原料和应用举例见表 9-1。

表 9-1　一些典型的特种陶瓷的性能特点、原料和应用举例

类别	材料分类	性能特点	原料	应用举例
结构陶瓷	耐热材料	热稳定性高	MgO、ThO_2	耐火件
		高温强度高	SiC、Si_3N_4	燃气轮机叶片，燃气轮火焰导管，火箭燃烧室内壁喷嘴
	高强度材料	高弹性模量	SiC、Al_2O_3	复合材料用纤维
		高硬度	TiC、B_4C、BN	切削工具，连接铸造用模，玻璃成形高温模具
功能陶瓷	介电材料	绝缘性	Al_2O_3、Mg_2SiO_4	集成电路基板
		热电性	$PbTiO_3$、$BaTiO_3$	热敏电阻
		压电性	$PbTiO_3$、$LiNbO_3$	振荡器
		强介电性	$BaTiO_3$	电容器
	光学材料	荧光、发光性	Al_2O_3CrNd 玻璃	激光
		红外透过性	$CaAs$、$CdTe$	红外线窗口
		高透明度	SiO_2	光导纤维
		电发色效应	WO_3	显示器
	磁性材料	软磁性	$ZnFe_2O$、$\gamma\text{-}Fe_2O_3$	磁带，各种高频磁心
		硬磁性	$SrO \cdot 6Fe_2O_3$	电声器件、仪表及控制器件的磁心
	半导体材料	光电导效应	CdS、Ca_2S_x	太阳电池
		阻抗温度变化效应	VO_2、NiO	温度传感器
		热电子放射效应	LaB_6、BaO	热阴极

9.3　复合材料

随着航天、航空、电子、原子能、通信技术及机械和化工等工业的发展，对材料性能的要求越来越高，这对单一的金属材料、高分子材料或陶瓷材料来说都是无能为力的。若将这些具有不同性能特点的单一材料复合起来，取长补短，就能满足现代高新技术的需要。

9.3.1　复合材料概述

所谓复合材料就是指由两种或两种以上不同性质的材料,通过不同的工艺方法人工合成的多相材料。复合材料既保持组成材料各自的最佳特性,又具有组合后的新特性。

自然界中,许多物质都可称为复合材料,如树木、竹子由纤维素和木质素复合而成;动物的骨骼是由硬而脆的无机磷酸盐和软而韧的蛋白质骨胶组成的复合材料。人工合成的复合材料一般是由高韧性、低强度、低模量的基体和高强度、高模量的增强组分组成。这种材料既保持了各组分材料自身的特点,又使各组分之间取长补短,互相协同,形成优于原有材料的特性。如玻璃纤维的断裂能只有 7.5×10^{-4} J,常用树脂为 2.26×10^{-2} J 左右,但由玻璃纤维与热固性树脂组成的复合材料,即热固性玻璃钢的断裂能高达 17.6J,其强度显著高于树脂,而脆性远低于玻璃纤维。可见"复合"已成为改善材料性能的重要手段。

继 20 世纪 40 年代的玻璃钢(玻璃纤维增强塑料)问世以来,近几十年出现了性能更好的高强度纤维,如碳纤维、硼纤维、碳化硅纤维、氧化铝纤维、氮化硼纤维及有机纤维等。这些纤维不仅可与高聚物基体复合,还可与金属、陶瓷等基体复合。这些高级复合材料是制造飞机、火箭、卫星、飞船等航空航天飞行器构件的理想材料。

非 金 属 材
料 之 复 合
材 料 微 课

对复合材料的研究和使用表明,人们不仅可复合出具有质轻、力学性能良好的结构材料,也能复合出具有耐磨、耐蚀、导热或绝热、导电、隔声、减振、吸波、抗高能粒子辐射等一系列特殊的功能材料。

9.3.2　复合材料分类

1.按基体相的性质分类

(1)非金属基复合材料,如塑料(树脂)基复合材料、橡胶基复合材料、陶瓷基复合材料等。

(2)金属基复合材料,如铝(铝合金)基复合材料、钛(钛合金)基复合材料、铜(铜合金)基复合材料等。

2.按增强相的形态分类

(1)纤维增强复合材料,如纤维增强塑料(玻璃钢等)、纤维增强橡胶(橡胶轮胎等)、纤维增强陶瓷、纤维增强金属等。

(2)颗粒增强复合材料,如金属陶瓷、弥散强化金属等。

(3)叠层复合材料,如双层金属(巴氏合金—钢双金属层滑动轴承材料等)、三层复合材料(钢—铜—塑料三层复合无油滑动轴承材料、层合板等)。

3.按材料的用途分类

(1)结构复合材料　是利用其力学性能(如强度、硬度、韧性等),用以制作各种结构件和零件。

(2)功能复合材料　是利用其物理性能(如光、电、声、热、磁等),如雷达用玻璃钢天线罩就是具有良好透过电磁波性能的磁性复合材料;常用的电器元件上的钨银触点就是在钨的晶体中掺入银的导电功能材料;双金属片就是利用不同膨胀系数的金属复合在一起而成的具有热功能性质的材料。

9.3.3 复合材料的性能

1.比强度和比模量高

比强度(强度/密度)和比模量(弹性模量/密度)是材料承载能力的重要指标。比强度越高,在同样强度下零构件的自重越小;比模量越高,在模量相同条件下零构件的刚度越大。这对要求减轻自重和高速运转的零构件是非常重要的。表9-2列出了一些金属材料与纤维增强复合材料使用性能的比较。由表可见,复合材料都具有较高的比强度和比模量,尤以高强度碳纤维—环氧树脂复合材料最为突出,其比强度约为钢的8倍,比模量约为钢的4倍。

表 9-2   一些金属材料与纤维增强复合材料使用性能的比较

材料	使用性能				
	密度 /(g/cm³)	抗拉强度 /×10³ MPa	拉伸模量 /10⁵ MPa	比强度 /(10⁶ N·m/kg)	比模量 /(10⁶ N·m/kg)
钢	7.8	1.03	2.1	0.13	27
铝	2.8	0.47	0.75	0.17	27
钛	4.5	0.96	1.14	0.21	25
玻璃钢	2.0	1.06	0.4	0.53	20
高强度碳纤维—环氧	1.45	1.5	1.4	1.03	97
高模量碳纤维—环氧	1.6	1.07	2.4	0.67	150
硼纤维—环氧	2.1	1.38	2.1	0.66	100
有机纤维 PRD—环氧	1.4	1.4	0.8	1.0	57
SiC 纤维—环氧	2.2	1.09	1.02	0.5	46
硼纤维—铝	2.65	1.0	2.0	0.38	75

2.抗疲劳和破断安全性良好

由于纤维复合材料特别是纤维—树脂复合材料对缺口和应力集中敏感性小,而且纤维与基体界面能阻止疲劳裂纹扩展或改变裂纹扩展方向,因此复合材料有较高的疲劳强度。实验表明,碳纤维增强复合材料的疲劳强度可达其抗拉强度的 $70\%\sim80\%$,而金属材料的疲劳强度只有其抗拉强度的 $40\%\sim50\%$。

纤维增强复合材料中有大量独立的纤维,平均每平方厘米面积上有几千到几万根。当构件由于超载或其他原因使少数纤维断裂时,载荷就会重新分配到其他未断的纤维上,构件不致在短期内发生突然破坏,故破断安全性好。

3.高温性能优良

大多数增强纤维在高温下仍保持高的强度,用其增强金属和树脂时能显著提高耐高温性能。例如铝合金在 $400℃$ 时弹性模量已降至接近于零,强度也显著降低,而用碳纤维增强后,在此温度下强度和弹性模量基本未变。

4. 减振性能好

由于结构的自振频率与材料比模量的平方根成正比,而复合材料的比模量高,故其自振频率也高,可以避免构件在工作状态下产生共振。另外,纤维与基体界面有吸收振动能量的作用,即使产生了振动也会很快地衰减下来,所以纤维增强复合材料具有很好的减振性能。例如用同样尺寸和形状的梁进行试验,金属材料的梁需 9s 才能停止振动,而碳纤维复合材料则只需 2.5s。

9.3.4　常用复合材料

1. 纤维增强复合材料

纤维增强复合材料是以纤维增强材料均匀分布在基体材料内所组成的材料。它以各种金属和非金属作为基体材料,以各种纤维作为增强材料的复合材料,是复合材料中最重要的一类,应用最为广泛。它的性能主要取决于纤维的特性、含量和排布方式,其在纤维方向上的强度可超过垂直纤维方向的几十倍。

纤维增强材料按化学成分可分为有机纤维和无机纤维。有机纤维如聚酯纤维、尼龙纤维、芳纶纤维等;无机纤维如玻璃纤维、碳纤维、碳化硅纤维、硼纤维及金属纤维等。

(1)纤维增强塑料基复合材料

纤维增强塑料基复合材料常用的增强纤维为玻璃纤维、碳纤维、硼纤维、碳化硅纤维、Kevlar 纤维及其织物、毡等,基体材料为热固性树脂(如不饱和聚酯树脂、环氧树脂、酚醛树脂、呋喃树脂、有机硅树脂等)和热塑性树脂(如尼龙、聚苯乙烯、ABS、聚碳酸酯等)。广泛使用的是玻璃纤维增强塑料、碳纤维增强塑料、硼纤维增强塑料、碳化硅纤维增强塑料和Kevlar 纤维增强塑料。

a)玻璃纤维增强塑料

玻璃纤维增强塑料也称玻璃钢,按塑料基体性质可分为热塑性玻璃钢和热固性玻璃钢。

热塑性玻璃钢由体积分数为 20%~40% 的玻璃纤维与 60%~80% 的热塑性树脂组成,具有高强度和高冲击韧性、良好的低温性能及低热膨胀系数。例如 40% 玻璃纤维增强尼龙6、尼龙 66 的抗拉强度超过铝合金;40% 玻璃纤维增强聚碳酸酯的热膨胀系数低于不锈钢铸件;玻璃纤维增强聚苯乙烯、聚碳酸酯、尼龙 66 等在 −40℃ 时冲击韧性不但不像一般塑料那样严重降低,反而有所升高。

热固性玻璃钢由体积分数为 60%~70% 玻璃纤维(或玻璃布)与 30%~40% 热固性树脂组成,其主要优点是密度小、强度高。它的比强度超过一般高强度钢和铝合金及钛合金,耐腐蚀,绝缘、绝热性好,吸水性低,防磁,微波穿透性好,易于加工成形。其缺点是弹性模量低,只有结构钢的 1/10~1/5,刚性差;耐热性虽比热塑性玻璃钢好,但仍不够高,只能在300℃ 以下使用。为了提高性能,可对其进行改性。例如用酚醛树脂与环氧树脂混溶后作基体进行复合,不仅具有环氧树脂的黏结性,降低酚醛树脂的脆性,又保持酚醛树脂的耐热性,因此环氧—酚醛玻璃钢热稳定性好,强度更高;又如有机硅树脂与酚醛树脂混溶后制成的玻璃钢可作耐高温材料。

玻璃钢主要用于制造要求自重轻的受力构件和要求无磁性、绝缘、耐腐蚀的零件。例如在航天和航空工业中制造雷达罩、直升机机身、飞机螺旋桨、发动机叶轮、火箭及导弹的发动机壳体和燃料箱等；在船舶工业中用于制造轻型船、艇、舰的各种配件。因玻璃钢的比强度大，可用于制造深水潜艇外壳；因玻璃钢无磁性，用其制造的扫雷艇可避免磁性水雷的袭击；在车辆工业中用于制造汽车、机车、拖拉机的车身、发动机机罩、仪表盘等；在电机电器工业中用于制造重型发电机护环、大型变压器线圈绝缘筒以及各种绝缘零件、各种电器外壳等；在石油化工工业中用于代替不锈钢制作耐酸、耐碱、耐油的容器、管道等。

b)碳纤维增强塑料

它是由碳纤维与聚酯、酚醛、环氧、聚四氟乙烯等树脂组成的复合材料。这类材料具有低密度、高强度、高弹性模量、高比强度和比模量。例如碳纤维—环氧树脂复合材料的比强度和比模量都超过了铝合金、钢和玻璃钢。此外，碳纤维增强塑料还具有优良的抗疲劳性能、耐冲击性能、自润滑性、减摩耐磨性、耐腐蚀和耐热性。其缺点是碳纤维与基体结合力低，各向异性严重，垂直纤维方向的强度和弹性模量低。

碳纤维增强塑料的性能优于玻璃钢，主要用于航天和航空工业中制作飞机机身、螺旋桨、尾翼、发动机风扇叶片、卫星壳体、航天飞行器外表面防热层等；在汽车工业中用于制造汽车外壳、发动机壳体等；在机械制造工业中制作轴承、齿轮、磨床磨头、齿轮旋转刀具等；在电机工业中制作大功率发电机护环，代替无磁钢；在化学工业中制作管道、容器等。

c)硼纤维增强塑料

它主要由硼纤维与环氧、聚酰亚胺等树脂组成，具有高的比强度和比模量、良好的耐热性。例如硼纤维—环氧树脂复合材料的拉伸、压缩、剪切的比强度都高于铝合金和钛合金；其弹性模量为铝合金的 3 倍，为钛合金的 2 倍，而比模量则为铝合金和钛合金的 4 倍。其缺点是各向异性明显，纵向力学性能高，横向性能低，两者相差十几倍到数十倍；此外加工困难，成本昂贵。主要用于航空、航天工业中要求高刚度的结构件，如飞机机身、机翼、轨道飞行器的隔离装置接合器等。

d)碳化硅纤维增强塑料

碳化硅纤维与环氧树脂组成复合材料，具有高的比强度和比模量。其抗拉强度接近碳纤维—环氧树脂复合材料，而抗压强度为后者的 2 倍。碳化硅—环氧树脂复合材料是一种很有发展前途的新型材料，主要用于宇航器上的结构件，比金属减轻重量 30%。还可用它制作飞机的门、降落传动装置箱、机翼等。

e)Kevlar 纤维增强塑料

它是由 Kevlar 纤维与环氧、聚乙烯、聚碳酸酯、聚酯等树脂组成。其中常用的是 Kevlar 纤维—环氧树脂复合材料，它的抗拉强度高于玻璃钢，与碳纤维—环氧树脂复合材料相近，且延性好，与金属相似；其耐冲击性超过碳纤维增强塑料；具有优良的疲劳抗力和减振性，其疲劳抗力高于玻璃钢和铝合金，减振能力为钢的 8 倍，为玻璃钢的 4～5 倍。主要用于飞机机身、雷达天线罩、火箭发动机外壳、轻型船舰、快艇等。

(2)纤维增强金属基复合材料

纤维增强金属基复合材料由高强度、高模量的增强纤维与具有较好韧性的低屈服强度的金属组成。常用的增强纤维为硼纤维、碳(石墨)纤维、碳化硅纤维等；常用的基体为铝及铝合金、钛及钛合金、铜及铜合金、银、铅、镁合金和镍合金等。

与纤维增强塑料相比，纤维增强金属具有横向力学性能好，层间抗剪强度高，冲击韧性好，高温强度高，耐热性、耐磨性、导电性、导热性好，不吸潮，尺寸稳定，不老化等优点，给航天航空技术的发展带来重大变革。但由于工艺复杂、价格较贵,目前在发展水平和应用规模上还落后于纤维增强塑料基复合材料。

a)纤维增强铝(或铝合金)基复合材料

研究最成功、应用最广的是硼纤维增强铝基复合材料,它由硼纤维与纯铝、变形铝合金(铝铜、铝锌合金等)、铸造铝合金(铝铜合金等)组成。由于硼和铝在高温下易形成 AlB_2,与氧易形成 B_2O_3,故在硼纤维表面涂一层 SiC 以提高硼纤维的化学稳定性,这种硼纤维称为 SiC 改性硼纤维或硼矽克。硼纤维—铝(或铝合金)复合材料的性能优于硼纤维—环氧树脂复合材料,也优于铝合金和钛合金。它具有高拉伸模量、高横向模量,高抗压强度、抗剪强度和疲劳强度,其比强度高于钛合金。主要用于飞机或航天器蒙皮、大型壁板、长梁、加强肋,航空发动机叶片等。

碳纤维增强铝基复合材料由碳(石墨)纤维与钝铝、变形铝合金、铸造铝合金组成。

由于碳(石墨)纤维与铝(或铝合金)熔液间的润湿性很差,而且在高温下碳与铝易形成 Al_4C_3,降低复合材料的强度,故最好在碳(石墨)纤维表面蒸镀一层 Ti-B 薄膜,以改善润湿性并防止形成 Al_4C_3。这种复合材料具有高比强度、高比模量,高温强度好,在 500℃时其比强度比钛合金高 1.5 倍,减摩性和导电性好。主要用于制造航天飞机外壳,运载火箭的大直径圆锥段、级间段、接合器、油箱,飞机蒙皮、螺旋桨,涡轮发动机的压气机叶片,重返大气层运载工具的防护罩等,也可用于制造汽车发动机零件(如活塞、气缸头等)和滑动轴承等。

碳化硅纤维增强铝基复合材料是由碳化硅纤维与纯铝、铸造铝合金(铝铜合金等)组成,具有高的比强度、比模量和高硬度。用于制造飞机机身结构件及汽车发动机的活塞、连杆等零件。

b)纤维增强钛合金基复合材料

这类材料由硼纤维、碳化硅改性硼纤维或碳化硅纤维与 Ti-6A1-4V 钛合金组成,具有低密度、高强度、高弹性模量、高耐热性、低热膨胀系数等优点,是理想的航天航空用结构材料。例如碳化硅改性硼纤维与 Ti-6Al-4V 组成的复合材料,其密度为 $3.6g/cm^3$,比钛还轻,抗拉强度可达 $1.21×10^3$ MPa,弹性模量达 $2.34×10^5$ MPa,热膨胀系数为 $1.39×10^{-6}$ ~ $1.75×10^{-6}/℃$。目前纤维增强钛合金基复合材料还处于研究和试用阶段。

c)纤维增强铜(或铜合金)基复合材料

这类复合材料主要由碳(石墨)纤维与铜或铜镍合金组成。为了增强碳(石墨)纤维与基体的结合强度,常在纤维表面镀铜或镀镍后再镀铜。这类复合材料具有高强度、高导电率、低摩擦因数和高耐磨性,以及在一定温度范围内的尺寸稳定性,用于制造高负荷的滑动轴承、集成电路的电刷、滑块等。

(3)纤维增强橡胶基复合材料

其常用增强纤维有天然纤维、人造纤维、合成纤维(如尼龙、涤纶、维尼纶等)、玻璃纤维、金属丝(如钢丝帘子线等)。纤维增强橡胶制品主要有轮胎、传送带、橡胶管、橡胶布等。这些制品除了要具有轻质高强的性能外,还必须柔软和具有较高的弹性。

(4)纤维增强陶瓷基复合材料

纤维与陶瓷复合的目的主要是提高陶瓷材料的韧性。所用的纤维主要是碳纤维、Al_2O_3纤维、SiC 纤维以及金属纤维等。研究较多的是碳纤维增强无定型二氧化硅、碳纤维增强碳化硅、碳纤维增强氮化硅、碳化硅纤维增强氮化硅、碳化硅纤维增强氧化铝、氧化锆等。

纤维增强陶瓷基复合材料不仅保持了原陶瓷材料的优点,而且韧性和强度得到明显提高,如经碳化硅纤维增强的各种陶瓷材料其断裂韧度和抗弯强度都远高于未增强的陶瓷材料;其还具有硬度高、耐磨性好、耐高温、比强度和比模量高、韧性好的特点,因此除了一般陶瓷的用途外,还可用作切削刀具,在军事和空间技术上有很好的应用前景。

2. 颗粒增强复合材料

颗粒增强复合材料是由一种或多种颗粒均匀分布在基体材料内所组成的复合材料。基体材料同样可以是塑料、金属、橡胶和陶瓷等。颗粒增强复合材料的颗粒在复合材料中的作用,随粒子的尺寸大小不同而有明显的差别,颗粒尺寸小于 $0.1\mu m$ 的称为弥散强化材料,颗粒尺寸大于 $0.1\mu m$ 的称为纯颗粒增强材料,一般说颗粒越小,增强效果越好。

按化学组分的不同,颗粒主要分金属颗粒和陶瓷颗粒。不同的金属颗粒起着不同的功能,如需要导电、导热性能时,可以加银粉、铜粉;需要导磁性能时可加入 Fe_2O_3 磁粉;加入 MoS_2 可提高材料的减摩性。

陶瓷颗粒增强金属基复合材料具有高强度、耐热、耐磨、耐腐蚀和热膨胀系数小等特性,用来制作高速切削刀具、重载轴承及火焰喷管的喷嘴等高温工作零件。

3. 叠层复合材料

叠层复合材料是由两层或两层以上材料叠合而成的材料。其中各个层片既可由各层片纤维位向不同的相同材料组成(如叠层纤维增强塑性薄板),也可由完全不同的材料组成(如金属与塑料的多层复合),从而使叠层材料的性能与各组成物性能相比有较大的改善。叠层复合材料广泛应用于要求高强度、耐蚀、耐磨、装饰及安全防护等用途。

叠层复合材料有夹层结构复合材料、双层金属复合材料和塑料—金属多层复合材料三种。

夹层结构复合材料是由两层具有较高强度、硬度、耐蚀性及耐热性的面板和具有低密度、低导热性、低传声性或绝缘性好等特性的心部材料复合而成。其中心部材料有实心或蜂窝格子两类。这类材料常用于制作飞机机翼、船舶外壳、火车车厢、运输容器、面板、滑雪板等。

双层金属复合材料是将性能不同的两种金属,用胶合或熔合等方法复合在一起,以满足某种性能要求的材料。如将两种具有不同热膨胀系数的金属板胶合在一起的双层金属复合材料,常用作测量和控制温度的简易恒温器。

以钢为基体、烧结铜网为中间层、塑料为表面层的塑料—金属多层复合材料,具有金属基体的力学、物理性能和塑料的耐摩擦、磨损性能。这种材料可用于制造各种机械、车辆等的无润滑或少润滑条件下的各种轴承,并在汽车、矿山机械、化工机械等部门得到广泛应用。

✎ 习题

1. 名词解释

高分子材料、加聚反应、缩聚反应、塑料、热塑性塑料、热固性塑料、陶瓷、特种陶瓷、复合材料、纤维增强复合材料、颗粒增强复合材料、叠层复合材料

2.简答题

(1)什么是加聚反应和缩聚反应？它们有什么不同？

(2)何谓高分子化合物中的单体？

(3)什么是塑料？按合成树脂的热性能,塑料可分为哪两类？各有何特点？

(4)简述顺丁橡胶、氯丁橡胶、丁腈橡胶、硅橡胶的性能和用途。

(5)什么是陶瓷材料？简述陶瓷的制备工艺。

(6)简述陶瓷的性能特点。

(7)什么是复合材料？按其增强相分可分为哪几类？

(8)简述玻璃钢的特点和主要用途。

3.分析题

(1)完全固化后的酚醛塑料能磨碎重用吗？完全固化后的 ABS 塑料能磨碎重用吗？为什么？

(2)试比较分析 PVC、ABS、PA、PTFE、PMMA 等塑料的性能特点及应用场合。

本章小结　　　本章测试

第10章 铸造成形

教学目标

　　(1)熟悉铸造成形的实质、特点、分类及应用;

　　(2)掌握液态成形的基础知识,包括铸造合金液体的充型能力与流动性及其影响因素;合金的收缩及其对铸件的影响(缩孔与缩松,铸造应力、变形与裂纹);

　　(3)掌握常用铸造成形方法的特点及应用;

　　(4)理解铸造成形工艺设计原则及铸件的结构设计要点。

本章重点

　　合金液体的充型能力与流动性及其影响因素;缩孔与缩松的产生与防止,铸造应力、变形与裂纹的产生与防止;常用铸造成形方法的特点及应用;铸造成形工艺设计原则及铸件的结构设计要点。

本章难点

　　缩孔与缩松的产生与防止,铸造应力、变形与裂纹的产生与防止。

　　铸造是机械制造中毛坯成形的主要工艺之一。我国的铸造技术已有 6000 多年的悠久历史,是世界上较早掌握铸造技术的文明古国。商代后期的后母戊鼎、四羊方尊以及战国编钟等都是通过铸造方法成形的。铸造技术在现代工业化大生产中更是占据了重要的位置。在一般机械设备中,铸件的质量往往要占机械总质量的 $70\% \sim 80\%$,甚至更高。

10.1 铸造的分类及特点

10.1.1 铸造的实质

　　铸造是指熔炼金属,制造铸型,并将熔融的金属浇注、压射或吸入铸型型腔,冷却凝固后获得一定形状和性能的铸件的成形方法。铸件是指铸造所获得的毛坯或零件。图 10-1 为金属铸造成形示意图,熔融金属液浇入铸型时,即充满了整个型腔,在随后的冷却过程中逐渐凝固成铸件。显然,铸件的形状取决于型腔,不同的铸型型腔浇注后就可获得不同形状的铸件。因此,铸造成形的实质就是利用熔融金属具有流动性的特点,实现金属的液态成形。

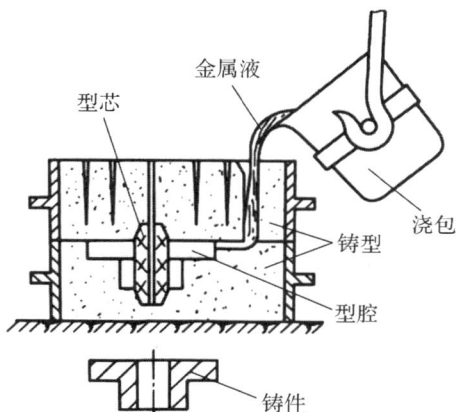

图 10-1　金属铸造成形示意图

10.1.2　铸造生产的特点

相对于其他毛坯生产方法而言,铸造生产有许多特点,其优点表现为:

(1)铸造能生产形状复杂,特别是内腔复杂的毛坯。例如机床床身、内燃机缸体和缸盖、涡轮叶片、阀体等。铸件的形状、尺寸和零件十分接近,可节约金属材料,减少切削加工工作量。

(2)铸造的适应性广。铸造既可用于单件生产,也可用于成批或大量生产;铸件的轮廓尺寸可从几毫米至几十米,重量可从几克到几百吨;工业中常用的金属材料都可用铸造方法成形。

(3)铸造的成本低。铸造所用的原材料来源广泛,价格低廉,还可利用废旧的金属材料,一般不需要价格昂贵的设备。

但是,铸造生产也存在一些缺点:铸造生产过程复杂,工序较多,常因铸型材料、铸造合金、合金的熔炼与浇注等工艺过程难以综合控制,会出现缩孔、缩松、砂眼、冷隔、裂纹等铸造缺陷;因此,铸件质量不够稳定,废品率较高;铸件内部组织粗大、不均匀,使其力学性能不及同类材料的锻件高;因此铸件不适宜制作受力大的重要零件。

随着铸造技术的发展,新材料、新工艺、新技术和新设备的推广和使用,铸件的质量和铸造生产率得到很大提高,劳动条件也得到显著改善,因此铸造生产已成为制造具有复杂结构金属件最灵活、最经济的成形方法,广泛应用于机械零件的毛坯制造,在各种机械和设备中,铸件在整机质量上占有很大的比例。表 10-1 为各类机械中铸件所占质量百分比。

表 10-1　各类机械中铸件所占质量百分比

机械类别	所占质量百分比/%
机床、内燃机、重型机械	70～90
风机、压缩机	60～80
拖拉机	50～70
农业机械	40～70
汽车	20～30

10.1.2　铸造的分类

铸造一般按铸型材料、造型方法和浇注条件等分为砂型铸造和特种铸造。

砂型铸造是传统的铸造方法,其工艺灵活,成本低廉。目前,世界各国砂型铸造生产的铸件约占铸件总产量的80％以上。

特种铸造是指砂型铸造以外的铸造工艺,常见的有熔模铸造、金属型铸造、压力铸造、低压铸造和离心铸造等。特种铸造在生产率和铸件质量等方面优于砂型铸造,但成本比砂型铸造高,受铸件结构、铸件重量和铸件材料的影响,其使用具有一定的局限性。

10.2　合金的铸造性能

铸造生产过程非常复杂,影响铸件质量的因素也非常多。其中合金的铸造性能的优劣对能否获得优质铸件有着重要影响。合金的铸造性能是指合金在铸造成形的工艺过程中,容易获得外形正确、内部健全的优质铸件的能力。铸造性能是重要的工艺性能指标,铸造合金除应具备符合要求的力学性能和物理性能、化学性能外,还必须有良好的铸造性能。合金的铸造性能主要指充型能力、收缩性、偏析、吸气性等,其中液态合金的充型能力和收缩性是影响成形工艺及铸件质量的两个最基本的指标。

10.2.1　合金的充型能力

熔融合金填充铸型的过程,简称充型。熔融合金充满铸型型腔,获得形状完整、轮廓清晰铸件的能力,称合金的充型能力。充型能力首先取决于熔融合金本身的流动能力(即流动性),同时又受外界条件,如铸型性质、浇注条件、铸件结构等因素影响。因此,充型能力是上述各种因素的综合反映。

1.合金的流动性的定义及测定

流动性是指熔融金属的流动能力,它是影响充型能力的主要因素之一,是液态金属的固有属性,它只与金属本身的化学成分、温度、杂质量以及物理性质有关。金属液的流动性越好,充型能力越强,越便于浇注出轮廓清晰、壁薄而复杂的铸件。同时,有利于非金属夹杂物和气体的上浮与排除,还有利于对金属冷凝过程所产生的收缩进行补缩。流动性不好的液态金属,铸件容易产生冷隔、浇不足等缺陷。

合金的铸造
性能微课

液态合金的流动性通常是用浇注螺旋形试样的方法来衡量的。先用模样造型,获得型腔形状如图10-2所示螺旋形试样的铸型。将金属液浇入铸型中,测出其实际的螺旋线长度。在相同的浇注工艺条件下,浇出的试样越长,说明合金的流动性越好。常用合金的流动性见表10-2。

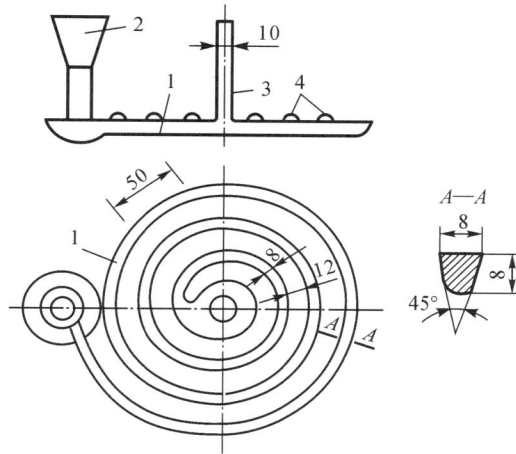

1—试样;2—浇口杯;3—冒口;4—试样凸点。

图 10-2 螺旋形标准试样

表 10-2 常用合金的流动性(螺旋形试样 试样截面 8mm×8mm)

合金种类		铸型种类	浇注温度/℃	螺旋线长度/mm
铸铁	$w_{(C+Si)}=6.2\%$	砂型	1300	1800
	$w_{(C+Si)}=5.9\%$	砂型	1300	1300
	$w_{(C+Si)}=5.2\%$	砂型	1300	1000
	$w_{(C+Si)}=4.2\%$	砂型	1300	600
铸钢	$w_C=0.4\%$	砂型	1600	100
		砂型	1640	200
镁合金(Mg-Al-Zn)		金属型(预热温度 300℃)	680~720	700~800
铝硅合金		砂型	700	400~600
锡青铜 $w_{Sn}=9\%\sim11\%$ $w_{Zn}=2\%\sim4\%$		砂型	1040	420
硅黄铜 $w_{Si}=1.5\%\sim4.5\%$		砂型	1100	1000

2.影响合金流动性和充型能力的因素

(1)化学成分

a)合金的种类。合金流动性与合金的熔点、热导率、合金液的黏度等物理性能有关。合金的熔点高,热导率大,合金液的黏度大则流动性差。

b)合金的成分。同种合金中,成分不同的铸造合金具有不同的结晶特点,对流动性的影响也不相同。共晶成分的合金是在恒温下结晶的,结晶时从表面向中心逐层凝固,凝固层表面比较光滑,对尚未凝固的金属液的流动阻力小,故流动性好,如图 10-3(a)所示。非共晶成分的其他合金,在一定的温度范围内结晶。在结晶区域中,既有形状复杂的枝晶,又有未结晶的液体。复杂的枝晶不仅阻碍熔融金属的流动,而且使金属液的冷却速度加快,所以流动性差,如图 10-3(b)所示。合金结晶温度范围越大,则流动阻力越大,流动性越差。

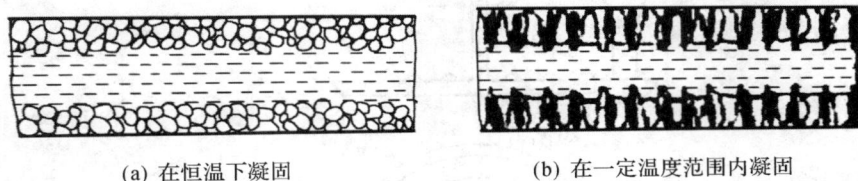

(a) 在恒温下凝固   (b) 在一定温度范围内凝固

图 10-3 不同成分合金的流动性

c)杂质和含气量。熔融金属中出现的固态夹杂物,将使液体的黏度增加,合金的流动性下降。如灰铸铁中锰和硫,多以 MnS(熔点 1620℃)的形式悬浮于铁液中,阻碍铁液的流动,使流动性下降。熔融金属中的含气量愈少,合金的流动性愈好。凡能形成低熔点化合物且降低合金液黏度的元素,都能提高合金的流动性,如铸铁中的磷,但磷会使铸铁变脆,只有在艺术品铸件中应用。

(2)浇注条件

a)浇注温度。浇注温度对合金的充型能力的影响极为显著。浇注温度高,液态金属所含的热量多,在同样冷却条件下,保持液态的时间长,所以流动性好。浇注温度越高,合金的黏度越低,传给铸型的热量多,保持液态的时间延长,流动性好,充型能力强。因此,提高浇注温度是改善合金充型能力的重要措施。但浇注温度过高,会使金属的吸气量和总收缩量增大,从而使铸件产生其他缺陷的可能性(如缩孔、缩松、黏砂、晶粒粗大等)增大。因此,在保证流动性足够的条件下,浇注温度应尽可能低些。

b)充型压力。增加金属液的充型压力,能提高充型能力。砂型铸造时,可适当提高直浇道高度,提高充型能力。在低压铸造、压力铸造和离心铸造时,因人为加大了充型压力,故充型能力较强。

c)铸型条件。铸型条件包括铸型的蓄热系数、铸型温度、铸型中的气体含量以及浇注系统的结构等。铸型的蓄热系数是指铸型从金属液吸收并储存热量的能力。铸型材料的热导率、密度越大,蓄热能力越强,蓄热系数越大,对液态合金的激冷作用越强,金属液保持流动的时间就越短,充型能力越差。铸型温度越高,金属液冷却越慢,越有利于提高充型能力。另外,在浇注时,铸型如产生气体过多,且排气能力不好,则会阻碍充型,并易产生气孔缺陷。此外,铸型浇注系统的结构越复杂,流动的阻力就越大,充型能力就降低。故在设计浇注系统时,要合理布置内浇道在铸件上的位置,选择恰当的浇注系统结构和各部分(直浇道、横浇道和内浇道)的横截面面积。

10.2.2 合金的收缩

1.收缩的概念

合金从浇注、凝固直至冷却到室温的过程中,其体积或尺寸缩减的现象,称为收缩。收缩是铸造合金本身的物理性质,是影响铸件几何形状、尺寸、致密性,甚至造成某些缺陷的重要铸造性能之一。整个收缩过程包括液态收缩、凝固收缩和固态收缩三个阶段。

液态收缩——从浇注温度($T_浇$)冷却到凝固开始温度(即液相线温度 T_1)之间的收缩,即金属在液态时由于温度降低而发生的体积收缩。表现为型腔内液面的降低。

凝固收缩——从凝固开始温度(T_1)冷却到凝固结束温度(即固相线温度 T_s)之间的收缩,即熔融金属在凝固阶段的体积收缩。

固态收缩——从凝固结束温度(T_s)冷却到室温之间的收缩,即金属在固态由于温度降低而发生的体积收缩。铸造合金收缩过程如图 10-4 所示。

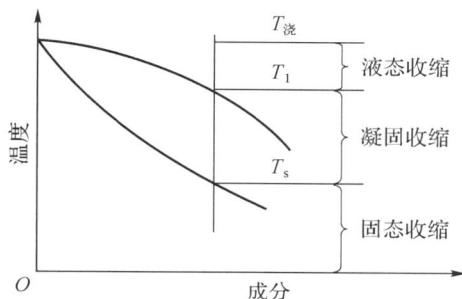

图 10-4 铸造合金收缩过程

合金的液态收缩和凝固收缩表现为合金的体积缩小,它是铸件产生缩孔、缩松的基本原因。常用单位体积的相对收缩量,即体收缩率来表示。合金的固态收缩虽然也是体积变化,但它只引起铸件各部分尺寸的缩减,因此常用单位长度上的相对收缩量,即线收缩率来表示。它是铸件产生内应力、变形和裂纹的基本原因。

不同合金的收缩率不同。在常用合金中,铸钢的收缩率最大,灰铸铁的收缩率最小。灰铸铁收缩率小是由于其中大部分碳以石墨状态存在,而石墨的比体积大,液态灰铸铁在结晶过程中析出的石墨所产生的体积膨胀抵消了合金的部分收缩。

2.影响收缩的因素

(1)化学成分 碳素钢随碳含量的增加,凝固收缩增加,而固态收缩略减。灰铸铁中,碳是形成石墨化元素,硅是促进石墨化元素,所以碳硅含量增加,收缩率减小。硫阻碍石墨的析出,使铸铁的收缩率增大。适量的锰,可与硫合成 MnS,抵消硫对石墨的阻碍作用,使收缩率减小。但锰含量过高,铸铁的收缩率又有增加。

(2)浇注温度 浇注温度越高,合金的液态收缩增加。

(3)铸件结构和铸型条件 铸型中的铸件冷却时,因形状和尺寸不同,各部分的冷却速度不同,结果对铸件收缩产生阻碍。此外,铸型和型芯对铸件的收缩也将产生机械阻力,铸件的实际线收缩率比自由线收缩率小。

10.2.3 合金的收缩对铸件质量的影响

1.铸件中的缩孔与缩松

液态合金在铸型内冷却凝固时,由于液态收缩和凝固收缩会产生体积减小,如得不到合金液的补充,就会在铸件最后凝固的部位形成孔洞。孔洞按大小和分布可分为缩孔和缩松,其中大而集中的孔洞称为缩孔,细小而分散的孔洞称为缩松。缩孔和缩松可使铸件的力学性能、气密性和物理化学性能大大减低,都是不能忽视的铸件缺陷。

(1)缩孔与缩松的形成

a)缩孔。缩孔通常隐藏在铸件上部或最后凝固部位,有时在机械加工中可暴露出来。

缩孔形状不规则,孔壁粗糙。缩孔产生的条件是金属在恒温或很小的温度范围内结晶,铸件壁以逐层凝固的方式进行凝固。缩孔形成过程如图 10-5 所示。液态金属填满铸型型腔(图10-5(a))后,因铸型吸热,靠近铸型表面的金属很快就降到凝固温度,凝固成一层外壳(图10-5(b)),温度下降,合金逐层凝固,凝固层加厚,内部的剩余液体,由于液态收缩和补充凝固层的凝固收缩,体积缩减,液面下降,铸件内部出现空隙(图 10-5(c)),直到内部完全凝固,在铸件上部形成缩孔(图 10-5(d)),已经形成缩孔的铸件继续冷却到室温时,因固态收缩使铸件的外形轮廓尺寸略有缩小(图 10-5(e))。

纯金属、近共晶成分的合金,因在恒温或很小的温度范围内结晶,容易形成集中的缩孔。

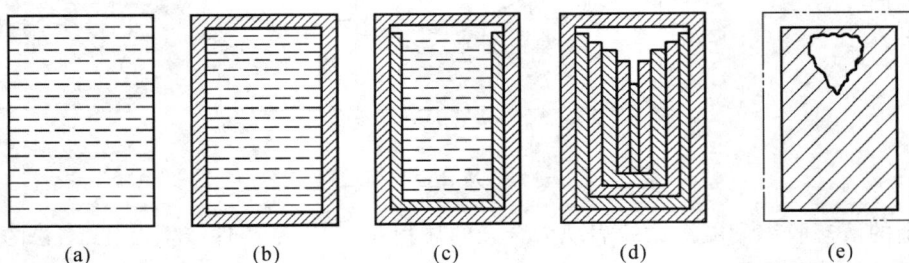

图 10-5　缩孔形成过程

b)缩松。形成缩松的基本原因和形成缩孔的相同,但形成的条件却不同。缩松主要出现在结晶温度范围宽、以糊状凝固方式凝固的合金或厚壁铸件中。缩松形成过程如图 10-6所示。一般合金在凝固过程中都存在液、固两相区,枝晶在其中不断扩大。当枝晶长到一定程度(图 10-6(a)),枝晶分叉间的熔融金属被分离成彼此孤立的状态(凝固区前沿),它们继续凝固时也将产生收缩(图 10-6(b)),这种凝固方式称为糊状凝固。这时铸件中心虽有液体存在,但由于枝晶的阻碍使之无法补缩(残留液相小区),在凝固后的枝晶分叉间就形成许多微小的孔洞(图 10-6(c))。这些孔洞有时只有在显微镜下才能辨认出来,这种很细小的孔洞称为缩松。缩松隐藏在铸件内部,从外部难以发现,也难以修补。

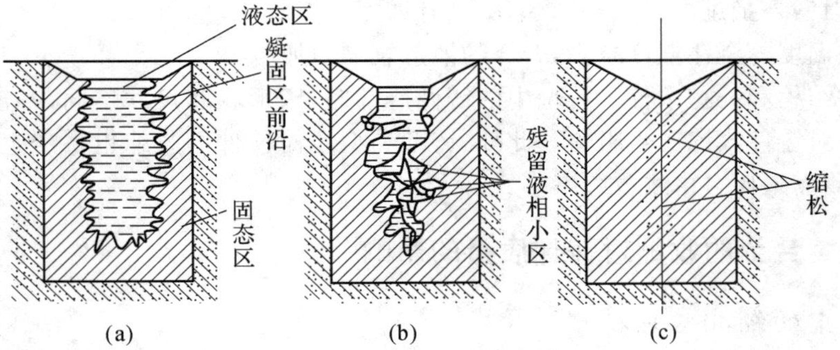

图 10-6　缩松形成过程

(2)缩孔与缩松的防止

缩孔和缩松使铸件受力的有效面积减小,而且在孔洞处易产生应力集中,可使铸件力学性能大大降低,以致成为废品。为此必须采取适当的措施加以防止。

防止缩孔的根本措施是使铸件实现"顺序凝固"。所谓顺序凝固,是在铸件可能出现缩孔的厚大部位,通过安放冒口或冷铁等一系列工艺措施,使铸件上远离冒口的部位最先凝固(图 10-7 中的 I 区),接着是靠近冒口的部位凝固(图 10-7 中的 II 区、III 区),冒口本身最后凝固。按照这样的凝固顺序,先凝固部位的收缩,由后凝固部位的金属液来补充;后凝固部位的收缩,由冒口中的金属液来补充从而将缩孔转移到冒口之中。切除冒口便可得到无缩孔的致密铸件。

冒口是铸型内储存用于补缩的金属液的空腔;冷铁通常用钢或铸铁制成,它仅可加快某些部位的冷却速度,以控制铸件的凝固顺序,本身并不起补缩作用。如图 10-8 所示是设置了冷铁和冒口的例子,图中其左侧为无冒口和冷铁的状况,在热节处可能产生缩孔;右侧为增设冒口和冷铁后,铸件实现了顺序凝固,防止了缩孔。

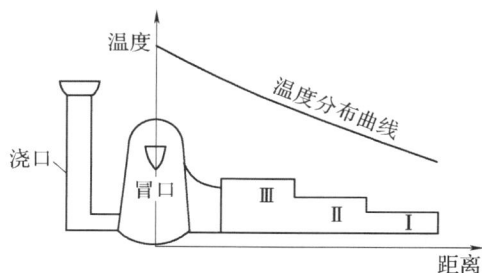

图 10-7 顺序凝固示意图

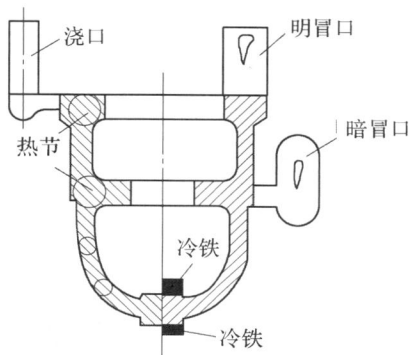

图 10-8 铸件冷铁和冒口设置示例

2. 铸造应力

铸件在凝固之后的继续冷却过程中,其固态收缩若受到阻碍,铸件内部将产生应力,称为铸造应力。铸造应力可能是暂时的,当引起应力的原因消除以后,应力随之消失,称为临时应力;也可能是长期存在的,称为残余应力。铸造应力是铸件产生变形和裂纹的基本原因。按阻碍收缩原因的不同,铸造内应力分为热应力、收缩应力和相变应力。

(1)热应力

热应力是由于铸件壁厚不均匀,各部分冷却速度不同,致使铸件在同一时间段内各部分收缩不一致而产生的。落砂后热应力仍存在于铸件内,是一种残余铸造应力。

现以图 10-9(a)所示的框形铸件来说明热应力的形成过程。它由一根粗杆 I 和两根细杆 II 组成。当铸件处于高温阶段时,两杆均处于塑性状态,尽管杆 I 和杆 II 的冷却速度不同,收缩不一致,但两杆都是塑性变形,没有内应力。继续冷却时,杆 II 由于冷却速度快,先进入弹性状态,但杆 I 仍处于塑性状态。杆 II 收缩大于杆 I,由于相互制约,杆 II 受拉伸产生拉应力,而杆 I 受压缩产生压应力(图 10-9(b))。处于塑性状态的杆 I 受压应力作用产生压缩塑性变形,使杆 I、II 的收缩趋于一致,从而使应力消失(图 10-9(c))。当进一步冷却时,杆 I 和杆 II 均进入弹性状态,进行较大的固态收缩,此时杆 I 温度较高,冷却时还将产生较大收缩,杆 II 温度较低,收缩已趋停止,在最后阶段冷却时,杆 I 的收缩将受到杆 II 强烈阻碍,因此杆 I 受拉,杆 II 受压(图 10-9(d)),到室温时形成残余应力。

热应力使冷却较慢的厚壁处受拉伸,冷却较快的薄壁处或表面受压缩。铸件的壁厚差别越大,合金的线收缩率或弹性模量越大,热应力越大。定向凝固时,由于铸件各部分冷却

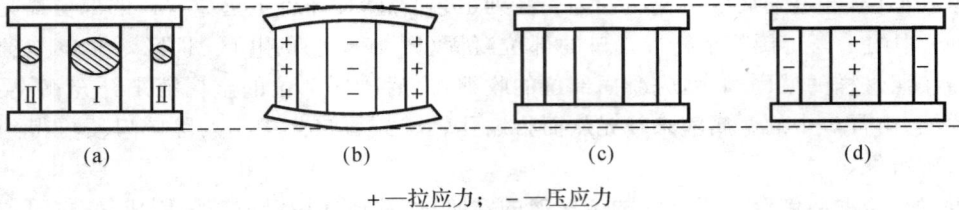

+—拉应力； −—压应力

图 10-9 热应力的形成

速度不一致,产生的热应力较大,铸件易出现变形和裂纹,采用时应予以考虑。

（2）收缩应力（机械应力）

铸件在固态收缩时,因受铸型、型芯、浇冒口等外力的机械阻碍而产生的应力称为收缩应力,收缩应力又称机械应力。一般当铸件冷却到弹性状态后,收缩受阻都会产生收缩应力。收缩应力常表现为拉应力,与铸件部位无关。形成原因一经消除（如铸件落砂或去除浇冒口后）,收缩应力也随之消失,因此收缩应力是一种临时应力。但在落砂前,如果铸件的收缩应力和热应力共同作用,当其瞬间应力大于铸件的抗拉强度时,铸件会产生裂纹,如图 10-10所示。

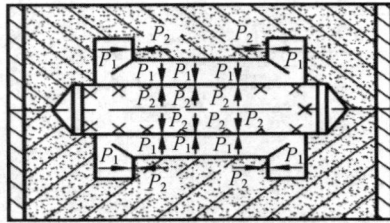

P_1—铸件对砂型的作用力；P_2—砂型对铸件的反作用力。

图 10-10 收缩应力的形成

（3）相变应力

相变应力是铸件由于固态相变,各部分体积发生不均衡变化而引起的应力。一般铸造合金的相变应力较小。

（4）减小和消除铸造应力的措施

综上所述,铸造应力由热应力、收缩应力和相变应力三部分组成,实际生产中减小和消除铸造应力的措施如下：

a)合理地设计铸件结构,铸件的形状越复杂,各部分壁厚相差越大,冷却时温度越不均匀,铸造应力就越大。因此,在设计铸件时应尽量使铸件形状简单、对称、壁厚均匀。

b)尽量选用线收缩率小、弹性模量小的合金。

c)采用铸件同时凝固的工艺。所谓同时凝固是指采取一些工艺措施,尽量减小铸件各部分温度差,使铸件各部位同时冷却凝固。具体方法就是将浇口开在铸件的薄壁处,以减小该处的冷却速度,而在厚壁处可放置冷铁以加快其冷却速度,如图 10-11 所示。铸件按同时凝固原则凝固,各部分温差小,热应力小,不易产生变形和裂纹,而且不必设置冒口,铸造工艺简化。但是这种凝固方式易使铸件出现缩孔或缩松,影响铸件的致密性。因此,这种凝固原则主要用于缩孔、缩松倾向较小的灰铸铁等合金。

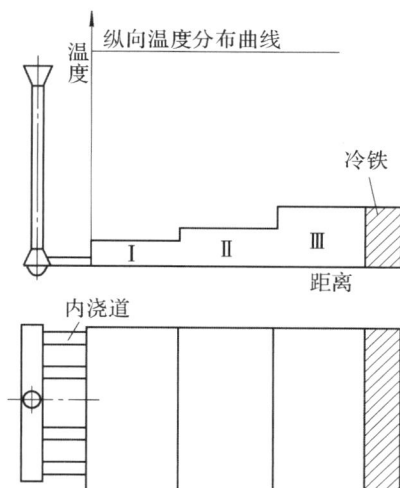

图 10-11　同时凝固工艺

　　d)设法改善铸型、型芯的退让性,合理设置浇冒口等。

　　e)对铸件进行时效处理是消除铸造应力的有效措施。时效处理分为自然时效、热时效和共振时效等。所谓自然时效,是将铸件置于露天场地半年以上,让其内应力自然消除。热时效(人工时效)又称去应力退火,是将铸件加热到 $500\sim600\,^{\circ}\mathrm{C}$,保温 $2\sim4\mathrm{h}$,再随炉冷却至 $150\sim200\,^{\circ}\mathrm{C}$,然后出炉。共振时效是将铸件在其共振频率下振动 $10\sim60\mathrm{min}$,以消除铸件中的残余应力。

3.铸件的变形与开裂

　　铸造残余应力的存在是铸件产生变形的主要原因。当铸造应力超过铸件材料的屈服极限时,铸件将发生塑性变形,铸件产生变形以后,使铸件精度降低,严重时可能使铸件报废。带有残余应力的铸件是不稳定的,会自发地变形使残余应力减小而趋于稳定。显然,只有原来受弹性拉伸的部分产生压缩变形,受弹性压缩的部分产生拉伸变形,铸件的残余应力才有减小或消除的可能。图 10-12 所示为车床床身导轨的挠曲变形,车床床身由于导轨面较厚,冷却缓慢而存在拉应力,侧壁较薄冷却较快而存在压应力,于是使导轨产生了向下的弯曲变形。对于图 10-12 的床身铸件,在生产中常采用反变形法防止铸件变形,也就是预先将模样做成与铸件变形方向相反的形状,模样的预变形(反扰度)与铸件的变形量相等,待铸件冷却后变形正好抵消。

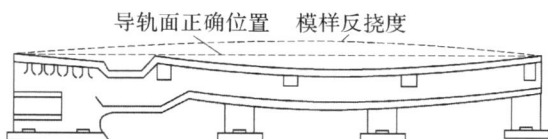

图 10-12　车床床身导轨的挠曲变形

　　为了防止变形,还可在铸件设计时尽量使壁厚均匀,形状简单与结构对称。图 10-13 所示为铸件结构对变形的影响,可见对称结构不易产生变形。

　　当铸造应力超过材料的抗拉强度时,铸件将产生裂纹。在铸件中存在任何形式的裂纹

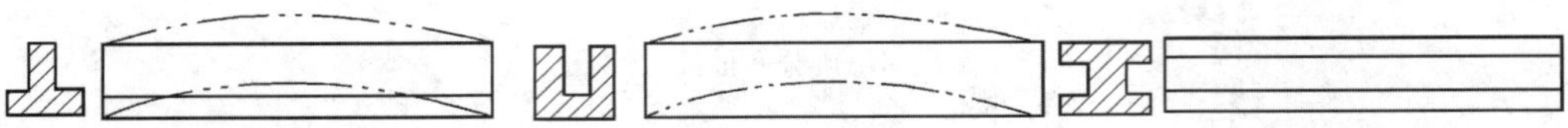

(a) 不对称结构　　　　　　　(b) 不对称结构　　　　　　　(c) 对称结构

图 10-13　铸件结构对变形的影响

都将严重损害其力学性能,使用时会因裂纹扩展而发生铸件断裂的事故。裂纹按形成的温度范围分为热裂和冷裂两种。

(1)热裂

热裂是高温下形成的裂纹,其形状特征是裂纹短、缝隙宽、形状曲折、缝内呈氧化色。热裂是铸钢件和铝合金铸件常见的缺陷之一。

试验证明,热裂是在合金凝固末期的高温下形成的。此时,结晶出来的固体已形成完整的骨架,但晶粒之间还有少量液体,因此,合金的强度和塑性很低。而这时,合金已开始线收缩,若收缩应力超过该温度下合金的强度极限就能引起热裂。

防止热裂的主要措施是:合理设计铸件结构;合理选用型砂、芯砂的黏结剂与附加物,以改善其退让性;大的型芯可制成中空的或内部填以焦炭;严格限制钢和铸铁中的硫含量(因为硫能增加热脆性,降低合金的高温强度);选用收缩率小的合金等。

(2)冷裂

冷裂是指在低温下形成的裂纹,其形状特征与热裂不同,冷裂纹细小,呈连续直线状,缝内干净,有时呈轻微氧化色。

冷裂是合金处于弹性状态时,当其铸造应力大于该温度下合金的强度极限时产生的。壁厚差别大、形状复杂或大而薄的铸件易产生冷裂。脆性大、塑性差的合金,如白口铸铁、高碳钢及某些合金钢最易产生冷裂。

防止冷裂的主要措施是:减少铸造应力或降低合金的脆性。钢和铸铁中的磷能显著降低合金的冲击韧度,增大脆性,所以应严格控制其含量。此外,浇注之后,勿过早打箱。

10.2.4　常用合金的铸造性能

1. 铸铁的铸造性能

(1)灰铸铁　灰铸铁的碳含量接近于共晶成分,因此其熔点低,流动性好,可以浇注出形状复杂和壁厚较小的铸件。灰铸铁凝固时石墨析出能使各种收缩减小,所以铸件不易产生缩孔、缩松,裂纹倾向也较小。此外,由于灰铸铁的熔点低,因此对型砂的耐火性和熔化设备要求不高。在各类铸铁中,灰铸铁的铸造性能最好。

(2)球墨铸铁　球墨铸铁的碳含量也在共晶成分附近,但由于球化处理时铁液温度的下降,使其流动性比灰铸铁差,易产生浇不足、冷隔等缺陷。球墨铸铁凝固时球状石墨的析出会使铸件外壳胀大,使得后续收缩中容易形成缩孔、缩松。球墨铸铁容易产生较大的铸造应力,其变形、裂纹的倾向较大。球墨铸铁在生产中应采用必要的工艺措施,防止缺陷的产生。

(3)蠕墨铸铁　蠕墨铸铁的成分接近于共晶点,其流动性较好,接近于灰铸铁。蠕墨铸铁产生缩孔、缩松和铸造应力的倾向介于灰铸铁和球墨铸铁之间。

(4)可锻铸铁　可锻铸铁的成分远离共晶点,流动性差,要求较高的浇注温度。结晶时无石墨析出,易产生缩孔、缩松,应采用足够大小和数量的冒口进行补缩。铸造应力较大。

可锻铸铁的铸造性能比灰铸铁、球墨铸铁和蠕墨铸铁都差。

2. 铸造碳钢(铸钢)的铸造性能

铸造碳钢的熔点较高,流动性差,浇注薄壁复杂铸件容易出现冷隔和浇不足。同时,由于铸钢从浇注到冷却至室温降温幅度大,且无石墨化的膨胀,所以体积收缩和线收缩均较大。因此,须采取严格的工艺措施进行补缩和防止变形、裂纹。另外,铸钢熔点高,容易使铸件产生黏砂,要求型砂的耐火性高。

3. 铝合金的铸造性能

铝硅合金是应用最广泛的铸造铝合金。其成分在共晶点附近,熔点低,流动性好,可以铸造出壁较薄、形状复杂的铸件。铝硅合金的收缩率不大,采取一定的工艺措施后即可获得致密、合格的铸件。但是,液态铝合金极容易氧化、吸气,所以其熔炼要求高,浇注时应平稳。

4. 铜合金的铸造性能

铸造黄铜和铝青铜的结晶温度范围小,流动性较好,但容易形成集中缩孔,必须设置较大的冒口进行充分补缩。铸造锡青铜的结晶温度范围很大,流动性较差。液态收缩和凝固收缩容易形成分散度很大的缩松,补缩比较困难。

10.3　砂型铸造

砂型铸造是应用最为广泛的铸造方法,适用于各种形状、大小及各种常用合金铸件的生产。其主要工序为制造模样及芯盒、制备造型材料、造型、造芯、合型、熔炼、浇注、落砂、清理与检验等。

10.3.1　砂型铸造工艺过程

砂型铸造可分为湿砂型(不经烘干可直接进行浇注的砂型)铸造和干砂型(经烘干的高黏土砂型)铸造两种。砂型铸造的生产过程如图 10-14 所示。根据零件图的形状和尺寸,设计制造模样和芯盒;制备型砂和芯砂;用

铸造工艺基础微课

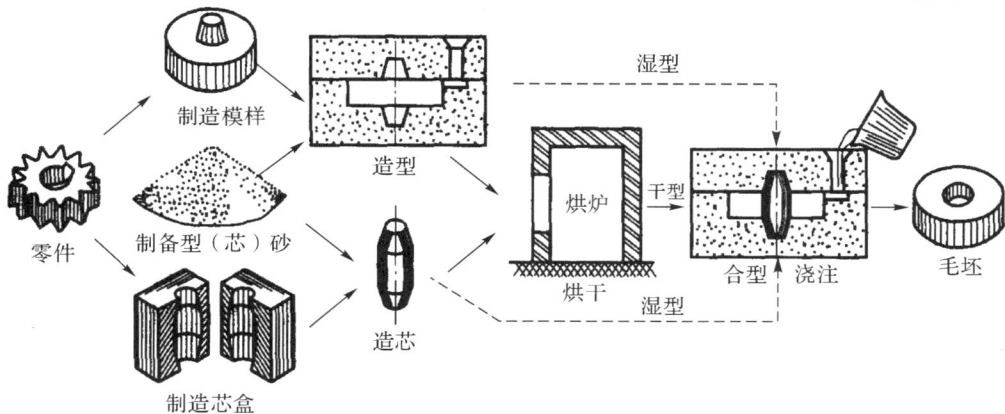

图 10-14　砂型铸造的生产过程

模样制造砂型;用芯盒制造型芯;把型芯装入砂型并合型;熔炼合金并将金属液浇入铸型;凝固后落砂、清理;检验合格便获得铸件。

砂型铸造主要是用型砂和芯砂来制造铸型和型芯。由于这些材料来源广泛,价格低廉,而且能浇注各种不同的金属,因此砂型铸造得到了广泛的应用。但是,由型(芯)砂制造的铸型只能浇注一次,不能重复使用,从而使得整个生产的工序多、效率低。另外,砂型铸造的铸件表面较粗糙,尺寸精度低。

10.3.2 造型材料

制造铸型(芯)用的材料为造型材料,主要由砂、黏结剂和其他附加物(如煤粉、木屑等)组成。造型材料按一定比例配制,经过混制获得符合要求的型(芯)砂。型(芯)砂应具备的性能是良好的成形性、透气性和退让性,足够的强度和高的耐火性等。铸件中的常见缺陷,如砂眼、夹砂、气孔及裂纹等的产生常是由于型(芯)砂的性能不合格引起的。采用新的造型材料也常能促使造型或造芯工艺的变革。因此合理选择造型材料,制备符合要求的型(芯)砂,可提高铸件质量,降低成本。根据黏结剂的种类不同,可分为黏土砂、水玻璃砂、树脂砂等。

1. 黏土砂

黏土砂是由砂、黏土、水及附加物(煤粉、木屑等)按一定比例制备而成的,以黏土为黏结剂。常用的黏土为膨润土和高岭土。黏土砂的适应性很强,铸铁、铸钢及铝、铜合金等铸件均适宜,并且不受铸件的大小、重量、形状和批量的限制。它既广泛用于造型,又可用来制造形状简单的大、中型芯,并且黏土砂可用于手工造型,也可用于机器造型。另外,黏土的储量丰富、来源广、价格低廉。黏土砂的回用性好,旧砂仍可重复使用多次,因此应用最广泛。

黏土砂可分为湿型砂和干型砂两大类。湿型砂主要用于中小铸件;干型砂主要用于质量要求高的大、中型铸件。

2. 水玻璃砂

水玻璃砂是以水玻璃为黏结剂的一种型砂。它的硬化过程主要是化学反应,并可采用多种方法使之自行硬化,因此也称为化学硬化砂。生产中广泛采用的水玻璃砂是用二氧化碳气体来硬化的。目前,正在推广在水玻璃砂中加入有机酯硬化剂而制得的水玻璃自硬砂。

水玻璃砂制成的砂型一般不需要烘干,硬化速度快,生产周期短。同时,型砂强度高,易于实现机械化,工人劳动条件得以显著改善。适用于生产大型铸铁件及所有铸钢件。但不足之处有溃散性差、抗吸湿性差、旧砂再生和回用困难、表面粉化、黏砂等。

3. 油砂、合脂砂及树脂砂

黏土砂和水玻璃砂,虽然也可用来制造型芯,但对结构形状复杂、要求很高的型芯,则难以满足要求,因此要求芯砂具备更高的强度、透气性、耐火性、退让性和良好的出砂性,同时要求较低的发气性和吸湿性,并且不易黏芯盒。为满足上述要求,芯砂常需用特殊黏结剂来配制。

(1)油砂及合脂砂　长期以来,植物油(如桐油、亚麻仁油等)一直是制造复杂型芯的主要黏结剂。到目前为止,汽车、柴油机等类工厂仍然用油砂制造发动机缸体、气缸盖、排气管等复杂型芯。因为油砂的强度高,烘干后不易吸湿返潮,且在合金浇注后,由于油料燃烧掉使芯砂强度很低,所以其退让性及出砂性好,并且不易产生黏砂。

尽管油砂性能优良,但油料来源少,价格昂贵,因此常用合脂来代替。用合脂为黏结剂配制的型(芯)砂称为合脂砂。合脂是制皂工业的副产品,性能与植物油相近,且来源丰富,价格便宜,故已得到广泛应用。

(2)树脂砂　以合成树脂为黏结剂配制的型(芯)砂称为树脂砂。树脂砂包括热芯盒砂、冷芯盒砂。热芯盒砂使用的黏结剂是液态呋喃树脂,芯砂射入热芯盒后,在热的作用下固化;冷芯盒砂使用的黏结剂是酚醛树脂,芯砂射入冷芯盒后,在催化剂的作用下硬化。

树脂砂制备的型(芯)不需要烘干,可迅速硬化,故生产率高;型芯强度比油砂高,型芯的尺寸精确、表面光滑,其退让性和出砂性好,同时便于实现机械化和自动化。但由于树脂砂对原砂的质量要求较高,树脂黏结剂的价格较贵,并且树脂硬化时会放出有害气体,对环境有污染,所以树脂砂只用在制作形状复杂、质量要求高的中、小型铸件的型芯及壳型(制芯)时使用。

10.3.3　造型和造芯

用造型材料及模样、芯盒等工艺装备制造砂型和型芯的过程称为造型和造芯,是砂型铸造的最基本工序。造型时用模样形成砂型的型腔,在浇注后形成铸件的外部轮廓。型芯用芯盒制成,置于铸型中,浇注后形成铸件的内孔或局部外形。模样和芯盒在单件、小批量生产时通常用木材制造,生产批量较大时,也可用塑料和金属制造。

根据机械化程度的不同,造型(芯)可分别由手工和机器完成,即手工造型和机器造型。生产中应根据铸件的尺寸、形状、生产批量、铸件的技术要求以及生产条件等因素合理选择造型方法。

1. 手工造型

手工造型的造型过程全部由手工或手动工具完成。其操作灵活,适应性强,模样成本低,生产准备时间短,但铸件质量不稳定,生产率低,且劳动强度大,主要用于单件、小批量生产。常用的手工造型方法有整模造型、分模造型、挖砂造型、活块造型、刮板造型等。

(1)整模造型　其过程如图 10-15 所示。其特点是模样为一整体,放在一个砂箱内,能避免铸件出现错型缺陷,造型操作简单,铸件的尺寸精度高。适用于形状简单、最大截面在一端且为平面的铸件的单件、小批量生产。

(2)分模造型　其过程如图 10-16 所示。为了便于造型时将模样从砂型内起出,模样沿最大截面处分开,分别在上、下型内进行造型。由于造出的铸型型腔不在同一砂箱中,若上下铸型错移会造成铸件错型。

分模造型操作也很简便,对各种铸件的适应性好,尤其适用于套类、管类及阀体等形状较复杂的铸件的单件、小批量生产。

对于一些复杂的零件采用分模两箱造型仍不能起出模样时,则可考虑采用分模多箱造型。例如,需要有两个分型面的铸件可采用三箱造型,图 10-17 为三箱分模造型示意图。

(3)挖砂造型　有些铸件如手轮外形轮廓为曲面,但又要求整模造型,则造型时需用手工挖出阻碍起模的型砂。图 10-18 所示为手轮的挖砂造型过程。挖砂造型要求准确挖砂至

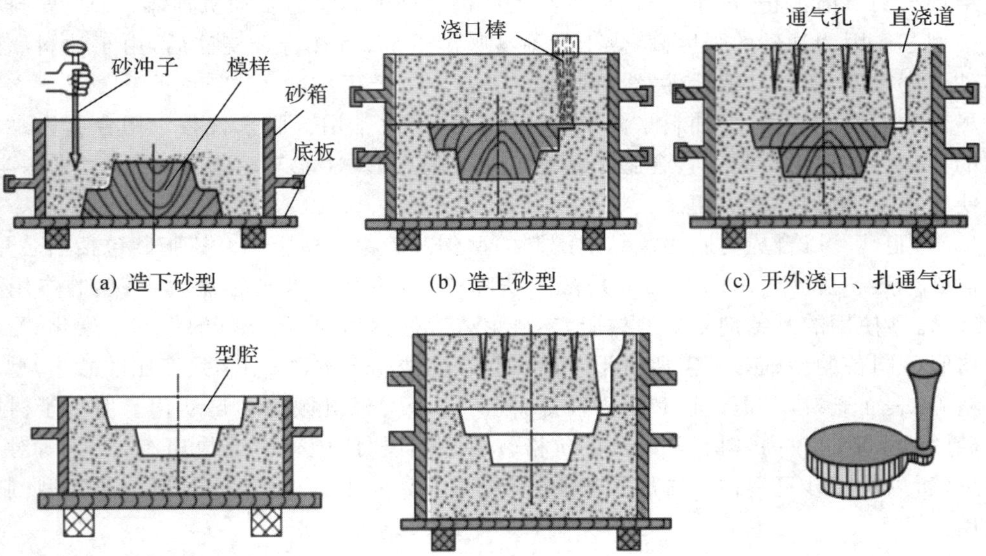

(a) 造下砂型　(b) 造上砂型　(c) 开外浇口、扎通气孔

(d) 起出模样　(e) 合型　(f) 带浇口铸件

图 10-15　整模造型示意图

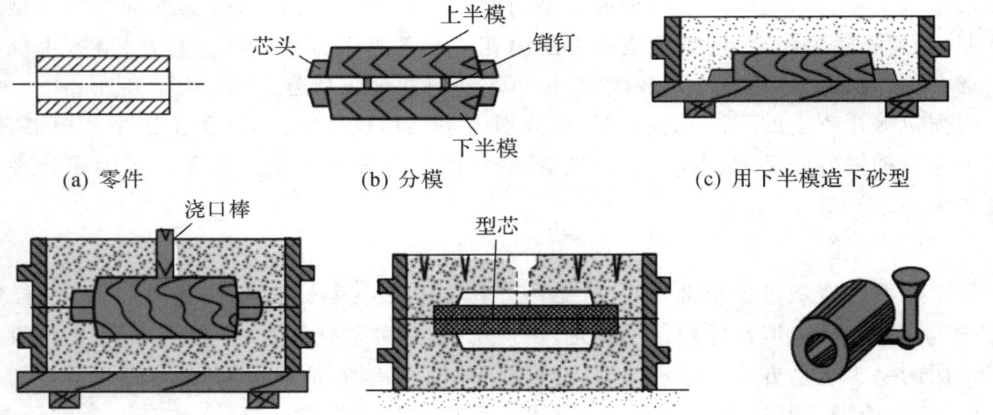

(a) 零件　(b) 分模　(c) 用下半模造下砂型

(d) 用上半模造上砂型　(e) 起模、放砂芯、合型　(f) 落砂后带浇口的铸件

图 10-16　分模造型示意图

模样的最大截面处，技术要求较高，造型费工时，生产率低，只适用于单件、小批量生产，分型面不是平面且模样又不便分开的铸件。

(4)活块造型　当铸件上有妨碍起模的小凸台、肋板时，制模时将它们做成活动部分。造型起模时先起出主体模样，然后再从侧面取出活块，如图 10-19 所示。活块造型操作技术要求较高，生产率低。主要适用于带有突出部分难以起模的铸件的单件、小批量生产。

(5)刮板造型　用刮板代替模样造型，利用与铸件截面形状相适应的特制刮板绕着固定的中心轴旋转来刮出砂型型腔，如图 10-20 所示。刮板造型节省了模样材料和模样加工时间，但操作费时，生产率较低，要求工人技术水平高，铸件尺寸精度差。多适用于等截面或回转体大、中型铸件的单件、小批量生产。如大皮带轮、铸管、弯头等。

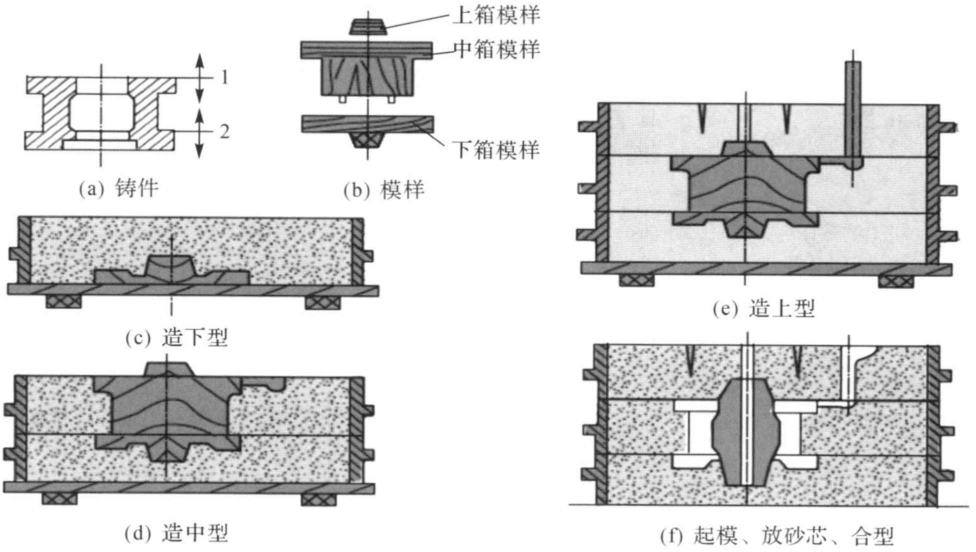
上箱模样
中箱模样
1
2
下箱模样
(a) 铸件
(b) 模样
(c) 造下型
(d) 造中型
(e) 造上型
(f) 起模、放砂芯、合型

图 10-17　三箱分模造型示意图

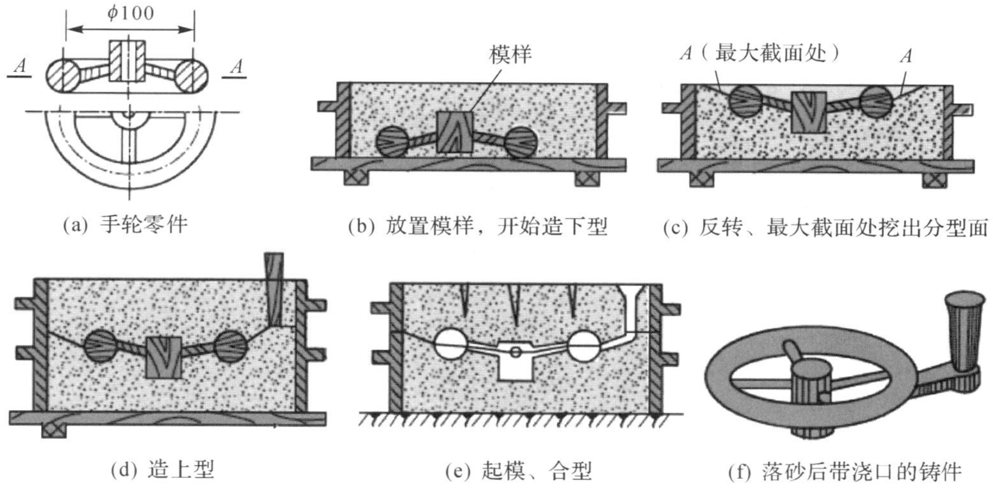
ϕ100
A
A
模样
A（最大截面处）
A
(a) 手轮零件
(b) 放置模样，开始造下型
(c) 反转、最大截面处挖出分型面
(d) 造上型
(e) 起模、合型
(f) 落砂后带浇口的铸件

图 10-18　挖砂造型示意图

2. 机器造型

机器造型是指用机器完成全部或至少完成紧实和起模两个主要工序的操作。与手工造型相比，机器造型能够显著提高劳动生产率，铸型紧实度高而均匀，型腔轮廓清晰，铸件质量稳定，并能提高铸件的尺寸精度、表面质量，使加工余量减小，改善劳动条件。是大批量生产砂型的主要方法。但由于机器造型需造型机、模板及特制砂箱等专用机器设备，其费用高，生产准备时间长，故只适用中、小铸件的成批或大量生产。

常用的机器造型方法有压实造型、震压造型、抛砂造型、射砂造型等。造型机的种类繁多，其紧实和起模方式也有所不同，其中以压缩空气驱动的震压造型机最为常用，如图 10-21所示为震压造型机按填砂、震实、压实、起模步骤完成的造型工作。

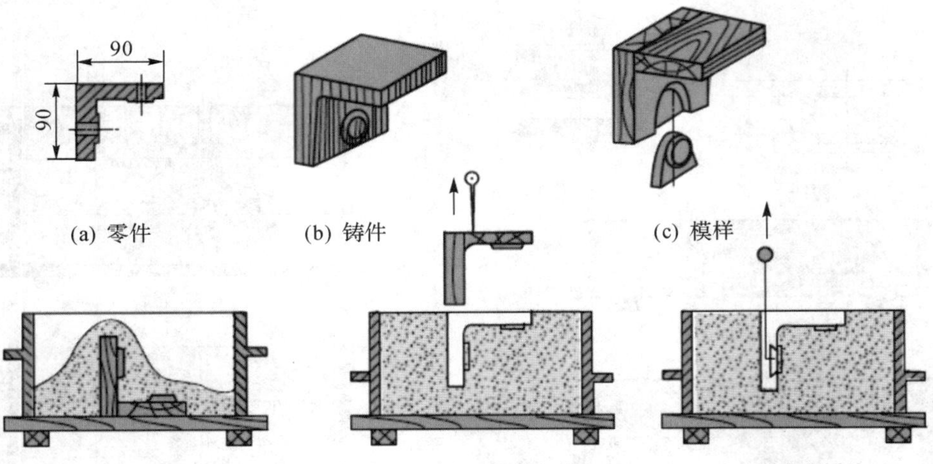
90
90
(a) 零件
(b) 铸件
(c) 模样
(d) 造下砂型
(e) 取出模样主体
(f) 取出活块

图 10-19　活块造型示意图

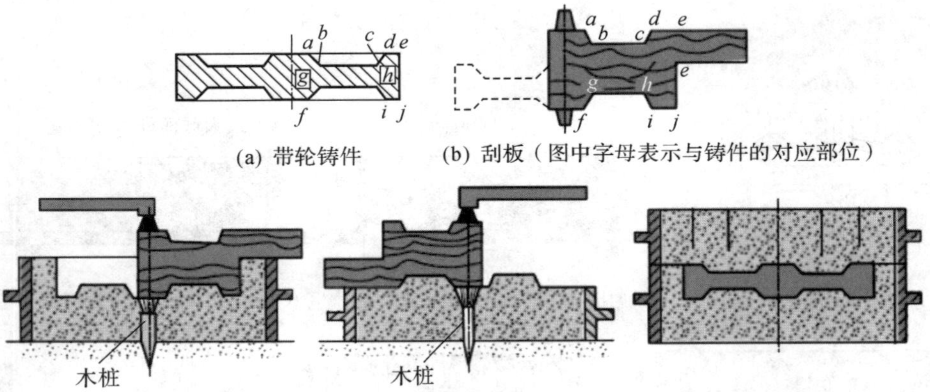
a b c d e
g h
f i j
(a) 带轮铸件
(b) 刮板（图中字母表示与铸件的对应部位）
木桩
木桩
(c) 刮制下型
(d) 刮制上型
(e) 合型

图 10-20　刮板造型示意图

图 10-21 为震压造型机的工作原理示意图。模样固定在模底板上，模底板安装在与震实活塞相连的工作台上。当砂箱中填满型砂后(图 10-21(a))，压缩空气从震实进气口进入震实活塞的下面，震实活塞推动工作台及砂箱上升，上升过程中震实进气通路被关闭，震实排气口打开(图 10-21(b))，于是工作台在重力作用下带着砂箱下落，与压实活塞(它同时又是震实气缸)的顶部产生了一次撞击。如此反复多次，可使型砂在惯性力作用下被初步紧实。为提高砂箱上层型砂的紧实度，在震实后使压缩空气从压实进气口进入压实气缸的底部，压实活塞带动工作台上升，在压头作用下，使型砂受到辅助压实(图 10-21(c))。最后排除压实气缸的压缩空气，砂箱下降，完成全部紧实过程。

砂型紧实后，压缩空气推动压力油进入起模液压缸，四根起模顶杆将砂箱顶起，使砂型与模样分开，完成起模(图 10-21(d))。起模就是从型砂中正确地把模样起出，使砂箱内留下完整的型腔。造型机大都装有起模机构，其动力也多半是应用压缩空气，目前应用最广泛的起模机构有顶箱、漏模、翻转三种。

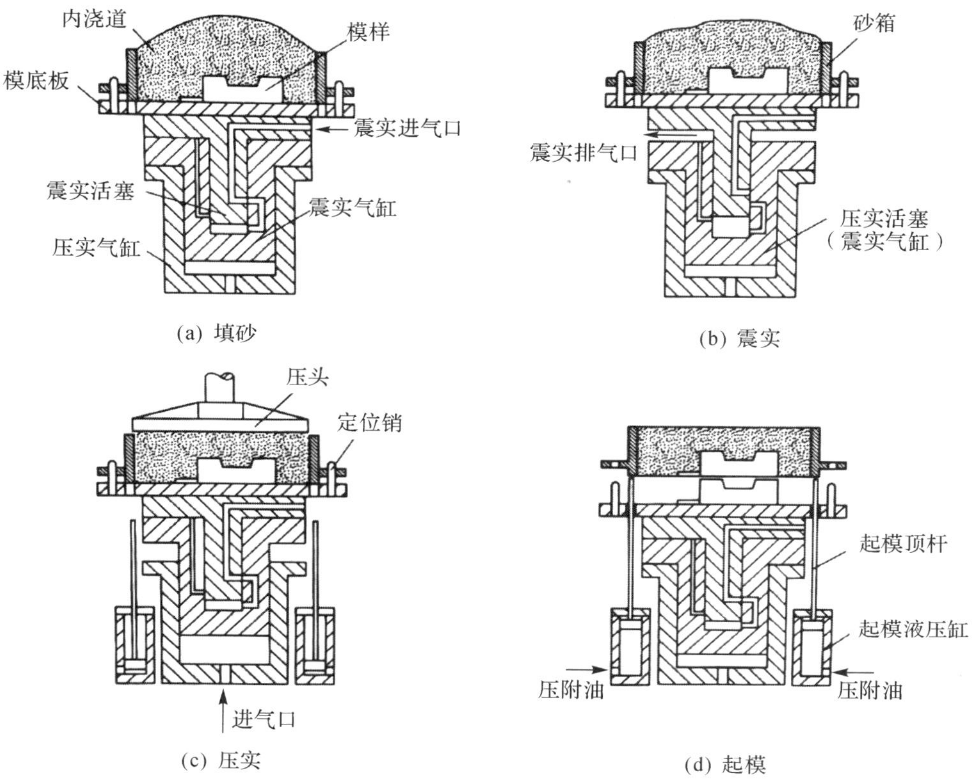

图 10-21　震压造型机工作原理

（1）顶箱起模　图 10-22（a）为顶箱起模示意图。型砂紧实后，开动顶箱机构，使四根顶杆自模板四角的孔中上升，而把砂箱顶起。此时固定模样的模板仍留在工作台上，这样就完成起模工序。顶箱起模的造型机构比较简单，但起模时易漏砂，因此只适用于型腔简单且高度较小的铸型。多用于制造上箱，以省去翻箱工序。

（2）漏模起模　图 10-22（b）为漏模起模示意图。为避免起模时掉砂，将模样上难以起模的部分做成可以从模板的孔中漏下。即将模样分成两部分，模样本身的平面部分固定在模板上，模样上各凸起部分可向下抽出，在起模时由于模板托住图中 A 处的型砂，因而可避免掉砂。漏模起模机构一般用于形状复杂或高度较大的铸型。

（3）翻转起模　图 10-22（c）为翻转起模示意图。型砂紧实后，砂箱夹持器将砂箱夹持在造型机转板上，在翻转气缸推动下，砂箱随同模板、模样一起翻转 180°，然后承受台上升，接住砂箱后，夹持器打开，砂箱随承受台下降，与模板脱离而起模。这种起模方法不易掉砂。适用于型腔较深、形状复杂的铸型。由于下箱通常比较复杂些，且本身为了合箱的需要，也需翻转 180°，因此翻转起模多用来制造下箱。

3. 造芯

为获得铸件的内孔或局部外形，用芯砂或其他材料制成的安放在型腔内部的铸型组元，称为型芯。制造型芯的过程称造芯。造芯可分手工造芯和机器造芯。常用手工造芯的方法为芯盒造芯。芯盒通常由两半组成，图 10-23 为对开式芯盒造芯过程示意图。手工造芯主

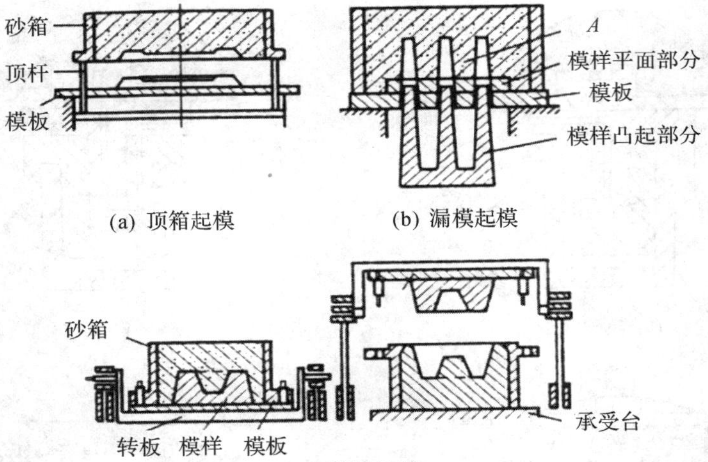

(a) 顶箱起模　　　　(b) 漏模起模

(c) 翻转起模

图 10-22　起模方法

要应用于单件、小批量生产中。机器造芯是利用造芯机来完成填砂、紧砂和取芯的,生产效率高,型芯质量好,适用于大批量生产。

　　成形后的型芯一般都需要烘干或选用能自行硬化的芯砂,造芯时在型芯内放置芯骨增加型芯的强度,芯骨是一种放入型芯中用以加强或支持型芯并有一定形状的金属构架。若需要增加型芯的透气性,除对型芯扎通气孔外,还可在型芯中埋放通气蜡线(蜡质线绳),型芯烘干时焚化,成为排气通道。型芯表面一般都要刷上涂料,用以提高型芯表层的耐火度、保温性、化学稳定性,使型芯表面光滑,并提高其抵抗高温熔融金属的侵蚀能力。

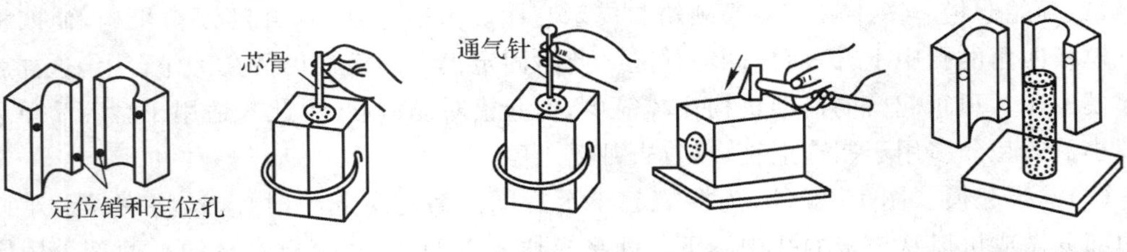

(a) 准备芯骨　　(b) 春砂、放芯骨　　(c) 刮平、扎通气孔　　(d) 敲打芯盒　　(e) 取芯、刷涂料

图 10-23　对开式芯盒造芯过程

4.浇注系统

　　浇注系统是为填充型腔和冒口而开设于铸型中的一系列通道,它是在造型时利用一定的模样来形成的。通常由浇口杯(盆)、直浇道、横浇道和内浇道等组成,如图 10-24 所示。

　　(1)浇口杯　漏斗形外浇口,与直浇道顶端连接,用以承接并导入熔融金属,可单独制造,也可直接在铸型内形成,成为直浇道顶部的扩大部分。浇口杯能缓和熔融金属对铸型的冲击,并使熔渣、杂质上浮,起到挡渣作用。

　　(2)直浇道　浇注系统中的垂直通道。通常带有一定的锥度。直浇道的作用是调节熔融金属流入型腔的速度和压力。直浇道越高,熔融金属的流速越快,压力越大;熔融金属越易于充满型腔的狭薄部分。

（3）横浇道　浇注系统中的水平通道部分。其截面多为梯形。横浇道用以分配熔融金属流入内浇道，同时亦起挡渣作用。横浇道一般位于上型分型面处，并设在内浇道之上。

（4）内浇道　浇注系统中，引导液态金属进入型腔的部分。其截面为梯形或半圆形。内浇道的作用控制熔融金属的流动速度和方向，其尺寸和数量根据金属材料的种类、铸件的质量、壁厚大小、各铸件的外形而定。内浇道一般位于下型分型面处。一般情形下，直浇道截面应大于横浇道截面，横浇道截面应大于内浇道截面，以保证熔融金属充满浇道，并使熔渣浮集在横浇道上部，起挡渣作用。

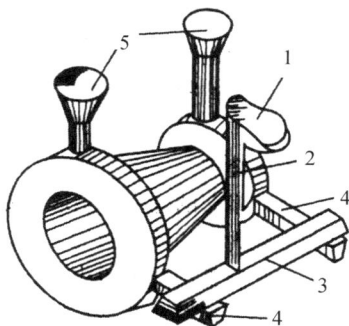

1—浇口杯；2—直浇道；3—横浇道；4—内浇道；5—冒口。

图 10-24　典型的浇注系统

尺寸较大的铸件或体收缩率较大的金属浇注时还要加设冒口。为便于补缩，冒口一般分设在铸件的厚部或上部，如图 10-24 所示。另外，冒口还兼有排除型腔中的气体和集渣的作用。

5. 合型

将铸型的各个组元如上型、下型、型芯、浇口杯（盆）等组合成一个完整铸型的操作过程称为合型（又称合箱）。合型前应对砂型和型芯的质量进行检查，若有损坏，需要进行修理。合型时要保证铸型型腔几何形状和尺寸的准确及型芯的稳固。合型后，上、下型应夹紧或在铸型上放置压铁，以防浇注时上型被熔融金属顶起，造成抬箱、射箱（熔融金属流出箱外）或跑火（着火的气体溢出箱外）。

10.3.4　合金的熔炼和浇注

1. 合金的熔炼

合金的熔炼不仅仅是单纯的熔化，还包括冶炼过程，使浇入铸型的合金液，在温度、化学成分和纯净度方面都符合预期要求。为此，在熔炼过程中要进行以控制质量为目的的各种检查测试，合金液在达到各项规定指标后方能允许浇注。有时，为了达到更高的要求，合金液在出炉后还要经炉外处理，如脱硫、真空脱气、炉外精炼、孕育或变质处理等。

铸铁是铸造生产中用得最多的合金，其熔炼一般在冲天炉内进行。冲天炉炉料主要有金属料、燃料和熔剂三部分。金属料一般采用新生铁、回炉铁、废钢和铁合金等；燃料采用焦炭；熔剂采用石灰石和氟石，其主要作用是造渣。

铸钢的熔点高，熔炼工艺较复杂。铸钢熔炼常用的设备有三箱电弧炉和感应电炉，炼钢用的原材料包括金属料、氧化剂、还原剂和造渣剂等。金属料有废钢、生铁、铁合金等,废钢是主要原料,生铁用于调整碳含量,铁合金有硅铁、锰铁、铬铁等,用来调整钢的化学成分。氧化剂主要是一些铁矿石,用来氧化钢中的杂质。还原剂有焦炭粉、硅铁粉、纯铝等,其作用是最后使钢液脱氧。造渣剂主要是石灰石和氟石,用于集结各种杂质,使其成为熔渣。炼钢的整个熔炼过程分为熔化、氧化、还原等几个阶段,进行一系列复杂的冶金反应,以去除有害杂质和气体,获得质量较高的钢液。

有色金属铝、铜合金一般多用坩埚炉熔炼。坩埚有石墨坩埚和铁质坩埚两种,石墨坩埚常用于熔炼铜合金。铁质坩埚由铸铁或铸钢制成,大多用于熔炼铝合金等低熔点合金。由于有色金属铝、铜合金熔炼时极易氧化、吸气,故要求熔炼速度快,采用覆盖剂,并进行去气、脱氧、精炼等工艺措施,以获得合格的金属液。

2.浇注

将出炉后的熔融金属从浇包注入铸型的操作称为浇注。浇包是一种运送金属液的容器,用钢板制成外壳,内衬耐火材料。其容积根据铸件大小和生产批量来决定。

为了获得优质铸件,除正确的造型、熔炼合格的铸造合金熔液外,浇注温度的高低及浇注速度的快慢也是影响铸件质量的重要因素。若浇注温度过高,则金属液吸气严重,铸件容易产生气孔,且晶粒粗大,力学性能降低;反之则金属液流动性下降,易产生浇不足、冷隔等缺陷。浇注温度应根据铸造合金的种类、铸件结构及尺寸等确定。浇注速度过快,容易冲毁铸型型腔而产生夹砂;浇注速度过低,铸型内表面受金属液长时间烘烤而易变形脱落。浇注速度的大小应能保持金属液连续不断地注入铸型,不得断流,应该使浇口杯一直处于充满状态。

10.3.5　铸件的落砂、清理

1.落砂

落砂是用手工或机械使铸件和型砂、砂箱分开的操作过程。铸型浇注后,铸件应在砂型内冷却到适当的温度才能落砂。过早进行落砂,会使铸件产生大的内应力,导致变形或开裂。而铸铁件表层还会产生白口组织,使切削加工困难。铸件的冷却时间应根据其形状、大小和壁厚决定。

2.清理

清理是落砂后从铸件上清除表面黏砂、型芯和多余金属(包括浇、冒口、飞翅和氧化皮等)的操作过程。铸件上的浇口、浇道和冒口的清除如下:对于铸铁件可用铁锤敲去;铸钢件可用气割切除;有色金属铸件则可用锯削除去。铸件上的黏砂、细小飞翅、氧化皮等可用喷砂或抛丸清砂、水力清砂、化学清砂等方法予以清理。

10.3.6　铸件质量检验及缺陷

1.铸件质量检验

经落砂、清理后的铸件应进行质量检验。铸件质量包括外观质量、内在质量和使用质量。铸件均须进行外观质量检查,重要的铸件则须进行内在质量和使用质量的检查。

2. 铸件缺陷

由于铸造工艺较为复杂，铸件质量受型砂质量、造型、熔炼、浇注等诸多因素的影响，因此容易产生缺陷。有缺陷的铸件经修补后不影响使用的可不列为废品，但也有不少铸件因存在缺陷而不能正常使用。常见的缺陷有气孔、缩孔、砂眼、黏砂和裂纹等，如图 10-25 所示。

（1）气孔　气孔是表面比较光滑，呈梨形、圆形、椭圆形的孔洞。一般不在铸件表面露出，大孔常孤立存在，小孔则成群出现。产生气孔的原因有造型材料中水分过多或含有大量的发气物质、砂型和型芯的透气性差，以及浇注速度过快，使型腔中的气体来不及排出等。

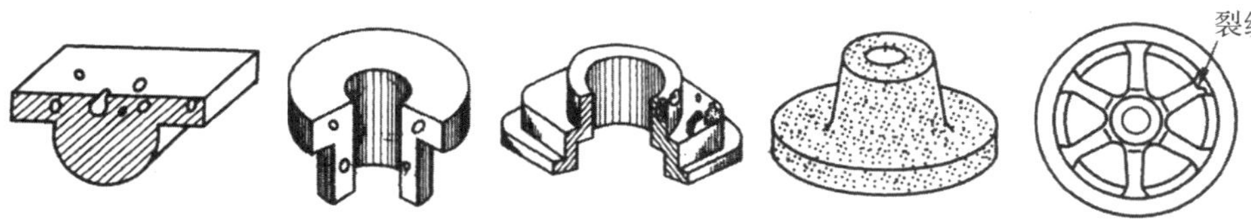

(a) 气孔　　(b) 缩孔　　(c) 砂眼　　(d) 黏砂　　(e) 裂纹

图 10-25　常见的铸件缺陷

（2）缩孔　缩孔是形状不规则、孔壁粗糙的孔洞，常出现在铸件最后凝固的部位。产生缩孔的原因是铸件在凝固过程中收缩时得不到足够熔融金属的补充，即由于补缩不良造成。铸件断面上出现的分散而微小的孔洞称为缩松，铸件有缩松缺陷的部位，在气密性试验时可能渗漏。

（3）砂眼　铸件内部或表面带有砂粒的孔洞称为砂眼。产生砂眼的原因有型砂强度不够或型砂紧实度不足，以及浇注速度太快等。

（4）黏砂　铸件的部分或整个表面上黏附着一层砂粒和金属的机械混合物或由金属氧化物、砂子和黏土相互作用而生成的低熔点化合物称为黏砂，前者称为机械黏砂，后者称为化学黏砂。黏砂使铸件表面粗糙，不易加工。造成黏砂的原因是型砂的耐火性差或浇注温度过高。

（5）裂纹　裂纹即铸件开裂，分冷裂和热裂两种。产生裂纹的原因是由于铸件壁厚相差大，浇注系统开设不当、砂型与型芯的退让性差等。这些缺陷使铸件在收缩时产生较大的应力，从而导致开裂。

10.4　特种铸造

砂型铸造虽然是铸造生产中最基本的方法，具有适应性强，生产设备简单等许多优点，但也存在一些难以克服的缺点，如一型一件、生产率低、铸件表面粗糙、加工余量较大、废品率高、工艺过程复杂、劳动条件差等。为克服上述缺点，生产实践中在砂型铸造的基础上通过改变铸型材料（如金属型铸造）、模样材料（如熔模铸造、消失模铸造）、浇注条件（如离心铸造、压力铸造）等开发出一系列其他铸造方法。通常把除砂型铸造以外的其他铸造方法统称为特种铸造。常用的特种铸造有金属型铸造、熔模铸造、消失模铸造、压力铸造、离心铸造等。

特种铸造在铸造生产中占有重要地位。在特定条件下,特种铸造能提高铸件尺寸精度,降低表面粗糙度 Ra 值;提高铸件的物理及力学性能;提高金属的利用率,减少原砂消耗量;改善劳动条件,减少环境污染,便于实现机械化和自动化生产;有些特种铸造方法更适合于高熔点、低流动性、易氧化合金铸件的生产。

特种铸造
工艺简介

10.4.1　金属型铸造

金属型铸造是指在重力作用下将液态金属浇入金属铸型,以获得铸件的铸造方法。金属型可重复使用,故又称永久型铸造。

1. 金属型的结构

用金属材料制成的铸型称为金属型。金属型的材料一般采用铸铁,要求较高时,可选用碳钢和合金钢。型芯可用砂芯或金属芯,砂芯常用于高熔点合金铸件;金属芯常用于有色金属铸件。

根据分型面位置的不同,金属型可分为垂直分型式、水平分型式和复合分型式三种结构。其中垂直分型式由于便于布置浇注系统、取出铸件和易实现机械化而应用较多。图10-26 所示为采用垂直分型式金属型的结构。

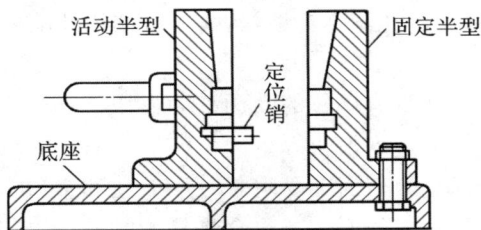

图 10-26　垂直分型式金属型的结构

2. 金属型铸造的铸造工艺

用金属型代替砂型,克服了砂型的许多缺点,但也带来一些新的问题。如金属型无透气性、无退让性、导热快,易使铸件产生气孔、浇不足、冷隔、裂纹等缺陷;灰铸铁件易产生白口组织;金属型在高温金属液作用下易损坏等。为了保证铸件质量、提高金属型的使用寿命,必须采取以下工艺措施:

(1)加强金属型的排气　除在金属型的型腔上部开排气孔外,还常在金属型的分型面上开通气槽或型体上设置通气塞,使之能通过气体,而金属液则因表面张力的作用而不能通过。

(2)在金属型的工作表面上喷刷涂料　在金属型的工作表面上喷刷涂料,可避免高温金属液与金属型内表面直接接触,延长金属型的使用寿命;同时,改变涂料层的厚度可调节铸件各部分的冷却速度。

(3)预热金属型并控制其温度　浇注前预热金属型可防止铸件产生浇不足、冷隔、应力及白口等缺陷。预热温度为:铸铁件 $250\sim350$℃,有色金属件 $100\sim250$℃。

（4）及时开型　由于金属型无退让性，铸件在铸型内冷却时，由于铸件的收缩，容易引起较大的内应力而导致开裂，甚至卡住铸件。故在铸件凝固后，在保证铸件强度的前提下，应尽早开型，取出铸件。合适的开型时间由试验而定，对于一般中、小铸件为浇注后 10～60s。

（5）合理设计铸件壁厚　为防止铸铁件产生白口组织，其壁厚不宜过薄（一般应大于15mm），并控制铁液合适的碳、硅质量分数或采用孕育处理。

3. 金属型铸造的特点及适用范围

（1）金属型铸件冷却速度快，组织致密，力学性能高。如铝合金金属型铸件，其抗拉强度较砂型铸造件平均可提高 25%，屈服强度平均提高约 20%，同时，耐蚀性能和硬度也显著提高。

（2）铸件的尺寸精度和表面质量均优于砂型铸造件。尺寸公差等级为 IT14～IT13，表面粗糙度 Ra 值可达 12.5～6.3μm。

（3）金属型可"一型多铸"。省去了砂型铸造中的配砂、造型、落砂等工序，省了大量的造型材料和生产场地，提高了生产率，并且使劳动条件得到改善。

（4）金属型不透气、无退让性、铸件冷却速度快，易产生气孔、应力、裂纹、浇不足、冷隔、白口等铸造缺陷。

金属型铸造不宜生产形状复杂（尤其是内腔复杂）、薄壁和大型铸件。金属型的制造成本高，周期长，不适合单件、小批量生产。

目前金属型铸造主要用于铜、铝、镁等有色合金铸件的大批量生产，如内燃机活塞、气缸盖、液压泵壳体、轴瓦、轴套等。对于黑色金属件，只限形状简单的中、小件。

10.4.2　熔模铸造

熔模铸造又称为精密铸造，是在易熔模样（蜡质模样）表面包覆若干层耐火材料，待其硬化干燥后，将模样熔去制成中空型壳，经浇注而获得铸件的一种成形工艺方法。

1. 熔模铸造的工艺过程

熔模铸造的工艺过程如图 10-27 所示。

（1）蜡模的制造　熔模铸造用模样即蜡模由压型制出，压型是用于压制熔模的专用工具。压型应尺寸精确、表面光洁，而且压型的型腔尺寸必须包括蜡模和铸造合金的双重收缩量，以压出尺寸精确、表面光洁的蜡模。

压制蜡模时，先将蜡料熔为糊状，然后用压力把糊状蜡料压入压型，待其冷凝后取出，修去毛刺，即可获得附有内浇道的单个蜡模。然后将单个蜡模按一定分布方式熔焊在浇口棒熔模上，组成蜡模组，以便一次浇出多个铸件（图 10-27(a)～(f)）。

（2）型壳的制造　将蜡模组浸挂一层用水玻璃或硅溶胶和石英粉配制的耐火涂料，撒上一层硅砂，然后放入硬化剂（如 NH_4Cl 溶液等）中硬化。重复挂涂料、撒砂和硬化，一般需要重复 4～8 次，制成 5～10mm 厚的耐火型壳（图 10-27(g)）。

（3）脱模、型壳焙烧和浇注　型壳制好后须脱去蜡模，一般是将型壳浇口向上浸在 85～95℃的热水中，蜡模熔化后从浇口溢出，浮在水面，便得到中空型壳。脱模后，把型壳送入800～950℃的加热炉中进行焙烧，以彻底去除型壳中的水分、残余蜡料和硬化剂等。型壳焙烧后，趁热立即浇注，以便获得薄而复杂、轮廓清晰的精密铸件（图 10-27(h)）。

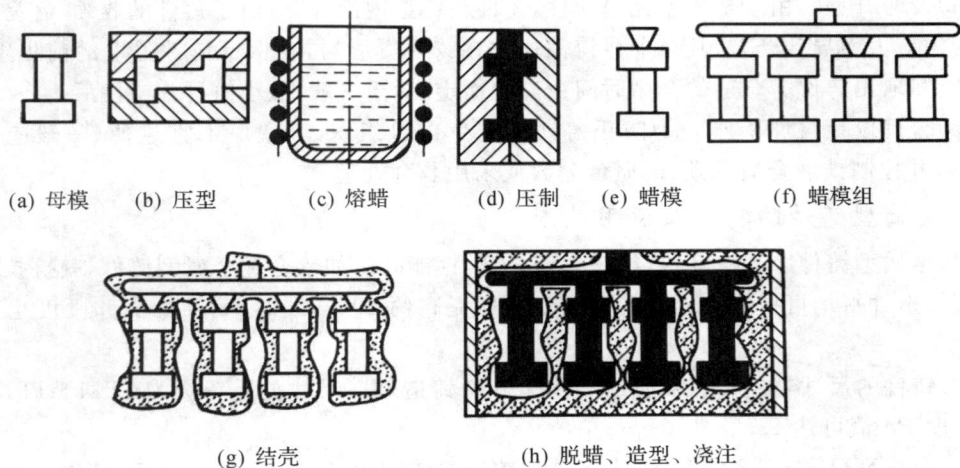

(a) 母模　　(b) 压型　　(c) 熔蜡　　(d) 压制　　(e) 蜡模　　(f) 蜡模组

(g) 结壳　　　　　(h) 脱蜡、造型、浇注

图 10-27　熔模铸造工艺过程

2. 熔模铸造的特点和适用范围

(1)由于铸型精密又无分型面,故铸件的精度和表面质量较高,尺寸公差等级一般可达 IT12～IT9,表面粗糙度 Ra 值达 12.5～1.6μm,可实现少切屑或无切屑加工。

(2)铸造合金种类不受限制,钢铁及有色合金均可适用,尤其适用于高熔点及难加工的高合金钢,如耐热合金、不锈钢、磁钢等。

(3)可铸出形状较复杂的铸件,由于蜡模可以焊接拼制,模样可熔化流出,故可以铸出形状极为复杂的铸件,铸出孔最小直径为 0.5mm,最小壁厚可达 0.3mm。

(4)生产批量不受限制,单件、成批、大量生产均可采用,能实现机械化流水作业。

(5)工艺过程较复杂,生产周期长;原辅材料费用比砂型铸造高,铸件成本高;铸件不能太大、太长,否则蜡模变形,丧失原有精度。

综上所述,熔模铸造是一种少切屑、无切屑的先进的精密成形工艺,它最适合 25kg 以下的中、小型复杂形状的精密铸件或高熔点、难以压力加工或难以切削加工合金铸件的生产。目前主要用于航天飞机、汽轮机、燃气轮机叶片、泵的叶轮、复杂刀具、汽车、拖拉机和机车上的小型精密铸件的生产。

10.4.3　压力铸造

压力铸造(简称压铸)是将液态或半液态金属在高压作用下快速压入金属铸型中,并在压力下结晶,以获得铸件的成形工艺方法。压铸所用的压力一般为 30～70MPa,充填速度一般为 0.5～50m/s,有时高达 120m/s,充填时间为 0.01～0.2s。所以,高压、高速充填铸型,是压力铸造区别于其他铸造方法的重要特征。

1. 压铸机和压铸工艺过程

压铸机是完成压铸过程的主要设备,根据压室工作条件的不同可分为热压室压铸机和冷压室压铸机两类。目前在生产中广泛应用的是冷压室压铸机,又可分为立式和卧式两种。目前应用较多的是卧式冷压室式压铸机,其压射冲头水平布置,压铸机所用铸型由专用耐热钢制成,其结构与垂直分型式的金属型相似,由定型和动型两部分组成。图 10-28 为应用较

普遍的卧式冷压室式压铸机的工作过程示意图。其主要工序为合型、浇入金属液（图 10-28
(a)）；压射冲头向前推进，将金属液压入铸型中（图 10-28(b)）；开型，顶出铸件（图 10-28
(c)）。

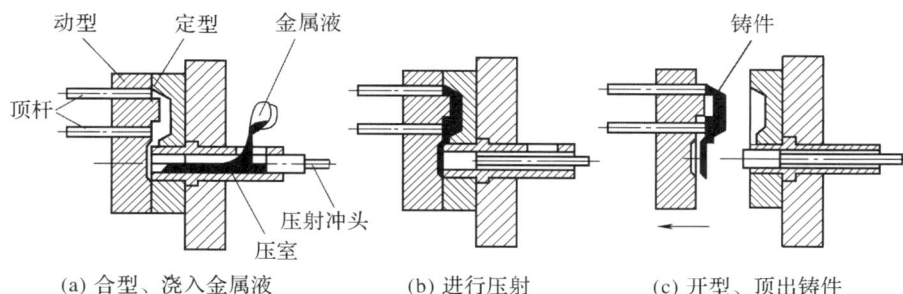

图 10-28　卧式冷压室式压铸机的工作过程示意图

2.压力铸造的特点和适用范围

压力铸造成形的特点是高压、高速和金属型，其优点如下：

(1)铸件的尺寸精度高，表面质量好。压铸件尺寸公差等级一般为 IT12～IT10 级，表面粗糙度值 Ra 为 $3.2～0.8\mu m$，一般可不经切削加工或只需精加工即可使用。

(2)铸件的强度和表面硬度高。因压铸件冷却快，又是在压力下结晶，故铸件的晶粒细小、组织致密、表层紧实。压力铸造的铸件抗拉强度可比砂型铸造的铸件高 25%～40%，但断后伸长率有所下降。

(3)可压铸出形状复杂的薄壁件。由于压型精密、并在高压高速下充填铸型，极大地提高了液态金属的充型能力。可铸出极薄件，或可铸出细小的螺纹、孔、齿、槽、凸纹及文字。如锌合金的压铸件最小壁厚为 0.8mm，最小铸出孔径为 0.8mm，最小螺距为 0.75mm。

(4)生产率高。国产压铸机每小时可铸 50～150 次，最高可达 500 次，是所有铸造生产方法中生产率最高的方法。

(5)便于采用镶嵌法。镶嵌法是将预先制好的嵌件放入压型中，通过压铸使嵌件与压铸合金结合成整体而获得镶嵌件的方法。镶嵌法可以制出通常难以制出的复杂件、双金属件、金属与非金属的结合件等。

压力铸造虽是少、无切屑加工的重要工艺，但也存在下列缺点：

(1)压铸设备投资大，制造压型费用高、周期长，故不适合单件、小批量生产。

(2)压铸高熔点合金（如钢、铸铁）时，压型寿命低。内腔复杂的铸件也难以适应。

(3)由于压铸速度高，压型内的气体很难排除，所以铸件内部常有小气孔，影响铸件的内部质量。

(4)压铸件不能进行热处理，也不宜在高温下工作。因压铸件中的气孔是在高压下形成的，在加热时气孔中的空气膨胀所产生的压力有可能使铸件变形或开裂。

目前，压力铸造主要用于低熔点的铝、镁、锌及铜等有色金属及其合金的小型、薄壁、复杂铸件的大批大量生产。在汽车、拖拉机、电器仪表、航空、航海及日用五金等工业中获得了广泛应用。

10.4.4 低压铸造

低压铸造是介于重力铸造（如金属型铸造、砂型铸造等）和压力铸造之间的一种铸造方法。它是金属液在较低压力（0.02～0.06MPa）作用下由下而上地充填铸型型腔，并在压力下凝固成形，以获得铸件的方法。

1. 低压铸造的工艺过程

图 10-29 为低压铸造工作原理示意图。其工艺过程为：将熔炼好的金属液倒入带电阻保温炉的坩埚中，装上密封盖、升液管及铸型。然后将干燥的压缩空气或惰性气体通入盛有金属液的密封坩埚中，使金属液在低压气体的作用下沿升液管上升，经浇口进入铸型型腔。当金属液充满型腔后，保持（或增大）压力直至铸件完全凝固，然后撤销坩埚内的压力，使坩埚与大气相通，这时升液管和浇口中尚未凝固的金属液，在重力的作用下降回坩埚内金属液中。开启铸型，取出铸件。

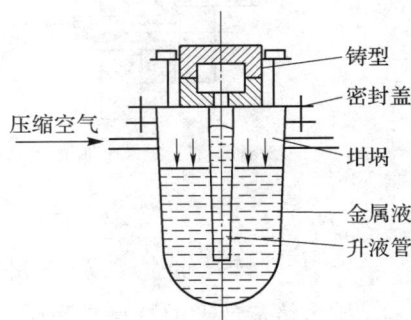

图 10-29　低压铸造工作原理示意图

低压铸造时，铸件不需另设冒口，而由浇口兼起补缩作用。为使铸件实现自上而下的顺序凝固，浇口的截面尺寸应足够大，且应开在铸件的厚壁处。选择合适的增压速度、工作压力及保温时间对保证铸件质量非常重要。

2. 低压铸造的特点及适用范围

（1）充型压力和速度便于调节，可适应不同材料的铸型（如金属型、砂型等）。

（2）由于是底注充型，所以充型平稳、对铸型的冲刷力小，且液流和气流方向一致，故气孔、夹渣等缺陷较少。

（3）便于实现顺序凝固，使铸件组织致密、力学性能高。

（4）由于省去了补缩冒口，使金属的利用率提高到 90%～98%。由于借助压力充型和凝固，有利于形成轮廓清晰、表面光洁的铸件，这对于大型薄壁铸件的生产尤为重要。铸件的尺寸精度达 IT14～IT12，表面粗糙度 Ra 值达 $12.5～3.2\mu m$。此外，低压铸造设备费用较压力铸造低。

低压铸造主要用于生产质量要求高的铝、镁合金铸件，如汽车发动机缸体、缸盖、活塞、曲轴箱等，也可用于浇注球墨铸铁、铜合金等较大的铸件，如球墨铸铁曲轴、铜合金螺旋桨等。

低压铸造存在的主要问题是升液管寿命短，液态金属在保温过程中易产生氧化和夹渣，且生产率低于压力铸造。

10.4.5 离心铸造

将液态金属浇入高速旋转的铸型中，使金属液在离心力的作用下充填铸型并凝固成形的铸造方法称为离心铸造。

1. 离心铸造的基本类型

为使铸型旋转,离心铸造必须在离心铸造机上进行。根据铸型旋转轴空间位置的不同,离心铸造机可分为立式和卧式两种。图 10-30 为离心铸造示意图,图 10-30(a)所示为立式离心铸造,其铸型是绕垂直轴旋转的。液态金属浇入铸型后,由于受离心力和自身重力的共同作用,使铸件的自由表面(内表面)呈抛物面形状,造成铸件壁上薄下厚,但是,铸型的固定和浇注较方便。因此,立式离心铸造主要用来生产高度小于直径的圆环类零件。图 10-30(b)所示为卧式离心铸造,其铸型是绕水平轴旋转的。由于铸件各部分的成形条件基本相同,铸出的中空铸件在轴向和径向的壁厚都较均匀。因此,卧式离心铸造常用于生产长度较长的套筒、管类铸件,也是最常用的离心铸造方法。

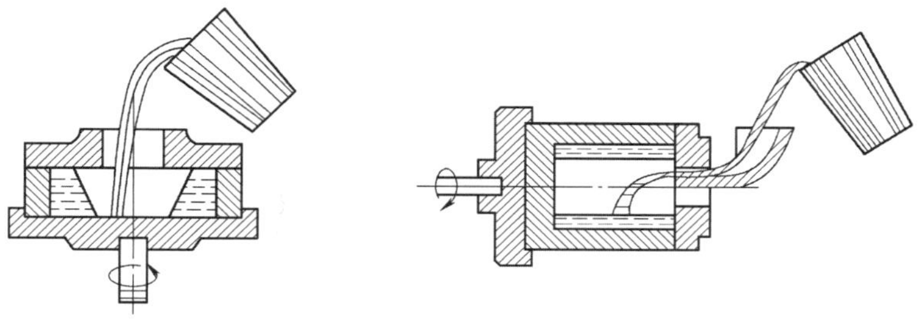

(a) 立式离心铸造　　　　　　　　(b) 卧式离心铸造

图 10-30　离心铸造示意图

2. 离心铸造的特点和适用范围

离心铸造具有如下特点:

(1)铸件组织致密,无缩孔、缩松、气孔、夹渣等缺陷,力学性能好。这是因为在离心力的作用下,金属中的气体、熔渣等夹杂物因密度小而集中在内表面,铸件呈由外向内的定向凝固,补缩条件好。

(2)简化工艺、提高金属利用率。如铸造中空铸件时,可以不用型芯和浇注系统,简化了生产工艺,提高了金属利用率。

(3)便于浇注流动性差的合金铸件和薄壁铸件。这是由于在离心力的作用下,金属液的充型能力得到了提高。

(4)便于铸造双金属件。如钢套镶铜轴承等,其结合面牢固,可节约贵重金属,降低成本。

但是,离心铸造的铸件易产生比重偏析、内孔尺寸不精确、内表面较粗糙、有非金属熔渣等缺陷。

目前,离心铸造主要用于生产回转体的中空铸件,如铸铁管、气缸套、双金属轴承、钢套、特殊钢的无缝管坯、造纸机滚筒等。

10.4.6　消失模铸造

消失模铸造又称为实型铸造和汽化模铸造,其原理是用聚苯乙烯泡沫塑料模样代替木模或金属模(包括浇冒口系统),放入可抽真空的特殊砂箱进行造型,造型后模样不取出,铸型呈实体,浇入液态金属后,模样燃烧汽化消失,金属液充填模样的位置,冷却凝固后获得所需铸件。图 10-31 为消失模铸造工艺过程示意图。

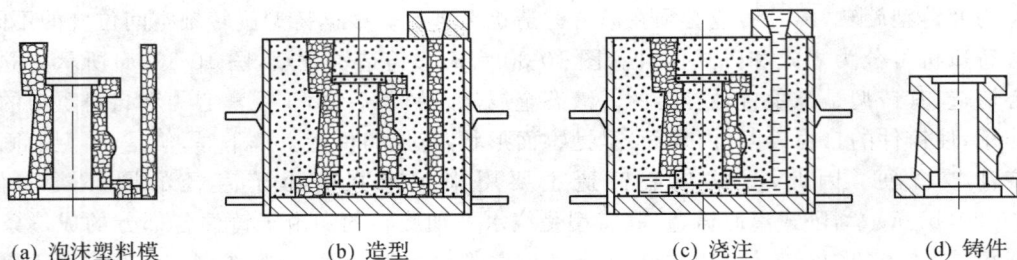

(a) 泡沫塑料模　　　　(b) 造型　　　　(c) 浇注　　　　(d) 铸件

图 10-31　消失模铸造工艺过程示意图

消失模铸造具有以下特点：

(1)由于采用了遇金属液即汽化的泡沫塑料模样，无须起模、无分型面、无型芯，因而无飞边毛刺，铸件的尺寸精度和表面粗糙度接近熔模铸造，但铸件尺寸却可以大于熔模铸造。

(2)各种形状复杂铸件的模样均可采用泡沫塑料模样黏合，成形为整体，减少了加工装配时间，可降低铸件成本 10%～30%，也为铸件结构设计提供了充分的自由。

(3)简化了铸造生产工序，缩短了生产周期，使造型效率比砂型铸造提高了 2～5 倍。

消失模铸造的缺点是模样只能使用一次，且泡沫塑料的密度小、强度低，模样易变形，影响铸件尺寸精度；浇注时模样产生的气体污染环境。

消失模铸造主要用于形状复杂、不易起模且尺寸较大的铸件（如大型模具）的批量及单件生产。

10.5　铸造工艺设计

10.5.1　铸造工艺设计的内容

铸造工艺设计就是根据零件的结构特征、技术要求、生产批量和生产条件等因素，确定铸造工艺方案。具体设计内容包括：铸件浇注位置的选择、分型面的选择；工艺参数（机械加工余量、起模斜度、铸造圆角、铸造收缩率等）的确定；型芯的数量、芯头形状及尺寸的确定；浇冒口系统、冷铁等的形状、尺寸及在铸型中的布置等的确定。然后将工艺设计的内容（工艺方案）用工艺符号或文字在零件图上表示出来，即构成了铸造工艺图。

1. 浇注位置的选择

浇注时铸件在铸型中所处的空间位置称为铸件的浇注位置。它对铸件质量、造型方法、砂箱尺寸、加工余量等都有很大的影响。所以，浇注位置的选择以保证铸件的质量为主，应考虑以下原则：

(1)铸件的重要加工面或主要工作面应朝下或位于侧面。因为铸造为液态成形，铸件的上表面易产生气孔、夹渣、砂眼等缺陷，组织也不如下表面致密。图 10-32 所示为车床床身铸件的浇注位置，由于床身导轨面是主要工作表面，不允许有明显的表面缺陷，而且要求组织致密，因此通常都将导轨面朝下浇注。图

铸造工艺设计的基本内容微课

10-33 所示为起重机卷扬筒的浇注位置,因其圆周表面的质量要求较高,不容许有铸造缺陷,因此采用立铸方案。

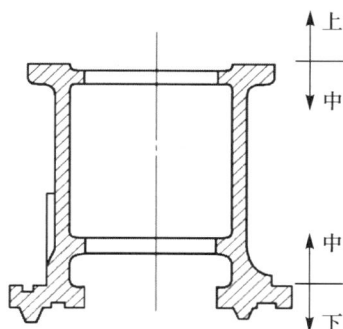

图 10-32　车床床身的浇注位置

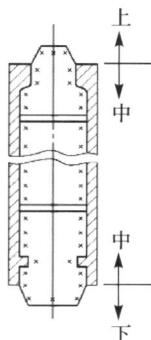

图 10-33　起重机卷扬筒的浇注位置

(2)铸件上的大平面应尽可能朝下。铸件大平面极易产生夹砂缺陷,这是由于在浇注过程中,高温的金属液对型腔上表面有强烈的热辐射,型腔上表面型砂因急剧热膨胀和强度下降而拱起或开裂,在铸件表面造成夹砂、结疤等缺陷。图 10-34(a)为铸件大平面朝上产生的夹砂缺陷示意图,图 10-34(b)为大平面铸件的合理浇注位置。

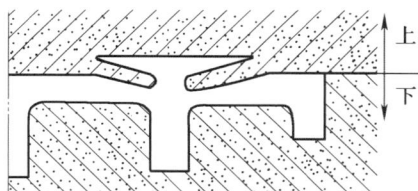

(a) 夹砂示意图

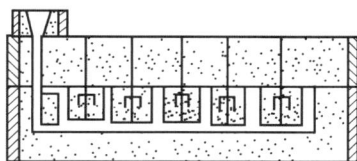

(b) 大平面铸件合理的浇注位置

图 10-34　大平面铸件浇注位置的选择

(3)为防止铸件薄壁部位产生浇不足、冷隔缺陷,应将面积较大的薄壁部位置于铸型下部,或使其处于垂直或倾斜位置。图 10-35 所示是电机端盖合理的浇注位置,它将铸件大面积的薄壁部位置于铸型的下面,这样能增加薄壁处金属液的压强,提高充型能力,防止产生浇不足的缺陷。

图 10-35　电机端盖合理的浇注位置

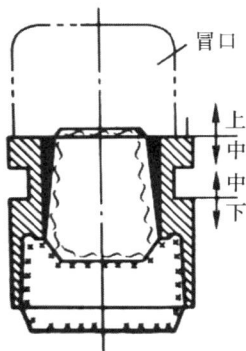

图 10-36　双链轮合理的浇注位置

（4）对于一些需要补缩的铸件，应使厚大部位朝上或侧放，以便在铸件的厚壁处安放冒口，形成合理的凝固顺序，有利于铸件的补缩。如图 10-36 所示为双链轮合理的浇注位置。

2.铸型分型面的选择

铸型分型面是指铸型间相互接触的表面。铸型分型面选择得合理与否，对造型工艺、铸件质量、工装设备的设计与制作有着重要的影响。分型面的选择要在保证铸件质量的前提下，尽量简化铸造工艺过程，以节省人力物力。选择分型面时要考虑以下原则：

（1）分型面的选择应保证模样能顺利从铸型中取出，这是确定分型面最基本的要求。因此，分型面应选在铸件的最大截面处，以便使模样顺利取出，简化造型工艺，如图 10-37 所示。

图 10-37　分型面选择在铸件最大截面处

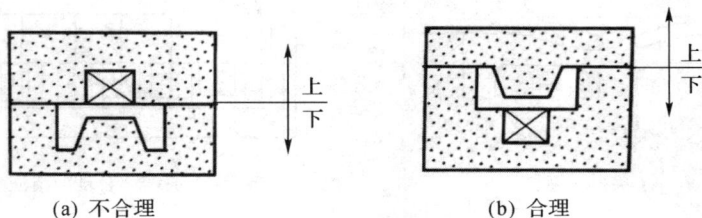

（2）尽量使铸件全部或大部置于同一砂箱内，并使铸件的重要加工面、工作面、加工基准面及主要型芯位于下型内。这样便于型芯的安放和检验，还可使上型的高度减低，便于合箱，并可保证铸件的尺寸精度，防止错箱。图 10-38 所示为管子堵头分型面的选择，如采用图 10-38（b）所示方案可使铸件全部放在下型，避免了错箱，铸件质量得到保证。

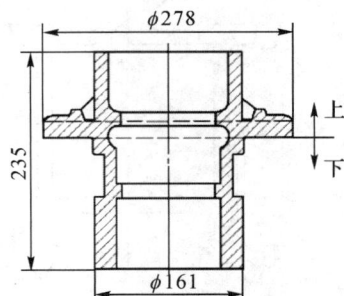

(a) 不合理　　　　　　　　(b) 合理

图 10-38　管子堵头的分型方案

（3）应尽量选用平直的分型面，少用曲面，以简化制模和造型工艺。图 10-39 所示为弯曲臂的两种分型方案，图 10-39（a）分型面为曲面，需要进行挖砂造型；图 10-39（b）分型面为平面，可采用简单的分模造型。

(a) 不合理

(b) 合理

图 10-39　弯曲臂的分型方案

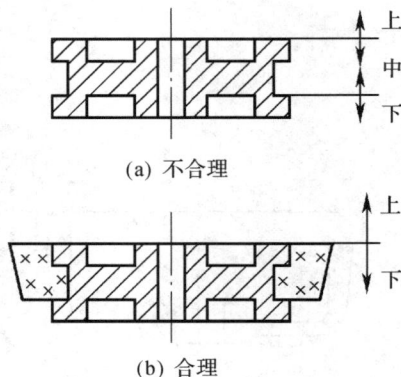

(a) 不合理

(b) 合理

图 10-40　绳轮的分型方案

(4)尽量减少分型面的数量,以简化造型工序,保证铸件的尺寸精度。图 10-40 所示为绳轮的两种分型方案,图 10-40(a)中有两个分型面,需采用三箱造型,操作过程复杂,不易保证铸件精度;图 10-40(b)中只有一个分型面,且铸件处于同一砂型内,便于造型和保证铸件精度。

(5)应尽量使型腔及主要型芯位于下型以便造型、下芯、合型和检验铸件壁厚。但型腔也不宜过深,并尽量避免使用吊芯。图 10-41 所示为机床支柱的两种分型方案,图 10-41(a)和图 10-41(b)都便于下芯时检查铸件壁厚,防止偏芯缺陷,但图 10-41(b)中的型腔和型芯大部分位于下型,可减少上型的高度,有益于起模和翻箱操作,故较为合理。

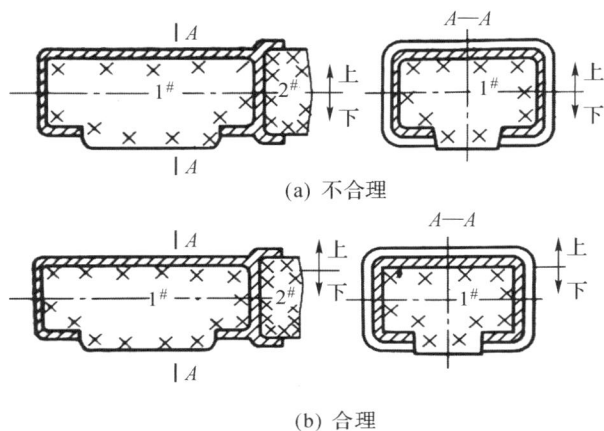

(a) 不合理

(b) 合理

图 10-41 机床支柱的分型方案

3. 工艺参数的确定

铸造工艺参数包括铸造收缩率、机械加工余量和铸出孔、起模斜度、铸造圆角以及型芯与芯头等,以保证铸件的质量。

(1)铸造收缩率 铸件从线收缩起始温度冷却至室温过程中会发生线收缩而造成各部分尺寸缩小。为了使铸件的实际尺寸符合图样要求,在制作模样和芯盒时,模样和芯盒的制造尺寸应比铸件放大一个该合金的线收缩率,收缩率的大小取决于铸造合金的种类及铸件的结构、尺寸等因素。通常灰铸铁为 0.7%～1.0%,铸造碳钢为 1.6%～2.0%,铝硅合金为 0.8%～1.2%,锡青铜为 1.2%～1.5%。

(2)机械加工余量和铸出孔 在铸件加工表面上留出的、准备切削去除的金属层厚度,称为机械加工余量。机械加工余量应根据铸造合金的种类、铸造方法、生产批量、加工要求、铸件的形状和尺寸及铸件加工面在浇注时的位置等来确定。灰铸铁件表面光滑平整,精度较高,加工余量小;铸钢件表面粗糙,其加工余量应比铸铁件大些;有色金属的合金价格贵,铸件表面光洁,加工余量应小些。机器造型的铸件精度比手工造型的高,加工余量可小些;铸件尺寸越大,或加工表面浇注时处于顶面时,其加工余量也应越大。根据《铸件 尺寸公差、几何公差与机械加工余量》(GB/T 6414—2017)规定,铸件的机械加工余量等级(RMAG)分为 10 级,机械加工余量值由精到粗分为 A、B、C、D、E、F、G、H、J 和 K 共 10 个等级,表 10-3 所示为铸件机械加工余量。

表 10-3　铸件机械加工余量(摘自 GB/T 6414—2017)

铸件公称尺寸		铸件的机械加工余量等级 RMAG 及对应的机械加工余量 RMA/mm									
大于	至	A	B	C	D	E	F	G	H	J	K
	40	0.1	0.1	0.2	0.3	0.4	0.5	0.5	0.7	1	1.4
40	63	0.1	0.2	0.3	0.3	0.4	0.5	0.7	1	1.4	2
63	100	0.2	0.3	0.4	0.5	0.7	1	1.4	2	2.8	4
100	160	0.3	0.4	0.5	0.8	1.1	1.5	2.2	3	4	6
160	250	0.3	0.5	0.7	1	1.4	2	2.8	4	5.5	8
250	400	0.4	0.7	0.9	1.3	1.8	2.5	3.5	5	7	10
400	630	0.5	0.8	1.1	1.5	2.2	3	4	6	9	12
630	1000	0.6	0.9	1.2	1.8	2.5	3.5	5	7	10	14
1000	1600	0.7	1.0	1.4	2	2.8	4	5.5	8	11	16
1600	2500	0.8	1.1	1.6	2.2	3	4.5	6	9	13	18
2500	4000	0.9	1.3	1.8	2.5	3.5	5	7	10	14	20
4000	6300	1	1.4	2	2.8	4	5.5	8	11	16	22
6300	10000	1.1	1.5	2.2	3	4.5	6	9	12	17	24

注:等级 A 和等级 B 只适用于特殊情况,如带有工装定位面、夹紧面和基准面的铸件。

　　铸件上的加工孔和槽是否要铸出,要考虑它们铸出的可能性、必要性及经济性。若铸件上的孔、槽较大时,应当铸出,以减少切削加工工时、节省金属材料,同时也可减小铸件上的热节;若孔很深、孔径小,不便铸出,或铸出并不经济时,一般就不铸出。有些特殊要求的孔,如弯曲孔,无法进行机械加工则必须铸出。常用合金铸件的最小铸出孔见表 10-4。

表 10-4　常用合金铸件的最小铸出孔

生产批量	最小铸出孔直径/mm	
	灰铸铁件	铸钢件
大量生产	12～15	—
成批生产	15～30	30～50
单件、小批生产	30～50	50

　　(3)起模斜度　起模斜度是为了在造型和制芯时便于起模,以免损坏铸型和型芯,在模样、芯盒的起模方向留有的斜度。起模斜度应留在铸件垂直于分型面且要加工的表面上,其大小取决于立壁的高度、造型方法、模样材料等因素,通常为 $15'\sim3°$。图 10-42 所示为起模斜度和起模斜度的形式,图中 α、β 等表示铸件不同表面上的起模斜度。一般来说,木模的斜度比金属模要大;机器造型的斜度比手工造型小些;铸件的立壁越高,斜度越小;模样的内壁斜度 β 应比外壁斜度 α 的斜度大些,通常为 $3°\sim10°$。

　　(4)铸造圆角　在设计和制造模样时,相交壁的交角要做成圆弧过渡,即称为铸造圆角。避免铸件在尖角处产生裂纹、应力集中、缩孔、黏砂等缺陷,防止在浇注时尖角处产生冲砂、

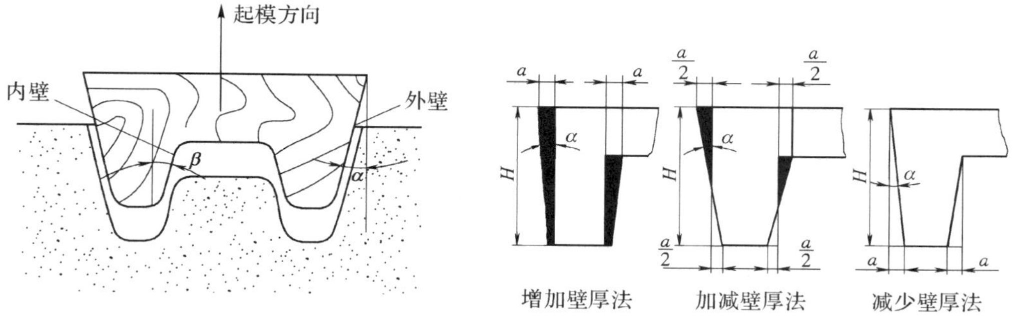

(a) 起模斜度　　　　　　　　　(b) 起模斜度的形式

图 10-42　起模斜度和起模斜度的形式

砂眼等,应将铸件上的尖角做成圆角。铸造内圆角半径的大小可按相邻两壁平均壁厚的 $\frac{1}{5}$ ～$\frac{1}{3}$ 选取;外圆角半径约取内圆角的一半。

(5)型芯及芯头　型芯是铸型的一个重要组成部分,型芯的功用是形成铸件的内腔、孔洞和形状复杂阻碍起模部分的外形。芯头是指型芯的外伸部分,不形成铸件轮廓。芯头是型芯的定位、支承和排气结构,在设计时需考虑:如何保证定位准确、能够承受砂芯自身重量和液态合金的冲击、浮力等的作用及浇注时砂芯内部产生的气体引出铸型等问题。依照型芯在铸型中安放位置的不同,分为垂直型芯和水平型芯两类。要使型芯工作可靠,必须使芯头具有合适的尺寸,如芯头长度、芯头斜度、芯头装配间隙等。如图 10-43 所示。

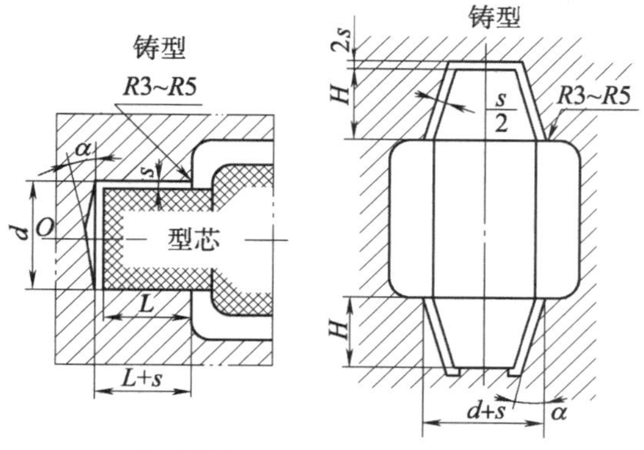

(a) 水平芯头　　　　　　　　　(b) 垂直芯头

图 10-43　芯头的构造

4.绘制铸件图、铸造工艺图

铸造工艺图是按照规定的符号或文字,把制造模样和铸型所需的资料用红、蓝色线条绘在零件图上的图样。图样中包括铸件的浇注位置、铸型分型面、加工余量、收缩率、起模斜度、铸造圆角、型芯的数量、形状及其固定方法、最小铸出孔和槽、浇注系统、冒口、冷铁的尺寸和布置等。铸造工艺图是指导模样设计、生产准备、铸型制造和铸件检验的基本工艺文件。铸件图是反映铸件实际尺寸、形状和技术要求的图形,是铸造生产验收和铸件检测的主要依据。图 10-44 为衬套的铸造工艺图和铸件图。

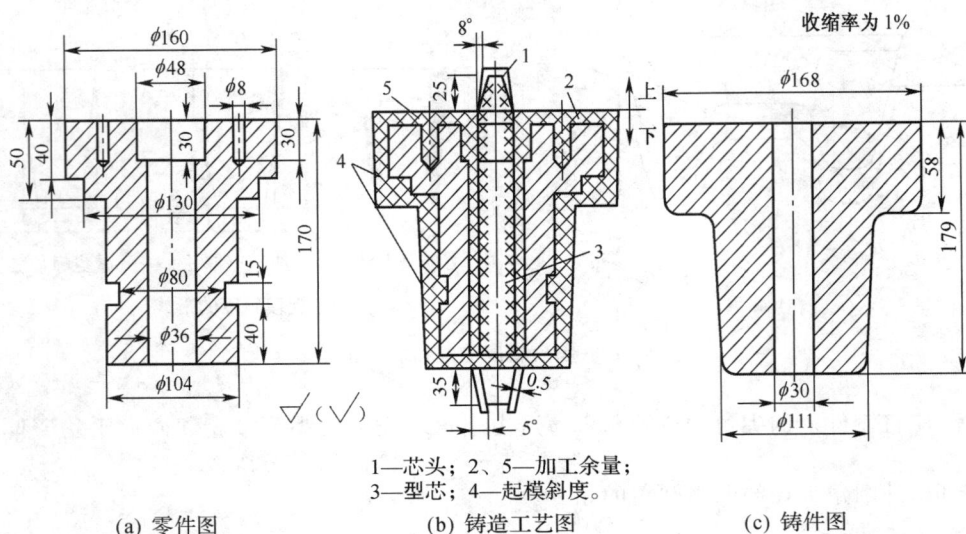

1—芯头；2、5—加工余量；
3—型芯；4—起模斜度。

(a) 零件图　　　　　　　(b) 铸造工艺图　　　　　　(c) 铸件图

图 10-44　衬套零件的铸造工艺图

10.5.2　铸造工艺设计实例

铸造工艺设计的内容主要是在对零件图进行工艺分析的基础上,绘制出铸造工艺图。
下面以接盘零件为例,对其进行铸造工艺设计。

图 10-45 所示为接盘零件图。

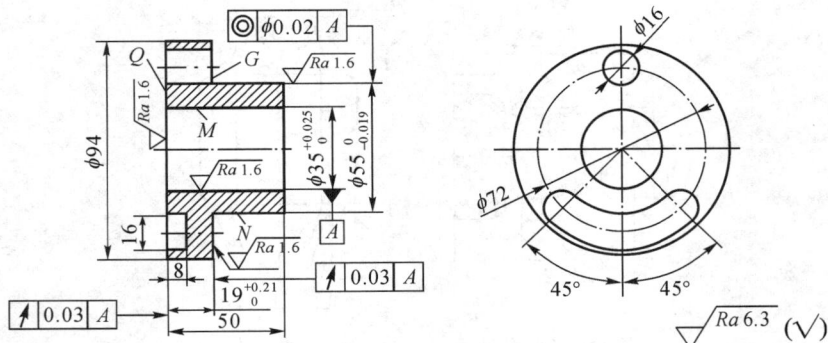

图 10-45　接盘零件图

(1)铸件结构、工作条件和技术要求分析　零件材料为 HT150,生产批量为单件小批量
生产。该零件为一般连接件,ϕ35mm 中心孔和两端面质量要求较高,需机械加工,不允许有
铸造缺陷。ϕ35mm 孔较大,需用型芯铸出。ϕ16mm 小孔和接盘端面半环槽则不予铸出。

(2)造型方法的确定　由于该铸件为单件小批生产,技术要求一般,采用砂型铸造即可,
手工两箱造型。

(3)分型面和浇注位置的选择　该铸件分型面和浇注位置的选择有以下两种方案:

方案 1:沿法兰盘大端面上端面分型。

方案 2：沿零件轴线分型，零件轴线呈水平位置。

若采用方案 2，需分模造型，容易错箱，而且质量要求较高的 $\phi 35mm$ 孔的质量无法保证。采用方案 1 浇注位置采用垂直位置，$\phi 35mm$ 孔的质量易于得到保证，沿大端面分型，整个铸件在同一砂箱中，可采用整模造型，避免了错箱，铸件质量好，而且造型操作简单方便。为了避免方案 1 大平面朝上和型芯不稳定的缺点，在工艺上可采取适当增大上表面的加工余量、增大下芯头的直径等措施来解决。综合分析结果，方案 1 是最佳方案。

（4）确定加工余量 该铸件为回转体，按零件尺寸依次确定机械加工余量，可以在铸造工艺图中直接标注机械加工余量值，如图 10-46 所示。

（5）确定起模斜度 因该铸件全部进行机械加工，两侧壁高度均为 50mm。查手册可得，木模的起模斜度 α 值为 $1.5°$，构成起模斜度，如图 10-46 所示。

（6）确定铸造收缩率 查手册可得，对于灰铸铁小型铸件，铸造收缩率取 1%。

（7）芯头尺寸 垂直芯头查手册得到如图 10-46 所示的芯头尺寸。

（8）铸造圆角 对于小型铸件，内圆角半径取 4mm，外圆角半径取 2mm。

（9）绘制铸造工艺图 图 10-46 所示为按上述铸造工艺设计步骤绘制的铸造工艺图。

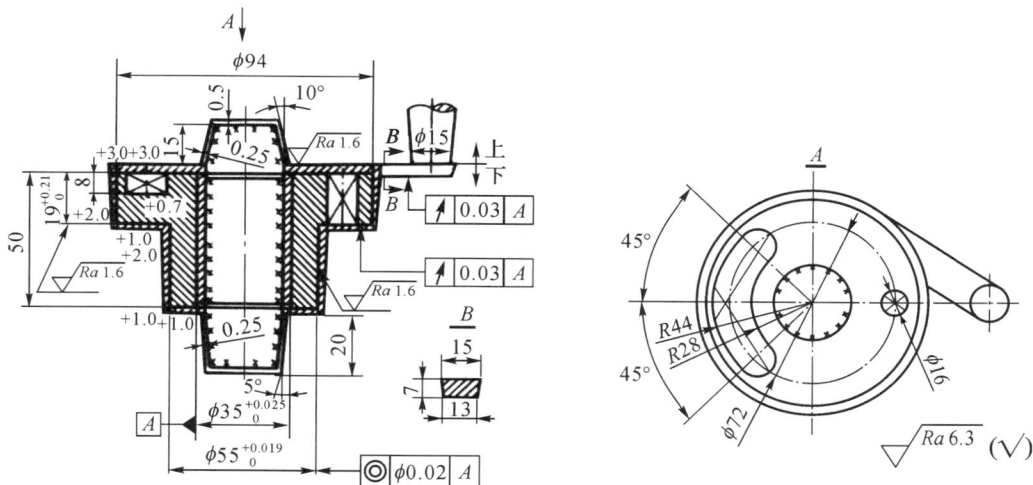

图 10-46 接盘铸造工艺图

10.6 铸件的结构工艺性

铸件的结构工艺性是指铸件的结构在满足使用要求的前提下，是否便于铸造成形的特性。它是衡量铸件设计质量的一个重要方面。良好的结构工艺性能简化铸造工艺，提高铸件质量，提高生产率和降低铸件成本。

10.6.1 铸造性能对铸件结构的要求

铸件的结构如果不能满足合金铸造性能的要求，将可能产生浇不足、冷隔、缩松、气孔、裂纹和变形等缺陷。

铸件的结构
工艺性微课

1.铸件壁厚的设计

(1)铸件的最小壁厚 在确定铸件壁厚时,首先要保证铸件达到所要求的强度和刚度,同时还必须从合金的铸造性能的可行性来考虑,以避免铸件产生某些铸造缺陷。由于每种铸造合金的流动性不同,在相同铸造条件下,所能浇注出的铸件最小允许壁厚也不同。如果所设计铸件的壁厚小于允许的"最小壁厚",铸件就易产生浇不足、冷隔等缺陷。在各种工艺条件下,铸造合金能充满型腔的最小厚度,称为铸件的最小壁厚。铸件的最小壁厚主要取决于合金的种类、铸件的大小及形状等因素。表 10-5 给出了砂型铸造条件下几种合金铸件的最小壁厚。

表 10-5　砂型铸造条件下几种合金铸件的最小壁厚　　　　　　(单位:mm)

铸造方法	铸造尺寸/ mm×mm	合金种类					
		铸钢	灰铸铁	球墨铸铁	可锻铸铁	铝合金	铜合金
砂型铸造	<200×200	8	5~6	6	5	3	3~5
	200×200~500×500	10~12	6~10	12	8	4	6~8
	>500×500	15~20	10~15	12~20	10~12	6	10~12

(2)铸件的临界壁厚 在铸造厚壁铸件时,容易产生缩孔、缩松、结晶组织粗大等缺陷,从而使铸件的力学性能下降。因此,在设计铸件时,如果一味地采取增加壁厚的方法来提高铸件的强度,其结果可能适得其反。因为各种铸造合金都存在一个临界壁厚。在最小壁厚和临界壁厚之间就是适宜的铸件壁厚。

在砂型铸造条件下,各种铸造合金的临界壁厚约等于其最小壁厚的三倍。为避免铸件厚大截面,又能充分发挥材料潜力,保证铸件的强度和刚度,可从铸件截面形状考虑,如选择 T 字形、工字形、槽形等截面形状,在铸件薄弱部位可设置加强肋提高其强度和刚度。

(3)铸件壁厚应均匀、避免厚大截面 铸件壁过厚容易使铸件内部晶粒粗大,并产生缩孔、缩松等缺陷。如图 10-47(a)所示,轴承座铸件内孔需装配一根轴。现因壁厚过大,而出现缩孔。若采用图 10-47(b)所示挖空或图 10-47(c)所示设置加强肋,使其壁厚均匀,在保证其使用性能的前提下,既可消除缩孔缺陷,又能节约材料。

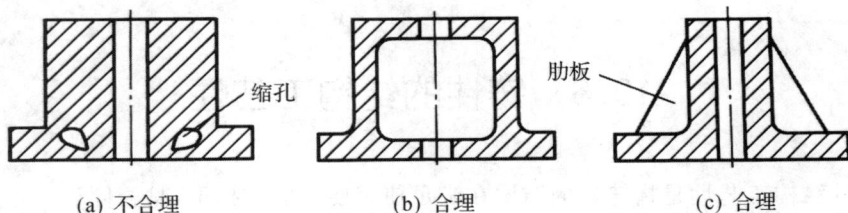

图 10-47　采用挖空和加强肋减小铸件壁厚

2.铸件壁连接的设计

(1)铸件壁的连接应采用圆角和逐步过渡 铸件壁间的连接采用铸造圆角,可以避免直角连接引起的热节和应力集中,减少缩孔和裂纹,如图 10-48 所示。此外,圆角结构还有利于造型,并且铸件外形美观。

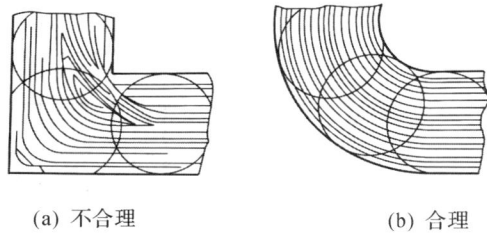

(a) 不合理　　　　　　　　　(b) 合理

图 10-48　铸件壁的连接

（2）避免锐角和交叉连接　铸件壁间出现锐角和交叉连接时，将使该处应力集中增大，导致铸件产生裂纹、缩孔等缺陷。应尽量采用交错接头（图 10-49（a））和环形接头（图 10-49（b）），避免交叉接头；两臂斜向相交时，应避免锐角连接，而采用过渡形式的连接（图 10-49（c））。

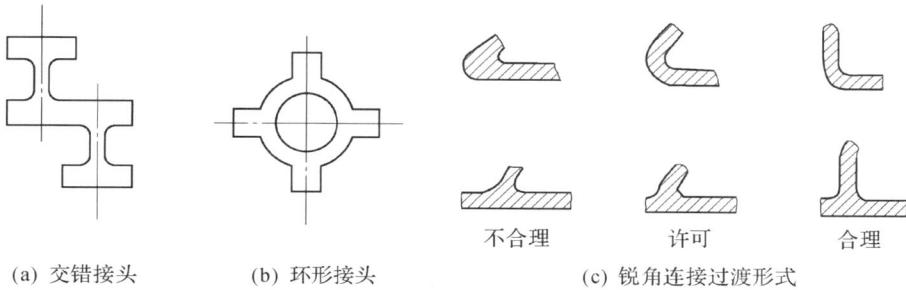

不合理　　　许可　　　合理

(a) 交错接头　　　(b) 环形接头　　　(c) 锐角连接过渡形式

图 10-49　铸件接头结构

（3）厚壁与薄壁间的连接要逐步过渡　当铸件各部分的壁厚难以做到均匀一致，甚至存在很大差别时，为减少应力集中和裂纹，应采用逐步过渡的方法，防止壁厚的突变。

3. 防止铸件变形和裂纹的结构设计

（1）细长易挠曲的铸件应设计为对称截面　由于对称截面的相互抵消作用，使变形大大减小，如图 10-50 所示。

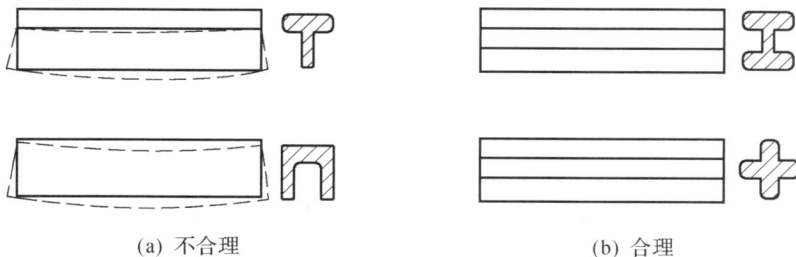

(a) 不合理　　　　　　　　　(b) 合理

图 10-50　细长铸件防止变形的结构设计

（2）合理设置加强筋　采用加强筋，以提高平板铸件的刚度，可有效防止铸件变形，如图 10-51 所示。

（3）轮形铸件轮辐的结构设计　较大的带轮、飞轮、齿轮的轮辐可做成弯曲的、奇数的或带孔辐板，如图 10-52 所示。图 10-52（a）其轮辐为直线形、偶数，当合金的收缩较大，而轮

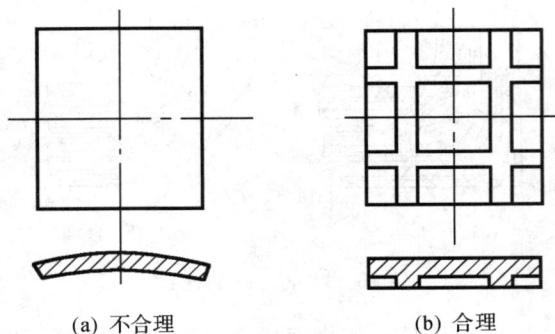

(a) 不合理　　　　　　　　　(b) 合理

图 10-51　平板铸件的结构设计

毂、轮缘、轮辐的厚度差又较大时,因冷却速度不同,收缩不一致,形成较大的内应力,偶数轮辐使铸件不能通过变形自行缓解其应力,故常在轮辐与轮缘(或轮毂)连接处产生裂纹。为防止上述裂纹,可改用图 10-52(b)所示的弯曲轮辐,它可借助轮辐本身的微量变形自行缓解内应力。同理,也可改为图 10-52(c)所示的奇数轮辐,此时,在内应力的作用下,可通过轮缘的微量变形自行减缓内应力。显然,后两种轮辐的抗裂性能更好。

(a) 不合理　　　　　　　(b) 合理　　　　　　　(c) 合理

图 10-52　轮辐的结构设计

10.6.2　铸造工艺对铸件结构的要求

铸件结构应能简化铸造工艺,便于机械化生产,提高铸件质量,降低废品率。为此,铸件结构应尽量简单合理,避免不必要的复杂结构。

1. 铸件外形的设计

铸件的外形应便于起模,简化造型工艺。铸件外形设计应力求简单,避免零件上的凸台、肋板、侧凹、外圆角等结构影响铸件的起模。图 10-53(a)所示端盖铸件,由于外形中部存

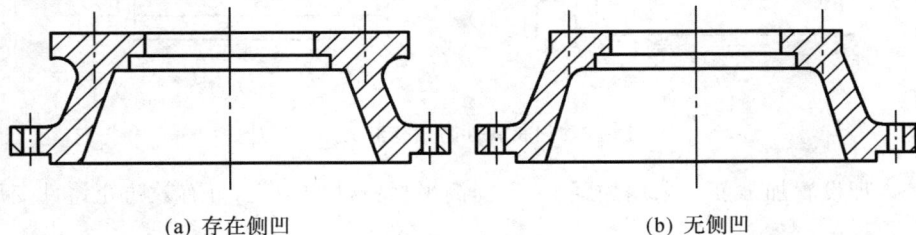

(a) 存在侧凹　　　　　　　　　(b) 无侧凹

图 10-53　端盖铸件

在侧凹,需要两个分型面进行三箱造型,或增设外型芯后用两箱造型,造型工艺都很复杂。若将其改为图 10-53(b)所示结构,则仅需一个分型面,简化了造型。图 10-54 中的凸台的设计,图 10-54(a)(c)为铸件改进前的结构,要采用活块造型,造型时取出活块的操作比较麻烦,操作所用工时比较多;图 10-54(b)(d)为铸件改进后的结构,避免了活块,可整体造型,操作简单方便。图 10-55 所示铸件,应合理布置加强肋,以便于起模。

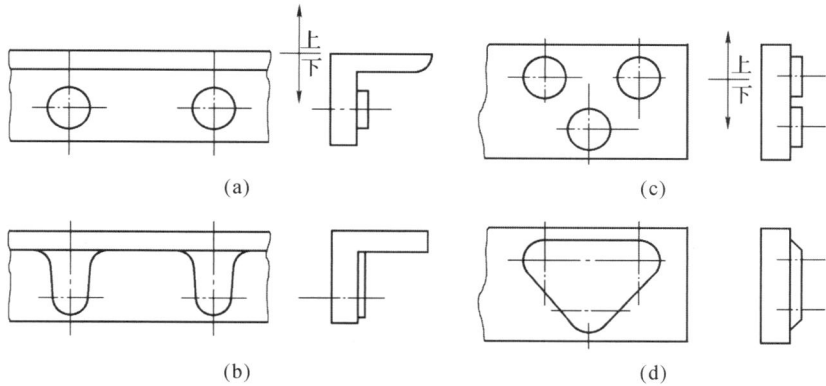

图 10-54　凸台的设计

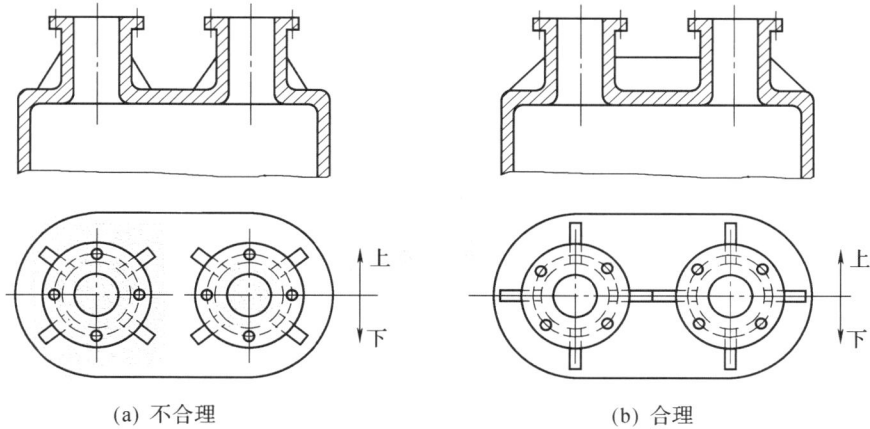

(a) 不合理　　　　　　　　　　　　　　(b) 合理

图 10-55　合理布置加强肋

2.铸件内腔的设计

良好的内腔设计,既可减少型芯的数量,又有利于型芯的固定、排气和清理,因而可防止偏芯、气孔等缺陷的产生,并简化造型工艺,降低成本。图 10-56 所示为悬臂支架的两种结构:图 10-56(a)所示为箱形截面结构,必须采用悬臂型芯和芯撑使型芯定位和固定,将箱形截面结构改为图 10-56(b)所示工字形截面结构,可省去型芯,降低成本,但刚度和强度比箱形结构略差。图 10-57 所示为端盖铸件的两种内腔设计,将结构图 10-57(a)改进为结构图 10-57(b),因内腔直径 D 大于高度 H,可采用砂垛取代型芯,使造型工艺简化。图 10-58 所示为轴承支架的结构设计,图 10-58(a)所示轴承支架铸件需要两个型芯,其中右边的大型芯呈悬臂状,须用型芯撑做辅助支撑,型芯的固定、排气和清理都较困难,若改为图 10-58

(b)所示结构后,型芯为一个整体,上述问题均能得到解决。

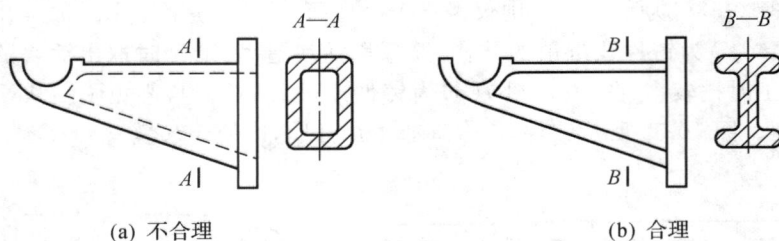

(a) 不合理   (b) 合理

图 10-56 悬臂支架

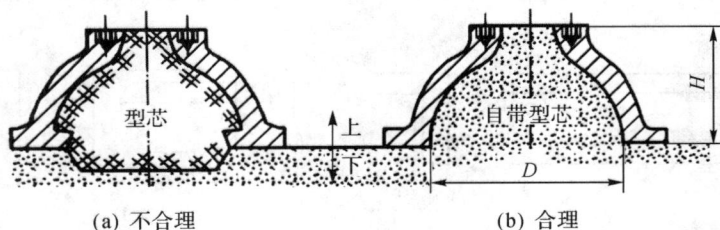

(a) 不合理   (b) 合理

图 10-57 端盖铸件的两种内腔设计

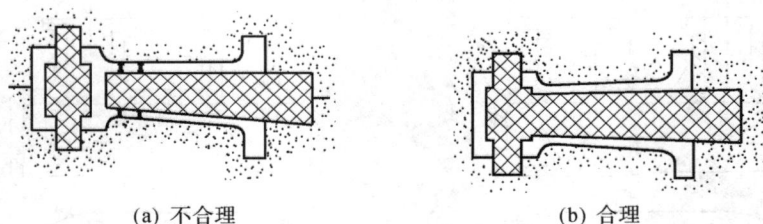

(a) 不合理   (b) 合理

图 10-58 轴承支架的结构设计

3. 结构斜度的设计

铸件上垂直于分型面顺着起模方向的非加工表面应设计结构斜度,以利于起模,如图 10-59 所示。铸件的结构斜度与上一节所讲的起模斜度是两个不同的概念。

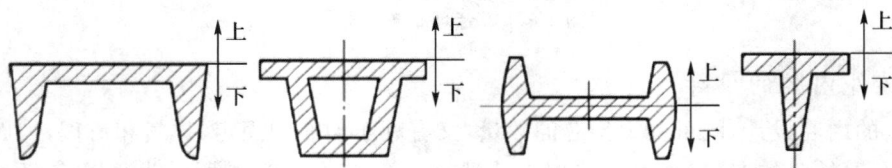

图 10-59 结构斜度

10.6.3 铸件结构设计考虑的其他方面

1. 铸件结构应考虑不同成形工艺的特殊性

铸件结构设计的内容主要是以砂型铸造工艺为基本点进行考虑的,但不同的成形工艺方法对铸件结构除与砂型铸造有许多共性之外,还存在一些特殊性。

图 10-60 所示为压铸件的两种设计方案。图 10-60(a)所示的结构因侧凹朝内,侧凹处无法抽芯,按图 10-60(b)改进后,使侧凹朝外,可按箭头方向抽出外型芯,便可从铸型的分型面顺利取出铸件。

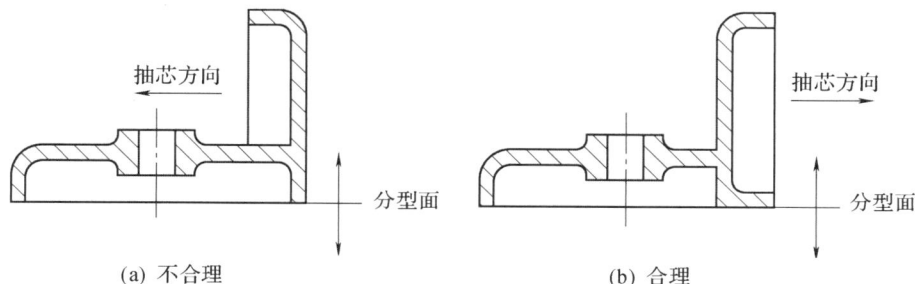

图 10-60　压铸件结构设计

设计熔模成形件时应考虑以下几方面:

(1)为便于浸挂涂料和撒砂,孔、槽不宜过小或过深。通常,孔径应大于 2mm(薄件＞0.5mm)。设计通孔时,孔深/孔径≤4～6;采用不通孔时,孔深/孔径≤2。槽宽应大于 2mm,槽深为槽宽的 2～6 倍。

(2)因熔模型壳的高温强度较低,易变形,而平板型壳的变形较大,故熔模铸件应尽量避免有大平面,为防止上述变形,可在大平面上设工艺孔或工艺肋,以增加型壳的刚度。

2. 铸件的组合设计

铸件结构设计应考虑到生产的全过程,可以将大铸件或形状复杂的铸件,设计成几个较小、较简单的铸件,经机械加工后,再用焊接或螺纹连接等将其组合成整体。如图 10-61(a)所示砂型铸件,因内腔采用砂芯,故铸造并无困难,但改为压铸件时,则无法抽芯,出型也较困难,若改成图 10-61(b)所示的两件组合,则出型和抽芯均可顺利进行。

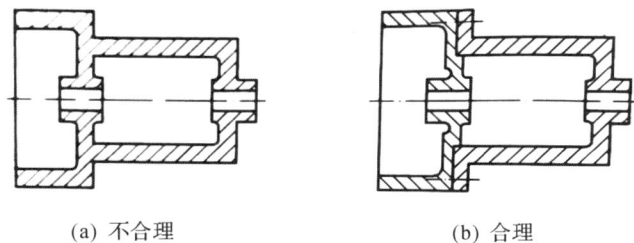

(a) 不合理　　　　　(b) 合理

图 10-61　砂型铸件改为压铸件组合的结构设计

知识拓展:铸造技术的新发展

✎ 习题

1. 名词解释

铸造、充型能力、液态收缩、凝固收缩、固态收缩、缩孔、缩松、铸造应力、热应力、收缩应力、相变应力、砂型铸造、手工造型、机器造型、浇注系统、金属型铸造、熔模铸造、压力铸造、

低压铸造、离心铸造、消失模铸造、铸造工艺图

2.简答题

(1)铸造生产的实质、特点及分类。

(2)什么是合金的铸造性能？试比较铸铁和铸钢的铸造性能。

(3)什么是合金的流动性？合金流动性对铸造生产有何影响？

(4)铸件为什么会产生缩孔、缩松？如何防止或减少它们的危害？

(5)什么是铸造应力？铸造应力对铸件质量有何影响？如何减小和防止这种应力？

(6)典型浇注系统由哪几个部分组成？各部分有何作用？

(7)零件、铸件、模样之间有何联系？又有何差异？

(8)熔模铸造、金属型铸造、压力铸造和离心铸造各有何特点？应用范围如何？

(9)砂型铸造时铸型中为何要有分型面？说明选择分型面应遵循的原则。

(10)为什么要规定铸件的最小壁厚？灰铸铁件的壁过薄或过厚会出现哪些问题？

(11)为什么铸件壁的连接要采用圆角和逐步过渡的结构？

(12)简述铸造工艺对铸件结构的要求。

3.分析题

(1)试列表分析比较整模造型、分模造型、挖砂造型、活块造型和刮板造型的特点和应用情况。

(2)图 10-62 所示铸件各有两种结构，哪一种比较合理？为什么？

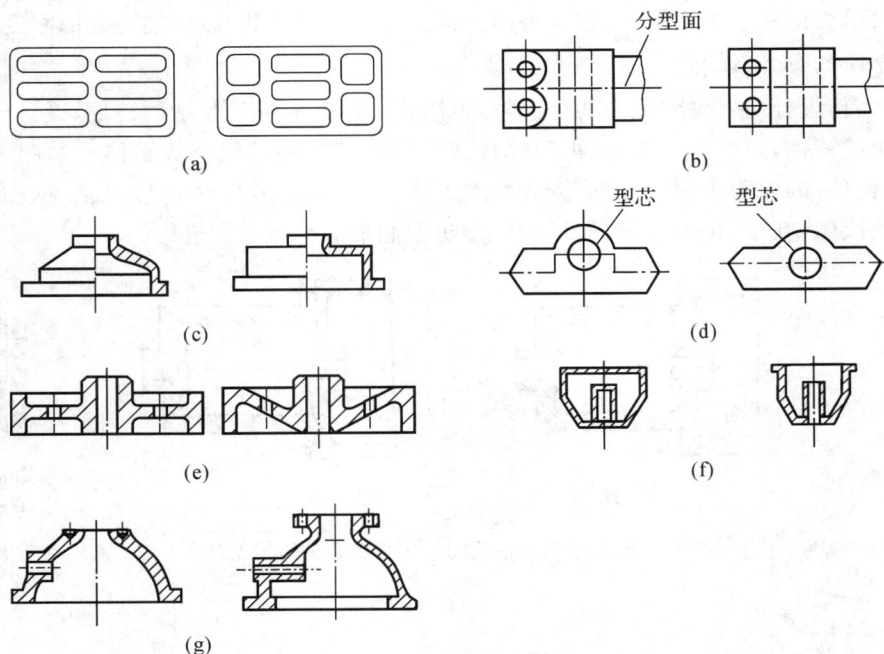

图 10-62 题 2)图

(3)下列铸件在大批量生产时，采用什么铸造方法为宜？

铝活塞 汽轮机叶片 大模数齿轮滚刀 车床床身 发动机缸体 大口径铸铁管 汽车化油器 钢套镶铜轴承

（4）尺寸为 800mm×800mm×30mm 的铸铁钳工平板采用砂型铸造，铸后立即安排机械加工，但使用了一段时间后出现翘曲变形。

①该铸件壁厚均匀，为什么会发生变形？分析原因。

②如何改进平板结构设计，防止铸件变形？

本章小结　　　本章测试

第 11 章　锻压成形

教学目标

(1) 熟悉锻压成形的实质、特点、分类及应用;

(2) 理解金属塑性变形的机理及塑性变形对金属组织和性能的影响,金属的锻造性能及其影响因素;

(3) 掌握自由锻造、模锻、板料冲压的特点、基本工序及应用;

(4) 了解自由锻造、模锻、板料冲压的工艺与结构设计。

本章重点

锻压成形的实质、特点、分类及应用;金属塑性变形的机理;自由锻造、模锻、板料冲压的特点、基本工序及应用。

本章难点

金属塑性变形的机理。

锻压是利用外力使金属坯料产生塑性变形,获得所需尺寸、形状及性能的毛坯或零件的加工方法。锻压是锻造和冲压的总称,它是金属压力加工的主要方式,也是机械制造中毛坯或零件生产的主要方法之一。

11.1　锻压加工的主要方式及特点

11.1.1　塑性成形的基本方式

工程中利用塑性成形的基本生产方式常分为自由锻、模锻、轧制、挤压、拉拔、板料冲压等,如图 11-1 所示。

1.轧制

金属坯料在轧制时通过两个回转的轧辊之间的孔隙,受到轧辊的压力作用而产生塑性变形,坯料的截面面积减小而长度增加,同时借坯料表面与轧辊间摩擦力的作用而使金属通过轧辊连续前进,完成变形并改变其性能的加工方法称为轧制。如图 11-1(a)所示。轧制一般都是热轧,冷轧通常只在轧制薄板时使用。轧制用来加工型材、板材、钢管等产品。

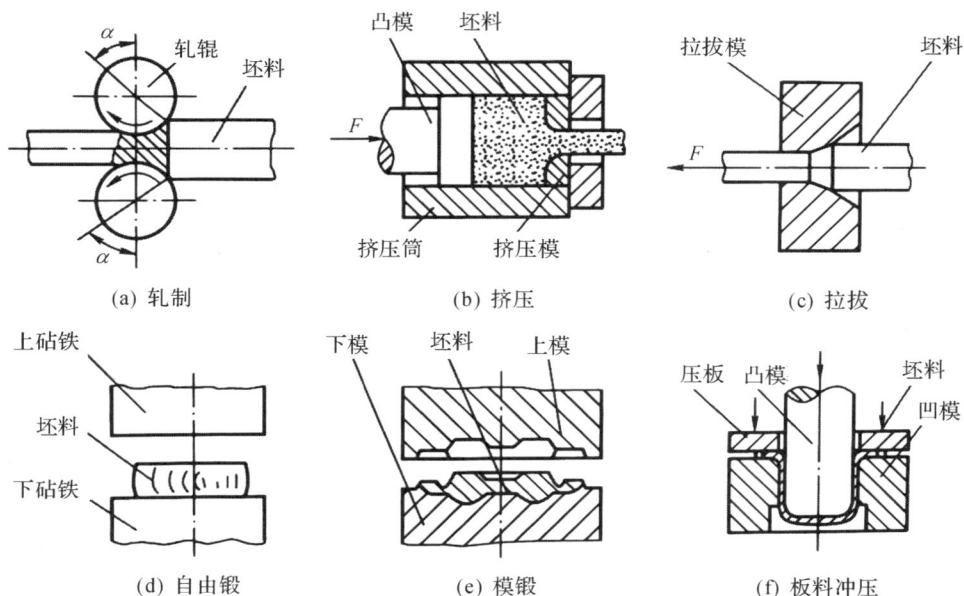

图 11-1　塑性变形成形的基本生产方式

2. 挤压

金属坯料在挤压模内受压被挤出模孔而变形的加工方法称为挤压,如图 11-1(b)所示。挤压可以获得各种复杂截面的型材或零件,适用于加工低碳钢、有色金属及其合金。如采取适当的工艺措施,也可以加工合金钢和难熔合金。

3. 拉拔

将金属坯料在牵引力的作用下从小于坯料截面的模孔中拉出,使之产生塑性变形使其截面面积减小而长度增加的加工方法称为拉拔,如图 11-1(c)所示。拉拔常在冷态下进行,因此又称为冷拔。拉拔主要用于生产各种细线材、薄壁管和特殊几何形状截面的型材。低碳钢和大多数有色金属及其合金,都可以经拉拔成形。

4. 自由锻造

金属坯料在上、下砧铁之间受冲击力或压力作用发生塑性变形,获得所需尺寸、形状和质量的锻件的加工方法称为自由锻造,如图 11-1(d)所示。

5. 模锻

模锻是金属坯料在具有一定形状的锻模模膛内受冲击力或压力作用而变形并充满模镗获得所需锻件的加工方法,如图 11-1(e)所示。

6. 板料冲压

利用冲模使金属板料受压产生分离或变形的加工方法称为板料冲压,如图 11-1(f)所示。板料冲压一般在室温条件下进行,所以又称为冷冲压。

11.1.2　锻压加工的主要特点

总而言之,一般常用的金属型材、板材、管材和线材等原材料,大都是通过轧制、挤压、拉拔等方法制成的。机器制造工业中常用锻压加工的方法来制造毛坯或零件。锻压加工的主要特点如下：

(1)能消除金属内部缺陷，改善金属组织，提高力学性能。金属经压力加工后，可以将铸锭中气孔、缩孔、粗晶等缺陷压合和细化，从而提高金属组织致密度；还可以控制金属热加工流线，提高零件的冲击韧性。

(2)具有较高的生产效率。以生产内六角螺钉为例，用模锻成形比用切削成形效率提高50倍；若采用多工位冷镦工艺，则比用切削成形生产率提高400倍以上。

(3)可以节省金属材料和切削加工工时，提高材料利用率和经济效益。用锻压加工坯料，再经切削加工成为所需零件，要比直接用坯料进行切削加工既省材又省时。例如某型号汽车上的曲轴，质量为17kg，采用钢坯直接切削加工时，钢坯切掉的切屑为轴质量的189%，而采用锻压制坯后再切削加工，切屑只占轴质量的30%，并减少1/6的加工工时。

(4)锻压加工的适应性很强。锻压能加工各种形状和各种质量的毛坯及零件，其锻压件的质量可小到几克，大到几百吨，可单件小批生产，也可以成批生产。

如上所述，锻压不仅是毛坯或零件成形的一种加工方法，而且是改善材料组织性能的一种加工方法。因此，在机械制造业，许多重要零件(如轴类、齿轮、连杆、切削刀具等)，都是采用锻压的方法成形的。但锻压成形困难，对材料的适应性差。因为锻压成形是金属在固态下的塑性流动，其成形比铸造时液态成形困难得多。

锻压与金属塑性变形微课

11.2　金属的塑性变形

塑性变形是锻压加工的基础，也是强化金属的重要手段之一。研究塑性变形的实质、规律和影响因素，对正确选用锻压加工方法，合理设计锻压工艺，提高产品质量有着重要意义。

11.2.1　塑性变形的实质

金属材料在外力作用下将产生变形，其变形的过程是随着外力的增加，金属由弹性变形阶段进入弹—塑性变形阶段。其中在弹性变形阶段，金属变形是可逆的，不能用于成形加工，而弹—塑性变形阶段的塑性变形部分才能用于成形加工。

大多数工业用金属材料都是由许多位向不同的晶粒组成的多晶体。为便于了解金属塑性变形的实质，首先必须认识单晶体的塑性变形机理。

1. 单晶体的塑性变形

单晶体塑性变形方式有两种：滑移和孪生，而滑移是单晶体塑性变形的主要方式。

(1)滑移

滑移是指单晶体在切应力的作用下，晶体的一部分沿着一定的晶面和晶向(称滑移面和滑移方向)相对另一部分产生滑动的现象。

单晶体滑移变形过程如下：

a)晶体未受到外力作用时晶格内原子处于平衡状态，如图11-2(a)所示。

b) 当晶体受到的切应力较小时,晶格将畸变产生弹性剪切变形,如图 11-2(b)所示。

c) 当切应力继续增大到某一临界值时,晶体的上半部沿晶面产生滑移,此时为弹-塑性变形,如图 11-2(c)所示。

d) 晶体发生滑移后,若消除应力,晶体不能全部恢复到原始状态,而使晶体在左右方向增加一个原子间距,这就产生了塑性变形,如图 11-2(d)所示。

(a) 未变形　　　(b) 弹性变形　　　(c) 弹-塑性变形　　　(d) 塑性变形

图 11-2　单晶体的滑移变形示意图

(2)孪生

孪生是指在切应力作用下,晶体的一部分相对于另一部分沿一定的晶面(孪生面)发生转动,转动后的原子以孪生面为界面与未转动部分呈镜面对称,其变形过程如图 11-3 所示。当滑移变形受到限制时,塑性变形可能以孪生变形方式进行。如镁、锌、镉等具有密排六方晶格的金属滑移变形比较困难,容易产生孪生变形。

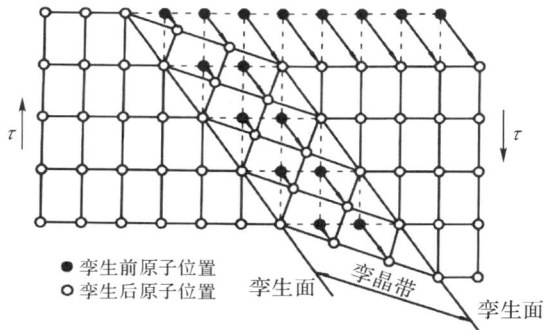

● 孪生前原子位置
○ 孪生后原子位置

孪生面　　孪晶带　　孪生面

图 11-3　单晶体的孪生变形示意图

2.多晶体的塑性变形

工业上所用的金属绝大部分是多晶体,是由大量的形状、大小、晶格排列位向各不相同的晶粒所组成。各晶粒之间是一层很薄的晶粒边界,晶界是相邻两个位向不同晶粒的过渡层,又因晶界处有杂质存在,原子排列是不规则的。由此可知,多晶体塑性变形比单晶体塑性变形复杂得多。

多晶体的塑性变形一般可分为晶内变形和晶间变形两种形式。晶粒内部的塑性变形称为晶内变形。晶粒与晶粒之间相对产生滑动或转动称为晶间变形。晶内变形方式和单晶体的塑性变形方式一样,也是滑移和孪生。图 11-4 为多晶体塑性变形示意图。

但由于多晶体的晶粒各个位向不同,因此在外力的作用下,各个晶粒产生滑移变形的难易程度有很大差别。有些晶粒处于有利于滑移变形的条件,有些则不利,这主要取决于晶粒

(a) 变形前　　　　　　(b) 变形后

图 11-4　多晶体塑性变形示意图

内晶格排列的位向,晶格位向在与外力作用方向成 45°的滑移平面首先产生滑移,因为此时切应力最大,最先达到发生塑性变形所需要的临界值,一般滑移运动到晶界止。而邻近的一些晶粒在已滑移晶粒转动的影响下,由不利于滑移位向转到有利于滑移位向,并产生滑移。

由此可见,多晶体中由于晶粒的晶格排列的位向不同,受外力的作用时,变形首先从晶格位向有利于滑移的晶粒内开始,随着应力的增加,再发展到晶格位向不利于滑移的晶粒。当滑移发展到晶界处,由于晶界处的组成结构所致,必然受到阻碍,因此多晶体的塑性变形抗力要比同种金属的单晶体高得多。而且,晶界处原子排列越紊乱,受到的阻力就越大,且晶粒越细,晶界就越多,变形抗力就越大,金属的强度就越高。同时,晶粒越细,晶粒分布越均匀,越不容易造成应力集中,使金属具有较好的塑性和冲击韧性。所以,在生产中常采用热处理或压力加工的方法细化晶粒,以提高金属的性能。

11.2.2　塑性变形对金属组织和性能的影响

1. 冷变形强化

金属在较低温度下经过塑性变形后,随着变形程度的增加,内部组织将发生下列变化:晶粒沿变形最大的方向伸长;晶格发生扭曲(畸变),产生内应力;滑移面附近及晶粒间产生碎晶。

随着冷变形(再结晶温度以下的变形)程度的增加,材料的力学性能也会随之发生变化,金属的强度、硬度提高,塑性和韧性下降(图 11-5),这种现象称为冷变形强化,又称为加工硬化。这是由于塑性变形引起滑移面附近晶格发生严重畸变,甚至产生碎晶,增大了滑移阻力,使继续滑移难以进行。

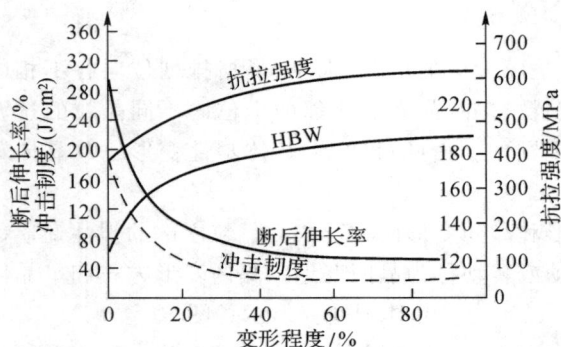

图 11-5　冷变形对低碳钢力学性能的影响

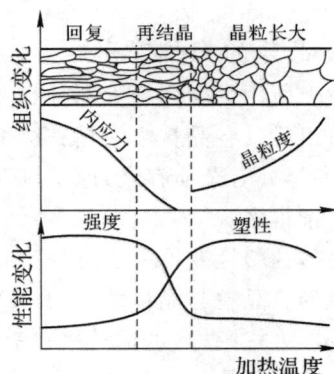

图 11-6　冷变形金属加热时组织和性能的变化

冷变形强化现象在工业生产中具有重要意义。生产上常利用其来强化金属,提高其强度、硬度及耐磨性。尤其对纯金属、低碳钢、防锈铝合金、某些铜合金及镍铬不锈钢等难以通过热处理强化的材料,冷变形强化更是唯一有效的强化方法(如冷轧、冷拔、冷挤压、冷冲压等)。

2. 回复与再结晶

金属冷变形强化组织是一种不稳定的组织,处于高位能的原子具有自发回复到稳定状态的趋势。但是,在低温下原子的活动能力较弱,几乎观察不到。当温度升高时,金属原子获得热能,热运动加剧,最后趋于较稳定的状态,金属的组织和性能也会发生一系列的变化。随着加热温度的提高,冷变形金属相继会发生回复、再结晶和晶粒长大三个阶段的变化,如图 11-6 所示。

(1)回复　加热温度升高到回复温度($T_回$)时,原子回复到正常排列,晶格畸变基本消除,内应力明显降低。此时,金属的强度、硬度稍有降低,塑性、韧性略有提高,冷变强化现象得到部分消除。这一过程称为回复。对于纯金属,金属的回复温度一般用下列公式表示:

$$T_回 = (0.25 \sim 0.30)T_熔 \tag{11.1}$$

式中:$T_回$——金属的回复温度(K);

　　　$T_熔$——金属的熔点(K)。

在生产中,利用回复处理来保持金属有较高强度和硬度的同时,还适当提高其塑性、韧性,降低内应力。如碳钢弹簧在冷卷加工后加热到 250～300℃进行一次低温回火热处理,消除内应力,就是利用回复的原理。

(2)再结晶　经冷加工变形后的金属重新加热到再结晶温度($T_再$)时,其显微组织会发生显著变化。这时,原子获得了足够的活动能量,能够在高密度位错的晶粒边界或碎晶处形成晶核,并不断长大,按变形前的晶格结构形成新的细小、均匀的等轴晶粒,从而完全消除晶格畸变和冷变形强化现象。对于纯金属,金属的再结晶温度一般用下列公式表示:

$$T_再 = 0.40T_熔 \tag{11.2}$$

式中:$T_再$——金属的再结晶温度(K);

　　　$T_熔$——金属的熔点(K)。

再结晶以后金属的加工硬化完全消除,内应力也完全消除,并恢复良好的塑性及冷变形前的金属耐蚀性、导电性和导磁性。在实际生产中,如拉拔、冷拉和冷冲过程中,由于加工硬化的产生,增加了塑性变形的难度,常采用加热的方法使金属发生再结晶,恢复材料的塑性,以便于进一步加工。

(3)晶粒长大　再结晶过程完成以后,若继续升高加热温度,或延长保温时间,再结晶产生的细晶粒又会逐渐长大。晶粒长大是一种自发过程,通过大晶粒吞并小晶粒和晶界的迁移来实现。晶粒长大将导致材料的力学性能下降,应尽量避免。

3. 冷变形与热变形

金属在再结晶温度以下进行的塑性变形称冷变形,如冷轧、冷挤、冷冲压等。金属在冷变形的过程中,不发生再结晶,只有加工硬化的现象,所以冷变形后金属得到强化,并且获得的毛坯和零件尺寸精度、表面质量都很好。但冷变形的变形程度不宜过大,以免金属产生破裂。金属在再结晶温度以上进行塑性变形称热变形,如热轧、热挤、锻造等。金属在热变形的过程中,既产生加工硬化,又有再结晶发生,不过加工硬化现象会随时被再结晶消除,所以热变形后获得的毛坯和零件的力学性能(特别是塑性和冲击韧性)很好。

11.2.3 锻造流线和锻造比

在热变形过程中,分布在金属铸锭晶界上的夹杂物难以发生再结晶,粗大的晶粒破碎,并沿着金属流动方向拉长,与此同时,铸锭中的脆性杂质顺着金属主要伸长方向呈碎粒状或链状分布;而塑性杂质随着金属变形,并沿主要伸长方向呈带状分布,这样热锻后的金属组织就具有一定的方向性,通常称为锻造流线,又称为纤维组织,如图 11-7 所示。锻造流线的存在,使材料的力学性能出现了各向异性。锻造流线越明显,金属在纵向(平行纤维方向)的强度、塑性和韧性提高,横向(垂直纤维方向)则性能下降。

1—下轧辊;2—铸态晶粒;3—上轧辊;4—再结晶细晶粒;5—纤维组织;6—变形后的晶粒。
图 11-7　铸锭在热轧后的组织变化

锻造流线不会因热处理而改变,只能通过压力加工才能改变其方向和形状。因此,在设计和制造零件时,必须考虑锻造流线的合理分布,充分发挥其纵向性能高的优势,限制其横向性能差的劣势。一般应遵循以下两点:

(1)使零件工作时承受的最大拉应力方向与纤维方向一致,最大切应力方向与纤维方向垂直;

(2)尽可能使纤维方向与零件的外形轮廓相符合而不被切断。

生产中用局部镦粗制造螺钉、模锻制造曲轴、用弯曲冲压成形生产吊钩,这三种锻压件形成的纤维组织流线就能较好地适应零件的受力情况,如图 11-8 所示。

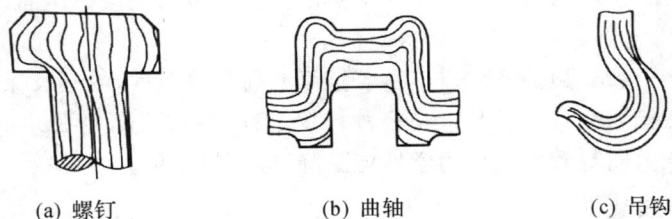

(a) 螺钉　　　　　(b) 曲轴　　　　　(c) 吊钩
图 11-8　锻造流线的合理分布形式

纤维组织的明显程度与金属的变形程度有关。变形程度越大,纤维组织越明显。变形程度常用锻造比来表示。锻造比与锻造成形工序有着密切联系,拔长时锻造比用 $Y_{拔长}$ 表

示,镦粗时锻造比用 $Y_{镦粗}$ 表示,具体公式如下:

$$拔长时: Y_{拔长} = \frac{S_0}{S} \tag{11.3}$$

$$镦粗时, Y_{镦粗} = \frac{H_0}{H} \tag{11.4}$$

式中: S_0、H_0——坯料变形前的横截面面积和高度;

　　　S、H——坯料变形后的横截面面积和高度。

锻造比的大小影响金属的力学性能和锻件质量。通常情况下,增加锻造比有利于改善金属的组织与性能,但锻造比过大也无益。一般来说,当锻造比 $Y < 2$ 时,随着锻造比的增加,钢的内部组织不断细密化,锻件力学性能得到明显提高;当 $Y = 2 \sim 5$ 时,在变形金属中开始形成纤维组织,锻件的力学性能开始出现各向异性;当 $Y > 5$ 时,钢材组织的紧密程度和晶粒细化程度已接近极限,力学性能不再提高,各向异性则进一步增加。因此,选择合适的锻造比十分重要。应根据坯料的种类、锻件尺寸、所需性能和锻造工序等多方面因素进行选择。用轧制钢材或锻坯作为坯料时,内部组织已得到改善,一般取 $Y = 1.1 \sim 1.5$;用钢锭作为坯料时,对于碳素结构钢,可取 $Y = 2 \sim 3$;对于合金结构钢,可取 $Y = 3 \sim 4$;对有铸造缺陷严重、碳化物粗大的高合金钢钢锭,需采用较大的锻造比,如不锈钢的锻造比取 $Y = 4 \sim 6$,高速钢的锻造比取 $Y = 5 \sim 12$。

11.2.4　金属材料的锻压性能

金属材料的锻压性能是指金属材料经锻压成形获得合格制件的难易程度。锻压性能常用金属材料的塑性和变形抗力来综合衡量。塑性越好,变形抗力越小,则金属材料的锻压性能越好。金属材料的锻压性能取决于金属的本质和变形条件。

1. 金属的本质

(1)化学成分　不同化学成分的金属,锻压性能不同。一般纯金属比合金的塑性好,变形抗力小,所以锻压性能好。对于碳钢,随碳含量的增加,塑性降低,锻压性能变差。对于合金钢,合金元素含量越多、成分越复杂,其锻压性能越差。

(2)金属组织　金属的组织状态不同,其可锻性也不同。单一固溶体比金属化合物的塑性高,变形抗力小,可锻性好。同样,单一固溶体组织,晶格类型不同,其可锻性也不同,奥氏体比铁素体的可锻性好,而奥氏体、铁素体的可锻性远远高于渗碳体,因此渗碳体不宜锻压加工。粗晶结构比细晶结构的可锻性差。

2. 变形条件

(1)变形温度　在一定温度范围内,随着温度的升高,原子间的结合力减弱,金属的塑性提高,变形抗力减小,改善了金属的锻压性能。因此,适当提高变形温度对改善金属的锻压性能有利。热变形抗力通常只有冷变形的 $\frac{1}{15} \sim \frac{1}{10}$,故热变形在生产中得到广泛应用。

金属的加热应控制在一定的温度范围内,否则会产生过热、过烧、脱碳和严重氧化等加热缺陷。

锻造时,必须合理地控制锻造温度范围,即始锻温度(开始锻造的温度)与终锻温度(停止锻造的温度)之间的温度间隔。始锻温度是指金属在锻造前加热允许的最高温度。始锻温度的确定原则是在不产生过热、过烧等缺陷的前提下,尽量提高,以提高金属的塑性成形性能。在锻造过程中,随着温度的降低,塑性变差,变形抗力增大,当温度降低到一定程度后,不但工件变形困难,而且容易开裂,此时必须停止锻造,继续锻造需重新加热。终锻温度也不能过高,否则停锻后晶粒会在高温下继续长大,造成锻件内部晶粒粗大。终锻温度的确定原则是在不产生裂纹的前提下,尽量降低,以扩大锻造温度范围,提高生产率,并防止锻件冷却后得到粗晶粒组织。

确定锻造温度范围的理论依据主要是合金相图。碳钢的始锻温度应在固相线 AE 以下 $150\sim250℃$,在 $1050\sim1250℃$ 之间,终锻温度约为 $750\sim850℃$,钢中碳的质量分数不同,其终锻温度也不同,如亚共析钢的终锻温度,一般控制在 GS 线以下两相区(A+F),而过共析钢的终锻温度控制在 PSK 线以上 $50\sim70℃$,是为了反复锻打击碎沿晶界分布的网状二次渗碳体。碳素钢的锻造温度范围如图 11-9 所示。

(2)变形速度 变形速度是指金属(材料)在单位时间内的变形量。变形速度对金属的塑性及变形抗力的影响如图 11-10 所示。

在临界变形速度 C 之前,随着变形速度的增加,金属的塑性下降,变形抗力增加。这是由于金属变形速度增大,使金属的再结晶进行得不完全,不能全部消除加工硬化,最后导致金属可锻性变差。在临界变形速度 C 之后,消耗于金属塑性变形的能量转化为热能,即热效应。由于热效应的作用,使金属温度升高,塑性上升,变形抗力减小,金属易锻压加工。变形速度越高,其热效应也越明显。这种热效应现象,只有使用高速锤时才能实现,而普通锻压设备由于其变形速度不能超过临界值,故不太明显。

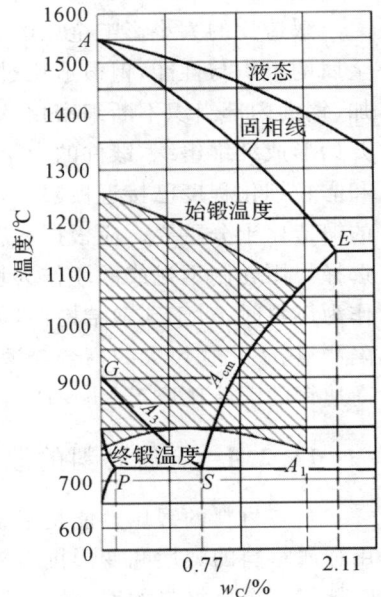

图 11-9 碳素钢的锻造温度范围

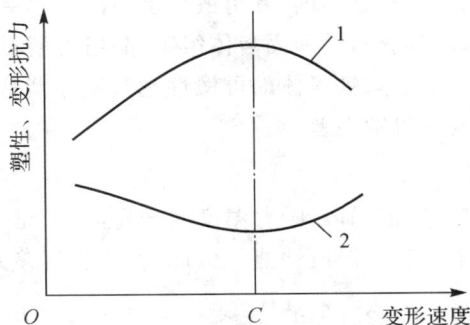

1—变形抗力曲线;2—塑性变化曲线。

图 11-10 变形速度对金属锻压性能的影响

锻造工艺过程微课

(3)应力状态 金属在锻压加工时,由于采用的方式不同,金属受力时产生的应力状态也不同,因此其锻压性能也有一定区别。挤压时金属三个方向承受压应力,如图 11-11(a)所示。在压应力的作用下,金属呈现出很高的塑性,因为压应力有助于恢复晶界联系,压合金属内部的孔洞等缺陷,可阻碍裂缝形成和扩展。但压应力将增大金属的摩擦,提高金属的变形抗力,锻压加工时需要设备的吨位大。拉拔时金属呈两向压应力和一向拉力状态,如图 11-11(b)所示。拉应力易使金属内部的缺陷处产生应力集中,增加金属破裂倾向,表现出金属的塑性下降。

实践证明,三向应力状态中的压应力数越多,金属的塑性越好;拉应力数目越多,其塑性越差。

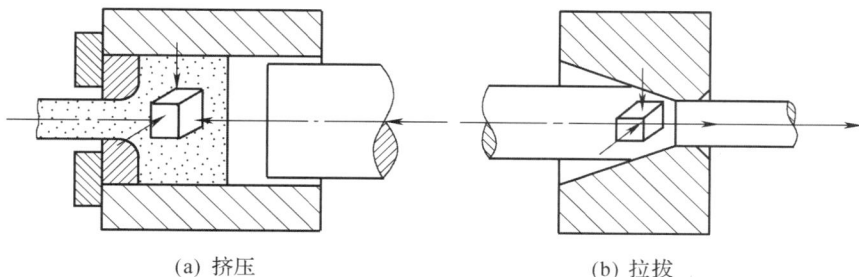

(a) 挤压   (b) 拉拔

图 11-11 不同变形方式时金属的应力状态

综上所述,在锻压加工中,合理选用金属材料和创造有利的变形条件,是提高金属塑性、降低变形抗力、提高其可锻性的最基本条件,这样才能以较小的能量消耗获得高质量的锻压件。

11.3 自由锻造

锻造是毛坯成形的重要手段,尤其在工作条件复杂、力学性能要求高的重要结构零件的制造中,具有重要的地位。锻造分为自由锻、模锻和胎模锻。自由锻金属坯料在变形时,除与工具接触的部分外均作自由流动。

自由锻造
微课

11.3.1 自由锻造的特点及方法

1. 自由锻造的特点

(1)改善零件毛坯组织结构,提高力学性能。在自由锻过程中,金属内部粗晶结构被打碎;气孔、缩孔、裂纹等缺陷被压合,提高了致密性,金属的纤维流线在锻件截面上合理分布,能够大大提高金属的力学性能。

(2)自由锻成本低,经济性合理。其所用设备、工具通用性好,生产准备周期短,便于更换产品。

(3)自由锻工艺灵活,适用性强。锻件质量可以从 1kg 到 300t,是锻造大型锻件的唯一方法。

(4)自由锻件尺寸精度低。自由锻件的形状、尺寸精度取决于技术工人的水平。

因此,自由锻主要用于单件小批、形状不太复杂、尺寸精度要求不高的锻件及一些大型锻件的生产。

2.自由锻设备

自由锻过程中主要靠坯料的局部变形的方式达到成形的目的,所以需要的设备能力比模锻小。常用的自由锻设备有锻锤和压力机两大类。通常,几十公斤的小锻件采用空气锤,2t 以下的中小型锻件采用蒸汽一空气锤,大钢锭和大锻件则在水压机上锻造。

(1)空气锤　它是利用电动机带动活塞产生压缩空气,使锤头上下往复运动进行锤击。它的特点是结构简单、操作方便、维护容易,但吨位较小(小于 750kg),只能用来锻造 100kg以下的小型锻件。锻锤的吨位以落下部分的质量来表示。

(2)蒸汽一空气锤　蒸汽一空气自由锻锤是以蒸汽和压缩空气作为动力实现锤头的连续击打动作,其吨位稍大,可以锻造中型或较大型锻件。蒸汽一空气锤的吨位可达 630～5000kg,可锻造小于 1500kg 的锻件。

(3)水压机　水压机产生静压力使金属坯料变形。目前大型水压机可达万吨以上,能锻造 300t 的锻件。水压机的吨位以所能产生的最大压力来表示,一般为 5～150MN。水压机的优点在于它以压力代替锻锤的冲击力,工作时的振动和噪声小,变形速度低,有利于改善坯料的塑性成形性能。由于静压力作用时间长,容易达到较大的锻透深度,可获得整个断面均为细晶组织的锻件。

11.3.2　自由锻的基本工序

根据作用与变形要求不同,自由锻的工序分为基本工序、辅助工序和精整工序三类。

1.基本工序

基本工序是用来改变坯料的形状和尺寸以达到锻件基本成形的工序,包括镦粗、拔长、冲孔、弯曲、切割、扭转、错移等,其中最常用的是镦粗、拔长和冲孔。常见自由锻的基本工序的定义及应用见表 11-1。

表 11-1　常见自由锻的基本工序的定义及应用

工序名称	定义	图例	应用
镦粗	镦粗:减少坯料高度而增大其横截面面积的锻造工序 局部镦粗:对坯料上某一部分进行镦粗	 镦粗　　　　局部镦粗	(1)制造盘类零件,如齿轮坯、圆盘等 (2)作为冲孔前的准备工序 (3)增大锻造比
拔长	拔长:使坯料横截面面积减小长度增加的锻造工序 芯轴拔长:减小空心毛坯的外径和壁厚,增加其长度	 平砧拔长　　　芯轴拔长	(1)制造细长类锻件,如轴类、连杆等 (2)制造空心长轴类、圆环类锻件,如炮筒、圆环、套筒等

续表

工序名称	定义	图例	应用
冲孔	冲孔：用冲头在坯料上冲出通孔或不通孔的锻造工序	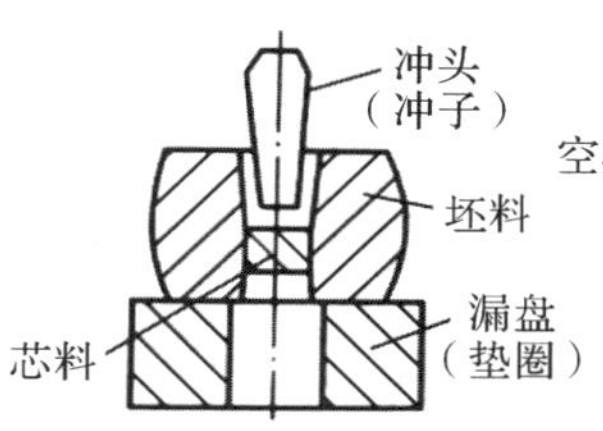 冲头（冲子）坯料 芯料 漏盘（垫圈）实心冲子冲孔 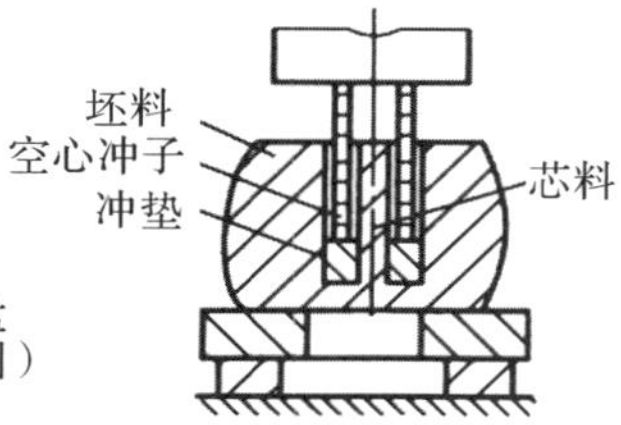　坯料 空心冲子 冲垫 芯料 空心冲子冲孔	(1)锻造各种带孔锻件和空心锻件，如齿轮、圆环、套筒等 (2)锻件质量要求高的大型工件，可用空心冲孔去掉质量较低的铸锭中心
弯曲	将坯料弯成一定角度和形状的锻造工序	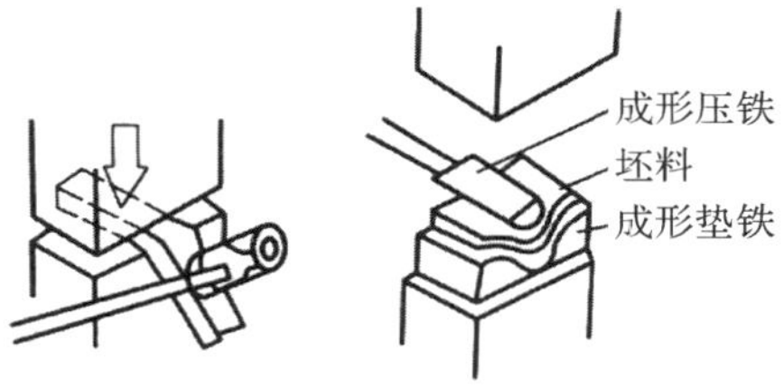 成形压铁 坯料 成形垫铁	用来生产吊钩、弯板、链环等
扭转	将坯料的一部分相对于另一部分旋转一定角度的锻造工序	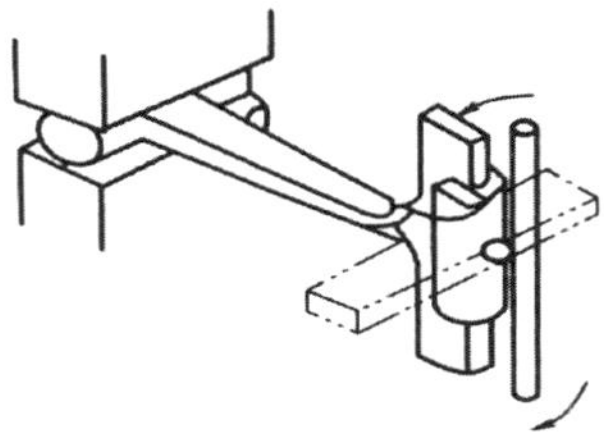	用来制造多拐曲轴和校正某些锻件等
错移	将坯料的一部分相对于另一部分错开，但两部分轴线仍保持平行的锻造工序	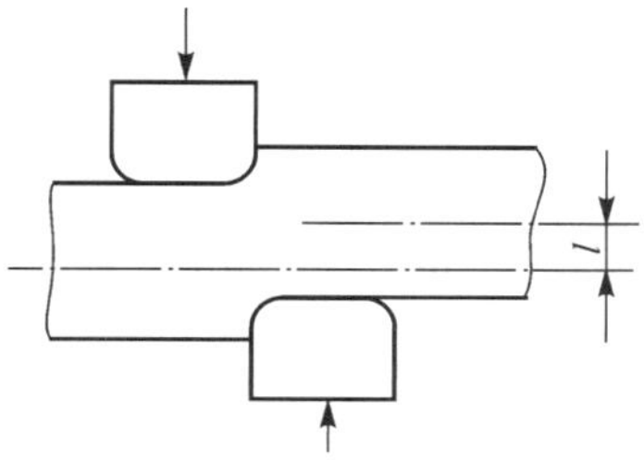	用于锻造曲轴等

2. 辅助工序

辅助工序是为基本工序操作方便而进行的预先变形工序，如压钳口、倒棱、切肩等。

3. 精整工序

精整工序是修整锻件的最后尺寸和形状，消除表面的不平和歪扭，使锻件达到图样要求的工序，如修整鼓形、平整端面、校直弯曲等。

11.3.3　自由锻工艺规程的制订

制订工艺规程、编写工艺卡片是进行自由锻生产必不可少的技术准备工作，是组织生产、规定操作规范、控制和检查产品质量的依据，自由锻造工艺规程的制订主要包括绘制锻件图、坯料质量和尺寸计算、确定锻造工序、选择锻造设备及吨位、确定坯料锻造温度范围、锻件冷却及热处理和填写工艺卡等。

1. 绘制锻件图

锻件图是自由锻工艺规程中的核心内容,是以零件图为基础结合自由锻工艺特点绘制而成的。绘制锻件图应考虑以下几个因素:

(1)敷料 为了简化锻件形状、便于锻造而增加的一部分金属称为敷料,也叫余块。当零件上带有难以直接锻出的凹槽、台阶、凸肩、小孔时,均需添加敷料,如图 11-12(a)所示。

(2)加工余量 自由锻件尺寸精度和表面质量较差,一般都需切削加工后制成零件。因此,锻件上需要切削加工的表面,应留有加工余量。锻件加工余量的大小与零件的形状、尺寸等因素有关。零件越大,形状越复杂,则余量越大。加工余量的具体数值可结合生产的实际条件查表确定。

(3)锻件公差 零件的公称尺寸加上加工余量即为锻件的公称尺寸。锻件公差是指锻件公称尺寸的允许变动量。公差的数值可查阅有关手册,通常为加工余量的 1/4~1/3。

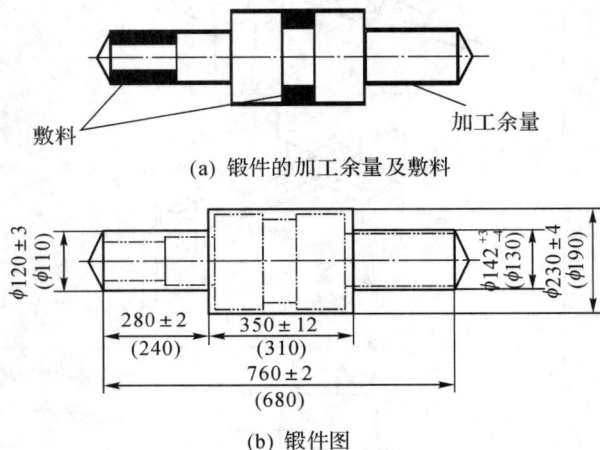

(a) 锻件的加工余量及敷料

(b) 锻件图

图 11-12 典型锻件图

确定了加工余量、公差和敷料(余块)后,便可绘出锻件图。锻件图的外形用粗实线表示,零件的外形用双点画线表示。锻件的公称尺寸与公差标注在尺寸线上面,零件的尺寸标注在尺寸线下面的括号内,如图 11-12(b)所示。

2. 坯料质量和尺寸计算

(1)坯料质量的计算 其计算公式为:

$$m_坯 = m_{锻件} + m_{烧损} + m_{料头} + m_{芯料} \tag{11.5}$$

式中:$m_坯$——坯料质量;

$m_{锻件}$——锻件质量;

$m_{烧损}$——加热时坯料表面氧化而烧损的质量,第一次加热取加热金属的 2.0%~3.0%,以后各次 1.5%~2.0%;

$m_{料头}$——锻造时切去料头的质量;

$m_{芯料}$——冲孔时芯料的质量。

（2）坯料尺寸的计算 首先根据材料的密度和坯料质量计算坯料的体积，然后再根据基本工序的类型（如拔长、镦粗）及锻造比计算坯料横截面面积、直径、边长等尺寸。

镦粗时，为了避免镦弯，便于下料，坯料的高径比（H_0/D_0）应满足下面不等式要求：

$$1.25 \leqslant H_0/D_0 \leqslant 2.5 \tag{11.6}$$

由于坯料的质量已知，可计算出坯料的体积，再确定坯料的截面尺寸（直径或边长），最后确定坯料的长度。

拔长时，根据坯料拔长后的最大截面需满足锻造比 Y 的要求，坯料截面面积 $S_{坯}$ 应大于或等于锻件最大截面面积 $S_{锻max}$ 的 1.1～1.5 倍，即 $S_{坯} \geqslant YS_{锻max} = (1.1～1.5)S_{锻max}$，然后根据坯料横截面面积 $S_{坯}$ 可求出坯料直径或边长。

3. 确定锻造工序

锻造工序应根据锻件的形状、尺寸和技术要求，并综合考虑生产批量、生产条件以及各工序的变形特点，参照有关典型零件的自由锻工艺确定。自由锻锻件分类及锻造工序见表 11-2。

表 11-2 自由锻锻件分类及锻造工序

锻件类别	图例	锻造工序
盘类锻件		镦粗、冲孔
轴类锻件		拔长、切肩、锻台阶
筒类锻件		镦粗、冲孔、在芯轴上拔长
环类锻件		镦粗、冲孔、在芯轴上扩孔
曲轴类锻件		拔长、错移、锻台阶、扭转
弯曲类锻件		拔长、弯曲

4.选择锻造设备及吨位

选择锻造设备及吨位的依据是锻件的尺寸和质量等,同时还要考虑现有的设备条件。

5.确定坯料锻造温度范围

常用金属材料锻造温度范围可参照表 11-3 选取。

表 11-3　常用金属材料锻造温度范围

金属材料	始锻温度/℃	终锻温度/℃	锻造温度范围/℃
碳素结构钢	1200～1250	800～850	400～450
碳素工具钢	1050～1150	750～800	300～350
合金结构钢	1150～1200	800～850	350
合金工具钢	1050～1150	800～850	250～300
高速工具钢	1100～1150	900	200～250
耐热钢	1100～1150	850	250～300
弹簧钢	1100～1150	800～850	300
轴承钢	1080	800	280

6.填写工艺卡

自由锻造工艺规程各项内容所组成的工艺文件就是工艺卡,盘类典型锻件齿轮坯的自由锻工艺卡见表 11-4。

表 11-4　齿轮坯的自由锻工艺卡

锻件名称	齿轮坯	工艺类别	自由锻
材料	45	设备	65kg 空气锤
加热火次	1	锻造温度范围	始锻温度:1200℃ 终锻温度:800℃
锻件图 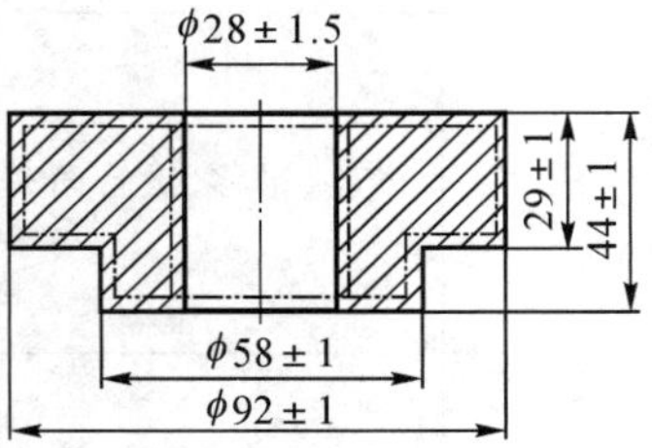		坯料图 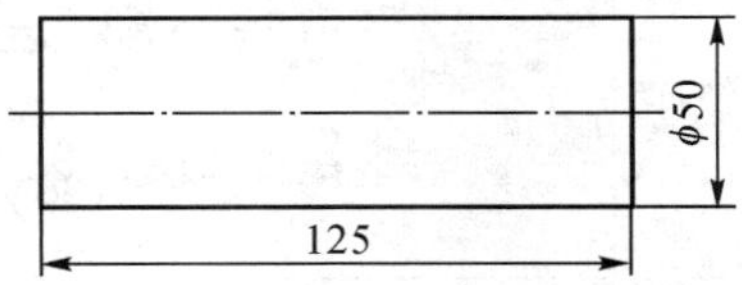	

续表

序号	工序名称	工序简图	使用工具	操作要点
1	镦粗	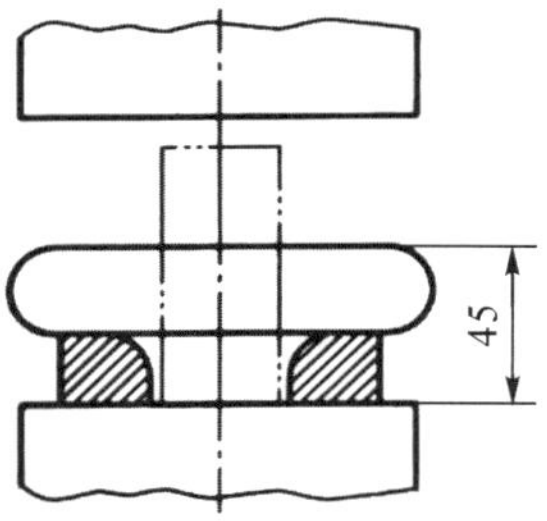	夹钳 镦粗漏盘	控制镦粗后的高度为 45mm
2	冲孔	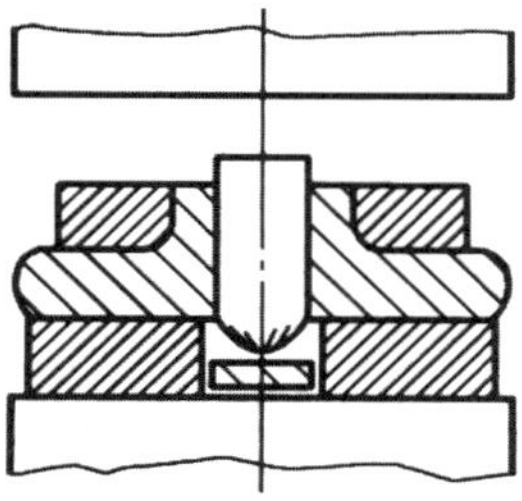	夹钳 镦粗漏盘 冲子 冲孔漏盘	(1)注意冲子对中 (2)采用双面冲孔,图示为翻转冲透的状态
3	修整外圆	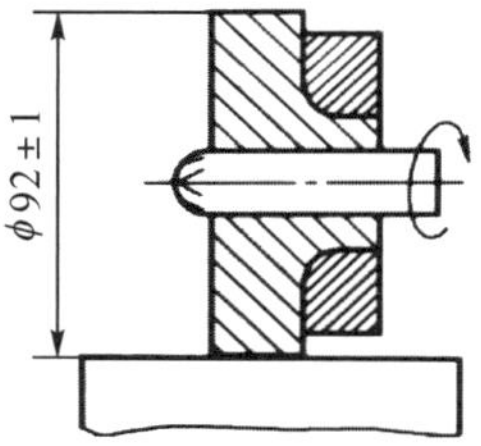	夹钳 冲子	边轻打边旋转锻件,使外圆消除纹形并达到($\phi 92\pm 1$)mm
4	修整平面	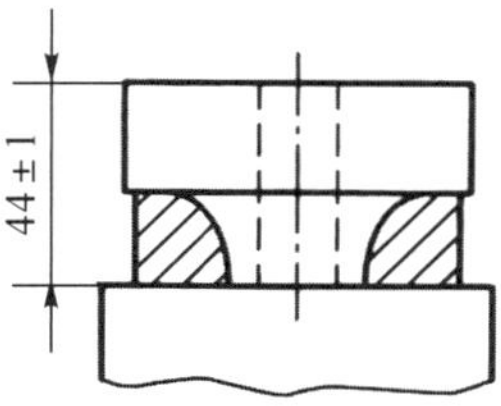	夹钳 镦粗漏盘	轻打(如砧面不平,需边打边转动锻件),使锻件厚度达到(44 ± 1)mm

11.3.4　自由锻锻件的结构工艺性

自由锻一般使用的是通用、简单的工具,锻件的形状和尺寸主要靠工人的操作技术来保证,因此进行自由锻件设计时,应在满足使用性能的前提下,使其形状尽量简单,易于锻造。

1. 锻件上应尽量避免锥面或斜面

锻件上的圆锥面或斜面(图 11-13(a))结构采用自由锻不易锻出,为减少专用工具、简化锻造工艺和提高生产率,尽量用圆柱面代替圆锥面,用平面代替斜面(图 11-13(b))。

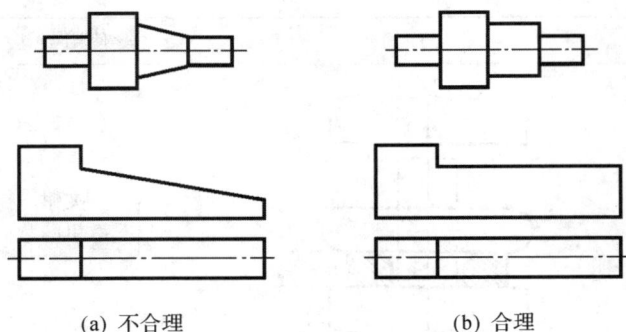

(a) 不合理　　　　　　　(b) 合理

图 11-13　避免锥面或斜面结构

2.避免几何体的交接处形成空间曲线

图 11-14(a)所示的圆柱面与圆柱面相交成形难以锻出,非规则截面和非规则外形也难以锻出,应改成图 11-14(b)所示的平面相交,消除空间曲线,使得锻造难度下降。

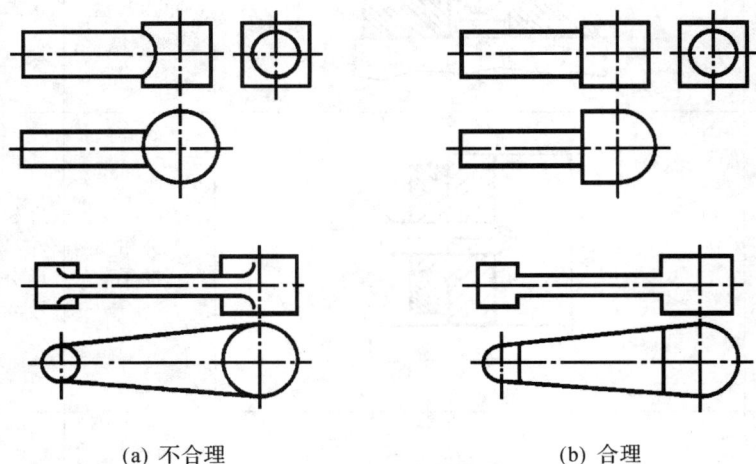

(a) 不合理　　　　　　　(b) 合理

图 11-14　避免几何体交接处形成空间曲线

3.避免加强筋和凸台等结构

具有加强筋或表面有凸台结构(图 11-15(a))的锻件自由锻难以锻出,应采用无加强筋或无凸台结构(图 11-15(b))。

4.合理采用组合结构

对于截面尺寸相差很大和形状比较复杂的零件,可考虑将零件分成几个简单的部分分别锻造出来,再用焊接或机械连接的方式组成整体。如图 11-16 所示。

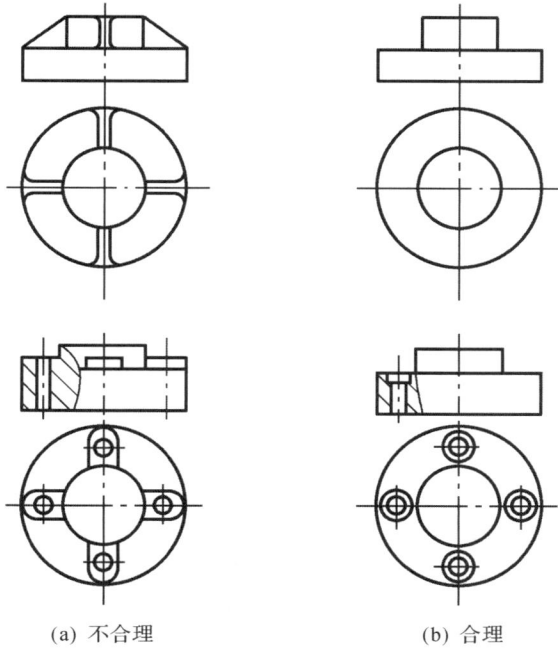

(a) 不合理　　　　　　　(b) 合理

图 11-15　避免加强筋和凸台结构

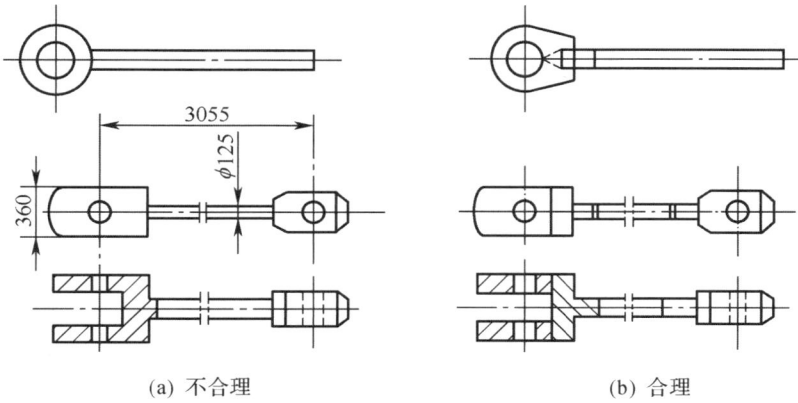

(a) 不合理　　　　　　　(b) 合理

图 11-16　合理采用组合结构

11.4　模锻

11.4.1　模锻的特点及适用范围

模锻时金属坯料是在模膛内变形,因此获得的锻件形状与模膛相同,与自由锻相比,模锻具有以下优点:

（1）由于有模膛引导金属的流动，锻件的形状可以比较复杂；

（2）锻件内部的锻造流线比较完整，锻件若能合理利用流线组织，可提高零件的力学性能和使用寿命；

（3）可得到表面比较光洁、尺寸精度较高的锻件，从而可以减小加工余量，节约金属材料和切削加工工时；

（4）操作简单，易于实现机械化，生产率高。

但是，模锻设备的投资大，锻模的设计、制造周期长，费用高。由于受到模锻设备压力的限制，模锻件的质量一般在 150kg 以下。因此，模锻主要适用于大批量生产中、小型锻件。

模锻微课

11.4.2　常用模锻方法

按使用设备的不同将模锻分为锤上模锻、压力机上模锻和胎模锻等。

1. 锤上模锻

锤上模锻所用的设备主要是蒸汽—空气模锻锤，如图 11-17 所示。其工作原理与蒸汽—空气自由锻锤基本相同，在结构上与自由锻锤的最大区别在于砧座与锤身连接，形成封闭结构，锤头与导轨的间隙较小，使锤头的上下运动更精确，可保证锻模的合模准确性，以保证锻件的精度。模锻锤的吨位为 1～16t，可生产 150kg 以下的模锻件。

锻模结构如图 11-18 所示，它由上、下模两部分组成，上模 2 和下模 4 分别用紧固楔铁 10、7 安装在锤头 1 下端和模垫 5 的燕尾槽内，模垫用紧固楔铁 6 固定砧座上。锻造时下模不动，上模随锤头一起上下往复运动对坯料进行锤击，锻出所需要的锻件。上、下模接触时，上、下模中间所形成的空间称为模膛 9，8 为分型面，3 为飞边槽。模锻的变形工步都是在相应的模膛中完成的。

根据模膛的功用不同，锻模模膛分为制坯模膛和模锻模膛两类。

（1）制坯模膛

对于形状复杂的锻件，先将原始坯料在制坯模膛内锻成接近于锻件的形状，然后再放到模锻模膛内进行锻造。

根据制坯工序的不同，制坯模膛又分为拔长模膛、滚压模膛、弯曲模膛和切断模膛等。

a）拔长模膛。用来减小坯料某部分的横截面面积，以增加该部分的长度，主要用于长轴类锻件的制坯。拔长模膛如图 11-19 所示。

b）滚压模膛。在坯料长度基本不变的前提下，减小某部分的横截面面积，增大另一部分的横截面面积，主要用于某些变截面长轴类锻件的制坯。滚压模膛如图 11-20 所示。

c）弯曲模膛。对于弯曲的杆类模锻件，需用弯曲模膛来弯曲坯料，主要用于具有弯曲轴线的锻件的制坯。弯曲模膛如图 11-21 所示。

d）切断模膛。它是由上模与下模的角部组成的一对刃口，用来切断金属。单件锻造时，用它从坯料上切下锻件或从锻件上切下钳口；多件锻造时，用切断模膛分离成单个锻件。切断模膛如图 11-22 所示。

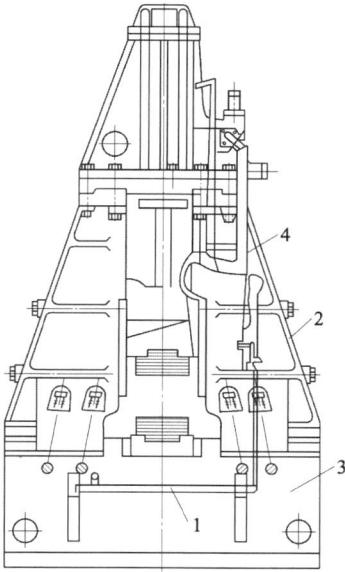

1—踏板；2—机架；3—砧座；4—操纵杆。

图 11-17　蒸汽—空气模锻锤

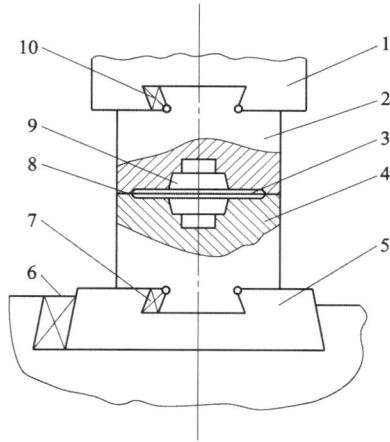

1—锤头；2—上模；3—飞边槽；4—下模；5—模垫；
6、7、10—紧固楔铁；8—分模面；9—模膛。

图 11-18　锤上模锻用锻模结构

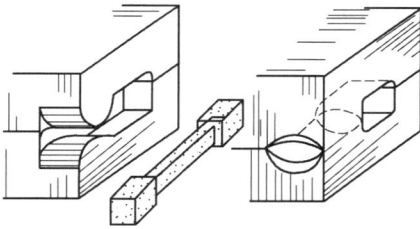

(a) 开式　　　　(b) 闭式

图 11-19　拔长模膛

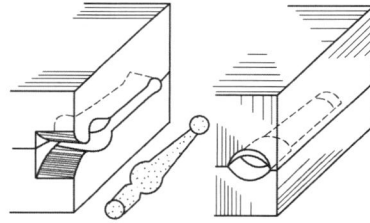

(a) 开式　　　　(b) 闭式

图 11-20　滚压模膛

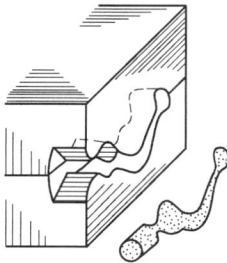

图 11-21　弯曲模膛

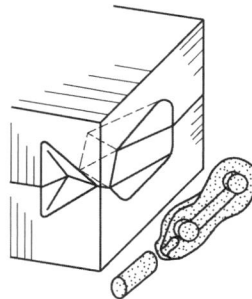

图 11-22　切断模膛

（2）模锻模膛

由于金属在此种模膛中发生整体变形，故作用在锻模上的抗力较大。模锻模膛又分为预锻模膛和终锻模膛两种。

a)预锻模膛 预锻模膛的作用是使坯料变形到接近于锻件的形状和尺寸,这样再进行终锻时,金属容易充满终锻模膛,以利于锻件在终锻时清晰成形,同时减少了终锻模膛的磨损,延长锻模的使用寿命。预锻模膛与终锻模膛的主要区别是,前者的圆角和斜度较大,没有飞边槽。

b)终锻模膛 终锻模膛的作用是使坯料最后变形到锻件所要求的形状和尺寸,因此它的形状应和锻件的形状相同。但因锻件冷却时要收缩,终锻模膛的尺寸应比锻件尺寸放大一个收缩量。钢件收缩率取 1.5%。另外,模膛周围设有飞边槽,以便在上、下模合拢时能容纳多余的金属,飞边槽靠近模膛处较浅,使进入飞边槽的金属先冷却,可增大模膛内金属外流的阻力,促使金属充满模膛,同时容纳多余的金属,还可以缓和上、下模间的冲击,延长模具寿命。对于具有通孔的锻件,由于不可能靠上、下模的突起部分把金属完全挤压到旁边去,故终锻后在孔内留有一薄层金属,称为冲孔连皮(图 11-23)。因此,把冲孔连皮和飞边冲掉后,才能得到具有通孔的模锻件。

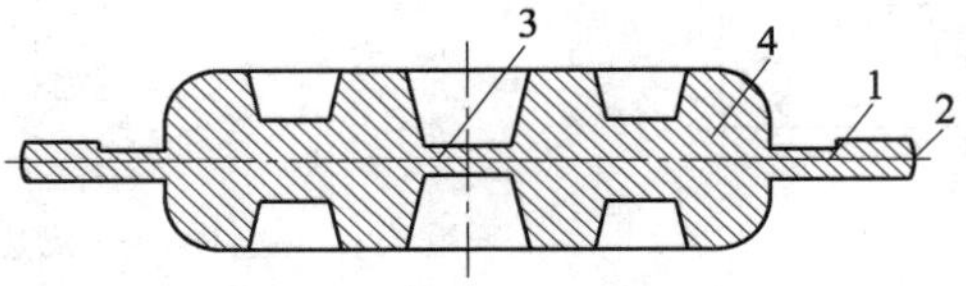

1—飞边;2—分型面;3—冲孔连皮;4—模锻件。

图 11-23　带有冲孔连皮及飞边的模锻件

根据模锻件的复杂程度不同,所需变形的模膛数量不等,可将锻模设计成单膛锻模或多镗锻模。单膛锻模即在一副锻模上只有一个终锻模膛。使用单膛锻模时,可将坯料直接放入模中成形,从而获得所需要的锻件。多膛锻模是在一副锻模上具有两个以上模膛的锻模。图 11-24 为弯曲连杆的多膛锻模及成形过程示意图,该零件结构较为复杂,坯料在模膛中经拔长、滚压、弯曲三个工步,使毛坯接近于锻件,然后经预锻和终锻制成有飞边的锻件。切除飞边后即得到合格的锻件。

锤上模锻在中小锻件的生产中得到了广泛应用。但由于锤上模锻振动、噪声大,蒸汽做功效率低,能源消耗大,因此在大批量生产中有逐渐被压力机上模锻所取代的趋势。常用的压力机有曲柄压力机、摩擦压力机、平锻(压力)机等。

2.压力机上模锻

(1)曲柄压力机上模锻

曲柄压力机是一种机械式压力机,其传动系统简图如图 11-25 所示。当摩擦离合器 7在接合状态时,电动机 1 的转动通过小带轮 2 和大带轮 3、传动轴 4 及小齿轮 5 和大齿轮 6传给曲柄 8,曲柄 8 再通过连杆 9 使滑块 10 沿压力机的导轨做上下往复运动。当摩擦离合器 7 处在脱开状态时,大带轮 3(飞轮)空转,制动器 15 使滑块停在确定的位置上。锻模分别安装在滑块 10 和楔形工作台 11 上,顶杆 12 用来从模膛中顶出锻件,实现自动取件。曲柄压力机吨位一般不超过 120000kN(200～12000t)。

a)曲柄压力机作用在金属坯料上的变形力为静压力,工作时无振动、噪声小;并且坯料的变形速度较低,这对于低弹塑性材料的成形较为有利,如可在曲柄压力机上成形耐热合金及镁合金等。

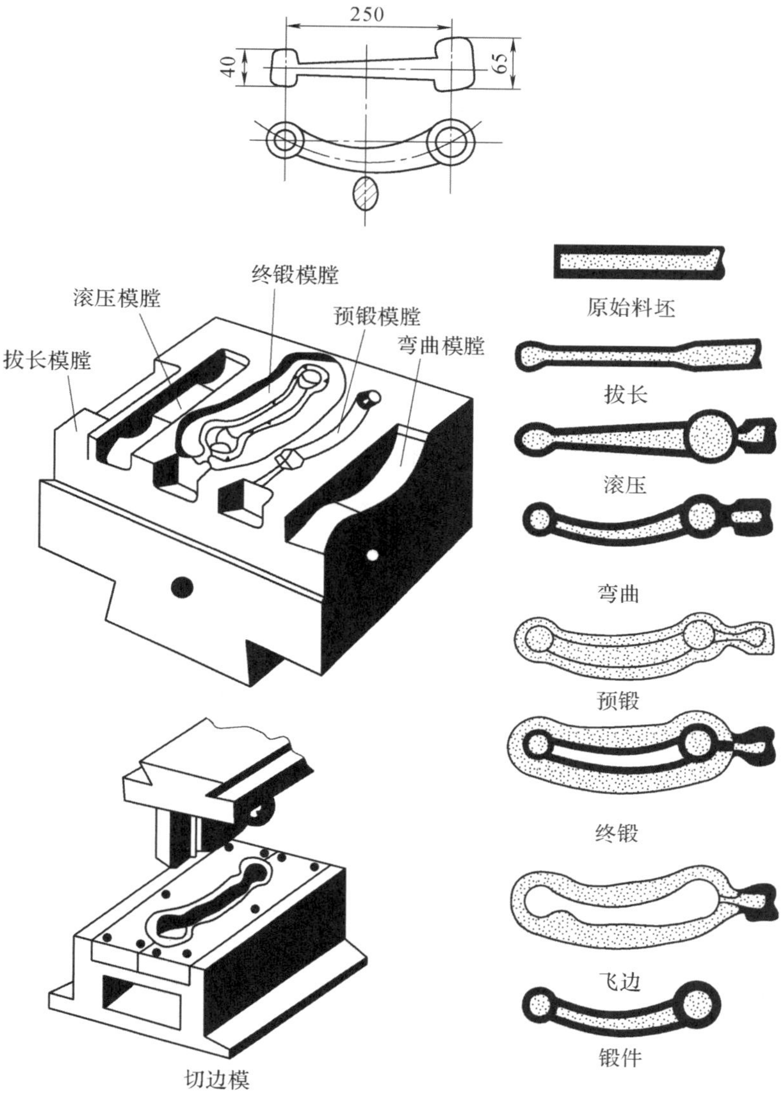

图 11-24 弯曲连杆的多膛锻模及成形过程示意图

b)机身刚度大,导轨与滑块间的间隙小,因此能够锻出尺寸精度较高的模锻件,锻件的公差、机械加工余量均比锤上模锻小;设有顶出装置,可自动把锻件从模膛中顶出,所以模锻斜度也比锤上模锻小。

c)滑块行程固定不变,坯料变形在一次行程内完成,生产率高,易于实现机械化和自动化。

但曲柄压力机滑块的行程和压力不能随意调节,且坯料在静压力下一次成形,金属不易充填较深的模膛,不宜进行拔长和滚压等变形工序,对于截面变化较大的轴类零件,需先进行制坯或多模膛锻造。曲柄压力机与同样锻造能力的模锻锤相比、结构复杂、造价高,因此适合在大批大量生产中制造优质锻件。

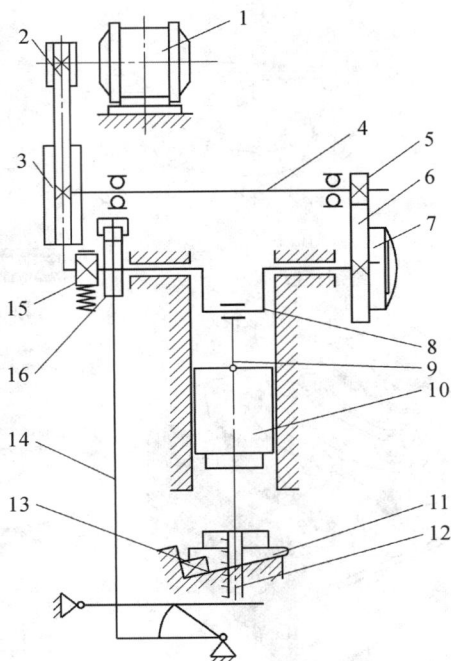

1—电动机;2—小带轮;3—大带轮;4—传动轴;5—小齿轮;6—大齿轮;
7—摩擦离合器;8—曲柄;9—连杆;10—滑块;11—楔形工作台;12—下顶
杆;13—楔铁;14—顶料连杆;15—制动器;16—凸轮。

图 11-25　曲柄压力机传动系统简图

（2）平锻机上模锻

平锻机相当于卧式曲柄压力机,其结构及传动系统简图如图 11-26 所示,它没有工作台,锻模由固定凹模 12、活动凹模 13 和凸模 10 三部分组成,具有两个相互垂直的分模面,当活动凹模 13 与固定凹模 12 合模时、便夹紧坯料,主滑块 9 带动凸模进行模锻成形。平锻机的吨位以凸模最大压力来表示,其吨位一般不超过 31500kN(50～3150t)。

平锻机上模锻除具有曲柄压力机上模锻的特点以外,还具有以下特点:

a)坯料多是棒料和管材,可锻造其他立式锻压设备不能锻造的长杆类零件,并能锻出通孔。

b)锻模有两个分模面,可以锻出其他设备上无法成形的侧面带有凸台和凹槽的锻件。锻件无飞边或飞边很小,敷料少,尺寸精度高,节省金属材料,材料利用率可达 85%～95%。

平锻机模锻也是一种高效率、高质量、容易实现机械化和自动化的模锻方法。但平锻机造价高,投资大,仅适用于大批量生产。目前平锻机主要用于气门、汽车半轴、倒车齿轮、环类锻件等的锻造生产。

（3）摩擦压力机上模锻

摩擦压力机是利用摩擦传递动力的,其吨位以滑块到达最下位置时所产生的压力来表示,一般不超过 10000kN(350～1000t)。

摩擦压力机传动系统简图如图 11-27 所示,锻模分别安装在滑块 7 和工作台 10 上。滑块与螺杆 1 相连,沿导轨 8、9 上下滑动。螺杆穿过螺母 2,其上端装有飞轮 3。两个摩擦盘 4

1—电动机；2—普通 V 带；3—传动轴；4—离合器；5—带轮；6—凸轮；7—齿轮；8—曲柄；9—主滑块；
10—凸模；11—挡料板；12—固定凹模；13—活动凹模；14—杠杆；15—坯料。

图 11-26　平锻机结构及传动系统简图

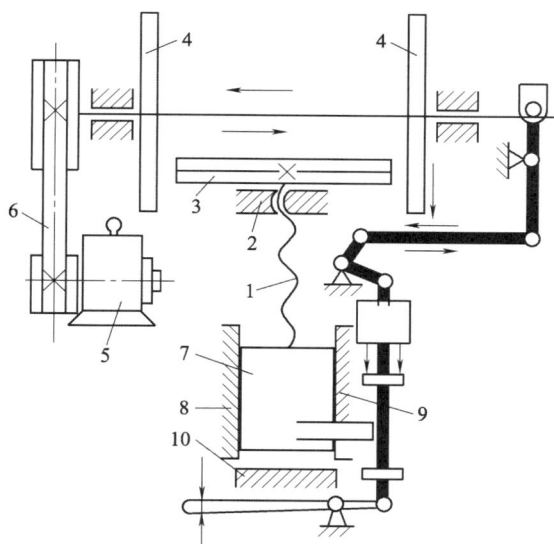

1—螺杆；2—螺母；3—飞轮；4—摩擦盘；5—电动机；6—V 带；7—滑块；
8、9—导轨；10—工作台。

图 11-27　摩擦压力机传动系统简图

同装在一根轴上，由电动机 5 经传动带 6 使摩擦盘轴旋转。改变操纵杆位置可使摩擦盘轴沿轴向窜动，这样就会把某一个摩擦盘靠紧飞轮边缘，借摩擦力带动飞轮转动。飞轮分别与两个摩擦盘接触，产生不同方向的转动，螺杆也就随飞轮做不同方向的转动。在螺母的约束下，螺杆的转动变为滑块的上下滑动实现模锻生产。

摩擦压力机工作过程中滑块的运动速度为 0.5～1.0m/s，介于模锻锤和曲柄压力机之间，对锻件具有一定的冲击作用，且滑块行程和打击力量可控，这与锻锤相似。同时又具有曲柄压力机与锻件接触时间较长、变形力较大的特点。摩擦压力机上坯料在一个模腔内可以实现多次锤击,能够完成镦粗、成形、弯曲、预锻等基本工序和校正、修整等后续辅助工序。

摩擦压力机的飞轮惯性大,滑块运动速度较慢,所以生产率低。由于摩擦压力机承受偏心载荷能力差,一般只用于单模膛锻造。

摩擦压力机广泛用于中小型模锻件的中小批量生产,如铆钉、螺钉、螺母、配气阀、齿轮、三通阀等。

3. 胎模锻

胎模锻是在自由锻设备上使用可移动的简单模具(胎模)生产锻件的锻造方法。它是一种介于自由锻和模锻之间的锻造方法,通常采用自由锻制坯,然后在胎模中终锻成形。

与自由锻相比,胎模锻具有操作简单、生产率高、锻件尺寸精度高、表面粗糙度值低、加工余量小、节约金属等特点;与锤上模锻相比,具有胎模制造简单、不需要贵重的锻造设备、成本低、使用方便等优点。但胎模锻件的尺寸精度和生产率比锤上模锻低,工人劳动强度大,胎模使用寿命短。

胎模按其结构可分为扣模、套筒模和合模 3 种。

(1)扣模

扣模如图 11-28(a)所示,扣模用来对坯料进行全部或局部变形,用于非回转体锻件的成形或弯曲,也可以为合模锻造进行制坯。用扣模锻造时,坯料不转动,常用来生产长杆类非回转体锻件。

(2)套筒模

套筒模为圆筒形,如图 11-28(b)(c)所示。套筒模分为开式套筒模和闭式套筒模两种:开式套筒模只有下模,上模用上砧代替,锻件的端面必须是平面;闭式套筒模由套筒、上模垫及下模垫组成,主要用于生产回转体类锻件,如齿轮、法兰盘等。

(3)合模

合模由上模和下模两部分组成,为了使上、下模吻合及不使锻件产生错移,常用导柱或导销定位,如图 11-28(d)所示。合模适用于各类锻件的终锻成形,尤其是形状复杂的非回转体类锻件,如连杆、叉形件等锻件。

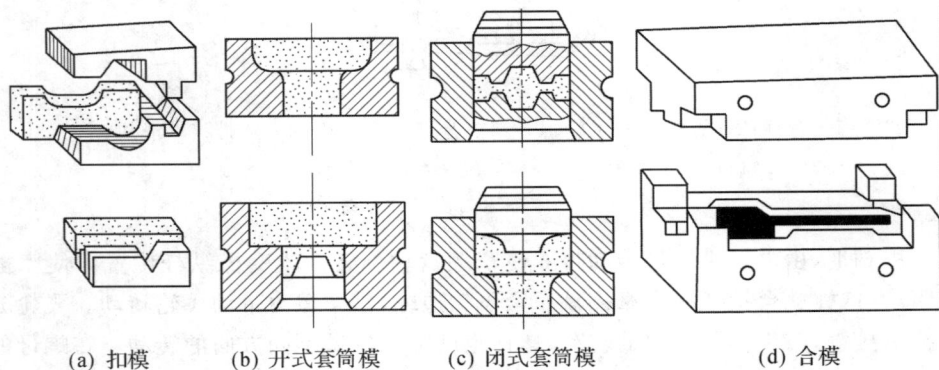

(a) 扣模　　　(b) 开式套筒模　　　(c) 闭式套筒模　　　(d) 合模

图 11-28　胎膜种类

上述常用锻造方法的特点和应用比较见表 11-5。

表 11-5　常用锻造方法的特点和应用比较

锻造方法		锻造力性质	模具特点	锻件精度	生产效率	劳动条件	机械化自动化	模具寿命	应用范围
自由锻	手工	冲击力	无模具	低	低	差	难	—	单件小批生产精度不高的锻件，大型锻件的生产
	锤上	冲击力							
	水压机上	静压力							
模锻	锤上	冲击力	整体式模具，无导向及推出装置	较高	高	较差	较难	中	中、小型锻件，大批量生产，各种类型模锻件
	曲柄压力机上	静压力	装配式模具，有导向及推出装置	高	高	好	易	较高	中、小型锻件，大批量生产，不宜进行拔长和滚压工序
	平锻机上	静压力	装配式模具，由一个凸模与两个凹模组成，有两个分模面	高	高	较好	较易	较高	中、小型锻件，大批量生产，适合锻造带头部的杆类件和带孔的模锻件
	摩擦压力机上	介于冲击力和静压力之间	单模腔模具，下模常有推出装置	高	较高	好	较易	较高	小型锻件，中、小批量生产，可进行精密模锻
	胎模锻	冲击力	模具较简单且不固定在锤上	中	中	差	较易	较低	中、小型锻件，中、小批量生产

11.4.3　模锻工艺规程的制订

1. 绘制模锻件图

模锻件图是确定模锻工艺、设计和制造锻模、计算坯料及检验锻件的重要依据。绘制模锻件图时，应考虑的主要问题有：

（1）选择分模面

分模面是上、下锻模在锻件上的分界面。分模面的位置关系到锻件的成形、出模、锻模制造和材料利用率等一系列问题。一般按以下原则确定分模面：

a）要保证模锻件能从模腔中顺利取出。一般情况下，分模面应选在锻件最大尺寸的截面上。图 11-29 所示零件中 $a-a$ 面不符合这一原则。

b）分模面应选在使模腔深度最浅的位置上，以利于金属充满模腔。图 11-29 中 $b-b$ 面不符合这一原则。

c）在模锻过程中要使上、下模不易发生错模现象，分模面应避免出现在过渡面上。图 11-29 中 $c-c$ 面不符合这一原则。

d）分模面最好是平直面，上、下模腔一致，以利于锻模加工。按上述原则分析可知，图 11-29 中以 $d-d$ 面作为分模面最为合理。

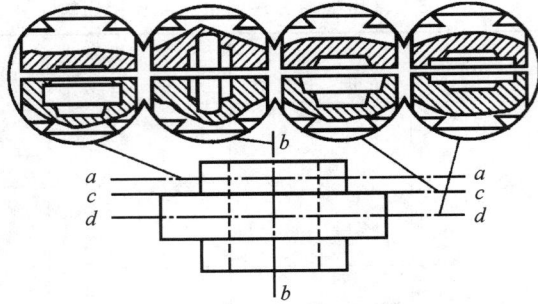

图 11-29　分模面的选择

（2）确定机械加工余量、公差和敷料

模锻时坯料是在模腔内成形，因此模锻件的形状可以较复杂，尺寸较精确，所加敷料较少，机械加工余量和公差也比自由锻件小得多。通常，模锻件的机械加工余量一般为 1～4mm，公差在（±0.3～±3）mm 之间，具体数值可根据锻件的尺寸、形状、复杂程度、材料及精度要求等查阅有关手册确定。模锻件均为批量生产，应尽量减少或不加敷料，直径小于 25mm 的孔一般不予锻出。

（3）确定模锻斜度

为便于金属充满模腔及从模腔中取出锻件，锻件上与分模面垂直的表面均应增设一定斜度，此斜度称为模锻斜度，如图 11-30 所示。α_1 表示外斜度，α_2 表示内斜度。

模锻斜度大小与模腔尺寸有关，模腔深度与宽度比值（h/b）增大时，模锻斜度应取较大值。通常外斜度 α_1 一般取 7°，特殊情况下可取 5°或 10°，内斜度 α_2 比外斜度大，一般取 10°，特殊情况可用 7°、12°或 15°。

（4）确定圆角半径

模锻件上所有两表面的交角处均应设计成圆角（图 11-31），以利于金属的流动和充满模腔，保持金属纤维组织的连续性，提高锻件质量并避免模锻件转角处产生应力集中及变形开裂，延长模具寿命。通常外圆角半径 r 取 1.5～12mm，内圆角半径 R 取外圆角半径的 2～3 倍。模腔深度越大，圆角半径应越大。

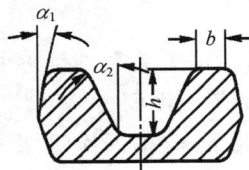

图 11-30　模锻斜度

图 11-31　圆角半径

（5）冲孔连皮

锤上模锻不能直接锻出通孔，而必须在孔内保留一层冲孔连皮，如图 11-32 所示。在锻造后与飞边一同切除。冲孔连皮有平底连皮、斜底连皮等结构形式，当孔较小、较浅时（孔径为 25～60mm），采用平底连皮，连皮的厚度通常在 4～8mm 之间；孔较大、较深时，为便于孔底金属向四周排出，应采用斜底连皮。模锻件上直径小于 25mm 的孔一般不予锻出。

图 11-33 所示为齿轮坯的模锻件图。图中双点画线表示齿轮零件的外形，实线表示锻

件的外形轮廓。

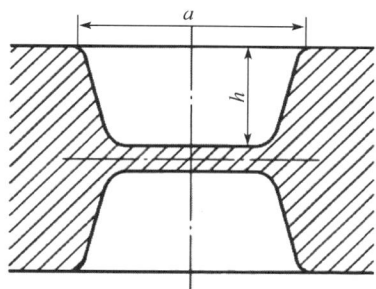

图 11-32　冲孔连皮

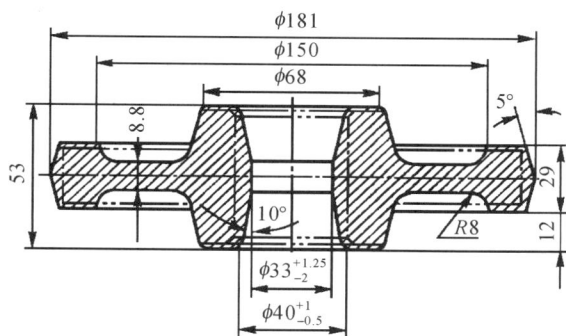

未注圆角 R 为 2.5mm,公差:高度 $^{+1.5}_{-0.75}$ mm,水平 $^{+0.75}_{-1.15}$ mm

图 11-33　齿轮坯模锻件图

2.确定模锻工步

模锻工步主要根据锻件的形状和尺寸来确定。模锻件按其形状可分为两大类:一类是长轴类零件,如台阶轴、曲轴、连杆、变速叉、弯曲摇臂等,如图 11-34 所示,其模锻工序通常采用拔长、滚压、预锻和终锻等工序,对于弯轴类零件还要在预锻之前附加弯曲工序;另一类是盘类零件,如齿轮、十字轴、法兰盘等,如图 11-35 所示,其模锻工序一般采用镦粗或压扁模膛制坯后终锻成形。

3.毛坯质量和尺寸的计算

其步骤参考自由锻件计算方法。

4.选用模锻设备吨位

模锻设备吨位选择的依据是锻件的尺寸和质量等,同时还要考虑现有的设备条件。

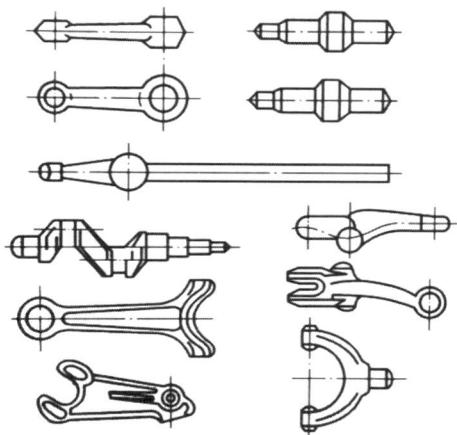

图 11-34　长轴类模锻件

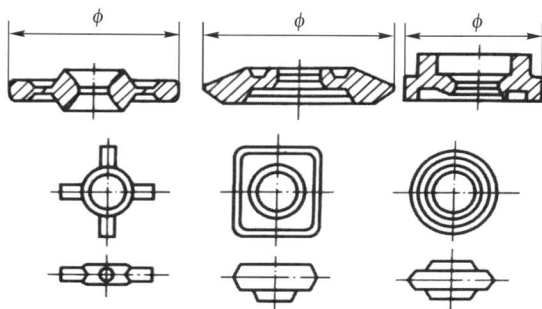

图 11-35　盘类模锻件

5.修整工序

模锻后还需要进行下一步的修整工序,才能获得合格的模锻件。修整工序包括切边、冲孔、校正、热处理、清理等。

11.4.4　模锻件的结构工艺性

设计模锻件时应使结构符合以下原则。

(1)应具备一个合理的分模面,以便易于从锻模中取出锻件。

(2)在锻件上与分模面垂直的非加工表面,应设模锻斜度。

(3)应尽量使锻件外形简单、平直、对称,避免薄壁、高肋等结构。图 11-36(a)所示零件的最小截面与最大截面之比小于 0.5,而且零件凸缘薄而高,中间下凹过深,所以模锻时金属难以充满模膛;图 11-36(b)所示零件直径很大而厚度很小,模锻时中间薄壁部分金属迅速冷却,流动阻力很大,所以模锻困难;图 11-36(c)所示汽车羊角轴件原设计有一个高而薄的凸缘,模锻时很难充满模膛,锻件出模也很困难,改进为图 11-36(d)所示结构,其工艺性得到明显改善。

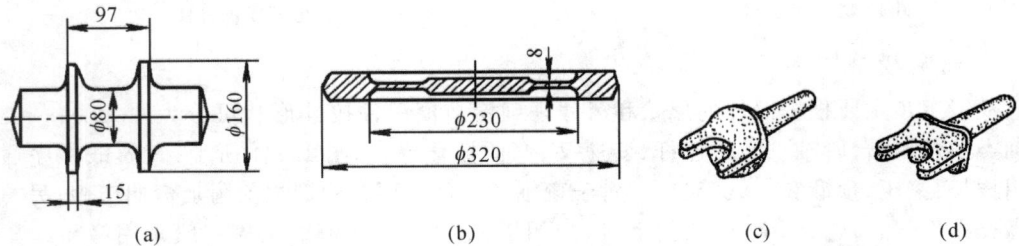

图 11-36　结构不合理的模锻件

(4)应避免窄槽、深槽、多孔、深孔等结构。

(5)应采用锻-焊组合工艺来减少敷料,以简化模锻工艺,如图 11-37 所示。

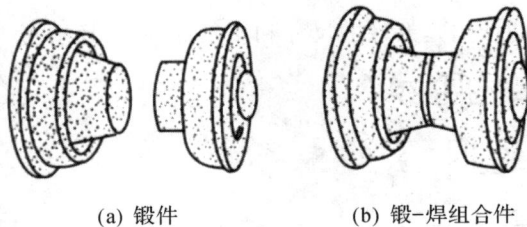

(a) 锻件　　　　　(b) 锻-焊组合件

图 11-37　锻焊结构模锻件

11.4.5　典型模锻件的模锻工艺实例

在 3000kN 螺旋压力机上模锻双头扳手。

1. 工艺分析

双头扳手模锻件图如图 11-38 所示。

从图 11-38 可以看出,模锻件类别属长轴类模锻件,中间杆部为工字形截面,两端为截面大小不同端头,其尺寸和形状要求控制在一定的精度范围内。根据双头扳手的结构和技术要求,确定用精密模锻工艺生产。其工艺流程为:下料→加热→辊锻制坯→精密锻造→切边→余热淬火、回火→清理→精压→打磨→检查。

图 11-38 双头扳手模锻件图

2. 工艺设计

（1）辊锻制坯设计　按模锻件图确定辊锻制坯的步骤如下：

a）编制计算毛坯。在模锻件图各截面上加飞边后得计算毛坯。该计算毛坯可分成三段：左端头Ⅰ、杆部Ⅱ和右端头Ⅲ。其最大截面 A_{max} 在左端，而最小截面 A_{min} 在中间。

b）设计辊锻毛坯。由于Ⅰ和Ⅲ两部分的截面差别不是太大，为简化起见，都按最大截面计算来设计辊锻毛坯。

c）确定辊锻工艺参数，见表 11-6。

表 11-6　双头扳手辊锻工艺参数

辊锻毛坯最大截面面积 A_{max}/mm^2	辊锻毛坯最小截面面积 A_{min}/mm^2	平均延伸系数	辊锻道次数
1130	330	≈1.8	2

根据辊锻制坯工艺的特点，选用单臂式辊锻机，辊径为 $\phi315mm$，这时的辊锻模腔系可采用：方形→椭圆→方形，其变形过程如图 11-39 所示。

d）确定辊锻坯料的尺寸。根据辊锻毛坯最大截面确定坯料边长后，按照变形过程并考虑加热火耗，计算出坯料的尺寸为 $\phi34mm\times136mm$。

双头扳手的模锻件制坯也可用楔横轧制坯，这时选用 $\phi38mm$ 棒料，除将中间杆部轧成 $\phi20mm$ 外，两端头还可按计算毛坯的形状进行倒角，可节约金属 0.1～0.2kg。由于最大截面面积和最小截面面积之比大于 2，因此楔形模应设计成两道一次完成。

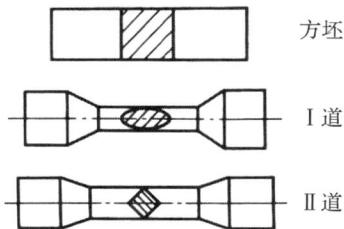

图 11-39　双头扳手辊锻变形过程

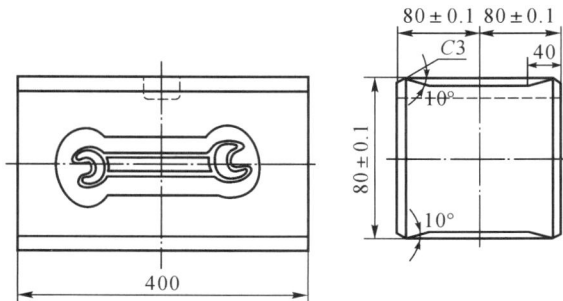

图 11-40　双头扳手锻模图

（2）螺旋压力机精密锻造　制出的毛坯如图 11-40 所示的终锻模成形后，可利用锻后余热直接淬火,经回火达到模锻件图技术要求的热处理硬度。

3. 工艺卡片

双头扳手锻模工艺卡片见表 11-7。

表 11-7　双头扳手模锻工艺卡片

（厂名）	模锻工艺卡片	产品型号		零件图号		共 1 页
		产品名称		零件名称		第 1 页

材料牌号	45 钢	锻件图（图 11-40） 技术要求: 1. 未注模锻斜度 3°,圆角 $R2mm$ 2. 毛刺:不加工面不大于 0.5mm,加工面不大于 1mm 3. 表面缺陷深度小于等于 0.3mm 4. 翘曲小于等于 0.6mm 5. 表面粗糙度 Ra 为 $6.3\mu m$ 6. 热处理后硬度 41～45HRC 7. 高度公差 $^{+0.3}_{0}$ mm,水平公差 $^{+0.3}_{-0.2}$ mm
材料规格/mm	$\phi34$	
下料长度/mm	136	
坯料质量/kg	1.23	
坯料制锻件数/件	1	
锻件质量/kg	0.68	
锻件材料利用率(%)	55.3	
零件材料利用率(%)		
火耗/kg		

工序号	工步号	工序和工步名称	内容与要求	设备名称	编号	工具名称	编号	备注
1		下料	长度尺寸公差±1.5mm	1600kN 剪断机		刀片		
2		加热	始锻温度 1230℃	室式炉				
3		辊锻制坯	在 2 道模膛中变形:椭圆,方形	单臂 315 辊锻机		辊锻模		
4		精密锻造	精密锻造模膛终成形	3000kN 螺旋压力机		锻模		
5		切边	去除飞边	1600kN 切边压力机		切边模		
6		余热处理	余热淬火、回火	淬火槽、回火炉				
7		清理	喷丸清除氧化皮	清理滚筒				
8		精压	压印出商标、规格和两端头平面	4000kN 精压机		精压模		
9		打磨	去除周边毛刺	砂轮机				
10		检查	按模锻件图要求进行					

						编制（日期）	校对（日期）	批准（日期）	会签（日期）	审核（日期）
标记	处数	更改文件号	签字	日期	标记	处数	更改文件号	签字	日期	

4. 工艺操作要点

(1)辊锻制坯时,用夹钳夹持的坯料,应将方坯的对角线成水平和垂直方位放置于辊锻模腔中。完成第 I 道变形后,应翻转 90°再送入第 II 道模腔内变形。

(2)在室式炉内加热时,一次装炉不能过多,加热要均匀,要防止过热和过烧。

(3)要熟悉锻模并应检查锻模完好情况,按装模顺序进行安装、调整、试锻,直到锻出合格模锻件为止。

11.5　板料冲压

板料冲压的坯料通常都是厚度在 1～2mm 以下的金属板料,而且通常是在常温下进行的,故又称为冷冲压,只有当板厚大于 8～10mm 时,才采用热冲压。板料冲压具有以下特点:

(1)能压制其他加工工艺难以加工或不能加工的形状复杂的零件。

(2)冲压件的尺寸精度高,表面粗糙度值较小,互换性强,可直接装配使用。

(3)冲压件的强度高,刚度好,质量小,材料的利用率高。

(4)板料冲压操作简便,易于实现机械化、自动化,生产效率高。

但是板料冲压模具制造周期长,并需要较高制模技术,成本高,因此板料冲压适用于大批量生产,在汽车、拖拉机、电机电器、仪表、国防工业及日常生产中都得到广泛应用。

按板料的变形方式,可将冲压基本工序分为分离和变形两大类。分离工序是使坯料的一部分相对另一部分产生分离,主要包括剪切、冲裁、切口、切边及修整等;变形工序是使坯料的一部分相对另一部分产生位移而又不破坏,包括弯曲、拉深、翻边、成形等。

板料冲压与
其他锻压方
法简介微课

11.5.1　板料冲压的基本工序

1. 分离工序

(1)剪切

使板料沿不封闭的轮廓线分离的工序称为剪切。它属于备料工序,其任务是:根据冲压工艺的要求,将板料剪切成一定尺寸的条料或其他形状的坯料。

(2)冲裁

利用冲模使板料沿封闭的轮廓线分离的工序称为冲裁。冲裁是落料和冲孔的总称。落料、冲孔所用的冲模结构以及板料的变形过程均相同,但作用不同。落料时,冲落的部分为工件,带孔的周边是废料;冲孔则相反,如图 11-41 所示。

a)冲裁时板料的变形与分离过程。冲裁时板料的变形和分离过程对冲裁件质量有很大影响,其过程可分为三个阶段,如图 11-42 所示。当凸模下行接触板料下压时,板料产生弹性压缩、弯曲、拉伸等变形,并略微挤入凹模型腔(图 11-42(a)),此时板料的内应力低于材料屈服强度;当凸模继续下压,板料的内应力大于屈服强度时,进入塑性变形阶段

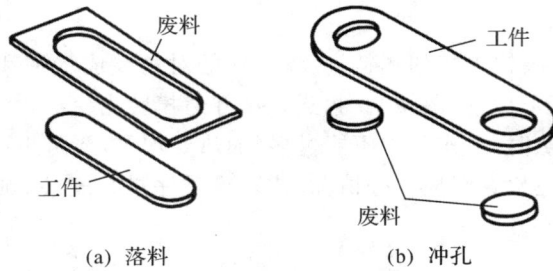

图 11-41　落料与冲孔示意图

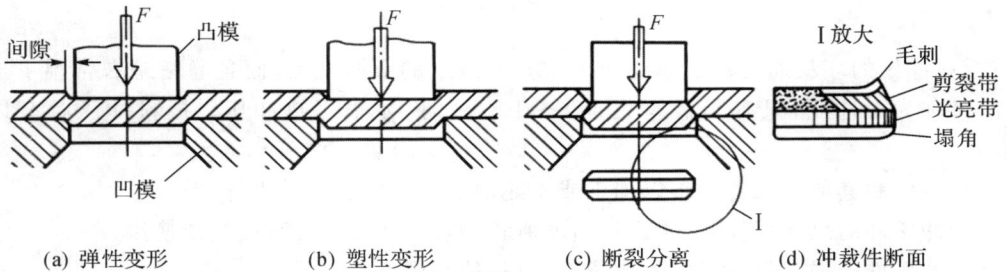

图 11-42　金属板料的冲裁变形过程及断面特征

（图 11-42(b)）；随着凸模的继续向下运动，板料变形程度增大，由于金属的加工硬化现象及位于凸模和凹模刃口处的金属产生应力集中而出现微裂纹。随着凸凹模刃口继续压入，上下裂纹逐渐延伸扩展并会合，板料被断裂分离（图 11-42(c)）。

板料分离后所形成的断面区域包括塌角、光亮带、剪裂带和毛刺四部分（图 11-42(d)）。其中，光亮带尺寸准确，表面质量好，其余部分则使断口表面质量下降。

b）冲裁模设计及冲裁工艺特点。冲裁件断面质量的优劣，与冲裁间隙、刃口锋利程度和材料排样方式密切相关。为了顺利完成冲裁过程，保证冲裁件的断面质量，要求凸模、凹模具有锋利的刃口以及合理的冲裁间隙。冲裁间隙主要取决于板厚和冲裁件的精度要求，同时考虑模具寿命因素，模具的双边间隙 Z 一般取值为板厚 δ 的 5%～10%。

冲裁件的尺寸精度主要取决于凸、凹模刃口尺寸及其公差。一般在设计落料模具时，应以凹模作为设计基准，使凹模刃口尺寸等于成品尺寸，将凹模尺寸减去双边间隙值得到凸模尺寸；设计冲孔模具时则相反，应使凸模尺寸等于所要求的孔的尺寸，凸模尺寸加上双边间隙值得到凹模尺寸。其次，必须遵循模具刃口磨损规律。对于圆形和矩形等简单形状的冲裁件，凸模刃口尺寸越磨越小，凹模刃口尺寸越磨越大。

c）冲裁件的排样。在落料前，还应考虑落料件在板料上的布置方式，称为排样。排样是否合理，直接影响材料的利用率、生产成本和产品质量等。排样方式分为有搭边排样和少、无搭边排样。图 11-43 所示为同一冲裁件的四种不同排样方式及单件材料消耗的对比。采用有搭边排样（图 11-43(a)(b)(c)），冲裁件尺寸准确，断面质量较高、毛刺少，模具寿命也较长，但材料利用率较低。采用少、无搭边排样（图 11-43(d)）可减少废料，降低成本，但冲裁件尺寸精度不高，主要用于质量要求不高的冲压件。生产中通常采用有搭边排样。

(a) 182.7mm² (b) 177mm² (c) 112.63mm² (d) 97.5mm²

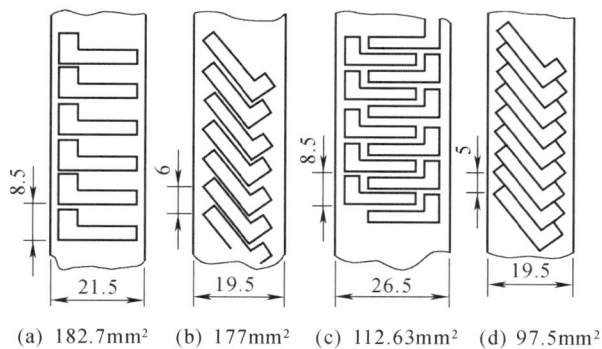

图 11-43 落料件不同排样方式材料的消耗对比

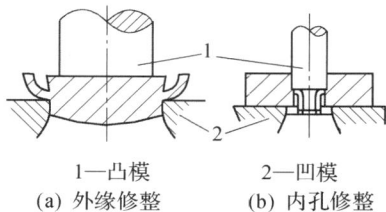

1—凸模　　　2—凹模
(a) 外缘修整　(b) 内孔修整

图 11-44 修整工序简图

（3）修整

修整是利用修整模沿冲裁件外缘或内孔刮削一薄层金属,切掉冲裁件上的剪裂带和毛刺,从而提高冲裁件的尺寸精度,降低表面粗糙度值。修整冲裁件的外形称为外缘修整(图11-44(a)),修整冲裁件的内孔称为内孔修整(图 11-44(b))。修整后冲裁件的公差等级可达IT7~IT6,表面粗糙度 Ra 值为 $1.6\sim0.8\mu m$。

2. 变形工序

（1）拉深

拉深是指通过拉深模使平面坯料变成开口空心件或对已初拉成形的空心件继续拉深成形的冲压工序。拉深可以制成筒形、阶梯形、盒形、球形、锥形及其他不规则和复杂形状的薄壁零件。

图 11-45 所示为拉深变形过程。直径为 D_0、厚度为 δ 的圆形板料经过拉深后,得到直径为 d、高度为 H 的空心圆筒形拉深件。拉深件直径 d 与坯料直径 D_0 的比值称为拉深系数,用 m 表示。它是衡量拉深变形程度的指标。m 越小,表明拉深件直径越小,变形程度越大,坯料被拉入凹模困难,易产生拉穿废品。

在拉深过程中,板料各处的受力情况和变形过程是不一样的,从图 11-47 中可以看出:OAB 区形成筒底,在整个拉深过程中,这部分金属基本上不变形,该区存在着径向和切向拉应力;$ABDC$ 区由底部以外的环形部分变形后,形成筒底的侧壁,该区存在着单向的轴向拉应力;$CDFE$ 区(法兰部分)坯料尚未进入凹模的环形区,如果继续拉深也将转化为侧壁,该区存在径向拉应力和切向压应力。

拉深过程中最常见的问题是起皱和拉裂,如图 11-47 所示。由于法兰部分受切向压应力作用,厚度的增加使其容易产生起皱。在筒形件底部圆角附近应力最大,壁厚减薄最严重,易产生破裂而被拉穿。为了防止拉深件产生起皱和拉裂,主要采取如下措施:

a)正确选择拉深系数 m。一般情况下,拉深系数 m 不小于 $0.5\sim0.8$。如果拉深系数过小不能一次拉深成形,则可采用多次拉深工艺(图 11-48)。但多次拉深过程中,加工硬化现象严重,为保证坯料具有足够的塑性,在一两次拉深后,应安排工序间的再结晶退火工序。

b)合理设计凸、凹模的圆角半径。凸、凹模边缘都要做成圆角(图 11-45),凹模的圆角半径 $r_凹=(6\sim10)\delta$,其中 δ 为板料厚度,$r_凸=(0.6\sim1.0)r_凹$,若这两个圆角半径过小,制品则容易拉裂。

1—凸模；2—压边圈；3—板料；4—凹模。

图 11-45　拉深变形过程　　　　　图 11-46　拉深过程的变形和应力

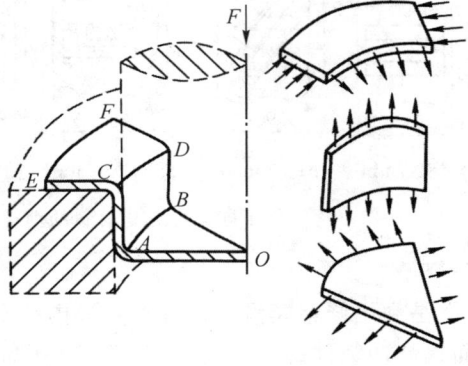

c)合理设计凸、凹模的间隙。一般取凸、凹模单边间隙 $Z=(1.1\sim1.2)\delta$。间隙过小,模具与拉深件之间的摩擦力增大,容易拉裂工件,擦伤工件表面,缩短模具寿命;间隙过大,又容易使拉深件起皱,影响拉深件的精度。

d)注意润滑。拉深时通常要在凹模与坯料的接触面上涂敷润滑剂,以利于坯料向内滑动,减小摩擦,降低拉深件壁部的拉应力,减少模具的磨损,防止拉裂。

e)设置压边圈。设置压边圈(图 11-45),可以有效地防止起皱。

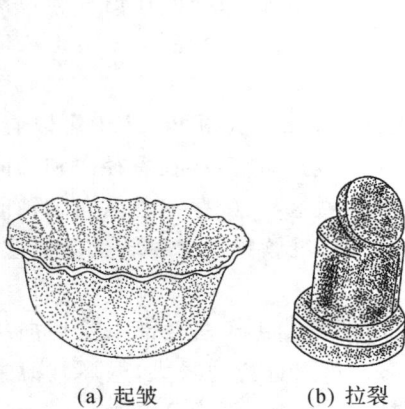

(a) 起皱　　　　(b) 拉裂

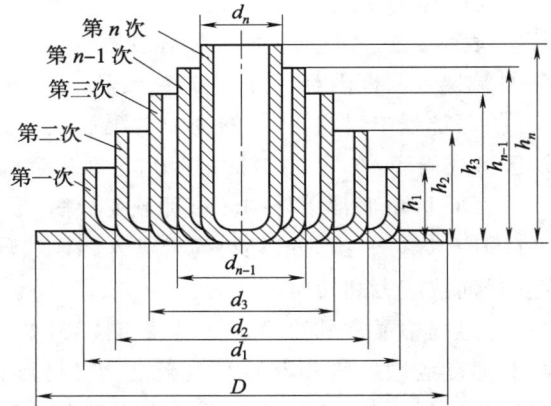

图 11-47　拉深缺陷　　　　　图 11-48　多次拉深时圆筒直径的变化

(2)弯曲

弯曲是利用模具或其他工具将坯料一部分相对另一部分弯成一定的角度和曲率的变形工序,弯曲变形过程及典型弯曲件如图 11-49 所示。弯曲工序在生产中应用很广泛,如汽车大梁支架、自行车车把、门搭链等都是用弯曲方法成形的。

a)弯曲变形过程。如图 11-49(a)所示,当凸模下压时,变形区内板料外层金属受切向拉应力作用发生拉伸变形,内层金属受切向压应力作用发生压缩变形,而在板料中心部位的金属没有应力—应变的产生,故称为"中性层"。

在弯曲变形区内,材料外层金属的拉应力值最大,当拉应力超过材料的抗拉强度时,将造成金属弯裂现象。为防止弯裂,生产上规定最小弯曲半径 $r_{\min}$,通常取 $r_{\min} = (0.25 \sim 1)\delta$,其中 δ 为金属板料的厚度。材料塑性好,弯曲半径可取较小值。

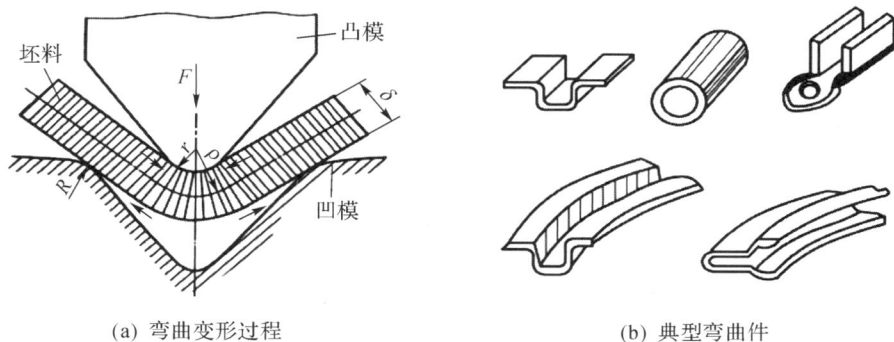

(a) 弯曲变形过程   (b) 典型弯曲件

图 11-49   弯曲变形过程及典型弯曲件

b)弯曲件的回弹现象。弯曲过程中,在外载荷作用下,弯曲件产生的变形是由塑性变形和弹性变形组成的。当外载荷去除后,塑性变形保留下来而弹性变形恢复,这种现象称为弯曲件的回弹现象。回弹程度通常以回弹角 $\Delta\alpha$ 表示。为抵消回弹现象对弯曲件质量的影响,在设计弯曲模时应考虑模具的角度比弯曲件小一个回弹角,一般回弹角为 $0°$ $\sim 10°$。

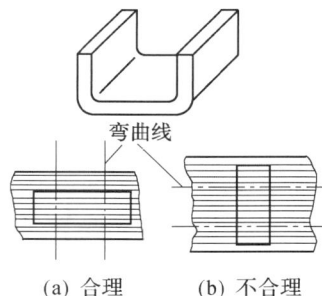

(a) 合理   (b) 不合理

图 11-50   弯曲时的纤维方向

弯曲时应尽可能使弯曲线与坯料纤维方向垂直。若弯曲线与坯料纤维方向平行时,坯料的抗拉强度较低,容易在其外侧开裂,在这种情况下弯曲时,必须增大最小弯曲半径来避免拉裂,如图 11-50 所示。

(3)成形

成形是利用局部变形使坯料或半成品改变形状的工序。成形主要用于压制加强肋或增大半成品的部分内径等。图 11-51(a)所示为使用橡胶压肋,又称起伏;图 11-51(b)所示是用橡胶型芯来增大半成品中间部分的直径,即胀形。

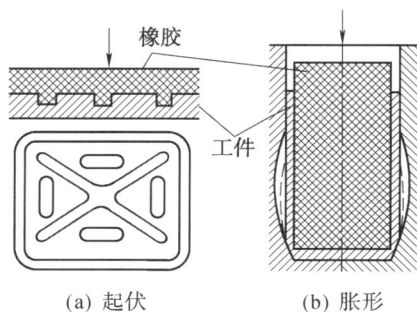

(a) 起伏   (b) 胀形

图 11-51   成形工序简图

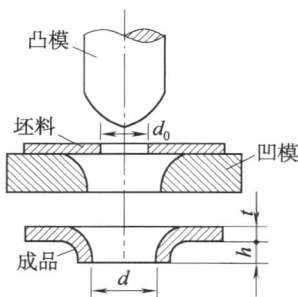

图 11-52   内孔翻边

（4）翻边

翻边是将制件的内孔或外缘翻成竖直边缘的冲压工序。内孔翻边如图 11-52 所示。内孔翻边时的变形程度可用翻边系数 K_0 表示，即

$$K_0 = \frac{d_0}{d} \tag{11.7}$$

式中：d_0——翻边前板料的预制孔直径（mm）；

d ——翻边后所得制件的凸缘内径（mm）。

K_0 越小，变形程度越大。翻边时的变形程度过大时，会造成孔的边缘破裂，称为翻裂。为防止翻裂，翻边系数一般不小于 $0.68\sim0.72$。

11.5.2　冲压模具的分类及结构

冲模结构合理与否对冲压件质量、生产率及模具寿命都有很大的影响。冲模按工序组合程度不同可分为简单冲模、连续冲模和复合冲模三种。

1. 简单冲模

在压力机的一次冲程中只完成一道工序的冲模，称为简单冲模，又称为单工序模，如图 11-53所示。其工作部分由凹模和凸模组成，采用导料板和限位销来控制板料的送进方向和送进量；依靠导柱与导套的精密配合来保证凸模准确进入凹模，进行冲裁工作。简单冲模的结构简单，成本低，但生产率较低，适用于简单冲裁件的批量生产。

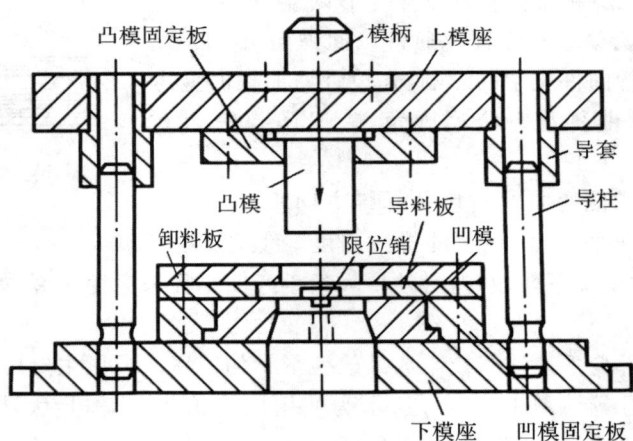

图 11-53　简单冲模

2. 连续冲模

在压力机的一次冲程中，在模具的不同位置上可以同时完成两道以上冲压工序的模具，称为连续冲模，又称为级进模。图 11-54 所示为落料、冲孔连续模，左侧为落料模，右侧为冲孔模。条料送进时，先冲孔，后落料，而且是在同一冲程内完成。连续冲模生产率高，易于自动化，但模具结构复杂，成本也相应增高。连续冲模广泛用于大批量生产中、小型冲压件。

(a) 工作前　　　　　　　　(b) 工作后

图 11-54　连续冲模

3. 复合冲模

在压力机的一次冲程中，在模具的同一部位完成两道以上冲压工序的模具，称为复合冲模。图 11-55 所示为落料、拉深复合冲模。该复合冲模中有一个凸凹模，其外圆为落料凸模刃口，内孔为拉深凹模。当凸凹模下降时，首先与落料凹模配合进行落料，然后与拉深凸模配合进行拉深。这样在一个冲程、同一位置上便可完成落料和拉深两道工序。复合冲模具生产率高，零件加工精度高，但模具制造复杂，成本高，适用于大批量生产。

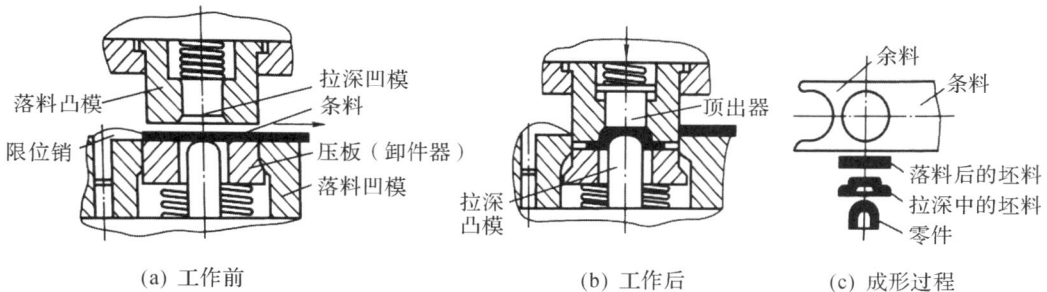

(a) 工作前　　　　　　(b) 工作后　　　　　　(c) 成形过程

图 11-55　复合冲模

11.5.3　冲压件的结构工艺性

冲压件设计不仅应保证它具有良好的使用性能，而且还应使它具有良好的工艺性能。因此对冲压件的设计在形状、尺寸、精度等方面提出了种种要求，其目的是简化冲压生产工艺，提高生产效率，延长模具寿命，降低成本和保证冲压件质量。

1. 对冲裁件的要求

（1）冲裁件的形状应力求简单、对称，有利于材料的合理利用。设计冲裁件时，用圆形、矩形等规则形状，并使排样合理。图 11-56 所示零件其外形由图 11-56(a) 改为图 11-56(b) 所示结构，材料利用率提高。同时应避免图 11-57 所示的长槽与细长悬臂结构，否则会使模具制造困难，并降低模具寿命。

（2）冲裁件的内外转角处，应尽量避免尖角。冲孔或落料件上直线与直线、曲线与直线的交接处均应为圆弧连接,以避免因应力集中而被冲模冲裂。为避免工件变形,孔间距和孔边距以及外缘凸出和凹进的尺寸都不能过小,冲裁件上的孔及其相关尺寸的设计要求如图 11-58 所示。

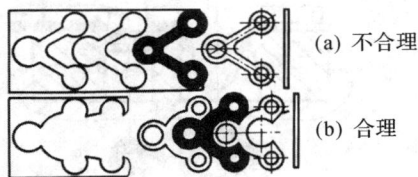

图 11-56　零件的外形应便于合理排样　　图 11-57　不合理的冲裁件外形

2.对弯曲件的要求

弯曲件的形状应尽量对称,弯曲半径不能小于材料的最小弯曲半径,并考虑材料纤维方向,以免成形过程中弯裂。弯曲边过短不易成形,应使弯曲件的直边长度 $H > 2\delta$,如图 11-59 所示。如果要求 H 很短,则需先留出适当的余量以增大 H,弯曲后再切去多余材料。弯曲带孔件时,为避免孔的变形,孔的边缘距弯曲中心应有一定的距离($L > 1.5\delta$),如图 11-60 所示。如对零件上孔的精度要求较高,则应弯曲后再冲孔。

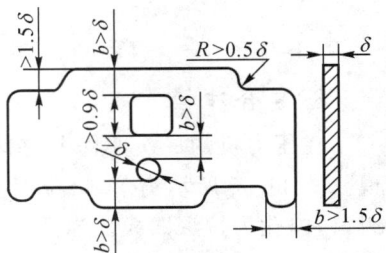

图 11-58　冲孔件尺寸与厚度的关系

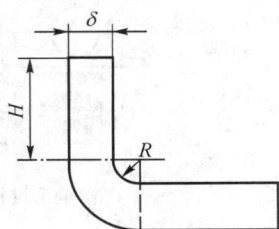

图 11-59　弯曲件直边长度　　　　图 11-60　带孔的弯曲件

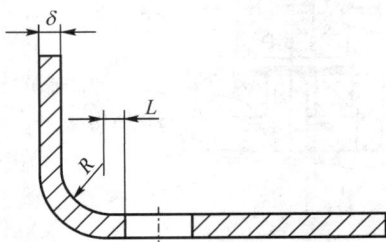

3.对拉深件的要求

拉深件的形状应力求简单、对称,尽量避免直径小而深度过大,否则不仅需要多副模具进行多次拉深,而且容易出现废品。拉深件的底部与侧壁、凸缘与侧壁应有足够的圆角。

4.改进结构形式,以便简化工艺和节省材料

(1)采用冲-焊结构。对于形状复杂的冲压件,可分解成若干个简单件分别冲压,然后再焊接成整体件,如图 11-61 所示。

(2)采用冲口工艺,以减少组合件数量。如图 11-62 所示,原设计用三个零件铆接或焊接组合,现采用冲口工艺(冲口、弯曲)制成整体零件,可以节省材料,简化工艺过程。

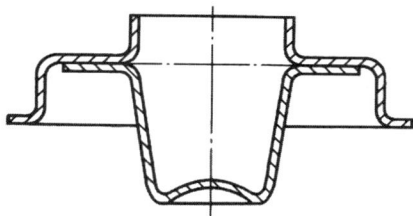

图 11-61 冲—焊结构件

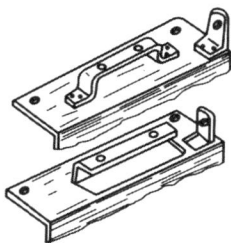

图 11-62 冲口工艺的应用

拓展知识:塑性成形

技术的新发展

习题

1.名词解释

锻压、滑移、孪生、冷变形强化、回复、再结晶、冷变形、热变形、锻造流线、自由锻造、镦粗、拔长、冲孔、敷料、模锻、预锻模膛、终锻模膛、冲孔连皮、胎模锻、板料冲压、冲裁、排样、拉深、弯曲、成形、翻边、简单冲模、连续冲模、复合冲模

2.简答题

(1)多晶体塑性变形有何特点?

(2)何谓冷变形强化? 冷变形强化对金属组织性能及加工过程有何影响?

(3)何谓金属的再结晶? 再结晶对金属组织和性能有何影响?

(4)冷变形和热变形的区别是什么? 试述它们各自在生产中的应用。

(5)什么是金属的锻压性能? 锻压性能取决于哪些因素?

(6)钢的锻造温度是如何确定的? 始锻温度和终锻温度过高或过低对锻件质量有何影响?

(7)自由锻造的基本工序有哪些?

(8)锻造流线的存在对金属的力学性能有何影响? 在机械零件设计中应如何考虑锻造流线的问题?

(9)自由锻造工艺规程的制定包括哪些内容?

(10)锤上模锻时,预锻模膛起什么作用? 为什么终锻模膛四周要开飞边槽?

(11)简述胎模锻的特点和应用范围。

(12)模锻与自由锻相比有哪些特点? 为什么不能取代自由锻造?

(13)冲孔和落料有何异同? 保证冲裁件质量的措施有哪些?

(14)拉深时常见的缺陷有哪些? 如何预防这些缺陷?

3.分析题

(1)试分析摩擦压力机、平锻机、曲柄压力机上模锻的模具特点、锻件精度、生产效率、劳动条件以及应用范围。

(2)图 11-63 所示的零件在单件、小批量及大批量生产时应选择何种锻造方法? 并定性地绘出锻件图。

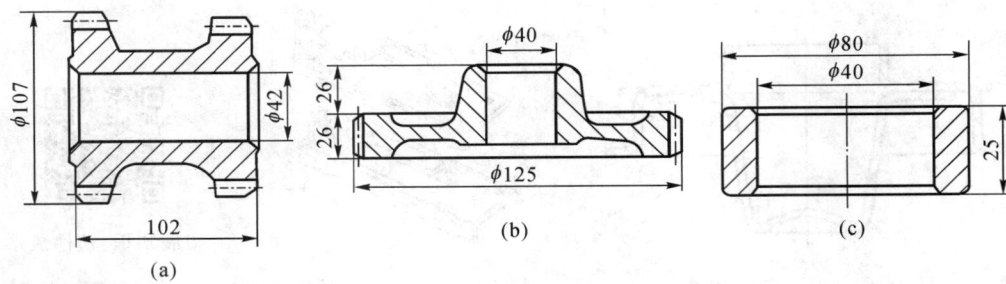

图 11-63   题(2)图

本章小结   本章测试

第 12 章 焊接成形

教学目标

(1)熟悉焊接成形的实质、特点、分类及应用;

(2)理解焊接成形的基础知识,包括焊接接头的组织与性能、焊接应力与变形产生的原因及其预防等;

(3)掌握常用焊接成形方法(焊条电弧焊、埋弧焊、气体保护焊、气焊、电阻焊、钎焊等)的原理、特点和应用;

(4)了解常用金属材料的焊接性能,熟悉焊接成形的结构设计。

本章重点

焊接接头的组织与性能、焊接应力与变形产生的原因及其预防;常用焊接成形方法的原理、特点和应用。

本章难点

焊接接头的组织与性能。

在现代工业生产中,常常需要将几个零件或材料连接在一起。常用的连接方式有键连接、螺栓连接、铆接、焊接、胶接等,如图 12-1 所示。从图中可以看出,前两种连接方式属于机械连接,是可以拆卸的;后三种连接方式属于永久性连接,是不可以拆卸的,目前焊接应用最广泛。

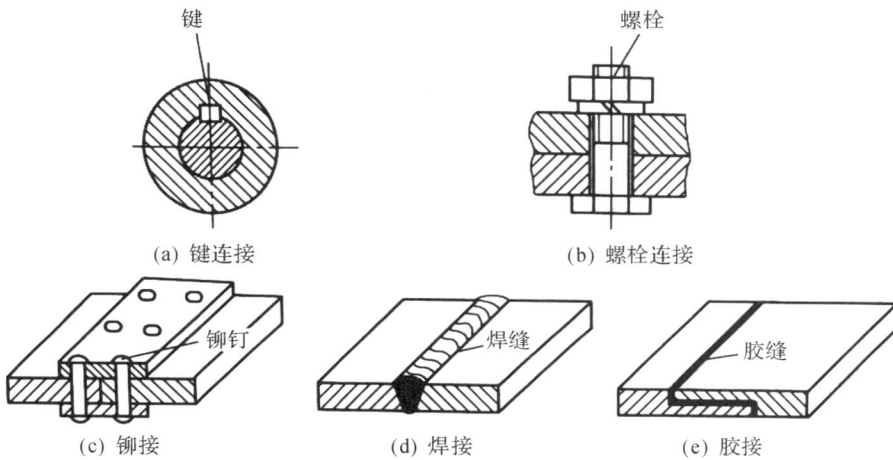

(a) 键连接　　　　　　　　　　　(b) 螺栓连接

(c) 铆接　　　　　　　(d) 焊接　　　　　　(e) 胶接

图 12-1 零件常用的连接方式

12.1 焊接的分类及特点

12.1.1 焊接的分类

焊接是通过加热或加压,或两者并用,并且用或不用填充材料使焊件达到原子结合的一种加工方法。

焊接方法很多,按其过程特点可分为熔焊、压焊和钎焊三大类。

(1)熔焊 在焊接过程中,利用热源将焊件接头加热至熔化状态,形成熔池,经冷却结晶后形成焊缝,使分离的工件连接成整体的焊接方法。

(2)压焊 在焊接过程中,必须对焊件施加压力(加热或不加热),以完成焊接的方法。

(3)钎焊 采用比焊件熔点低的钎料和焊件一起加热,使钎料熔化,焊件不熔化,钎料熔化后填充到与焊件连接处的间隙,待钎料凝固后,两焊件就被连接成整体的方法。

常用焊接方法的分类见表 12-1。

表 12-1　常用焊接方法的分类

熔焊	电弧焊	焊条电弧焊	压焊	电阻焊	点焊	钎焊	火焰钎焊
		埋弧焊			缝焊		真空钎焊
		氩弧焊			对焊		炉中钎焊
		CO_2 气体保护焊		高频焊		感应钎焊
	高能束焊	激光焊		扩散焊		电阻钎焊
		电子束焊		超声波焊		浸渍钎焊
		等离子弧焊		摩擦焊		
	气焊		爆炸焊		烙铁钎焊
	电渣焊		冷压焊		

12.1.2 焊接的特点

焊接作为一种永久性的连接方法,焊接结构与铆接结构相比具有如下特点:

(1)可以节省材料和制造工时,接头密封性好,力学性能高。

(2)能以大化小、以小拼大。如制造铸-焊、锻-焊大型结构,不仅简化工艺,减轻结构重量,同时也降低了制造成本。

(3)可以制造双金属结构,如切削刀具的切削部分(刀头)与夹持部分(刀体)可用不同材料制造后焊接成整体。

(4)生产效率高,易实现机械化和自动化。

但是,焊接也有不足之处。由于焊接过程是不均匀加热和冷却,因此会引起焊接接头组织、性能的变化,同时焊件还会产生较大的应力和变形,所以在焊接过程中,必须采取一定的措施,控制接头组织、性能的不均匀程度,减小焊接应力和变形。

　　焊接在现代工业生产中有着广泛的应用,常用于制造各种金属结构件,也可用于制造机器零件(或毛坯)以及修复损坏零件和焊补铸件、锻件的缺陷等。在船舶、化工容器、建筑构件、桥梁、动力锅炉、大型发电机和汽轮机等产品的制造中都要应用焊接,在航空、航天、原子能、电子等领域也离不开焊接。

12.2　焊条电弧焊

12.2.1　焊条电弧焊的原理及特点

　　焊条电弧焊是利用电弧热作为热源,并用手工操纵焊条进行焊接的一种方法。它是目前最常用的焊接方法,使用的设备简单,操作灵活方便,适应各种条件下的焊接,在工业生产中应用极为广泛。

焊条电弧
焊微课

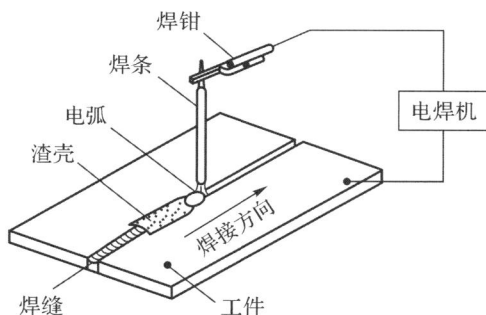

1. 原理

　　焊条电弧焊如图 12-2 所示。焊接时首先将焊条夹在焊钳上,把焊件同电焊机相连接,依靠焊条与工件之间所产生的高温电弧,使工件接头处的表层金属迅速熔化,同时焊条的端部也陆续熔化,填入接头空隙,共同组成熔池。药皮也在高温下分解并熔化,产生大量保护性气体,保护熔池免受空气的侵害。药皮熔化后还可以形成一层熔渣覆盖在熔池上面,也起到保护作用。当焊条向前移动时,旧熔池的金属随即凝固,同时又形成新的熔池。这样就构成了连续的焊缝,把工件的两部分焊接成一体。焊条电弧焊原理如图 12-3 所示。

图 12-2　焊条电弧焊示意图

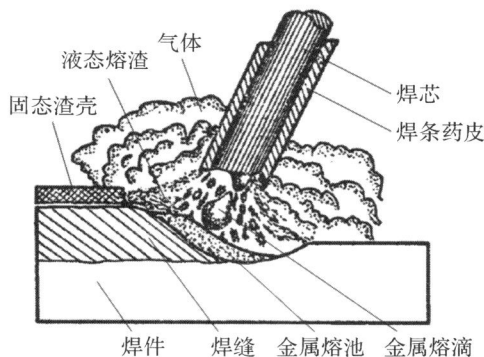

图 12-3　焊条电弧焊原理示意图

2. 特点

　　因为焊条电弧焊的操作机动灵活,所以能在任何场合和空间焊接各种形式的接头,其特点如下:

　　(1)能在任何场合使用,如野外、车间、水下。

　　(2)成本低,噪声小。

　　(3)易于操作,几乎可焊接所有材料。

（4）对铁锈、氧化皮、油脂的敏感度低。

（5）生产率低，易产生焊接应力、变形和裂纹。

3.焊条电弧焊设备

焊条电弧焊的主要设备是弧焊机，弧焊机一般分为直流弧焊机和交流弧焊机两大类。

直流弧焊机的特点是电弧稳定性好，焊接工艺性好，并可根据焊件的特点选用正接与反接，因而广泛用于重要构件的焊接。

交流弧焊机电弧的稳定性较差，但可通过焊条药皮成分来改善。又因其结构简单、制造方便、成本低和焊接效率高而广泛应用。

12.2.2　焊接电弧

1.焊接电弧的产生

焊接电弧是指由焊接电源供给的、具有一定电压的两极间或焊条与焊件间，在气体介质中产生强烈而持久的放电现象。

由于常态下空气是不导电的，因此焊接时采用将焊条与工件短路的办法来引燃电弧，这是因为短路时焊条与工件接触处，接触点很小，电流密度很大，瞬间即被加热到高温，阴极处产生电子放射，在电场作用下，这些电子以极高的速度向阳极运动，中途撞击中性的空气分子并使其放电，从而产生电弧，继而在药皮中某些稳弧成分的作用下，能在一定的电压下，电弧保持持续而稳定。

2.焊接电弧的基本构造及热量分布

焊接电弧从外貌看，似乎是一团光亮刺眼的弧焰，但实际上它存在三个不同区域，即阴极区、阳极区和弧柱区，如图 12-4 所示，三个区域所产生的热量和温度的分布是不均匀的。

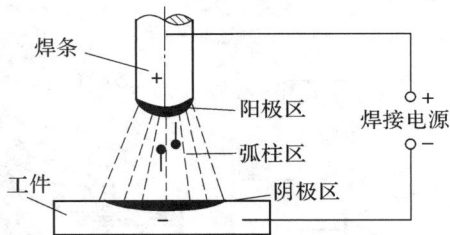

图 12-4　焊接电弧的基本构造

（1）阴极区　焊接时，电弧紧靠负极的区域称为阴极区。阴极区很窄，约为 $10^{-6}\sim10^{-5}$ cm，阴极区温度约为 2400K，其产生的热量约占电弧总热量的 38%。

（2）阳极区　焊接时，电弧紧靠正极的区域称为阳极区。阳极区比阴极区宽，约为 $10^{-4}\sim10^{-3}$ cm，阳极区温度约为 2600K，其产生的热量约占电弧总热量的 42%。

（3）弧柱区　阴极区与阳极区之间的弧柱为弧柱区。弧柱区中心的热量较集中，故温度比两极高，约为 6000~8000K，但弧柱区产生的热量仅占电弧总热量的 20%。

焊条电弧焊时，使金属熔化的热量主要集中在两极区，弧柱区的大部分热量散失于气体中。

上面所述的是直流电弧的热量和温度分布情况。至于交流电弧，由于电源极性快速交替变化,所以两极的温度基本相同,约为 2500K。

3.直流弧焊机电源极性的选择

在使用直流电源弧焊机焊接时,由于阴、阳两极的热量和温度分布是不均匀的,因此分正接和反接。

(1)正接　焊件接电源正极,焊条接电源负极的接线法称正接。这种接法热量较多集中在焊件上,因此用于厚板焊接。

(2)反接　焊件接电源负极,焊条接电源正极的接线法称反接。这种接法热量较多集中在焊条上,主要用于薄板及有色金属焊接。

12.2.3　焊条

焊条是焊条电弧焊的重要焊接材料,它直接影响到焊接电弧的稳定性以及焊缝金属的化学成分和力学性能。焊条的优劣是影响焊条电弧焊质量的主要因素之一。

1.焊条的组成及作用

焊条是涂有药皮的供焊条电弧焊用的熔化电极,它由药皮和焊芯两部分组成,如图 12-5所示。

图 12-5　焊条

(1)焊芯

焊条中被药皮包裹的金属芯称为焊芯。焊芯的作用,一是作为电极传导电流,再者其熔化后成为填充金属,与熔化的母材共同组成焊缝金属。焊芯是经过特殊冶炼而成的,其化学成分应符合《熔化焊用钢丝》(GB/T 14957—1994)的要求。常用的几种碳素钢焊接钢丝的牌号和成分见表 12-2。

表 12-2　常用的几种碳素钢焊接钢丝的牌号和成分(摘自 GB/T 14957—1994)

牌号	化学成分/%							用　途
	w_C	w_{Mn}	w_{Si}	w_{Cr}	w_{Ni}	w_S	w_P	
H08A	≤0.10	0.30~0.55	≤0.03	≤0.20	≤0.30	≤0.030	≤0.030	重要焊接结构
H08E	≤0.10	0.30~0.55	≤0.03	≤0.20	≤0.30	≤0.020	≤0.020	
H08MnA	≤0.10	0.80~1.10	≤0.07	≤0.20	≤0.30	≤0.030	≤0.030	埋弧自动焊焊丝
H08Mn2SiA	≤0.11	1.80~2.10	0.65~0.95	≤0.20	≤0.30	≤0.030	≤0.030	二氧化碳焊焊丝

注:焊芯牌号的含义:H是焊字汉语拼音的第一个字母,表示焊接用钢丝;H后面的数字表示碳的质量分数,A表示高级焊接钢丝;E表示特级优质焊接钢丝(w_S、w_P<0.020%);化学元素后面的数字表示其质量分数(<1%不标出)。

从表中可以看出,焊芯成分中碳含量较低,硫、磷含量较少,有一定合金元素含量,可保证焊缝金属具有良好的塑性、韧性,以减少产生焊接裂纹倾向,改善焊缝的力学性能。焊芯的直径即为焊条直径,最小为 1.6mm,最大为 8mm,其中以直径为 3.2~5mm 的焊芯应用最广;长度一般为 250~450mm。

(2)药皮

药皮是压涂在焊芯表面上的涂料层,一般由稳弧剂、造气剂、造渣剂、脱氧剂、合金剂、稀释剂、黏结剂和稀渣剂等组成。焊条药皮原材料的种类、名称和作用见表 12-3,其主要作用是:

a)机械保护作用。焊接时利用焊条药皮熔化产生的大量气体和形成的熔渣,使熔化金属与空气隔离,防止空气中的氧、氮侵入,保护熔滴和熔池金属,起到机械保护作用。

b)冶金处理和渗合金作用。药皮中加入脱氧剂(锰铁、硅铁等)与熔化金属冶金反应起到脱氧、去硫等作用;加入合金剂,渗入有益的合金元素,使焊缝金属获得符合要求的化学成分和力学性能。

c)改善焊接工艺性能。由于在药皮中加入了一定的稳弧剂、造渣剂和稀渣剂等,所以在焊接时电弧燃烧稳定,飞溅少,焊缝成形好,脱渣比较容易。

表 12-3 焊条药皮原材料的种类、名称和作用

原材料种类	原材料名称	作用
稳弧剂	碳酸钾、碳酸钠、长石、大理石、钛白粉、钠水玻璃、钾水玻璃	改善引弧性能,提高电弧燃烧的稳定性
造气剂	淀粉、木屑、纤维素、大理石	造成一定量的气体,隔绝空气,保护焊接熔滴与熔池
造渣剂	大理石、氟石、菱苦土、长石、锰矿、钛铁矿、黄土、钛白粉、金红石	造成具有一定物理—化学性能的熔渣,保护焊缝。碱性渣中的 CaO 还可起脱硫、磷作用
脱氧剂	锰铁、硅铁、钛铁、铝铁、石墨	降低电弧气氛和熔渣的氧化性,脱除金属中的氧。锰还起脱硫作用
合金剂	锰铁、硅铁、铬铁、钼铁、钒铁、钨铁	使焊缝金属获得必要的合金成分
稀渣剂	氟石、长石、钛白粉、钛铁矿	增加熔渣流动性,降低熔渣黏度
黏结剂	钾水玻璃、钠水玻璃	将药皮牢固地黏在焊芯上

表 12-4 列出了结构钢焊条药皮配方示例。

表 12-4 结构钢焊条药皮配方示例

焊条牌号	药皮配方/%											
	人造金红石	钛白粉	大理石	氟石	长石	菱苦土	白泥	钛铁	45硅铁	硅锰合金	纯碱	云母
J422	31	8	12.4	—	8.6	7	14	12	—	—	—	7
J507	5	—	43.5	25	—	—	—	13	3	7.5	1	2

2.焊条的分类、型号及牌号

(1)焊条的分类

我国的焊条按用途可分为十大类,见表 12-5。

根据焊条药皮性质的不同,结构钢焊条又可分为酸性焊条和碱性焊条两大类。不同的焊条药皮具有不同的焊接工艺性能和焊缝力学性能。

酸性焊条药皮熔渣的主要成分是酸性氧化物(如 SiO_2、TiO_2、Fe_2O_3 等),氧化性较强,易烧损合金元素。但其电弧稳定,对焊件上的油污、铁锈、水不敏感,工艺性较好。酸性焊条熔点较低,流动性好,有利于脱渣和焊缝成形,但难以有效清除焊缝中的硫、磷等杂质,容易形成偏析,焊缝塑性和韧性稍差,渗合金作用弱,热裂倾向大。酸性焊条适合各种电源,常用于一般钢结构件的焊接。

表 12-5　焊条的分类

焊条类型	代号	
	拼音	汉字
结构钢焊条	J	结
钼及铬钼耐热钢焊条	R	热
不锈钢焊条	G	铬
	A	奥
堆焊焊条	D	堆
低温钢焊条	W	温
铸铁焊条	Z	铸
镍及镍合金焊条	Ni	镍
铜及铜合金焊条	T	铜
铝及铝合金焊条	L	铝
特殊用途焊条	TS	特殊

碱性焊条药皮熔渣的主要成分是碱性氧化物(如 CaO、FeO、MnO、MgO、Na_2O 等)和铁合金,氧化性弱,脱硫、脱磷能力强,焊缝氢含量低、韧性好、抗裂性好。但对油污、铁锈、水等敏感性较大,易产生气孔,工艺性较差。为了保证电弧稳定,碱性焊条一般用于直流反接,主要用于压力容器等重要结构件的焊接。

(2)焊条的型号和牌号

焊条的型号和牌号都是焊条的代号,焊条型号为国际通用标准规定的代号,根据《非合金钢及细晶粒钢焊条》(GB/T 5117—2012),表示为 E××××。其中 E 为 Electrode 的首写字母;前两位数字×× 表示熔敷金属抗拉强度的最小值,单位为 MPa;第三位数× 表示焊接位置(0 和 1 表示全位置焊,2 表示平焊,4 表示向下立焊);第三、四两位数字的组合表示焊接电流种类和药皮类型,例如 E5015,“E”表示焊条,“50”表示焊缝金属抗拉强度不低于 500MPa;“1”表示焊条适用于全位置焊接;“15”表示低氢钠型焊条药皮,电流种类为直流反接。

焊条牌号是我国行业标准统一规定的代号,由汉语拼音的第一个字母加上三位数字组成,常用的牌号有 J×××、A×××、Z×××。其中“J”代表结构钢焊条,“A”代表奥氏体钢焊条,“Z”代表铸铁焊条;前两位数字为熔敷金属抗拉强度的最小值,单位为 MPa;最后一位数字表示药皮类型和电流种类,其中 1～5 为酸性药皮,6 和 7 为碱性药皮,酸性药皮可在交、直流电源下焊接,而碱性药皮只能在直流电源下焊接。例如 J422,"J"表示结构钢焊条,"42"表示焊缝金属抗拉强度不低于 420MPa;"2"表示焊条药皮类型为氧化钛钙型,适用于直流或交流电源。

焊条牌号应该符合相应的焊条型号,如 J422 符合 GB/T 5117—2012 中的 E4303,J507 符合 E5015。

(3)焊条的选用原则

选用焊条时应首先根据焊件的化学成分、力学性能、抗裂性、耐蚀性以及高温性能等要求,选用相应的焊条种类,再根据结构形状、受力情况、焊接设备条件和焊条售价来选定具体型号。选用时可考虑以下原则:

a)等强度原则。一般应使焊缝金属与母材等强度。焊接低、中碳钢和低合金钢结构件时,选用强度级别相同的结构钢焊条。

b)同成分原则。焊接耐热钢、不锈钢等金属材料时,应使焊缝金属的化学成分与焊件的化学成分相同或相近,即按母材化学成分选用相应成分的焊条。

c)考虑工件的工作条件和使用性能。被焊工件如果在承受动载荷或冲击载荷条件下工作,除应保证强度指标外,还应选择韧性和塑性较好的低氢型焊条。如果被焊工件在低温、高温、磨损或腐蚀介质条件下工作,则应优先选择相应种类的焊条。由于几何形状复杂或大厚度工件的焊接加工易产生较大的应力而引起裂纹,因此宜选择抗裂性好、强度较高的焊条。如果焊件接头部位有油污、铁锈等,不易清理干净,应选用抗气孔能力强、脱渣性好、电弧稳定的酸性焊条,以免在焊接过程中气体滞留于焊缝中,形成气孔。

d)低成本原则。在满足使用要求的前提下,应优先选用工艺性能好、成本低和生产率高的焊条。

此外,应根据焊件厚度、焊缝位置等条件选择焊条直径。一般焊件越厚,选用的焊条直径也越大。

12.2.4　焊接接头的组织和性能

1.焊接热循环

焊接时,电弧沿着工件逐渐前移并对工件进行局部加热,焊缝附近的金属都将由常温状态被加热到较高的温度,然后再逐渐冷却到室温。由于各点金属所在的位置不同,与焊缝中心的距离不相同,所以各点的最高加热温度是不同的,它们所达到最高加热温度的时间也不同。焊缝及其母材上某点的温度随时间变化的过程称为焊接热循环。图 12-6 所示为低碳钢焊接热循环的特征,温度达到 1100℃以上的区域为过热区,$t_{过1}$ 为点 1 的过热时间,$t_{8/5}$ 为点 1 处从 800℃冷却到 500℃的时间。

热循环使焊缝附近的金属相当于受到一次不同规范的热处理。焊接热循环的特点是加热和冷却速度都很快,对易淬火钢,焊后会发生空冷淬火,产生马氏体组织;对其他材料,易产生焊接应力、变形及裂纹。

2.焊接接头的组织和性能

下面以低碳钢为例,说明焊接过程造成的金属组织性能的变化。受焊接热循环的影响,焊缝附近的母材组织和性能发生变化的区域,称为焊接热影响区。焊缝和母材的交界线称为熔合线。熔合线两侧有一个很窄的焊缝与热影响区的过渡区,称为熔合区。因此,焊接接头常由焊缝区、熔合区、热影响区三部分组成。

（1）焊缝区

焊缝区是指焊件经焊接形成的结合部分。熔焊时,随着焊接热源向前移动,熔池中的液态金属开始迅速冷却结晶,而后形成焊缝。焊缝金属的结晶,首先从熔池底壁上许多未熔化完的晶粒开始,以垂直熔合线的方式向熔池中心生长为柱状晶。如图 12-7 所示。最后这些柱状晶前沿一直伸展到焊缝中心,相互接触后停止生长。

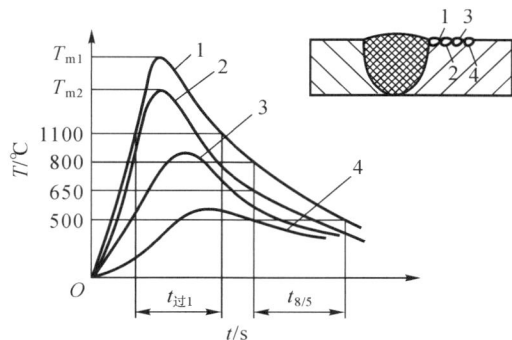

图 12-6　焊条低碳钢焊接热循环的特征

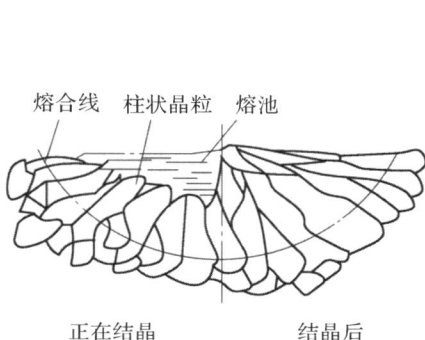

图 12-7　焊缝柱状晶结晶示意图

在焊接过程中,由于熔池体积小,冷却速度快,再加上严格控制焊芯的 S、P 含量,并通过焊接材料渗入合金,补偿合金元素的烧损,所以焊缝的力学性能不低于母材金属。

（2）熔合区

熔合区是焊缝向热影响区过渡的区域,是焊缝和母材金属的交界区,其加热温度处于固相线和液相线之间。焊接过程中,部分金属熔化,部分未熔化,冷却后,熔化金属成为铸态组织,未熔化金属因加热温度过高而形成过热粗晶组织。这种组织使此区强度下降,塑性、韧性极差,常是裂纹及局部脆性破坏的发源区。在低碳钢焊接接头中,尽管此区很窄（仅 0.1～1mm）,但在很大程度上决定着焊接接头的性能。

（3）热影响区

热影响区是焊接过程中,母材因受热（但未熔化）而发生组织性能变化的区域。对低碳钢而言,由于焊缝附近各点受热程度不同,故热影响区常由过热区、正火区以及部分相变区组成,如图 12-8 所示。

a）过热区。对于过热区,是指热影响区内具有过热组织或晶粒显著粗大的区域,宽约 1～3mm。其加热温度在 1100℃至固相线之间。由于加热温度高,奥氏体晶粒急剧长大,冷却后得到粗晶组织。该区金属的塑性、韧性很低,焊接刚度大的结构或碳含量较高的易淬火钢,易在此区产生裂纹。

b）正火区。正火区是指热影响区内相当于受到正火热处理的区域,宽约 1.2～4mm。其加热温度在 Ac_3～1100℃之间。此温度下金属发生重结晶加热,形成细小的奥氏体组织,空冷后即获得细小而均匀的铁素体和珠光体组织,因此,该区的力学性能优于母材。

c）部分相变区。热影响区内发生部分相变的区域,其加热温度在 Ac_1～Ac_3 之间。受热影响,此区中珠光体和部分铁素体转变为细晶粒奥氏体,而另一部分铁素体因温度太低来不

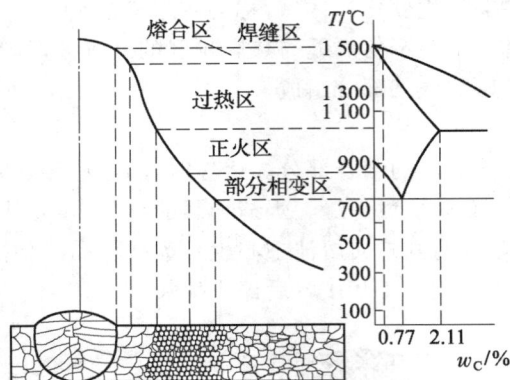

图 12-8　低碳钢焊接接头的组织变化

及转变,仍为原来的组织,因此,已发生相变组织和未发生相变组织在冷却后会使晶粒大小不均匀,力学性能较母材差。

低碳钢焊接接头中熔合区的力学性能最差,对接头性能的影响最为敏感。有时焊接结构的破坏会在热影响区发生,这是因为有热影响区的过热区的性能也较差。

12.2.5　焊接应力与变形

焊接应力是指焊接过程中焊件内产生的应力。焊接变形是指焊接过程中焊件产生的变形。焊接应力和变形的存在,会对焊接结构的制造和使用带来不利影响。如降低结构的承载能力,甚至导致结构开裂,影响结构的加工精度和尺寸稳定性等。因此,在焊接过程中,必须设法减小或消除焊接应力与变形。

焊接应力和
变形微课

1. 焊接应力与变形产生的原因及危害

焊接过程中不均匀加热和冷却是产生焊接应力与变形的根本原因。现以低碳钢平板对接焊缝为例说明焊接应力和变形的形成过程,如图 12-9 所示。

(a) 焊接过程中　　　　　　　　(b) 冷却后

图 12-9　低碳钢平板对接焊时纵向焊接应力与变形的形成

焊接时,焊缝区被加热到很高的温度,离焊缝越远,温度越低。根据金属热胀冷缩的特性,焊件各区域温度不同将产生大小不等的纵向膨胀。如果各部位的金属能自由伸长而不受周围金属的阻碍,其变形如图 12-9(a)中虚线所示。但平板是一个整体,这种伸长实际是不能实现的,而只能整体同时伸长 Δl,于是焊缝区高温金属伸长因受到两侧金属的阻碍而产生压应力(用符号"一"表示),远离焊缝区的两侧金属则产生拉应力(用符号"+"表示)。当焊缝区的压应力超过金属的屈服强度时,该区就产生了一定量的压缩塑性变形,压应力也消失了一部分。

冷却时,焊缝区加热时已产生了压缩塑性变形,冷却后应该较其他区域缩得更短些,如图 12-9(b)中虚线所示。但平板是一个整体,这种缩短实际上也是不能实现的,只能按图中实线所示那样整体缩短 $\Delta l'$。焊缝区金属收缩受到焊缝两侧金属的阻碍而产生了拉应力,而焊缝两侧金属则产生了压应力。拉应力和压应力处于互相平衡状态,并保留到室温,这种室温下被保留下来的焊接应力与变形,称为焊接残余应力与变形。

综上所述,低碳钢平板对接焊后的结果是:焊件比焊前缩短了 $\Delta l'$;焊缝区产生了拉应力,其两侧金属则受压应力。

焊接应力与变形对结构的制造和使用会带来不利的影响。熔焊过程中产生的焊接应力足够大时,在一定条件下会导致焊接热裂纹;焊后残留于结构中的焊接残余应力会影响结构的机械加工精度,降低结构的承载能力,引发焊接冷裂纹,甚至发生结构脆断事故。焊接变形不仅给保证装配质量带来很大的困难,还会影响结构的工作性能。当变形量超过允许值时,必须进行矫正,矫正无效时只能报废。因此,在设计和制造焊接结构时,应尽量减小焊接应力与变形。

2. 预防和消除焊接应力的措施

减小焊接应力可从设计和工艺两方面综合考虑。在设计焊接结构时,应采用刚性较小的焊接接头形式,尽量减少焊缝数量和焊缝截面尺寸,避免焊缝过分集中等。在工艺方面可以采用以下措施:

(1)合理选择焊接顺序和焊接方向　焊接顺序的确定应尽量使焊缝能较自由地收缩,以减少应力。图 12-10(a)所示焊接顺序产生的焊接应力小,而图 12-10(b)中因先焊焊缝 1 导致对焊缝 2 的拘束度增加,而增大了焊接残余应力。

(2)锤击焊缝法　在焊缝的冷却过程中,用圆头小锤均匀迅速地锤击焊缝,使焊缝金属产生局部塑性伸长变形,抵消一部分焊接收缩变形,从而减小焊接残余应力。

(3)加热"减应区"法　焊接前,在工件的适当部位(称为减应区)加热使之伸长(图 12-11),焊后冷却时,减应区与焊缝同向收缩,使焊接应力与变形减小。

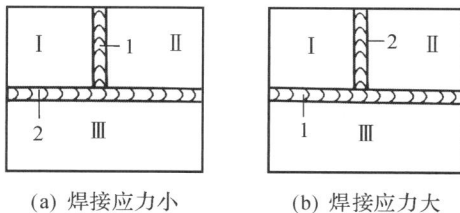

图 12-10　焊接顺序对焊接应力的影响

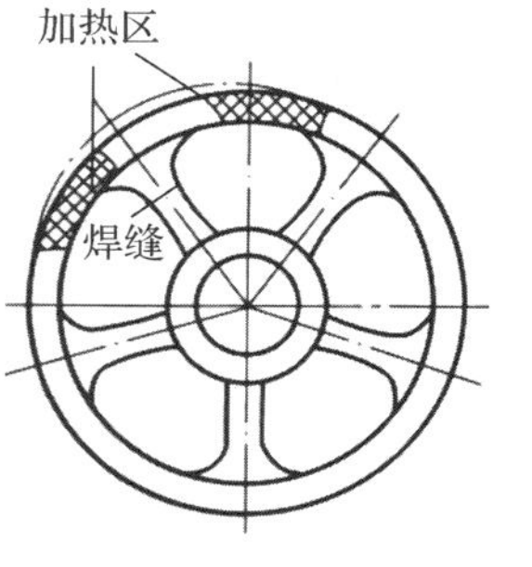

图 12-11　加热"减应区"法示例

(4)焊前预热和焊后缓冷　焊前预热的目的是减小焊接区与周围金属的温度差,降低焊缝区的冷却速度,使焊接加热和冷却时的不均匀膨胀和收缩减小,以达到减小焊接应力的目的。焊后缓冷也能起到同样的作用。但这种方法使工艺复杂化,只适用于塑性差、容易产生裂纹的材料,如高、中碳钢,铸铁和合金钢等。

(5)焊后去应力退火 为了消除焊接结构中的焊接残余应力,生产中通常采用去应力退火。对于碳钢和低、中合金钢结构,焊后可以把构件整体或焊接接头局部区域加热到 $600\sim650℃$,经保温一定时间后缓慢冷却。一般可以消除 80% 以上的焊接残余应力。

3.焊接变形的基本形式

焊接残余应力超过材料的屈服强度时,焊件就发生塑性变形。常见焊接变形的基本形式如图 12-12 所示。

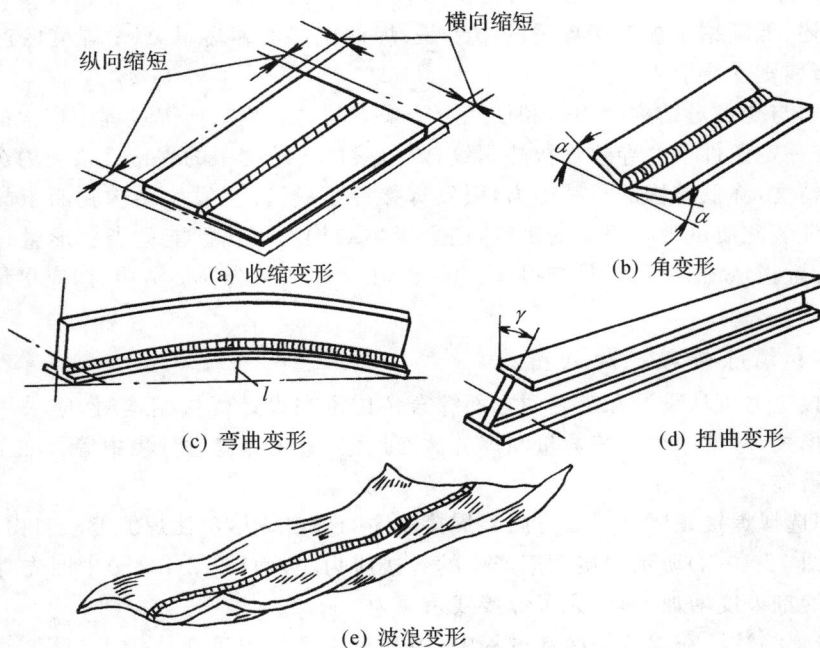

图 12-12 焊接变形的基本形式

(1)收缩变形 构件焊接后因焊缝纵向(沿焊缝方向)和横向(垂直焊缝方向)收缩,而导致构件纵向和横向尺寸缩短,如图 12-12(a)所示。

(2)角变形 它是由 V 形坡口对接焊缝,截面形状上下不对称,焊后横向收缩不均匀而引起的,如图 12-12(b)所示。

(3)弯曲变形 它是 T 形梁焊接时,由于焊缝布置不对称,焊缝纵向收缩引起的,如图 12-12(c)所示。

(4)扭曲变形 又称螺旋形变形,是由于焊接顺序或焊接方向不合理,或结构焊前装配不当引起的,如图 12-12(d)所示。

(5)波浪变形 它是薄板焊接时,由于焊缝纵向收缩,使焊件丧失稳定性引起的,如图 12-12(e)所示。

4.防止焊接变形的措施

(1)合理的结构设计

在进行焊接结构设计时,应注意如下问题:尽量减少焊缝的数量、长度及截面面积;焊缝尽量对称布置,避免密集与交叉;尽量选用型材、冲压件代替板材拼接,以减少焊缝数量和变形。

（2）采用必要的工艺措施

a）反变形法。根据经验或测定,预先估计其结构变形的大小和方向,在焊接结构组装时人为地制成一个方向相反而数值相等的变形,以抵消焊后所产生的焊接变形,如图 12-13 所示。

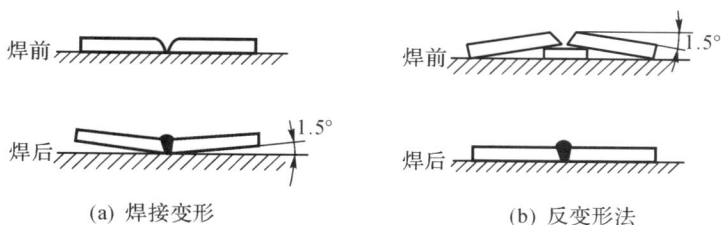

(a) 焊接变形　　　　　　　　(b) 反变形法

图 12-13　对焊时的反变形法

b）刚性固定法。焊接时将焊件加以固定,焊后待焊件冷却至室温后再去掉刚性固定,可有效地防止角变形和波浪形变形,但会增大焊接应力。该方法只适用于塑性较好的低碳钢结构,不能用于铸铁和淬硬倾向大的钢材,以免焊后断裂。图 12-14 所示为利用刚性固定法防止焊件的角变形。

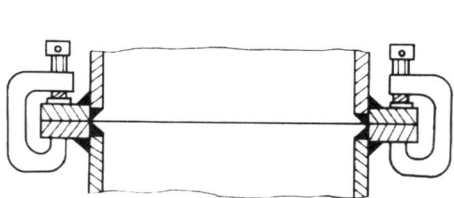

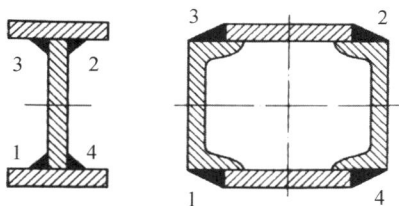

图 12-14　刚性固定法　　　　　图 12-15　对称截面梁的合理焊接顺序

c）选择合理的焊接顺序。选择合理的焊接顺序对控制焊接变形非常重要。对于对称截面梁的焊接,采用图 12-15 所示的焊接顺序可有效地减小焊接变形;当焊接长焊缝时,应采用中分对称焊、中分分段退焊法等,如图 12-16 所示。

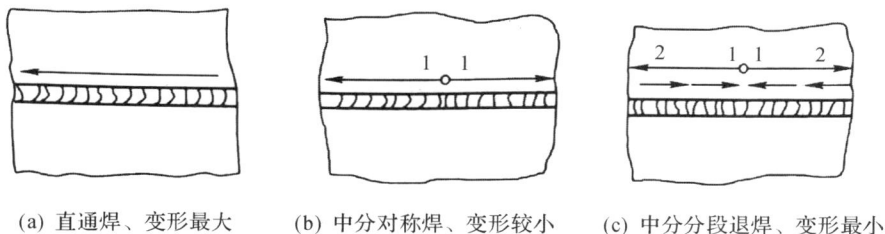

(a) 直通焊、变形最大　　(b) 中分对称焊、变形较小　　(c) 中分分段退焊、变形最小

图 12-16　长焊缝的几种焊接顺序

5. 焊接变形的矫正

在焊接过程中,即使采用了上述措施,有时也会产生超过允许值的焊接变形。对焊接变形进行矫正,常采用的矫正方法有:

（1）机械矫正　机械矫正是利用外力使构件产生与焊接变形方向相反的塑性变形,使两者变形互相抵消达到矫正变形的目的。机械矫正使用的设备有辊床、压力机、矫直机等,有时也可采用千斤顶、牵引器或手锤,图 12-17 所示即为采用压力机矫正弯曲变形。在机械矫正时要消耗焊件的一部分塑性,因此该方法通常只适用于刚性较小、塑性较好的低碳钢和低合金结构钢。

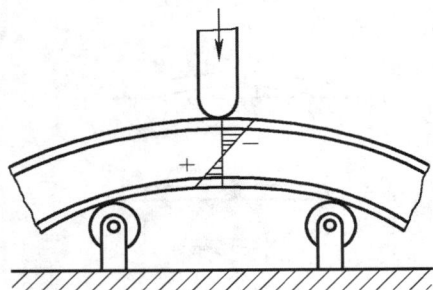

图 12-17　用压力机矫正弯曲变形

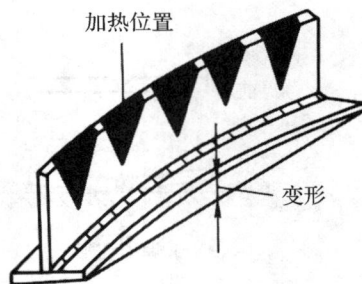

图 12-18　火焰矫正法

（2）火焰矫正　火焰矫正是利用金属局部受热后的冷却收缩来矫正已发生的焊接变形。图 12-18 所示为焊接后 T 形梁产生上拱变形,可用火焰在腹板位置进行加热,加热区为三角形,加热温度为 $600\sim800℃$,冷却后腹板收缩引起反向变形,将焊件矫直。这种方法主要适用于塑性好且无淬硬倾向的材料。该方法也只适用于塑性较好的低碳钢和低合金结构钢。

12.3　其他熔焊方法

12.3.1　埋弧焊

埋弧焊是焊丝自动连续送进、电弧在焊剂层下燃烧进行焊接的方法。图 12-19 为埋弧焊示意图,它是利用焊丝和焊件之间燃烧的电弧产生热量,熔化焊丝、焊剂和焊件而形成焊缝的。焊丝一方面起到电极作用,另一方面作为填充金属与熔化的焊件共同形成焊缝;而颗

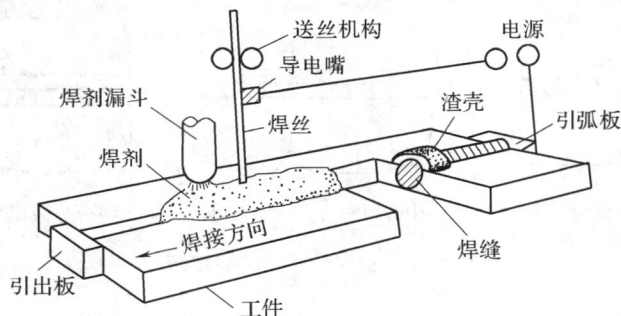

图 12-19　埋弧焊示意图

粒状的焊剂则相当于焊条的药皮,在焊接过程中起稳弧、保护、脱氧及渗合金等作用。如果埋弧焊中的引弧、焊丝送进、移动电弧、收弧等过程由机械自动完成,则称为自动埋弧焊。

1. 埋弧焊的焊接过程

埋弧焊的原理如图 12-20 所示。焊接时,先在焊件焊接处覆盖一层颗粒状焊剂,厚度为 30～50mm,焊丝在焊剂层下与焊件接触自动引弧并稳定燃烧,使电弧周围的颗粒状焊剂熔化,焊丝、焊件熔化,形成熔池,焊剂熔化主要形成熔渣,部分焊剂蒸发后形成的气体将电弧周围的熔渣排开,形成一个封闭的熔渣泡,使被熔渣泡包围的熔池金属与空气隔离,防止了金属的飞溅,这样既减少了热量损失,又阻止了弧光四射。随着焊丝的连续送进,电弧下方的部分母材金属和焊丝不断加热熔化形成共同熔池,熔池后面的金属随即冷却并凝固成焊缝。熔渣浮在熔池表面冷凝成渣壳,未熔化的焊剂经回收处理可重新使用。

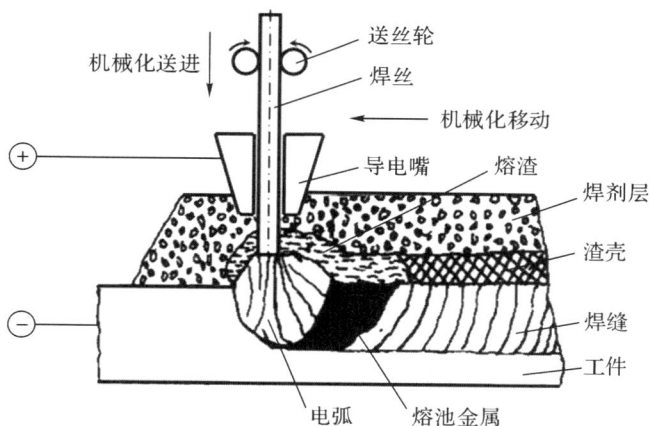

图 12-20　埋弧焊原理示意图

2. 埋弧焊特点及应用

埋弧焊与焊条电弧焊相比具有如下特点:

(1)生产效率高　由于埋弧焊采用大电流焊接(焊接电流可达 800～1000A),熔深大,不需更换焊条,所以生产效率比焊条电弧焊提高 5～10 倍。

(2)焊接质量好,焊缝成形美观　由于埋弧焊焊接区受到焊剂和液态熔渣的可靠保护,焊接热量集中,焊接速度快,热影响区小,焊件变形小,所以焊缝成形美观,焊接质量好。

(3)节省材料与电能　埋弧焊焊件厚度在 20～25mm 以下时,不需开坡口,因此可减少填充金属。另外,没有焊条电弧焊时的焊条头损失,焊接热量损耗少。

(4)改善了工人的劳动条件　埋弧焊焊接过程的机械化,使工人的劳动强度大大降低,且电弧埋在焊剂层下燃烧,无弧光,烟尘少,劳动条件得到很大改善。

埋弧焊与焊条电弧焊相比,也有一些缺点:

(1)埋弧焊适于焊接长直的平焊缝或较大直径的环焊缝,对于短焊缝、曲折焊缝焊接困难,不适于立焊、横焊和仰焊的焊缝。另外,焊前的准备工作量较大,对焊件坡口加工、接缝装配均匀性等要求较高。

(2)埋弧焊电流强度较大,低于 100A 时电弧不稳定,所以不适于焊接 3mm 以下厚度的薄板。

（3）埋弧焊焊剂的成分主要是 MnO、SiO_2 等氧化物，难以完成 Al、Ti 等氧化性极强金属及合金的焊接。

（4）埋弧焊设备费用较贵，焊接过程看不到电弧，不能及时发现问题。

综上所述，埋弧焊适用于批量大的中厚板结构的长直焊缝和较大直径的环焊缝焊接。在桥梁、造船、锅炉、压力容器、冶金机械制造等工业中获得广泛应用。

埋弧焊与电阻焊微课　　　　气体保护焊微课

12.3.2　氩弧焊

气体保护电弧焊是用外加气体作为电弧介质并保护电弧和焊接区的电弧焊方法，简称气体保护焊。保护气体的种类很多，目前应用较多的是氩气和二氧化碳。下面先介绍氩弧焊。

1. 氩弧焊的分类

氩弧焊是用氩气作为保护气体保护电弧和焊接区的电弧焊方法。氩气是惰性气体，不溶于液态金属，也不与金属发生反应。氩弧一旦引燃，电弧很稳定。按所用电极的不同，氩弧焊分为熔化极氩弧焊和非熔化极氩弧焊（亦称钨极氩弧焊）两种。

（1）熔化极氩弧焊　以连续送进的焊丝作为电极，熔化后又兼作填充金属的惰性气体保护焊，简称 MIG 焊，如图 12-21（a）所示。熔化极氩弧焊所用电流可以较大，因而母材熔深大，生产率较高，适用于焊接 25mm 以下的中厚板。焊接铝及铝合金时常采用直流反接（工件接负极），以提高电弧的稳定性。同时利用质量较大的氩离子撞击熔池表面，使熔池表面极易形成的高熔点氧化膜破碎，有利于焊缝熔合和保证焊接质量。因其以焊丝作为电极和填充材料，故还需要有专门的送丝机构。

（2）非熔化极氩弧焊　以高熔点的纯钨或钨合金棒作电极的惰性气体保护焊，简称 TIG 焊。焊接时钨极不熔化，只是作为电极起导电作用，焊丝从钨极的前方送入熔池如图 12-21（b）所示。焊接钢件时，多采用直流正接（工件接正极），否则易烧损钨极。焊接铝、镁等有色金属及其合金时，可采用直流反接或交流氩弧焊，以提高焊接质量。为减少钨极烧损，通过电极的焊接电流不宜过大，焊缝熔深小，故非熔化极氩弧焊通常用于焊接厚度为 6mm 以下的薄板焊件。

2. 氩弧焊特点及应用

（1）氩气是惰性气体，它不与金属发生化学反应，又不溶入液态金属，其保护效果最佳，特别适宜焊接化学性质活泼的金属及合金。

（2）它是明弧焊，便于操作，容易实现全位置焊接。

（3）电弧稳定，飞溅小，焊缝致密，无熔渣，焊接质量优良，焊缝成形美观。

（4）电弧在气流压缩下燃烧，热量集中，因此焊接速度快，热影响区的宽度和焊接变形小。

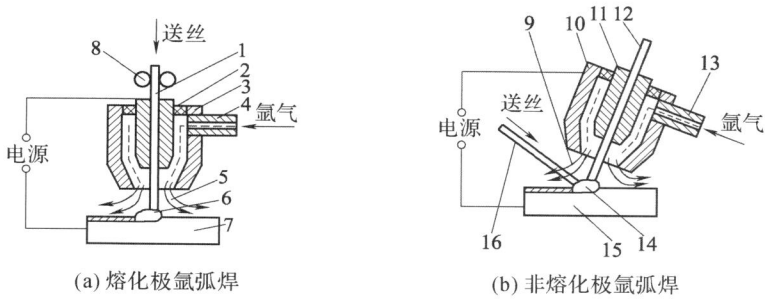

(a) 熔化极氩弧焊　　　　　　　(b) 非熔化极氩弧焊

1、16—焊丝；2、11—导电嘴；3、10—喷嘴；4、13—进气管；5、9—气流；

6、14—电弧；7、15—焊件；8—送丝轮；12—钨棒。

图 12-21　氩弧焊原理示意图

（5）氩气昂贵，设备造价高，焊前清理要求严格，且氩气无脱氧去氢作用。

氩弧焊适用于易氧化的有色金属及合金钢等材料的焊接，如铝、镁、钛及其合金、耐热钢、不锈钢等。

12.3.3　CO_2 气体保护焊

1. CO_2 气体保护焊的原理

CO_2 气体保护焊是以 CO_2 气体来保护电弧和焊接区的一种熔化极气体保护焊，简称 CO_2 焊。这种焊接方法采用连续送进的焊丝作为电极，靠焊丝和焊件之间产生的电弧熔化母材金属与焊丝，以自动或半自动方式进行焊接。电弧引燃后，焊丝末端、电弧及熔池被 CO_2 气体所包围，可防止空气对高温金属的有害作用。其原理与装置类似于熔化极氩弧焊，只是通入的保护气体不同，CO_2 气体保护焊如图 12-22 所示。常用的焊丝为 H08Mn2SiA。

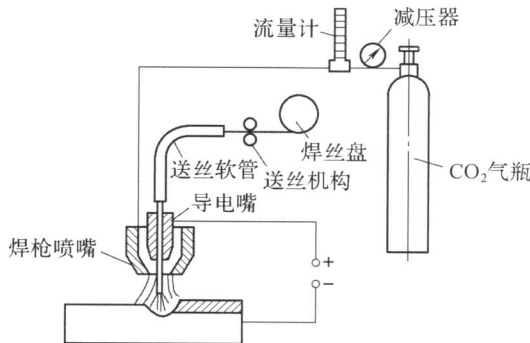

图 12-22　CO_2 气体保护焊示意图

2. CO_2 气体保护焊特点及应用

CO_2 气体保护焊特点如下：

（1）生产率高　焊丝自动送进，电流密度大，电弧热量集中，故焊接速度高，且焊后无焊渣，节省清渣时间，生产率比焊条电弧焊高 1～4 倍。

（2）焊接质量好　由于 CO_2 气体的保护，焊缝氢含量低，且焊丝中锰含量较高，脱硫效果明显。另外,由于电弧在气流压缩下燃烧,热量集中,热影响区较小,焊接接头抗裂性好。

(3)操作性能好 CO_2气体保护焊是明弧焊,易发现焊接问题并及时处理,且适用于各种位置的焊接,操作灵活。

(4)成本低 CO_2气体来源广,价格低廉,且焊丝是盘状光焊丝,总成本仅为埋弧焊和焊条电弧焊的40%左右。

但是,CO_2气体保护焊也存在一些缺点,如使用大电流焊接时,电弧飞溅大,焊缝成形不美观;很难用交流焊接及在有风的地方施焊;CO_2在1000℃以上高温会分解成CO和O_2,有一定的氧化性,因此不宜焊接容易氧化的有色金属材料。

CO_2气体保护焊在汽车、机动车辆、造船及农业机械等部门应用很广泛,主要用于低碳钢和强度级别不高的低合金结构钢等焊件。

12.3.4 气焊

气焊是利用气体火焰作为热源的一种焊接方法。最常用的是氧乙炔焰。如图12-23所示。它的设备简单,操作方便,不需电能,适用于各种材料的全位置焊接。但这种方法火焰温度低,加热时间长,生产效率低,热影响区宽,焊后变形大,焊接质量差,只适用于薄板、有色合金的焊接及钎焊刀具、铸铁件修补等。

1. 氧乙炔焰的种类

根据氧和乙炔的混合比值不同,可将氧乙炔焰分为以下三种,如图12-24所示。

(1)中性焰 氧、乙炔混合比(体积比)为1~1.2时燃烧所形成的火焰,其构造与形状如图12-24(a)所示。中性焰最高温度可达3000~3150℃,这种火焰在生产上应用最广,适用于低碳钢、中碳钢、低合金钢、不锈钢、纯铜和铝及铝合金等材料的焊接。

(2)碳化焰 氧、乙炔混合比小于1的火焰,其构造与形状如图12-24(b)所示。火焰最高温度可达2700~3000℃,整个火焰比中性焰长。由于碳化焰中有过剩乙炔并分离成游离状态的碳和氢,导致焊缝产生气孔和裂纹,同时对焊缝有渗碳作用,因此这种火焰适用于碳含量较高的高碳钢、铸铁、硬质合金及高速工具钢的焊接。

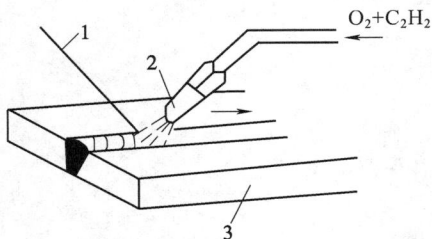

1—焊丝;2—焊嘴;3—焊件。

图12-23 气焊示意图

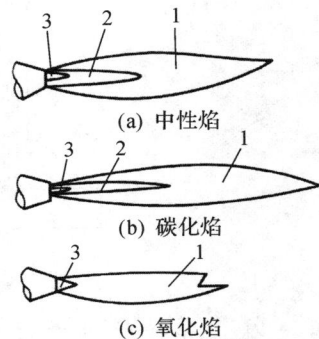

1—外焰;2—内焰;3—焰心。

图12-24 氧乙炔焰

(3)氧化焰 氧、乙炔的混合比大于1.2的火焰,其构造与形状如图12-24(c)所示。整个火焰很短,燃烧时发出"嘶嘶"声。氧化焰最高温度可达3100~3300℃。由于氧化焰会使焊缝金属氧化,形成气孔,部分合金元素在焊接时被烧损,从而导致了焊缝金属的力学性能降低,因此一般不采用。只有焊接黄铜时采用氧化焰,其原因是焊接黄铜时采用含硅焊丝,氧化焰会使熔化金属表面覆盖一层硅的氧化膜,可阻止黄铜中锌的挥发。

2.气焊操作

气焊操作时,确定工艺参数是保证焊接质量的关键,主要包括焊丝的牌号、直径、气焊溶剂、气焊焊炬的倾斜角度、焊接方向和焊接速度等。

(1)焊丝的牌号及直径 应根据焊件材料的力学性能或化学成分选择相应的焊丝牌号,具体查阅焊接手册;根据焊件的厚度选择相应的焊丝直径,具体可参考表 12-6。

表 12-6 焊丝厚度与焊丝直径的关系

工件厚度/mm	1～2	2～3	3～5	5～10	10～15	>15
焊丝直径/mm	1～2 或不用焊丝	2	2～3	3～4	4～6	6～8

(2)气焊溶剂 为了去除焊缝表面的氧化物和保护熔化金属及增加熔池的流动性,常采用熔剂。气焊所用熔剂的选用,应根据焊件的化学成分及其性质而定。如焊接铸铁、有色金属等,必须采用相应的熔剂(碳素结构钢不用),具体应查阅焊接手册。

(3)焊炬移动方向 按焊炬和焊丝沿焊缝移动方向不同,分为左焊法与右焊法两种,如图 12-25 所示。焊炬与焊丝自右向左进行焊接为左焊法。气体火焰指向焊件待焊部分,焊缝冷却快,适用于薄板和低熔点金属的焊接。焊炬与焊丝自左向右进行焊接为右焊法。气体火焰指向已形成焊缝,能使焊缝缓慢冷却和保护焊缝,热量集中,熔深大,适于焊接较厚的焊件。

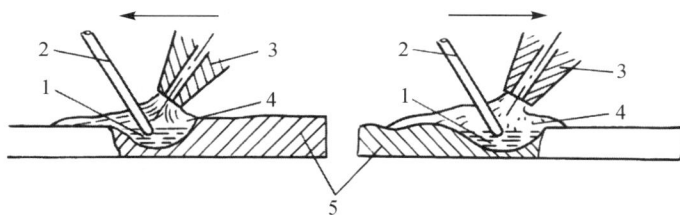

1—熔池;2—焊丝;3—焊嘴;4—火焰;5—焊件。

图 12-25 左焊法和右焊法

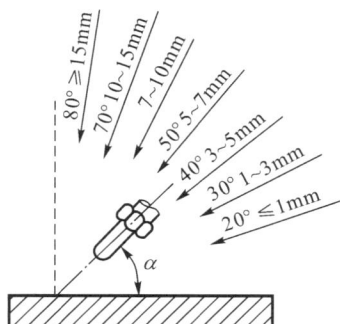

图 12-26 焊嘴倾角与焊件厚度的关系

（4）控制焊嘴倾角　气焊时,焊嘴中心线相对焊件表面倾斜的一定角度 α 称为焊嘴倾角（图 12-26）。焊嘴倾角 α 越大,火焰越集中,热量损失越小,焊件受热越大,升温越快,适于焊接较厚的焊件;反之,焊件受热小,升温慢,适于焊接较薄的焊件。

（5）焊接速度　焊接速度的快慢将影响焊件的质量与生产率。通常焊件厚度大,熔点高则焊接速度应慢,以免产生未熔合,反之则要快,以免烧穿和过热。

12.3.5　电渣焊

1.电渣焊的原理

电渣焊是利用电流通过液态熔渣所产生的电阻热熔化母材和填充金属进行焊接的方法。电渣焊的原理如图 12-27 所示。两焊件垂直放置（呈立焊缝）,相距 25～35mm,两侧装有水冷铜滑块,底部加装引弧板,顶部安装引出板。开始焊接时,焊丝与引弧板短路引弧,电弧将不断加入的焊剂熔化为熔渣并形成渣池。当渣池达一定厚度时,将焊丝迅速插入其内,电弧熄灭,电弧过程转变为电渣过程,依靠渣池电阻热,使焊丝和焊件熔化形成熔池,并保持在 1700～2000℃。随着焊丝的不断送进,熔池逐渐上升,冷却滑块上移,同时熔池底部被水冷铜滑块强迫凝固形成焊缝。渣池始终浮于熔池上方,既产生热量,又保护熔池,此过程一直延续到接头顶部。根据焊件厚度不同,焊丝可采用一根或多根。

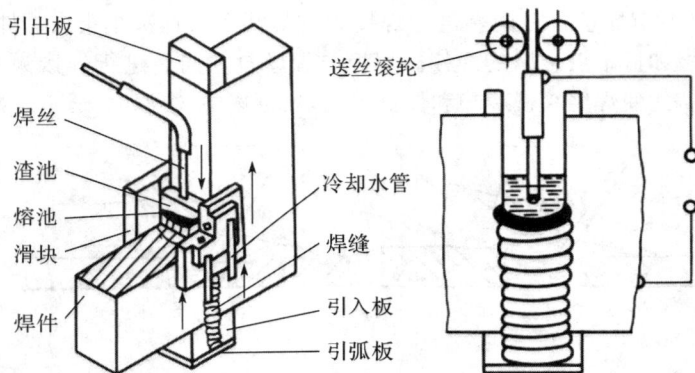

图 12-27　电渣焊原理示意图

2.电渣焊的特点及应用

电渣焊的特点:

（1）生产率高　厚大工件可一次焊成。如单丝不摆动,可焊厚度为 40～60mm;单丝摆动,可焊厚度为 60～150mm;而三丝摆动可焊厚度达 450mm。

（2）焊接质量好　焊缝液态金属停留时间长,焊缝不易产生气孔、夹杂等缺陷;熔渣覆盖在熔池上,保护作用好。

（3）生产率高,成本低　焊接任何厚度均不需开坡口,仅留 25～35mm 的间隙,即可一次焊成;焊接材料和电能消耗少。

电渣焊的缺点是熔池高温停留时间长,晶粒粗大,热影响区较宽,焊后需进行正火处理;焊接适应性较差;总是以立焊方式进行,不能平焊,不适于焊接厚度较小的工件,焊缝也不宜过长。

拓展知识:
其他新型
熔焊技术

电渣焊适用于碳钢、合金钢、不锈钢等材料的焊接,主要用于厚壁压力容器,铸—焊、锻—焊、厚板拼焊等大型构件的焊接。焊接厚度一般应大于 40mm。

12.4 压焊和钎焊

压焊与钎焊也是应用比较广的焊接方法。近些年来随着现代工业技术的发展,如原子能、航空、航天等技术的发展,需要焊接一些新的材料和结构,对焊接技术提出更高的要求,出现了更多的焊接新工艺和新方法。

12.4.1 电阻焊

电阻焊是对组合焊件经电极加压,同时利用电流通过焊接接头的接触面及邻近区域产生的电阻热来进行焊接的方法。根据接头形式常分为点焊、缝焊和对焊。

1. 点焊

点焊是将焊件装配成搭接接头,压紧在两柱状电极间使之紧密贴合,加压通电,利用电阻热局部熔化母材金属形成焊点的一种电阻焊方法,其原理如图 12-28(a)所示。常用点焊的接头形式如图 12-29 所示。点焊的操作过程是:施压—通电—断电—松开,这样就完成一个点焊。先施压,后通电,是为了避免电极与工件之间产生电火花烧坏电极和工件。先断电,后松开,是为了使焊点在压力下结晶,以免焊点缩松。点焊主要用于 4mm 以下薄板冲压结构及钢筋的焊接。

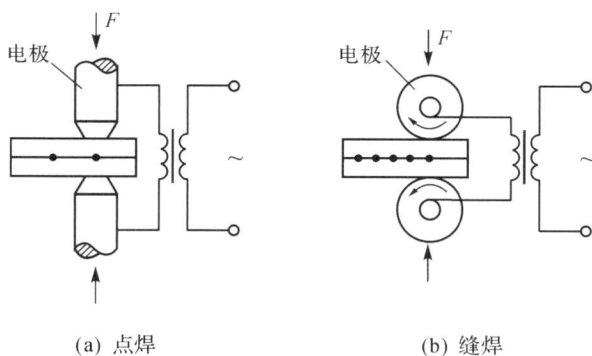

(a) 点焊   (b) 缝焊

图 12-28 电阻焊原理示意图

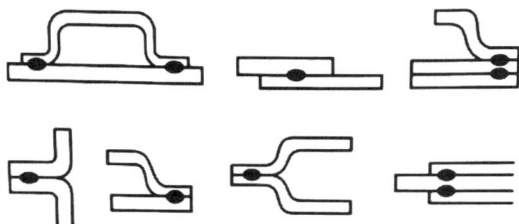

图 12-29 常用点焊接头形式

2. 缝焊

缝焊是连续的点焊过程,它是用连续转动的盘状电极代替柱状电极,焊后获得相互重叠的连续焊缝,如图 12-28(b)所示。其盘状电极不仅对焊件加压、导电,同时依靠自身的旋转带动焊件前移,完成缝焊。缝焊时的分流现象较严重,焊相同板厚的工件时,焊接电流为点焊的 1.5~2 倍。缝焊常用于 3mm 以下有密封要求的薄壁容器的焊接,如油箱、水箱、消声器等。

3. 对焊

对焊是利用电阻热使两个工件以对接的形式,使整个端面焊合的电阻焊方法。对焊分为电阻对焊和闪光对焊。

(1)电阻对焊　电阻对焊是将焊件装配成对接接头,使其端面紧密接触,利用电阻热加热至塑性状态,然后加压完成焊接的方法。其焊接原理如图 12-30(a)所示,电阻对焊具有接头光滑、毛刺小、焊接过程简单等优点,但其接头的力学性能较低,对焊件端面的准备工作要求高(对接处需进行严格的焊前清理),一般用于小截面($250mm^2$ 以下)金属型材的对接。

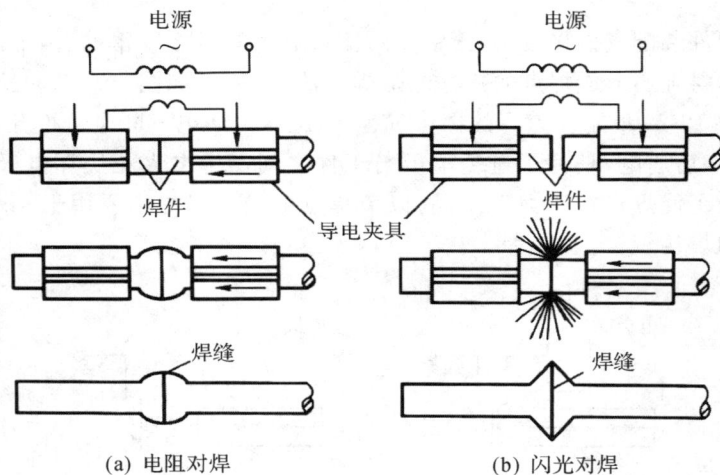

图 12-30　电阻对焊和闪光对焊原理示意图

(2)闪光对焊　焊接时,将工件夹紧在电极夹头上,先接通电源,然后逐渐靠拢。由于接触端面比较粗糙,开始时只有少数几个点接触。当强大的电流通过接触面积很小的几个点时,就会产生大量的电阻热,使接触点处的金属迅速熔化甚至汽化,熔化金属在电磁力和气体爆炸力的作用下连同表面的氧化物一起向四周喷射,产生火花四溅的闪光现象。继续推进焊件,闪光现象便在新的接触点处产生,待工件的整个接触端面有一薄层金属熔化时,迅速加压并断电,两工件便在压力作用下冷却凝固而焊接在一起。闪光对焊原理如图 12-30(b)所示。闪光对焊常用于焊接重要零件,也可焊接一些异种金属,如铝与铜、铝与钢等。

4. 电阻焊的特点

电阻焊具有以下特点:

(1)加热迅速且温度较低,焊件热影响区及变形小,易获得优质接头。

（2）不需外加填充金属和焊剂。

（3）无弧光，噪声小，烟尘、有害气体少，劳动条件好。

（4）易实现机械化、自动化，生产率高。

但因影响电阻大小的因素都可使热量波动，故接头质量不稳定，在一定程度上限制了电阻焊在某些重要构件上的应用。此外，电阻焊耗电量较大，焊机复杂，造价较高。

12.4.2　摩擦焊

1.摩擦焊的原理

摩擦焊是利用焊件表面相互摩擦所产生的热，使端面达到热塑性状态，然后迅速施压，完成焊接的一种压焊方法。

图 12-31 为摩擦焊原理示意图。工件 1 夹持在可旋转的夹头上，工件 2 夹持在可沿轴向往复移动并能加压的夹头上。焊接开始时，工件 1 高速旋转，工件 2 向工件 1 移动并开始接触，摩擦表面消耗的机械能转换为热能，接头温度升高，并达到一定的温度（热塑性状态）。此时工件 1 停止转动，同时在工件 2 的一端施加顶锻压力，在压力下冷却，获得致密的接头组织。

摩擦焊接头一般是等截面的，也可是不等截面，但必须有一个截面是回转体。图 12-32 仅给出几种适用形式。

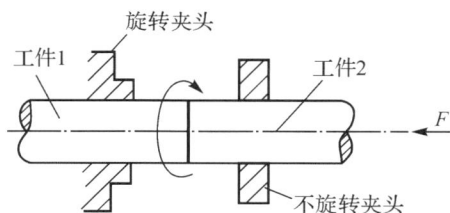

图 12-31　摩擦焊原理示意图

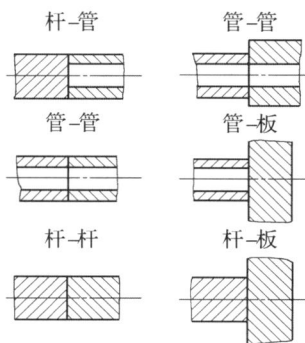

图 12-32　摩擦焊接头形式

2.摩擦焊的特点及应用

摩擦焊具有以下特点：

（1）接头的质量好且稳定　摩擦焊温度低于焊件金属的熔点，热影响区小，且接头在顶锻力作用下，完成塑性变形和再结晶，组织致密。另外，焊件端面的氧化膜和油污被摩擦清除，接头不易产生气孔和夹渣，接头质量较好。

（2）焊接生产率高、成本低　摩擦焊操作简单且不需填充金属，易于自动控制，生产率较高。同时设备简单、能耗少，仅为闪光对焊的 1/10～1/5，成本低。

（3）适用范围广　不仅适用于常用的黑色金属和有色金属，也适于在常温下力学性能、物理性能差异很大的特种材料、异种材料的焊接。

（4）生产条件好　摩擦焊无火花、弧光及烟尘，操作方便，工人劳动强度小。

摩擦焊作为一种快速有效的压焊方法，多用于圆形工件、棒料、管子的对接。可焊直径为 2～100mm 的实心焊件,管子外径可达几百毫米。由于摩擦焊机一次性投资费用大,因此摩擦焊适于大批量生产。

12.4.3 钎焊

钎焊属于物理连接,亦称钎接。钎焊过程如图 12-33 所示。钎焊与其他焊接方法的根本区别是焊接过程中工件不熔化,而依靠熔点低于工件的钎料熔化、填充来完成连接。

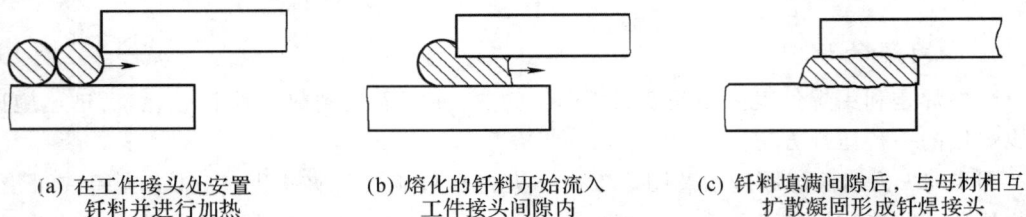

(a) 在工件接头处安置　　　(b) 熔化的钎料开始流入　　　(c) 钎料填满间隙后,与母材相互
　　钎料并进行加热　　　　　　工件接头间隙内　　　　　　扩散凝固形成钎焊接头

图 12-33　钎焊过程示意图

1.钎焊的分类

钎料是熔点较工件低的合金。按所用钎料的熔点不同,可把钎焊分为软钎焊和硬钎焊两类。

(1)软钎焊　软钎焊所用钎料的熔点在 450℃ 以下,接头强度低,一般为 60～190MPa,工作温度低于 100℃。常用的软钎料是锡铅合金,亦称锡焊,这种钎料的熔点低,熔液渗入接头间隙的能力较强,所以具有较好的焊接工艺性能。锡铅钎料还有良好的导电性。因此,软钎焊广泛应用于焊接受力不大的仪表、导电元件以及电子线路元件的连接。

(2)硬钎焊　硬钎焊所用钎料的熔点都在 450℃ 以上,接头强度较高,焊接的接头强度都在 200MPa 以上,工作温度也较高。常用的硬钎料有铝基、银基、铜基合金等。硬钎焊都应用于受力较大的钢铁和铜合金机件,以及某些工具的焊接。

2.钎焊的特点及应用

与其他焊接方法相比,钎焊的主要优点如下:

(1)钎焊要求工件加热温度较低,接头组织、性能变化小,焊件变形小,接头光滑平整,工件尺寸精确。

(2)可焊接性能差异大的异种金属,工件厚度也不受限制。

(3)生产率高,对焊件整体加热钎焊时,可同时钎焊由多条(甚至上千条)接缝组成的复杂构件。

(4)钎焊设备简单,生产投资费用少。

钎焊主要用于焊接精密、微型、复杂、多焊缝、异种材料的焊件。目前,软钎焊广泛用于电子、电器、仪表等部门;硬钎焊则用于制造硬质合金刀具、钻探钻头、换热器等。

12.5　常用金属材料的焊接

12.5.1　金属材料的焊接性

1. 焊接性的概念

金属材料的焊接性是指金属材料对焊接加工的适应性,主要指在一定的焊接方法、焊接材料、焊接工艺参数和结构形式等条件下,获得优质焊接接头的难易程度。它包括两方面的内容:一是使用性能,即在一定的焊接工艺条件下,焊接接头对使用性能要求的适应性,如对强度、塑性、耐腐蚀性等的敏感程度;二是接合性能,即在一定焊接工艺条件下,对产生焊接缺陷的敏感性,尤其是对产生焊接裂纹的敏感性。

不同的金属材料,其焊接性有很大的差别。例如,焊接低碳钢在简单工艺条件下,应用任意一种焊接方法都能获得良好的焊接接头,则表明该材料的焊接性好;而焊接铝及其合金,采用一般的焊接方法(焊条电弧焊、气焊)就容易产生气孔、裂纹等缺陷,则表明该材料焊接性差,但采用氩弧焊焊接铝及其合金时,就能获得满意的焊接接头,焊接性又变好了,由此可见,金属的焊接性是一个相对概念。影响材料焊接性的因素很多,可归类为材料(化学成分、组织状态、力学性能等)、设计(结构形式)、工艺(焊接方法、焊接规范等)及使用环境(工作温度、负荷条件、工作环境等)四个方面。

2. 焊接性的评定

影响金属材料焊接性的因素很多,焊接性一般通过估算或试验方法评定。焊接性试验包括抗裂试验、力学性能试验、腐蚀试验等。通过试验可以评定某种金属材料焊接性的优劣。下面介绍估算方法中通常采用的碳当量法。

焊接结构中最常用的材料是钢材,而影响钢材焊接性的最主要因素是化学成分。其中碳的影响最为明显,其他元素的影响均可折算成碳的影响,因此,常用碳当量法来评价被焊钢材的焊接性。

国际焊接协会推荐计算碳素结构钢、低合金结构钢的碳当量公式为

$$CE = \left(C + \frac{Mn}{6} + \frac{Cr+Mo+V}{5} + \frac{Ni+Cu}{15} \right) \times 100\%$$

式中:各元素符号表示该元素在钢中的质量百分数,取成分范围的上限。

经验表明,碳当量越大,裂纹倾向越大,钢的焊接性越差。通常:

(1)当 $CE < 0.4\%$ 时,钢材焊接性优良。在一般的焊接工艺条件下,焊件不会产生裂纹,焊前不必采取预热等措施,但对厚大工件或低温下焊接时应预热。

(2)当 $CE = 0.4\% \sim 0.6\%$ 时,钢材焊接性较差。需采取保护性措施,如焊前适当预热,焊后缓慢冷却,以防止裂纹的产生。

(3)当 $CE > 0.6\%$ 时,钢材焊接性很差。焊前需高温预热,焊接时要采取减少焊接应力和防止开裂的工艺措施,焊后要进行适当的热处理,才能保证焊接接头质量。

利用碳当量评定钢材的焊接性是粗略的,因为只考虑了焊件化学成分的因素,没有考虑结构刚度、使用条件等其他因素的影响。钢材的实际焊接性,应该根据焊件的具体情况,再

通过焊接性试验来测定。

12.5.2 钢材的焊接

1. 碳钢的焊接

(1) 低碳钢的焊接

低碳钢碳的质量分数低于 0.25%，塑性好，淬硬倾向不明显，焊接性良好。一般无须采取特殊的工艺措施，用任何焊接方法和最普通的焊接工艺都能获得优质焊接接头。焊接时一般不预热，除重要结构焊后需进行去应力退火处理、电渣焊焊后要进行正火处理以细化晶粒外，一般焊件焊后均不进行热处理。但在低温环境（＜－10℃）施焊、焊接较大厚度结构或钢中含 S、P 杂质较多时应考虑焊前适当预热，其预热温度一般不超过 150℃。焊后进行去应力退火或正火。

(2) 中碳钢的焊接

中碳钢碳的质量分数为 0.25%～0.6%。随碳的质量分数的增加，塑性降低、淬硬倾向增大，焊接性能有所下降，从而导致焊缝区热裂倾向增大，在热影响区易产生淬火组织和冷裂纹。

中碳钢焊接时，为了保证焊后不产生裂纹和得到满意的力学性能，应采取下列措施：

a) 焊前预热，焊后缓冷。其主要目的是减小焊件焊接前后的温差、降低冷却速度，减小焊接应力，避免淬硬组织的出现，从而有效防止焊接裂纹的产生。如 35 钢和 45 钢，焊前要预热至 150～250℃；对厚大件预热温度应更高些。

b) 尽量选用抗裂性好的碱性低氢型焊条。可减少合金元素烧损，降低焊缝中的硫、磷等低熔点元素的含量，同时氢含量很低，焊缝具有较强的抗裂能力，能有效防止焊接裂纹的产生。

c) 焊件开坡口，且采用细焊丝、小电流、多层焊。可通过减少碳含量高的母材金属熔入熔池来满足焊缝金属碳含量低于母材的要求，同时可减小热影响区的宽度，从而获得良好的接头。

中碳钢常用的焊接方法有焊条电弧焊和气焊，厚件可考虑应用电渣焊，但焊后要进行相应的热处理。

(3) 高碳钢的焊接

高碳钢中碳的质量分数超过 0.6%，焊接性能更差，需采用更高的预热温度和更严格的工艺措施来保证焊接质量。焊前预热温度为 250～350℃，刚度大的焊件在焊接过程中还应保持此温度，焊后应缓慢冷却。由于高碳钢焊接性差，通常不用于制造焊接结构，而主要用来修复损坏的机件。常采用焊条电弧焊和气焊来焊补。

2. 低合金结构钢的焊接

低合金结构钢具有较高的强度，而且韧性也很好，广泛应用于压力容器、锅炉、桥梁、车辆和船舶等结构。低合金结构钢一般按屈服强度分级，我国低合金钢碳的质量分数都较低，但因其他合金元素种类与质量分数不同，所以性能上的差异很大，焊接性的差别比较明显。

当低合金结构钢的 $R_{eH} < 400$ MPa 时，其碳当量 CE＜0.4%，焊接性良好。焊接时不需要采取特殊的工艺措施。但在低温下焊接或焊接厚板时，焊前应对焊件预热。

对于 $R_{eH} \geqslant 400$MPa 的低合金结构钢,其碳当量 CE$>0.4\%$,焊接性较差,接头产生冷裂纹的倾向增大,焊前一般要预热(预热温度$>150℃$),焊接时应调整焊接规范来严格控制热影响区的冷却速度,焊后进行去应力退火。

12.5.3　铸铁的焊补

1. 铸铁焊补的特点

铸铁中碳的含量高,含硫、磷等杂质较多,其强度低,塑性差,焊接性能很差,故铸铁不能用于制造焊接结构件。但对于铸铁零件的局部损坏和铸造缺陷,可进行焊补修复。

铸铁焊补时的主要问题是易产生白口组织、产生裂纹和形成气孔,具体如下:

(1)焊接接头易产生白口组织　由于焊接是局部加热,焊后铸铁焊补区冷却速度比铸造时快得多,因此很容易产生白口组织和淬硬组织,硬度很高,焊后很难进行机械加工。

(2)易产生裂纹　铸铁强度低、塑性差,当焊接应力较大时,会在焊缝及热影响区产生裂纹,甚至沿焊缝整个断裂。此外,当采用非铸铁组织的焊条或焊丝冷焊铸铁时,因铸铁的碳及硫、磷含量高,如母材过多熔入焊缝中,则容易产生热裂纹。

(3)易产生气孔　铸铁碳含量高,焊补时易生成 CO 与 CO_2 气体,由于冷速快,熔池中的气体往往来不及逸出而形成气孔。

(4)只适于平焊　铸铁流动性好,熔池金属容易流失,所以一般只适于在平焊位置施焊。

2. 铸铁焊补的方法

铸铁焊补按焊前是否预热可分为热焊法与冷焊法两大类。

(1)热焊法　热焊法是焊前将焊件整体或局部预热到 $600 \sim 700℃$,焊接过程温度不低于 $400℃$,焊后使焊件缓慢冷却的技术方法。热焊法可防止焊件产生白口组织和裂纹,焊件品质较好,焊后可以进行机械加工。但热焊法成本较高、生产率低、劳动条件差,一般用于焊补形状复杂、焊后需要加工的重要铸件,如主轴箱、气缸体等。热焊常采用气焊和焊条电弧焊。

(2)冷焊法　焊补之前焊件不预热或进行 $400℃$ 以下低温预热的焊补方法称为冷焊法。冷焊法主要依靠焊条来调整焊缝化学成分,防止或减少白口组织和避免裂纹。冷焊法方便灵活、生产率高、成本低、劳动条件好,但焊接处机械加工性能较差,生产中多用来焊补要求不高的铸件,或用于焊补高温预热易引起变形的铸件。冷焊法一般用焊条电弧焊进行焊补。

12.5.4　常用有色金属的焊接

1. 铜及铜合金的焊接

铜及铜合金的焊接性比低碳钢差,其焊接特点如下:

(1)难熔合　铜及铜合金的导热性好,铜的导热系数是钢的 7 倍,焊接时大量的热被传导出去,焊件难以局部熔化,所以焊接时必须采用功率大和热量集中的热源,一般还要预热,否则不易焊透。

(2)易产生焊接应力与变形　铜的线膨胀系数大,凝固时收缩率也大,加上铜的导热能力强,使焊接热影响区宽,焊接变形严重。刚性较大的焊件易产生焊接应力而导致裂纹。

(3)易产生气孔　铜在液态时能溶解大量的氢,凝固时溶解度减小,来不及溢出的氢残留在焊缝中形成气孔;同时氢气和氧化铜反应会形成水汽,也会形成气孔。

(4)易产生热裂纹 铜在液态时极易氧化形成氧化亚铜,结晶时,氧化亚铜与铜形成低熔点的共晶体,分布在晶界上使接头脆化,易产生热裂纹。

(5)接头的力学性能下降 铜及铜合金在焊接过程中,由于焊缝金属和热影响区组织粗大以及合金元素的氧化烧损及蒸发,使焊接接头的力学性能下降。

铜及铜合金的焊接常用氩弧焊、气焊、焊条电弧焊和钎焊等方法,以氩弧焊的焊接质量最好。

2. 铝及铝合金的焊接

通常铝及铝合金的焊接性较差,其焊接特点如下:

(1)易氧化 铝氧化后形成高熔点的氧化铝覆盖在熔池金属表面,阻碍金属的熔合,且由于密度大(约为铝的1.4倍),不易浮出熔池。造成焊缝夹渣。

(2)易变形开裂 铝的高温强度低,塑性差,而膨胀系数较大,焊接应力较大,易使焊件变形开裂。

(3)易形成气孔 铝及铝合金液态溶氢量大,但凝固时溶解度下降为原来的1/20,易形成气孔。

此外,铝及铝合金焊接时,要求能量大或密集的热源,避免因铝极强的导热能力使热量散失,无法焊接,厚度较大时还应预热;还有,铝及铝合金在高温时强度及塑性低,焊接时常因不能支持熔池金属的重量而使焊缝塌陷,因此常需采用垫板。

铝及铝合金的焊接常采用氩弧焊、气焊、电阻焊和钎焊等方法。目前氩弧焊最为常用。不仅有良好的保护作用,且有阴极破碎作用,可去除氧化铝膜,使铝及铝合金很好地熔合,焊接质量好,常用于要求较高的结构件。要求不高的纯铝和热处理不能强化的铝合金可采用气焊,此时必须采用气焊溶剂去除氧化物。焊前应严格清理焊件表面的油污及杂质;焊后要清除残留在工件上的溶剂,以防腐蚀。

12.6 焊接结构工艺设计

设计焊接结构时,既要根据结构的使用要求,包括一定的形状、工作条件和技术要求等,也要考虑结构的焊接工艺要求,力求焊接质量良好,焊接工艺简单,生产率高,成本低。焊接件结构工艺设计包括焊接件材料的选用、焊接方法的选择、确定焊接接头及坡口形式以及焊缝的布置等几个方面。

焊接结构工艺性微课

12.6.1 焊接结构材料的选用

选材是焊接结构工艺设计的重要环节。设计焊接结构时,一方面要考虑结构强度和工作条件等性能的要求,另一方面还应考虑到焊接工艺特点来选择合适的材料,以便用最简单的工艺获得优质的产品。焊接材料的选择原则是:

(1)尽量选用焊接性好的材料。

a)一般来说,$w_c < 0.25\%$的低碳钢和碳当量 $CE < 0.4\%$的低合金结构钢,淬硬倾向小,塑性好,焊接性好,焊接工艺简单,应优先选用。

b)尽量选用镇静钢。镇静钢含气量低,特别是含 H_2、O_2、S 和 P 低,可减少焊接结构产生气孔和裂纹等缺陷的倾向。

(2)尽量选用同一种材料焊接,以避免因材料不同导致的焊接性差异。

(3)尽量采用工字钢、槽钢、角钢和钢管等型材,以减少焊缝数量和简化焊接工艺过程。

12.6.2　焊接方法的选择

选择焊接方法时应充分考虑材料的焊接性、焊件结构形状、焊件厚度、焊缝长度、生产批量及产品质量要求等因素,确定最适宜的焊接方法。

1.焊接单件钢结构件

若板厚为 3～10mm,强度较低且焊缝较短,应选用焊条电弧焊;若板厚在 10mm 以上,焊缝为长直焊缝或环焊缝,应选用埋弧焊;若板厚小于 3mm,焊缝较短,应选用 CO_2 气体保护焊。

2.焊接大批量钢结构件

若板厚小于 3mm,无密封要求,应选用电阻点焊,若有密封要求,则应选用缝焊;若板厚为 3～10mm,焊缝为长直焊缝或环焊缝,应选用 CO_2 气体保护焊;若板厚大于 10mm,焊缝为长直焊缝或环焊缝,应选用埋弧焊;若工件厚度为 35mm 以上的重要结构,条件允许时应采用电渣焊;若材料为棒、管、型材并要求对接,应采用电阻对焊或摩擦焊。

3.焊接不锈钢、铝合金和铜合金结构件

若板厚小于 3mm,应选用钨极氩弧焊;若板厚为 3～20mm,焊缝为长直焊缝或环焊缝,应选用熔化极氩弧焊或等离子弧焊。

4.焊接稀有金属或高熔点金属的特殊结构件

焊接此类材料的结构件,则需考虑采用等离子弧焊、真空电子束焊或脉冲氩弧焊;如果是微型箔件,则应选用微束等离子弧焊或脉冲激光点焊。

12.6.3　焊接接头的工艺设计

焊接接头设计包括焊接接头形式设计和坡口形式设计。设计接头形式主要考虑焊件的结构形状和板厚、接头使用性能要求等因素。设计坡口形式主要考虑焊缝能否焊透、坡口加工难易程度、生产率、焊条消耗量、焊后变形大小等因素。

1.焊接接头形式设计

焊接接头按其结合形式常见的有对接接头、搭接接头、T 形接头和角接接头,如图 12-34 所示;此外,还有盖板接头、十字接头、卷边接头等几种其他接头形式,如图 12-35 所示。

(1)对接接头　对接接头(图 12-34(a))应力分布均匀,节省材料,易于保证焊接质量,是焊接结构中最常用的一种,但对下料尺寸和焊前定位装配尺寸要求精度高。重要的受力焊缝,锅炉、压力容器等焊件常采用对接接头。

(2)搭接接头　搭接接头(图 12-34(b))不在同一平面,接头处部分相叠,应力分布不均匀,会产生附加弯曲力,降低了疲劳强度,多耗费材料,但此接头不用开坡口,对下料尺寸和焊前定位装配尺寸要求精度不高,且接头结合面大,增加承载能力,所以薄板、细杆焊件如厂房金属屋架、桥梁、起重机吊臂等桁架结构常用搭接接头。

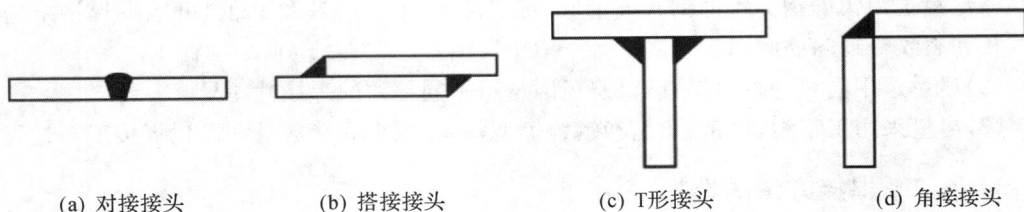

(a) 对接接头　　　(b) 搭接接头　　　(c) T形接头　　　(d) 角接接头

图 12-34　常见的焊接接头形式

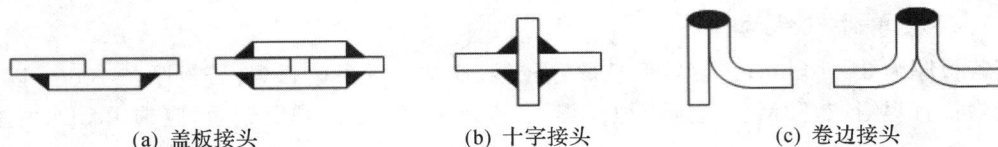

(a) 盖板接头　　　　(b) 十字接头　　　　(c) 卷边接头

图 12-35　其他焊接接头形式

（3）T 形接头和角接接头　T 形接头和角接接头（图 12-34（c）（d））受力复杂,在接头根部易出现未焊透,引起应力集中,因此接头处常开坡口,以保证焊接质量。

2.焊接坡口形式设计

开坡口的根本目的是使焊件接头根部焊透,提高生产率和降低成本;同时也使焊缝成形美观。此外通过控制坡口大小,能调节焊缝中母材金属与填充金属的比例,使焊缝金属达到所需的化学成分。

焊条电弧焊的对接接头、角接接头和 T 形接头中有各种形式的坡口,其基本形式有 I 形坡口(不开坡口)、V 形坡口、U 形坡口、双 V 形坡口、双 U 形坡口等。焊接接头的坡口形式主要是由焊件厚度所决定的。采用焊条电弧焊焊接钢材时,4mm 以下的焊件不开坡口。当板厚超过 4mm 时,为保证焊透,接头处可根据焊件厚度加工坡口。坡口角度和装配尺寸按标准选用。图 12-36 所示是焊条电弧焊焊接钢材时对接接头的推荐坡口形式及尺寸。

其他更多具体的坡口形式可参考国家标准《气焊、焊条电弧焊、气体保护焊和高能束焊的推荐坡口》(GB/T 985.1—2008)或有关手册设计选用。

为了使焊接接头两侧加热均匀,保证焊接质量,要求焊接结构两侧板厚或截面相同或相近,不同厚度焊件对接时,允许的厚度差见表 12-7。若两焊件厚度差超过此范围,则应在较厚板上加工出单面或双面过渡段,如图 12-37 所示。厚度不同的角接接头和 T 形接头受力焊缝,也应考虑采用过渡接头,如图 12-38 所示。

表 12-7　两板对接时厚度差范围

较薄板的厚度/mm	2～5	6～8	9～11	≥12
允许厚度差($\delta_1 - \delta$)/mm	1	2	3	4

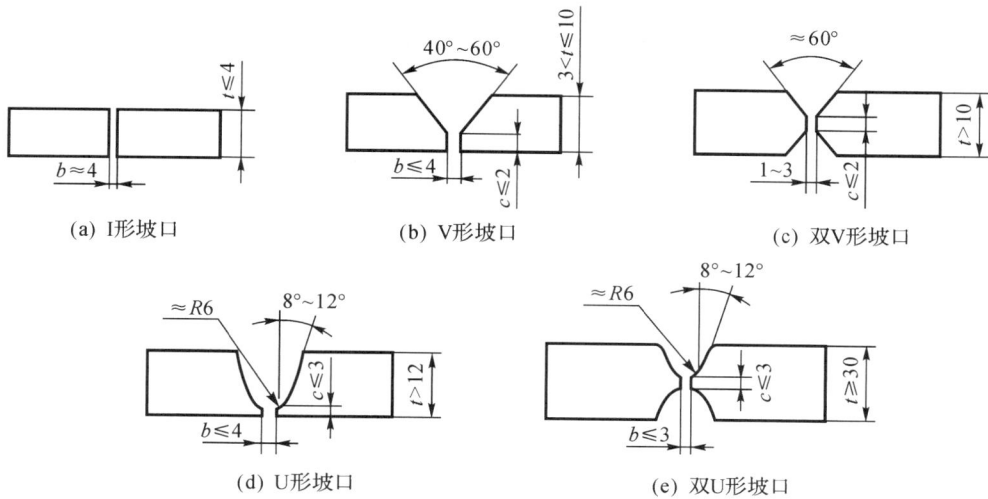

(a) I形坡口　　　(b) V形坡口　　　(c) 双V形坡口

(d) U形坡口　　　(e) 双U形坡口

图 12-36　焊条电弧焊焊接钢材时对接接头的推荐坡口形式及尺寸

图 12-37　不同厚度金属材料对接时的过渡形式

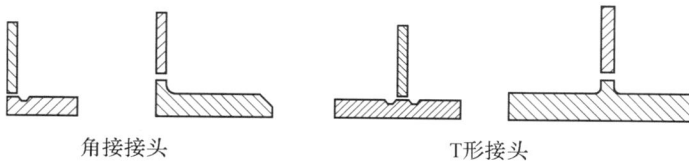

角接接头　　　　　T形接头

图 12-38　不同厚度金属材料角接和 T 形接头的过渡形式

12.6.4　焊缝的布置

焊缝布置是否合理,直接影响结构件的焊接质量和生产率。因此,设计焊缝位置时应考虑下列原则:

1.焊缝应尽量处于平焊位置

各种位置的焊缝,其操作难度不同。以焊条电弧焊焊缝为例,其中平焊位置(图 12-39(a))操作最为方便,易于保证焊接质量,是焊缝位置设计中的首选方案;横焊、立焊位置(图 12-39(b)(c))次之;仰焊位置(图 12-39(d))施焊难度最大,不易保证焊接质量。

2.焊缝要布置在便于施焊的位置

焊条电弧焊时,应考虑焊接操作的空间,焊条要能够伸到待焊部位,如图 12-40 所示;点焊或缝焊时,应考虑电极能伸到待焊位置,如图 12-41 所示;气体保护焊和埋弧焊时应考虑接头便于安放熔滴或焊剂,如图 12-42 所示。

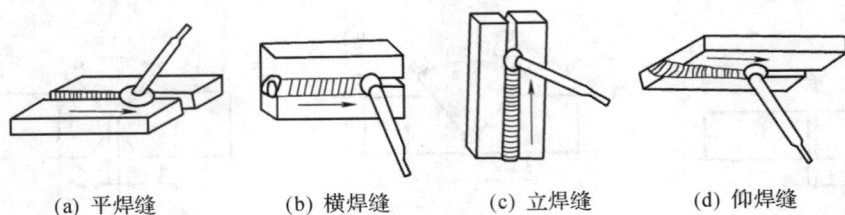

(a) 平焊缝　　　　(b) 横焊缝　　　　(c) 立焊缝　　　　(d) 仰焊缝

图 12-39　焊缝的空间位置

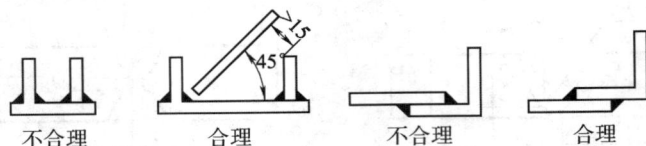

不合理　　　　合理　　　　不合理　　　　合理

图 12-40　焊条电弧焊的焊缝布置

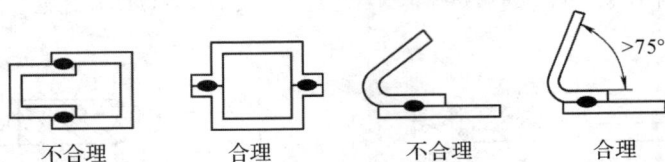

不合理　　　　合理　　　　不合理　　　　合理

图 12-41　点焊或缝焊的焊缝布置

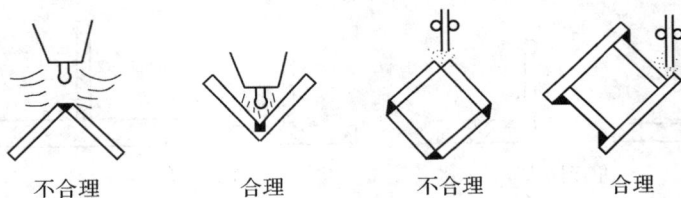

不合理　　　　合理　　　　不合理　　　　合理

图 12-42　气体保护焊和埋弧焊的焊缝布置

3.焊缝布置要有利于减小焊接应力与变形

(1)尽量减少焊缝数量及长度,缩小不必要的焊缝截面尺寸　设计焊件结构时,可通过选取不同形状的型材、冲压件来减少焊缝数量。如图 12-43 所示的箱式结构,若用钢板拼焊需四条焊缝,但改用槽钢拼焊就只需两条焊缝,这样既可减少焊接应力和变形,又可提高生产率。

焊缝截面尺寸的增大会使焊接变形量随之加大,但过小的焊缝截面尺寸,又可能降低焊件结构强度,且截面过小,焊缝冷却速度过快,易产生缺陷,因此应在满足焊件使用性能的前提下尽量减少不必要的焊缝截面尺寸。

(2)焊缝布置应避免密集或交叉　焊缝密集或交叉,会使接头处严重过热,导致焊接应力与变形增大,甚至开裂。如图 12-44(a)所示,焊缝集中和重叠为不合理结构,应改为图 12-44(b)的形式。

(3)焊缝布置应尽量对称　当焊缝布置对称于焊件截面中心轴或接近中心轴时,可

不合理　　　　　　　　　合理

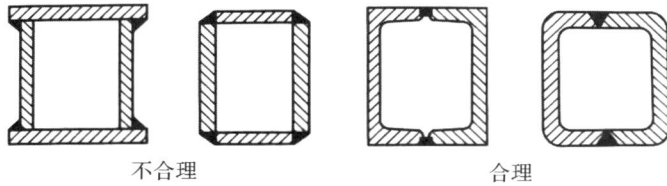

图 12-43　箱式结构焊接示意图

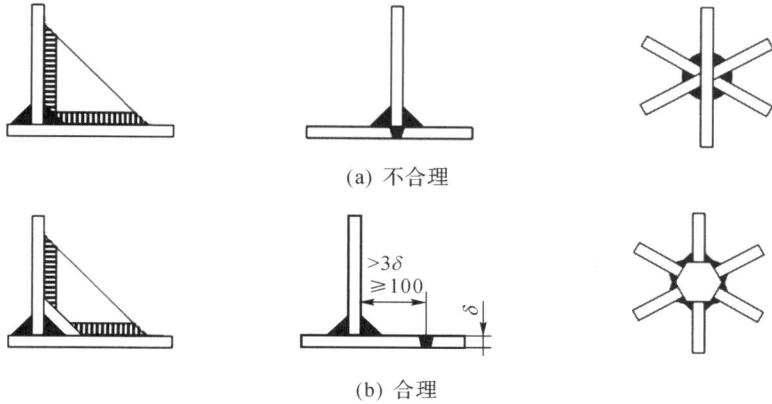

(a) 不合理

(b) 合理

图 12-44　焊缝布置应避免密集或交叉

使焊接中产生的变形相互抵消而减少焊后总变形量。图 12-45(a)中焊缝布置在焊件的非对称位置,会产生较大弯曲变形,不合理;图 12-45(b)将焊缝对称布置,可减少弯曲变形。

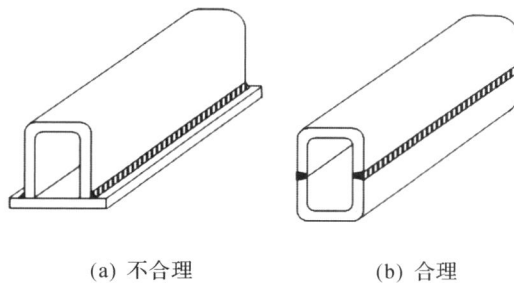

(a) 不合理　　　　　　　　　(b) 合理

图 12-45　焊缝布置应对称

（4）焊缝应避开应力最大位置或应力集中位置　在设计受力的焊接结构时,最大应力和应力集中的位置不应布置焊缝。在图 12-46中,大跨度钢梁的最大应力处在钢梁中间,若整个钢梁结构由两段型材焊成,焊缝正好布置在最大应力处,整个结构的承载能力下降,若钢梁改用由三段型材焊成,虽增加了一条焊缝,但焊缝避开了最大应力处,提高了钢梁的承载能力;压力容器结构设计,为使焊缝避开应力集中的转角处,不应采用无折边封头结构,而应采用有折边封头结构;还有,应避开在截面有急剧变化的位置布置焊缝。

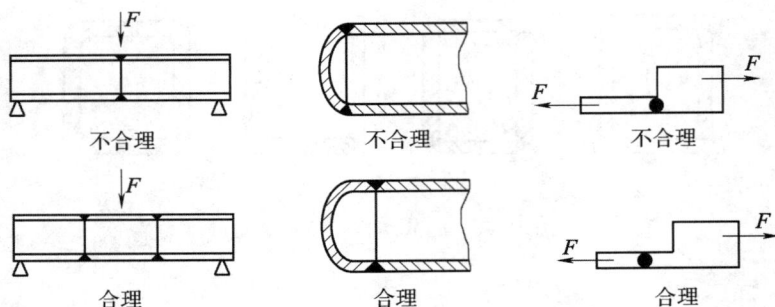

图 12-46　焊缝应避开应力集中处的布置

4. 焊缝布置应避开机加工表面

有些焊件某些部位需切削加工,如采用焊接结构制造的零件如轮毂等,如图 12-47 所示。为机加工方便,先车削内孔后焊接轮辐,为避免内孔加工精度受焊接变形的影响,必须采用焊缝布置离加工面远些的焊接结构;对机加工表面质量有要求的零件,由于焊后接头处的硬化组织影响加工表面质量,焊缝布置应避开机加工表面。

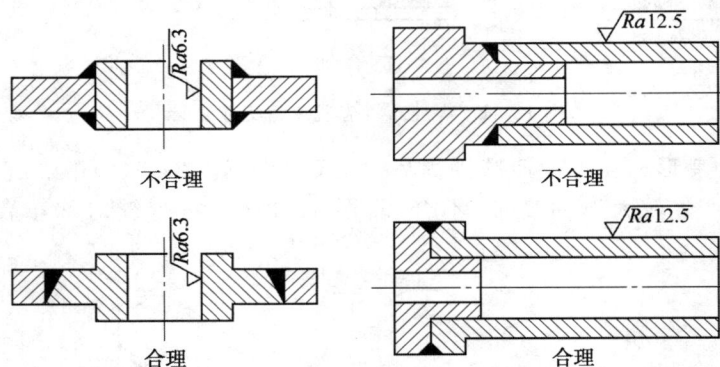

图 12-47　焊缝应避开机加工表面

12.6.5　典型焊接工艺设计实例

下面以工程中常用压力气罐为例,进行焊接工艺设计。

结构名称:压力气罐(图 12-48)。

材料:Q235A。

板厚:筒体 10mm,管体 6mm,法兰 10mm。

生产类型:小批生产。

1. 焊接方法、焊接接头形式和坡口形式的确定

(1)压力气罐中间罐身长 6000mm,直径 $\phi2600mm$,因此罐身可由四节宽 1500mm 的筒体对接而成,每节筒体可用 8168mm(长)×1500mm(宽)×10mm(厚度)的钢板冷卷后焊接而成。

(2)钢板拼接焊缝和筒体收口焊缝均为直焊缝,记为 A(图 12-48)。焊前在背面开 V 形

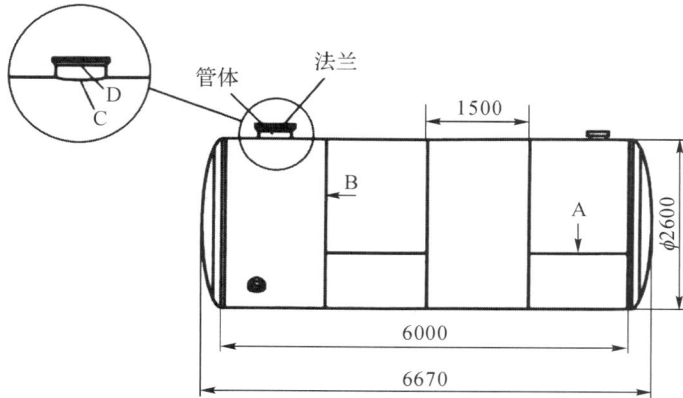

图 12-48　压力气罐结构图

坡口，如图 12-49(a)所示，采用焊条电弧焊封底。正面不开坡口，用埋弧焊一次焊成。

(3)筒体与筒体及封头与筒体间的对接焊缝为环焊缝，记为 B(图 12-48)。同样采用 V 形坡口，用焊条电弧焊封底，用埋弧焊完成。为避免纵缝 A 与环缝 B 十字交叉，对接时相邻筒体的直焊缝均应错开一定距离。

(4)管体与罐身的连接焊缝为相贯线角接接头，记为 C(图 12-48)。焊缝采用单边 V 形坡口，如图 12-49(b)所示，用焊条电弧焊完成。

(5)管体与法兰盘的连接焊缝为环形角接接头，记为 D(图 12-48)。焊缝采用单边 V 形坡口，如图 12-49(b)所示，用焊条电弧焊完成。

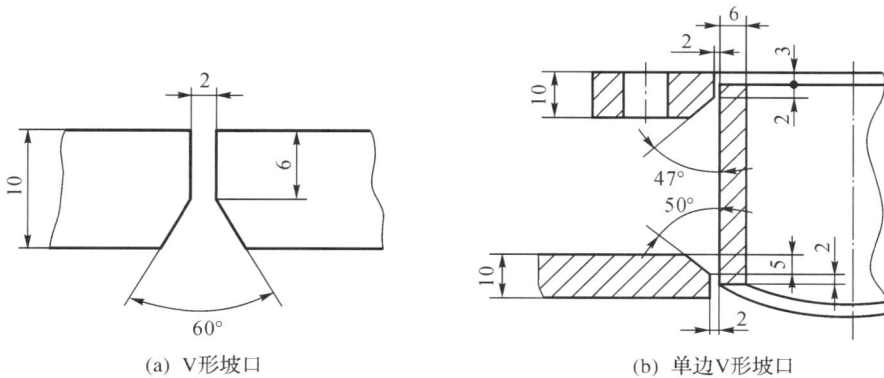

(a) V形坡口　　　　　　　(b) 单边V形坡口

图 12-49　坡口形式及尺寸设计

2.焊接材料的选用

焊条电弧焊选用 J422 焊条；埋弧焊采用 H08MnA 焊丝，配用焊剂 431。

3.焊接工艺过程

(1)气罐中间罐身部分的焊接成形　中间部分罐身长为 6000mm，直径为 φ2600mm，由四节长度为 1500mm、直径为 φ2600mm 的筒体对接而成。成形工艺过程如下：

a)备料。根据气罐罐身部分的直径(φ2600mm)计算出冷卷单个筒体所用的钢板长度为 8168mm。按图 12-50 下料，准备四块 8168mm(长)×1500mm(宽)×10mm(厚度)的钢板（Q235A）。钢板也可按长度要求拼接而成。

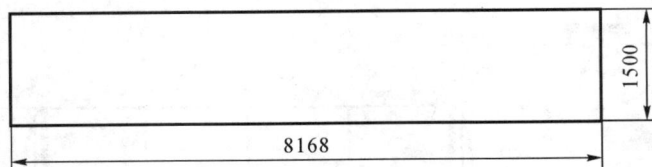

图 12-50 冷卷钢板简图

b）冷卷成形。将四块准备好的钢板分别冷卷成形，并焊接收口，如图 12-51 所示。

c）筒体对接。将四节筒体依次对接，完成罐身部分的成形；然后按图样尺寸要求，在罐身相应位置画线并开孔。筒体对接、开孔完成后的罐身部分如图 12-52 所示。

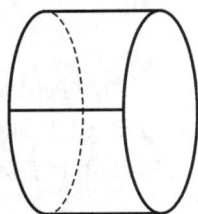

图 12-51 冷卷钢板焊成的单个筒体简图

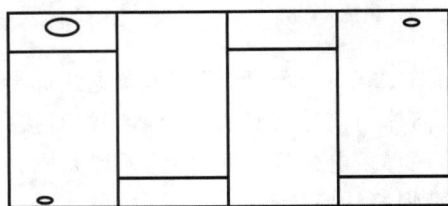

图 12-52 筒体对接焊成的罐身简图

（2）气罐封头与筒体的对接 气罐封头采用热压成形，与罐身连接处有长 100mm 的直段，使焊缝避开转角应力集中的位置，再将封头与筒体对接成形，如图 12-53 所示。

（3）管体与罐身、法兰与管体的连接 分别完成管体与罐身、法兰与管体的焊接之后，即完成气罐成形，如图 12-54 所示。

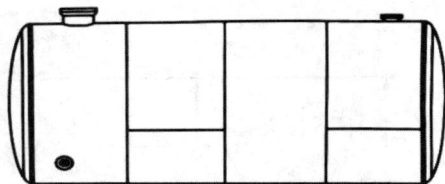

图 12-53 气罐封头与筒体的对接简图

图 12-54 焊接完成的压力气罐简图

4. 工艺措施

材料为低碳结构钢，焊接性良好，不需采取特殊工艺措施。

5. 检验

（1）焊前检验 焊前检验包括材质、规格、性能、外观和下料尺寸的检验等。

（2）生产过程中检验 生产过程中检验包括成形尺寸、形状、焊缝外观、焊缝内部质量（探伤）及焊接性能等的检验。

（3）焊后成品的检验 焊后成品的检验包括外观检查和压力检查等。

拓展知识：焊接技术的新发展

✎ 习题

1. 名词解释

焊接、熔焊、压焊、钎焊、焊条电弧焊、焊接电弧、焊芯、药皮、焊接热循环、焊缝区、熔合区、热影响区、焊接应力、焊接变形、埋弧焊、氩弧焊、熔化极氩弧焊、非熔化极氩弧焊、CO_2 气体保护焊、气焊、电渣焊、电阻焊、点焊、缝焊、对焊、摩擦焊

2. 简答题

(1) 何谓焊接电弧？试述焊接电弧基本构造及温度、热量分布。

(2) 什么是直流弧焊机的正接法、反接法？应如何选用？

(3) 为什么碱性焊条用于重要结构？生产上如何选用电焊条？

(4) 焊接接头由哪几部分组成？并以低碳钢为例，说明热影响区中各区段的组织和力学性能的变化情况。

(5) 焊接变形的基本形式有哪些？如何预防和矫正焊接变形？

(6) 预防产生焊接应力的措施有哪些？

(7) 氧乙炔火焰按混合比不同可分为几种火焰？它们的性能和应用范围如何？

(8) 何谓焊接性？影响焊接性的因素是什么？如何来衡量钢材的焊接性？

(9) 焊条电弧焊焊接接头的基本形式有哪几种？各适用什么场合？

3. 分析题

(1) 埋弧焊与焊条电弧焊相比具有哪些特点？埋弧焊为什么不能代替焊条电弧焊？

(2) 如何选择焊接方法？下列情况应选用什么焊接方法？分析其理由。

① 低碳钢桁架结构，如厂房屋架。

② 纯铝低压容器。

③ 低碳钢薄板(1mm)传动带罩。

④ 供水管道维修。

本章小结　　　　本章测试

第 13 章　金属切削加工基础知识

教学目标

　(1)熟悉金属切削加工的基础知识；

　(2)了解金属切削机床的分类和编号；

　(3)熟悉车削、钻削、镗削、刨削、铣削和磨削加工等常用加工方法的加工特点及适用范围。

本章重点

　切削运动、切削用量、刀具材料、刀具几何参数、切削加工过程的物理现象、常用加工方法的加工特点及适用范围。

本章难点

　刀具几何角度标注。

　　金属切削加工是利用刀具切去工件毛坯上多余的金属层，以获得具有一定的尺寸、形状、位置精度和表面质量的机械加工方法。在现代机械制造中，除少数零件采用精密铸造、精密锻造以及粉末冶金和工程塑料压制等方法直接获得外，绝大多数的零件都要通过切削加工获得，以保证零件的加工精度和表面质量要求。因此，切削加工在机械制造中占有十分重要的地位。

13.1　切削运动与切削用量

13.1.1　切削运动

　　切削运动是为了形成工件表面所必需的刀具与工件之间的相对运动。切削运动按其作用可分为主运动和进给运动，如图 13-1 所示。

　1. 主运动

　　主运动是切除工件多余材料以形成新的表面所需要的最基本的运动。通常主运动速度最高，消耗功率最多。机床的主运动一般只有一个，可以由刀具完成，也可以由工件完成，其形式有旋转运动和直线运动两种。大多数主运动采用旋转运动，如车削主运动是工件的旋转运动；铣削和钻削主运动为刀具的旋转运动；磨削主运动为砂轮的旋转运动；刨削主运动为刀具(牛头刨床)或工件(龙门刨床)的往复直线运动等。

(a) 车削　　　　　　　　(b) 铣削　　　　　　　　(c) 钻削

(d) 刨削　　　　　　　(e) 外圆磨削　　　　　　(f) 平面磨削

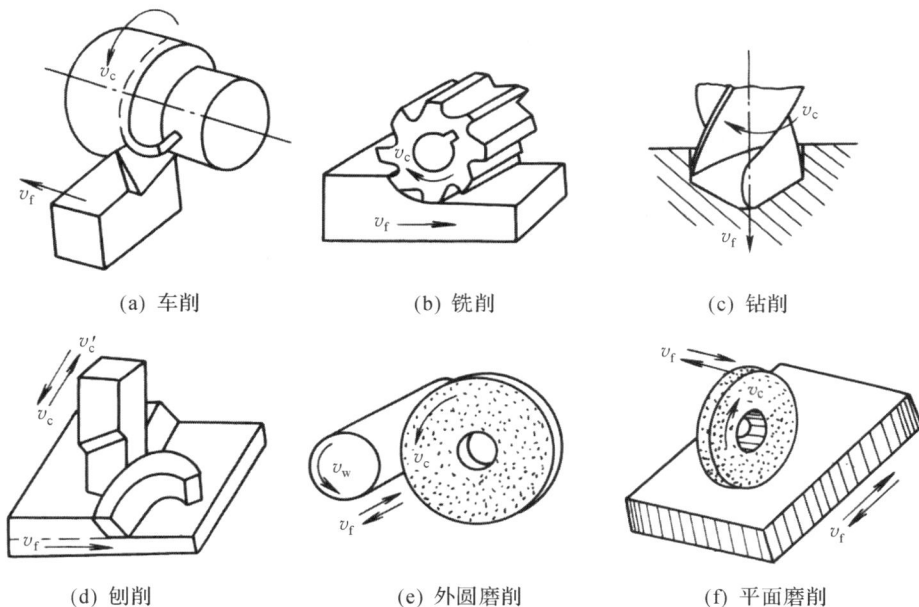

图 13-1　几种主要切削加工方法的切削运动

2. 进给运动

进给运动是使刀具连续切下金属层,从而加工出完整表面所需要的运动。通常它的速度较低,消耗功率较少,可有一个或多个进给运动。其形式有旋转和直线运动两种,既可以连续运动,又可以断续运动。如车削进给运动为刀具的直线移动;刨削进给运动为工件(牛头刨床)的间歇直线移动;内、外圆磨削进给运动是工件的旋转运动和直线移动等。

13.1.2　工件上的加工表面

在切削过程中,被加工的工件上有三个依次变化着的表面,以车外圆为例,如图 13-2 所示。

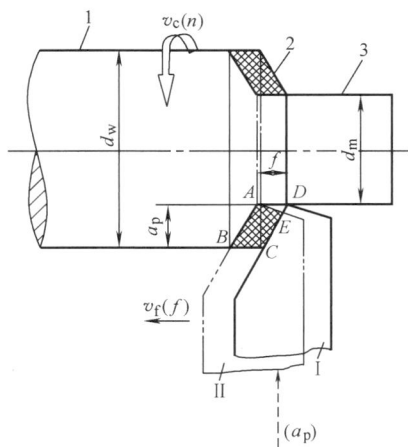

1—待加工表面;2—过渡表面;3—已加工表面。　　　切削运动和切削用量微课

图 13-2　车削外圆时加工表面与切削用量

(1)待加工表面　工件上有待切除的表面。

(2)过渡表面　也称加工表面,刀具切削刃正在切除的表面。

(3)已加工表面　工件上经刀具切削后产生的表面。

13.1.3　切削用量

切削用量包括切削速度 v_c、进给量 f 和背吃刀量 a_p,也称为切削用量三要素。它是机床调整、切削力或切削功率计算、工时定额确定及工序成本核算等所必需的数据,其数值大小取决于工件材料和结构、加工精度、刀具材料、刀具形状及其他技术要求。

1. 切削速度 v_c

刀具切削刃上选定点相对于工件的主运动的瞬时速度(线速度)称为切削速度,单位为 m/min 或 m/s。

若主运动为旋转运动(如车削外圆)时,切削速度一般为其最大线速度(图 13-2),其计算公式为

$$v_c = \frac{\pi d_w n}{1000} \tag{13.1}$$

式中: d_w ——工件待加工表面的直径(mm);

　　　n ——工件的转速(r/min)。

2. 进给量 f

刀具在进给运动方向上相对于工件的位移量称进给量。以外圆车削为例,可用工件每转一转车刀移动的位移量表示。不同的加工方法,由于所用刀具和切削运动形式不同,进给量的表述和度量方法也不同。进给量的单位是 mm/r(用于车削、钻削、镗削等)或 mm/行程(用于刨削等)。对于铣刀、铰刀等多刃刀具,还规定每齿进给量 f_z(单位是 mm/z),还可以用进给速度 v_f 即单位时间内的进给量表示,单位是 mm/min。

$$v_f = nf = nzf_z \tag{13.2}$$

式中: n ——主运动的转速(r/min);

　　　z ——刀具齿数。

3. 背吃刀量 a_p

背吃刀量是在垂直于主运动方向和进给运动方向的工作平面内测量的刀具切削刃与工件切削表面的接触长度。对于外圆车削,背吃刀量为工件上已加工表面和待加工表面间的垂直距离,单位为 mm。即

$$a_p = \frac{1}{2}(d_w - d_m) \tag{13.3}$$

式中: d_w ——工件待加工表面的直径(mm);

　　　d_m ——工件已加工表面的直径(mm)。

13.2　切削加工刀具

13.2.1　刀具的结构

在金属切削加工中,刀具切除工件上的多余金属,是完成切削加工的重要工具,因此刀具是保证加工质量、提高加工生产率、影响加工成本的一个重要因素。根据工件和机床的不同,所选用的刀具类型、结构、材料和几何参数也不相同。

切削刀具的种类很多,如车刀、刨刀、铣刀和钻头等,它们的几何形状各异,复杂程度不等,但它们的切削部分的结构和几何角度都具有许多共同的特征。其中车刀是最常用、最简单和最基本的切削刀具,因而最具有代表性,而其他刀具都可以看作是由车刀的组合或演变。因此,在研究金属切削工具时,通常以车刀为例进行研究和分析。

图 13-3 所示为生产中常用的外圆车刀,其由刀柄和刀头两部分组成,其中,刀柄是其夹持部分,用以装夹在机床刀架上;刀头是其切削部分,承担切削加工任务。外圆车刀由三个刀面、两个切削刃、一个刀尖组成。

(1)前刀面 A_γ　刀具上切屑流过的表面。

(2)主后刀面 A_α　刀具上与工件的过渡表面相对的表面。

(3)副后刀面 A_α'　刀具上与工件的已加工表面相对的表面。

(4)主切削刃 S　前刀面与主后刀面的交线,担任主要的切削工作。

(5)副切削刃 S'　前刀面与副后刀面的交线,担任少量的切削工作,起辅助切削作用。

(6)刀尖　指主切削刃和副切削刃的连接部位。刀尖可以是主切削刃和副切削刃的直接相交,形成尖刀尖;也可以是连接主、副切削刃的圆弧;还可以是连接主、副切削刃的一条折线。

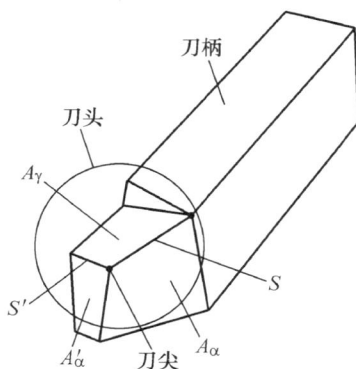

图 13-3　外圆车刀的组成部分

13.2.2　刀具材料

刀具材料通常是指刀具切削部分的材料,其性能将直接影响生产效率、加工质量和工件的加工成本,因此,应当正确选择和合理使用刀具材料,并不断研制新型刀具材料。

1.刀具材料应具备的性能

金属切削加工过程中,刀具切削部分与切屑、工件相互接触的表面承受很大的压力和强烈的摩擦,刀具在高温下进行切削的同时,还承受着切削力、冲击和振动,因此要求刀具切削部分的材料应具备以下性能:

(1)高硬度 刀具材料的硬度必须高于被加工材料的硬度,一般刀具材料在室温下都应具有 60HRC 以上的硬度。

(2)高耐磨性 刀具的耐磨性是指刀具抵抗磨损的能力。刀具与工件之间有很大的相对运动速度,产生的摩擦很大,需要很高的耐磨性。通常刀具材料的硬度越高,耐磨性越好。

(3)足够的强度和韧性 切削时刀具和工件间产生很大的切削力,同时又有较大的冲击力,故要求刀具材料要有足够的强度与韧性来保证刀具不产生破坏。

(4)高耐热性(又称热硬性) 刀具材料在高温下保持较高的硬度、耐磨性、强度和韧性,并具有良好的抗扩散、抗氧化的能力,即刀具材料的耐热性。耐热性越好,刀具允许的切削速度越高。它是衡量刀具材料综合切削性能的主要指标。

(5)良好的工艺性 为便于刀具制造,要求刀具材料有较好的切削加工性,包括锻、轧、焊接、切削加工、可磨削性和热处理性能等。

2.常用刀具材料

刀具材料种类很多,常用的有碳素工具钢、合金工具钢、高速工具钢、硬质合金、陶瓷、金刚石和立方氮化硼等。其中在生产中使用最多的是高速工具钢和硬质合金。

(1)碳素工具钢 碳素工具钢(如 T10A、T12A)高温强度低,淬火时易变形、开裂,且其耐热性较差,故仅适用制作手工工具及切削速度很低的刀具(如丝锥、锉刀、手工锯条等)。

(2)合金工具钢 合金工具钢(如 9SiCr、8MnSi)的高温强度比碳素工具钢稍好,其淬硬性、耐磨性和冲击韧性均比碳素工具钢高。按其用途可分为刃具、模具和量具用钢,作为刀具钢材料常用于切削速度较低的丝锥、板牙、铰刀等的制造。

(3)高速工具钢 高速工具钢(如 W18Cr4V、W6Mo5Cr4V2)与碳素工具钢和合金工具钢相比,高速工具钢的硬度更高、耐磨性更好,耐热性提高了 1～2 倍,允许的切削速度能提高 3～5 倍。其制造工艺性较好,可以锻、焊、热轧加工,且热处理变形小,所以广泛用来制造形状复杂的刀具(如钻头、铣刀、螺纹梳刀、拉刀和齿轮刀具等)。

(4)硬质合金 因其含有大量熔点高、硬度高、化学稳定性好、热稳定性好的金属碳化物,硬质合金的硬度、耐磨性、耐热性都高于高速工具钢,硬度可达 HRA86～93,在 900～1000℃ 还能承担切削,其允许的切削速度比高速工具钢提高了 3～5 倍,刀具寿命是高速工具钢的几倍到几十倍。硬质合金刀具可以加工包括淬硬钢在内的金属和非金属多种材料。目前,在工业发达国家有 90% 以上的车刀和 55% 以上的铣刀都采用硬质合金制造。

硬质合金刀具也存在一些缺陷,如抗弯强度低、韧性低,不能承受较大的冲击载荷,制造工艺性较差,不易制造形状较为复杂的整体刀具。因此,通常把硬质合金制成各种形式的刀片焊接或夹固在刀体上使用。

(5)陶瓷材料 陶瓷刀具具有很高的高温硬度,在 1200℃ 时硬度能达到 80HRA,化学稳定性好,与被加工金属亲和作用小,加工表面光洁,广泛应用于高速切削加工中;但陶瓷的抗弯强度和冲击韧性较差,对冲击十分敏感。目前主要用于各种金属材料的半精加工和精加工,特别适合于淬硬钢、冷硬铸铁的加工。

(6)金刚石　天然金刚石的硬度高达 10000HV,是自然界中最硬的材料。金刚石刀具具有硬度极高、耐磨性很好、摩擦因数小、切削刃极锋利、加工工件表面质量很高的特点。金刚石刀具能切削陶瓷、高硅铝合金、硬质合金等难加工材料,还可以切削有色金属及其合金,但不能切削铁族材料,因为碳和铁元素有很强的亲和性,加工时碳元素易向工件扩散,加快刀具磨损。

(7)立方氮化硼　立方氮化硼(CBN)是一种人工合成的刀具材料,其硬度仅次于金刚石,耐热性和化学稳定性均优于金刚石,可耐 1300~1500℃ 的高温,与铁族金属的亲和力小,但其抗弯强度低、脆性大、焊接性差。这种材料常用于淬硬钢、冷硬铸铁、高温合金和一些难加工材料的连续切削。

13.2.3　刀具几何角度标注

1. 刀具标注角度参考系的假定条件

为了确定刀具切削部分各表面和切削刃的空间位置,确定和测量刀具角度,需要建立参考系。参考系主要有刀具标注角度参考系和刀具工作角度参考系两类,刀具标注角度参考系是用在刀具设计、制造、刃磨和测量时定义刀具几何角度的参考系。它是在假定条件下建立的参考系。假定条件是指假定运动条件和假定安装条件。

(1)假定运动条件　在建立参考系时,暂不考虑进给运动,即用主运动向量近似代替切削刃与工件之间相对运动的合成速度向量。

(2)假定安装条件　假定刀具的刃磨和安装基准面垂直或平行于参考系的平面,同时假定刀杆中心线与进给运动方向垂直。例如对于车刀来说,规定刀尖安装在工件中心高度上,刀杆中心线垂直于进给运动方向等。

由此可见,刀具标注角度参考系是在简化了切削运动和设定刀具标准位置下建立的一种参考系。

刀具切削部分的几何参数微课

2. 正交平面参考坐标系

要确定刀具的几何角度,必须先确定用于定义和规定刀具角度的各种基准坐标平面,组成各种参考坐标系,以外圆车刀为例,最常用的坐标系是正交平面参考坐标系,如图 13-4 所示主要由三个平面组成。

(1)基面　过切削刃选定点,垂直于该点假定主运动方向的平面。用 p_r 表示。

(2)切削平面　过切削刃选定点,与切削刃相切,并垂直于刀具基面的平面。用 p_s 表示。

(3)正交平面　过切削刃选定点同时垂直于刀具基面和切削平面的平面。用 p_o 表示。

这三个平面两两相互垂直,称为正交,故此坐标系称作正交平面参考坐标系。

3. 刀具标注角度

在刀具标注角度参考系中标注或测量的刀具几何角度称为刀具的标注角度。在正交平面参考坐标系中,刀具的各个刀面与坐标系平面之间就产生了交角,这样可以用它们来表示各个刀面的倾斜程度,从而改变刀具的锋利与强弱,设计、刃磨和测量刀具的几何形状,对外圆车刀来说,刀面主要有三个,每个刀面按一面两角分析法需要两个角度来确定其空间位

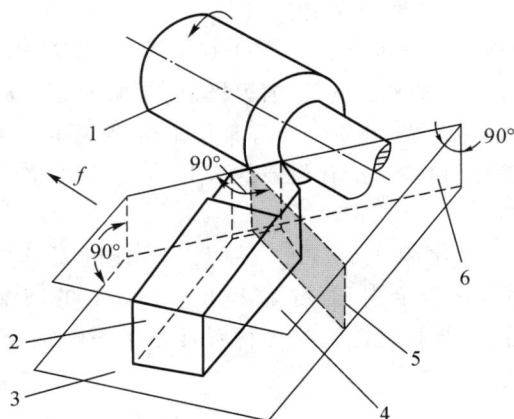

1—工件;2—车刀;3—底平面;4—基面;5—正交平面;6—切削平面。

图 13-4　正交平面参考坐标系

置,因此总共需要六个角度来确定外圆车刀的几何形状,这六个角度称为外圆车刀的独立角度,如图 13-5 所示。

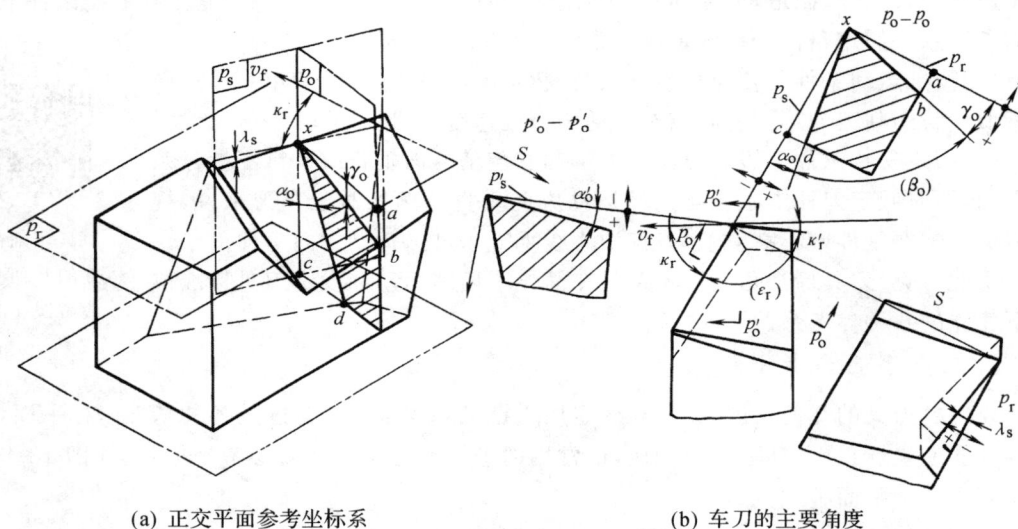

(a) 正交平面参考坐标系　　　　　(b) 车刀的主要角度

图 13-5　车刀的主要标注角度

下面以外圆车刀为例,角度定义为:

(1)前角 γ_o。　在正交平面内测量的前刀面与基面之间的夹角,前角表示前刀面的倾斜程度。前角越大,刀具越锋利,根据前刀面与基面相对位置的不同,又分别规定为正前角、零度前角和负前角。

(2)主后角(后角)α_o。　在正交平面内测量的主后刀面与切削平面之间的夹角。主后角表示主后刀面的倾斜程度,一般为正值。

(3)副后角$\alpha_o{}'$　在副正交平面内测量的副后刀面与副切削平面之间的夹角(副切削平面、副正交平面可参考切削平面、正交平面定义)。副后角表示副后刀面的倾斜程度,一般为正值。

（4）主偏角 κ_r　在基面内测量的主切削刃在基面上的投影与进给运动方向的夹角。主偏角一般为正值。

（5）副偏角 κ_r'　在基面内测量的副切削刃在基面上的投影与进给运动反方向的夹角。副偏角一般为正值。

（6）刃倾角 λ_s　在切削平面内测量的主切削刃与基面之间的夹角。它能控制切屑的流向，当刃倾角为正时，切屑向待加工表面流出；当刃倾角为负时，切屑流向已加工表面。图13-6 所示为刃倾角对切屑流向的影响。

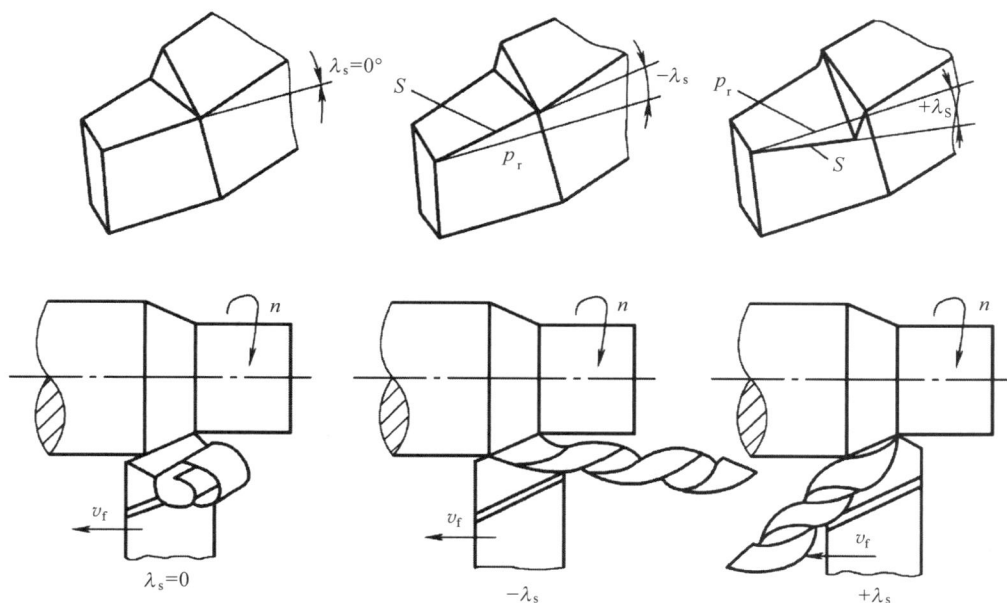

图 13-6　刃倾角对切屑流向的影响

13.2.4　切削层参数

切削时，刀具沿进给运动方向移动一个进给量所切除的金属层称为切削层。切削层参数规定在垂直于选定点主运动方向的平面中度量切削层截面尺寸。如图 13-7 所示。

1. 切削层公称厚度 a_c

过切削刃上选定点，在与该点主运动方向垂直的平面内，垂直于过渡表面度量的切削层尺寸，单位为 mm。由图 13-7 可以看出，切削层公称厚度为刀具或工件每移动一个进给量 f 以后，主切削刃相邻两位置间的垂直距离。

$$a_c = f \times \sin\kappa_r \tag{13.4}$$

2. 切削层公称宽度 a_w

过切削刃上选定点，在与该点主运动方向垂直的平面内，沿着过渡表面度量的切削层尺寸，单位为 mm。同样由图 13-7 可以看出，切削层公称宽度即主切削刃与工件的接触长度。

$$a_w = \frac{a_p}{\sin\kappa_r} \tag{13.5}$$

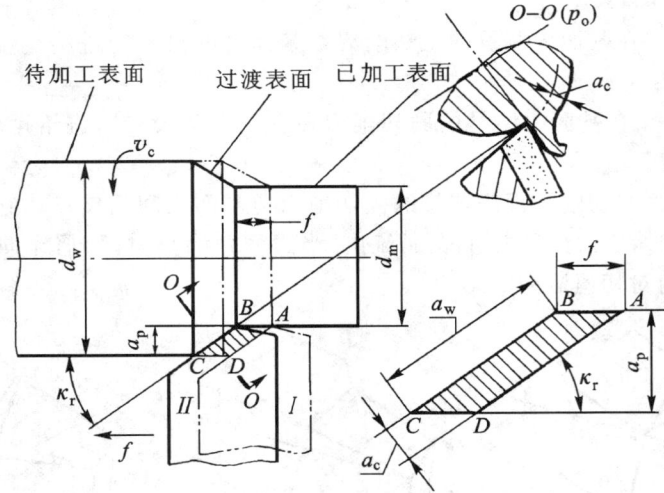

图 13-7　切削层要素

13.3　金属切削过程及其物理现象

金属切削过程是指通过切削运动,刀具从工件上切除多余的金属层,形成切屑和已加工表面的过程。在这一过程中,切削层经切削变形形成切屑,同时伴随切削力、切削热与切削温度、刀具磨损等许多现象,对这些现象进行研究揭示其机理,探索和掌握金属切削过程的基本规律,从而主动地加以有效的控制,对保证加工精度和表面质量、提高切削效率、降低生产成本和劳动强度具有十分重大的意义。

13.3.1　切削过程与切屑的种类

1.切屑的形成和变形区的划分

金属的切削过程与金属的挤压过程很相似。金属材料受到刀具的作用以后,开始产生弹性变形;随着刀具继续切入,金属内部的应力、应变继续加大,当达到材料的屈服强度时,开始产生塑性变形,并使金属晶格产生滑移;刀具再继续前进,应力进而达到材料的抗拉强度,便会产生挤裂。

大量的实验和理论分析证明,塑性金属切削过程中切屑的形成过程就是切削层金属的变形过程。切削层的金属变形大致划分为三个变形区:第一变形区(剪切滑移)、第二变形区(纤维化)、第三变形区(纤维化与加工硬化)。金属切削过程形成的三个变形区如图 13-8 所示。

(1)第一变形区(近切削刃处切削层内产生的塑性变形区)　切削层受刀具的作用,被切金属向右运动进入 OA 线开始发生塑性变形,到 OM 线金属晶粒的剪切滑移基本完成,从 OA 到 OM 的区域(图 13-8 I 区)称为第一变形区,经过第一变形区的塑性变形后形成切屑。

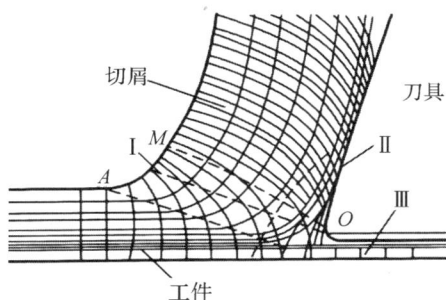

图 13-8　金属切削过程形成的三个变形区

第一变形区就是形成切屑的变形区,其变形特点是切削层产生剪切滑移变形。

(2)第二变形区(与前刀面接触的切屑底层产生的变形区)　形成的切屑要沿前刀面方向排出,还必须克服刀具前刀面对切屑挤压而产生的摩擦力。此时将产生挤压摩擦变形,这一区域(图 13-8Ⅱ区)称为第二变形区。

(3)第三变形区(近切削刃处已加工表面内产生的变形区)　已加工表面受到切削刃钝圆部分和后刀面的挤压摩擦,造成表层金属纤维化和加工硬化。这一区域(图 13-8Ⅲ区)称为第三变形区。

2.切屑的类型

由于工件材料不同,切削过程中的变形程度也就不同,因而产生的切屑种类也就多种多样,如图 13-9 示。图(a)至图(c)为切削塑性材料的切屑,图(d)为切削脆性材料的切屑。

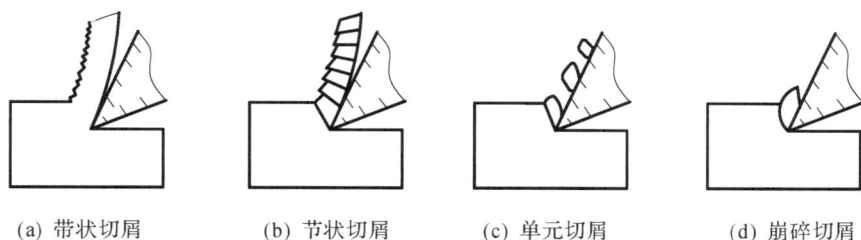

(a) 带状切屑　　(b) 节状切屑　　(c) 单元切屑　　(d) 崩碎切屑

图 13-9　切屑的类型

(1)带状切屑　这是最常见的一种切屑(图 13-9(a))。它的内表面是光滑的,外表面是毛茸状。如用显微镜观察,在外表面上可看到剪切条纹,但每个单元很薄,肉眼看来大体上是平整的。加工塑性金属材料,当切削厚度较小、切削速度较高、刀具前角较大时,一般常得到这类切屑。它的切削过程平衡,切削力波动较小,已加工表面粗糙度值较小。

(2)节状切屑　如图 13-9(b)所示,这类切屑与带状切屑不同之处在于外表面呈锯齿形,内表面有时有裂纹。这种切屑一般在切削速度较低、切削厚度较大、刀具前角较小时产生。

(3)单元切屑　如果在节状切屑剪切面上,裂纹扩展到整个面上,则整个单元被切离,成为梯形的单元切屑,如图 13-9(c)所示。

(4)崩碎切屑　这是属于脆性材料的切屑,这种切屑的形状是不规则的,加工表面是凹凸不平的,如图 13-9(d)所示。加工脆硬材料,如高硅铁、白口铁等常形成崩碎切屑。

13.3.2 积屑瘤

1.积屑瘤现象

加工一般钢料或其他塑性金属材料,在切削速度不高而又能形成连续切屑时,常在前刀面切削刃处黏着一块剖面呈三角状的硬块(图 13-10),称为积屑瘤。其硬度很高,为工件材料的 2～3 倍,处于稳定状态时可代替切削刃进行切削。

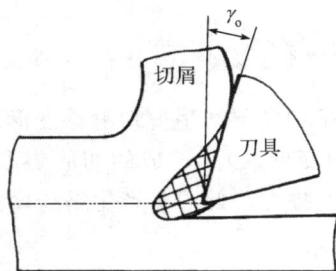

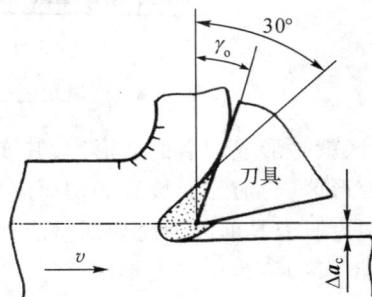

图 13-10　积屑瘤　　　　图 13-11　积屑瘤对前角和切削厚度的影响

2.积屑瘤的产生

由于切屑底面是刚形成的新表面,切屑对前刀面接触处的摩擦,使前刀面十分洁净,当接触面达到一定温度,压力又较高时,会产生黏结现象。这时切屑从黏在前刀面的底层金属上流过,因为摩擦变形产生加工硬化,而被阻滞在底层,黏结成一体。这样,黏结层逐渐增大,形成积屑瘤,直到该处的温度与压力不足以造成黏附为止。

3.积屑瘤的影响

(1)保护刀具　积屑瘤包围着切削刃,同时覆盖着一部分刀具前刀面。积屑瘤形成之后,它便代替切削刃和前刀面工作,从而减少了刀具本身的磨损,如图 13-11 所示。

(2)增大前角　积屑瘤加大了刀具工作时的实际前角(图 13-11),使切削轻快,而刀具的楔角并没有因工作前角的增大而减少,刀具的强度不变。

(3)增大切削厚度　积屑瘤前端伸出切削刃之外,因此有积屑瘤时的切削厚度比没有积屑瘤时增大了(图 13-11),从而影响了工件的尺寸精度。

(4)增大表面粗糙度值　积屑瘤脱落时,一部分被切屑带走,另一部分黏附在已加工表面上,增大了已加工表面的粗糙度值。由于积屑瘤的不稳定性,随着它的产生和消失,刀具实际工作前角会发生变化,导致切削力产生波动。

因此在粗加工时可利用积屑瘤,以保护刀具。而精加工时应避免积屑瘤,以保证加工质量。

4.积屑瘤的控制

精加工时,避免积屑瘤产生的措施有:

(1)用低速切削,使切削温度低,黏结现象不易发生;或用高速切削,使切削温度高于积屑瘤消失的相应温度。

(2)采用润滑性能好的切削液,减小摩擦,降低切削温度。

(3)增大 γ_o,减小切屑和前刀面接触区的压力。

(4)提高工件材料硬度(如热处理),降低工件的塑性,可减小切屑和前刀面之间的摩擦因数,减小黏结,抑制积屑瘤的生长。

13.3.3 切削力

1.切削力

切削力是指切削加工时工件材料抵抗刀具切削所产生的阻力。切削力是一对大小相等、方向相反、分别作用在工件和刀具上的作用力和反作用力,它来源于工件的弹性变形与塑性变形抗力,切屑与前刀面及工件过渡表面、已加工表面和后刀面之间的摩擦阻力。它是计算功率消耗,进行机床、刀具和夹具设计,制定合理的切削用量,优化刀具几何参数的重要依据。在自动化生产中,还可通过切削力来监控切削过程和刀具工作状态,如刀具折断、磨损、破损等。

切削力微课

为便于测量、计算切削力的大小和分析切削力的作用,通常将切削合力 F 沿主运动方向、进给运动方向和背吃刀量方向分解为三个相互垂直的分力。切削力的合力与其分解的分力如图 13-12 所示。

(a) 合力的分解   (b) 主偏角对基面中切削分力的影响

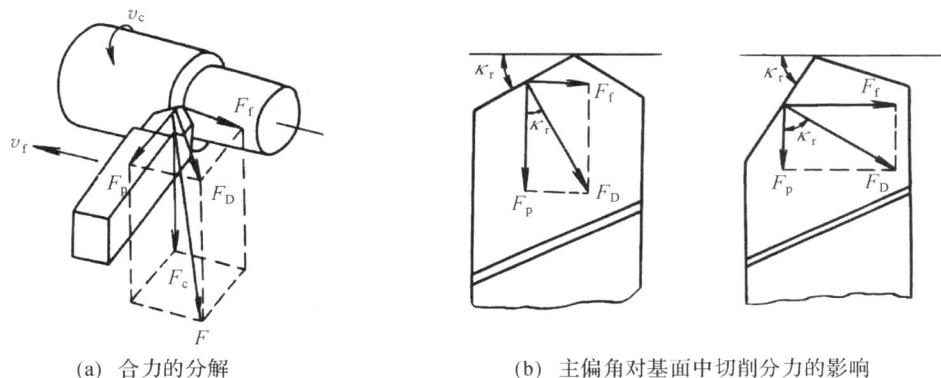

图 13-12　切削合力与分力

主切削力 F_c——在主运动方向上分力。
背向力 F_p——在背吃刀量方向上分力。
进给力 F_f——在进给运动方向上分力。
合力 F 在基面中的分力 F_D 与各分力之间的关系:

$$F = \sqrt{F_D^2 + F_c^2} = \sqrt{F_c^2 + F_p^2 + F_f^2} \tag{13.6}$$

$$F_p = F_D \cos\kappa_r; \quad F_f = F_D \sin\kappa_r \tag{13.7}$$

式中表明,当 $\kappa_r = 0°$ 时,$F_p = F_D$,$F_f = 0$;当 $\kappa_r = 90°$ 时,$F_p = 0$、$F_f = F_D$,各分力的大小对切削过程会产生明显不同的作用。

2.切削分力的作用

主切削力 F_c 是设计机床主轴、齿轮和计算主运动功率的主要依据;由于 F_c 的作用,使刀杆弯曲,刀片受压,故用它决定刀杆、刀片尺寸;F_c 也是设计夹具和选择切削用量的重要依据;F_c 消耗总功率的 95% 左右。

在纵车外圆时，如果加工工艺系统刚性不足，F_p 是影响加工工件精度、引起切削振动的主要原因，但 F_p 不消耗切削功率。

F_f 作用在机床进给机构上，是计算进给机构薄弱环节零件的强度和检测进给机构强度的主要依据，F_f 消耗总功率的 $1\% \sim 5\%$。

3. 影响切削力的因素

（1）工件材料

工件材料强度、硬度愈高，切削力越大。材料的制造和热处理状态不同，得到的硬度也不同，切削力随着硬度提高而增大。

工件材料的塑性或韧性越高，切屑越不易折断，使切屑与前刀面间摩擦增加，故切削力增大。例如不锈钢 06Cr18Ni11Ti 的硬度接近 45 钢，但断后伸长率比 45 钢明显增大，所以同样条件下产生的切削力较 45 钢增大 25%。

在切削铸铁等脆性材料，由于塑性变形很小，崩碎切屑与前刀面的摩擦小，故切削力小。

（2）切削用量

a）背吃刀量 a_p、进给量 f。a_p、f 增大，切削力增大，但影响程度不一。增加 a_p 时切削力的增大较增大 f 的影响明显。可见在同样切削面积下，采用大的 f 较采用大的 a_p 省力。

b）切削速度 v_c。切削速度对切削力的影响与材料性质、积屑瘤有关。加工塑性金属时，切削速度对切削力的影响主要跟积屑瘤的产生、生长及消失有关；切削脆性金属时，因其塑性变形很小，没有积屑瘤产生，所以切削速度对切削力没有显著的影响。

（3）刀具几何参数

在刀具几何参数中，影响切削力的主要有前角、主偏角、刀尖圆弧半径以及刃倾角等。如增大前角，切削刃锋利，切削力减小。

（4）切削液等其他因素

以冷却作用为主的水溶液对切削力影响很小。而润滑作用强的切削油能够显著地降低切削力，这是由于它的润滑作用，减小了刀具前刀面与切屑、后刀面与工件表面之间的摩擦，甚至还能减小被加工金属的塑性变形。

13.3.4　切削热与切削温度

切削热是切削过程的重要物理现象之一。切削温度能改变前刀面上的摩擦因数和工件材料的性能；并影响积屑瘤的大小、已加工表面的质量、刀具的磨损和耐用度及生产率等。

1. 切削热的产生和传出

切削过程中，切削热来自工件材料的弹、塑性变形和前、后刀面的摩擦。切削中所消耗的能量有 $98\% \sim 99\%$ 转换热能，除极少量散逸在周围介质中外，其余均传递到刀具、切屑和工件中，并使其温度升高，引起工件热变形，加速刀具的磨损，影响工件的加工精度及表面质量。切削热的产生与传导如图 13-13 所示。

2. 影响切削温度的主要因素

切削温度一般是指前刀面与切屑接触区域的平均温度。切削温度的高低取决于切削热产生多少和切削热传导的快慢。高的切削温度是造成刀具磨损的主要原因，但较高的切削温度对提高硬质合金刀具材料的韧度有利。由于切削温度的影响，精加工时，工件本身和刀

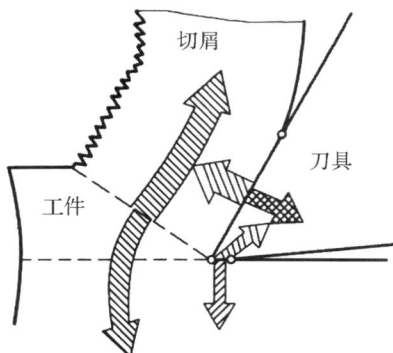

图 13-13　切削热的产生与传导

杆受热膨胀致使工件精度达不到要求。切削温度主要受工件材料、切削用量、刀具角度和冷却条件等因素的影响。

（1）工件材料

工件材料主要是通过硬度、强度和导热系数影响切削温度。如低碳钢，强度、硬度较低，产生的热量少，且导热系数大，热量传出快，所以切削温度比较低；40Cr 硬度接近中碳钢，强度略高，但导热系数小，切削温度高；脆性材料变形小，摩擦小，切削温度比 45 钢低 40%。

（2）切削用量

实验表明，v_c、a_p 和 f 增加，由于切削变形功和摩擦功增大，故切削温度升高。其中切削速度 v_c 的影响最大，v_c 增加一倍，使切削温度约增加 32%；进给量 f 的影响其次，f 增加一倍，使切削温度约为增加 18%；背吃刀量 a_p 的影响最小，a_p 增加一倍，使切削温度约增加 7%。

（3）刀具几何参数

在刀具几何参数中，影响切削温度最为明显的是前角 γ_o 和主偏角 κ_r，其次是刀尖圆弧半径 γ_ε。γ_o 增大，变形、摩擦减小，产生的热量少，则切削温度下降；但 γ_o 增到 $18°\sim20°$ 后，散热条件变差，对切削温度的影响程度减小。κ_r 减小，使切削厚度减小，切削宽度增大，刀具散热条件得到改善，故切削温度下降。γ_ε 既使变形增大，同时又改善散热条件，因此对温度的影响不大。

（4）冷却条件

选用切削液，采取合理的冷却措施，可使切削温度降低。

13.3.5　刀具磨损与刀具耐用度

切削过程中，刀具在切除工件上的金属层，同时工件与切屑也对刀具起作用，使刀具磨损。刀具严重磨损，会缩短刀具使用时间、恶化加工表面质量、增加刀具材料损耗。因此，刀具磨损是影响生产率、加工质量和成本的一个重要因素。

1. 刀具磨损形式

刀具磨损是指切削时刀具在高温条件下，受到工件、切屑的摩擦作用，刀具材料逐渐被磨耗或出现其他形式的损坏。刀具磨损的形式可分为正常磨损和非正常磨损两类。

（1）正常磨损　正常磨损是指随着切削时间的增加，磨损逐渐扩大的磨损，它包括前刀面磨损、后刀面磨损和前、后刀面同时磨损，如图 13-14 所示。

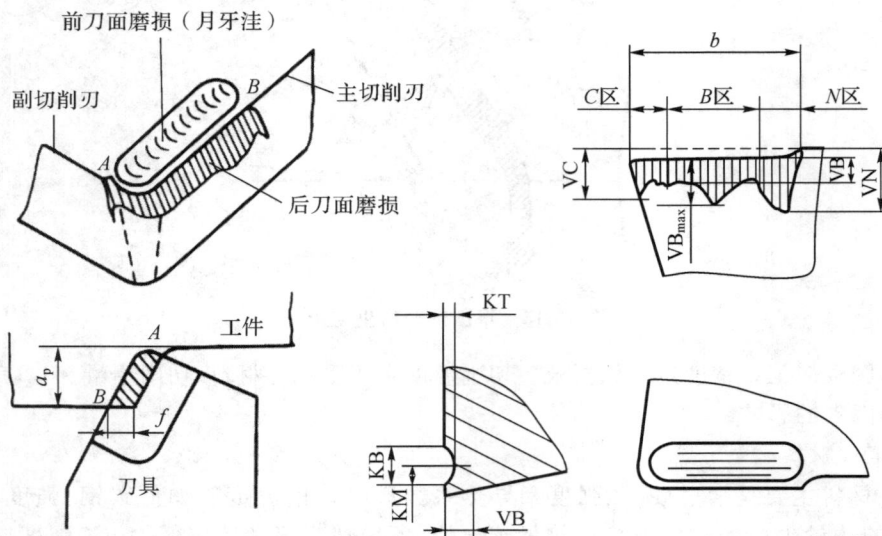

图 13-14　刀具的正常磨损

a）前刀面磨损

切削塑性金属时，如果切削厚度较大，切屑与前刀面在高温、高压下相互接触，产生剧烈摩擦，以形成月牙洼磨损为主，其值以最大深度 KT 表示。

b）后刀面磨损

切削脆性材料或切削塑性金属时，如果切削厚度较小，切屑与前刀面的接触长度较短，其上的压力与摩擦均不大，而相对的刀刃钝圆使后刀面与工件表面的接触压力却较大，磨损主要发生在后刀面。其值以磨损带宽度 VB 表示。

c）前、后刀面同时磨损

切削塑性金属时，如果切削厚度适中，则经常会发生前、后刀面同时磨损的磨损形式。

（2）非正常磨损

非正常磨损也称破损，常见的有切削刃崩刃、剥落、热裂等。

2. 刀具磨损过程和磨损标准

（1）刀具的磨损过程

刀具的磨损一般分为三个阶段，以后刀面磨损为例，它的磨损量 VB 和切削时间的关系如图 13-15 所示。

a）初期磨损阶段（图 13-15 中Ⅰ区）。新刃磨的刀具，由于表面粗糙不平，在切削时很快被磨去，故磨损较快。经研磨过的刀具，初期磨损量较小。

b）正常磨损阶段（图 13-15 中Ⅱ区）。经初期磨损后，刀具表面已经被磨平，压强减小，磨损速度较为缓慢。磨损量随切削时间延长而近似地成比例增加。

c）急剧磨损阶段（图 13-15 中Ⅲ区）。当磨损量增加到一定限度后，机械摩擦加剧，切削力加大，切削温度升高，磨损原因也发生变化（如转化为相变磨损、扩散磨损等），磨损加快，

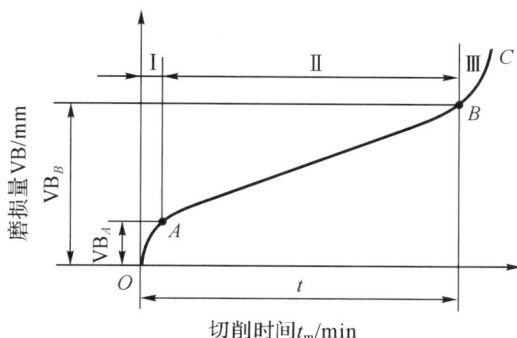

图 13-15 磨损过程

已加工表面质量明显恶化,出现振动、噪声等,以至刀具崩刃,失去切削能力。

由此可知,刀具不能无休止地使用下去,而应规定一个合理的磨损限度,刀具磨损到此限度(VB 值),即应换刀或重新刃磨。

(2)刀具的磨钝标准

刀具磨损到一定限度就不能继续使用,这个磨损限度称磨钝标准。刀具磨损限度一般规定在刀具后刀面上,以磨损量的平均值 VB 表示。这是因为刀具后刀面对加工质量影响大,而且便于测量。刀具磨损值达到了规定的标准应该重磨或更换切削刃。

3. 刀具耐用度

(1)刀具耐用度和刀具寿命的概念

在实际生产中,不可能经常停机去测量刀具后刀面上的 VB 值,以确定是否达到磨损限度,而是采用与磨钝标准相对应的切削时间,即刀具耐用度(T)来表示。

刀具耐用度的定义为:一把新刃磨的刀具从开始切削至达到磨损限度所经过的总的切削时间,以 T 表示,单位为 min。

刀具总寿命则是指一把新刀从开始使用到报废为止的切削时间,它是刀具耐用度与磨刀次数的乘积。

(2)影响刀具耐用度的主要因素

a)切削用量

提高切削用量 v_c、f、a_p,均使刀具耐用度 T 降低。其中 v_c 对刀具耐用度影响最大,f 次之,a_p 最小。

b)刀具几何参数

增大前角,切削温度降低,刀具耐用度提高,但前角太大,强度低、散热差,刀具耐用度反而会降低,因此,刀具前角有一个最佳值,该值可通过切削实验求得。

适当减小主偏角 κ_r、副偏角 $\kappa_r{}'$ 和增大刀尖圆弧半径 γ_ε,可提高刀具强度和降低切削温度,均能提高刀具耐用度。

c)工件材料

加工材料的强度、硬度越高,切削时均能使切削温度升高,刀具耐用度降低。此外,加工材料的断后伸长率越大或导热系数越低,均能使切削温度升高,刀具耐用度降低。

d)刀具材料等其他因素

刀具材料是影响刀具耐用度的重要因素,合理选用刀具材料、采用涂层刀具材料和使用新型刀具材料,是提高刀具耐用度的有效途径。

13.4 金属切削机床分类及型号

金属切削机床是用切削加工的方法将金属毛坯加工成机器零件的机器。它是制造机器的机器,所以又称"工作母机",习惯上简称为机床。

金属切削机床的品种和规格繁多,为了便于区别、使用和管理,须对机床加以分类和编制型号。

13.4.1 机床的分类

机床按其工作原理划分为车床、钻床、镗床、磨床、齿轮加工机床、螺纹加工机床、铣床、刨插床、拉床、锯床和其他机床等 11 类,《金属切削机床 型号编制方法》(GB/T 15375—2008)机床的分类和代号见表 13-1。在每一类机床中,又按工艺范围、布局型式和结构性能分为若干个组,每一组又分为若干个系(系列)。

表 13-1 机床的分类和代号(摘自 GB/T 15375—2008)

类别	车床	钻床	镗床	磨床			齿轮加工机床	螺纹加工机床	铣床	刨插床	拉床	锯床	其他机床
代号	C	Z	T	M	2M	3M	Y	S	X	B	L	G	Q
读音	车	钻	镗	磨	二磨	三磨	牙	丝	铣	刨	拉	割	其

13.4.2 机床型号的编制方法

机床型号是机床产品的代号,用以简明地表示机床的类型、通用和结构特性、主要技术参数等。按照 GB/T 15375—2008 中规定,机床型号由汉语拼音字母和阿拉伯数字按一定的规律组合而成。

通用机床的型号由基本部分和辅助部分组成,中间用"/"隔开,读作"之"。基本部分需统一管理,辅助部分纳入型号与否由生产厂家自定。

通用机床型号构成如下:

(△) ○ (○) △ 　△ 　△ (×△) (○) / (◎)

其他特性代号
重大改进顺序号
主轴数或第二主参数
主参数或设计顺序号
系代号
组代号
通用特性、结构特性代号
类代号
分类代号

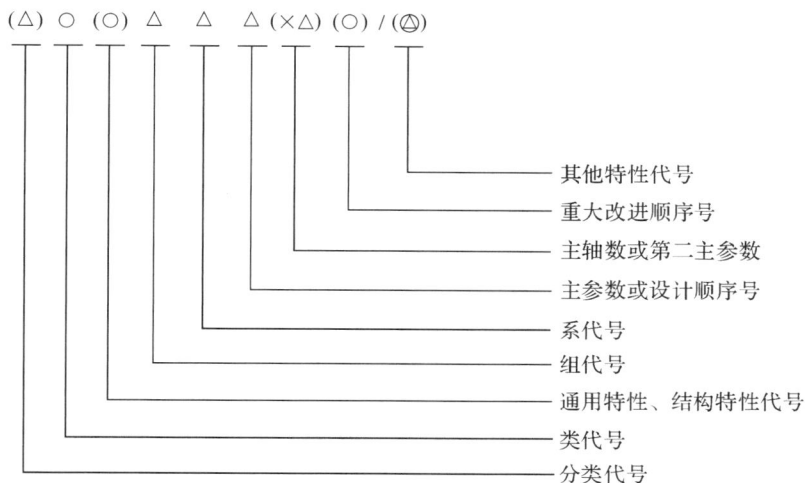

注 1：有"（ ）"的代号或数字，当无内容时，则不表示，若有内容则不带括号。

注 2：有"○"符号的，为大写的汉语拼音字母。

注 3：有"△"符号的，为阿拉伯数字。

注 4：有"◎"符号的，为大写的汉语拼音字母，或阿拉伯数字，或两者兼有之。

1.机床的分类及代号

机床的类代号，用大写的汉语拼音字母表示，必要时，每类可分为若干分类。分类代号在类代号之前，作为型号的首位，并用阿拉伯数字表示，第一分类代号前的"1"省略，第"2"、"3"分类代号则应予以表示。例如，磨床分为 M、2M、3M 三个分类。机床类别的代号见表 13-1。

2.通用特性代号、结构特性代号

这两种特性代号，用大写的汉语拼音字母表示，位于类代号之后。

（1）通用特性代号

通用特性代号有统一的规定含义，它在各类机床的型号中，表示的意义相同。机床的通用特性代号见表 13-2。

表 13-2　机床的通用特性代号（摘自 GB/T 15375—2008）

通用特性	高精度	精密	自动	半自动	数控	加工中心（自动换刀）	仿形	轻型	加重型	柔性加工单元	数显	高速
代号	G	M	Z	B	K	H	F	Q	C	R	X	S
读音	高	密	自	半	控	换	仿	轻	重	柔	显	速

（2）结构特性代号

对主参数值相同而结构、性能不同的机床，在型号中加结构特性代号予以区分。通用特性代号已用的字母和"I"、"O"两个字母不能用作结构特性代号。如 CA6140 和 C6140 是结构有区别而主参数相同的普通卧式车床。

3.机床组、系别的划分原则及其代号

(1)机床组、系别的划分原则

将每类机床划分为十个组,每个组又划分为十个系(系列)。组、系划分的原则如下:

a)在同一类机床,主要布局或使用范围基本相同的机床,即为同一组。

b)在同一组机床中,其主参数相同、主要结构及布局型式相同的机床,即为同一系。

(2)机床的组、系代号

机床的组,用一位阿拉伯数字表示,位于类代号或通用特性代号、结构特性代号之后。

机床的系,用一位阿拉伯数字表示,位于组代号之后。

4.主参数、主轴数和第二主参数的表示方法

(1)主参数的表示方法

机床主参数代表机床规格大小,用折算值(一般为主参数实际数值的 1/10 或 1/100)表示,位于系别代号之后。

(2)主轴数的表示方法

对于多轴机床,其主轴数应以实际数值列入型号,置于主参数之后,用“×”分开。

(3)第二主参数的表示方法

第二主参数(多轴机床的主轴数除外),一般不予表示,如有特殊情况,需在型号中表示,如摇臂钻床,它的第二主参数为其最大跨距。

5.机床的重大改进顺序号

当机床的结构、性能有更高的要求,并需按新产品重新设计、试制和鉴定时,才按改进的先后顺序选用 A、B、C 等字母(但“I”、“O”两个字母不得选用),加在型号基本部分的尾部,以区别原机床型号。

下面例举了几个通用机床型号的具体含义:

示例 1:最大磨削直径为 400mm 的高精度数控外圆磨床,其型号为 MKG1340。

示例 2:最大钻孔直径为 40mm,最大跨距为 1600mm 的摇臂钻床,其型号为 Z3040 ×16。

示例 3:最大车削直径为 1250mm,经过第一次重大改进的数显单柱立式车床,其型号为 CX5112A。

示例 4:最大磨削直径为 320mm 的半自动万能外圆磨床,结构不同时,其型号为 MBE1432。

示例 5:最大棒料直径为 16mm 的数控精密单轴纵切自动车床,其型号为 CKM1116。

13.5　车削加工

车削加工一般在车床上进行,主要适用加工各种回转体内外表面(包括内外圆柱面、圆锥面、成形回转面),还可加工端面、螺纹、滚花等。由于回转面是机械零件中应用最广泛的表面形式,因此车削加工在各种加工方法中所占比重最大。一般在机械加工车间内,车床约占机床总数的 50%。

13.5.1　车床

1.CA6140 车床的组成

车床的种类很多,按用途和结构不同,可分为卧式车床、六角车床、立式车床、单轴自动车床、多轴自动和半自动车床、仿形车床等。其中以卧式车床应用最为广泛。车床是以主轴带动工件旋转作为主运动,刀架带动刀具移动作为进给运动来完成工件和刀具之间的相对运动的一类机床。在车床上使用的刀具主要是车刀,有些车床还可采用各种孔加工刀具,如钻头、镗刀、铰刀、丝锥、板牙等。主要用来加工各种回转表面,如内外圆柱、圆锥表面,成形回转表面和回转体的端面等。CA6140 卧式车床结构如图 13-16 所示,有床身、主轴箱、进给箱、溜板箱、刀架、尾座等组成部件,其主参数 40 为最大回转直径 400mm。

车 削 加 工
微课

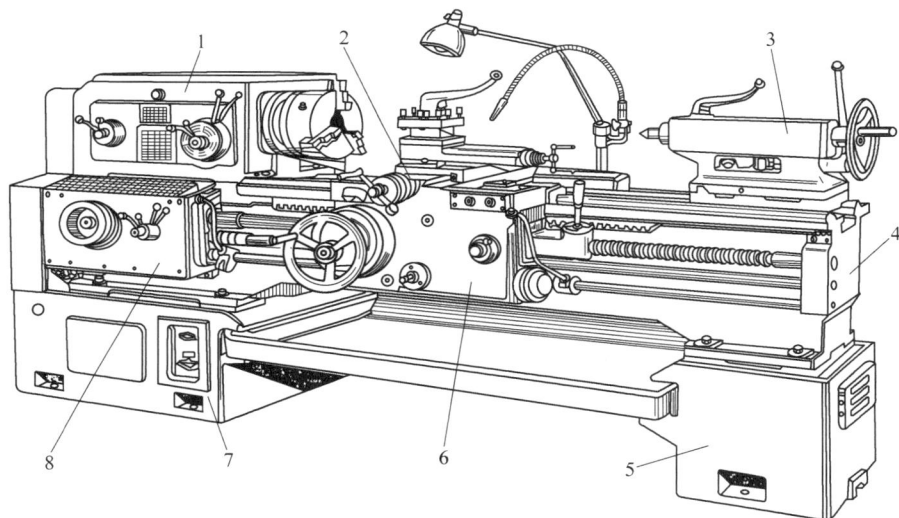

1—主轴箱;2—刀架;3—尾座;4—床身;5、7—床腿;6—溜板箱;8—进给箱。

图 13-16　CA6140 卧式车床结构

2.卧式车床的工艺范围

卧式车床的工艺范围很广,能进行多种表面的加工,如各种轴类、套类和盘类零件的回转表面(如车削内外圆柱面、圆锥面、环槽及回转曲面等)、端面、螺纹,还可以进行钻孔、扩孔、铰孔和滚花等工作,普通卧式车床所能完成的工作如图 13-17 所示。

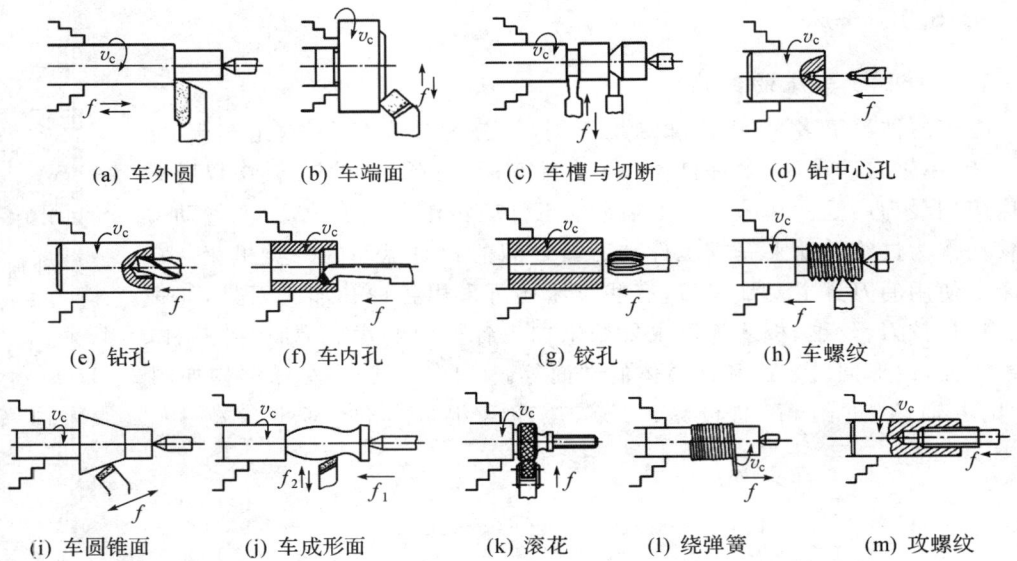

| (a) 车外圆 | (b) 车端面 | (c) 车槽与切断 | (d) 钻中心孔 |

| (e) 钻孔 | (f) 车内孔 | (g) 铰孔 | (h) 车螺纹 |

| (i) 车圆锥面 | (j) 车成形面 | (k) 滚花 | (l) 绕弹簧 | (m) 攻螺纹 |

图 13-17　普通卧式车床所能完成的工作

13.5.2　车刀

1. 车刀的分类

（1）按加工表面特征及用途　可分为外圆车刀、端面车刀、切断车刀、螺纹车刀、内孔车刀等。

（2）按刀具切削部分的材料　可分为高速钢车刀、硬质合金车刀、陶瓷车刀、金刚石车刀等。

（3）按车刀结构特征　可分为整体式高速钢车刀、焊接式硬质合金车刀、机夹式重磨车刀、可转位式车刀等，如图 13-18 所示。

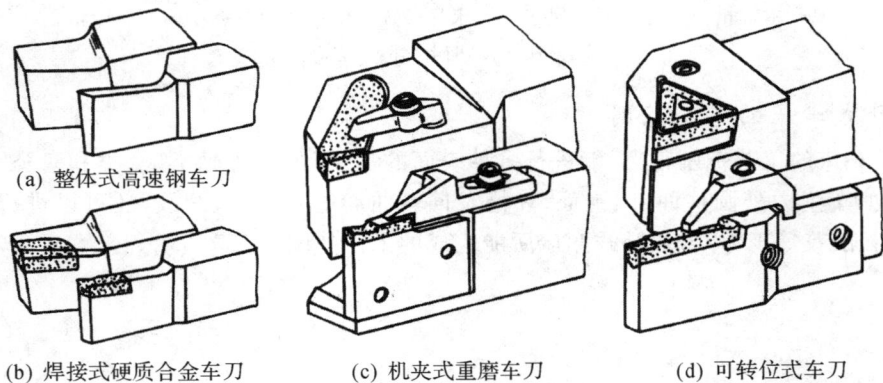

(a) 整体式高速钢车刀

(b) 焊接式硬质合金车刀　　　(c) 机夹式重磨车刀　　　(d) 可转位式车刀

图 13-18　车刀按结构特征分类

2. 常用车刀的结构和用途

(1)整体式高速钢车刀(图 13-18(a))　选用一定形状的高速钢刀条,在其一端刃磨出所需的切削部分形状就形成了整体式高速钢车刀。这种车刀刃磨方便,可以根据需要刃磨成不同用途的车刀,如切槽车刀、螺纹车刀等,尤其适宜刃磨成各种成形车刀。刀具磨损后可以多次重用。

(2)焊接式硬质合金车刀(图 13-18(b))　这种车刀是将一定形状的硬质合金刀片焊接在钢制刀杆的刀槽内制成的,其结构简单、紧凑、刚性好、抗振性能好、使用灵活、制造刃磨方便,刀具材料利用充分。

(3)机夹式重磨车刀(图 13-18(c))　这种车刀是采用普通硬质合金刀片,用机械夹固的方法将其夹持在刀柄上使用的车刀,切削刃用钝后可以重磨并继续使用。

(4)可转位式车刀(图 13-18(d))　这种车刀是用机械夹固的方式将可转位刀片固定在刀槽中而组成的车刀,当刀片上一条切削刃磨钝后,松开夹紧机构,将刀片转过一个角度,调换一个新的刀刃,夹紧后即可继续进行切削。

13.5.3　工件在车床上的装夹方式

工件在车床上的装夹方式需依据工件的形状和尺寸而定。

1. 装夹工件长径比小于 4 的工件

卡盘(图 13-19)用于装夹长径比小于 4 的工件。其中,三爪自定心卡盘(图 13-19(a))用于装夹圆形和六角形工件及棒料,能自动定心,安装方便;四爪单动(图 13-19(b))卡盘用于装夹毛坯或方形、椭圆形等不规则的工件,夹紧力大;花盘(图 13-19(c))用于装夹形状不规则、无法用卡盘装夹的工件,例如支架类工件,装夹时用角铁和螺钉等夹持在花盘上。

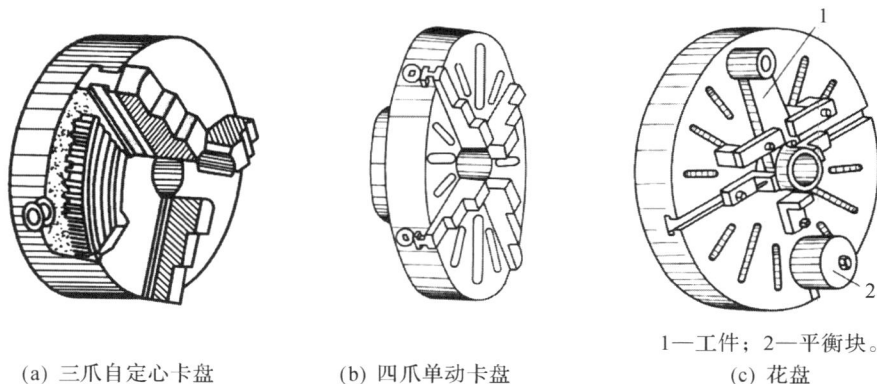

(a) 三爪自定心卡盘　　(b) 四爪单动卡盘　　1—工件;2—平衡块。
(c) 花盘

图 13-19　卡盘与花盘

2. 装夹工件长径比大于 4 的工件

顶尖用于装夹长径比大于 4 的轴类工件,可采用一夹一顶(图 13-20)或两端顶(图 13-21)。用顶尖装夹时,工件的端面需先用中心钻钻出中心孔。

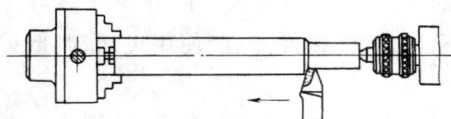

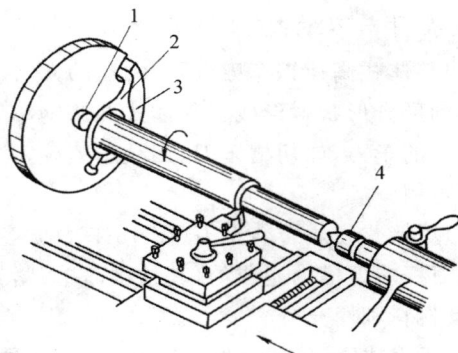

1—前顶尖;2—鸡心夹头;3—拨盘;4—后顶尖。

图 13-20 一夹一顶装夹工件　　　　　　图 13-21 前后顶尖装夹工件

3.对于长径比大于 10 的细长轴类工件

为增加工件的刚性,还需使用中心架(图 13-22)或跟刀架(图 13-23)。

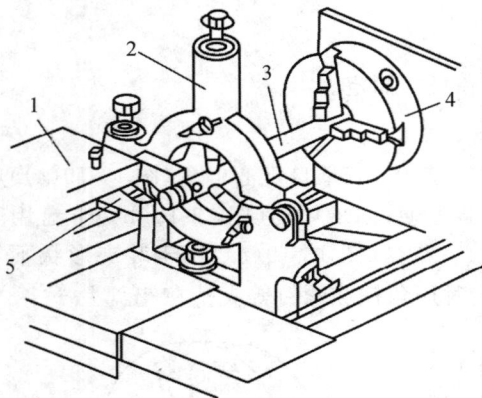

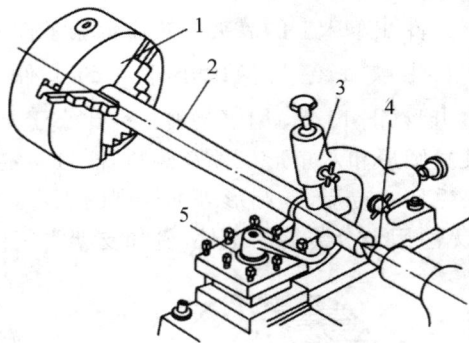

1—刀架;2—中心架;3—工件;4—卡盘;5—刀具。　　1—卡盘;2—工件;3—跟刀架;4—后顶尖;5—刀架。

图 13-22 中心架装夹工件　　　　　　图 13-23 跟刀架装夹工件

13.5.4 车削加工工艺特点

1.车削加工的精度

(1)荒车　毛坯为自由锻件或大型铸件时,荒车可切除大部分余量,荒车后工件尺寸精度为 IT18～IT15,表面粗糙度 Ra 值高于 $80\mu m$。

(2)粗车　中小型锻件和铸件可直接进行粗车,尺寸精度为 IT13～IT11,表面粗糙度 Ra 值为 $30～12.5\mu m$。低精度表面可以采用粗车作为其最终加工工序。

(3)半精车　尺寸精度要求不高的工件或精加工工序之前可安排半精车,尺寸精度为 IT10～IT9,表面粗糙度 Ra 值为 $6.3～3.2\mu m$。

(4)精车　一般作为最终加工工序或光整加工的预加工工序,尺寸精度为 IT8～IT7,表面粗糙度 Ra 值为 $1.6～0.8\mu m$。对于精度较高的毛坯,可不经过粗车而直接进行半精车或精车。

(5)精细车　主要用于有色金属加工或要求很高的钢制工件的最终加工。尺寸精度为

IT6~IT5,表面粗糙度 Ra 值为 $0.4~0.025\mu m$。

2.车削加工的工艺特点

（1）易于保证各加工面间的位置精度　对于轴套或盘类零件,在一次装夹中车出各外圆面、内孔和端面,可保证各轴段外圆的同轴度、端面与轴线的垂直度、各端面之间的平行度及外圆面与内孔的同轴度等精度。

（2）适合有色金属零件的精加工　当有色金属的轴类零件要求较高的精度和较小的表面粗糙度值时,因材质软易堵塞砂轮,不宜采用磨削,这时可用金刚石车刀精细车,精度可达IT6~IT5,表面粗糙度值 Ra 达 $0.4~0.025\mu m$。

（3）生产率较高　因切削过程连续进行,且切削面积和切削力基本不变,车削过程平稳,因此可采用较大的切削用量,使生产率大幅度提高。

（4）生产成本低　由于车刀结构简单,制造、刃磨和安装方便,而且易于选择合理的角度,有利于提高加工质量和生产率;车床附件较多,能满足一般零件的装夹,生产准备时间短。因此,车削加工生产成本低,既适宜单件小批生产,也适宜大批大量生产。

13.6　其他切削加工方法

13.6.1　钻削加工

内孔表面加工方法较多,常用的有钻孔、扩孔、铰孔、镗孔、磨孔、拉孔等方法。其中加工内孔表面的基本方法为钻削和镗削。一般尺寸较小的孔,采用钻削加工;尺寸较大的孔和位置精度要求较高的孔,采用镗削加工。

1.钻削加工的工艺范围

在钻床上进行的切削加工称为钻削。在钻床上可进行的工作为钻孔、扩孔、铰孔、攻螺纹、锪孔、锪端面等,如图 13-24 所示。钻削加工时,刀具旋转作主运动,同时沿轴向移动作进给运动。

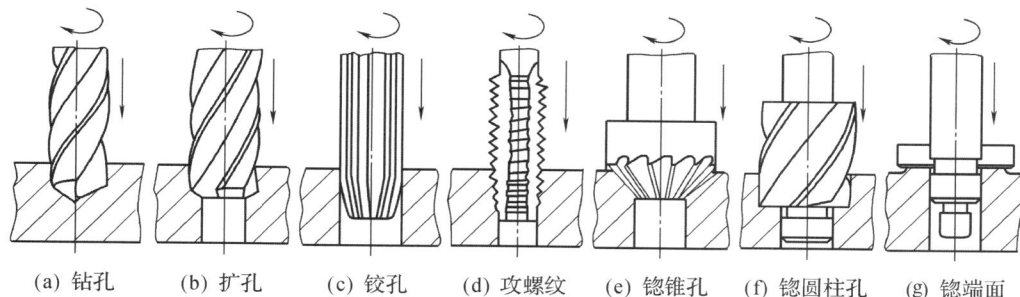

图 13-24　钻床上所能完成的主要工作

(a) 钻孔　(b) 扩孔　(c) 铰孔　(d) 攻螺纹　(e) 锪锥孔　(f) 锪圆柱孔　(g) 锪端面

2.钻削加工

（1）钻孔

用钻头在工件实体部位加工孔的方法称为钻孔。钻孔属粗加工,可作为攻丝、扩孔、铰孔和镗孔前的预备加工,可达到的尺寸公差等级为 IT13~IT11,表面粗糙度值一般为 Ra50~12.5μm。钻孔常用的工具是钻头,生产中使用最多的是麻花钻,标准麻花钻的结构如图 13-25 所示。它由柄部、颈部和工作部分组成,工作部分又由切削部分和导向部分组成。

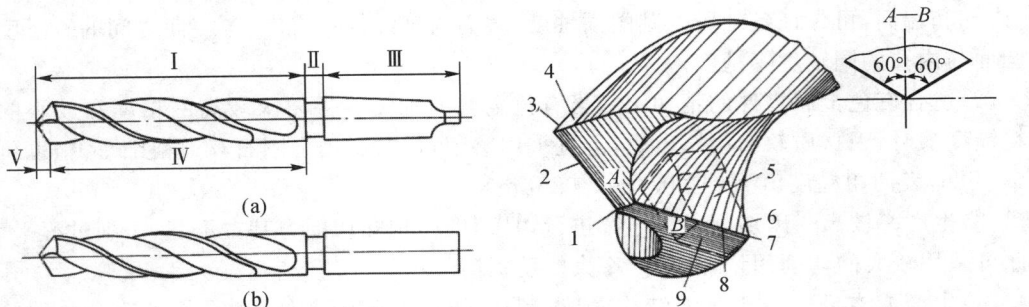

Ⅰ—工作部分;Ⅱ—颈部;Ⅲ—柄部;

Ⅳ—导向部分;Ⅴ—切削部分。

图 13-25　标准麻花钻的结构

1—横刃;2、8—主切削刃;3、6—副切削刃;4—副后
刀面;5—前刀面;7—刀尖;9—主后刀面。

图 13-26　标准麻花钻切削部分

标准麻花钻的切削部分如图 13-26 所示。螺旋槽表面为钻头的前刀面,切屑沿此表面流出。切削部分顶端两曲面称为主后刀面。钻头两侧的刃带与已加工表面相对应的表面称为副后刀面。

钻头上有两个主切削刃、两个副切削刃和一个横刃,这是钻头的重要特点。前刀面与主后刀面的交线是主切削刃,前刀面和副后刀面的交线是副切削刃(即棱边),两个主后刀面的交线称为横刃,它是麻花钻所特有的。由于麻花钻长度较长,钻芯直径小而刚性差,又有横刃的影响,故钻孔有以下工艺特点:

a)钻头容易偏斜。由于横刃(图 13-26)的影响,使钻头定心不准,且钻头的刚性和导向作用较差,钻削时钻头容易引偏和弯曲。

b)孔径容易扩大。钻削时钻头两切削刃径向力不等将引起孔径扩大;此外,钻头的径向跳动等也造成了孔径的扩大。

c)孔的表面质量较差。钻削时切屑较宽,在孔内被迫卷为螺旋状,流出时与孔壁发生摩擦而擦伤已加工表面。

d)钻削时轴向力大。这主要是由钻头的横刃引起的。

（2）扩孔

扩孔是用扩孔钻(图 13-27)对工件上已有孔进行半精加工的方法,其目的是扩大孔径并提高精度和降低表面粗糙度值。扩孔钻的直径规格为 10~80mm,扩孔余量 0.5~4mm。扩孔钻的切削刃一般有三个或四个,比钻头多。一般扩孔可达到的尺寸公差等级为 IT10~IT9,表面粗糙度值为 Ra6.3~3.2μm,常作铰孔前的预加工,也可作为精度不高的孔的终加工。

（3）铰孔

铰孔是对未淬硬的中、小尺寸孔进行精加工的一种方法,它是用铰刀从工件孔壁上切除微量金属,以提高孔的尺寸精度和减小粗糙度值的加工方法,是在半精加工(扩孔或半精镗)

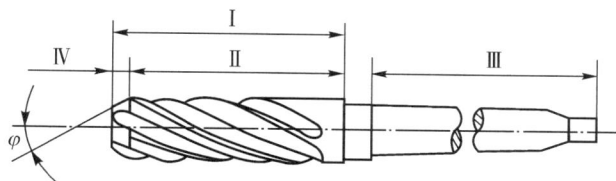

Ⅰ—工作部分；Ⅱ—导向部分；Ⅲ—柄部；Ⅳ—切削部分。

图 13-27 扩孔钻

的基础上对孔进行精加工的方法,也可用于磨孔和研磨孔前的预加工。

铰孔余量影响铰孔的质量,一般粗铰余量为 0.15～0.35mm,精铰为 0.05～0.15mm,铰孔的尺寸公差等级可达 IT8～IT6,表面粗糙度值可达 $Ra1.6～0.2\mu m$。铰孔纠正孔的位置误差能力很差,因此孔的位置误差应在前一道工序内保证。铰刀根据使用方法,可分为手用铰刀和机用铰刀两种。如图 13-28 所示,手用铰刀工作部分较长,齿数较多,机用铰刀工作部分较短。铰削的孔径一般小于 $\phi80mm$,常用的在 $\phi40mm$ 以下。对于阶梯孔和盲孔,则铰削的工艺性较差。

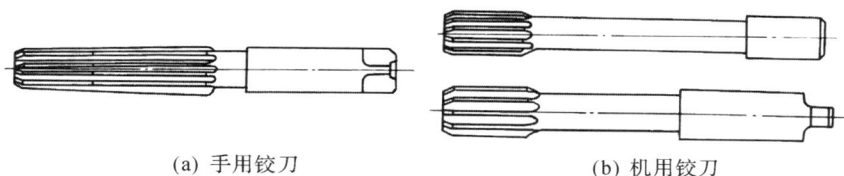

(a) 手用铰刀   (b) 机用铰刀

图 13-28 铰刀

13.6.2 镗削加工

镗削加工是用镗刀在镗床上进行切削的一种加工方法。与钻削比较,镗削可以加工直径较大的孔,孔的尺寸、形状精度,孔距精度及孔与孔的轴线同轴度、垂直度、平行度等位置精度都较高。镗削特别适于加工箱体和机架等结构复杂、孔径尺寸较大的零件。在这类零件上往往需要加工一系列分布在不同平面、不同轴线上的孔,而且精度要求一般比较高。镗削加工的主运动由刀具的旋转运动完成,进给运动由刀具或工件的移动来完成。

1. 镗削加工的工艺范围

镗削主要用来加工 $\phi80mm$ 以上的较大孔、孔内环形槽及有较高位置精度的孔系等。除此之外,还可以进行钻孔、扩孔和铰孔及铣平面;还可以在卧式铣镗床的平旋盘上安装车刀车削端面、短圆柱面及内外螺纹等。因此,镗削适用于加工尺寸、形状、位置精度要求较高的孔系,如箱体、机架、床身等零件,在卧式铣镗床上的加工工艺范围如图 13-29 所示。一般镗孔加工精度等级可达 IT8～IT7,表面粗糙度可达 $Ra1.6～0.8\mu m$;精细镗孔时,加工精度等级可达 IT7～IT6,表面粗糙度可达 $Ra0.8～0.2\mu m$。

2. 镗刀

镗刀的种类很多,一般可分为单刃镗刀、双刃镗刀和镗刀头。下面介绍单、双刃镗刀。

(1)单刃镗刀 这种镗刀只有一个切削刃,结构简单,制造方便,通用性好,一般都有调节装置,其安装在刀杆上的形式如图 13-30 所示。

(a) 镗孔   (b) 镗孔   (c) 镗大孔

(d) 车端面   (e) 铣平面   (f) 钻孔

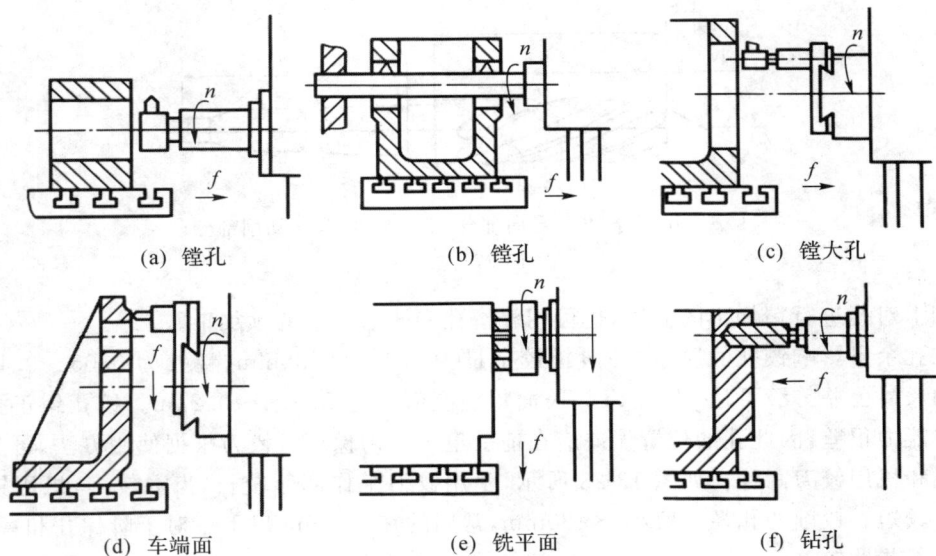

图 13-29 卧式铣镗床所能完成的主要工作

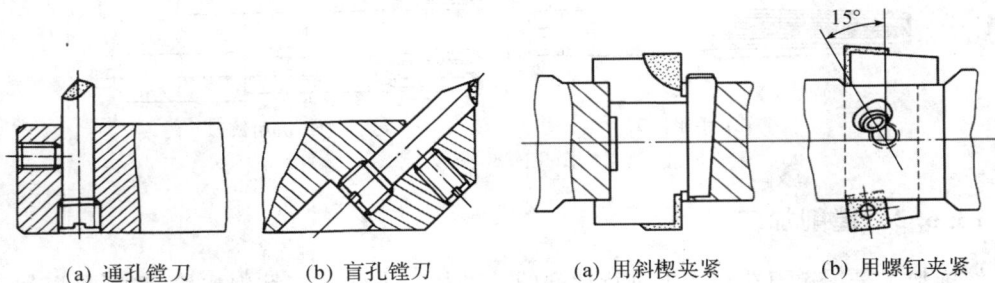

(a) 通孔镗刀   (b) 盲孔镗刀   (a) 用斜楔夹紧   (b) 用螺钉夹紧

图 13-30 单刃镗刀   图 13-31 双刃镗刀

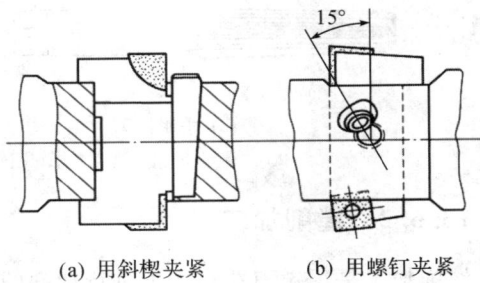

（2）双刃镗刀 有两个切削刃参加切削，背向力互相抵消，不易引起振动。常用的有固定式镗刀和浮动式镗刀。固定式镗刀块及其装夹如图 13-31 所示。

3. 镗削加工工艺特点

（1）镗削主要用来加工机架、箱体等大型和复杂零件上的孔、孔系和孔内环槽等 能保证孔与孔、孔与其他表面间的相互位置精度；特别对孔径大、精度高的孔，在其他一般机床上加工困难，在镗床上却可以很容易地加工。

（2）加工范围广，灵活性大 镗削加工镗刀的径向尺寸可以调节，用一把刀具可以加工直径不同的孔；在一次装夹中，既可进行粗加工，也可进行半精加工和精加工；可加工各种结构类型的孔，如不通孔、阶梯孔等。此外还可以进行部分车削、铣削和钻削加工。

（3）生产效率低 由于单刃镗刀刚性较差，且镗刀杆为悬臂布置或支承跨距较大，因而只能采用较小的切削用量，以减小镗孔时镗刀的变形和振动。

13.6.3 刨削加工

平面加工方法有刨、铣、拉、磨等，刨削和铣削常用作平面的粗加工和半精加工，磨削则用作平面的精加工。采用何种加工方法较合理,需根据零件的形状、尺寸、材料、技术要求、生产类型及工厂现有设备来决定。

1.刨削加工的工艺范围

刨削是单件小批量生产加工平面最常用的加工方法,在牛头刨床上加工工件时,刨削的主运动是刨刀往复直线运动,工件的间歇运动为进给运动,因此在单件、小批生产中特别是加工狭长平面时被广泛应用。

刨削加工主要用于刨平面和沟槽,在牛头刨床上所能完成的主要工作如图 13-32 所示。

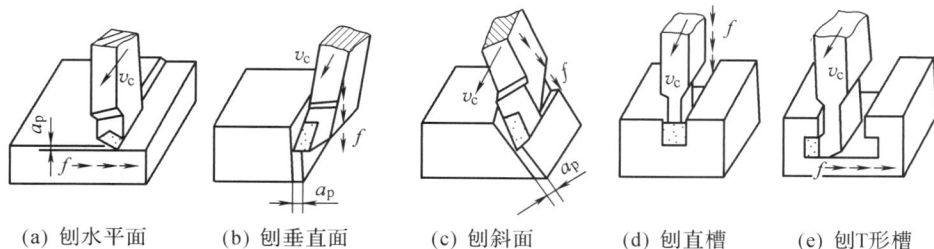

(a) 刨水平面　(b) 刨垂直面　(c) 刨斜面　(d) 刨直槽　(e) 刨T形槽

图 13-32　牛头刨床上所能完成的主要工作

2.刨削加工工艺特点

刨削加工有如下工艺特点:

(1)加工质量能满足一般零件的要求　刨削加工的切削速度低,有冲击和振动现象。刨削加工的精度一般可达 IT9～IT7,加工表面的表面粗糙度值 Ra 可达到 $6.3～1.6\mu m$。刨削加工质量能满足一般零件的质量要求。

(2)生产率较低　牛头刨床刨削加工时的直线往复运动为主运动,不仅限制了切削速度的提高,而且空行程又显著降低了切削效率。

(3)加工成本低　由于刨床和刨刀的结构简单,刨床的调整和刨刀的刃磨比较方便,因此刨削加工成本低,广泛用于单件小批生产及修配工作中。

13.6.4　铣削加工

1.铣削加工的工艺范围

铣削是平面加工中应用最普遍的一种方法,利用各种铣床、铣刀和附件,进行平面(水平面、垂直面等)、沟槽(键槽、V 形槽、T 形槽、燕尾槽等)、分齿零件(齿轮、链轮、棘轮、花键轴等)、螺旋表面(螺纹、螺旋槽)、切断和各种成形表面等的加工,铣削加工所能完成的主要工作如图 13-33 所示。通常铣削的主运动是铣刀的旋转,工件的直线移动为进给运动,这有利于采用高速切削,其生产率比刨削高。

2.铣削加工工艺特点

铣削加工的精度与刨削加工大致相当,其加工精度一般可达 IT9～IT7,加工表面的表面粗糙度值 Ra 可达到 $6.3～1.6\mu m$,其工艺特点如下:

(1)生产率较高　铣刀是典型的多齿刀具,铣削时有几个刀齿同时参加工作,总的切削宽度较大。铣削的主运动是铣刀的旋转,有利于采用高速铣削,所以铣削的生产率一般比刨

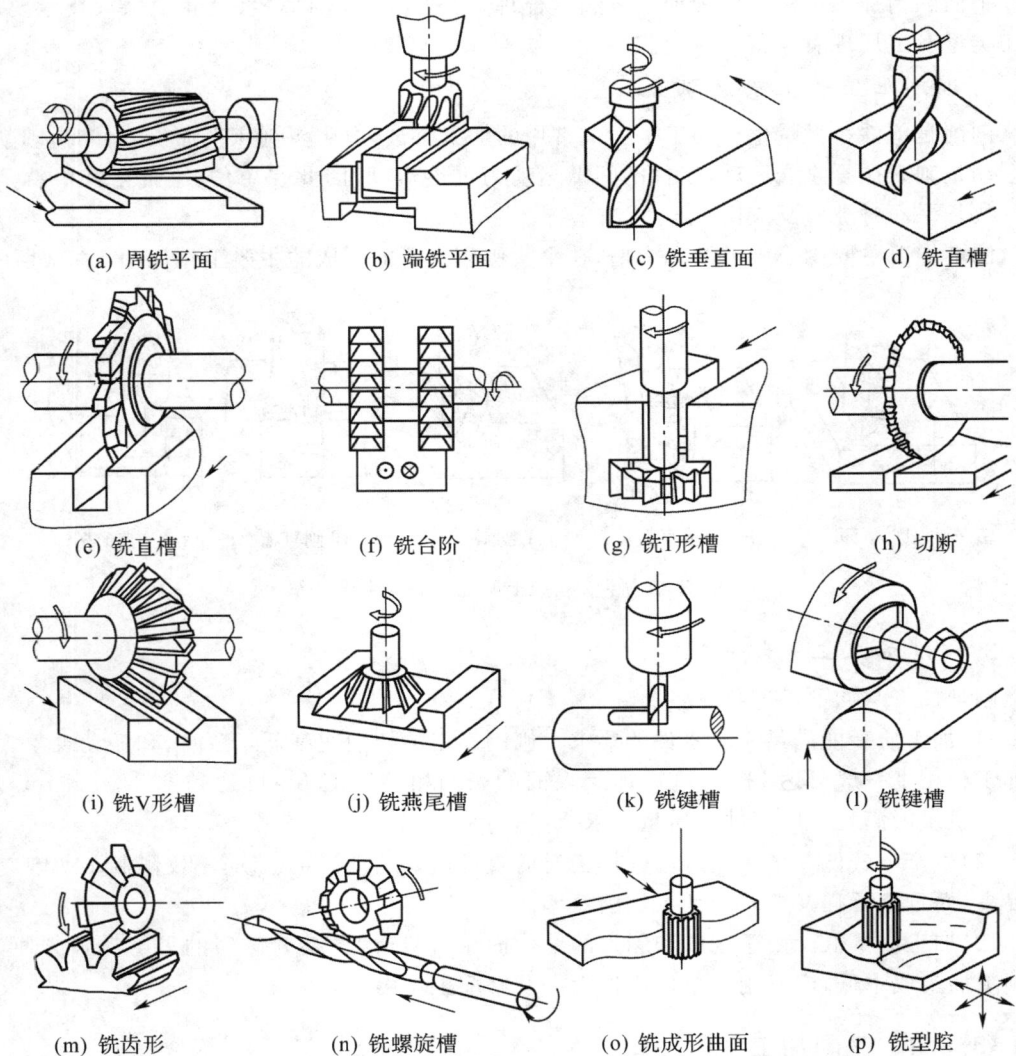

(a) 周铣平面　　(b) 端铣平面　　(c) 铣垂直面　　(d) 铣直槽

(e) 铣直槽　　(f) 铣台阶　　(g) 铣T形槽　　(h) 切断

(i) 铣V形槽　　(j) 铣燕尾槽　　(k) 铣键槽　　(l) 铣键槽

(m) 铣齿形　　(n) 铣螺旋槽　　(o) 铣成形曲面　　(p) 铣型腔

图 13-33　铣削加工所能完成的主要工作

削高。

(2)容易产生振动　铣刀的刀齿在切入和切出时会产生冲击,每个刀齿的切削厚度随刀齿的运动而发生变化,切削面积和切削力也随之变化,使铣削过程不平稳,容易产生振动。铣削过程的不平稳性,限制了铣削加工质量和生产率的进一步提高。

(3)刀齿散热条件较好　铣刀刀齿在切离工件的一段时间内,可以得到一定的冷却,散热条件较好。但是,切入和切出时受热和力的冲击,将加速刀具的磨损,甚至可能引起硬质合金刀片的碎裂。

13.6.5　磨削加工

1. 磨削加工的工艺范围

用砂轮或其他磨具加工工件表面的工艺过程称为磨削。磨削可以获得高精度和较低表面粗糙度值的表面。在大多数情况下,它是机械加工最后一道精加工或光整加工工序。磨削也用于毛坯的预加工(清理)或刀具的刃磨等。磨削时,砂轮的旋转为主运动,工件的移动和转动等为进给运动。

磨削的加工范围很广,可加工各种外圆、内孔、平面和成形面(螺纹、齿轮、花键等)。图 13-34 所示为磨削所能完成的主要工作。

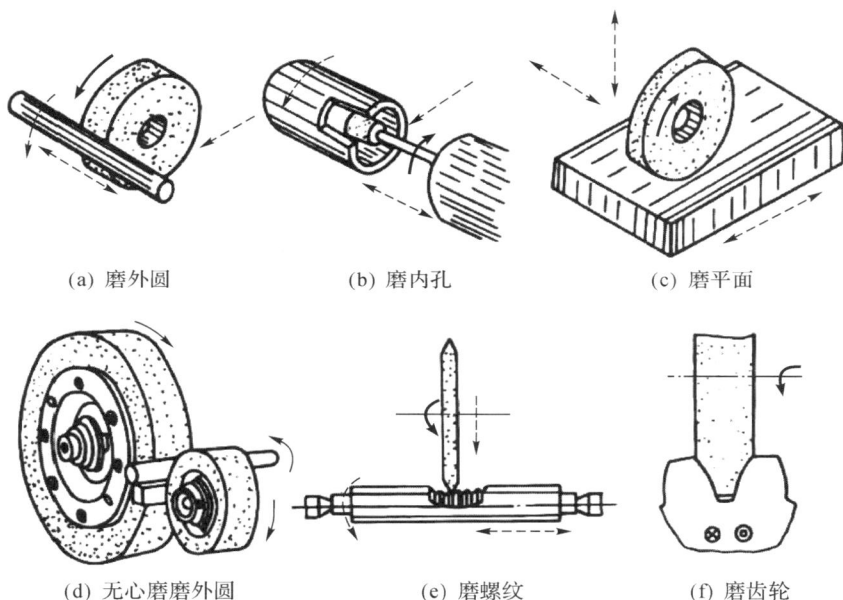

(a) 磨外圆　　　　(b) 磨内孔　　　　(c) 磨平面

(d) 无心磨磨外圆　　(e) 磨螺纹　　　(f) 磨齿轮

图 13-34　磨削所能完成的主要工作

2. 砂轮

砂轮是由一定比例的磨粒和结合剂经压坯、干燥、烧结和车整而制成的特殊的一种多孔体磨削工具。磨粒起切削刃作用,结合剂把分散的磨粒黏结起来,使之具有一定强度,在烧结过程中形成的气孔暴露在砂轮表面时,形成容屑空间。所以磨粒、结合剂和气孔是构成砂轮的三要素。如图 13-35 所示。

砂轮的特性由磨料、粒度、硬度、组织、结合剂等 5 个方面的要素来衡量。各种不同特性的砂轮,均有一定的适用范围,因此应按照实际的磨削要求合理地选择和使用砂轮。

(1)磨料

磨具(砂轮)中磨粒的材料称为磨料。它是砂轮的主要成分,是砂轮产生切削作用的根本要素。由于磨削时要承受强烈的挤压、摩擦和高温作用,磨料应具有极高的硬度、耐磨性、耐热性以及相当的韧性和化学稳定性。

磨料分为天然磨料和人造磨料两大类,一般天然磨料含杂质多,质地不均匀。天然金刚

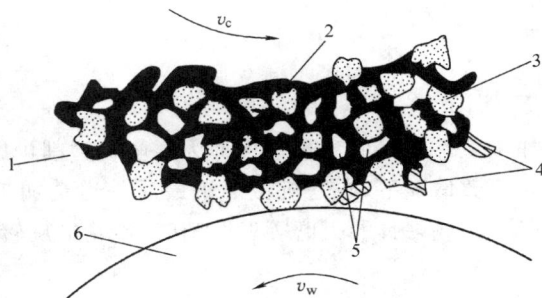

1—砂轮;2—结合剂;3—磨粒;4—磨屑;5—气孔;6—工件。

图 13-35　砂轮的构造

石虽好,但价格昂贵,故目前主要使用的是人造磨料。制造砂轮的磨料,按成分一般分为氧化物(刚玉)、碳化物和天然超硬材料三类。常用磨料的代号和类别应符合《普通磨料　代号》(GB/T 2476—2016)的规定。

(2)粒度

表示磨料颗粒尺寸大小的参数称为粒度。磨料粒度影响磨削的质量和生产率。粒度的选择主要根据加工的表面粗糙度要求和加工材料的力学性能,有关磨料粒度及选用参照《固结磨具用磨料　粒度组成的检测和标记　第 1 部分:粗磨粒 F4～F220》(GB/T 2481.1—1998)以及《固结磨具用磨料　粒度组成的检测和标记　第 2 部分:微粉》(GB/T 2481.2—2020)。一般粗磨应选较粗磨粒,精磨可选较细磨粒。

(3)硬度

砂轮的硬度是指结合剂黏结磨料颗粒的牢固程度,它表示砂轮在外力作用下磨粒从砂轮表面脱落的难易程度。磨粒容易脱落的砂轮硬度低,称为软砂轮;磨粒不容易脱落的砂轮硬度高,称为硬砂轮。通常粗磨或磨削硬度高的材料选用软砂轮,精磨或磨削硬度低的材料选用硬砂轮。

GB/T 2484—2018 的规定,砂轮的硬度由软至硬共分 19 级,其中,A 为最软,Y 为最硬。必须注意,砂轮的硬度与磨料的硬度是两个不同的概念,不能混淆。

(4)组织

砂轮的组织是指砂轮内部结构的疏密程度。根据磨粒在整个砂轮中所占体积的比例不同,砂轮组织分成紧密、中等、疏松三大类共 15 级,组织号可用数字标记,通常为 0～14;组织号数字越大,表示组织越疏松,相应的磨粒率越低。

(5)结合剂

结合剂是用来将分散的磨料颗粒黏结成具有一定形状和足够强度的磨具的材料。结合剂的种类和性质会影响砂轮的硬度、强度、耐腐蚀性、耐热性及抗冲击性等。结合剂的种类用字母代码表示。例如陶瓷结合剂用"V"表示,橡胶结合剂用"R"表示,具体参照 GB/T 2484—2018。

3.磨削加工的工艺特点

(1)磨削加工范围很广,在不同的磨床上可完成内外圆柱面、圆锥面、平面及花键、螺纹、齿轮等各种成形表面的加工。磨削加工可以加工其他刀具难以切削加工的高硬度材料,例如淬火钢、硬质合金和各种宝石等。

（2）磨削加工精度高，表面质量好。磨削加工的尺寸精度等级可达 IT6～IT5，表面粗糙度 Ra 值为 0.8～$0.2\mu m$。若采用精密磨削，尺寸精度等级可达 IT4，表面粗糙度 Ra 值为 0.012～$0.01\mu m$。

（3）在磨削过程中，磨削速度高，砂轮导热性差，磨削区内的温度可达 800～$1000℃$，容易使工件表面烧伤或退火，故需采用大量的切削液，以降低磨削温度。

拓展知识：加工技术的新发展

（4）砂轮在磨削时，还具有"自锐作用"。部分磨钝的磨粒在一定的条件下会自行脱落，使砂轮保持良好的磨削性能。

习题

1. 名词解释

金属切削加工、切削运动、主运动、进给运动、切削速度、进给量、背吃刀量、基面、切削平面、正交平面、积屑瘤、切削力、切削温度、刀具耐用度、刀具总寿命

2. 简答题

（1）什么是主运动和进给运动？试以车削、铣削、钻削为例，分别说明其主运动、进给运动。

（2）说明切削用量三要素的意义。车削时，切削速度怎样计算？

（3）正交平面参考系由哪三个互相垂直平面组成？

（4）什么是切削力？一般将它在哪三个方向分解？

（5）切削热是怎样产生的？它对工件和刀具有何影响？

（6）简要说明 CA6140、Z3040×16、THM6350、MKG1340 机床型号的含义。

（7）车床能完成哪些工作？

（8）车削加工中工件有哪些装夹方式？各用于何种场合？

（9）钻床能完成哪些工作？

（10）为什么钻孔的加工精度低，表面粗糙度值大？

（11）刨削能完成哪些工作？

（12）砂轮的特性由哪些要素来衡量？

3. 分析题

（1）扩孔和铰孔为什么能达到较高的精度和较小的表面粗糙度值？

（2）在车床上钻孔或在钻床上钻孔，由于钻头弯曲都会产生"引偏"，它们对所加工的孔有何不同影响？在随后的精加工中，哪一种比较容易纠正？

本章小结　　　　本章测试

第 14 章　零件选材和加工工艺分析

在机械制造工业中,要获得合格的零件有三个关键问题:正确的结构设计、合理选择材料与毛坯类型以及高的冷、热加工质量。它们相互影响后的效果不是相加而是相乘,即只要其中一个环节不恰当而使之不起作用时,其综合效果也是零。因此,在正确的结构设计后,合理地选材与正确确定热处理方法、制定合理的加工工艺将直接关系到零件的加工质量及经济效益,因此这项工作是机械设计和制造中的重要任务之一。

在下列情况下都会遇到机械零件的选材问题:新产品的设计;工艺装备(夹具、模具等)设计;更新零件所用材料,以提高各种性能或降低成本,以及为适应生产条件需要改变加工工艺而涉及材料问题等。若要正确合理地选择和使用材料,必须了解材料的工作条件及其失效形式,才能较准确地提出对零件材料的主要性能要求,从而选择合适的材料。

14.1　机械零件的失效形式和选材原则

一个机械零件(或构件)的设计质量再高,都不能永久地使用,总有一天会达到使用寿命的终结而失效。为避免零件发生早期失效,在选材初始,必须对零件在使用中可能产生失效的原因及失效机制进行分析、了解,为选材和加工质量控制提供参考依据。

机械零件的
失效形式微
课

14.1.1　机械零件常见的失效形式及失效原因

1. 失效的概念

失效是指零件在使用过程中,由于尺寸、形状或材料的组织与性能发生变化而失去原设计的效能。一般机械零件在以下三种情况下都认为已失效:

(1)零件完全破坏而不能工作;

(2)零件受到严重损伤而不能继续安全工作;

(3)零件虽能工作,但已不能完成规定的功能。

零件的失效有达到预定寿命的失效,也有远低于预定寿命的不正常的早期失效。正常失效是比较安全的;而早期失效则带来经济损失;甚至可能造成人身和设备事故。

一般来说,机器或产品的失效通常是由某个零部件首先失效而引发,而零件的失效都是从最薄弱的部位开始的,并且必然在其残骸上留下失效过程的信息,此为失效分析提供了基础。失效分析的目的就是找出失效的原因,提出防止或推迟失效的措施,然后反馈到有关部门给予实施,防止同类失效再度发生,从而为改进产品设计、提高产品质量、使产品安全可靠提供依据。

2. 零件的失效形式

一般机械零件常见的失效形式有:

(1)断裂失效　断裂失效是指零件因断裂而无法正常工作的失效。断裂包括静载荷、冲击载荷或交变载荷下的断裂、疲劳断裂、应力腐蚀破裂等。断裂是材料最严重的失效形式,特别是在没有明显塑性变形的情况下突然发生的脆性断裂,往往会造成灾难性事故。

(2)表面损伤失效　表面损伤失效是指零件在工作中因机械或化学的作用,使其表面损伤而造成的失效。表面损伤包括过量磨损、表面腐蚀、表面疲劳(点蚀或剥落)等。机器零件磨损过量后,工作就会恶化,甚至不能正常工作而报废。磨损不仅消耗材料,损坏机器,而且耗费大量能源。

(3)过量变形失效　过量变形失效是指零件在使用过程中的变形量超过允许范围而造成的失效。过量变形包括过量的弹性变形、塑性变形和蠕变等。不论哪种过量变形都会造成零件(或工具)尺寸和形状的改变,影响它们的正确使用位置,破坏零件或部件间相互配合的位置和关系使机器不能正常工作甚至造成事故。如高压容器的紧固螺栓若发生过量变形而伸长,就会使容器渗漏;又如变速箱中的齿轮若产生过量塑性变形,就会使轮齿啮合不良,甚至卡死、断齿,引起设备事故。

3. 零件的失效原因

引起失效的因素很多,涉及零件的结构设计、材料选择、加工工艺、装配使用等 4 个方面。

(1)结构设计　零件的结构形状、尺寸设计不合理易引起失效。例如:结构上存在尖角、尖锐缺口或圆角过渡过小,产生应力集中而引起失效;对零件工作条件(受力性质及大小、工作温度及环境)及过载情况估计不足,设计时出现计算错误等均有可能使零件的性能满足不了使用要求而导致失效。

(2)材料选择　材料选择错误容易造成所选材料的性能不能满足使用要求。另外,材料本身的缺陷也是导致零件失效的一个重要原因,如材料中存在的偏析、夹杂、缩孔、流线分布不合理等都可能降低材料的力学性能,导致零件失效。

(3)加工工艺　零件在加工过程中,冷、热加工工序安排不当,工艺参数不正确及操作者失误而导致的缺陷,都有可能造成零件失效。如因冷加工不当造成的较大残余应力、过深的刀痕和磨削裂纹等;热处理不当造成的过热、脱碳、淬火裂纹和回火不足等;锻造不当造成的过热和过烧等现象,所有这些缺陷都有可能成为应力集中源,最终导致零件过早失效。

(4)安装使用　零件在装配过程中不按装配工艺规程进行装配,安装、使用过程中不按产品使用说明书上的要求进行操作、维修和保养等,均可导致零件在使用中失效。如零件装配过程中因装配顺序不当引起的偏心、应力集中,安装固定不牢,设备不合理的服役条件等,均可引起零件过早失效。

失效的原因可能是单一的,也有可能是由多种因素共同作用的结果,但每一失效事件均有导致产品失效的主要原因,因此在进行失效分析时,应尽量收集与失效有关的全部资料及数据,以便找出失效的主要原因,提出防止失效的主要措施。

表 14-1 列出了几种零件(工具)的工作条件、常见失效形式及要求的主要力学性能。

表 14-1　几种零件(工具)的工作条件、常见失效形式及要求的主要力学性能

零件 (工具)	工作条件			常见失效形式	要求的主要力学性能
	应力种类	载荷性质	其他		
普通紧固螺栓	拉、切应力	静	—	过量变形、断裂	屈服强度及抗剪强度、塑性
传动轴	弯、扭应力	循环、冲击	轴颈处摩擦、振动	疲劳断裂、过量变形、轴颈处磨损、咬蚀	综合力学性能、轴颈处硬度
传动齿轮	压、弯应力	循环、冲击	强烈摩擦、振动	磨损、麻点剥落、齿折断	表面硬度及弯曲疲劳强度、接触疲劳抗力,心部屈服强度、韧性
弹簧	扭应力(螺旋簧)、弯应力(板簧)	循环、冲击	振动	弹性丧失,疲劳断裂	弹性极限、屈强比、疲劳强度
油泵柱塞副	压应力	循环、冲击	摩擦、油的腐蚀	磨损	硬度、抗压强度
冷作模具	复杂应力	循环、冲击	强烈摩擦	磨损、脆断	硬度、足够的强度、韧性
压铸模	复杂应力	循环、冲击	高温、摩擦、金属液腐蚀	热疲劳、脆断、磨损	高温强度、热疲劳抗力、韧性与热硬性
滚动轴承	压应力	循环、冲击	强烈摩擦	疲劳断裂、磨损、麻点剥落	接触疲劳抗力、硬度、耐蚀性
曲轴	弯、扭应力	循环、冲击	轴颈摩擦	脆断、疲劳断裂、咬蚀磨损	疲劳强度、硬度、冲击疲劳抗力、综合力学性能
连杆	拉、压应力	循环、冲击	—	脆断	抗压疲劳强度、冲击疲劳抗力

14.1.2　机械零件选材的原则

选材的一般原则首先是在满足使用性能的前提下再考虑工艺性、经济性;根据我国的资源情况,贯彻"自力更生"方针,优先选择国产材料。

1. 材料的使用性能应满足零件的使用要求

使用性能是指零件在正常使用状态下,材料应具备的性能,包括力学性能、物理性能和化学性能。使用性能是保证零件工作安全可靠、经久耐用的必要条件。

不同机械零件要求材料的使用性能是不一样的,这主要是因为不同机械零件的工作条件和失效形式不同。因此,对某个零件进行选材时,首先要根据零件的工作条件和失效形式,正确地判断所要求的主要使用性能(见表 14-1),然后根据主要的使用性能指标来选择较为合适的材料;有时还需要进行一定的模拟试验来最后确定零件的材料。对于一般的机械零件,则主要以其力学性能作为选材依据。对于用非金属材料制成的零件(或构件),还应注意工作环境对其性能的影响,因为非金属材料对温度、光、水、油等的敏感程度比金属材料大得多。

在对零件的工作条件、失效形式进行全面分析,并根据零件的几何形状和尺寸、工作中所受的载荷及使用寿命,通过力学计算确定出零件应具有的主要力学性能指标及其数值后,即可利用手册选材。但是还应注意以下几点:

(1)材料的性能不但与化学成分有关,也与加工、处理后的状态有关,金属材料尤为明显,所以要弄清手册中的数据是在什么加工、处理条件下得到的。

(2)材料的性能还与试样的尺寸有关,且随试样截面尺寸的增大,其力学性能一般是降低的,因此必须考虑零件尺寸与手册中试样尺寸的差别,并进行适当的修正。

(3)材料的化学成分、加工、处理的工艺参数本身都有一定的波动范围,所以其力学性能数据也有一个波动范围。一般手册中的性能数据,大多是波动范围的下限值,即在尺寸和处理条件相同时,手册中的数据是偏安全的。

2. 材料的工艺性能应满足加工要求

材料的工艺性能是指材料适应某种加工的特性。零件的选材除了首先考虑其使用性能外,还必须兼顾该材料的加工工艺性能,尤其是在大批量、自动化生产时,材料的工艺性能更显得重要。良好的加工工艺性能保证在一定生产条件下,高质量、高效率、低成本地加工出所设计的零件。

机械零件设计选用的工程材料都是通过一定的加工方式制造出来的。金属材料有铸造、压力加工、焊接、热处理、切削加工等加工方式。陶瓷材料通过粉末压制烧结成形,有的还需进行磨削加工、热处理;高分子材料通过热压、注塑、热挤等方法成形,有的还需进行切削加工、焊接等。

金属材料如果铸造成形,最好选择共晶或接近共晶成分的合金;如果锻造成形,最好选择固溶体组织的合金;如果焊接成形,最好选择低碳钢或低碳合金钢;如果为了便于切削加工,钢铁材料的硬度最好控制在 $160\sim230\,HBW$;热处理时,则应选择氧化与脱碳倾向小、淬透性好、耐回火性好以及变形与开裂倾向小的金属材料。

3.选材时还应充分考虑经济性

在机械设计和生产过程中,一般在满足使用性能和工艺性能的条件下,经济性也是选材必须考虑的主要因素。选材时应注意以下几点:

(1)尽量降低材料及其加工成本 在满足零件使用性能与工艺性能要求的前提下,能用铸铁不用钢,能用非合金钢不用合金钢,能用硅锰钢不用铬镍钢,能用型材不用锻件、加工件,且尽量用加工性能好的材料。能正火使用的零件就不必调质处理。材料来源要广,尽量采用符合我国资源情况的材料,如含铝高性能高速工具钢(W6Mo5Cr4V2Al)具有与含钴高速工具钢(W18Cr4V2Co8)相似的性能,但价格便宜。

(2)用非金属材料代替金属材料 非金属材料的资源丰富,性能也在不断提高,应用范围不断扩大,尤其是发展较快的高分子材料具有很多优异的性能,在某些场合可代替金属材料,既改善了使用性能,又可降低制造成本和使用维护费用。

(3)零件的总成本 零件的总成本包括原材料价格、零件的加工制造费用、管理费用、试验研究费和维修费等。选材时不能一味追求原材料低价而忽视总成本的其他各项。

必须注意,选材时,不能片面强调消耗材料的费用及零件的制造成本,因为在评定机器零件的经济效果时,还需要考虑其使用过程中的经济效益问题。例如某大型内燃机的曲轴,用珠光体球墨铸铁生产,成本较低,使用寿命3~4年,如改为40Cr调质再表面淬火后使用,成本为前者的2倍左右,但使用寿命近10年,可见,虽然采用球墨铸铁生产曲轴成本低,但就性价比来说,用40Cr来生产曲轴更为合理,而且曲轴是内燃机的重要零件,质量好坏直接影响整台机器的运行安全及使用寿命,因此为提高此类关键零件的使用寿命,即使材料价格和制造成本较高,全面来看其经济性仍然是合理的。

14.2 机械零件毛坯的选择原则

除了少数要求不高的零件外,机械上的大多数零件都要通过铸造、锻压或焊接等加工方法先制成毛坯,然后再经切削加工制成成品。因此,零件毛坯选择是否合理,不仅影响每个零件乃至整部机械的制造质量和使用性能,而且对零件的制造工艺过程、生产周期和成本也有很大的影响。

14.2.1 毛坯的种类

毛坯的选择包括选择毛坯材料、类别和具体的制造方法。毛坯材料(即零件材料)和毛坯类型的选择是密切相关的,因为不同的材料具有完全不同的工艺性能。按照生产方法不同,常用的毛坯有型材、铸件、锻压件和焊接件等四种。

1.型材

型材是通过轧制、拉拔、挤压等方法成形,常用的型材根据其截面的形状不同,有圆形、方形、六角形及特殊截面型材。

经轧制塑性成形的型材,组织致密,力学性能好,应用广泛。圆钢可以制作形状简单的中小型零件,如销、杆、小轴等;角钢、槽钢可以制作工程结构件,如桥梁、厂房等;管材广泛用于流体的输送管道等;钢板主要用于汽车、轮船、锅炉、化工容器等。

2.铸件

铸件是通过各种铸造方法液态成形的,铸件毛坯与零件形状相近,工艺灵活性大,不受零件形状、尺寸和重量的限制,应用十分广泛。灰铸铁件主要用于受力不大或以抗压为主的零件,以及要求减振、耐磨零件等,如机床床身、底座、立柱、箱体等。球墨铸铁件主要用于受力较大要求较高的零件,如曲轴、齿轮等。铸钢件主要用于重载而形状复杂的重要零件。

3.锻压件

锻压件是利用塑性变形成形的,包括锻造成形的锻件和冲压成形的冲压件。适于锻造加工的材料包括碳钢、合金钢和非铁金属合金。中、低碳钢塑性好,变形抗力小,锻造温度范围较宽,被广泛应用。合金钢因导热性差、热应力较大,晶界处常存在较多低熔点杂质,加热时易过烧,以及碳化物偏析等因素,锻造加工较为困难。非铁金属及合金导热性好,但锻造温度范围窄,并且韧性较差,锻造时易产生折叠和裂纹,应用受到一定的限制。

锻件组织致密,晶粒细小,力学性能优于相同成分的铸件。锻件主要用于承受重载或多种载荷共同作用且受力复杂的重要零件,如汽车、轮船、机床等设备上使用的主轴、传动轴、曲轴和齿轮等。

冲压件是经冷塑性变形成形,采用塑性好、变形抗力小的薄板材,如低碳钢、压力加工铝合金、压力加工黄铜、青铜等材料。冲压件多用于制作薄壁零件,经冷塑性变形后,使其强度提高、刚度增大。冲压件质量轻、表面光滑,并有足够的尺寸精度,适于成批、大量生产。

4.焊接件

焊接件是以焊接工艺手段获得的毛坯件。适于焊接加工金属材料,可以用金属的焊接性来评定。常采用的材料有低碳钢、低合金高强度结构钢、不锈钢及铝合金等。焊接的形状和尺寸不受限制,材料利用率高,生产准备周期短。主要用于制作各种金属结构件,如钢板组合成的罩壳、箱体;型钢组合成的机架、桥梁、框架等。也少量用于制造简单零件毛坯及磨损件的修复等。

14.2.2　毛坯的选择原则

通常选择毛坯时必须考虑以下原则。

1.保证零件的使用要求

零件的使用要求包括对零件形状和尺寸的要求,以及工作条件对零件性能的要求。工作条件通常指零件的受力情况、工作温度和接触介质等。所以,对零件的使用要求也就是对其外部和内部质量的要求。例如,机床的主轴和手柄,虽同属轴类零件,但其承载及工作情况不同。主轴是机床的关键零件,尺寸、形状和加工精度要求很高,受力复杂,在长期使用过程中只允许发生极微小的变形,因此应选用45钢或40Cr等具有良好综合力学性能的材料,经锻造制坯及严格的切削加工和热处理制成;而机床手柄,尺寸、形状等要求不高,受力也不大,故选用低碳钢棒料或普通灰铸铁为毛坯,经简单的切削加工即可制成,不需要热处理。

2.降低制造成本,满足经济性

一个零件的制造成本包括其本身的材料费以及所消耗的燃料费、动力费用、人工费、各项折旧费和其他辅助费用等分摊到该零件上的份额。在选择毛坯的类别和具体的制造方法时,通常是在保证零件使用要求的前提下,把几个可供选择的方案从经济上进行分析、比较,从中选择成本低廉的方案。

一般来说,在单件小批量生产的条件下,应选用常用材料、通用设备和工具、低精度低生产率的毛坯生产方法。这样,毛坯生产周期短,能节省生产准备时间和工艺装备的设计制造费用。虽然单件产品消耗的材料及工时多些,但总的成本还是较低的。在大批量生产的条件下,应选用专用材料、专用设备和工具以及高精度、高生产率的毛坯生产方法。这样,毛坯的生产率高、精度高。虽然专用材料、专用工艺装备增加了费用,但材料的总消耗量和切削加工工时会大幅度降低,总的成本也较低。例如,在实际生产中,单件小批生产时,铸件一般采用手工砂型铸造,锻件采用自由锻;而批量生产时,铸件可采用机器造型或特种铸造,锻件可采用模锻。

3.考虑实际生产条件

根据使用性要求和制造成本分析所选定的毛坯制造方法是否能实现,还必须考虑企业的实际生产条件。只有实际生产条件能够实现的生产方案才是合理的。因此,在考虑实际生产条件时,应首先分析本厂的设备条件和技术水平能否满足毛坯制造方案的要求。如不能满足要求,则应考虑某些零件的毛坯可否通过厂际协作或外购来解决。

上述三条原则是相互联系的,考虑时应在保证使用要求的前提下,力求做到质量好、成本低和制造周期短。

14.2.3 毛坯选择实例

如图 14-1 所示的承压液压缸,要求选用 $w_c=0.40\%$ 的钢制造,需要 200 件。液压缸的工作压力为 1.5MPa,要求水压试验压力为 3MPa;两端法兰接合面及内孔要求切削加工,加工表面不允许有缺陷;其余外圆面等不加工。现就承压液压缸毛坯的选择做如下分析。

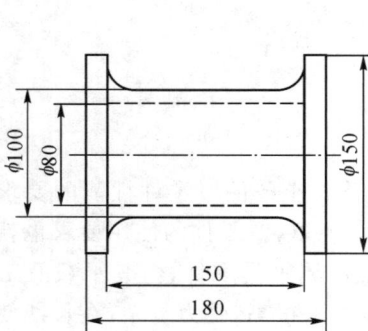

图 14-1 承压液压缸　　　图 14-2 承压液压缸的砂型铸造

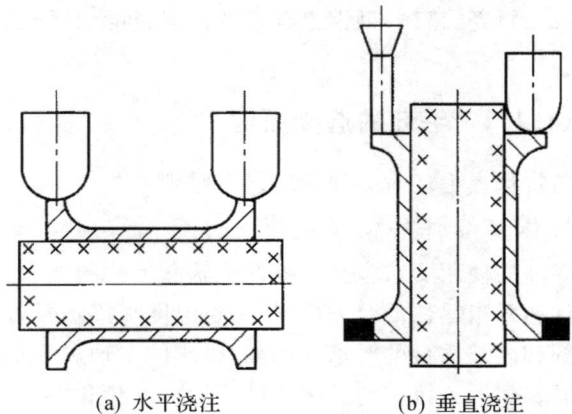

(a) 水平浇注　　　　(b) 垂直浇注

1.圆钢

直接选用 ϕ150mm 圆钢(40 钢),经切削加工成形,能全部通过水压试验。但材料利用率低,切削加工工作量大,生产成本高。

2. 砂型铸造

选用 ZG270-500 铸钢砂型铸造成形。可以水平浇注或垂直浇注,如图 14-2 所示。水平浇注时在法兰顶部安置冒口。该方案工艺简单、节省材料、切削加工工作量小,但内孔质量较差,水压试验的合格率低。垂直浇注时在上部法兰处安置冒口,下部法兰处安置冷铁,使之定向凝固。该方案提高了内孔的质量,但工艺比较复杂,也不能全部通过水压试验。

3. 模锻

选用 40 钢模锻成形,锻件在模膛内有立放、卧放之分,如图 14-3 所示。锻件立放时能锻出孔(有连皮),但不能锻出法兰,外圆的切削加工工作量大;锻件卧放时,能锻出法兰,但不能锻出孔。加工内孔的切削工作量大。模锻件的质量好,能全部通过水压试验。

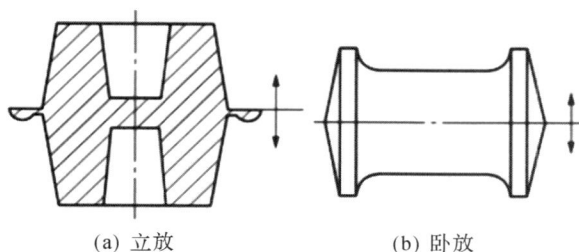

(a) 立放　　　　　　　　(b) 卧放

图 14-3　承压液压缸的模锻

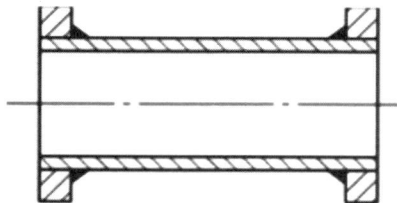

4. 胎模锻

胎模锻如图 14-4 所示,选用 40 钢坯料经镦粗、冲孔、芯轴拔长等自由锻工序完成初步成形,然后在胎模内芯轴锻出法兰最终成形。其与模锻相比较,具有既能锻出孔又能锻出法兰的优点;但生产率较低,劳动强度大。胎模锻件的质量好,能全部通过水压试验。

5. 焊接

选用 40 钢无缝钢管,按承压液压缸尺寸在其两端焊上 40 钢法兰得到焊接结构毛坯,如图 14-5 所示。采用焊接工艺既省材料又工艺简便,但难找到合适的无缝钢管。

综上所述,采用胎模锻件毛坯比较好,但若有合适的无缝钢管,采用焊接结构毛坯更好。

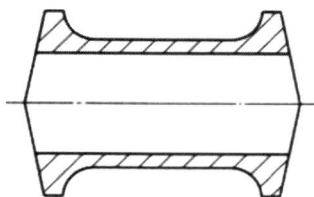

图 14-4　承压液压缸的胎模锻　　　图 14-5　承压液压缸的焊接结构毛坯

14.3 零件热处理的技术条件及工序安排

金属零件的内在质量主要取决于材料和热处理,热处理是机械制造过程中的重要工序。正确分析和理解热处理的技术条件,合理安排零件加工工艺路线中的热处理工序,对于改善金属材料的切削加工性能,保证零件的质量,满足使用性能要求,具有重要的意义。

因热处理工艺所赋予产品的质量特性往往又是不直观的内在质量,故需要通过专门的仪器(如各种硬度计、金相显微镜、各种力学性能机)进行检测,在《热处理技术要求在零件图样上的表示方法》(JB/T 8555—2008)中,规定了热处理的技术条件内容以及其在图样上的标注。

14.3.1 零件热处理的技术条件

1. 热处理技术条件的内容

热处理技术条件包括零件最终的热处理方法、热处理后应达到的力学性能指标等。也就是说,零件图样上的热处理技术要求是指成品零件热处理最终状态应达到的技术指标。

2. 热处理技术条件的表示方式

(1)热处理技术要求的表征 可以用已标准化的符号、代号标注,也可以用文字说明。文字说明一般写在图面右下角标题栏上方,与其他工艺的技术要求写在一起。特殊情况允许写在图面其他部位的空白处。能在图形上标注的,尽量避免用文字说明。

(2)技术要求标注必须简明、准确、完整、合理 当技术要求内容较多,且另有技术标准或技术规范时,除标注主要内容外,可写明按某标准或某技术规范执行。

(3)技术要求的指标值表达 一般采用范围表示法标出它的上、下限,如 $60 \sim 65\text{HRC}$、$DC = 0.8 \sim 1.2\text{mm}$。也可用偏差表示法,即以技术要求的下限名义值用下偏差零加上偏差表示,如 60_0^{+5}HRC、$DC = 0.8_0^{+0.4}\text{mm}$。

特殊情况也可只标注下限值或上限值,如不小于 50HRC,不大于 299HBW。

在同一产品的所有零件图样上,应采用统一的表达形式。

(4)有效硬化层深度 各种表面热处理零件均应标注有效硬化层深度,有效硬化层深度和测定方法见表 14-2。

(5)局部热处理零件的表达方式 对于局部热处理零件,需将有硬化要求的部位在图形上用粗点画线框出。如果是轴对称零件或在不致引起误会情况下,也可用一条粗点画线画在热处理部位外侧表示,其他部位即硬化与不硬化均可的过渡部位用虚线表示,不允许硬化或不要硬化的部位则不必标注。

表 14-2 各种表面热处理零件有效硬化深度和测定方法(摘自 JB/T 8555—2008)

表面热处理方法	有效硬化层 深度代号	单位	定义和测量方法标准
表面淬火回火	DS	mm	深度>0.3mm 按照 GB/T 5617 深度≤0.3mm 按照 GB/T 9451
渗碳或碳氮共渗淬火回火	DC		深度>0.3mm 按照 GB/T 9450 深度≤0.3mm 按照 GB/T 9451
渗氮	DN		按照 GB/T 11354

注:标注时单位 mm 可省略。

(6)其他要求 标注除硬度以外的其他力学性能要求时(如强度、冲击韧性等),应在零件图样上注明具体技术指标和取样方法。

(7)文字说明 零件热处理的外观质量或者无法用量值表达的要求,可用文字说明。

3.热处理技术条件在图样上的标注示例

图 14-6 所示为热处理技术条件在零件图上的标注示例。

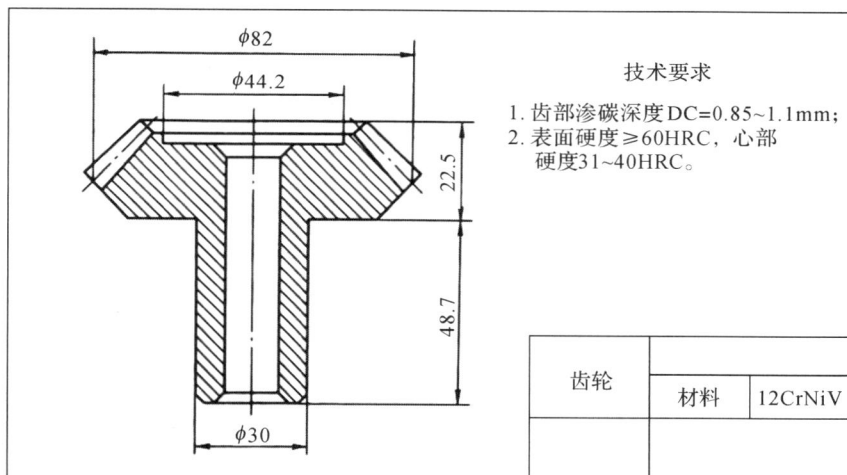

技术要求

1. 齿部渗碳深度 DC=0.85~1.1mm;
2. 表面硬度≥60HRC,心部硬度31~40HRC。

齿轮	材料	12CrNiV

图 14-6 热处理技术条件的标注示例

14.3.2 零件热处理工序安排

零件的加工都是按一定的工艺路线进行的。根据热处理的目的和工序位置的不同,热处理可分为预备热处理和最终热处理两大类。其工序安排的一般规律如下:

1.预备热处理工序安排

预备热处理包括退火、正火、调质等。其工序位置一般均紧接毛坯生产之后,切削加工之前;或粗加工之后,精加工之前。

(1)退火、正火热处理工序安排

通常退火、正火热处理都安排在毛坯生产之后、切削加工之前,以消除毛坯的内应力,均匀组织,改善切削加工性,并为最终热处理做组织准备。对于精密零件,为了消除切削加工的残余应力,在切削加工各加工阶段之间还应安排去应力退火。

（2）调质处理热处理工序安排

调质处理热处理工序一般安排在粗加工之后，精加工或半精加工之前。目的是获得良好的综合力学性能，或为以后的表面淬火或易变形的精密零件的整体淬火做好组织准备。调质一般不安排在粗加工之前，是为了避免调质热处理层在粗加工时大部分被切削掉，失去调质的作用，这对淬透性差的碳钢零件尤为重要。

调质热处理零件的加工路线一般为：下料→锻造→正火（退火）→粗切削加工→调质→精切削加工。

在实际生产中，灰铸铁件、铸钢件和某些钢轧件、钢锻件经退火、正火或调质后，往往不再进行其他热处理，这时上述热处理也就是最终热处理。

2.最终热处理工序安排

最终热处理包括各种淬火、回火及表面热处理等。零件经这类热处理后，获得所需的使用性能，因零件的硬度较高，除磨削加工外，不宜进行其他形式的切削加工，故最终热处理工序均安排在半精加工之后。

（1）淬火、回火热处理工序安排

整体淬火、回火与表面淬火的热处理工序安排基本相同。淬火件的变形及氧化、脱碳应在磨削中去除，故需留磨削余量。表面淬火件的变形小，其磨削余量要比整体淬火件为小。

整体淬火热处理零件的加工路线一般为：下料→锻造→退火（正火）→粗切削加工、半精切削加工→淬火、回火（低、中温）→磨削。

感应表面淬火热处理零件的加工路线一般为：下料→锻造→退火（正火）→粗切削加工→调质→半精切削加工→感应淬火、低温回火→磨削。

（2）渗碳热处理的工序安排

渗碳热处理分整体渗碳和局部渗碳两种。当零件局部不允许渗碳处理时，应在图样上予以注明。该部位可镀铜以防渗碳，或采取多留余量的方法，待零件渗碳后淬火前再切削掉该处渗碳层。

其中整体渗碳件的加工路线一般为：下料→锻造→正火→粗、半精切削加工→渗碳、淬火、低温回火→磨削。

14.4　典型零件的选材与工艺分析实例

常用机械零件按其形状特征和用途不同，主要分为轴类零件、套类零件、盘类零件和箱体类零件四大类。它们各自在机械上的重要程度、工作条件不同，对性能的要求也不同。因此、正确选择零件的材料种类和牌号、毛坯类型和毛坯制造方法，合理安排零件的加工工艺路线、具有重要意义。下面就以几个典型零件为例进行选材与工艺分析。

轴类零件的选材及加工工艺分析微课

14.4.1 轴类零件的选材和工艺分析

1. 轴类零件的工作条件、主要失效形式与性能要求

轴类零件是回转体零件,其长度远大于直径,机床的主轴与丝杠、发动机曲轴、汽车后桥半轴、汽轮机转子轴及仪器仪表的轴等都均属轴类零件。在机械设备中,轴类零件主要用来支承传动零件(如齿轮、带轮)和传递转矩,它是各种机械设备中重要的受力零件。

(1)轴类零件工作条件

a)工作时主要承受交变弯曲和扭转载荷或拉—压载荷。

b)轴与轴上零件有相对运动,相互间存在摩擦和磨损。

c)因机器开停、过载或高速运转等,承受一定的冲击载荷。

(2)轴类零件主要失效形式

a)断裂。这是轴的最主要失效形式,其中以长期交变载荷下的疲劳断裂(包括扭转疲劳和弯曲疲劳断裂)为多数,冲击过载断裂为少数。

b)过量变形。极少数情况下会发生因强度不足的过量塑性变形失效和刚度不足的过量弹性变形失效。

c)磨损。与其他零件相对运动时因摩擦而表面过度磨损。

(3)轴类零件主要性能要求

根据对轴类零件的工作条件与失效形式分析,对制造轴的材料的性能要求有:

a)高的疲劳强度,以防止疲劳断裂。

b)良好的综合力学性能,即强度、塑性、韧性的合理配合,既要防止轴的过量变形,又要防止在过载和冲击载荷下轴的断裂。

c)局部承受摩擦的部分应具有较高的表面硬度和耐磨性,以防止轴颈过度磨损。

2. 轴类零件常用的材料

轴类零件(尤其是重要轴)几乎都选用金属材料,其中钢铁材料最为常见。根据轴的种类、工作条件、精度要求及轴承类型等不同,可选择具体成分的钢或铸铁作为轴的合适材料。

(1)锻造用钢 锻造成形的优质中碳或中碳合金调质钢是轴类材料的主体。35 钢、40 钢、45 钢、50 钢(其中 45 钢最常见)等碳钢具有较高的综合力学性能且价格低廉,故应用广泛;对受力不大或不重要的轴,为进一步降低成本,也可采用 Q235、Q275 等碳素结构钢制造;对受力较大、尺寸较大、形状复杂的重要轴,可选用综合力学性能更好的合金调质钢来制造,如 40Cr、40MnVB 等,对其中精度要求极高的轴要采用渗氮钢(38CrMoAl)制造。中碳钢轴的热处理特点是:通过正火或调质保证轴的综合力学性能(既强又韧),然后对易磨损的相对运动部位进行表面强化处理(表面淬火、渗氮或表面滚压、形变强化等)。

考虑到轴的具体工作条件和性能要求不同,少数情况下还可选用低碳或高碳合金钢来制造轴类零件。例如,当轴受到强烈冲击载荷作用时,宜用低碳合金钢(如 20Cr、20CrMnTi)渗碳制造;而当轴所受冲击作用较小而相对运动部位要求更高的耐磨性时,则宜用高碳合金钢制造,如 GCr15、9Mn2V 等。

(2)铸钢 对形状极复杂、尺寸较大的轴可采用铸钢来制造,如 ZG230-450。应注意的是,铸钢轴比锻钢轴的综合力学性能(主要是韧性)要低一些。

(3)铸铁 由于大多数轴很少以冲击过载而断裂的形式失效,故近几十年来越来越多地采用球墨铸铁(如 QT700-2)和高强度灰铸铁及可锻铸铁(如 HT350、KTZ550-04 等)来代替钢作为轴(尤其是曲轴)的材料。与钢轴相比,铸铁轴的刚度和耐磨性不低,且具有缺口敏感性低、减振、减摩、切削加工性能好且生产成本低等优点。

3.典型主轴选材与工艺分析实例

现以 C616 车床主轴(见第 5 章图 5-35)为例,主要分析其选材和热处理工艺。

(1)车床主轴的工作条件分析及性能要求

a)车床主轴承受交变弯曲与扭转应力,但承受的载荷与转速不太高,冲击也不大,故材料具有一般的综合力学性能即可。

b)在主轴大端内锥孔和外锥体处,因经常与卡盘、顶尖有相对摩擦;花键部位与齿轮有相对滑动,故这些部位要求较高的硬度与耐磨性。

c)该主轴在滚动轴承中运转,轴颈处硬度要求为 220~250HBW。

(2)车床主轴的选材

轴类零件的材料一般选碳素钢、合金钢或铸铁。根据上述主轴的工作条件和性能要求,确定该车床主轴材料选择 45 钢。

(3)车床主轴的毛坯选择

该轴为阶梯轴,最大直径(ϕ100mm)与最小直径(ϕ43mm)相差较大,选圆钢毛坯不经济,故应选锻造毛坯为宜,在单件小批生产时,可采用自由锻生产毛坯;在成批大量生产时,应采用模锻生产毛坯。

(4)车床主轴的加工工艺路线及分析

生产中,该主轴的加工工艺路线为:下料→锻造→正火→粗切削加工→调质→半精切削加工→锥孔及外锥体的局部淬火、回火→粗磨(外圆、外锥体、锥孔)→铣花键及键槽→花键高频淬火、回火→精磨(外圆、外锥体、锥孔)。

其中正火、调质为预备热处理,锥孔及外锥体的局部淬火、回火与花键的高频淬火、回火属于最终热处理。它们的作用分别是:

a)正火。正火主要是为了消除毛坯的锻造应力,调整硬度以改善切削加工性,同时也均匀组织,细化晶粒,为调质处理做组织准备。

b)调质。调质主要是使主轴具有良好的综合力学性能。调质处理后,其硬度达 220~250HBW,强度可达 $R_m = 682$MPa。

c)淬火、回火。这主要是为了使锥孔、外锥体及花键部分获得所要求的硬度。锥孔和外锥体部分可用盐浴快速加热并水淬,经回火后,其硬度应达 45~50HRC。花键部分用高频感应淬火,以减少变形,经回火后,表面硬度应达 48~53HRC。

为了减少变形,锥部淬火应与花键淬火分开进行,并且锥部淬火、回火后,需用磨削纠正淬火变形,然后再进行花键的加工与淬火,最后用精磨消除总的变形,从而保证主轴的装配质量。

14.4.2　齿轮类零件的选材和工艺分析

1. 齿轮类零件的工作条件、主要失效形式与性能要求

齿轮属于典型的盘类零件,齿轮是各类机械中的重要传动零件,主要用来传递转矩,有时也用来换挡或改变传动方向,有的齿轮仅起分度定位作用。齿轮的转速可以相差很大,齿轮的直径可以从几毫米到几米,工作环境也可有很大差别。因此,齿轮的工作条件是较复杂的,但大多数重要齿轮仍有共同特点。

(1)齿轮类零件工作条件

a)由于传递扭矩,齿根承受很大的交变弯曲应力。

b)齿面啮合并发生相互滚动或滑动,承受较大的接触应力及强烈的摩擦。

c)因启动、换挡或啮合不良,齿部要承受一定冲击载荷。

有时还有其他特殊条件要求,如耐高温与耐低温、耐蚀性、抗磁性等。

（齿轮零件的选材及加工工艺分析微课）

(2)齿轮类零件主要失效形式

a)轮齿断裂。包括疲劳断裂和过载断裂,其中疲劳断裂是从齿根部发生,由过大的交变弯曲应力所致,是齿轮最严重的失效形式;过载断裂主要是冲击载荷过大造成的断齿,多发生在硬齿面齿轮或韧性不足的材料制造的齿轮中。

b)齿面点蚀。在交变接触应力作用下,齿面产生微裂纹,裂纹发展引起点状剥落(或称麻点)。

c)齿面磨损。由于齿面接触区强烈摩擦导致的齿面过度磨损,使齿厚变小。

d)齿面塑性变形。载荷过大导致零件产生塑性变形,精度降低,零件失效。

(3)齿轮类零件主要性能要求

由于齿轮受力和失效形式的错综复杂,为保证齿轮的正常运转,防止早期失效,对齿轮材料主要性能有如下要求:

a)高的弯曲疲劳强度,防止轮齿的疲劳断裂。齿轮的弯曲疲劳极限主要取决于齿面硬度,但也应注意齿轮心部强度、硬度的影响。有资料表明,当齿轮轮齿的心部充分强化时,齿轮的弯曲疲劳极限可提高 14% 左右。

b)足够高的齿面接触疲劳极限和高的硬度、耐磨性,以防齿面损伤。

c)齿轮轮齿应具有足够的心部强度和韧性,以防冲击过载断裂。

2. 齿轮类零件常用的材料

绝大多数齿轮采用金属材料制造,并可通过热处理改变其性能。

(1)锻造用钢　锻造用钢是齿轮的主要材料。通过锻造(尤其是模锻)可改善钢的组织并形成有益的锻造流线,故力学性能优良。重要用途的齿轮大多采用锻造用钢制造。锻造用钢齿轮的钢材的选用主要如下:

a)低碳钢及低碳合金钢。常用牌号有 20 钢、20Cr、20CrMnTi、18Cr2Ni4W 等,可采用退火或正火来改善切削加工性,通过渗碳后淬火＋低温回火来保证齿轮的使用性能。渗碳齿轮具有表面高硬度(一般为 56～62HRC)和高耐磨性、高的弯曲疲劳极限和接触疲劳极限,心部具有足够高的强韧性,故适合于制造高速、大冲击的中载和重载齿轮。

b)中碳钢及中碳合金钢。常用牌号有 40 钢、45 钢、40Cr、40MnB 等,常通过正火或调质处理来保证齿轮心部强韧性,然后再进行表面淬火＋低温回火处理,以保证齿表面的硬度、疲劳极限和耐磨性。由于齿面硬度不是很高(一般为 50～56HRC,碳钢偏下限,合金钢偏上限),心部韧性也不够高,故这类齿轮钢的综合力学性能不及低碳渗碳钢。因此,中碳钢表面淬火齿轮的工作速度、载荷及受冲击的程度应低于低碳钢渗碳齿轮。

40 钢、45 钢可用作低中速、轻中载、小冲击的齿轮,依据具体工作条件不同,可在正火、调质、表面淬火状态下使用;40Cr、40MnB 合金钢的综合力学性能优于 40 钢、45 钢,可用作相对重要的齿轮,多在表面淬火状态使用,少数情况也可在调质状态使用。

c)中碳渗氮钢。如 38CrMoAl 钢,经调质处理后再表面渗氮处理,力学性能优良,变形微小,主要用作高精度、高速齿轮。

(2)铸钢　铸钢齿轮的力学性能(强韧性)比锻造用钢差,故较少使用,但对某些形状复杂、尺寸较大($>\phi500mm$)的齿轮,采用铸钢较为合理。

常用铸钢牌号有 ZG270-500、ZG310-570 等。铸钢齿轮加工后一般也是进行表面淬火＋低温回火处理,但对性能要求不高的低速齿轮,也可在调质状态甚至可在正火状态下使用。

(3)铸铁　灰铸铁齿轮具有优良的减摩性、减振性,工艺性能好且成本低,其主要缺点是强韧性欠佳,故多用于制作一些低速、轻载、不受冲击的非重要齿轮。常用牌号有 HT200、HT250、HT350 等;由于球墨铸铁的强韧性较好,故采用 QT600-3、QT500-7 代替部分铸钢齿轮的趋势越来越大。铸铁齿轮的热处理方法类似于铸钢齿轮。

(4)有色金属材料　在仪器仪表及某些特殊条件下工作的轻载齿轮,由于有耐蚀、无磁、防爆等特殊要求,可采用一些耐磨性较好的有色合金材料制造,其中最主要的是铜合金,如黄铜(如 H62)、铝青铜(如 QAl9-4)、锡青铜(QSn6.5-0.1)、硅青铜(QSi3-1)等。

(5)粉末冶金材料　粉末冶金齿轮材料可实现精密的少、无切屑加工,特别是随着粉末热锻新技术的应用,所制造的齿轮力学性能优良,技术经济效益高。粉末冶金材料一般适用于大批量生产的小齿轮,如汽车发动机的定时齿、分电器齿轮、农用柴油机中的凸轮轴齿轮、联合收割机中的油泵齿轮等。

有些时候也会选择非金属材料作为齿轮材料,如高分子材料中的尼龙、ABS、聚甲醛等具有减摩耐磨(尤其是在无润滑或不良润滑条件下)、耐蚀、重量轻、噪声小、生产率高等优点,适合于制造轻载、低速、无润滑条件下工作的小齿轮,如仪表齿轮、玩具齿轮、车床走刀机构传动齿轮等。

3.典型齿轮选材与工艺分析实例

现以某载货汽车变速器齿轮(见第 5 章图 5-36)为例,主要分析其选材和热处理工艺。

(1)汽车变速器齿轮的工作条件分析及性能要求

汽车变速箱齿轮工作过程中,承受着较高的载荷,齿面受到很大的交变或脉动循环接触应力及摩擦力,齿根受到很大的交变或脉动循环弯曲应力,尤其是在汽车起动、爬坡行驶时,还受到变动的大载荷和强烈的冲击。

根据其工作条件确定其性能要求为:要求齿轮表面有较高的耐磨性和疲劳强度,心部保持较高的强度与韧性,要求根部 $R_m > 1000MPa$,$\alpha_K > 60J/cm^2$,齿面硬度为 58～64HRC,心部硬度为 30～45HRC。

（2）汽车变速器齿轮的选材

根据汽车变速器齿轮的使用条件和性能要求，确定该齿轮材料为 20CrMnTi 或 20MnVB。

（3）汽车变速器齿轮的毛坯选择

该齿轮形状较复杂，性能要求也高，故不宜采用圆钢毛坯，而应采用模锻制造毛坯，以使材料纤维合理分布，提高力学性能、单件小批生产时，也可以自由锻生产毛坯。

（4）汽车变速器齿轮的加工工艺路线及分析

根据所选材料和毛坯类型，该齿轮的加工工艺路线为：下料→锻造→正火→粗、半精切削加工（内孔及端面留余量）→渗碳（内孔防渗）、淬火、低温回火→喷丸→推拉花键孔→磨端面→磨齿→最终检验。

该工艺路线中热处理工序的作用是：

a）正火。正火主要是为了消除毛坯的锻造应力，获得良好的切削加工性能；均匀组织，细化晶粒，为以后的热处理做组织上的准备。

b）渗碳。渗碳是为了提高轮齿表面的碳含量，以保证淬火后得到高硬度和良好耐磨性的高碳马氏体组织。

c）淬火。其目的是使轮齿表面有高硬度，同时使心部获得足够的强度和韧性。由于 20CrMnTi 或 20MnVB 是细晶粒合金渗碳钢，故可在渗碳后经预冷直接淬火，也可采用等温淬火以减小齿轮的变形。

工艺路线中的喷丸处理，不仅可以清除齿轮表面的氧化皮，而且是一项可使齿面形成压应力、提高其疲劳强度的强化工序。

14.4.3　箱体类零件的选材和工艺分析

1.箱体类零件的工作条件、主要失效形式与性能要求

箱体类零件包括各种机械设备的机身、底座、支架、横梁、工作台，以及齿轮箱、轴承座、阀体、泵体等。

（1）箱体类零件工作条件

箱体类零件是整台机器或部件装配的基础，机器的全部重量和载荷通过它们传至基础上，一般受力比较复杂（拉压、弯曲、扭转可能同时存在）。箱体类零件一般结构复杂，有不规则的外形和内腔，且壁厚不均。这类零件重量从几千克至数十吨，工作条件也相差很大。

（2）箱体类零件主要失效形式

a）变形失效。大多是由于箱体零件铸造或热处理工艺不当造成尺寸、形状精度达不到设计要求以及承载力不够而产生过量弹塑性变形。

b）断裂失效。箱体零件的结构设计不合理或铸造工艺不当造成内应力过大而导致某些薄弱部位开裂。

c）磨损失效。主要是箱体零件中某些支承部位的硬度不够而造成耐磨性不足，工作部位磨损较快而影响了工作性能。

（3）箱体类零件主要性能要求

根据上述工作条件和失效形式，箱体类零件对材料的主要性能要求如下：

a）足够的抗压强度和刚度，强度和刚度是评定箱体类零件工作能力的基本指标。

b)具有较小的热处理变形量与良好的铸造工艺性能。

c)良好的减振性能。

2.箱体类零件常用的材料

绝大多数箱体类零件采用金属材料制造,并可通过热处理改变其性能。箱体类零件材料及热处理工艺的选择,主要根据其工作条件来确定。常用的箱体类零件材料有铸钢和铸铁两大类。

(1)铸钢 对于受力较大,要求强度、韧性高,甚至在高压、高温下工作的箱体类零件,如汽轮机机壳等,应选用铸钢。对铸钢零件应进行完全退火或正火,以消除粗晶组织和铸造应力。

(2)钢板焊接 受力较大但形状简单、数量少的箱体类零件,可采用钢板焊接而成。

(3)铸铁 对于受力不大,主要承受静载荷,不受冲击的箱体零件可选用灰铸铁,如HT200;若在工作中与其他零件有相对运动,相互间有摩擦、磨损,则应选用珠光体基体灰铸铁,如 HT250。对铸铁零件一般应进行去应力退火,以消除铸造内应力,减少变形,防止开裂。

(4)有色金属材料 对于受力不大,要求自重轻或导热好的箱体类零件,可选用铸造铝合金,如 ZAlSi5Cu1Mg(ZL105)、ZAlCu5Mn(ZL201)。

对于受力小,要求自重轻、耐腐蚀的箱体类零件,可选用工程塑料,如 ABS 塑料、有机玻璃和尼龙等。

3.典型箱体选材与工艺分析实例

现以二级圆柱齿轮减速器箱体(图 14-7)为例,主要分析其选材和热处理工艺。

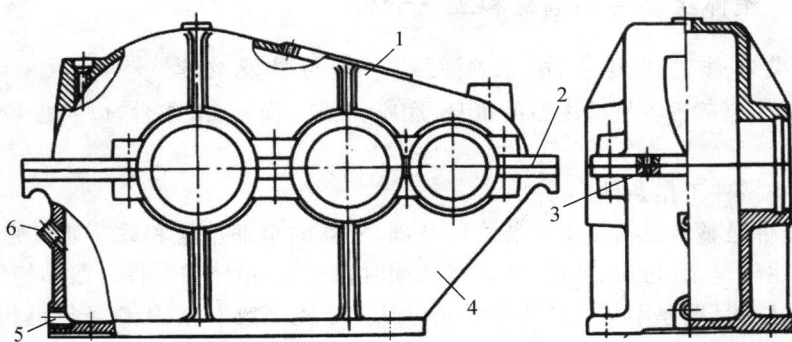

1—箱盖;2—结合面;3—定位销孔;4—箱座;5—放油孔;6—油面指示孔。

图 14-7 二级圆柱齿轮减速器箱体简图

二级圆柱齿轮减速器箱体有三对精度较高的轴承孔,形状复杂。该箱体要求有较好的刚度、减振性和密封性,轴承孔承受载荷较大,故该箱体材料选用 HT250,采用砂型铸造,铸造后应进行去应力退火。单件生产也可用焊接件。

该箱体的工艺路线为:铸造毛坯→去应力退火→划线→切削加工。其中去应力退火是为了消除铸造内应力,稳定尺寸,减少箱体在加工和使用过程中的变形。

习题

1. 名词解释

失效、断裂失效、表面损伤失效、过量变形失效

2. 简答题

(1) 选择材料的一般原则有哪些?

(2) 什么是零件的失效? 一般机械零件的失效方式有哪几种?

(3) 机械零件失效的主要原因有哪些方面?

(4) 生产批量对毛坯加工方法的选择有何影响?

(5) 毛坯的选择原则是什么?

(6) 热处理的技术条件包括哪些内容? 如何在零件图上标注?

(7) 为什么轴类零件一般采用锻件毛坯, 而箱座类零件多采用铸件毛坯?

(8) 在什么情况下采用焊接方法制造零件毛坯?

(9) 汽车、拖拉机变速器齿轮多半是渗碳用钢来制造, 而机床变速箱齿轮又多采用调质用钢制造, 原因何在?

(10) 确定下列工具的材料及最终热处理:

①M6 手用丝锥; ②ϕ10mm 麻花钻头。

3. 分析题

(1) 下列各种要求的齿轮, 各应选择何种材料和毛坯类型?

① 承受载荷不大的低速大型齿轮, 小批量生产;

② 承受强烈摩擦和冲击、中等载荷、中速的中等尺寸齿轮, 成批生产;

③ 承受载荷大、无冲击、尺寸小的齿轮, 大量生产;

④ 低噪声、小载荷、尺寸中等的齿轮, 成批生产。

(2) 某机械上的传动轴, 要求具有良好的综合力学性能, 轴颈处要求耐磨(硬度达 50～55HRC), 用 45 钢制造, 其加工工艺路线为:

下料→锻造→热处理→粗切削加工→热处理→精切削加工→热处理→精磨。试说明工艺路线中各个热处理工序的名称、目的。

(3) 钢锉用 T12 钢制造, 要求硬度为 60～64HRC, 其加工工艺路线为:

热轧钢板下料→正火→球化退火→切削加工→淬火、低温回火→校直。试说明工艺路线中各个热处理工序的目的及热处理后的组织。

(4) 某工厂用 T10 钢制造的钻头, 对一批铸件进行钻 ϕ10mm 深孔, 在正常切削条件下, 钻几个孔后钻头很快磨损。据检验钻头材料、热处理工艺、金相组织及硬度均合格。试问失效原因是什么? 并提出解决办法。

本章小结　　　本章测试

参考文献

[1]王运炎,朱莉.机械工程材料[M].3版.北京:机械工业出版社,2008.

[2]林江.机械制造基础[M].2版.北京:机械工业出版社,2020.

[3]林江.工程材料及机械制造基础[M].北京:机械工业出版社,2013.

[4]沈莲.机械工程材料[M].4版.北京:机械工业出版社,2018.

[5]齐乐华.工程材料与机械制造基础[M].2版.北京:高等教育出版社,2018.

[6]高美兰,白树全.工程材料与热加工基础[M].2版.北京:机械工业出版社,2020.

[7]高美兰,白树全.汽车材料与金属加工[M].2版.北京:机械工业出版社,2020.

[8]王英杰,张芙丽.金属工艺学[M].2版.北京:机械工业出版社,2015.

[9]李蕾.金属材料与热加工基础[M].北京:机械工业出版社,2018.

[10]孙学强.机械制造基础[M].2版.北京:机械工业出版社,2008.

[11]张兆隆,李彩凤.机械制造基础[M].北京:机械工业出版社,2015.

[12]柳青松,王树凤.机械制造基础[M].北京:机械工业出版社,2017.

[13]张黎.机械制造基础[M].北京:机械工业出版社,2016.

[14]侯书林.机械制造基础(上、下册)[M].2版.北京:北京大学出版社,2011.

[15]鞠鲁粤.机械制造基础[M].6版.上海:上海交通大学出版社,2014.

[16]胡忠举,宋昭祥.机械制造基础[M].北京:机械工业出版社,2015.

[17]祁红志.机械制造基础[M].3版.北京:电子工业出版社,2016.

[18]赵建中.机械制造基础[M].3版.北京:北京理工大学出版社,2017.

[19]李长河.机械制造基础[M].北京:机械工业出版社,2009.

[20]王英杰,张芙丽.机械制造基础[M].北京:机械工业出版社,2016.

[21]张正贵,牛建平.实用机械工程材料及选用[M].北京:机械工业出版社,2014.

[22]于文强,陈宗民.工程材料与热成形技术[M].北京:机械工业出版社,2020.

[23]王学武.金属材料与热处理[M].2版.北京:机械工业出版社,2021.

[24]丁仁亮.金属材料及热处理[M].5版.北京:机械工业出版社,2015.

[25]王贵斗.金属材料与热处理[M].北京:机械工业出版社,2008.

[26]徐晓峰.工程材料与成形工艺基础[M].2版.北京:机械工业出版社,2017.

[27]张文灼,赵宇辉.机械工程材料与热处理[M].2版.北京:机械工业出版社,2007.

[28]刘会霞.金属工艺学[M].北京:机械工业出版社,2001.

[29]王章忠.机械工程材料[M].3版.北京:机械工业出版社,2018.

[30]庞国星.工程材料与成形技术基础[M].3版.北京:机械工业出版社,2017.

[31]杨慧智,吴海宏.工程材料及成形工艺基础[M].4版.北京:机械工业出版社,2015.

［32］姜敏凤,宋佳娜.机械工程材料及成形工艺［M］.4 版.北京:高等教育出版社,2020.

［33］孙康宁,张景德.工程材料与机械制造基础（上册）［M］.3 版.北京:高等教育出版社,2019.

［34］张世昌,李旦,张冠伟.机械制造技术基础［M］.3 版.北京:高等教育出版社,2014.

［35］赵玉奇.机械制造基础与实训［M］.3 版.北京:机械工业出版社,2018.

［36］卢秉恒.机械制造技术基础［M］.4 版.北京:机械工业出版社,2018.

［37］孙学强.机械加工技术［M］.2 版.北京:机械工业出版社,2016.

［38］张建华.精密与特种加工技术［M］.北京:机械工业出版社,2003.